I0031437

Einführung in Signale und Systeme

Lineare zeitinvariante Systeme mit anwendungsorientierten Simulationen in MATLAB®/Simulink®

von

Prof. Dr.-Ing. Josef Hoffmann
Prof. Dr.-Ing. Franz Quint

Oldenbourg Verlag München

Prof. Dr.-Ing. Josef Hoffmann lehrte das Fachgebiet Digitale Kommunikationstechnik an der Hochschule Karlsruhe – Technik und Wirtschaft. Er unterrichtet weiter als Lehrbeauftragter und setzt intensiv die MATLAB®-Werkzeuge ein.

Prof. Dr.-Ing. Franz Quint unterrichtet digitale Nachrichtenübertragung, Signalverarbeitung sowie Informationstheorie und Codierung an der Fakultät für Elektro- und Informationstechnik der Hochschule Karlsruhe – Technik und Wirtschaft.

Bibliografische Information der Deutschen Nationalbibliothek

Die Deutsche Nationalbibliothek verzeichnet diese Publikation in der Deutschen Nationalbibliografie; detaillierte bibliografische Daten sind im Internet über http://dnb.d-nb.de abrufbar.

Rosenheimer Straße 143, D-81671 München
Telefon: (089) 45051-0
www.oldenbourg-verlag.de

Lektorat: Dr. Gerhard Pappert
Herstellung: Tina Bonertz
Titelbild: Autoren; Bearbeitung: Irina Apetrei
Einbandgestaltung: hauser lacour
Gesamtherstellung: Grafik + Druck GmbH, München

Dieses Papier ist alterungsbeständig nach DIN/ISO 9706.

ISBN 978-3-486-73085-2
eISBN 978-3-486-75523-7

Vorwort

In vielen technischen, sozialen und wirtschaftlichen Bereichen spielen Daten, die man als Signale betrachten kann, eine bedeutende Rolle. Vielmals sind wichtige Eigenschaften aus dem Verlauf der Daten, z.B. aus dem Zeitverlauf, nicht sichtbar. Eine Darstellung der Daten im Frequenzbereich kann viele zuvor nicht erkennbare Eigenschaften extrahieren und zeigen. So z.B. erkennt man im Frequenzbereich gleich eventuelle periodische Vorgänge.

Die zeitkontinuierlichen und zeitdiskreten Signale werden mit den entsprechenden Systemen verbunden. In diesem Buch werden nur die linearen, zeitinvarianten Systeme behandelt. Für diese Systeme gibt es eine umfangreiche Theorie, die in der Literatur ausführlich dargestellt ist. Die Theorie wird kurz eingeführt und dann mit anwendungsorientierten Beispielen verständlich begleitet und erläutert. Die Beispiele werden mit MATLAB-Skripten bzw. Simulink-Modellen gelöst. Sie enthalten exemplarisch die Funktionen dieser Software, die relevant für die Thematik des Buches sind.

Die MATLAB-Produktfamilie besteht aus einer Grundsoftware, die mit verschiedenen Erweiterungen ergänzt ist. Die Funktionen für bestimmte Bereiche, wie Signalverarbeitung, Regelungstechnik etc. sind in den entsprechenden *Toolboxen* zusammengefasst. Die Simulink-Erweiterung ermöglicht eine graphische Programmierung mit Hilfe von Funktionsblöcken. Diese werden so verbunden, dass ein Modell des Systems entsteht.

In der Industrie hat sich die MATLAB-Produktfamilie in der Forschung und Entwicklung zu einem Standardwerkzeug durchgesetzt. Sie wird von der wissenschaftlichen Voruntersuchung einer Anwendung über die Algorithmenentwicklung bis hin zur Implementierung auf einer dedizierten Hardware eingesetzt.

Die Verwendung der MATLAB-Produktfamilie in der Lehre ist dadurch nicht nur dem Verständnis der Theorie förderlich, sondern sie ermöglicht den Absolventen von Ingenieurstudiengängen auch einen raschen Zugang zur industriellen Praxis.

Das vorliegende Buch richtet sich vorwiegend an Ingenieurstudenten der Universitäten und Hochschulen für Technik, die eine Vorlesung zum Thema "Signale und Systeme" hören. Es richtet sich auch an Fachkräfte aus Forschung und Industrie, die mit Signale und Systeme konfrontiert sind und die MATLAB-Produktfamilie einsetzen oder einzusetzen beabsichtigen.

Das Buch enthält fünf Kapitel, in denen die Thematik der Signale und der linearen, zeitinvarianten Systeme behandelt wird.

- Im ersten Kapitel werden die grundlegenden zeitkontinuierlichen und zeitdiskreten Signale eingeführt. Hier wird ingenieurmäßig auch die Delta-Funktion eingeführt, die eine wichtige Rolle in der Beschreibung der linearen Systeme spielt.

- Das zweite Kapitel beschreibt die Antwort der kontinuierlichen und zeitdiskreten linearen zeitinvarianten Systeme auf Eingangsanregungen. Es werden das Faltungsintegral, die Differentialgleichung, das Zustandsmodell und die Laplace-Transformation für die zeitkontinuierlichen Systeme und die Pendantbegriffe für die zeitdiskreten Systeme, wie die Faltungssumme, die Differenzengleichung, die Z-Transformation etc. beschrieben.

  Die Laplace- und die Z-Transformation werden nur für die kompakte Schreibweise der Differentialgleichungen bzw. Differenzengleichungen benutzt. In der Gegenwart, mit den leistungsfähigen Personal-Computern und entsprechender Software (wie z.B. MATLAB), wird die Laplace- und die Z-Transformation nicht mehr als Werkzeug zur Lösung von Differential- und Differenzengleichungen benötigt. Diese werden viel einfacher direkt numerisch gelöst.

- Im dritten Kapitel werden die zeitkontinuierlichen Signale und Systeme im Frequenzbereich beschrieben. Die Darstellung im Frequenzbereich basiert hauptsächlich auf der Fourier-Transformation.

  Beinahe alle praktischen, periodischen Signale kann man als Summe cosinusförmiger, harmonischer Glieder darstellen, eine Form die als Fourier-Reihe bekannt ist. Weil die Antwort linearer Systeme auf eine cosinusförmige Anregung im stationären Zustand relativ leicht zu bestimmen ist, wird durch Überlagerung die Antwort auf eine Summe solcher Signale ebenfalls sehr einfach ermittelt. Die Amplituden und Phasenlagen der Harmonischen bezogen auf die Grundperiode definieren das Amplituden- und Phasenspektrum des periodischen Signals.

  Für aperiodische zeitbegrenzte Signale kann über die Fourier-Transformation ebenfalls eine Beschreibung im Frequenzbereich erhalten werden. Sie stellt dann ein Spektrum dar, dessen Betrag eine Dichte der Amplituden infinitesimaler Harmonischer darstellt. Zusammen mit dem entsprechenden Phasenspektrum dieser speziellen Harmonischen ergibt sich eine komplette Beschreibung im Frequenzbereich. Die Fourier-Transformation kann auch für deterministische periodische Signale mit Hilfe der Delta-Funktionen erweitert werden. Die Dichte der Fourier-Transformation eines periodischen Signals kann mit Delta-Funktionen an bestimmten Frequenzen konzentriert werden.

  Wenn man die Signale analytisch beschreiben kann, sei es mit einem Ausdruck bei den deterministischen, periodischen oder aperiodischen Signalen oder mit einem Ausdruck für die statistischen Eigenschaften bei Zufallssignalen, dann ist es möglich die Beschreibung im Frequenzbereich über die Fourier-Transformation analytisch zu berechnen.

  Für Signale bei denen solche Ausdrücke nicht vorhanden sind, weil z.B. die Signale über Messungen erhalten wurden, gibt es zwei Wege für die Ermittlung der Beschreibung im Frequenzbereich. Man kann eine analytische Annäherung anstreben, die dann eine analytische Lösung für die Fourier-Transformation erlaubt. Für gemessene, zeitdiskrete Daten gilt die zeitdiskrete Fourier-Transformation als kontinuierliche Funktion der Frequenz. Numerisch wird diese Funktion für diskrete Frequenzwerte mit Hilfe der Diskreten-Fourier-Transformation (kurz DFT) berechnet. Diese Transformation kann auch zur

Annäherung der Fourier-Reihe bzw. der Fourier-Transfomation zeitkontinuierlicher Signale herangezogen werden.

- Das vierte Kapitel stellt die Beschreibung der zeitdiskreten Signale und Systeme im Frequenzbereich dar. Ähnliche Werkzeuge und Begriffe, wie bei der Beschreibung der zeitkontinuierlichen Signale und Systeme werden auch hier eingeführt.

- Im fünften Kapitel werden die Zufallsprozesse und die Antwort linearer, zeitinvarianter Systeme auf Zufallssignale beschrieben. Praktisch bestehen die meisten Signale aus einer Kombination von Deterministischen- und Zufallssignalen. Der Zufallscharakter kann z.B. von Messrauschen hervorgehen, oder die Eigenschaften des Signals sind nur über statistische Kenngrößen zu beschreiben. Auch für die Zufallssignale gibt es unter bestimmten Bedingungen eine Beschreibung im Frequenzbereich in Form einer spektralen Leistungsdichte. Sie zeigt die Frequenzabhängigkeit der Leistung des Signals.

Die ersten vier Kapitel des Buches basieren auf einem Skript, das in einer Vorlesung an der Hochschule für Technik und Wirtschaft Karlsruhe, Fakultät Maschinenbau und Mechatronik im Master Studiengang benutzt wurde. Mit Rücksicht auf die Studierenden dieser Fachrichtungen, enthalten die meisten Beispiele mechanische Anwendungen, sehr oft in Form von Feder-Masse-Systemen.

Durch die vielen Beispiele, in denen die leistungsfähige MATLAB-Software eingesetzt wird, kann das Buch als Arbeitsbuch für Studierenden dienen, die eine Vorlesung mit diesem Thema bei Dozenten hören, die nicht MATLAB einsetzen und sich mehr auf die Theorie konzentrieren.

Die Simulationen sind mit der Version 2011b von MATLAB durchgeführt. Die MATLAB-Programme können ohne Probleme in der neuen Version 2012b gestartet werden. Die Simulink-Modelle werden mit der neuen Version in neue Modelle umgewandelt und die ursprünglichen werden mit der zusätzlichen Erweiterung 2011 gekennzeichnet und können so weiter verwendet werden.

Danksagung

Wir möchten uns vor allem bei Prof. Dr. Kessler von der Fachhochschule Karlsruhe bedanken. Viele Beispiele stammen aus seinen Berichtsheften und aus der umfangreichen Sammlung von Simulationen und Anwendungen, die auf seiner Webseite (http://www.home.hs-karlsruhe.de/ kero0001/) beschrieben sind. Gleichfalls bedanken wir uns beim Kollegen Prof. Scherf, der uns geholfen hat, einige Feinheiten mechanischer Beispiele zu verstehen und zu vertiefen.

Dank gebührt auch der Firma The MathWorks USA, die die Autoren von MATLAB-Büchern betreut und regelmäßig mit der Anfrage *What is the status of your book project?* sie anspornt und sie gleichzeitig mit neuen Versionen und Vorankündigungen der Software versorgt.

Unser besonderer Dank gilt Dr. Pappert vom Oldenbourg-Verlag, der das Buch verlagsseitig betreut und dessen Veröffentlichung ermöglicht hat.

Nicht zuletzt bedanken wir uns bei unseren Familien, die viel Verständnis für die Abwesenheit von manchen häuslichen Verpflichtungen während der Arbeit am Buch gezeigt haben.

Josef Hoffmann (josef.hoffmann@hs-karlsruhe.de)
Franz Quint (franz.quint@hs-karlsruhe.de)

Inhaltsverzeichnis

1 Signale und Systeme

1.1 Einführung

Das Konzept und die Theorie der Signale und Systeme ist grundlegend für viele Bereiche der Wissenschaft und des Ingenieurwesens [11], [40]. In diesem Kapitel werden Signale und Systeme einführend betrachtet und gemäß ihrer Eigenschaften klassifiziert. Im Anschluss werden wichtige zeitkontinuierliche und zeitdiskrete Signale besprochen.

Mit Hilfe von MATLAB können natürlich nur zeitdiskrete Signale erzeugt werden. Das Abtasttheorem [36], [37] lehrt uns, dass wenn man die Zeitschritte klein genug wählt, so kann man aus den Abtastwerten das ursprüngliche kontinuierliche Signal rekonstruieren. Diese Thematik wird später in Verbindung mit den zeitdiskreten Systemen besprochen.

1.2 Signale und ihre Klassifizierung

Ein Signal ist eine Funktion, die eine physikalische Größe darstellt [11]. Die unabhängige Funktionsvariable kann beliebig sein, im Kontext der klassischen Systemtheorie und auch dieses Buches wird sie in der Regel die Zeit sein und mit t bezeichnet werden. Somit wird ein Signal z.B. mit der Notation $x(t)$ bezeichnet.

Beispiele für Signale sind die Spannung auf einem Kondensator in einem elektrischen Schaltkreis, der Verlauf der Temperatur eines Kessels oder die Lage und die Geschwindigkeit einer Masse in einem Schwingungssystem.

1.2.1 Zeitkontinuierliche und zeitdiskrete Signale

Ein Signal $x(t)$ ist ein zeitkontinuierliches Signal, wenn die unabhängige Variable t kontinuierlich ist, d.h. Werte aus der Menge der reellen Zahlen annehmen kann. Im Falle, dass t eine diskrete Variable ist, dann ist $x(t)$ nur für diese diskreten Zeitpunkte definiert und stellt ein zeitdiskretes Signal dar. Das zeitdiskrete Signal ist somit eine Folge von Zahlen x_n oder $x[n]$, wobei n als ganze Zahl der Index der Folge ist.

Abb. 1.1 zeigt ein zeitkontinuierliches Signal $x(t)$ und ein zeitdiskretes Signal $x[n]$. Die Abbildung wird mit folgendem MATLAB-Skript erzeugt:

```
% Skript kont_diskret_1.m, in dem ein kontinuierliches und
% ein zeitdiskretes Signal erzeugt und dargestellt wird
clear
% ---------- Kontinuierliches Signal
dt = 6/1000;                % Schrittweite
tk = -4:6/1000:4;         % Zeitvariable mit kleiner Schrittweite
xk = 2.5 + cos(2*pi*tk/5 + pi/3);
% ---------- Zeitdiskretes Signal
```

```
Ts = 0.5;                       % Abtastperiode
td = -4:Ts:4;                   % Diskrete Zeitvariable
xd =  2.5 + cos(2*pi*td/5 + pi/3);
figure(1);       clf;
subplot(121), plot(tk, xk);
   title('Zeitkontinuierliches Signal');
   xlabel('Zeit in s');     grid on;
subplot(122), stem(td, xd);
   title('Zeitdiskretes  Signal');
   xlabel(['Zeit in s (Abtastperiode = ',num2str(Ts),'s )']);
   grid on;
```

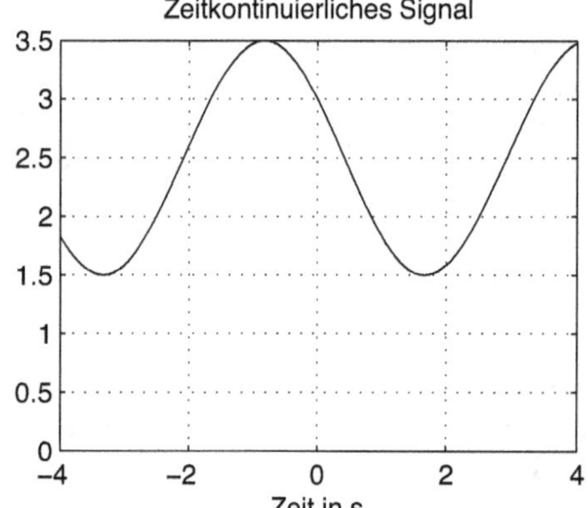

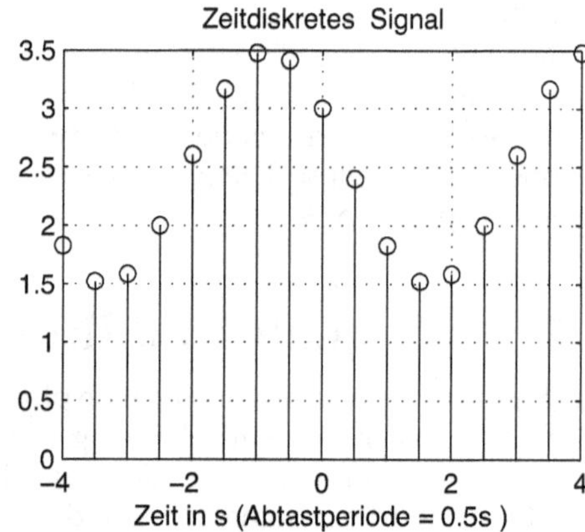

Abb. 1.1: Zeitkontinuierliches und zeitdiskretes Signal (kont_diskret_1.m)

Beide Signale sind in MATLAB eigentlich zeitdiskrete Signale. Das „zeitkontinuierliche" Signal wurde mit einer sehr kleinen Zeitschrittweite (6/1000 s) gebildet und mit der Funktion **plot** dargestellt. Diese Funktion verbindet die Signalwerte mit Geradenstücken11, so dass das Signal in der Abbildung erscheint, als ob es zeitkontinuierlich wäre. Das zeitdiskrete Signal wurde mit der Zeitschrittweite $T_s = 0,5$ s erzeugt und mit der Funktion **stem** dargestellt.

Ein zeitdiskretes Signal $x[n]$ oder $x[nT_s]$ kann ein Phänomen beschreiben, bei dem die unabhängige Variable *t* inhärent diskret ist. So sind z.B. die täglichen Aktienkurse beim Schließen der Börse zeitdiskrete Signale.

Ein zeitdiskretes Signal $x[n]$ kann auch durch Abtasten eines kontinuierlichen Signals $x(t)$ entstehen. Die Werte

$$x(t_0), x(t_1), \ldots, x(t_n)$$

bilden dann das zeitdiskrete Signal und werden Abtastwerte genannt:

$$x[0], x[1], \ldots, x[n] \qquad \text{mit} \qquad x[n] = x(t_n)$$

Wenn die Abtastintervalle gleich sind (gleichmäßige Abtastung), dann gilt:

$$x[n] = x(nT_s) \tag{1.1}$$

Dabei ist T_s die Abtastperiode und $1/T_s = f_s$ die Abtastfrequenz.

Das zeitdiskrete Signal aus Abb. 1.1 wurde durch Abtasten der zeitkontinuierlichen Funktion $2.5 + cos(2\pi t/5 + \pi/3)$ mit $t = nT_s$ erhalten.

Ein zeitdiskretes Signal kann mit Hilfe seiner Werte definiert werden:

$$\{x_n\} = \{\ldots, 0, 0, \underset{\uparrow}{2}, 4, 5, 7, -3, -5, \ldots\} \tag{1.2}$$

Der Pfeil soll die Stelle des Zeitursprungs $n = 0$ anzeigen. Die Werte links des Pfeils entsprechen somit negativen Indizes. Wenn kein Pfeil dargestellt ist, wird angenommen, dass der erste Wert der Sequenz zu $n = 0$ gehört und alle Werte für $n < 0$ gleich null sind.

1.2.2 Analoge und digitale Signale

Die Begriffe „analog" und „digital" beziehen sich grundsätzlich auf den Wertebereich der Signale. Als analoge Signale bezeichnet man Signale, deren Wertebereich die reellen Zahlen sind. Kann das Signal jedoch nur eine abzählbare Menge von Werten annehmen, so spricht man von einem digitalen Signal. Damit sind die Begriffe analog und wertkontinuierlich, bzw. digital und wertdiskret synonym und jeweils unabhängig davon, ob das Signal zeitkontinuierlich oder zeitdiskret ist. Da Signale in der Natur oftmals zeit- und wertkontinuierlich vorkommen, während sie in Rechner zeit- und wertdiskret sind, hat es sich im täglichen Sprachgebrauch eingebürgert, mit dem Begriff „analog" zeit- und wertkontinuierliche Signale zu bezeichnen, während unter dem Begriff „digital" oftmals zeit- und wertdiskrete Signale subsummiert werden.

In digitalen Rechnern sind alle Werte digitale Werte, deren Auflösung von der Anzahl der Bit, mit denen sie dargestellt werden, abhängt. Mit z.B. 20 Bit kann man 2^{20} unterschiedliche Zustände darstellen. Den Zuständen werden Werte zugewiesen.

Bei einem A/D-Wandler[1] , der an seinem analogen Eingang einen Spannungsbereich von z.B. -1 V bis +1 V erlaubt und der 20 Bit zur Darstellung der Zustände verwendet, ist an seinem Eingang eine Spannungsänderung von $2/(2^{20}) \cong 2\ \mu$V erforderlich, um den Zustand zu ändern, d.h. den Wert des niederwertigsten Bits (LSB[2]) zu ändern. Das ist die Auflösung des Wandlers.

Abb. 1.2 zeigt die Kennlinie $y = f(x)$ eines A/D-Wandlers mit 3 Bits, der somit $2^3 = 8$ digitale Zustände besitzt: $000, 001, 010, \ldots, 110, 111$. Die ideale Kennlinie, bei der keine Diskretisierung des Wertebereichs stattfinden würde, ist die diagonale Linie. Die Quantisierungsstufe q (oder das LSB) des Wandlers bei einem Eingangsspannungsbereich von $x_{min} = -1$ V bis $x_{max} = 1$ V ist dann:

$$q = \frac{x_{max} - x_{min}}{2^3} = \frac{2}{2^3} = 0,250\ V \tag{1.3}$$

Um die ideale Kennlinie mit den 8 Zuständen anzunähern werden folgende Ausgangswerte diesen Zuständen zugewiesen: $-7q/2 = -0,875, -5q/2 = -0,625, \ldots, 5q/2 = 0,625, 7q/2 = 0,875$. Der größte Fehler, den der Wandler bei dieser Wahl der Ausgangswerte machen kann, entspricht der halben Quantisierungsstufe, d.h. hier $q/2 = 0,125$.

[1] Analog-Digital-Wandler

[2] Least Significant Bit

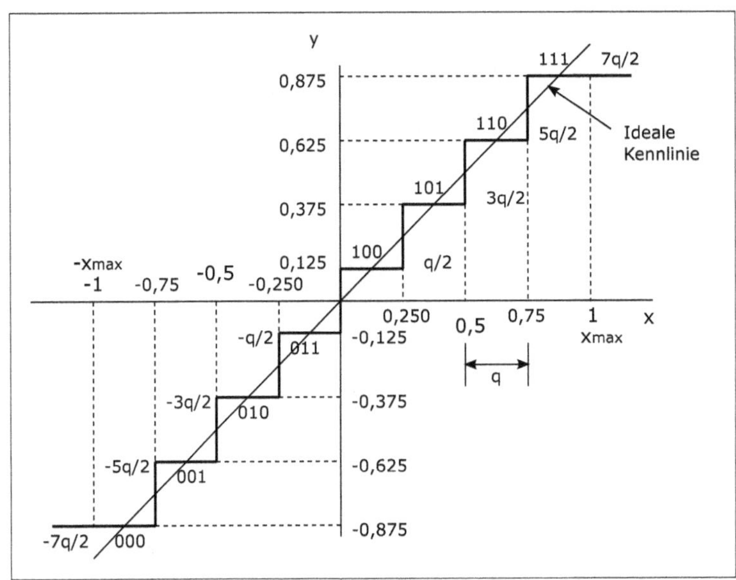

Abb. 1.2: Kennlinie eines A/D-Wandlers

Aktuelle A/D-Wandler haben 18 bis 24 Bit zur Verfügung, was zu einer sehr hohen Auflösung führt. So ist z.B. die Quantisierungsstufe eines Wandlers mit 24 Bit und einem Bereich der Eingangsspannung von 2 V gleich $q = 2/(2^{24}) \cong 0,12\,\mu$ V.

Die Diskretisierung des Wertebereichs ist, wie man unschwer an der Kennlinie aus Abb. 1.2 erkennen kann, eine nichtlineare Operation, die mit den Mitteln linearer Systemtheorie nicht beschrieben werden kann. Da die Fehler jedoch sehr klein sind, wenn die Auflösung der A/D-Wandler entsprechend hoch ist, können sie, wenn nicht explizit anders angegeben, vorläufig außer Betracht bleiben.

1.2.3 Reellwertige und komplexwertige Signale

Ein Signal $x(t)$ ist reellwertig (oder kurz: reell), wenn seine Werte reelle Zahlen sind. Es ist komplexwertig (kurz: komplex), wenn seine Werte komplexe Zahlen sind. Ein komplexes Signal ist eine Funktion der Form:

$$x(t) = x_r(t) + j\, x_i(t) \qquad \text{oder} \qquad x[n] = x_r[n] + j\, x_i[n] \tag{1.4}$$

Hier sind $x_r(t),\ x_r[n]$ der Realteil und $x_i(t),\ x_i[n]$ der Imaginärteil des komplexen zeitkontinuierlichen bzw. des komplexen zeitdiskreten Signals.

In der Nachrichtentechnik treten häufig komplexe Signale auf, z.B. bei der äquivalenten Darstellung von Bandpasssignalen im Basisband. Im Rechner ist die Repräsentation eines komplexen Signals völlig problemlos als eine Folge von komplexen Zahlen. Im Falle analoger Signale sind es eigentlich zwei Signale, der Realteil und der Imaginärteil, die auf getrennten Leitungen geführt werden und die zu einem komplexen Signal zusammengefasst wurden.

1.2.4 Deterministische Signale und Zufallssignale

Deterministische Signale sind Signale, deren Wert zu jedem beliebigen Zeitpunkt (Vergangenheit, Gegenwart und Zukunft) bekannt ist. Somit kann ein deterministisches Signal mittels Funktionen beschrieben werden. Die Signale aus Abb. 1.1, die mit Hilfe der Funktion

$$x(t) = 2.5 + \cos(2\pi t/5 + \pi/3) \tag{1.5}$$

gebildet wurden, sind deterministische Signale.

Zufallssignale sind Signale, deren Werte in der Zukunft unbekannt sind. Lediglich der Wertebereich ist bekannt. Ihre Beschreibung ist demnach nur statistisch möglich. MATLAB bietet mehrere Funktionen zur Bildung von (Pseudo-)Zufallssequenzen.

Mit der Funktion **rand** können statistisch unabhängige Zufallsvariablen generiert werden, die im Bereich zwischen null und eins gleichverteilt sind. Deren Mittelwert ist 0.5 und die Standardabweichnug (englisch *Standard Deviation* kurz `std`) ist 1/12. Für die Generierung von normalverteilten oder Gauß-verteilten Zufallszahlen dient die Funktion **randn**. Es sind unabhängige Zufallszahlen mit Mittelwert null und Varianz eins. Aus den gleichverteilten und normalverteilten Zufallsvariablen kann man über Transformationen Zufallsvariablen mit anderen Verteilungsfunktionen und mit statistischen Abhängigkeiten bilden [29].

```
% Skript zufalls_1.m in dem eine gleichmäßig
% verteilte und eine normal verteilte Sequenz generiert werden
clear;
N = 100;
sigma = 3;            % Gewünschte Standardabweichung
mittw = 2;            % Gewünschter Mittelwert
xg = rand(1,N);       % Gleichmäßig verteilte Sequenz m = 0; std = 1/12
xn = randn(1,N);      % Normal verteilte Sequenz m = 0 std = 1
xgl = (mittw - sqrt(12)*sigma/2) + xg*sigma*sqrt(12);
                 % Gleichmäßig verteilte Sequenz m = mittw; std = sigma
xno = mittw + randn(1,N)*sigma;
                % Normal verteilte Sequenz m = mittw; std = sigma
figure(1);    clf;
subplot(221), stem(0:N-1, xg);
   title(['Gleichmäßig  verteilte  Sequenz (m = 0,5;  std = 1/12)']);
   xlabel('Index n');   grid on;
subplot(223), stem(0:N-1, xgl);
   title(['Gleichmäßig  verteilte  Sequenz (m = ',num2str(mittw),...
    ';   std = ',num2str(sigma),')']);
   xlabel('Index n');   grid on;

subplot(222), stem(0:N-1, xn);
   title(['Normal   verteilte  Sequenz (m = 0;  std = 1)']);
   xlabel('Index n');   grid on;
subplot(224), stem(0:N-1, xno);
   title(['Normal   verteilte  Sequenz (m = ',num2str(mittw),...
```

```
    ';    std = ',num2str(sigma),')']);
   xlabel('Index n');    grid on;
std_gl = std(xgl)              % Standardabweichung xgl
std_no = std(xno)              % Standardabweichung xno
m_gl = mean(xgl)               % Mittelwert xgl
m_no = mean(xno)               % Mittelwert xno
```

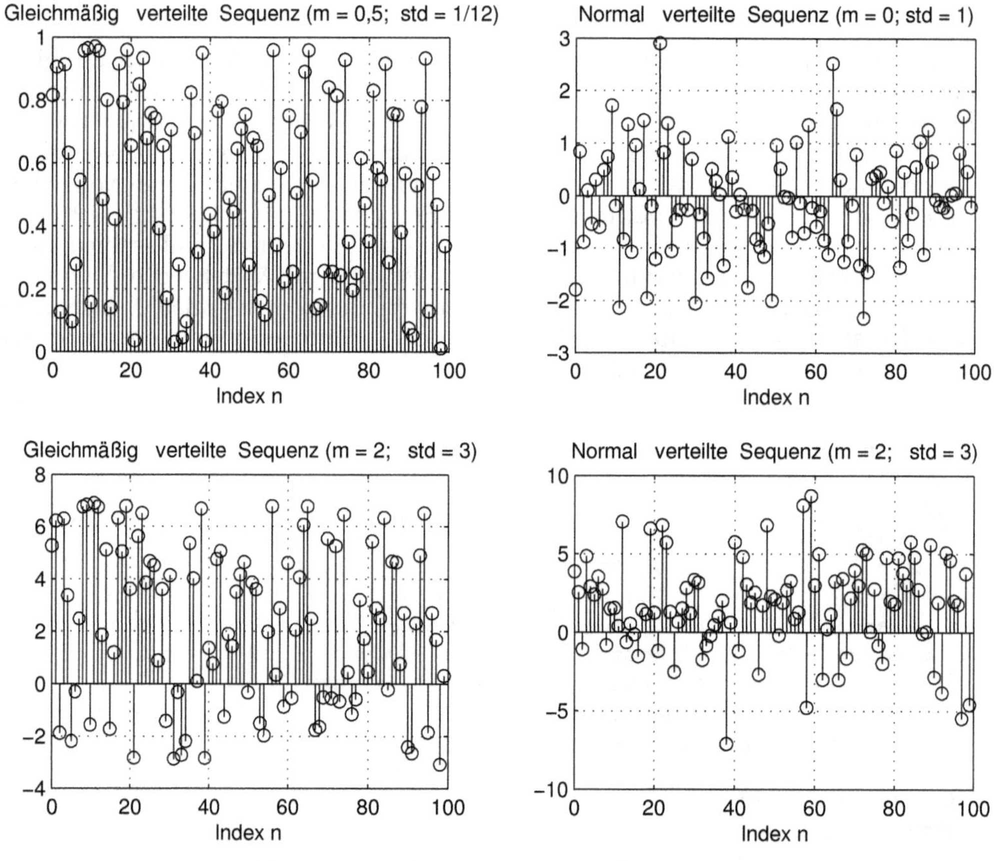

Abb. 1.3: Gleichmäßig und normal verteilte zeitdiskrete Sequenzen (zufalls_1.m)

Im Skript `zufalls_1` werden zuerst die Sequenzen `xg, xn` mit den besprochenen Funktionen generiert. Danach werden daraus exemplarisch die Sequenzen `xgl, xno` mit gewünschtem Mittelwert und gewünschter Standardabweichung erzeugt. Abb. 1.3 zeigt links die gleichverteilten Sequenzen und rechts die normalverteilten Sequenzen.

1.2.5 Gerade und ungerade Signale

Jedes Signal $x(t)$ oder $x[n]$ kann als eine Summe eines geraden und eines ungeraden Anteils ausgedrückt werden:

$$x(t) = x_g(t) + x_u(t), \qquad \text{bzw.} \qquad x[n] = x_g[n] + x_u[n] \tag{1.6}$$

Der gerade Anteil hat folgende Eigenschaft:

$$x_g(-t) = x_g(t), \qquad \text{bzw.} \qquad x_g[-n] = x_g[n] \tag{1.7}$$

Für den ungeraden Anteil gilt:

$$x_u(-t) = -x_u(t), \qquad \text{bzw.} \qquad x_u[-n] = -x_u[n] \tag{1.8}$$

Diese Anteile werden wie folgt ermittelt:

$$\begin{aligned} x_g(t) &= \frac{1}{2}(x(t) + x(-t)), \qquad \text{bzw.} \qquad x_g[n] = \frac{1}{2}(x[n] + x[-n]) \\ x_u(t) &= \frac{1}{2}(x(t) - x(-t)), \qquad \text{bzw.} \qquad x_u[n] = \frac{1}{2}(x[n] - x[-n]) \end{aligned} \tag{1.9}$$

Diese Zerlegung der Signale bringt Vorteile bei einigen Bearbeitungen, wie z.B. bei der Fourier-Transformation.

Abb. 1.4 zeigt links die Zerlegung eines kontinuierlichen Signals und rechts die Zerlegung eines zeitdiskreten Signals in den geraden und ungeraden Anteil, wie sie im Skript `gerade_ungerade_1.m` programmiert wurde.

```
% Skript gerade_ungerade_1.m, in dem ein Signal
% in geraden und ungeraden Anteil zerlegt wird
clear;
% ------- Signal
dk = 0.01;            tk = -3:dk:3;
xk = 2*tk + cos(2*pi*tk/2.5);
Ts = 0.5;             td = -3:Ts:3;
xd = 2*td + cos(2*pi*td/2.5);
% ------- Zerlegung in gerade und ungerade Anteile
xkg = 0.5*(xk + (-2*tk + cos(2*pi*(-tk)/2.5)));
xku = 0.5*(xk - (-2*tk + cos(2*pi*(-tk)/2.5)));

xdg = 0.5*(xd + (-2*td + cos(2*pi*(-td)/2.5)));
xdu = 0.5*(xd - (-2*td + cos(2*pi*(-td)/2.5)));

figure(1);    clf;
subplot(321), plot(tk, xk)
   title('Kontinuierliches Signal');
```

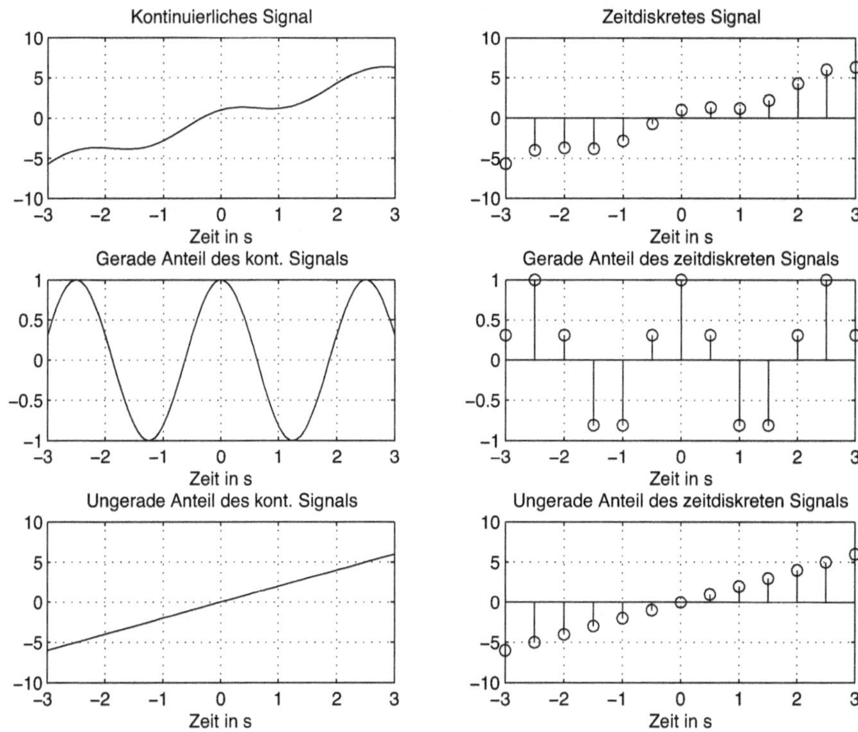

Abb. 1.4: Gerade und ungerade Anteile eines kontinuierlichen und eines zeitdiskreten Signals (gerade_ungerade_1.m)

```
   xlabel('Zeit in s');   grid on;
   La = axis;    axis([tk(1), tk(end), La(3:4)]);
subplot(323), plot(tk, xkg);
   title('Gerade Anteil des kont. Signals');
   xlabel('Zeit in s');   grid on;
   La = axis;    axis([tk(1), tk(end), La(3:4)]);
subplot(325), plot(tk, xku)
   title('Ungerade Anteil des kont. Signals');
   xlabel('Zeit in s');   grid on;
   La = axis;    axis([tk(1), tk(end), La(3:4)]);

subplot(322), stem(td, xd)
   title('Zeitdiskretes Signal');
   xlabel('Zeit in s');   grid on;
   La = axis;    axis([td(1), td(end), La(3:4)]);
subplot(324), stem(td, xdg)
   title('Gerade Anteil des zeitdiskreten Signals');
   xlabel('Zeit in s');   grid on;
   La = axis;    axis([td(1), td(end), La(3:4)]);
```

```
subplot(326), stem(td, xdu)
   title('Ungerade Anteil des zeitdiskreten Signals');
   xlabel('Zeit in s');   grid on;
   La = axis;    axis([td(1), td(end), La(3:4)]);
```

1.2.6 Periodische und aperiodische Signale

Ein kontinuierliches Signal $x(t)$ ist periodisch mit der Grundperiode T, wenn für jeden Zeitpunkt t folgende Bedingung erfüllt ist:

$$x(t) = x(t + mT), \qquad m = \dots, -2, -1, 0, 1, 2, \dots \tag{1.10}$$

Diese Definition gilt nicht für ein konstantes Signal $x(t)$. Ein nicht periodisches Signal wird als aperiodisch bezeichnet.

Für ein zeitdiskretes Signal $x[n]$ ist die Bedingung der Periodizität ähnlich:

$$x[n] = x[n + mN], \quad m = \dots, -2, -1, 0, 1, 2, \dots \quad \text{und } N \text{ eine ganze Zahl} \tag{1.11}$$

Die Grundperiode ist hier die ganze Zahl N.

Zu bemerken sei, dass die gleichmäßige Abtastung eines periodischen, kontinuierlichen Signals nicht immer zu einem periodischen, zeitdiskreten Signal führt. Aus

$$x(t + mT)\Big|_{t=nT_s} = x(nT_s + mT) = x\big((n + \frac{mT}{T_s})T_s\big) = x[n + m\frac{T}{T_s}] \tag{1.12}$$

mit T_s als Abtastperiode, geht hervor, dass man eine periodische, zeitdiskrete Sequenz der Grundperiode N erhält, wenn:

$$m\frac{T}{T_s} = N \tag{1.13}$$

eine ganze Zahl N ergibt. Das Verhältnis T/T_s muss eine rationale Zahl sein, um einen Wert m zu finden, so dass beim Abtasten des periodischen, kontinuierlichen Signals eine periodische, zeitdiskrete Sequenz entsteht.

In Abb. 1.5 ist oben ein kontinuierliches periodisches Signal dargestellt und darunter das mit $T/T_s = 10/3$ abgetastete Signal gezeigt. Der kleinste Wert m, der aus $mT/T_s = N$ eine ganze Zahl N ergibt, ist $m = 3$. Man erhält somit $N = 10$.

Im Skript `periodisch_1.m` ist dieses Beispiel programmiert. Durch Ändern der Parameter, z.B. $T = 2\pi$ und $T = 2$ ist das Verhältnis T/T_s keine rationale Zahl und das abgetastete Signal ist nicht mehr periodisch.

```
% Skript periodisch_1.m, in dem die Abtastung
% eines periodischen Signals untersucht wird
clear;
% -------- Kontinuierliches Signal
T = 10;
%T = 2*pi
```

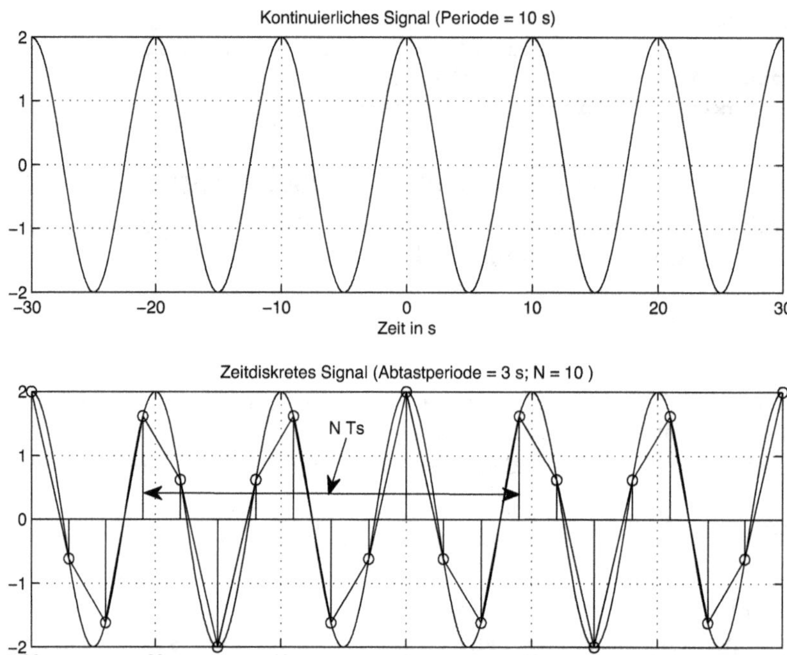

Abb. 1.5: Abtastung eines periodischen Signals (periodisch_1.m)

```
dt = T/1000;
t_min = -3*T;      t_max = 3*T;
tk = t_min:dt:t_max;
xk = 2*cos(2*pi*tk/T);
nk = length(xk);
% -------- Abgetastetes Signal
Ts = 3;
%Ts = 2;
td = t_min:Ts:t_max;
xd = 2*cos(2*pi*td/T);
% -------- Bestimmung des Wertes m
m = 1:1000;
k = find(rem(m*T, Ts)==0);  % Es wird der kleinste m gesucht,
N = m(min(k))*T/Ts;         % so dass m*T/Ts eine ganze Zahl ist
if isempty(k)
    disp('Es gibt keine Periode für das zeidiskrete Signal');
end;
figure(1);    clf;
subplot(211), plot(tk, xk);
   title(['Kontinuierliches Signal (Periode = ',num2str(T),' s)']);
   xlabel('Zeit in s');    grid on;
```

```
subplot(212), stem(td, xd);
   hold on;
   plot(tk, xk);
   plot(td, xd,'r');
   La = axis;       axis([min(tk), max(tk), La(3:4)]);
   hold off;
   title(['Zeitdiskretes Signal (Abtastperiode=',num2str(Ts),'s;',...
        ' N = ',num2str(N),' )']);
   xlabel('Zeit in s');    grid on;
```

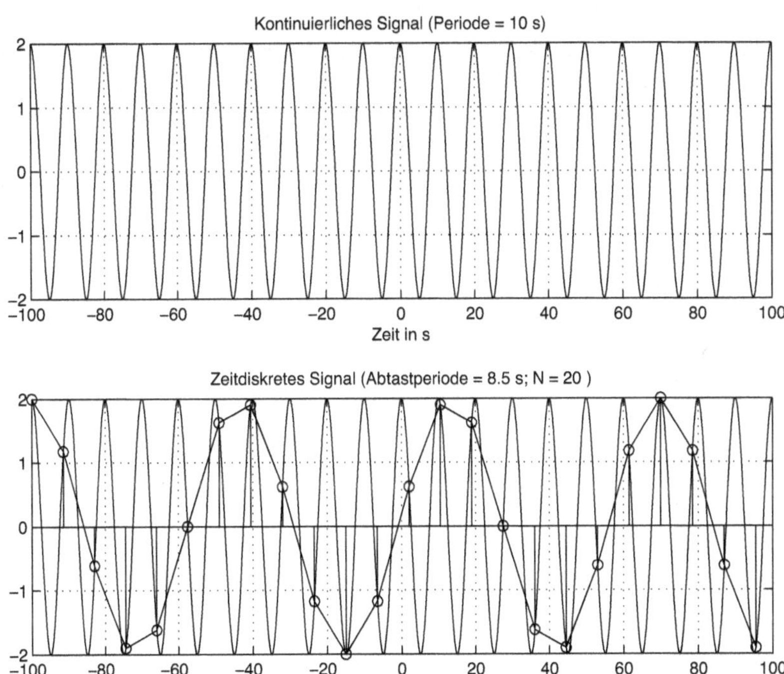

Abb. 1.6: Abtastung eines periodischen Signals mit Verletzung des Abtasttheorems (periodisch_1.m)

Diese Periodizität spielt praktisch keine große Rolle. Wichtig ist, dass man aus den Abtastwerten das ursprüngliche kontinuierliche Signal rekonstruieren kann. Die Abtastwerte wurden in Abb. 1.5 mit Geraden verbunden, um besser feststellen zu können, ob das Abtasttheorem [37] erfüllt ist. Das Theorem besagt, dass man aus den Abtastwerten das kontinuierliche Signal perfekt rekonstruieren kann, wenn die Abtastfrequenz f_s mindestens zwei mal größer als die höchste Frequenz des Signals ist:

$$f_s \geq 2f_{max} \qquad \text{oder} \qquad T_s \leq 0,5\,T_{min} \tag{1.14}$$

Bei dem cosinusförmigen Signal ist T_{min} die Periode T des Signals. Für $T = 10$ s und

$T_s = 3$ s ist die Bedingung erfüllt ($3 < 10/2$). In jeder Periode des kontinuierlichen Signals gibt es im Mittel 3,33... Abtastwerte. Wenn man die mit Geraden verbundenen Abtastwerte des zeitdiskreten Signals im Vergleich zum kontinuierlichen Signal sieht, kann man sich vorstellen, dass mit einer geeigneten Interpolationsfunktion das ursprüngliche kontinuierliche Signal rekonstruiert werden kann. Da spielt die Periodizität mit der Periode $N\,T_s > T$ keine Rolle.

Wenn das Abtasttheorem verletzt wird zum Beispiel mit $T = 10$ und $T_s = 8.5$, dann stellen die Abtastwerte ein periodisches, zeitdiskretes Signal dar, das nicht mehr durch Interpolation das ursprüngliche, kontinuierliche Signal ergibt. Es hat eine Verschiebung (englisch *Aliasing*) der Frequenz zu einer niedrigeren Frequenz stattgefunden. Dieses Phänomen wird später ausführlich untersucht.

Diesen Fall kann man im Skript `periodisch_1.m` simulieren, wenn diese Werte für T, T_s eingegeben werden und das Signal über `t_min=-10*T` und `t_max=10*T` dargestellt wird. Die Ergebnisse sind in Abb. 1.6 zu sehen. Die Periodizität des zeitdiskreten Signals mit $N = 20$ ist viel größer als die Periode des kontinuierlichen Signals, das daraus rekonstruiert wird und die nur ca. 6 Abtastperioden enthält.

1.2.7 Energie- und Leistungssignale

Zur Vereinfachung der Beziehungen werden in der Systemtheorie und der Nachrichtentechnik Leistungs- und Energiegrößen normiert betrachtet. Wenn $v(t)$ die Spannung an einem Widerstand R ist und der Strom durch ihn $i(t)$ ist, so ist die Augenblicksleistung $p(t)$ gegeben durch:

$$p(t) = \frac{v^2(t)}{R} = i^2(t)R \tag{1.15}$$

Normiert man nun den Widerstand auf den Wert $R = 1$ Ohm, so vereinfachen sich die Beziehungen zu

$$p(t) = v^2(t) = i^2(t) = x^2(t) \tag{1.16}$$

Damit ist die Augenblicksleistung einfach durch das Quadrat des Signals gegeben, unabhängig davon, ob das Signal eine Spannungs- oder eine Stromgröße ist.

Die gesamte Energie E und die mittlere Leistung P sind dann gegeben durch:

$$\begin{aligned} E &= \int_{-\infty}^{\infty} x^2(t)dt \\ P &= \lim_{T\to\infty} \frac{1}{T}\int_{-T/2}^{T/2} x^2(t)dt \end{aligned} \tag{1.17}$$

Handelt es sich bei dem Signal um ein komplexwertiges Signal, so muss in der Berechnung das Betragsquadrat verwendet werden, da Energien und Leistungen reellwertige Größen sind:

$$E = \int_{-\infty}^{\infty} |x^2(t)| dt$$
$$P = \lim_{T\to\infty} \frac{1}{T} \int_{-T/2}^{T/2} |x^2(t)| dt \tag{1.18}$$

Bei einem zeitdiskreten Signal $x[n]$ wird ähnlich die gesamte Energie E durch

$$E = \sum_{n=-\infty}^{\infty} |x[n]|^2 \tag{1.19}$$

berechnet und die mittlere Leistung P ist:

$$P = \lim_{N\to\infty} \frac{1}{2N+1} \sum_{n=-N}^{N} |x[n]|^2 \tag{1.20}$$

Da die Signale über den unendlichen Beobachtungszeitraum betrachtet werden, kann es sein, dass das Integral zur Berechnung der Energie divergent ist, d.h. dass das Signal eine unendliche Energie im unendlichen Beobachtungszeitraum hat. In diesem Fall ist es unpraktisch mit der Größe „Energie" zu arbeiten und man verwendet die Leistung, welche hoffentlich einen endlichen Wert annimmt. Dementsprechend kann man die Signale einteilen in:

- Energiesignale: $x(t)$ (oder $x[n]$) ist ein Energiesignal wenn das Signal im unendlichen Beobachtungszeitraum eine endliche Energie besitzt: $0 < E < \infty$. In diesem Fall ist die mittlere Leistung im unendlichen Beobachtungszeitraum Null: $P = 0$.
- Leistungssignale: $x(t)$ (oder $x[n]$) ist ein Leistungssignal, wenn das Signal eine endliche Leistung im unendlichen Beobachtungszeitraum besitzt: $0 < P < \infty$. In diesem Fall ist die Energie unendlich: $E = \infty$.
- Nicht klassifizierbar: Es gibt auch Signale, die im unendlichen Beobachtungszeitraum eine unendliche Leistung besitzen, z.B. $x(t) = e^t$. Solche Signale sind weder Energie- noch Leistungssignale.

Offensichtlich ist es physikalisch nur möglich, Energiesignale zu erzeugen, da unendliche Energie nicht zur Verfügung steht. Leistungssignale und nicht klassifizierbare Signale enstehen als eine mathematische Erweiterung durch die Ausdehnung des Beobachtungszeitraums ins Unendliche. Diese Erweiterung erleichtert aber die Behandlung der Signale, da sie von den Einschalt- und Ausschaltvorgängen abstrahiert.

Ein periodisches Signal ist ein Beispiel für ein Leistungssignal. Wegen der (angenommenen[3]) Periodizität braucht die mittlere Leistung nicht über den unendlichen

[3]Jedes physikalische Signal hat einen Anfang und ein Ende, also gibt es streng genommen auch keine periodischen Signale

Bereich berechnet zu werden, sondern die Mittelung kann über eine Periode erfolgen. Bei zeitdiskreten Sequenzen muss die Mittelung über die Periode des zeitdiskreten Signals erfolgen, welche, wie gezeigt, eine andere als die Periode des zeitkontinuierlichen Signals sein kann.

1.3 Grundlegende zeitkontinuierliche Signale

Es werden die grundlegenden zeitkontinuierlichen Signale eingeführt, die in den nächsten Kapiteln benutzt werden.

1.3.1 Der Einheitssprung

Der Einheitssprung oder die Einheitssprungfunktion $u(t)$ ist durch

$$u(t) = \begin{cases} 1 & t > 0 \\ 0 & t < 0 \end{cases} \tag{1.21}$$

definiert. Abb. 1.7a zeigt diese Funktion. Der Wert bei $t = 0$ ist nicht definiert und sie hat dort eine Unstetigkeitsstelle. Die Funktion $u(t - t_0)$ stellt die versetzte Einheitssprungfunktion dar. Für $t_0 > 0$ ist sie in Abb. 1.7b dargestellt.

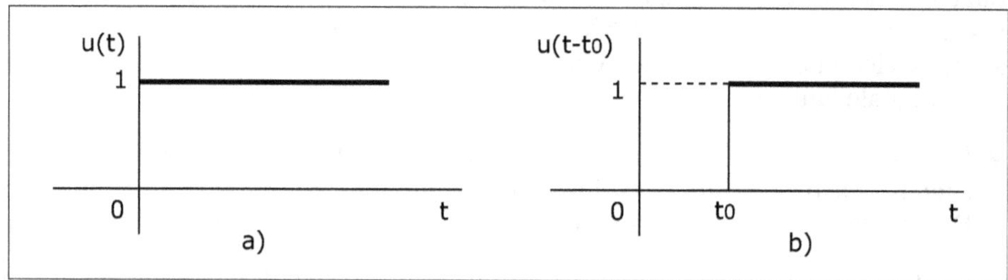

Abb. 1.7: a) Einheitssprungfunktion $u(t)$ b) Versetzte Einheitssprungfunktion

Die Antwort eines sich im Ruhezustand befindlichen linearen Systems auf die Einheitssprungfunktion charakterisiert das System vollständig und wird als Sprungantwort $s(t)$ bezeichnet [11]. Wenn man die Sprungantwort messen möchte, muss an dem Eingang des Systems ein Sprung angelegt werden, welcher natürlich dem Wertebereich des Systems angepasst sein muss.

Bei einem Verstärker dessen Eingangsspannung auf z.B. 10 μV begrenzt ist, kann man nicht einen Sprung mit einer Spannung von einem Volt anlegen. Dann wird die Antwort auf einen Sprung mit z.B. 5 μV gemessen. Man normiert die Eingangsspannung auf diesen Wert und erhält einen Einheitssprung, der dimensionslos ist. Die Ausgangsspannung wird auf denselben Wert normiert und man erhält die dimensionslose Sprungantwort. Einzelheiten werden später besprochen.

1.3.2 Die Einheitsimpulsfunktion

Die Einheitsimpulsfunktion $\delta(t)$, auch als Dirac-Delta-Funktion oder einfach Delta-Funktion bezeichnet [37], [19], spielt eine wichtige Rolle in der Untersuchung linearer Systeme. Sie wird oft über den Grenzwert einer konventionellen Funktion der Fläche gleich eins eingeführt, wie in Abb. 1.8 gezeigt:

$$\delta(t) = \begin{cases} 0 & t \neq 0 \\ \infty & t = 0 \end{cases} \tag{1.22}$$

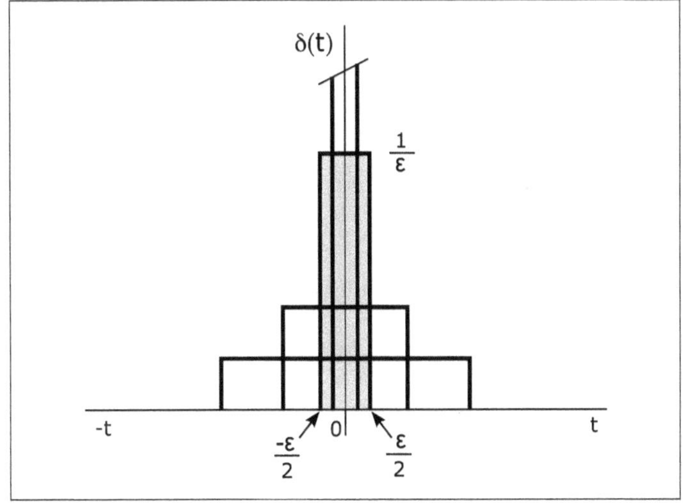

Abb. 1.8: Bildung der Einheitsimpulsfunktion

Aus dem Puls der Breite ϵ und der Höhe $1/\epsilon$ mit $\epsilon \to 0$ erhält man einen Puls der Fläche eins, infinitesimal breit und unendlich hoch, der eine "ingenieurmäßige" Vorstellung der Dirac-Deltafunktion bietet. Das Integral

$$\int_{-\epsilon}^{\epsilon} \delta(t)dt = 1 \tag{1.23}$$

kann für $\epsilon \to 0$ nicht mehr als ein Integral im Sinne von Riemann verstanden werden. Das bedeutet, dass $\delta(t)$ nicht als eine gewöhnliche mathematische Funktion aufgefasst werden kann, sondern im Rahmen der Distributionentheorie zu behandeln ist [2]. Korrekter wird sie durch

$$\int_{-\infty}^{\infty} \phi(t)\delta(t)dt = \phi(0) \tag{1.24}$$

definiert, wobei $\phi(t)$ eine gewöhnliche, bei $t = 0$ stetige Funktion ist. Sie wird auch als Testfunktion bezeichnet [33].

Das ist die sogenannte Ausblendeigenschaft der Dirac-Delta-Funktion. Die verzögerte Dirac-Delta-Funktion $\delta(t - t_0)$ wird dann durch

$$\int_{-\infty}^{\infty} \phi(t)\delta(t - t_0)dt = \phi(t_0) \tag{1.25}$$

definiert. Diese spezielle Funktion wird graphisch wie in Abb. 1.9 dargestellt.

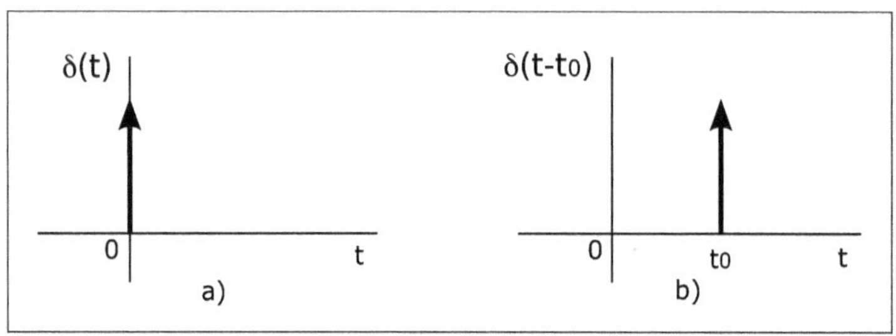

Abb. 1.9: Graphische Darstellung der Dirac-Delta-Funktion

Es gibt auch andere Funktionen, wie z.B. die Gauß-Funktion

$$f(t) = \frac{1}{\sigma\sqrt{2\pi}} e^{\left(-\frac{t^2}{2\sigma^2}\right)}, \tag{1.26}$$

die für $\sigma \to 0$ zu einem Einheitsimpuls führt.

Mit dem Skript `gauss_delta_1.m` wird die Abb. 1.10 erzeugt. Die Schar wird für σ zwischen 1 und 0.1 mit einer Schrittweite von 0.1 dargestellt. Man erkennt die Bildung des Dirac-Delta-Impulses.

In dem MATLAB-Skript `delta_extrak_1.m` kann man die Ausblendeigenschaft gemäß Gl. (1.24) und Gl. (1.25) simulieren:

```
% Skript delta_extrak_1.m, in dem die Extraktions-
% eigenschaft der Delta-Funktion erklärt wird
clear;
% ------- Signal und Delta-Funktion
m = -100:100;
dt = 0.1;          t = m*dt;
% Signal
phi_t = 2 - 0.1*t + 0.5*cos(2*pi*t/(200*dt));
% Delta Funktion
m0 = 26;           t0 = m0*dt;       % Extraktionsstelle
sigma = 0.1;
delta_t0 = (1/(sigma*sqrt(2*pi)))*exp(-0.5*((t - t0).^2)/(sigma^2));
figure(1);     clf;
```

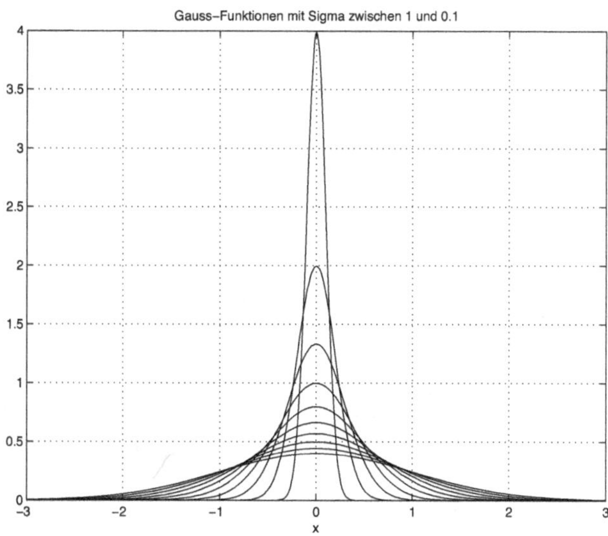

Abb. 1.10: Bildung der Einheitsimpulsfunktion aus der Gauß-Funktion

```
    subplot(211), plot(t, phi_t, t, delta_t0);
    title('Testfunktion phi(t) und \delta(t-t0)')
    xlabel(' t in s');  grid on;
% ------- Integral des Produktes phi_t*delta_t0
phi_ext = sum(phi_t.*delta_t0)*dt                    % Integral
% Funktionswert phi_t bei t0
phi_t0 = 2 - 0.1*t0 + 0.5*cos(2*pi*t0/(200*dt))     % phi(t0)
```

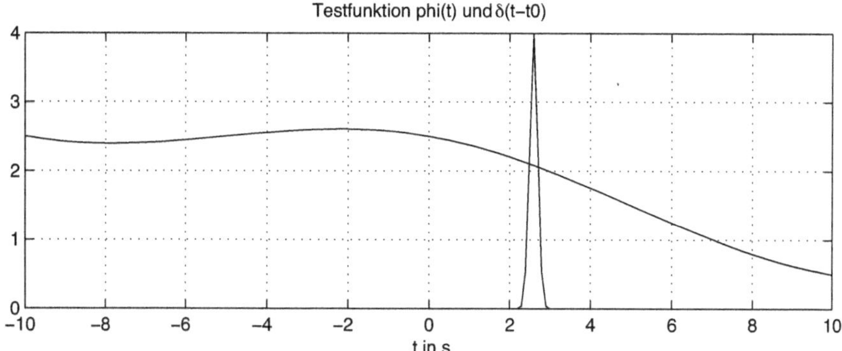

Abb. 1.11: Die Testfunktion $\phi(t)$ und die Delta-Funktion $\delta(t - t_0)$

Die Testfunktion $\phi(t)$ verläuft relativ flach im Bereich der angenäherten Delta-Funktion $\delta(t - t_0)$, wie Abb.1.11 zeigt und diese extrahiert sehr gut den Wert der Testfunktion:

```
phi_ext =     2.0821      % Extrahierter Wert
phi_t0 =      2.0823      % Korrekter Wert
```

Es wurde eine Annäherung der Delta-Funktion mit einer "Gauß-Glocke" gemäß Gl. (1.26) benutzt.

Die Antwort eines sich im Ruhezustand befindlichen Systems auf eine Delta-Funktion bezeichnet man als Impulsantwort und sie charakterisiert das System vollständig.

Die Delta-Funktion ist physikalisch nicht realisierbar, sondern nur ihre Annäherungen in Form von schmalen Pulsen oder der gezeigten Gauß-Glocke. Daher ist die Impulsantwort nur über diese Annäherungen messbar, wenn das reale System solche Anregungen erlaubt oder diese möglich sind. Man kann sich z.B. nicht vorstellen, die Dynamik einer Turbine über die Messung der Impulsantwort zu bestimmen.

In elektronischen Schaltungen ist eine solche Messung jedoch vorstellbar. Man nimmt einen Puls mit einer Amplitude, die von der Schaltung verkraftet wird, z.B. 5 V und einer Dauer, die viel kürzer als die zeitliche Ausdehnung der Impulsantwort ist, wie z.B. 10 μs. Dieser Puls und auch die Antwort werden dann mit der Fläche des Pulses ($5 \cdot 10^{-5}$ Vs) normiert. Der normierte Puls ist eine Annäherung der Delta-Funktion und hat die Einheit 1/s. Die Antwort in Volt gemessen und ebenfalls auf die Fläche normiert besitzt jetzt dieselbe Einheit 1/s und stellt eine Annäherung der Impulsantwort dar.

In der mechanischen Schwingungstechnik werden spezielle Hammerstösse benutzt, um Strukturen anzuregen. Die Stoßkraft des Hammers wird über ein Piezosensor am Hammer registriert und sieht meist wie eine Gauß-Glocke aus. Die normierte Antwort stellt dann eine Annäherung der Impulsantwort dar.

Eigenschaften der Delta-Funktion

Es werden ohne Beweise die wichtigsten Eigenschaften der Delta-Funktion angegeben. Sie können nicht mit den konventionellen Verfahren der Mathematik überprüft werden, sondern man muss die Theorie der Distributionen oder der verallgemeinerten Funktionen anwenden.

$$\delta(at) = \frac{1}{|a|}\delta(t) \tag{1.27}$$

$$x(t)\delta(t) = x(0)\delta(t) \quad \text{wenn } x(t) \text{ stetig bei } t = 0 \tag{1.28}$$

$$x(t)\delta(t-t_0) = x(t_0)\delta(t-t_0) \quad \text{wenn } x(t) \text{ stetig bei } t = t_0 \tag{1.29}$$

Jedes zeitkontinuierliche Signal $x(t)$ kann durch

$$x(t) = \int_{-\infty}^{\infty} x(\tau)\delta(t-\tau)d\tau \tag{1.30}$$

ausgedrückt werden.

Die Ableitung des Einheitssprunges $u(t)$ ist die Delta-Funktion $\delta(t)$:

$$\delta(t) = \frac{du(t)}{dt} \tag{1.31}$$

Daraus ergibt sich für den Einheitssprung folgendes Integral:

$$u(t) = \int_{-\infty}^{t} \delta(\tau)d\tau \tag{1.32}$$

Weil $u(t)$ bei $t = 0$ nicht definiert ist (siehe Gl. (1.21)) ist die Ableitung aus Gl. (1.31) keine Ableitung im herkömmlichen mathematischen Sinn. Es ist eine Ableitung für Distributionen oder verallgemeinerten Funktionen [2], kann aber ingenieursmäßig wie eine normale Ableitung angesehen werden.

Eine für später wichtige Form der Delta-Funktion ist:

$$\delta(t) = \frac{1}{2\pi}\int_{-\infty}^{\infty} e^{j\omega t}d\omega \quad \text{oder} \quad \delta(t) = \int_{-\infty}^{\infty} e^{j2\pi ft}df \tag{1.33}$$

Sie stellt letzendlich die Delta-Funktion als die Fourier-Rücktransformierte des konstanten Signals $x(t) = 1$ dar. Als duale Funktion (also Zeit- und Frequenzbereich vertauscht) erhält man:

$$\delta(\omega) = \frac{1}{2\pi}\int_{-\infty}^{\infty} e^{-j\omega t}dt \quad \text{oder} \quad \delta(f) = \int_{-\infty}^{\infty} e^{-j2\pi ft}dt \tag{1.34}$$

Ein kleines MATLAB-Skript soll als Beispiel die Bildung der Delta-Funktion $\delta(\omega)$ zeigen:

```
% Skript delta_omega_1.m, in dem die Delta-Funktion
% über ein Integral gebildet wird
clear;
d_omega = 0.001;                % Schritt für Omega
omega = -1:d_omega:1;           nw = length(omega);
dt = 0.1;                       % Schritt für Zeit
%#################
tmax1 = 50;
t = -tmax1:dt:tmax1;
delta1 = zeros(1, nw);          % Initialisierung
for k = 1:nw
    delta1(1,k)= sum(exp(-j*omega(k)*t))*dt/(2*pi);
end;
%#################
```

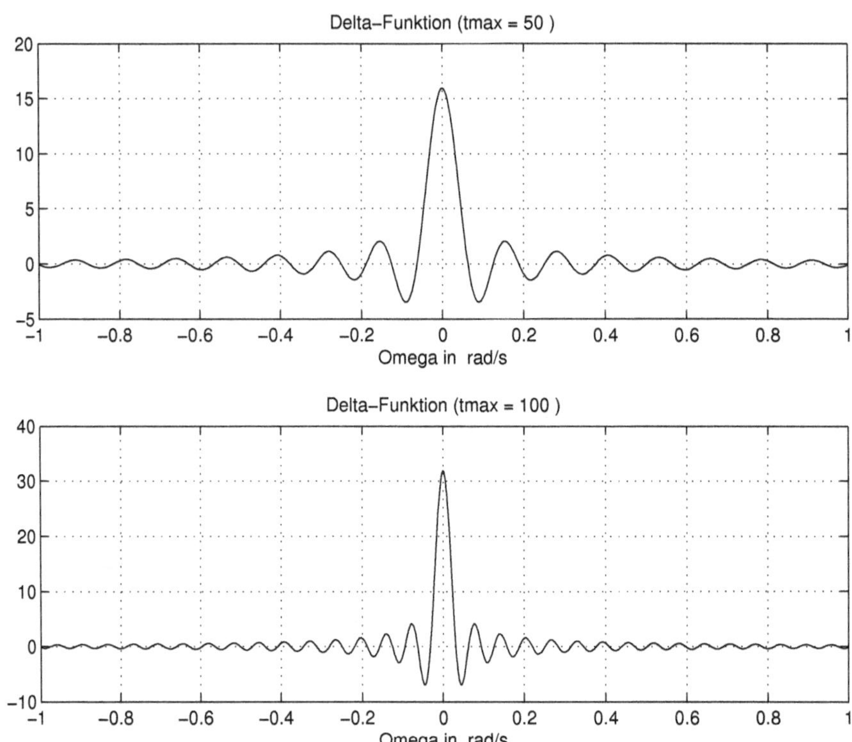

Abb. 1.12: Annäherung der Delta-Funktion über ein Integral (delta_omega_1.m)

```
tmax2 = 100;
t = -tmax2:dt:tmax2;
delta2 = zeros(1, nw);      % Initialisierung
for k = 1:nw
    delta2(1,k)= sum(exp(-j*omega(k)*t))*dt/(2*pi);
end;
figure(1);    clf;
subplot(211), plot(omega, real(delta1));
   title(['Delta-Funktion (tmax = ', num2str(tmax1),' )']);
   xlabel('Omega in  rad/s');   grid on;
subplot(212), plot(omega, real(delta2));
   title(['Delta-Funktion (tmax = ', num2str(tmax2),' )']);
   xlabel('Omega in  rad/s');   grid on;
% ------- Fläche
flaeche1 = sum(delta1)*d_omega,       flaeche2 = sum(delta2)*d_omega
```

Je mehr Terme in der Annäherung des Integrals verwendet werden, umso besser wird die Annäherung der Delta-Funktion. Das wird über den Parameter `tmax` gesteuert. Abb. 1.12 zeigt oben die Annäherung der Delta-Funktion für `tmax = 50` und unten für `tmax = 100`. Die Annäherung wird über die Fläche überprüft, die gleich eins sein muss:

```
flaeche1 =    0.9876 - 0.0000i               % tmax = 50
flaeche2 =    0.9942 + 0.0000i               % tmax = 100
```

1.3.3 Komplexwertige harmonische Schwingung

Die komplexwertige harmonische Schwingung ist für die Theorie linearer Systeme eine sehr wichtige Funktion:

$$x(t) = e^{j\omega_0 t} = \cos(\omega_0 t) + j\,\sin(\omega_0 t) \tag{1.35}$$

Mit der Euler-Formel wird das Signal in seinen Real- und seinen Imaginärteil zerlegt. Das Signal ist periodisch mit der Periode T_0:

$$T_0 = \frac{2\pi}{\omega_0} \tag{1.36}$$

Der Kehrwert dieser Periode ist die Grundfrequenz $f_0 = 1/T_0$ des periodischen Signals, das auch wie folgt dargestellt wird:

$$x(t) = e^{j2\pi f_0 t} = \cos(2\pi f_0 t) + j\,\sin(2\pi f_0 t) \tag{1.37}$$

Es kann auch einen Phasenversatz enthalten:

$$x(t) = e^{j(2\pi f_0 t + \varphi)} = \cos(2\pi f_0 t + \varphi) + j\,\sin(2\pi f_0 t + \varphi) \tag{1.38}$$

Verallgemeinerte komplexwertige harmonische Schwingung

Für die komplexe Zahl $s = \sigma + j\omega$ wird ein komplexwertiges Signal

$$x(t) = e^{s\,t} = e^{(\sigma + j\omega)t} = e^{\sigma t}\big(\cos(\omega t) + j\,\sin(\omega t)\big) \tag{1.39}$$

definiert. Der Realteil $e^{\sigma t}\cos(\omega t)$ und der Imaginärteil $e^{\sigma t}\sin(\omega t)$ sind ansteigende (für $\sigma > 0$) oder gedämpfte (für $\sigma < 0$) Schwingungen.

Abb. 1.13 zeigt links den Real- und Imaginärteil einer ansteigenden harmonischen Schwingung und rechts den Real- und Imaginärteil einer gedämpften harmonischen Schwingung. Die Abbildung wurde mit dem Skript `exponential_1.m` erzeugt.

Reellwertiges Exponentialsignal

Mit der reellen Zahl $s = \sigma$ erhält man das reellwertige Exponentialsignal:

$$x(t) = e^{st} = e^{\sigma t} \tag{1.40}$$

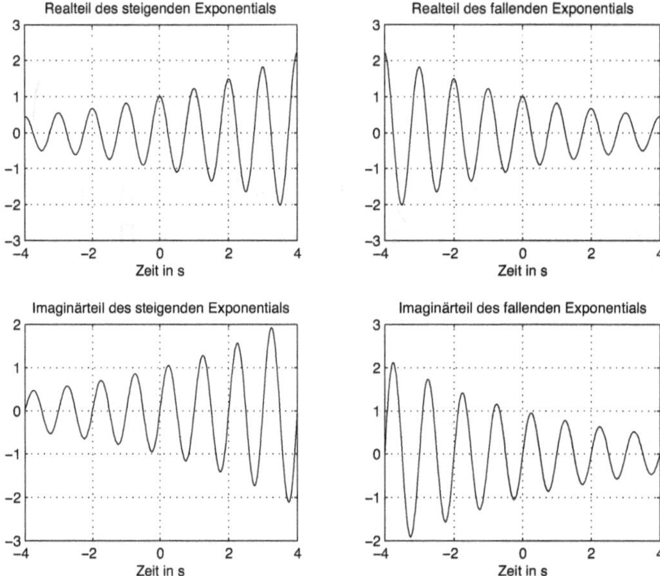

Abb. 1.13: Steigendes und fallendes komplexes Exponentialsignal (exponential_1.m)

Für $\sigma > 0$ ist das Signal eine ansteigende Exponentialfunktion und für $\sigma < 0$ ergibt sich eine fallende Exponentialfunktion, wie in Abb. 1.14 dargestellt. Die Abbildung wurde mit dem Skript `exponential_2.m` erzeugt.

1.3.4 Reellwertige harmonische Schwingung

Eine reellwertige harmonische Schwingung ist durch

$$x(t) = \hat{x}\cos(\omega_0 t + \theta) \tag{1.41}$$

gegeben, wobei mit $\hat{x} \geq 0$ die Amplitude und mit ω_0 die Frequenz in rad/s bezeichnet sind. Der Winkel θ stellt die Phasenverschiebung dar, die man sehr einfach in einer Zeitverschiebung umwandeln kann:

$$x(t) = \hat{x}\cos(\omega_0(t + \frac{\theta}{\omega_0})) \quad \text{mit} \quad \tau = \frac{\theta}{\omega_0} \tag{1.42}$$

Eine positive Phasenverschiebung $\theta > 0$ bedeutet eine Voreilung relativ zum Signal der Phasenverschiebung null und eine negative Phasenverschiebung $\theta < 0$ stellt eine Nacheilung relativ zum gleichen Signal der Phasenverschiebung null dar.

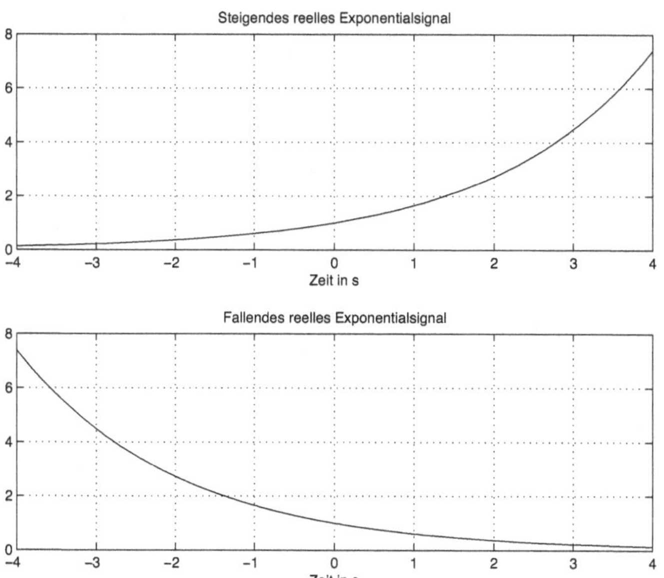

Abb. 1.14: Steigendes und fallendes reelles Exponentialsignal (exponential_2.m)

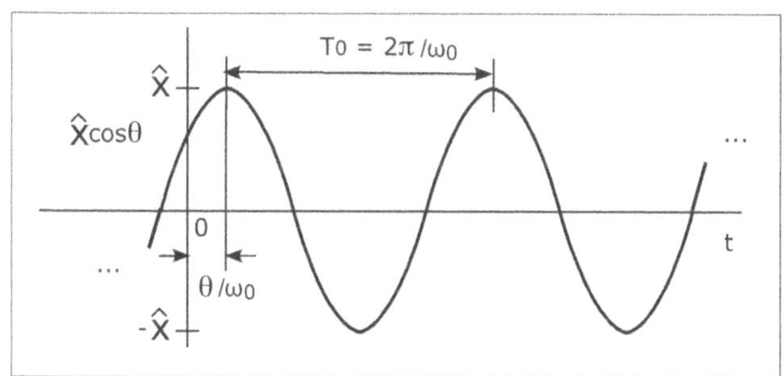

Abb. 1.15: Zeitkontinuierliches sinusförmiges Signal

Die Periode T_0 und Frequenz f_0 des sinusförmigen Signals sind:

$$T_0 = \frac{2\pi}{\omega_0} \qquad \text{und} \qquad f_0 = \frac{1}{T_0} \tag{1.43}$$

Über die Euler-Formel werden die sinusförmige Signale auch durch

$$A\cos(\omega_0 t + \theta) = \mathcal{R}e\{e^{j(\omega_0 t+\theta)}\} \qquad \text{und} \qquad A\sin(\omega_0 t + \theta) = \mathcal{I}m\{e^{j(\omega_0 t+\theta)}\} \tag{1.44}$$

ausgedrückt, wobei durch $\mathcal{R}e\{\}$ der Realteil und durch $\mathcal{I}m\{\}$ der Imaginärteil bezeichnet wurden.

Abb. 1.15 zeigt eine zeitkontinuierliche harmonische Schwingung und deren Parameter. Die Darstellung entspricht einer negativen Phasenverschiebung $\theta < 0$, was eine Zeitverzögerung bedeutet.

1.4 Grundlegende zeitdiskrete Signale

Es werden die grundlegenden zeitdiskreten Signale eingeführt, die in den nächsten Kapiteln benutzt werden.

1.4.1 Einheitssprungsequenz

Die Einheitssprungsequenz $u(nT_s) = u[n]$ ist durch

$$u[n] = \begin{cases} 1 & n \geq 0 \\ 0 & n < 0 \end{cases} \tag{1.45}$$

definiert.

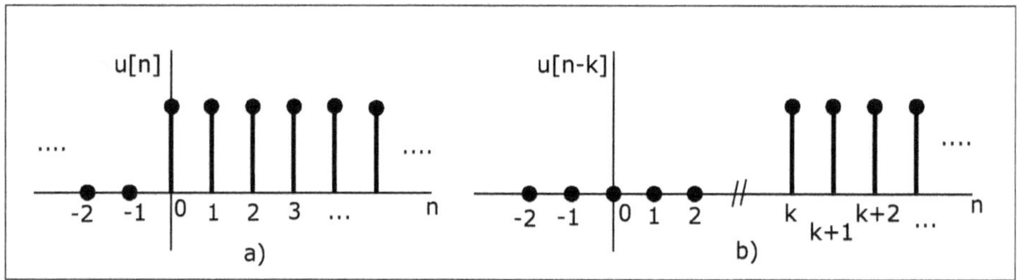

Abb. 1.16: a) Einheitssprungsequenz b) verzögerte Einheitssprungsequenz

Im Gegensatz zum zeitkontinuierlichen Einheitssprung $u(t)$, der für $t = 0$ nicht definiert ist, hat die Einheitssprungsequenz $u[n]$ bei $n = 0$ den Wert eins, wie in Abb. 1.16a gezeigt. Die verzögerte Einheitssprungsequenz $u[n-k]$ ist durch

$$u[n-k] = \begin{cases} 1 & n \geq k \\ 0 & n < k \end{cases} \tag{1.46}$$

definiert und in Abb. 1.16b dargestellt.

1.4.2 Einheitsimpulssequenz

Die Einheitsimpulssequenz, bezeichnet mit $\delta[n]$, ist durch

$$\delta[n] = \begin{cases} 1 & n = 0 \\ 0 & n \neq 0 \end{cases} \tag{1.47}$$

definiert. Die verzögerte Einheitsimpulssequenz ist dann:

$$\delta[n-k] = \begin{cases} 1 & n = k \\ 0 & n \neq k \end{cases} \tag{1.48}$$

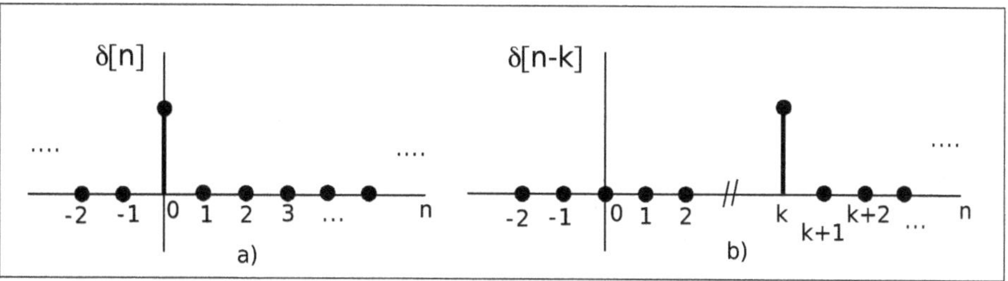

Abb. 1.17: a) Einheitsimpulssequenz b) Verzögerte Einheitsimpulssequenz

Abb. 1.17 zeigt die Einheitsimpulssequenz und die verzögerte Einheitsimpulssequenz. Im Gegensatz zur Delta-Funktion $\delta(t)$ aus dem zeitkontinuierlichen Bereich ist die Einheitsimpulssequenz $\delta[n]$ mathematisch einfach zu definieren. Es bestehen die Beziehungen:

$$x[n]\delta[n] = x[0]\delta[n] \tag{1.49}$$

$$x[n]\delta[n-k] = x[k]\delta[n-k] \tag{1.50}$$

Die Verbindung zur Einheitssprungsequenz ist in folgenden Gleichungen beschrieben:

$$\delta[n] = u[n] - u[n-1] \tag{1.51}$$

$$u[n] = \sum_{k=-\infty}^{n} \delta[k] = \sum_{k=0}^{\infty} \delta[n-k] \tag{1.52}$$

Für $n < 0$, gibt es in den Summen keine einzige Einheitspulsfunktion $\delta[k],\ k \in (-\infty, n]$ oder $\delta[n-k],\ k \in [0, \infty)$ verschieden von null. Nur für $n \geq 0$ erhält man je eine Einheitspulsfunktion verschieden von null.

Basierend auf Gl. (1.48) kann jede zeitdiskrete Sequenz $x[n]$ durch

$$x[n] = \sum_{k=-\infty}^{\infty} x[k]\delta[n-k] \tag{1.53}$$

ausgedrückt werden.

Als Beispiel wird folgende Sequenz angenommen:

```
x[n]        -2   4   8  -9  10
n           -3  -2  -1   0   1
```

Die erste Zeile stellt die Werte der Sequenz dar und die zweite Zeile zeigt die entsprechenden Indizes der Werte. Mit Hilfe des "Operators" $\delta[n]$ kann die Sequenz durch

$$x[n] = (-2)\delta[n+3] + (4)\delta[n+2] + (8)\delta[n+1] + (-9)\delta[n] + (10)\delta[n-1] \quad (1.54)$$

dargestellt werden. Wenn z.B. $n = -3$ ist, dann ist nur $\delta[n+3] = 1$ und der Wert der Sequenz ist -2. Ebenso gilt für $n = 1$, dass nur $\delta[n-1] = 1$ und der Wert der Sequenz ist 10.

1.4.3 Komplexe Exponentialsequenz

Die komplexe Exponentialsequenz ist durch

$$x(nT_s) = e^{j\omega_0 nT_s} = x[n] = e^{j\Omega_0 n} \quad (1.55)$$

gegeben. Der Parameter Ω_0 kann als eine normierte "Frequenz" angesehen werden:

$$\Omega_0 = \omega_0 T_s = 2\pi\frac{f}{f_s} \qquad \text{mit} \qquad f_s = \frac{1}{Ts} \quad (1.56)$$

Über die Euler-Formel kann man diese komplexe Sequenz wie folgt zerlegen:

$$x[n] = e^{j\Omega_0 n} = \cos(\Omega_0 n) + j\sin(\Omega_0 n) \quad (1.57)$$

Periodizität der komplexen Exponentialsequenz

Die Sequenz $e^{j\Omega_0 n}$ ist nicht periodisch für alle Werte von Ω_0. Um eine periodische Sequenz der Periode N zu erhalten muss:

$$\frac{\Omega_0}{2\pi} = \frac{m}{N} \qquad m = \text{positive ganze Zahl} \quad (1.58)$$

Anders ausgedrückt, $\Omega_0/(2\pi)$ muss eine rationale Zahl sein. Die Grundperiode N_0 ist die kleinste ganze Zahl für die gilt:

$$N_0 = m\left(\frac{2\pi}{\Omega_0}\right) \qquad m = \text{positive ganze Zahl} \quad (1.59)$$

Aus

$$e^{j(\Omega_0+2\pi k)n} = e^{j\Omega_0 n}e^{j2\pi kn} = e^{j\Omega_0 n} \qquad \text{weil} \qquad e^{j2\pi kn} = 1 \quad (1.60)$$

geht hervor, dass man dieselbe Sequenz erhält für alle Frequenzen $(\Omega_0 \pm 2k\pi)$. Somit muss man bei komplexen Exponentialsequenzen nur ein Intervall der Länge 2π für die Frequenz Ω_0 betrachten. Üblich ist das Intervall $0 \leq \Omega_0 < 2\pi$ oder das Intervall $-\pi \leq \Omega_0 < \pi$.

Die allgemeine komplexe Exponentialsequenz

Als allgemeine Exponentialsequenz wird die Sequenz

$$x[n] = C\alpha^n \tag{1.61}$$

angenommen, wobei C und α komplexe Zahlen sein können. Die komplexe Exponentialsequenz ergibt sich für $C = 1$ und $\alpha = e^{j\Omega_0}$.

Wenn C und α reell sind, dann ist $x[n]$ eine reelle Exponentialsequenz. Es können vier Arten von Sequenzen auftreten: $\alpha > 1$ (Abb. 1.18a); $0 < \alpha < 1$ (Abb. 1.18b); $-1 < \alpha < 0$ (Abb. 1.18c) und $\alpha < -1$ (Abb. 1.18d). Diese Sequenzen werden beispielhaft im Skript `exponential_3.m` erzeugt.

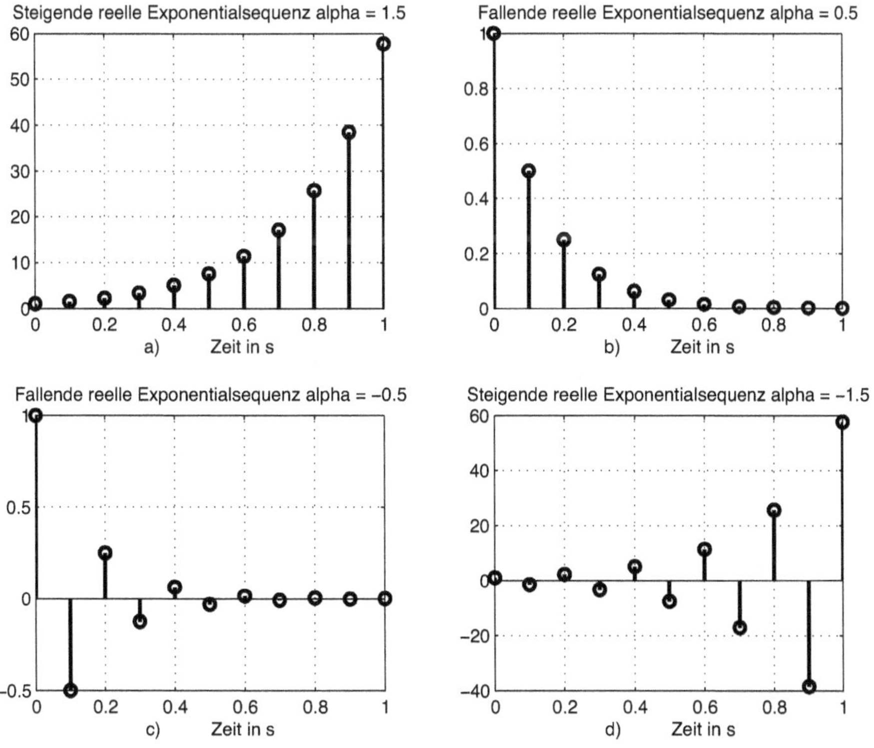

Abb. 1.18: Steigende und fallende reelle Exponentialsequenzen (exponential_3.m)

Reellwertige harmonische Sequenz

Die reellwertige harmonsiche Sequenz ist durch

$$x[n] = \hat{x}\cos(\Omega_0 n + \theta) \quad \text{oder} \quad x[n] = \hat{x}\mathcal{R}e\{e^{j(\Omega_0 n+\theta)}\} \tag{1.62}$$

gegeben. Vielmals wird die Amplitude $\hat{x}$ mit $A > 0$ bezeichnet. Sie ist periodisch mit der Grundperiode N_0 unter derselben Bedingung wie sie in Gl. (1.59) für die komplexe Exponentialsequenz angegeben wurde. Im Skript `period_seq_1.m` werden eine periodische Sequenz mit $\Omega_0 = 0,2\pi$ und eine nicht periodische Sequenz mit $\Omega_0 = 0,6$ erzeugt. Abb. 1.19 zeigt die beiden Sequenzen. Bei der unteren sieht man, dass sich die Werte nicht periodisch wiederholen.

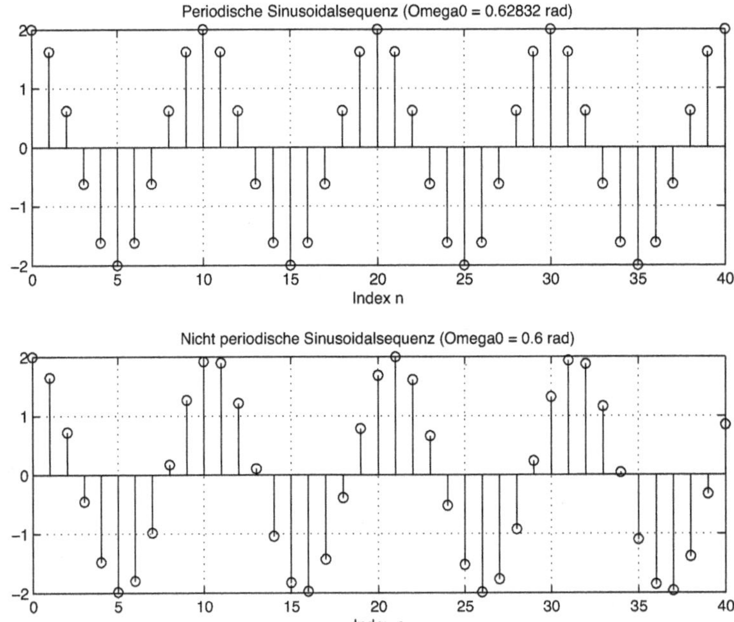

Abb. 1.19: Periodische und nicht periodische harmonische Sequenz (period_seq_1.m)

```
% Skript period_seq_1.m, in dem sinusoidale
% Sequenzen erzeugt werden
clear;
% -------- Periodische Sequenz
Omega_01 = 0.2*pi;
m = 1:1000;
k=find(rem(m*2*pi,Omega_01)==0); % Es wird der kleinste m gesucht,
N_0=m(min(k))*2*pi/Omega_01; % so dass m*2*pi/Omega_0 ganze Zahl ist
if isempty(k)
    disp('Es gibt keine Periode für das zeidiskrete Signal 1');
```

```
end;
n = 0:40;
A = 2;        theta = 0;
x1 = A*cos(Omega_01*n + theta);       % Periodische Sequenz
% -------- Nicht periodische Sequenz
Omega_02 = 0.6;
m = 1:1000;
k=find(rem(m*2*pi,Omega_02)==0);% Es wird der kleinste m gesucht,
N_0=m(min(k))*2*pi/Omega_02;% so dass m*2*pi/Omega_0 ganze Zahl ist
if isempty(k)
    disp('Es gibt keine Periode für das zeidiskrete Signal 2');
end;
x2 = A*cos(Omega_02*n + theta);       % Nicht periodische Sequenz
figure(1);    clf;
subplot(211), stem(n, x1);
   title(['Periodische Sinusoidalsequenz (Omega0 = ',...
       num2str(Omega_01),' rad)']);
   xlabel('Index n');    grid on;Interval
subplot(212), stem(n, x2);
   title(['Nicht periodische Sinusoidalsequenz (Omega0 = ',...
       num2str(Omega_02),' rad)']);
   xlabel('Index n');    grid on;
```

Man kann sich vorstellen, dass beide Sequenzen aus Abb. 1.19 aus zeitkontinuierlichen Signalen hervorgehen, die man als Hüllkurve der Graphen noch erkennen kann. Das Abtasttheorem ist bei beiden erfüllt, weil mehr als zwei Abtastwerte in einer Periode vorhanden sind.

Wenn angenommen wird, dass die Abtastfrequenz $f_s = 10$ Hz ist, kann man die Frequenz f_0 der zeitkontinuierlichen Signale, die sich durch Rekonstruktion ergeben, berechnen. Aus

$$\Omega_0 = 2\pi \frac{f_0}{f_s} \tag{1.63}$$

erhält man für diese Frequenzen folgende Werte:

$$\begin{aligned} f_{01} &= \Omega_{01} \frac{f_s}{2\pi} = 0,2\pi \frac{10}{2\pi} = 1 \; Hz \\ f_{02} &= \Omega_{02} \frac{f_s}{2\pi} = 0,6 \frac{10}{2\pi} = 0,9549 \;\; Hz \end{aligned} \tag{1.64}$$

Ein Rekonstruktionsalgorithmus ergibt aus den zeitdiskreten Werten die zeitkontinuierlichen, periodischen Signale der ermittelten Frequenzen.

Da die Abtastwerte von einer unendlichen Anzahl kontinuierlicher Signale hervorgehen können [27], sind die rekonstruierten kontinuierlichen Signale die partikulären Signale deren Frequenzen im Bereich $0 < f_0 < f_s/2$ liegen. Dieser Bereich wird oft als erster Nyquist-Bereich bezeichnet [8].

Dieser Sachverhalt stellt die Mehrdeutigkeit der zeitdiskreten Signale mit gleichmäßigen Abtastintervallen dar, die im nächsten Abschnitt besprochen wird.

1.4.4 Gleichmäßige Abtastung als Ursache der Mehrdeutigkeit

Die Mehrdeutigkeit der zeitdiskreten Signale kann am einfachsten mit Hilfe eines sinusförmigen Signals $x(t)$ der Frequenz f und Amplitude $\hat{x} = 1$ erklärt werden [27]. Das Signal $x(t)$ wird im eingeschwungenen Zustand angenommen und durch

$$x(t) = \cos(2\pi f t) \tag{1.65}$$

ausgedrückt. Es wird mit einer Abtastfrequenz $f_s = 1/T_s$ gleichmäßig abgetastet:

$$x(nT_s) = x(t)\Big|_{t=nT_s} = \cos(2\pi f nT_s) = \cos(2\pi f nT_s + m2\pi) \tag{1.66}$$

Der letzte Ausdruck ergibt sich aus der 2π Periodizität der trigonometrischen Funktion, wobei m eine ganze Zahl sein muss. Das Signal kann auch wie folgt geschrieben werden:

$$x(nT_s) = \cos(2\pi(f + \frac{m}{nT_s})nT_s) = \cos(2\pi(f + k\ f_s)nT_s) \tag{1.67}$$

Da m beliebig sein kann, gibt es für jedes n unendlich viele Werte m, so dass m/n eine ganze Zahl k ist. Die innere Klammer stellt jetzt eine Frequenz dar, die mit f_k bezeichnet wird:

$$f_k = f_0 + k\ f_s \qquad \text{mit} \qquad k = 0,\ \pm 1,\ \pm 2,\ \pm 3,\ \ldots \tag{1.68}$$

Das Ergebnis aus Gl.(1.67) zeigt, dass unendlich viele kontinuierliche Signale der Frequenz f_k, mit $k \in \mathbb{Z}$, die gleichen Abtastwerte ergeben, wenn sie mit der Abtastfrequenz f_s abgetastet werden. Mit anderen Worten, man kann aus den Abtastwerten nicht eindeutig das kontinuierliche Signal der Frequenz f_k, das zu den Abtastwerten geführt hat, rekonstruieren. Nur wenn das Abtasttheorem erfüllt ist ($f_{max} < f_s/2$), ergibt die Rekonstruktion mit einem Interpolationsverfahren das zeitkontinuierliche Ursprungssignal.

Es wird als Beispiel ein Signal der Frequenz $f = 4000$ Hz, das mit $f_s = 5000$ Hz abgetastet wird, untersucht. Das Abtasttheorem ist nicht erfüllt weil $f > f_s/2$ ist. Die Tabelle 1.4.4 zeigt einige Frequenzen der zeitkontinuierlichen Signale, die gleiche Abtastwerte ergeben.

Ungewohnt sind die negativen Frequenzen. Allerdings ändert die negative Frequenz nur das Argument der Cosinus- oder Sinusfunktion. Das Argument kann aber leicht in einen positiven Wert umgewandelt werden. Da die Cosinusfunktion gerade ist führen negative und positive Frequenzen zu derselben Schwingung. Bei Sinusfunktionen entspricht die Schwingung der negativen Frequenz der Schwingung der positiven Frequenz, verzögert um die Phase π. Im Falle komplexer Exponentialfunktionen sind Schwingungen mit negativen Frequenzen Zeiger, die sich in mathematisch negativem Sinn drehen.

Im Skript `mehrdeut_1.m` werden die Signale für $k = 0, \ -1, \ -2$ erzeugt und dargestellt. Da sinusförmige Signale angenommen werden, werden die negativen Argumente für $k = -1, \ -2$ entsprechend geändert.

Tabelle 1.1: Frequenzen f_k für $f = 4000Hz$ und $f_s = 5000Hz$

k	f_k in Hz
0	4000
1	9000
-1	-1000
2	14000
-2	-6000
...	...

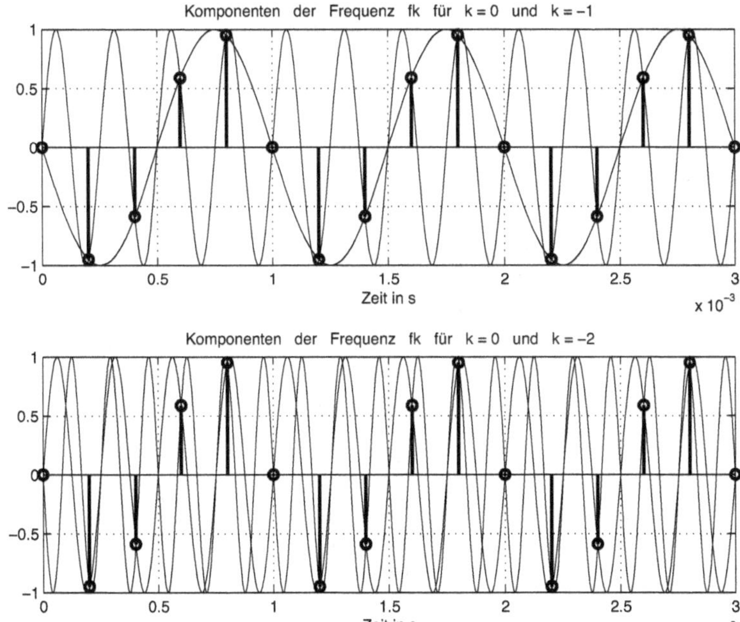

Abb. 1.20: Signale der Frequenzen f_k für $k = 0,\ -1,\ -2$ und $f_s = 5000$ Hz (mehrdeutig_1.m)

```
% Skript mehrdeutig_1.m, in dem die Mehrdeutigkeit
% gleichmäßiger, abgetasteter Signale untersucht wird
clear;
% ------- Zeitachse
f1 = 4000;      T1 = 1/f1;        k1 = 0;  % k = 0
f2 = -1000;     T2 = 1/abs(f2); k2 = -1; % k = -1
f3 = -6000;     T3 = 1/abs(f3); k3 = -2; % k = -2
```

```
dt = min([T1, T2, T3])/100;
tmin = 0;     tmax = 3*max([T1,T2,T3]);
t = tmin:dt:tmax;
fs = 5000;     % Für f1 und f3 ist das Abtasttheorem nicht erfüllt
Ts = 1/fs;
% Kontinuierliche Signale
x1 = sin(2*pi*f1*t);
x2 = sin(-2*pi*f2*t + pi);  % Geändert wegen f2, f3 < 0
x3 = sin(-2*pi*f3*t + pi);
% Abgetastetes Signal
td = 0:Ts:tmax;
xd = sin(2*pi*f1*td);
figure(1);    clf;
subplot(211), plot(t, x1, t, x2);            hold on;
   stem(td, xd, 'Linewidth', 2);             hold off;
   title(['Komponenten  der  Frequenz  fk  für  k = ',...
      num2str(k1),'  und  k = ',num2str(k2)]);
   xlabel('Zeit in s');   grid on;
subplot(212), plot(t, x1, t, x3);           hold on;
   stem(td, xd, 'Linewidth', 2);            hold off;
   title(['Komponenten  der  Frequenz  fk  für  k = ',...
      num2str(k1),'  und  k = ',num2str(k3)]);
   xlabel('Zeit in s');   grid on;
```

Abb.1.20 stellt die zeitkontinuierlichen Signale der Frequenzen f_k mit $k = 0, \ -1,$ -2 dar, die alle die gleichen Abtastwerte besitzen ($f_0 = 4000$ Hz, $f_s = 5000$ Hz). Ein Rekonstruktionsalgorithmus würde aus den Abtastwerten das zeitkontinuierliche Signal der Frequenz $f_2 = 1000$ Hz ergeben, das nicht dem ursprüngliche Signal der Frequenz $f_1 = 4000$ Hz entspricht. Es hat eine Verschiebung der Frequenz des ursprünglichen Signals stattgefunden, die als *Aliasing* bezeichnet wird [37].

1.4.5 Beispiel: Ton-Aliasing

Es wird ein Experiment programmiert, das die Verschiebung (*Aliasing*) im Frequenzbereich durch Abtastung veranschaulicht. Mit Hilfe eines *Chirp*-Audiosignals, also eines sinusförmigen Signals mit veränderlicher Frequenz, wird die mehrfache Verschiebung im ersten Nyquist-Intervall der Frequenz $0 < f < f_s/2$ vorgestellt.

Abb. 1.21 zeigt was passiert, wenn das Abtasttheorem nicht erfüllt ist. Die Frequenz des Chirp-Signals $f(t)$ steigt linear von $f = 0$ bis $f_{max} = 2f_s$. Die Frequenz des aus den Abtastwerten interpolierten Signals, steigt am Anfang auch, bis die Frequenz $f_s/2$ erreicht wird. Danach erfolgt eine Verschiebung und anstatt des eines Signals mit einer Frequenz zwischen $f_s/2 < f < f_s$ würde aus den Abtastwerten ein Signal mit einer Frequenz zwischen $0 < f < f_s/2$ rekonstruiert werden. Dieser Vorgang wiederholt sich, wie in Abb. 1.21 gezeigt ist.

Das Experiment ist im Skript `ton_aliasing_1` programmiert. Zuerst wird das Chirp-Signal generiert. Im Zeitintervall $0 < t < t_{max}$ soll sich dessen Frequenz zwi-

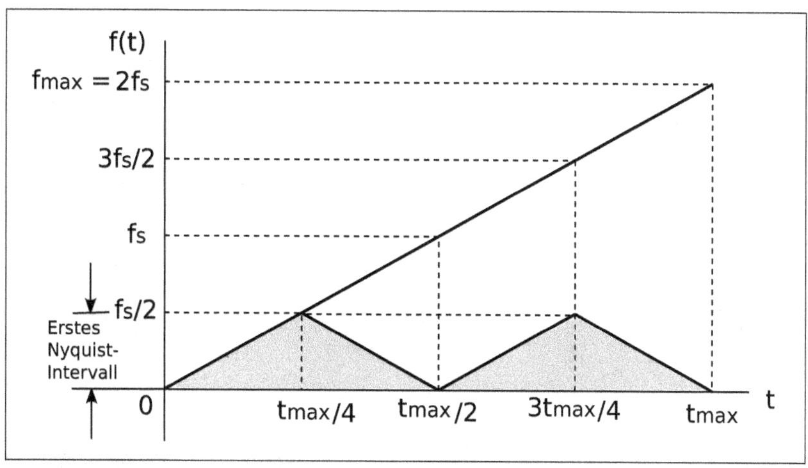

Abb. 1.21: Mehrfache Verschiebung (Aliasing) eines Chirp-Signals

schen $0 < f(t) < f_{max} = 2f_s$ ändern:

$$f(t) = \frac{f_{max}}{t_{max}}\, t \qquad \text{und} \qquad \omega(t) = 2\pi f(t) = 2\pi \frac{f_{max}}{t_{max}}\, t \tag{1.69}$$

Das Argument $\varphi(t)$ der cosinusförmigen Funktion, die das Chirp-Signal darstellt, wird durch Integration der Kreisfrequenz $\omega(t)$ erhalten:

$$\varphi(t) = \int_0^t \omega(\tau) d\tau = 2\pi \frac{f_{max}}{t_{max}} \frac{t^2}{2} \tag{1.70}$$

Das Chirp-Signal $x(t)$ wird dann durch

$$x(t) = \cos(\varphi(t)) = \cos\left(\pi \frac{f_{max}}{t_{max}} t^2\right) \tag{1.71}$$

gebildet. Aus dem kontinuierlichen Signal, das mit einer sehr kleinen Schrittweite erzeugt wird, wird danach das zeitdiskrete Signal gebildet:

```
% Skript ton_aliasing_1.m, in dem das Verschieben im
% erstem Nyquist-Intervall demonstriert wird
clear;
% ------- Chirp-Signal
fs = 10;        f0 = 0;        fmax = 2*fs;
tmax = 40;      dt = (1/fmax)/10;
t = 0:dt:tmax-dt;              nt = length(t);
% Frequenzfunktion
f = (fmax/tmax)*t;
omega = 2*pi*f;
% Phasenfunktion
```

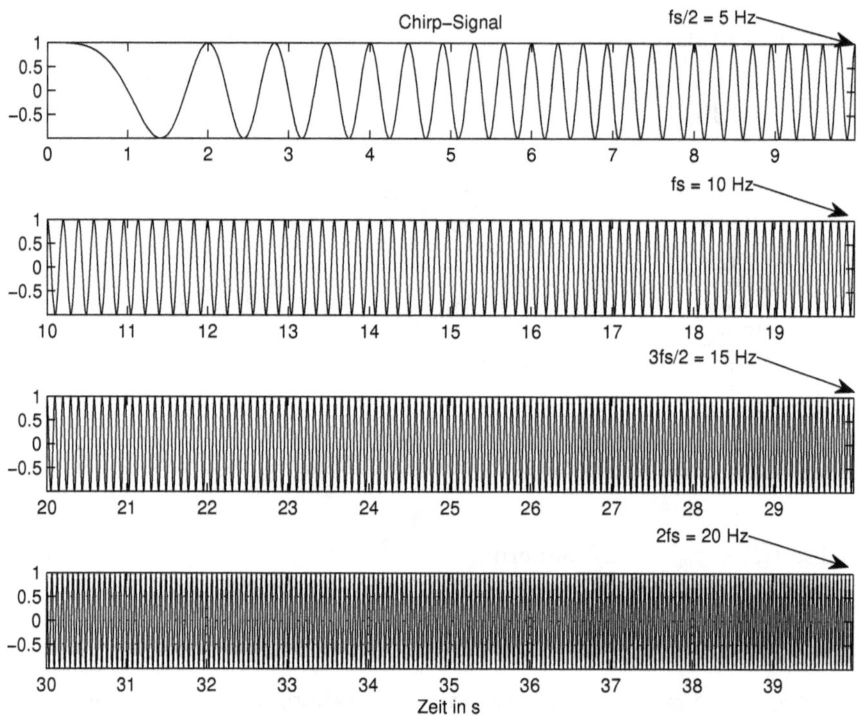

Abb. 1.22: Chirp-Signal (ton_aliasing_1.m)

```
phi = 2*pi*(fmax/tmax)*(t.^2)/2;
x = cos(phi);                  % Chirp-Signal
% ------- Abtastung
Ts = 1/fs;      td = 0:Ts:tmax;
xd = cos(2*pi*(fmax/tmax)*(td.^2)/2);
nd = nt/4;                     % Für die Darstellung
figure(1);      clf;
subplot(411), plot(t(1:nd),x(1:nd));                    axis tight;
   title('Chirp-Signal')
subplot(412), plot(t(nd+1:2*nd),x(nd+1:2*nd));          axis tight;
subplot(413), plot(t(2*nd+1:3*nd),x(2*nd+1:3*nd));      axis tight;
subplot(414), plot(t(3*nd+1:4*nd),x(3*nd+1:4*nd));      axis tight;
   xlabel('Zeit in s');    grid on;
figure(2);      clf;
xdw = interp(xd,round(Ts/dt));
subplot(411), plot(t(1:nd),xdw(1:nd));                  axis tight;
   title('Abgetastetes Chirp-Signal')
subplot(412), plot(t(nd+1:2*nd),xdw(nd+1:2*nd));        axis tight;
subplot(413), plot(t(2*nd+1:3*nd),xdw(2*nd+1:3*nd));    axis tight;
```

```
subplot(414), plot(t(3*nd+1:4*nd),xdw(3*nd+1:4*nd));  axis tight;
xlabel('Zeit in s');   grid on;
......
```

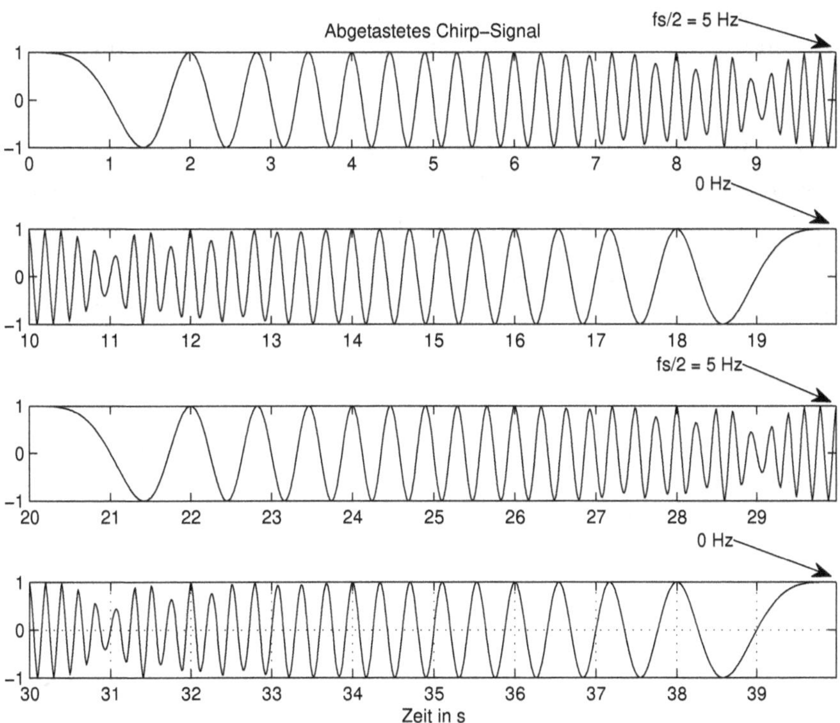

Abb. 1.23: Chirp-Signal (ton_aliasing_1.m)

Es wird eine Frequenz $f_{max} = 10$ Hz gewählt, so dass man in den Darstellungen leicht das Verschieben der Frequenz erkennt. Abb. 1.22 zeigt das Chirp-Signal mit einer Frequenzänderung zwischen Null und f_{max} in $t_{max} = 40$ s. Das ins erste Nyquist-Intervall verschobene Signal ist in Abb. 1.23 dargestellt.

Im letzten Teil des Skriptes wird ein Chirp-Signal mit $f_{max} = 1000$ Hz in derselben Zeit erzeugt und mit $f_s = 500$ Hz abgetastet. Das Chirp-Signal und das aus den Abtastwerten interpolierte Signal, dessen Frequenz verschoben erscheint, werden in Audio-Wav-Dateien gespeichert, so dass man sie anhören kann:

```
.......
% ------- Abtastung und Interpolierung
Ts = 1/fs;        td = 0:Ts:tmax;
xd = cos(2*pi*(fmax/tmax)*(td.^2)/2);
xdw = interp(xd,round(Ts/dt));
% -------- Bildung von Wav-Dateien
```

```
wavwrite(x, 14e3, 16, 'yk.wav');     % Chirp-Signal (fs = 14 KHz,16 Bit)
wavwrite(xdw, 14e3, 16,'yd.wav');    % Verschobenes Signal
% sound(x, 14e3);        % Es wird direkt die Sound-Karte benutzt
% sound (xdw, 14e3);
```

Beim Abspielen merkt man die steigende Frequenz des Chirp-Signals bis zu $f = 1000$ Hz. Das verschobene Signal hat den höchsten Ton allerdings bei der Frequenz $f_s/2 = 250$ Hz und wiederholt sich zwei mal im Zeitbereich von 40 s des Chirp-Signals.

1.5 Systeme und deren Klassifizierung

Ein System wird mit Hilfe eines mathematischen Modells eines physikalischen Prozesses dargestellt, das die Verbindung zwischen einem oder mehreren Eingangssignalen (als Anregungen) und den Ausgangssignalen (als Antworten) beschreibt.

Mit x und y als Eingangs- bzw. Ausgangssignal stellt das System eine Transformation (oder Abbildung) von x zu y dar. Die mathematische Bezeichnung dafür ist:

$$y = \mathbf{T}x \tag{1.72}$$

Der Operator **T** beschreibt die Transformation von x zu y und die Systeme werden symbolisch wie in Abb. 1.24 dargestellt. Die erste Darstellung zeigt ein SISO-System[4] und die zweite stellt ein MIMO-System[5] dar.

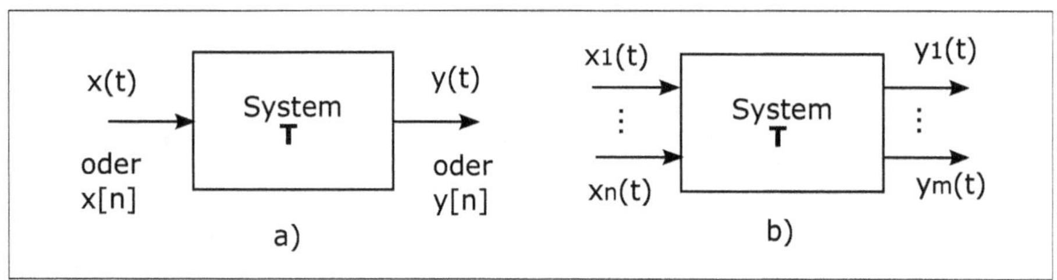

Abb. 1.24: a) Symbol für System mit einem Eingang und einem Ausgang b) System mit mehreren Eingängen und Ausgängen

Die Eingangs- und Ausgangssignale können zeitkontinuierlich $x(t)$ und $y(t)$ oder zeitdiskret sein $x[n]$ bzw. $y[n]$. Sie definieren dann ein zeitkontinuierliches System, das sehr oft über Differentialgleichungen beschrieben wird oder sie definieren ein zeitdiskretes System, das oft über Differenzengleichungen beschrieben wird.

Systeme ohne und mit "Gedächtnis"

Bei einem System ohne Gedächtnis hängt die Antwort zu einem Zeitpunkt nur vom Wert des Eingangssignals zum selben Zeitpunkt ab. Als Beispiel kann eine elektrische Schaltung die nur Widerstände enthält, dienen. Zwischen Strom und Spannung gibt es eine Beziehung der Form:

---

[4] *Single-Input-Single-Output*
[5] *Multi-Input-Multi-Output*

$$i(t) = \frac{u(t)}{R} \qquad \text{oder} \qquad u(t) = R\, i(t) \tag{1.73}$$

Bei einem System mit Gedächtnis ist der Zustand des Systems zeitabhängig. Das Ausgangssignal hängt nicht nur vom augenblicklichen Wert des Eingangssignals sondern auch von vergangenen und eventuell von zukünftigen Werten ab.

Als Beispiel kann jetzt die Spannung über einer Kapazität C abhängig vom Strom $i(t)$ dienen, die mit Hilfe eines Integrals berechnet wird.

$$u(t) = \frac{1}{C}\int_{-\infty}^{t} i(\tau)d\tau = \frac{1}{C}\int_{-\infty}^{0} i(\tau)d\tau + \frac{1}{C}\int_{0}^{t} (\tau)d\tau = u(0) + \frac{1}{C}\int_{0}^{t} i(\tau)d\tau \tag{1.74}$$

Dabei wird mit $u(0)$ die Anfangsspannung des Kondensators bezeichnet.

Bei einem zeitdiskreten System definiert eine Beziehung der Form

$$y[n] = \sum_{k=n-N}^{n} x[k] \qquad \text{mit } N \in \mathbb{N} \tag{1.75}$$

ein System mit Gedächtnis, weil der Ausgang auch von den vorherigen Werten des Eingangs abhängt.

Kausale und nicht kausale Systeme

Ein System ist *kausal*, wenn der Ausgang zu einem gegebenen Zeitpunkt nur von den Eingangswerten zu diesem und zu vorhergehenden Zeitpunkten abhängt. Mit anderen Worten besagt die Kausalität, dass die Reaktion (also die Antwort eines Systems) erst eintreten kann, nachdem die Ursache (also das Eingangssignal) aufgetreten ist. Physikalisch möglich sind nur kausale Systeme.

Bei nichtkausalen Systemen ist ein Wert am Ausgang auch von zukünftigen Eingangswerten abhängig. Als Beispiele können folgende Systeme dienen:

$$y(t) = x(t) + x(t+1); \qquad y[n] = x[n] + x[n+1] \tag{1.76}$$

Lineare und nichtlineare Systeme

Wenn der Operator $\mathbf{T}$ eines Systems die folgenden beiden Bedingungen erfüllt, dann ist er ein linearer Operator, der dann ein lineares System definiert:

1 **Additivität:** Wenn $\mathbf{T}x_1 = y_1$ und $\mathbf{T}x_2 = y_2$ dann muss

$$\mathbf{T}\{x_1 + x_2\} = y_1 + y_2 \tag{1.77}$$

für alle Signale x_1 und x_2 sein.

2 **Homogenität:** Wenn $\mathbf{T}x = y$ dann muss

$$\mathbf{T}\{\alpha x\} = \alpha y \tag{1.78}$$

für alle Signale x und jeden Skalar α sein.

Systeme, die diese Bedingungen nicht erfüllen, sind nichtlinear. Die zwei Gleichungen der Bedingungen kann man zusammenfassen, um ein lineares System zu definieren:

$$\mathbf{T}\{\alpha_1 x_1 + \alpha_2 x_2\} = \alpha_1\, y_1 + \alpha_2\, y_2 \tag{1.79}$$

Zusammengefasst bedeuetet es, dass die Antwort auf eine Linearkombination von Erregungen gleich der Linearkombination der Antworten auf die Einzelerregungen ist. Diese Eigenschaft nennt man auch Superposition.

Zu bemerken sei, dass die Homogenität verlangt, dass bei einem linearen System eine Null am Eingang auch zu einer Null am Ausgang führen muss.

Zeitinvariante und zeitvariante Systeme

Wenn eine Zeitverschiebung des Eingangssignals die gleiche Verschiebung im Ausgangssignal bewirkt, spricht man von einem zeitinvarianten System. Somit gilt für zeitinvariante Systeme:

$$\mathbf{T}\{x(t-\tau)\} = y(t-\tau) \qquad \text{und} \qquad \mathbf{T}\{x[n-k]\} = y[n-k] \tag{1.80}$$

Der Wert τ kann ein beliebiger reeller Wert sein und k kann eine beliebige ganze Zahl sein.

Anders ausgedrückt, bedeutet die Zeitinvarianz, dass die Form der Antwort eines Systems unabhängig davon ist, wann das Eingangssignal eintrifft. Der Gegenfall definiert ein zeitvariantes System.

Lineare zeitinvariante Systeme

Ein System ist linear und zeitinvariant, wenn die Bedingung der Linearität und der Zeitinvarianz erfüllt ist. Sie werden in der Literatur kurz als LTI-Systeme[6] bezeichnet [11], [19], [33].

Stabile Systeme

Ein System ist BIBO (*Bounded-Input/Bounded-Output*) stabil, wenn ein begrenztes Eingangssignal ein begrenztes Ausgangssignal ergibt:

$$|x| \leq k_1 \qquad \text{ergibt} \qquad |y| \leq k_2 \tag{1.81}$$

Dabei sind k_1 und k_2 endliche reelle Konstanten. Bei einem instabilen System führt ein begrenztes Eingangssignal zu einem unbegrenzten Ausgangssignal. Als Beispiel führt ein System mit $y[n] = (n+1)x[n]$ zu einem unbegrenzten Ausgang.

[6] *Linear-Time-Invariant*

2 Lineare zeitinvariante Systeme

2.1 Einführung

Für lineare, zeitinvariante Systeme kurz LTI-Systeme gibt es eine umfangreiche Theorie [19], [27], [39] die es ermöglicht das Verhalten des Systems in vielen Fällen analytisch zu ermitteln und so den Einfluss der Parameter des Systems zu untersuchen.

Weil die praktischen Systeme allgemein nichtlinear sind, versucht man mit einer Linearisierung in der Umgebung von Arbeitspunkten die Theorie der linearen, zeitinvarianten Systeme anzuwenden.

Die analytischen Erkenntnisse die man unter idealisierten Voraussetzungen gewinnt, kann man danach für die Einstellung der Parameter einer numerischen Simulation verwenden, mit der man auch den nichtidealisierten Fall untersuchen kann.

Zu Beginn des Kapitels ist die Berechnung der Antwort eines kontinuierlichen LTI-Systems mit dem Faltungsintegral besprochen. Danach wird die Verbindung Eingang-Ausgang der LTI-Systeme über Differentialgleichungen und Differenzengleichungen untersucht.

2.2 Berechnung der Antwort der LTI-Systeme mit dem Faltungsintegral

Die Impulsantwort $h(t)$ eines LTI-Systems, dargestellt durch die Transformation $\mathbf{T}$, ist die Antwort des Systems auf eine Anregung in Form einer Delta-Funktion $\delta(t)$ ausgehend vom Ruhezustand:

$$h(t) = \mathbf{T}\{\delta(t)\} \tag{2.1}$$

Mit Hilfe der Impulsantwort $h(t)$ kann man die Antwort des LTI-Systems auf eine beliebige Anregung $x(t)$ berechnen, wenn das System im Ruhezustand war. Das bedeutet, dass alle Zustandsvariablen des Systems beim Anlegen der Anregung null waren.

Die Zustandsvariablen werden später ausführlich beschrieben. Als Beispiel sind in elektrischen Schaltungen die Spannungen der Kapazitäten und die Ströme der Induktivitäten die Zustandsvariablen und in mechanischen Systemen sind die Lagen der Massen und deren Geschwindigkeiten die Zustandsvariablen.

Die Anregung $x(t)$ kann gemäß Gl. (1.30) durch

$$x(t) = \int_{-\infty}^{\infty} x(\tau)\delta(t-\tau)d\tau \tag{2.2}$$

ausgedrückt werden. Die Antwort $y(t)$ des Systems ist dann:

$$y(t) = \mathbf{T}\{x(t)\} = \mathbf{T}\Big\{\int_{-\infty}^{\infty} x(\tau)\delta(t-\tau)d\tau\Big\} = \int_{-\infty}^{\infty} x(\tau)\mathbf{T}\{\delta(t-\tau)\}d\tau \tag{2.3}$$

Die Transformation $\mathbf{T}$ wirkt nur auf die Delta-Funktion da nur diese eine Funktion der Zeit t ist. Das Eingangssignal $x(\tau)$ in Gl. (2.2) und Gl. (2.3) ist nur eine Funktion der beliebigen Integrationsvariable τ, so dass es wie ein konstanter Faktor für die Transformation $\mathbf{T}$ wirkt.

Weil das System zeitinvariant ist, gilt:

$$h(t-\tau) = \mathbf{T}\{\delta(t-\tau)\} \tag{2.4}$$

Deshalb wird die Antwort des Systems auf $x(t)$ durch

$$y(t) = \int_{-\infty}^{\infty} x(\tau)h(t-\tau)d\tau \tag{2.5}$$

gegeben.

Gl. (2.5) ist das berühmte Faltungsintegral, das die Faltung zweier zeitkontinuierlicher Signale $x(t)$ und $h(t)$ definiert:

$$y(t) = x(t) * h(t) = h(t) * x(t) = \int_{-\infty}^{\infty} x(\tau)h(t-\tau)d\tau = \int_{-\infty}^{\infty} x(t-\tau)h(\tau)d\tau \tag{2.6}$$

Man kann durch Variablentausch leicht überprüfen, dass die Faltung kommutativ ist. Sie ist allgemein gültig auch für Systeme, die einen nicht kausalen Anteil besitzen, der durch $h(t) \neq 0$ für $t < 0$ gegeben ist. Für kausale Systeme mit $h(t) = 0$ für $t < 0$ gilt:

$$y(t) = x(t) * h(t) = \int_{-\infty}^{t} x(\tau)h(t-\tau)d\tau = \int_{0}^{\infty} x(t-\tau)h(\tau)d\tau \tag{2.7}$$

Abb. 2.1 zeigt wie man das Produkt innerhalb des Faltungsintegrals aus dem Eingang und der Impulsantwort erhält. Zuerst wird in Abb. 2.1a bis c gezeigt, wie man das Signal $h(-t+\tau)$ bildet. In Abb. 2.1d bis f ist die Bildung des Produkts $x(t)h(-t+\tau)$ erläutert. Das Integral dieses Produktes (geschwärzte Fläche) ergibt den Ausgang $y(\tau)$ bei $t = \tau$:

$$y(\tau) = \int_{-\infty}^{\tau} x(t)h(-t+\tau)dt = \int_{-\infty}^{\tau} x(t)h(\tau-t)dt \tag{2.8}$$

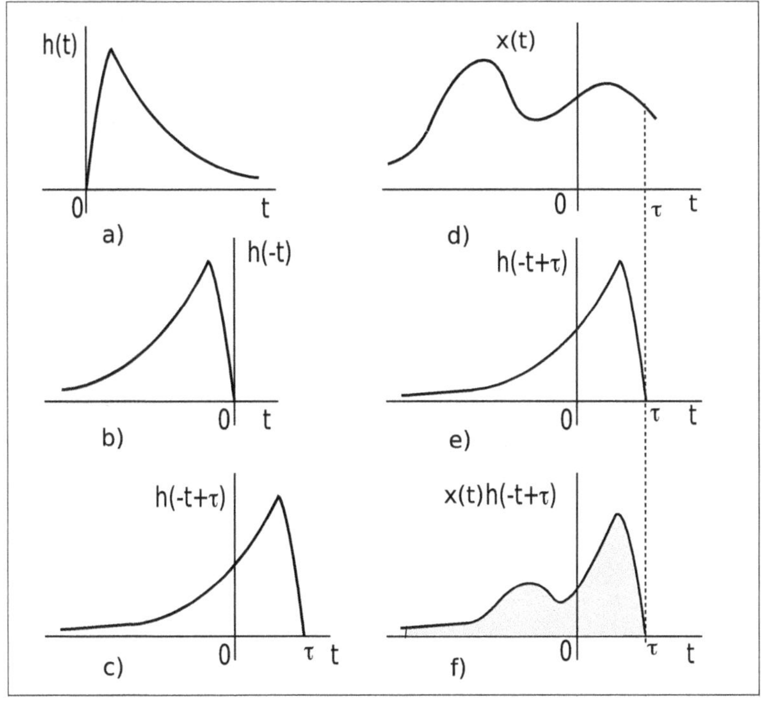

Abb. 2.1: Berechnung des Ausgangs $y(\tau)$ bei $t = \tau$ über die Faltung

Es wurde ein kausales System angenommen, also mit $h(t = 0)$ für $t < 0$. Für den Fall eines Systems mit nichtkausalen Anteil in der Impulsantwort $h(t) \neq 0$ für $t < 0$, müsste man das Integral bis unendlich ausdehnen:

$$y(\tau) = \int_{-\infty}^{\infty} x(t)h(\tau - t)dt \tag{2.9}$$

Es ist lehrreich die Darstellungen aus Abb. 2.1 für ein nichtkausales System zu zeichnen, um zu sehen, weshalb man das Integral bis unendlich ausdehnen muss.

Man kann jetzt auch die BIBO-Stabilitätsbedingung (*Bounded-Input-Bounded-Output*) für die LTI-Systeme abhängig von der Impusantwort angeben:

$$\int_{-\infty}^{\infty} |h(\tau)|d\tau < \infty \tag{2.10}$$

2.2.1 Praktische Erläuterung des Faltungsintegrals

Die gezeigte Einführung des Faltungsintegrals ist zu "theoretisch", weil die Impulsantwort die Antwort auf eine Anregung in Form der Delta-Funktion ist, die physikalisch nicht realisierbar ist. Die Delta-Funktion ist mathematisch keine normale Funktion und ingenieurmäßig wird sie über einen Limes aus einem z.B. realen Puls gebildet (Abb. 1.8) [19].

Abb. 2.2 zeigt, wie man eine Annäherung der Impulsantwort durch die Normierung der Antwort $\hat{h}(t)$ auf einen realen Puls $\hat{\delta}(t)$ der Höhe a und Dauer Δ (als normale Funktion) erhält. Die Normierung mit der Fläche des Pulses $a\Delta$ ergibt einen realen Puls der Fläche eins und die Normierung der Antwort mit dem gleichen Wert, führt zu einer Annäherung der Impulsantwort. Man muss nur die Dauer des Pulses Δ viel kleiner als die Zeitkonstanten und eventuell die Perioden der Eigenschwingungen des Systems wählen.

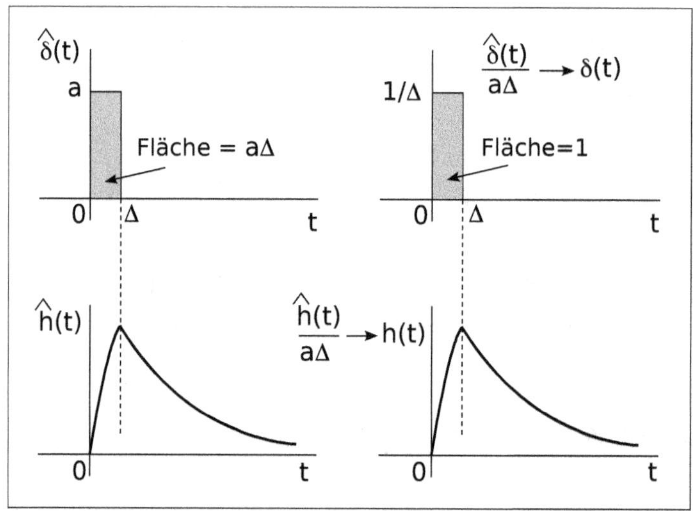

Abb. 2.2: Annäherung der Impulsantwort ausgehend von einem realen Puls der Höhe a und Dauer Δ

Das Faltungsintegral kann jetzt auch über eine Limesbildung erklärt werden. In Abb. 2.3a ist die Annäherung des Eingangssignals mit realen Pulsen der Dauer Δ und Höhe gleich den entsprechenden Eingangswerten dargestellt. So ist z.B. das Eingangssignal zum Zeitpunk τ mit einem Puls der Höhe gleich $x(\tau)$ angenähert. Die Annäherung der Impulsantwort als Antwort auf einen Puls der Dauer Δ und Fläche eins ist mit $\hat{h}(t)$ bezeichnet.

Das Ausgangssignal zu einem beliebigen Zeitpunkt τ erhält einen Anteil vom Puls zum Zeitpunkt t durch die angenäherte Impulsantwort $\hat{h}(t)$. Da diese angenäherte Impulsantwort die Antwort auf einen Puls der Fläche eins ist, ergibt der Puls zum Zeitpunkt t einen Anteil zum Zeitpunkt τ der Größe $(x(t)\Delta t)\ \hat{h}(\tau - t)$. Hier ist $(x(t)\Delta t)$ die Fläche des Pulses zum Zeitpunkt t.

Wenn man alle Anteile zum Zeitpunkt τ, die sich aus den Pulsen des Eingangssignals ergeben, summiert, erhält man das Ausgangssignal zu diesem Zeitpunkt:

$$y(\tau) = \sum_{t=-\infty}^{\tau} x(t)\Delta t\ \hat{h}(\tau - t) \tag{2.11}$$

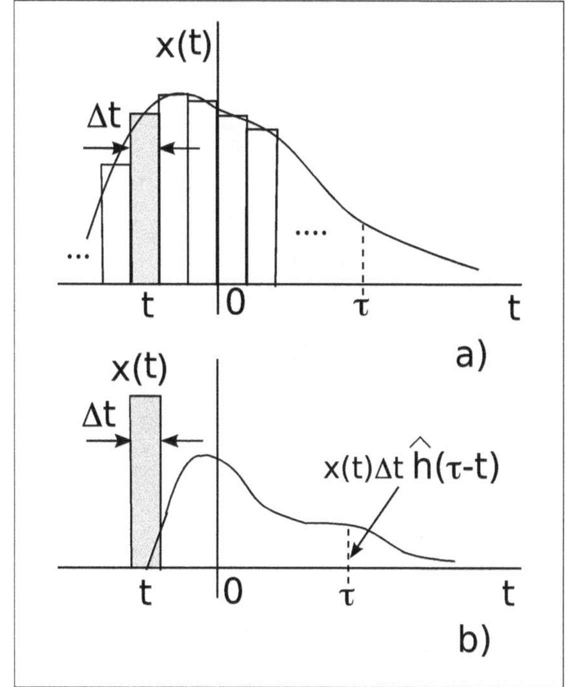

Abb. 2.3: Annäherung des Faltungsintegrals

Wenn die Annäherung des Eingangssignals mit immer schmäleren Pulsen realisiert wird $\Delta t \to dt$, geht die angenäherte Impulsantwort $\hat{h}(t)$ in die korrekte Impulsantwort $h(t)$ über und die Summe wird ein Integral:

$$y(\tau) = \int_{t=-\infty}^{\tau} x(t)h(\tau - t)dt \tag{2.12}$$

Die Fläche der schmalen Annäherungspulse bleibt $x(t)dt$. Auch hier wurde ein kausales System vorausgesetzt. Mit einer Variablenänderung erhält man die andere Form des Faltungsintegrals für kausale Impulsantworten:

$$y(\tau) = \int_{t=0}^{\infty} x(\tau - t)h(t)d\tau \tag{2.13}$$

Im Skript `impuls_antw_annaehr1.m`, das zusammen mit dem Simulink-Modell `impuls_antw_annaehr_1.mdl` arbeitet, wird die Annäherung der Impulsantwort einer RC-Schaltung untersucht. Das Ausgangssignal ist die Spannung der Kapazität. Abb. 2.4 zeigt das Simulink-Modell des Experiments. Das System im Block "Black-Box" simuliert das Verhalten der Schaltung. Später wird man das Symbol des Blockes verstehen. Zum jetzigen Zeitpunkt wird angenommen, der Block verhält sich wie eine reale RC-Schaltung.

Das Eingangssignal wird von einem Pulsgenerator erzeugt, bei dem man die Periode `Tperiode`, die Höhe `ampl` und die Dauer `dauer_pro` in Prozente über das

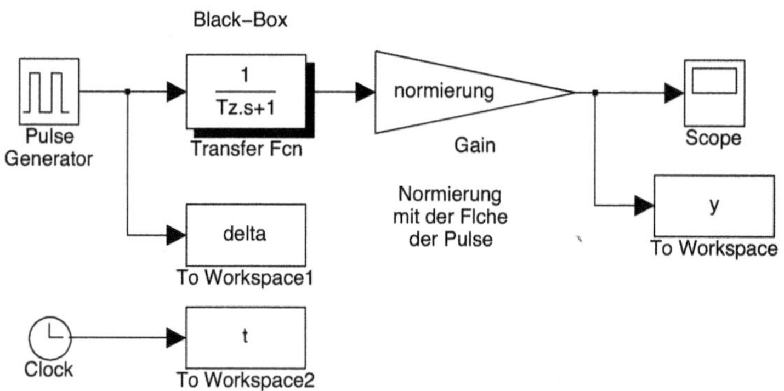

Abb. 2.4: Simulink-Modell für die Schätzung der Impulsantwort einer RC-Schaltung (impuls_antw_annaehr1.m, impuls_antw_annaehr_1.mdl)

Skript steuern kann. Die Simulationszeit wird gleich der Periode gewählt, so dass nur ein Puls vorkommt. Der Ausgang wird auf die Fläche des Pulses normiert.

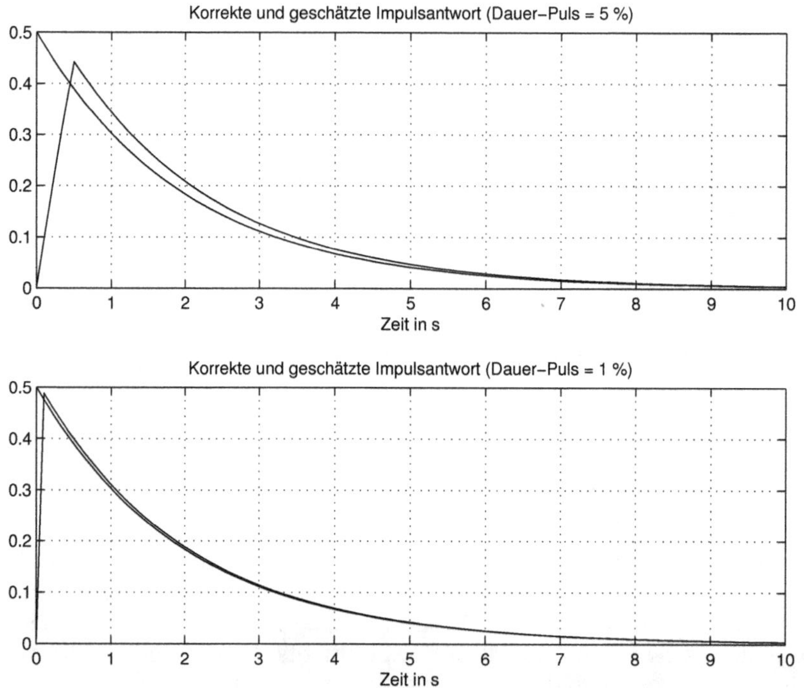

Abb. 2.5: Korrekte und geschätzte Impulsantwort für Dauer-Puls 5 und 1 Prozent (impuls_antw_annaehr1.m, impuls_antw_annaehr_1.mdl)

```
% Skript impuls_antw_annaehr1.m in dem die Annäherung
% der Impulsantwort einer RC-Schaltung untersucht wird.
% Arbeitet mit Modell impuls_antw_annaehr_1.mdl
clear;
% ------- Parameter der Schaltung
Tz = 2;          % Zeitkonstante der RC-Schaltung
ampl = 10;       % Höhe des Pulses
Tperiode = 10;   % Periode der Pulse
           %(soll auch die Simulationszeit sein)
dauer_pro = 5;   % Dauer des Pulses relativ zur Periode in %
normierung = 1/((Tperiode*dauer_pro/100)*ampl) % Normierungsfaktor
% ------- Aufruf der Simulation
sim('impuls_antw_annaehr_1', [0, Tperiode]);
% y = angenäherte Impulsantwort
% t = Simulationszeiten
% delta = Anregungspuls
% ------- Korrekte Impulsantwort
h = (1/Tz)*exp(-t/Tz);    % Korrekte Impulsantwort
figure(1);   clf;
subplot(211),   plot(t, h, t, y,'r');
   title(['Korrekte und geschätzte Impulsantwort (Dauer-Puls = '...
       ,num2str(dauer_pro),' %)']);
   xlabel('Zeit in s');      grid on;

dauer_pro = 1;   % Dauer des Pulses relativ zur Periode in %
normierung = 1/((Tperiode*dauer_pro/100)*ampl) % Normierungsfaktor
% ------- Aufruf der Simulation
sim('impuls_antw_annaehr_1', [0, Tperiode]);
% y = angenäherte Impulsantwort
% t = Simulationszeiten
% delta = Anregungspuls
% ------- Ideale Impulsantwort
h = (1/Tz)*exp(-t/Tz);
subplot(212),   plot(t, h, t, y,'r');
   title(['Korrekte und geschätzte Impulsantwort (Dauer-Puls = '...
       ,num2str(dauer_pro),' %)']);
   xlabel('Zeit in s');      grid on;
```

Abb. 2.5 zeigt oben die korrekte und die geschätzte Impulsantwort für eine Dauer des Pulses gleich 5 % der Periode. Die Annäherung ist noch nicht sehr gut. Die Dauer des Pulses erkennt man durch die Verzögerung des Maximums der geschätzten Impulsantwort.

Darunter sind die Impulsantworten für eine Pulsdauer, die nur 1 % der Periode ist, dargestellt. Hier ist die Annäherung sehr gut.

Im Skript `impuls_antw_annaehr2.m` wird zusammen mit dem Simulink-Modell `impuls_antw_annaehr_2.mdl` das gleiche Experiment für die RC-Schaltung durchgeführt, aber jetzt ist die Spannung auf dem Widerstand das Ausgangssignal.

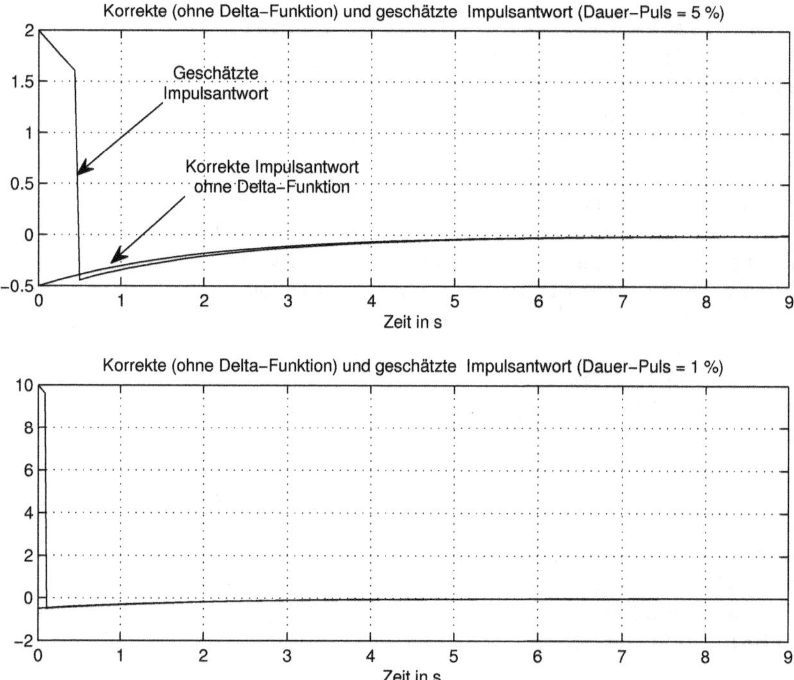

Abb. 2.6: Korrekte und geschätzte Impulsantwort für Dauer-Puls 5 und 1 Prozent (impuls_antw_annaehr2.m, impuls_antw_annaehr_2.mdl)

Die korrekte Impulsantwort ist [19]:

$$h(t) = \delta(t) - \frac{1}{T}e^{-t/T} \qquad \text{für} \quad t \geq 0 \tag{2.14}$$

Hier ist T die Zeitkonstante der Schaltung, in den beiden Skripten mit `Tz` bezeichnet. Die korrekte Impulsantwort enthält eine Delta-Funktion bei $t = 0$, die nicht so leicht in Simulationen erzeugt werden kann. Die MATLAB-Funktion **`impulse`**, mit der man die korrekte Impulsantwort numerisch ermitteln kann, liefert als Ergebnis nur den zweiten Teil, ohne die Delta-Funktion. In der Simulation wird dieser Teil sehr gut angenähert und an Stelle der Delta-Funktion erscheint ein Puls, dessen Höhe abhängig von der Dauer des Pulses ist. Seine Fläche ist annähernd gleich eins.

In Abb. 2.6 sind die Ergebnisse dieser Simulation dargestellt. Oben ist der Fall für einen Anregungspuls der Dauer 5 % gezeigt. In der Antwort ist der Puls als Annäherung der Delta-Funktion $\delta(t)$ bei $t = 0$ mit Fläche annähernd eins klar zu erkennen.

Wenn der Anregungspuls eine viel kleinere Dauer hat, z.B. 1 %, dann ist die Annäherung besser (Abb. 2.6 unten).

2.2.2 Eigenschaften des Faltungsintegrals

Das Faltungsintegral (oder die Faltung) besitzt folgende Eigenschaften:

1) Kommutativität

$$x(t) * h(t) = h(t) * x(t) \tag{2.15}$$

2) Assoziativität

$$\{x(t) * h_1(t)\} * h_2(t) = x(t) * \{h_1(t) * h_2(t)\} \tag{2.16}$$

3) Distributivität

$$\{x(t) * \{h_1(t) + h_2(t)\} = x(t) * h_1(t) + x(t) * h_2(t) \tag{2.17}$$

4) Faltung mit Delta-Funktion

$$\{x(t) * \delta(t - t_0)\} = x(t - t_0) \tag{2.18}$$

2.2.3 Sprungantwort der LTI-Systeme

Die Sprungantwort $s(t)$ eines LTI-Systems, dargestellt durch die Transformation $\mathbf{T}$, ist die Antwort auf einen Einheitssprung $u(t)$, wobei das System vorher im Ruhezustand war:

$$s(t) = \mathbf{T}\{u(t)\} \tag{2.19}$$

Über das Faltungsintegral ist $s(t)$ durch

$$s(t) = h(t) * u(t) = \int_{-\infty}^{\infty} h(\tau)u(t - \tau)d\tau = \int_{-\infty}^{t} h(\tau)d\tau \tag{2.20}$$

gegeben. Somit ist die Sprungantwort $s(t)$ das Integral der Impulsantwort $h(t)$. Die Ableitung der Gl. (2.20) führt auf:

$$h(t) = \frac{ds(t)}{dt} \tag{2.21}$$

Die Impulsantwort ist die Ableitung der Sprungantwort und umgekehrt ist die Sprungantwort das Integral der Impulsantwort.

Als Beispiel soll die Sprungantwort der RC-Schaltung mit der Spannung über den Widerstand als Ausgangssignal berechnet werden:

$$\begin{aligned} s(t) &= \int_{-\infty}^{t} (\delta(\tau) - \frac{1}{T}e^{-\tau/T})d\tau = 1 - \int_{-\infty}^{t} \frac{1}{T}e^{-\tau/T}d\tau = \\ & 1 + e^{-t/T} - 1 = e^{-t/T} \qquad \text{für} \qquad t \geq 0 \end{aligned} \tag{2.22}$$

Die Impulsantwort wurde für diesen Fall bereits in Gl. (2.14) angegeben.

Umgekehrt ist die Ableitung dieser Sprungantwort die Impulsantwort. Hier ist nicht mehr so leicht zu erkennen, dass man der normalen Ableitung der Exponentialfunktion $e^{-t/T}$ noch die Delta-Funktion bei $t = 0$ hinzufügen muss.

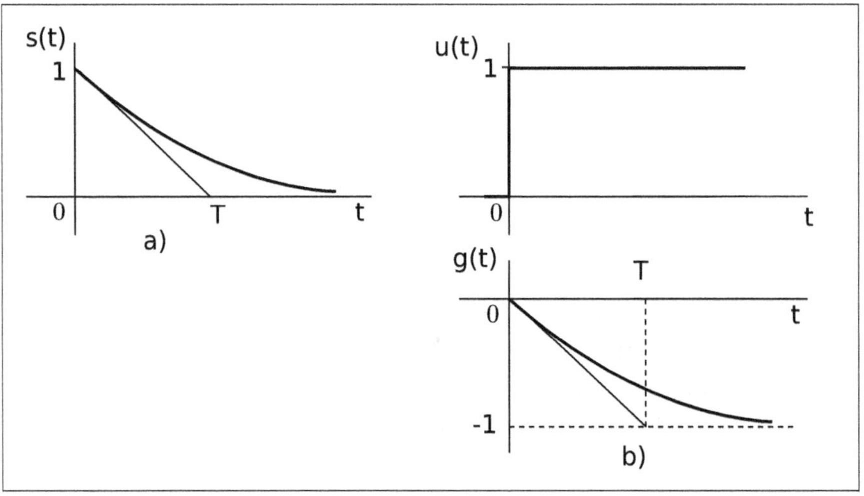

Abb. 2.7: Zerlegung der Sprungantwort einer RC-Schaltung mit Ausgang am Widerstand

Eine einfache Erklärung basiert auf der Zerlegung der Sprungantwort $s(t)$ in eine Summe eines Einheitssprunges $u(t)$ und eines Signals $g(t)$ in Form einer Exponentialfunktion, wie in Abb. 2.7 gezeigt ist:

$$s(t) = u(t) + g(t) \qquad \text{wobei} \qquad g(t) = -(1 - e^{-t/T}) \tag{2.23}$$

Daraus folgt:

$$h(t) = \frac{ds(t)}{dt} = \frac{du(t)}{dt} + \frac{dg(t)}{dt} = \delta(t) - \frac{1}{T}e^{-1/T} \tag{2.24}$$

Die Ableitung des Einheitssprunges $u(t)$ ist gemäß Gl. (1.31) eine Delta-Funktion, die den ersten Term in der obigen Gleichung ergibt.

Man kann sich vorstellen, dass für einige LTI-Systeme wie z.B. elektronische und elektrische Schaltungen die Sprungantwort auch messbar ist. Man legt einen steilen Sprung an den Eingang an, der der Schaltung angepasst ist wie z.B. 10 mV und misst die Antwort. Dann normiert man den Eingang durch Teilen mit der Größe des Sprunges (hier 10 mV) und erhält dann einen Einheitssprung am Eingang jetzt einheitslos. Weil das System linear angenommen ist, muss auch die Antwort mit dem gleichen Wert normiert werden und diese einheitslose Antwort bildet die Sprungantwort $u(t)$ des Systems.

Die Antwort auf einen beliebigen Sprung am Eingang wie z.B. 10 μV berechnet sich jetzt aus der Multiplikation der einheitslosen Sprungantwort mit diesem Wert.

Man kann praktisch keinen idealen Sprung erzeugen. Die Steilheit ist immer begrenzt. Wichtig ist, dass die Anstiegsdauer des Sprungs viel kürzer als die Zeitkonstanten des Systems ist. Eine Schaltung mit Zeitkonstanten von 1 bis 10 ms, wird mit einem Sprung, bei dem die Änderung in 1 μs stattfindet, wie mit einem idealen Sprung angeregt.

2.2.4 Kausale LTI-Systeme

Die Kausalität wurde in den vorherigen Abschnitten schon kurz erläutert und benutzt. Hier sei das Wichtigste zusammengefasst.

Ein LTI-System ist kausal, wenn seine Impulsantwort $h(t)$ folgende Bedingung erfüllt:

$$h(t) = 0 \qquad \text{für} \qquad t < 0 \tag{2.25}$$

Ein allgemeines Signal $x(t)$ wird als kausal betrachtet, wenn

$$x(t) = 0 \qquad t < 0 \tag{2.26}$$

erfüllt ist (Abb. 2.8a) und antikausal wenn

$$x(t) = 0 \qquad t > 0 \tag{2.27}$$

gilt (Abb. 2.8b). Ein Signal kann einen kausalen Anteil und einen nichtkausalen Anteil haben und wird dann als nichtkausal betrachtet (Abb. 2.8c).

Ein gedächtnisloses LTI-System, bei dem das Ausgangssignal $y(t)$ zum Zeitpunkt t nur vom Eingangssignal $x(t)$ zum selben Zeitpunkt t abhängt

$$y(t) = K\,x(t) \qquad \text{mit} \qquad K = \text{eine Konstante,} \tag{2.28}$$

besitzt eine Impulsantwort

$$h(t) = K\,\delta(t) \tag{2.29}$$

und ist somit kausal.

Das Faltungsintegral für kausale LTI-Systeme nimmt eine der folgenden Formen an:

$$y(t) = \int_{-\infty}^{t} x(\tau)h(t-\tau)d\tau \qquad \text{oder} \qquad y(t) = \int_{0}^{\infty} h(\tau)x(t-\tau)d\tau \tag{2.30}$$

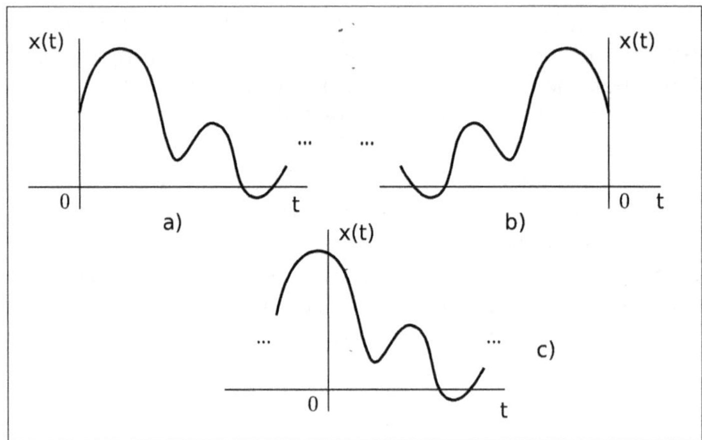

Abb. 2.8: a) Kausales Signal b) antikausales Signal c) und nichtkausales Signal

Wenn das Eingangssignal kausal ist, dann ist das Ausgangssignal eines kausalen LTI-Systems durch folgende Formen des Faltungsintegrals gegeben:

$$y(t) = \int_0^t x(\tau)h(t-\tau)d\tau \qquad \text{oder} \qquad y(t) = \int_0^t h(\tau)x(t-\tau)d\tau \tag{2.31}$$

2.3 Zeitkontinuierliche Systeme beschrieben durch Differentialgleichungen

Eine lineare Differentialgleichung der Ordnung N mit konstanten Koeffizienten ist durch

$$\begin{aligned} a_N \frac{d^N y(t)}{dt^N} + a_{N-1} \frac{d^{N-1} y(t)}{dt^{N-1}} + a_{N-2} \frac{d^{N-2} y(t)}{dt^{N-2}} + \ldots a_0\, y(t) = \\ b_M \frac{d^M x(t)}{dt^M} + b_{M-1} \frac{d^{M-1} x(t)}{dt^{M-1}} + b_{M-2} \frac{d^{M-2} x(t)}{dt^{M-2}} + \ldots b_0\, x(t) \end{aligned} \tag{2.32}$$

gegeben. Die Koeffizienten $a_k,\ b_k$ sind reelle Konstanten. Die Ordnung N bezieht sich auf die höchste Ableitung der Ausgangsvariablen $y(t)$. Diese Differentialgleichung beschreibt ein physikalisch realisierbares System wenn $N \geq M$ ist.

Für eine Differentialgleichung der Ordnung N müssen auch N Anfangswerte (Anfangsbedingungen) für die Ausgangsvariable und ihre Ableitungen bekannt sein:

$$y(t),\ \frac{dy(t)}{dt},\ \frac{d^2y(t)}{dt^2},\ \ldots,\ \frac{d^{N-1}y(t)}{dt^{N-1}} \tag{2.33}$$

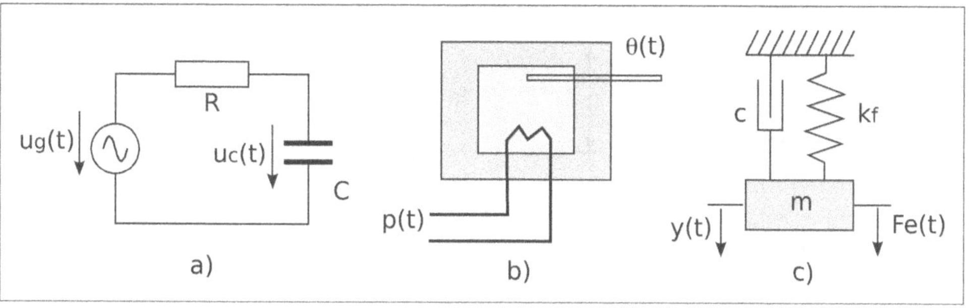

Abb. 2.9: a) RC-Schaltung b) thermisches System c) und mechanisches System

Für viele elektrische, mechanische, chemische und biologische Systeme ist die Beschreibung mittels Differentialgleichung sehr wichtig. Abb. 2.9 zeigt z.B. eine RC-Schaltung als elektrisches System, einen Ofen als thermisches System und ein Feder-Masse-System als mechanisches System.

Die Differentialgleichung für die RC-Schaltung (Abb. 2.9a) mit Ausgangsspannung an der Kapazität wird mit Hilfe der Kirchhoffschen-Gesetze ermittelt [17]:

$$RC\frac{du_c(t)}{dt} + u_c(t) = u_g(t) \quad \text{mit} \quad u_c(0) \quad \text{als Anfangsbedingung} \tag{2.34}$$

Es ist eine lineare Differentialgleichung der Ordnung eins mit konstanten Koeffizienten. Sie ist vollständig definiert, wenn auch die Anfangsbedingung $u_c(0)$ gegeben ist. Das Produkt RC stellt die Zeitkonstante der Schaltung dar.

Ein einfaches mathematisches Modell für den Ofen aus Abb. 2.9b kann auch mit einer Differentialgleichung erster Ordnung dargestellt werden:

$$T_\theta\frac{d\vartheta(t)}{dt} + \vartheta(t) = k_a P_a(t) \quad \text{mit} \quad \vartheta(0) \quad \text{als Anfangsbedingung} \tag{2.35}$$

Hier sind T_θ die Zeitkonstante des Ofens, $\vartheta(t)$ die Temperatur bezogen auf die Umgebungstemperatur als Ausgangsgröße und $P_a(t)$ die Heitzleistung. Der Wert $\vartheta(0)$ stellt die Anfangsbedingung dar.

Das mechanische System aus Abb. 2.9c ist durch folgende Differentialgleichung zweiter Ordnung beschrieben [21]:

$$m\frac{d^2y(t)}{dt^2} + c\frac{dy(t)}{dt} + k_f y(t) = F_e(t) \quad \text{mit Anfangsbedingungen} \quad y(0),\ \dot{y}(0) \tag{2.36}$$

Mit m ist die Masse, mit c der Dämpfungsfaktor und mit k_f die Federkonstante bezeichnet. Die Kraft $F_e(t)$ stellt hier die Anregung dar. Es ist eine Differentialgleichung zweiter Ordnung, für die zwei Anfangsbedingungen $y(0),\ \dot{y}(0)$ benötigt werden.

Die Variable $y(t)$ stellt die Lage der Masse relativ zur statischen Gleichgewichtslage dar. Abb. 2.10a zeigt die nicht verformte Feder der Länge L. Mit der Masse m angeschlossen, erhält man eine statische Gleichgewichtslage, für die aus $mg = k_f\ y_0$ eine

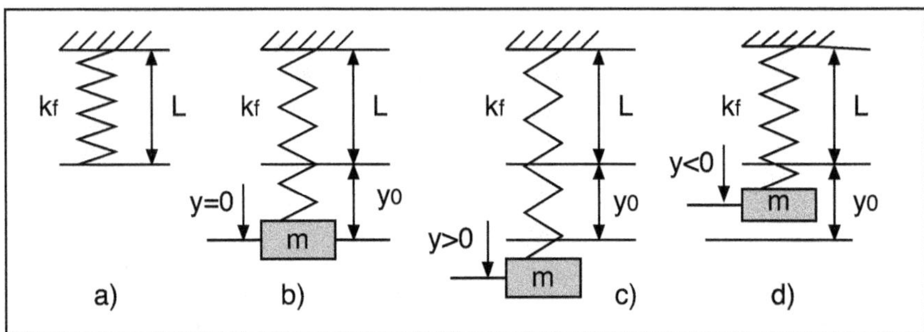

Abb. 2.10: a) Nicht verformte Feder b) Statische Gleichgewichtslage ($y(t) = 0$) c) Lage mit $y(t) > 0$ d) Lage mit $y(t) < 0$

Verformung $y_0 = mg/k_f$ resultiert. Die Variable $y(t)$ wird relativ zu y_0 betrachtet, wie in Abb. 2.10c, d gezeigt.

In allen anderen Beispielen mit Feder-Masse-Systemen werden die Variablen relativ zur statischen Gleichgewichtslage angenommen.

2.3.1 Homogene und partikuläre Lösung

Die Lösung einer Differentialgleichung gemäß Gl. (2.32) wird in der Mathematik durch zwei Anteile ermittelt:

$$y(t) = y_h(t) + y_p(t) \tag{2.37}$$

Mit $y_h(t)$ wird die homogene Lösung bezeichnet und $y_p(t)$ stellt die partikuläre Lösung dar, die den Einfluss der Anregung berücksichtigt.

Die homogene Lösung $y_h(t)$ ist die Lösung der homogenen Differentialgleichung (ohne Anregung):

$$a_N \frac{d^N y(t)}{dt^N} + a_{N-1} \frac{d^{N-1} y(t)}{dt^{N-1}} + a_{N-2} \frac{d^{N-2} y(t)}{dt^{N-2}} + \dots a_0 \, y(t) = 0 \tag{2.38}$$

Sie beschreibt das Einschwingsverhalten des Systems.

Es wird als Ansatz angenommen, dass die homogene Lösung die Form

$$y_h(t) = Ce^{\lambda t} \tag{2.39}$$

hat. Durch Einsetzen in die homogene Differentialgleichung erhält man die so genannte *charakteristische Gleichung*:

$$a_N \lambda^N + a_{N-1} \lambda^{N-1} + a_{N-2} \lambda^{N-2} + \dots + a_1 \lambda + a_0 = 0 \tag{2.40}$$

Es ist eine algebraische Gleichung des Grades N, die N Lösungen (Wurzeln) $\lambda_1, \lambda_2, \ldots, \lambda_N$ besitzt. Angenommen, die Gleichung hat N verschiedene (nicht mehrfache) Wurzeln, dann ist die homogene Lösung durch

$$y_h(t) = C_1 e^{\lambda_1 t} + C_2 e^{\lambda_2 t} + C_3 e^{\lambda_3 t} + \cdots + C_N e^{\lambda_N t} \qquad (2.41)$$

gegeben. Wenn eine Wurzel komplex ist, dann muss auch die dazu konjugiert komplexe Wurzel dabei sein. Diese Bedingung ergibt sich, weil für die charakteristische Gleichung reelle Koeffizienten angenommen wurden.

Die noch unbekannten Koeffizienten $C_1, C_2, \ldots, C_N$ werden mit Hilfe der N Anfangsbedingungen, die die gesamte Lösung (homogene plus partikuläre) erfüllen muss, bestimmt.

Ein komplexes Wurzelpaar

$$\lambda_1 = \sigma_1 + j\omega_1 \qquad \text{und} \qquad \lambda_2 = \sigma_1 - j\omega_1 \qquad (2.42)$$

ergibt einen Term $y_{h1}(t)$ in der homogenen Lösung der Form:

$$y_{h1}(t) = C_1 e^{(\sigma_1 + j\omega_1)t} + C_2 e^{(\sigma_1 - j\omega_1)t} \qquad (2.43)$$

Damit dieser Term reell ist, müssen auch die Koeffizienten C_1, C_2 konjugiert komplex sein:

$$C_1 = A_1 e^{j\phi_1} \qquad \text{und} \qquad C_2 = A_1 e^{-j\phi_1} \quad \text{mit} \quad A_1 > 0 \qquad (2.44)$$

Der Parameter A_1 stellt den Betrag und ϕ_1 die Phase der komplexen Koeffizienten dar. Der Anteil in der homogenen Lösung $y_{h1}(t)$ wird zu:

$$y_{h1}(t) = A_1 e^{j\phi_1} e^{(\sigma_1 + j\omega_1)t} + A_1 e^{-j\phi_1} e^{(\sigma_1 - j\omega_1)t} = 2A_1 e^{\sigma_1 t} \cos(\omega_1 t + \phi_1) \qquad (2.45)$$

Es ist eine Schwingung der Frequenz ω_1, der Amplitude $2A_1$ und "Dämpfung" $|\sigma_1|/\omega_1$. Wenn $\sigma_1 < 0$ ist, dann ist die Schwingung gedämpft und klingt zu null ab. Umgekehrt, wenn $\sigma_1 > 0$ dann entfacht sich diese Schwingung mit steigender Amplitude. Ein Wert $\sigma_1 = 0$ bedeutet eine Schwingung mit konstanter Amplitude.

Die ursprünglichen Konstanten C_1, C_2 dieses Anteils der homogenen Lösung sind durch die Parameter A_1 und ϕ_1 ersetzt.

Eine reelle Wurzel λ_i führt zu einem Anteil in der homogenen Lösung in Form einer Exponentialfunktion, steigend für $\lambda_i > 0$ und abklingend für $\lambda_i < 0$.

Abb.2.11 zeigt die Form des Anteils $y_{hi}(t)$ in der homogenen Lösung abhängig von der Platzierung eines konjugiert komplexen Paares von Wurzeln bzw. von der Platzierung einer reellen Wurzel in der komplexen Ebene.

Das System, das durch die Differentialgleichung (2.32) dargestellt wird, ist stabil, wenn die homogene Lösung zu null abklingt. Das findet statt, wenn alle Wurzeln $\lambda_1, \lambda_2, \ldots, \lambda_N$ der charakteristischen Gleichung in der linken Hälfte der komplexen Ebene liegen.

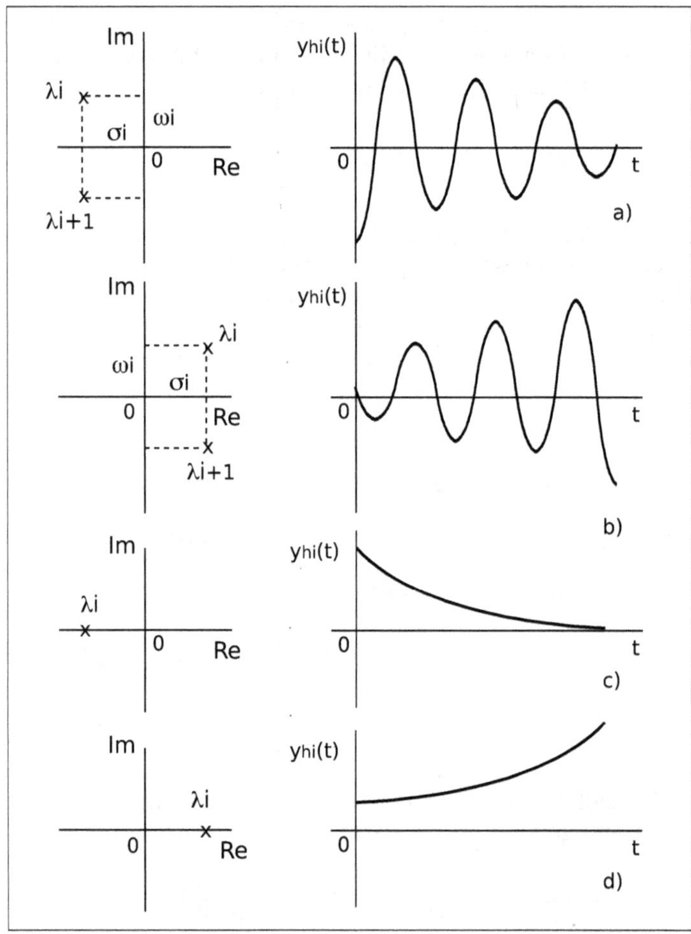

Abb. 2.11: a) Konjugiert komplexe Wurzel mit negativem Realteil b) konjugiert komplexe Wurzel mit positivem Realteil c) reelle negative Wurzel d) reelle positive Wurzel

Wenn man eine mehrfache Wurzel der charakteristischen Gleichung λ_m erhält, z.B. eine m mehrfache, dann ergeben diese m Wurzeln einen Anteil in der homogenen Lösung der Form:

$$e^{\lambda_m t}(C_1 + t\,C_2 + t^2 C_3 + \cdots + t^{m-1} C_m) \tag{2.46}$$

Mit einem Wert $\lambda_m < 0$ bleibt das System stabil, weil der Faktor $e^{\lambda_m t}$ rascher zu null abklingt als die steigenden Termen $t\,C_2 + t^2 C_3 + \cdots + t^{m-1} C_m$.

Die partikuläre Lösung $y_p(t)$ ist von der Anregung abhängig. Zum Beispiel ist bei einer konstanten Anregung die partikuläre Lösung auch eine konstante. Man ermittelt sie durch Einsetzen in die inhomogene Differentialgleichung.

Für eine Anregung in Form eines Polynoms in t wird für die partikuläre Lösung ein ähnliches Polynom angesetzt. Durch Einsetzen werden die Koeffizienten des Polynoms berechnet.

2.3.2 Linearität und alternative Zerlegung der Lösung

Ein System beschrieben durch die Differentialgleichung (2.32) ist linear im Sinne der Definition aus dem vorherigen Kapitel dann, wenn die Anfangsbedingungen null sind. Wenn die Anfangsbedingungen nicht null sind, kann man die Antwort $y(t)$ in eine alternative Form zerlegen:

$$y(t) = y_{zi}(t) + y_{zs}(t) \tag{2.47}$$

Der Anteil $y_{zi}(t)$ stellt die Antwort wegen den Anfangsbedingungen mit Anregung gleich null dar (*Zero-Input-Response*). Mit dem Anteil $y_{zs}(t)$ wird die Antwort auf die Anregung mit Anfangsbedingungen gleich null (*Zero-State-Response*) bezeichnet. Diese Antwort entspricht einem LTI-System und kann auch über das Faltungsintegral mit Hilfe der Impulsantwort berechnet werden.

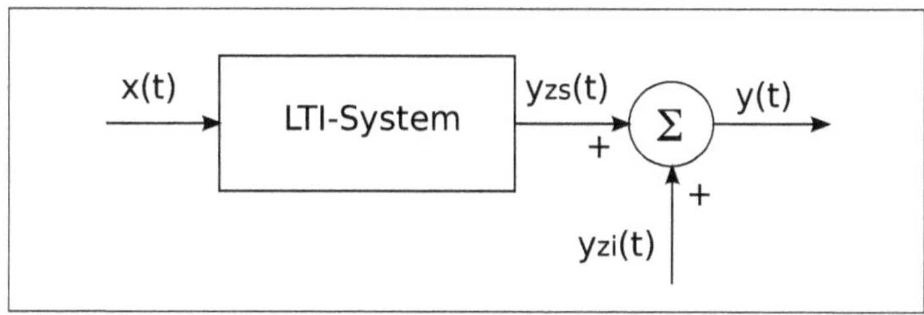

Abb. 2.12: Die Antwort $y_{zi}(t)$ ohne Anregung mit Anfangsbedingungen und die Antwort $y_{zs}(t)$ mit Anregung ohne Anfangsbedingungen

In Abb. 2.12 ist diese Zerlegung der Antwort $y(t)$ in die Antwort $y_{zi}(t)$ ohne Anregung mit Anfangsbedingungen und in die Antwort $y_{zs}(t)$ mit Anregung ohne Anfangsbedingungen dargestellt.

In diesem Sinne, stellt die Differentialgleichung (2.32) ein lineares zeitinvariantes System (LTI-System) dar, wenn die Anfangsbedingungen Null sind.

2.3.3 Beispiel: Lösung der Differentialgleichung für das Feder-Masse-System

Als Beispiel sei das Feder-Masse-System aus Abb. 2.9c gewählt. Die Differentialgleichung gemäß Gl. (2.36) ist:

$$m\frac{d^2y(T)}{dt^2} + c\frac{dy(t)}{dt} + k_f\, y(t) = F_e(t) \quad \text{mit Anfangsbedingungen} \quad y(0),\ \dot{y}(0)$$

Die entsprechende homogene Differentialgleichung ist:

$$m\frac{d^2y(T)}{dt^2} + c\frac{dy(t)}{dt} + k_f\, y(t) = 0$$

Mit dem Ansatz, dass die homogene Lösung die Form

$$y_h(t) = Ce^{\lambda t} \tag{2.48}$$

hat, erhält man folgende charakteristische Gleichung:

$$m\lambda^2 + c\lambda + k_f = 0 \tag{2.49}$$

Sie hat zwei Wurzeln:

$$\lambda_{1,2} = -\frac{c}{2m} \pm \sqrt{\left(\frac{c}{2m}\right)^2 - \frac{k_f}{m}} \tag{2.50}$$

Wenn angenommen wird, dass $k_f/m > (c/(2m))^2$ erhält man zwei konjugiert komplexe Wurzeln:

$$\lambda_{1,2} = \sigma \pm j\omega_0 \qquad \text{mit} \quad \sigma = -\frac{c}{2m}; \quad \omega_0 = \sqrt{\frac{k_f}{m} - \left(\frac{c}{2m}\right)^2} \tag{2.51}$$

Die homogene Lösung ist dann gemäß Gl. (2.45) durch

$$y_h(t) = Ae^{j\phi}e^{(\sigma+j\omega_0)t} + Ae^{-j\phi}e^{(\sigma-j\omega_0)t} = 2Ae^{\sigma t}\cos(\omega_0 t + \phi) \tag{2.52}$$

gegeben. Statt dieser Form mit Amplitude $2A$ und Phasenverschiebung ϕ, die aus den Anfangsbedingungen für die gesamte homogene und partikuläre Lösung zu bestimmen sind, kann man auch folgenden Ausdruck verwenden:

$$y_h(t) = Ae^{j\phi}e^{(\sigma+j\omega_0)t} + Ae^{-j\phi}e^{(\sigma-j\omega_0)t} = e^{\sigma t}(a\cos(\omega_0 t) + b\, sin(\omega_0 t)) \tag{2.53}$$

Die zwei Unbekannten $a,\ b$ an Stelle der Unbekannten $2A,\ \phi$ sind leichter zu ermitteln. Danach kann man daraus die Parameter A und ϕ berechnen.

Als Anregung wird eine konstante Kraft $F_e(t) = F$ angenommen, für die die partikuläre Lösung auch als konstant angenommen werden kann. Durch Einsetzen in die inhomogene Differentialgleichung erhält man für diese Konstante $y_p(t) = y_p$:

$$y_p = \frac{F}{k_f} \tag{2.54}$$

Die gesamte Lösung ist jetzt:

$$y(t) = y_h(t) + y_p(t) = e^{\sigma t}(a\cos(\omega_0 t) + b\, sin(\omega_0 t)) + \frac{F}{k_f} \tag{2.55}$$

Die zwei Anfangsbedingungen $y(0),\ \dot{y}(0)$, die diese Lösung erfüllen muss, dienen zur Ermittlung der Parameter $a,\ b$. Aus

$$y(0) = \left| e^{\sigma t}(a\cos(\omega_0 t) + b\, sin(\omega_0 t)) + \frac{F}{k_f} \right|_{t=0} = a + \frac{F}{k_f} \tag{2.56}$$

erhält man die Konstante a:

$$a = y(0) - \frac{F}{k_f} \tag{2.57}$$

Ähnlich wird aus

$$\begin{aligned} \dot{y}(0) = & \Big| \sigma e^{\sigma t}(a \cos(\omega_0 t) + b \sin(\omega_0 t)) + \\ & e^{\sigma t}(-a \sin(\omega_0 t) + b \cos(\omega_0 t)\Big|_{t=0} = \sigma a + b \end{aligned} \tag{2.58}$$

der Parameter b berechnet:

$$b = y'(0) - \sigma a = \dot{y}(0) - \sigma\Big(y(0) - \frac{F}{k_f}\Big) \tag{2.59}$$

Aus der Gleisetzung der zwei Formen für die homogene Lösung

$$2Ae^{\sigma t}\cos(\omega_0 t + \phi) = e^{\sigma t}(a \cos(\omega_0 t) + b\, sin(\omega_0 t)) \tag{2.60}$$

kann man die ursprünglichen Parameter $2A,\ \phi$ aus den neuen Parametern $a,\ b$ berechnen. Der Faktor $e^{\sigma t}$ kürzt sich und nach der Erweiterung der Cosinusfunktion erhält man:

$$2A\big(\cos(\omega_0 t)\cos(\phi) - \sin(\omega_0 t)\sin(\phi)\big) = a \cos(\omega_0 t) + b\sin(\omega_0 t) \tag{2.61}$$

Die Gleichsetzung der Koeffizienten der $\cos(\omega_0 t)$ und $\sin(\omega_0 t)$ Glieder der linken und rechten Seite der obigen Gleichung ergibt:

$$2A\cos(\phi) = a \qquad \text{und} \qquad -2A\sin(\phi) = b \tag{2.62}$$

Daraus erhält man schließlich:

$$2A = \sqrt{a^2 + b^2} \qquad \text{und} \qquad \tan(\phi) = -\frac{b}{a} \tag{2.63}$$

In der Gesamtlösung aus Gl. (2.55) bleibt ein Anteil der homogenen Lösung enthalten auch wenn die Anfangsbedingungen null sind. Die Parameter $a,\ b$ erhalten nur andere Werte:

$$a = -\frac{F}{k_f} \qquad \text{und} \qquad b = \sigma\frac{F}{k_f} \tag{2.64}$$

Der Parameter σ und die Kreisfrequenz ω_0 sind durch die Eigenschaften des Systems gegeben und sind unabhängig von der Anregung $F_e(t)$.

Die alternative Zerlegung der Antwort $y(t)$ in den Anteil $y_{zi}(t)$ als Antwort, die nur durch die Anfangsbedingungen ohne Anregung gegeben ist und in den Anteil $y_{zs}(t)$ als Antwort, die nur durch die Anregung mit Anfangsbedingungen gleich null gegeben ist, kann auch ermittelt werden.

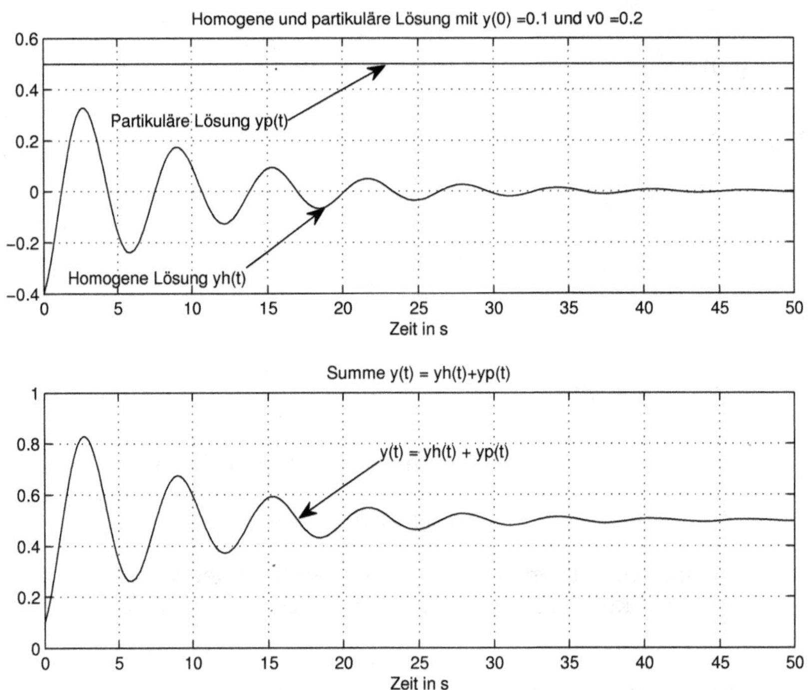

Abb. 2.13: Homogene und partikuläre Lösung bzw. deren Summe (feder_masse_1)

Aus der Gesamtlösung gemäß Gl. (2.55) wird für die Nullanregung $F = 0$ und Anfangsbedingungen $y(0),\ \dot{y}(0) \neq 0$ der Anteil $y_{zi}(t)$ ermittelt:

$$\begin{aligned} y_{zi}(t) =& e^{\sigma t}(a_{zi}\cos(\omega_0 t) + b_{zi}\ sin(\omega_0 t)) \\ & a_{zi} = y(0) - \frac{F}{k_f}\Big|_{F=0} = y(0) \\ & b_{zi} = y'(0) - \sigma\Big(y(0) - \frac{F}{k_f}\Big)\Big|_{F=0} = \dot{y}(0) - \sigma y(0) \end{aligned} \tag{2.65}$$

Ähnlich wird auch der Anteil $y_{zs}(t)$ mit Anregung und Anfangsbedingungen gleich null berechnet:

$$\begin{aligned} y_{zs}(t) =& e^{\sigma t}(a_{zs}\cos(\omega_0 t) + b_{zs}\ sin(\omega_0 t)) + \frac{F}{k_f} \\ & a_{zs} = y(0) - \frac{F}{k_f}\Big|_{y(0)=0} = -\frac{F}{k_f} \\ & b_{zs} = \dot{y}(0) - \sigma\Big(y(0) - \frac{F}{k_f}\Big)\Big|_{y(0)=0,\ y'(0)=0} = \sigma\frac{F}{k_f} \end{aligned} \tag{2.66}$$

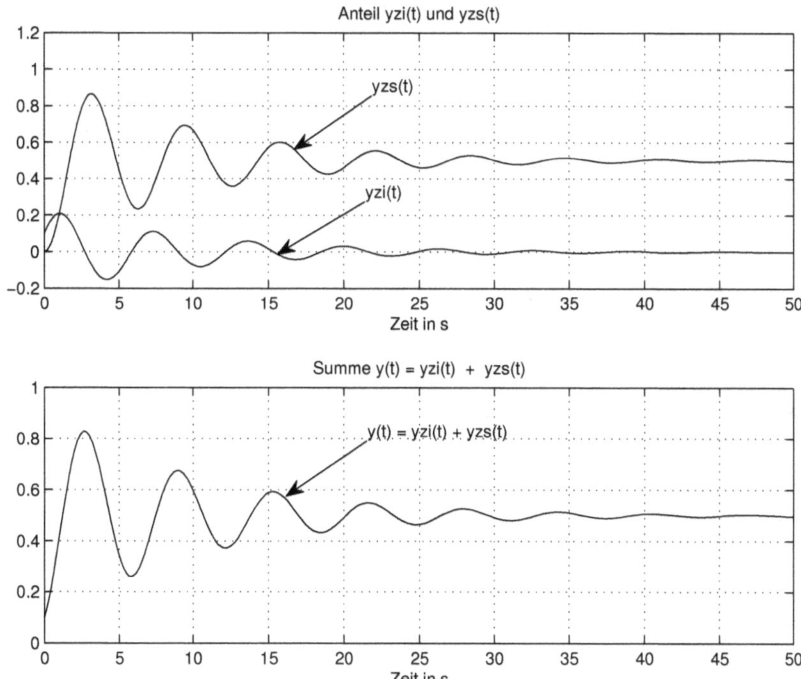

Abb. 2.14: Anteil für Nullanregung $y_{zi}(t)$ und Anteil für Nullanfangsbedingungen $y_{zs}(t)$ bzw. deren Summe (feder_masse_1.m)

Abb. 2.13 zeigt die Antwort des Feder-Masse-Systems als Summe der homogenen $y_h(t)$ und der partikulären $y_p(t)$ Lösung und Abb. 2.14 zeigt die Antwort für die Zerlegung in Anteil für Nullanregung $y_{zi}(t)$ und Anteil für Nullanfangsbedingungen $y_{zs}(t)$. Die Abbildungen wurden im Skript `feder_masse_1.m` basierend auf den gezeigten analytischen Lösungen erzeugt:

```
% Skript feder_masse_1.m, in dem ein einfaches Feder-Masse
% System 2. Ordnung untersucht wird
clear;
% ------- Parameter des Systems
m = 1;       c = 0.2;      kf = 1;
F = 0.5;        % Konstante Kraft bei  t = 0 angelegt
y0 = 0.1;       % Anfangslage
v0 = 0.2;       % Anfangsgeschwindigkeit y'(0)
% ------- Analytische Lösung mit homogener und partikulärer Lösung
chark_gl = [1 c/m kf/m];    % Koeffizienten der Charak. Gleichung
lambda = roots(chark_gl); % Wurzeln
sigma = real(lambda(1));  % Dämpfungsfaktor des Systems
omega_0 = imag(lambda(1));% Eigenfrequenz in rad/s
tfinal = 50;      dt = tfinal/1000;    % Zeitachse
```

```
t = 0:dt:tfinal;                % Zeitachse
nt = length(t);
a = y0 - F/kf;        b = v0-sigma*(y0 - F/kf); % Parameter a,b
yh = exp(sigma*t).*(a*cos(omega_0*t) + b*sin(omega_0*t));
                                % Homogene Lösung
yp = F/kf*ones(1,nt);            % Partikuläre Lösung
y = yh + yp;
figure(1);    clf;
subplot(211), plot(t, yh, t, yp);
   title(['Homogene und partikuläre Lösung mit y(0) =',num2str(y0),...
       ' und v0 =', num2str(v0)]);
   xlabel('Zeit in s');    grid on;
subplot(212), plot(t, y);
   title('Summe y(t) = yh(t)+yp(t)');
   xlabel('Zeit in s');    grid on;
% ------- Analytische Lösung für die neue Zerlegung
% Anregung null
azi = y0;          bzi = v0-sigma*y0;
yzi = exp(sigma*t).*(azi*cos(omega_0*t) + bzi*sin(omega_0*t));
% Anfangsbedingungen null
azs = -F/kf;       bzs = sigma*F/kf;
yzs = exp(sigma*t).*(azs*cos(omega_0*t) + bzs*sin(omega_0*t))+F/kf;
y = yzi + yzs;
figure(2);    clf;
subplot(211), plot(t, yzi, t, yzs);
   title('Anteil yzi(t) und yzs(t)');
   xlabel('Zeit in s');   grid on;
subplot(212), plot(t, y);
   title('Summe y(t) = yzi(t)  +  yzs(t)');
   xlabel('Zeit in s');   grid on;
```

Die alternative Zerlegung in einen Anteil $y_{zi}(t)$ und einen Anteil $y_{zs}(t)$ spielt eine wichtige Rolle bei der Beschreibung eines Systems mit der Impulsantwort und mit der Übertragungsfunktion, die später ausführlicher besprochen wird. Nur der Teil des Systems, der den Ausgang $y_{zs}(t)$ ergibt, kann mit Hilfe der Impulsantwort beschrieben werden und kann über das Faltungsintegral berechnet werden.

2.3.4 Beispiel: Simulation des Feder-Masse-Systems mit dem Euler-Verfahren

Zur Lösung der linearen Differentialgleichung mit konstanten Koeffizienten wird im nachfolgendem Beispiel das einfache aber sehr anschauliche Euler-Verfahren [24] zur numerischen Integration eingesetzt. Dafür wird aus der Differentialgleichung der Ordnung $N = 2$ ein System von N Differentialgleichungen erster Ordnung in den sogenannten Zustandsvariablen gebildet.

In mechanischen Systemen sind die Lagen der Massen und deren Geschwindigkeiten die Zustandsvariablen. Die Differentialgleichung des Feder-Masse-Systems gemäß

Gl. (2.36), die hier wiederholt wird,

$$m\frac{d^2y(T)}{dt^2} + c\frac{dy(t)}{dt} + k_f\,y(t) = F_e(t) \quad \text{mit Anfangsbedingungen} \quad y(0),\ \dot{y}(0)$$

kann leicht in einen Zustandsmodell umgewandelt werden. Man wählt für die Geschwindigkeit $\dot{y}(t)$ eine neue Variable, die mit $v(t)$ bezeichnet wird. Man erhält dann ein System von zwei Differentialgleichungen erster Ordnung in den Variablen $y(t),\ v(t)$:

$$\begin{aligned}\frac{dy(t)}{dt} &= v(t)\\ \frac{dv(t)}{dt} &= -\frac{c}{m}v(t) - \frac{k_f}{m}y(t) + \frac{1}{m}F_e(t)\end{aligned} \tag{2.67}$$

Sie stellen das so genannte Zustandsmodell des Systems dar, das im nächsten Kapitel ausführlich beschrieben wird.

Wenn die Ableitungen mit Differenzenquotienten angenähert werden

$$\begin{aligned}\frac{dy(t)}{dt} &\cong \frac{y(t+\Delta t) - y(t)}{\Delta t} = v(t)\\ \frac{dv(t)}{dt} &\cong \frac{v(t+\Delta t) - v(t)}{\Delta t} = -\frac{c}{m}v(t) - \frac{k_f}{m}y(t) + \frac{1}{m}F_e(t)\end{aligned} \tag{2.68}$$

ergibt sich ein einfaches Verfahren zur numerischen Integration, bekannt als das Euler-Verfahren:

$$\begin{aligned}y(t+\Delta t) &= y(t) + \Delta t\ v(t)\\ v(t+\Delta t) &= v(t) + \Delta t\big(-\frac{c}{m}v(t) - \frac{k_f}{m}y(t) + \frac{1}{m}F_e(t)\big)\end{aligned} \tag{2.69}$$

Es wird mit den Anfangswerten $y(0),\ v(0) = \dot{y}(0)$ gestartet und man berechnet immer neue Werte aus den vorherigen Werten. Die Schrittweite Δt muss relativ klein sein, um die Konvergenz des Verfahrens zu sichern und eine gute Genauigkeit zu erhalten. Die Konvergenz verbessert sich, wenn in der zweiten Gleichung der schon aktualisierte Wert $y(t+\Delta t)$ statt $y(t)$ benutzt wird:

$$\begin{aligned}y(t+\Delta t) &= y(t) + \Delta t\ v(t)\\ v(t+\Delta t) &= v(t) + \Delta t\big(-\frac{c}{m}v(t) - \frac{k_f}{m}y(t+\Delta t) + \frac{1}{m}F_e(t)\big)\end{aligned} \tag{2.70}$$

```
% Skript feder_masse_3.m, in das Feder-Masse
% System 2. Ordnung numerisch mit Euler Verfahren gelöst wird
clear;
% ------- Parameter des Systems
m = 1;
c = 0.2;       kf = 1;        % Leicht gedämpft
% c = 2;      k = 1;         % Stark gedämpft (keine komplexe
```

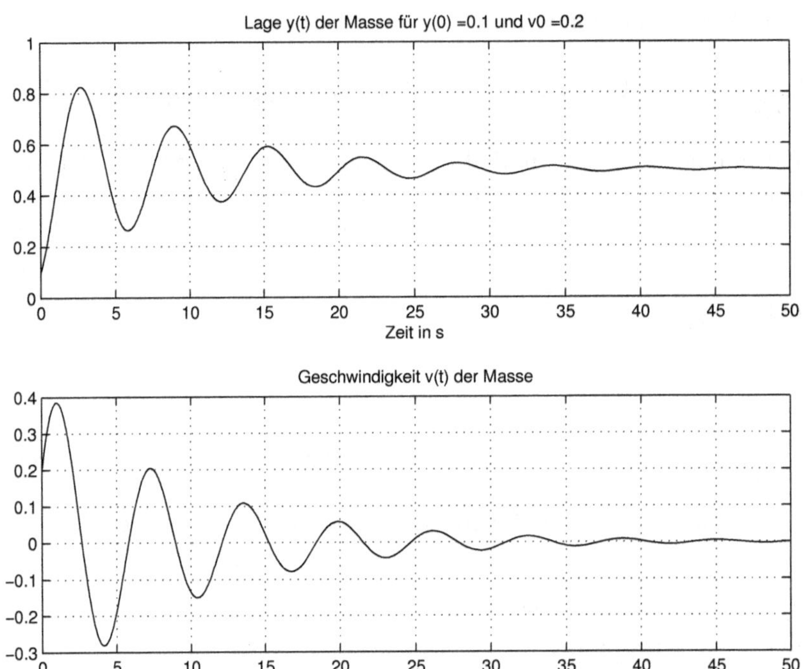

Abb. 2.15: Lage y(t) und Geschwindigkeit v(t) ermittelt mit dem Euler-Verfahren (feder_masse_3.m)

```
                % Wurzeln der charakt. Gl.)
% k = c^2/(4*m)          % Gleiche reelle Wurzel
wurzel = roots([1 c/m k/m])
F = 0.5;                  % Konstante Kraft bei  t = 0 angelegt
y0 = 0.1;                 % Anfangslage
v0 = 0.2;                   % Anfangsgeschwindigkeit y'(0)
% ------- Euler Verfahren
tfinal = 50;      dt = tfinal/1000;    % Zeitachse
t = 0:dt:tfinal;            % Zeitachse
nt = length(t);
y = zeros(1,nt);            % Initialisierung
v = zeros(1,nt);
y(1) = y0;        v(1) = v0;
Fe = ones(1,nt)*F;          % Konstante Kraft
for n = 1:nt-1
   y(n+1) = y(n) + dt*v(n);
   v(n+1) = v(n) + dt*(-c*v(n)/m - kf*y(n+1)/m + Fe(n)/m);
end;
figure(1);   clf;
subplot(211), plot(t, y);
```

```
    title(['Lage y(t) der Masse für y(0) =',num2str(y0),' und v0 =',...
        num2str(v0)]);
    xlabel('Zeit in s');        grid on;
subplot(212), plot(t, v);
    title('Geschwindigkeit v(t) der Masse');
    xlabel('Zeit in s');        grid on;
```

Abb. 2.15 zeigt die Ergebnisse der Integration mit dem Euler-Verfahren. Wie erwartet ist der Verlauf der Lage der Masse $y(t)$ gleich den Verläufen aus Abb. 2.13 und 2.14.

Dem Leser wird empfohlen die Ergebnisse aus dieser Simulation mit der analytischen korrekten Lösung aus dem vorherigen MATLAB-Skript zu vergleichen. Der Fehler des numerischen Euler-Vefahrens liegt bei ca. 1 % mit der gewählten Schrittweite. Er verbessert sich mit einer kleineren Schrittweite Δt.

Für dieses Verfahren gibt es noch zwei Varianten, das modifizierte und das rückwärtsgerichtete (*Backward*) Euler-Verfahren [24], die kleinere Fehler ergeben. Eine weitere Möglichkeit zur numerischen Integration bieten die Runge-Kutta Verfahren [6], [24], welche auch in MATLAB und Simulink implementiert sind.

2.4 Zustandsmodelle für zeitkontinuierliche Systeme

Am Beispiel einer linearen Differentialgleichung mit konstanten Koeffizienten, die nur die Anregung ohne deren Ableitungen enthält, soll gezeigt werden, wie man sie in ein Zustandsmodell umwandeln kann. Ausgehend von

$$a_N \frac{d^N y(t)}{dt^N} + a_{N-1}\frac{d^{N-1}y(t)}{dt^{N-1}} + a_{N-2}\frac{d^{N-2}y(t)}{dt^{N-2}} + \ldots a_0\, y(t) = b_0\, x(t) \tag{2.71}$$

werden Zustandsvariablen aus der Variablen $y(t)$ und ihren Ableitungen definiert:

$$\begin{aligned}
&q_1(t) = y(t)\\
&q_2(t) = \frac{dy(t)}{dt} = \frac{dq_1(t)}{dt}\\
&\ldots\\
&q_{N-1}(t) = \frac{d^{N-2}y(t)}{dt^N} = \frac{dq_{N-2}(t)}{dt}\\
&q_N(t) = \frac{d^{N-1}y(t)}{dt^N} = \frac{dq_{N-1}(t)}{dt}
\end{aligned} \tag{2.72}$$

Damit wird aus der ursprünglichen Differentialgleichung der Ordnung N ein System von N Differentialgleichungen erster Ordnung in diesen Zustandsvariablen gebildet:

$$\begin{aligned}
&\frac{dq_1(t)}{dt} = q_2(t), \qquad \frac{dq_2(t)}{dt} = q_3(t), \qquad \frac{dq_3(t)}{dt} = q_4(t), \\
&\cdots \\
&\frac{dq_N(t)}{dt} = -(a_0/a_N)q_1(t) - \cdots - (a_{N-1}/a_N)q_N(t) + (b_0/a_N)x(t)
\end{aligned} \tag{2.73}$$

In Matrixform und mit der Annahme $a_N = 1$ geschrieben, erhält man:

$$\begin{aligned}
\frac{d\mathbf{q}(t)}{dt} =& \begin{bmatrix} 0 & 1 & 0 & 0 & \dots & 0 \\ 0 & 0 & 1 & 0 & \dots & 0 \\ \vdots & \vdots & \vdots & \vdots & \vdots & \vdots \\ 0 & 0 & 0 & 0 & \dots & 1 \\ -a_0 & -a_1 & -a_2 & -a_3 & \dots & -a_{N-1} \end{bmatrix} \mathbf{q}(t) + \begin{bmatrix} 0 \\ 0 \\ \vdots \\ 0 \\ b_0 \end{bmatrix} x(t) \\
=& \mathbf{A}\mathbf{q}(t) + \mathbf{B}x(t)
\end{aligned} \tag{2.74}$$

Dieses System von Differentialgleichungen erster Ordnung stellt die Zustandsgleichung des Systems dar. Hinzu kommt noch eine algebraische Gleichung, die den Ausgang als Funktion des Zustandsvektors $\mathbf{q}$ und der Anregung $x(t)$ darstellt.

Der Ausgang $y(t)$ ist gleich mit der ersten Zustandsvariablen $q_1(t)$ und ist nicht vom Eingang $x(t)$ abhängig. In Matrixform ist diese so genannte Ausgangsgleichung durch

$$y(t) = \begin{bmatrix} 1 \; 0 \; 0 \dots 0 \end{bmatrix} \mathbf{q}(t) + 0\, x(t) = \mathbf{C}\,\mathbf{q} + \mathbf{D}\, x(t) \tag{2.75}$$

gegeben.

Die vier Matrizen $\mathbf{A}$, $\mathbf{B}$, $\mathbf{C}$, $\mathbf{D}$ sind die Parameter des Zustandsmodells und ergeben eine komplette Beschreibung eines LTI-Systems, die in MATLAB als *State-Space*-Darstellung verstanden ist.

Für die allgemeine Differentialgleichung, siehe Gl. (2.32), die auch die M Ableitungen des Eingangs enthält, sowie der Annahme $M = N$ ergibt sich eine ähnliche Form:

$$\frac{d\mathbf{q}(t)}{dt} = \begin{bmatrix} 0 & 1 & 0 & 0 & \ldots & 0 \\ 0 & 0 & 1 & 0 & \ldots & 0 \\ \vdots & \vdots & \vdots & \vdots & \vdots & \vdots \\ 0 & 0 & 0 & 0 & \ldots & 1 \\ -a_0 & -a_1 & -a_2 & -a_3 & \ldots & -a_{N-1} \end{bmatrix} \mathbf{q}(t) + \begin{bmatrix} 0 \\ 0 \\ \vdots \\ 0 \\ 1 \end{bmatrix} x(t)$$
$$= \mathbf{A}\,\mathbf{q}(t) + \mathbf{B}\,x(t) \tag{2.76}$$

Der Ausgang $y(t)$ ist jetzt durch folgende Matrizen gegeben:

$$y(t) = \left[\ (b_0 - b_N\,a_0),\ (b_1 - b_N\,a_1),\ \ldots,\ (b_{N-1} - b_N\,a_{N-1})\ \right] \mathbf{q}(t) + 0\,x(t) =$$
$$\mathbf{C}\,\mathbf{q} + \mathbf{D}\,x(t) \tag{2.77}$$

Das ist nicht die einzige Form des Zustandsmodells für eine Differentialgleichung. Sie wurde hier bevorzugt, weil sie in der MATLAB-Funktion **tf2ss** implementiert ist. Die Koeffizienten der Differentialgleichung werden in zwei Vektoren angegeben, ein Vektor für die Koeffizienten der Terme des Eingangssignals in `b` und ein Vektor `a` für die Koeffizienten der Terme des Ausgangssignals. Als Beispiel sei die Differentialgleichung:

$$\frac{d^3y(t)}{dt^3} + a_2\frac{d^2y(t)}{dt^2} + a_1\frac{dy(t)}{dt} + a_0y(t) = b_1\frac{dx(t)}{dt} + b_0\,x(t) \tag{2.78}$$

Die zwei Vektoren müssen jetzt in folgender Form angegeben werden:

```
b = [0, 0, b_1, b_0];                a = [1, a_2, a_1, a_0];
[A,B,C,D] = tf2ss(b, a);
```

Wegen den zum Teil fehlenden Ableitungen des Eingangs werden die zwei Nullwerte im Vektor `b` am Anfang eingetragen. Im Skript `diffgl_in_zustand1.m` wird so eine Umwandlung durchgeführt:

```
% Skript diffgl_in_zustand1.m, in dem eine Differentialgleichung
% in ein Zustandsmodell umgewandelt wird
clear;
% ------- Koeffizienten der Differentialgleichung
b = [0 0 1 2];
lambda = [-1, 1*exp(j*3*pi/4), 1*exp(-j*3*pi/4)];
        % Wurzel der charakteristischen Gleichung
a = poly(lambda);   % Koeffizienten der charakt. Gl. (3. Grades)
% ------- Bildung des Zustandsmodells
[A, B, C, D] = tf2ss(b,a)
```

Die Koeffizienten der charakteristischen Gleichung, die gleich den Koeffizienten der Ableitungen des Ausgangs sind, werden mit Hilfe der Funktion **poly** aus vorgegebenen Wurzeln ermittelt. Sie wurden in der linken komplexen Halbebene gewählt, um ein stabiles System zu bilden. Die Ergebnismatrizen sind:

```
A =     -2.4142    -2.4142    -1.0000
         1.0000     0          0
         0          1.0000     0
B =      1          0          0
C =      0          1          2
D =      0
```

Wie man sieht, werden in MATLAB die Zustandsvariablen $\mathbf{q(t)}$ in umgekehrter Reihenfolge angegeben. In der Literatur wird aber die Reihenfolge benutzt, die in den Gl. (2.76) und (2.77) angegeben wurde [11], [19], [39]. Die Eigenwerte [24] der Matrix `A` sind gleich den Wurzeln der charakteristischen Gleichung. Die Eigenwerte werden im MATLAB mit der Funktion **eig** ermittelt.

Es ist schwierig aus den Anfangsbedingungen der Differentialgleichung

$$y(t),\ \frac{dy(t)}{dt},\ \frac{d^2y(t)}{dt^2},\ \ldots,\ \frac{d^{N-1}y(t)}{dt^{N-1}} \qquad \text{für} \qquad t=0 \tag{2.79}$$

die Anfangsbedingungen für die Zustandsvariablen $q_1(t), q_2(t), \ldots, q_N(t)$ zu ermitteln. Das ist der Grund weshalb man von Anfang an bei der Ermittlung eines Modells für ein physikalisches System das Zustandsmodell anstreben soll. In den nachfolgenden Beispielen wird dieser Weg gegangen.

In elektrischen Schaltungen sind als Zustandsvariablen der Strom der Induktivitäten und die Spannung der Kapazitäten zu wählen. Die magnetische Energie ist dem Strom der Induktivität proportional und die elektrische Energie ist der Spannung der Kapazität proportional. Dadurch enthalten diese Zustandsvariablen zum Zeitpunkt t_0 die gesamte Vorgeschichte der Schaltung. Ausgehend von diesen Variablen und der Anregung kann man die Zustandsvariablen für $t \geq t_0$ ermitteln.

Ähnlich sind in mechanischen Systemen die Lage und die Geschwindigkeit der Massen die Zustandsvariablen. Die potenzielle Energie ist der Lage proportional und die kinetische Energie ist der Geschwindigkeit proportional und dadurch sind diese Variablen als Zustandsvariablen prädestiniert. Für Systeme mit rotierenden Massen sind die Winkel und die Kreisfrequenzen die Zustandsvariablen.

In der Literatur [10], [19] werden oft die Zustandsvariablen mit $\mathbf{x}(t)$, die Ausgangsvariablen mit $\mathbf{y}(t)$ und die Anregung mit $\mathbf{u}(t)$ (oder $\mathbf{v}(t)$) bezeichnet, so dass das Zustandsmodell durch

$$\begin{aligned} \frac{d\mathbf{x}(t)}{dt} &= \mathbf{A}\,\mathbf{x}(t) + \mathbf{B}\,\mathbf{u}(t) \\ \mathbf{y}(t) &= \mathbf{C}\,\mathbf{x}(t) + \mathbf{D}\,\mathbf{u}(t) \end{aligned} \tag{2.80}$$

gegeben ist. Abb. 2.16 zeigt das Blockschema des Zustandsmodells mit diesen Bezeichnungen.

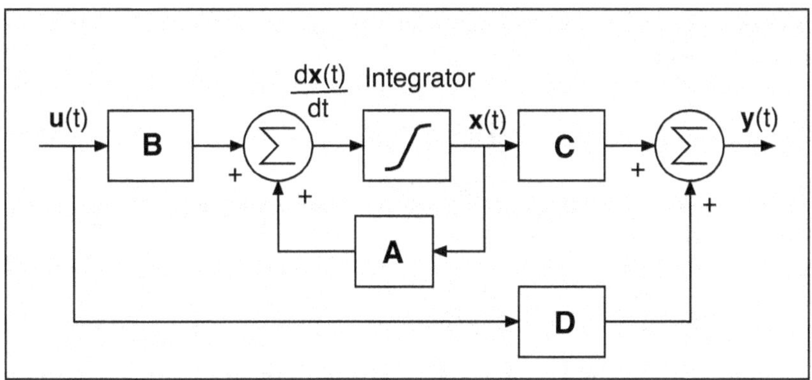

Abb. 2.16: Blockschema des Zustandsmodells

2.4.1 Antwort kontinuierlicher LTI-Systeme ausgehend vom Zustandsmodell

Für ein System dargestellt mit einem Zustandsmodell

$$\frac{d\mathbf{q}(t)}{dt} = \mathbf{A}\,\mathbf{q}(t) + \mathbf{B}\,\mathbf{x}(t), \tag{2.81}$$

wobei die Zustandsvariablen im Vektor $\mathbf{q}(t)$ und die Anregungen im Vektor $\mathbf{x}(t)$ enthalten sind, gibt es eine analytische Lösung für die Antwort [39]:

$$\mathbf{q}(t) = e^{\mathbf{A}t}\,\mathbf{q}(0) + \int_0^t e^{\mathbf{A}(t-\tau)}\mathbf{B}\,\mathbf{x}(\tau)d\tau \tag{2.82}$$

Der erste Teil der Antwort stellt die Antwort für Anregungsvektor null dar und der zweite Teil ist die Antwort auf den Anregungsvektor mit Anfangsbedingungen null.

Die Beweisführung geht vom Zustandsmodell aus, das mit $e^{-\mathbf{A}t}$ multipliziert wird [39]:

$$e^{-\mathbf{A}t}\frac{d\mathbf{q}(t)}{dt} - e^{-\mathbf{A}t}\mathbf{A}\,\mathbf{q}(t) = e^{-\mathbf{A}t}\mathbf{B}\,\mathbf{x}(t) \tag{2.83}$$

Die linke Seite kann zusammengefast werden:

$$\frac{d}{dt}\Big(e^{-\mathbf{A}t}\mathbf{q}(t)\Big) = e^{-\mathbf{A}t}\mathbf{B}\,\mathbf{x}(t) \tag{2.84}$$

Durch Integration beider Seiten von 0 bis t erhält man:

$$e^{-\mathbf{A}t}\mathbf{q}(t) - e^{-\mathbf{A}0}\mathbf{q}(0) = \int_0^t e^{-\mathbf{A}\tau}\mathbf{B}\,\mathbf{x}(\tau)d\tau \tag{2.85}$$

Das gezeigte Ergebnis aus Gl. (2.82) ergibt sich über die Multiplikation durch $e^{\mathbf{A}t}$ (mit $e^{-\mathbf{A}0} = \mathbf{I}$ als Einheitsmatrix):

$$\mathbf{q}(t) = e^{\mathbf{A}t}\mathbf{q}(0) + e^{\mathbf{A}t}\int_0^t e^{-\mathbf{A}\tau}\mathbf{B}\,\mathbf{x}(\tau)d\tau \tag{2.86}$$

Für das Integral über die Variable τ ist der Faktor $e^{\mathbf{A}t}$ eine Konstante, die man dadurch in das Integral einbringen kann:

$$\mathbf{q}(t) = e^{\mathbf{A}t}\mathbf{q}(0) + \int_0^t e^{\mathbf{A}(t-\tau)}\mathbf{B}\,\mathbf{x}(\tau)d\tau \tag{2.87}$$

Um zu verstehen, was die Matrix $e^{\mathbf{A}t}$ darstellt, wird diese Zeitfunktion in eine Taylor-Reihe entwickelt:

$$e^{\mathbf{A}t} = \mathbf{I} + \mathbf{A}t + \frac{\mathbf{A}^2 t^2}{2!} + \cdots + \frac{\mathbf{A}^n t^n}{n!} + \ldots \tag{2.88}$$

Sicher stellt sich hier die Frage der Konvergenz. Für relativ kleine Werte von t ist zu erwarten, dass die Reihe rasch konvergiert. Das hängt jedoch von den Eigenwerten der Matrix $\mathbf{A}$ ab.

Für Anregungen $\mathbf{x}(t) = \mathbf{x}(nT_s)$, die in Intervallen $nT_s \leq t \leq (n+1)T_s, n = 0, 1, 2, \ldots$ konstant sind, kann man folgende Diskretisierung vornehmen:

$$\mathbf{q}((n+1)T_s) = e^{\mathbf{A}T_s}\mathbf{q}(nT_s) + \left(\int_{nT_s}^{(n+1)T_s} e^{\mathbf{A}((n+1)T_s-\tau)}\mathbf{B}d\tau\right)\mathbf{x}(nT_s) \tag{2.89}$$

Die Matrix $e^{\mathbf{A}T_s}$ wird mit $\mathbf{\Phi}(T_s)$ bezeichnet und die Matrix, die dem Integral entspricht, wird mit $\mathbf{\Delta}(T_s)$ notiert:

$$\mathbf{q}((n+1)T_s) = \mathbf{\Phi}(T_s)\mathbf{q}(nT_s) + \mathbf{\Delta}(T_s)\mathbf{x}(nT_s) \tag{2.90}$$

Für Werte der Intervalle T_s, die klein relativ zu den Zeitkonstanten des Systems sind, konvergiert die Taylor-Reihe $e^{\mathbf{A}T_s}$ nach einigen Termen und man erhält eine gute Annäherung der Antwort auf kontinuierliche Anregungen, die in dieser Form diskretisiert werden.

Diese Lösung ist in MATLAB in der Funktion **`lsim`** implementiert. Zusätzlich zu den zwei Matrizen $\mathbf{A}$, $\mathbf{B}$ der Zustandsgleichung werden auch die Matrizen $\mathbf{C}$, $\mathbf{D}$ der Ausgangsgleichung benötigt, so dass die Ausgangsvariablen aus den Zustandsvariablen berechnet werden. Weiter muss man den zeitdiskreten Vektor der Anregungen und den entsprechenden Vektor der Zeitintervalle angeben. Später wird exemplarisch diese Funktion eingesetzt.

In MATLAB gibt es auch die Funktion **`c2d`** mit der man aus einem kontinuierlichen Modell ein zeitdiskretes Modell erzeugen kann. Über so ein Modell ergibt sich, bei guter Wahl der Abtastperiode, eine weitere Möglichkeit die Antwort eines zeitkontinuierlichen Systems anzunähern. Die Funktion **`c2d`** liefert eigentlich die Matrizen $\mathbf{\Phi}(T_s)$ und $\mathbf{\Delta}(T_s)$, wenn die Option *Zero-Order-Hold* gewählt wird.

Das Euler-Verfahren kann ebenfalls für die Zustandsgleichung verwendet werden.

$$\mathbf{q}(t + \Delta t) \cong \mathbf{q}(t) + \Delta t\,\frac{d\mathbf{q}(t)}{dt} = \mathbf{q}(t) + \Delta t(\mathbf{A}\,\mathbf{q}(t) + \mathbf{B}\,\mathbf{x}(t)) \tag{2.91}$$

Man muss nur die Zeitschrittweite Δt klein relativ zu den Zeitkonstanten des Systems wählen, um die Konvergenz zu gewährleisten.

2.4.2 Beispiel: Zustandsmodell eines Gleichstrommotors

Abb. 2.17 zeigt die Skizze eines Antriebs mit Gleichstrommotor. Durch $u_e(t)$ ist die Eingangsspannung bezeichnet, $i(t)$ stellt den Ankerstrom des Motors dar und R, L sind der Widerstand und die Induktivität des Ankerstromkreises. Wegen der Drehung mit der Kreisfrequenz oder Drehgeschwindigkeit $\omega(t)$ induziert sich eine Gegenspannung im Rotor der Größe:

$$u_g(t) = k_g\,\omega(t) \tag{2.92}$$

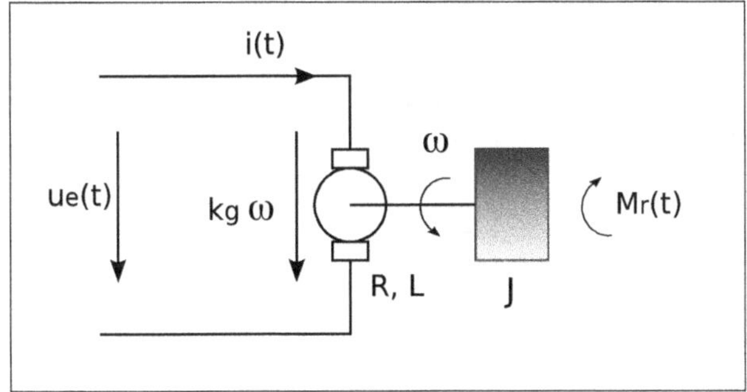

Abb. 2.17: Skizze des Antriebs mit Gleichstrommotor

Für den elektrischen Teil kann man jetzt folgende Differentialgleichung aufstellen:

$$u_e(t) - k_g\omega(t) = R\,i(t) + L\frac{di(t)}{dt} \tag{2.93}$$

Mit $i(t)$ als Zustandsvariable (Strom der Induktivität) wird daraus die erste Differentialgleichung erster Ordnung nach $i(t)$ gebildet:

$$\frac{di(t)}{dt} = -\frac{R}{L}i(t) - \frac{k_g}{L}\omega(t) + \frac{1}{L}u_e(t) \tag{2.94}$$

Für die mechanische Seite wird folgende Differentialgleichung der Drehbewegung geschrieben:

$$J\frac{d\omega(t)}{dt} + c_m\,\omega(t) = k_m\,i(t) - M_r(t) \tag{2.95}$$

Hier ist J das Trägheitsmoment aller drehenden Teile des Systems in Bezug auf die Drehachse, c_m ist ein Dämpfungsfaktor und $M_r(t)$ ist hier ein Belastungsmoment als Eingang. Somit hat das System zwei Eingänge $u_e(t)$ und $M_r(t)$.

Das Moment $k_m\;i(t)$ ist das Antriebsmoment. Man kann zeigen, dass $k_m = k_g$ ist [10]. Für die Zustandsvariable $\omega(t)$ des mechanischen Systems erhält man dann folgende Differentialgleichung erster Ordnung:

$$\frac{d\omega(t)}{dt} = \frac{k_g}{J}i(t) - \frac{c_m}{J}\omega(t) - \frac{1}{J}M_r(t) \tag{2.96}$$

Die zwei Differentialgleichungen erster Ordnung (2.94) und (2.96) bilden die Zustandsgleichungen des Systems und werden in Matrixform wie folgt dargestellt:

$$\begin{bmatrix} \frac{di(t)}{dt} \\ \frac{d\omega(t)}{dt} \end{bmatrix} = \begin{bmatrix} -\frac{R}{L} & -\frac{k_g}{L} \\ \frac{k_g}{J} & -\frac{c_m}{J} \end{bmatrix} \begin{bmatrix} i(t) \\ \omega(t) \end{bmatrix} + \begin{bmatrix} \frac{1}{L} & 0 \\ 0 & -\frac{1}{J} \end{bmatrix} \begin{bmatrix} u_e(t) \\ M_r(t) \end{bmatrix} \tag{2.97}$$

Daraus ergeben sich die zwei Matrizen **A** und **B**. Wenn jetzt angenommen wird, dass die Zustandsvariablen $i(t)$ und $\omega(t)$ auch die Ausgangsvariablen sind, dann sind die Matrizen **C** und **D** durch

$$\mathbf{C} = \begin{bmatrix} 1\,0 \\ 0\,1 \end{bmatrix} \qquad \mathbf{D} = \begin{bmatrix} 0\,0 \\ 0\,0 \end{bmatrix} \tag{2.98}$$

gegeben.

```
% Skript gleichstr_motor_1.m, in dem ein Gleichstrommotor
% mit Zustandsmodell simuliert wird
% Arbeitet mit Simulink-Modell gleichstr_motor1.mdl
clear;
% ------ Parameter des Motors
L = 0.1;            R = 1;
kg = 20;            J = 10;        cm = 20;
Ue = 100;           Mr = 200;
% ------ Matrizen des Modells
A = [-R/L, -kg/L; kg/J -cm/J];
B = [1/L 0; 0 -1/J];
C = eye(2,2);    D = zeros(2,2);
% ------ Aufruf der Simulation
tfinal = 10;
t_delay = 5;                 % Zeitmoment für Mr
sim('gleichstr_motor1',[0,tfinal]);
% ------ Ergebnisse
% y(:,1) = i; y(:,2) = omega
figure(1);     clf;
subplot(211), plot(t, y(:,1));
   title('Strom des Motors');
   xlabel('Zeit in s');       grid on;
subplot(212), plot(t, y(:,2));
   title('Drehgeschwindigkeit des Motors');
   xlabel('Zeit in s');       grid on;
```

Im Skript `gleichstr_motor_1.m` und Modell `gleichstr_motor1.mdl` ist der Gleichstrom für eine konstante Eingangsspannung $u_e(t) = U_e$, die nach einer Sekunde angelegt wird (ein Sprung), simuliert. Nach 5 Sekunden wird auch das konstante Belastungsmoment M_r zugeschaltet.

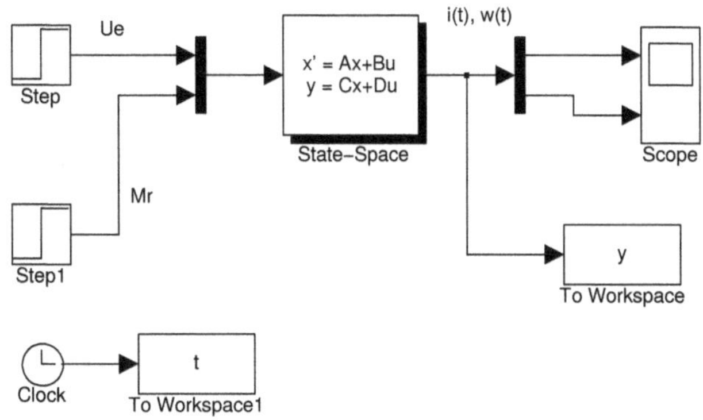

Abb. 2.18: Simulink-Modell des Gleichstrommotors (gleichstr_motor_1.m, gleichstr_motor1.mdl)

Abb. 2.18 zeigt das Simulink-Modell. Im Skript werden die Matrizen `A, B, C, D` des Systems gebildet und diese sind die Parameter des Blocks *State-Space* im Modell. Dieser hat zwei Eingänge $u_e(t)$, $M_r(t)$, die mit dem Block *Mux* zusammengefasst sind. Die zusammengefassten Ausgänge $i(t)$, $\omega(t)$ werden mit einem *Demux*-Block getrennt und auf dem Oszilloskop (Block *Scope*) dargestellt.

Mit den Senken *To Workspace* werden die Ausgänge und die Simulationszeit erfasst und nach MATLAB exportiert, um sie hier darzustellen.

Der Strom ist am Anfang sehr groß bis die Gegenspannung $k_g\ \omega(t)$ wirkt. Wenn das Belastungsmoment zugeschaltet wird, steigt der Strom auf einen neuen Wert und die Drehgeschwindigkeit fällt ebenfalls auf einen neuen stationären Wert.

Im Block *State-Space*, der das System darstellt, können auch Anfangsbedingungen für den Strom und die Geschwindigkeit gewählt werden. Wenn die Drehzahl beim Zuschalten der Spannung schon größer ist, erhält man einen kleineren Anfangsstrom.

In Block-*State-Space* wird ein analytisches Verfahren implementiert, das für kleine Integrationsschritte die Eingänge als konstant annimmt.

Das Simulink-Modell kann auch "zu Fuß" gebildet werden, wie in Abb. 2.20 gezeigt. Es wird von den Ableitungen $di(t)/dt$, $d\omega(t)/dt$, die man als bekannt annimmt, ausgegangen. Durch je einen Integrator werden die Variablen $i(t)$, $\omega(t)$ erhalten. Danach kann man gemäß den Differentialgleichungen (2.94) und (2.96) die Ableitungen bilden.

Die Simulation kann aus einem ähnlichen Skript (`gleichstr_motor_2.m`) aufgerufen werden, in dem nur das neue Simulink-Modell in der Funktion **`sim`** eingetragen wird. Man kann in Simulink auch die Struktur gemäß Abb. 2.16 für den Gleichstrommotor bilden, so wie in Abb. 2.21 gezeigt. Die Verbindungslinien der Blöcke stellen Vektoren dar und der Integrator ist multivariablenfähig.

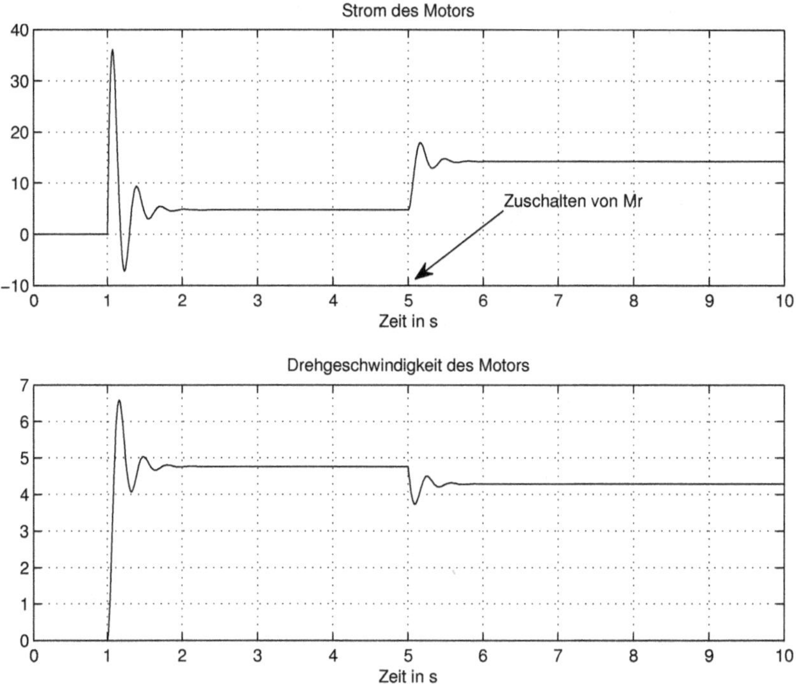

Abb. 2.19: Strom $i(t)$ und Drehgeschwindigkeit ω (gleichstr_motor_1.m, gleichstr_motor1.mdl)

Die Modelle gemäß Abb. 2.20 und 2.21 sind wichtig für den Fall, dass das System nichtlinear ist und z.B. die Zustandsvariablen oder andere Variablen in der Anwendung begrenzt sind. Da hier nur LTI-Systeme behandelt werden, kann man auf diese Zerlegung des Zustandsmodells verzichten.

2.4.3 Beispiel: Zustandsmodell eines Tiefpassfilters vierter Ordnung

Abb. 2.22 zeigt ein passives Tiefpassfilter vierter Ordnung. Es werden die zwei Ströme der Induktivitäten $i_1(t)$, $i_2(t)$ und die zwei Spannungen der Kapazitäten $u_{c1}(t)$, $u_{c2}(t)$ als Zustandsvariablen gewählt. Mit Hilfe der Kirchoffschen-Gesetze können folgende Differentialgleichungen geschrieben werden:

$$\begin{aligned} u_e(t) &= R_g\, i_1(t) + L_1 \frac{di_1(t)}{dt} + u_{c1}(t) \\ u_{c1}(t) &= L_2 \frac{di_2(t)}{dt} + u_{c2}(t) \end{aligned} \qquad (2.99)$$

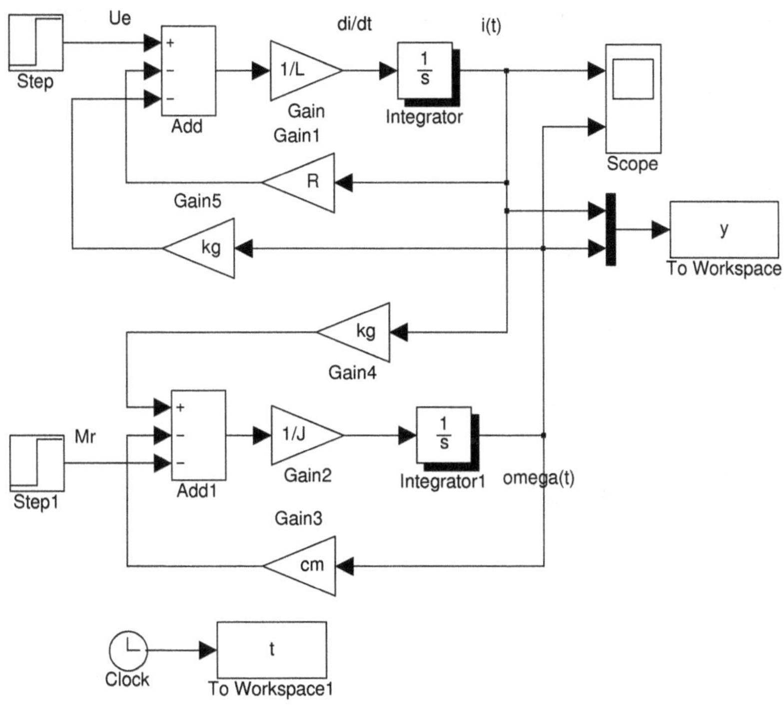

Abb. 2.20: Simulink-Modell des Gleichstrommotors ohne Block State-Space (gleichstr_motor_2.m, gleichstr_motor2.mdl)

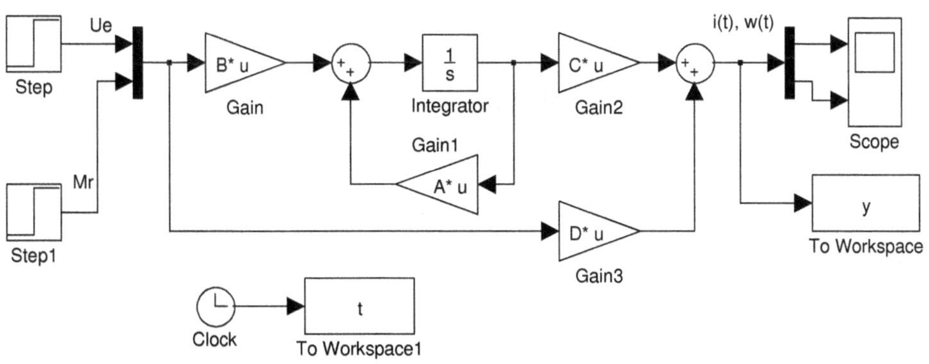

Abb. 2.21: Eine andere Variante des Simulink-Modells des Gleichstrommotors (gleichstr_motor_2.m, gleichstr_motor3.mdl)

$$
\begin{aligned}
i_1(t) &= i_2(t) + C_1 \frac{du_{c1}(t)}{dt} \\
i_2(t) &= C_2 \frac{du_{c2}(t)}{dt} + \frac{u_{c2}(t)}{R_s}
\end{aligned}
\tag{2.100}
$$

Daraus werden die Differentialgleichungen erster Ordnung in den gewählten Zustandsvariablen gebildet:

$$\begin{aligned}\frac{di_1(t)}{dt} &= \frac{R_g}{L_1}\,i_1(t) - \frac{u_{c1}(t)}{L_1} + \frac{u_e(t)}{L_1}\\ \frac{di_2(t)}{dt} &= \frac{u_{c1}(t)}{L_2} - \frac{u_{c2}(t)}{L_2}\end{aligned} \tag{2.101}$$

$$\begin{aligned}\frac{du_{c1}(t)}{dt} &= \frac{i_1(t)}{C_1} - \frac{i_2(t)}{C_1}\\ \frac{du_{c2}(t)}{dt} &= \frac{i_2(t)}{C_2} - \frac{u_{c2}(t)}{R_s}\end{aligned} \tag{2.102}$$

In Matrixform geschrieben erhält man die ersten zwei Matrizen des Zustandsmodells:

$$\begin{bmatrix}\frac{di_1(t)}{dt}\\ \frac{di_2(t)}{dt}\\ \frac{du_{c1}(t)}{dt}\\ \frac{du_{c2}(t)}{dt}\end{bmatrix} = \begin{bmatrix}-\frac{R_g}{L_1} & 0 & -\frac{1}{L_1} & 0\\ 0 & 0 & \frac{1}{L_2} & -\frac{1}{L_2}\\ \frac{1}{C_1} & -\frac{1}{C_1} & 0 & 0\\ 0 & \frac{1}{C_2} & 0 & -\frac{1}{R_s C_2}\end{bmatrix} \begin{bmatrix} i_1(t)\\ i_2(t)\\ u_{c1}(t)\\ u_{c2}(t)\end{bmatrix} + \begin{bmatrix}\frac{1}{L_1}\\ 0\\ 0\\ 0\end{bmatrix} u_e(t) \tag{2.103}$$

Die Ausgangsspannung $u_a(t)$ ist die Spannung der zweiten Kapazität $u_a(t) = u_{c2}(t)$

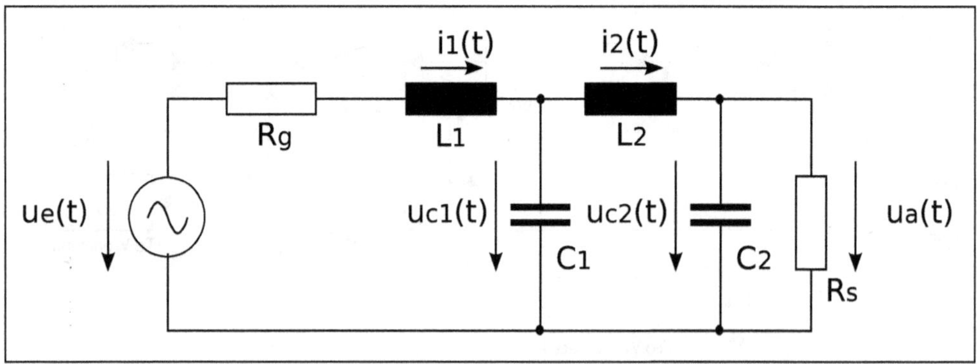

Abb. 2.22: Tiefpassfilter vierter Ordnung

und somit ist die Ausgangsgleichung des Zustandsmodells gleich:

$$u_a(t) = \begin{bmatrix} 0\,0\,0\,1 \end{bmatrix} \begin{bmatrix} i_1(t) \\ i_2(t) \\ u_{c1}(t) \\ u_{c2}(t) \end{bmatrix} + 0\, u_e(t) \tag{2.104}$$

Im Skript `TP_4_Ord2.m` ist die Sprungantwort des Filters mit Hilfe der MATLAB-Funktion **lsim** aus der *Control-System-Toolbox* ermittelt. Zuerst werden die Matrizen `A, B, C, D` des Modells berechnet und ein eigenes System damit definiert (`my_sys`). Weiter wird ein Zeitvektor mit kleinen Zeitschritten definiert und die Eingangsspannung gleich eins für alle Schritte festgellegt.

```
% Skript TP_4_Ord2.m, in dem ein TP-Filter 4 Ordnung
% mit Zustandsmodell untersucht wird
clear;
% ------- Parameter der Schaltung
Rg = 1e3;      Rs = Rg;
f0 = 6e3;      % Bandbreite 6 kHz
L1 = 20e-3;    L2 = 20e-3;
C1 = 1/(4*pi*pi*L1*f0*f0);
C2 = 1/(4*pi*pi*L2*f0*f0);
% ------- Eingangssignal
f1 = 1e3;      f2 = 100e3;
ampl1 = 2;     ampl2 = 5;
% ------- Zustandsmatrizen
A = [-Rg/L1, 0, -1/L1, 0;
     0, 0, 1/L2, -1/L2;
     1/C1, -1/C1, 0, 0;
     0, 1/C2, 0, -1/(C2*Rs)];
B = [1/L1, 0, 0, 0]';
C = [0, 0, 0, 1];
D = 0;
% ------- Definieren eines Systems mit Zustandsmodell
my_sys = ss(A, B, C, D);
% ------- Lösung mit lsim für ein Sprung ue(t)
tfinal = 0.001;                dt = tfinal/500;
t = 0:dt:tfinal;               nt = length(t);
Ue = 1;                        ue = Ue*ones(nt,1);  % Eingangssprung
%--------------------------
ua = lsim(my_sys,ue, t');
%--------------------------
figure(1);    clf;
plot(t,ua);
   title(['Sprungantwort des TP-Filters (f0 = ',num2str(f0),...
```

```
     ' Hz)']);
  xlabel('Zeit in s');    grid on;
```

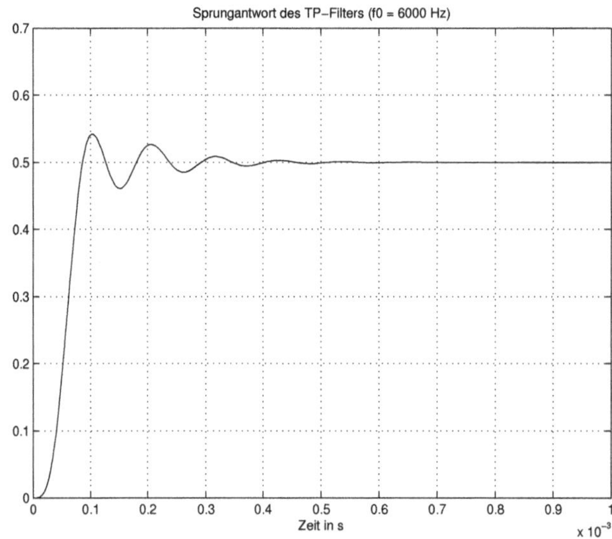

Abb. 2.23: Sprungantwort des TP-Filters vierter Ordnung (TP_4_Ord2.m)

Der Aufruf der Funktion **lsim** ist, wie man sieht, relativ einfach. Zusätzlich zum System my_sys werden der Vektor des Eingangssignals und der Zeitvektor benötigt. Das analytische Verfahren, das in der Funktion implementiert ist, geht von konstanten Eingangswerten während der kleinen Zeitschritte aus.

Im Skript TP_4_Ord3.m wird das Verhalten des Tiefpassfilters für ein Eingangssignal bestehend aus zwei sinusförmigen Signalen untersucht, wobei eines davon mit einer Frequenz f_1, die kleiner als die Durchlassfrequenz des Filters $f_1 < f_0$ ist und das zweite Signal mit einer Frequenz f_2, die viel größer als die Durchlassfrequenz ist $f_2 > f_0$. Das Letztere wird vom Filter unterdrückt.

Das Skript unterscheidet sich nur geringfügig vom vorherigen:

```
......
% ------- Definieren eines Systems
my_sys = ss(A, B, C, D);
% ------- Lösung mit lsim für ein Sprung ue(t)
f1 = 1e3;             f2 = 100e3;
ampl1 = 2;            ampl2 = 5;            phi2 = pi/3;
tfinal = 0.005;
dt = min(1/f1, 1/f2)/100;   % Schrittweite Wahl
t = 0:dt:tfinal;
nt = length(t);
ue = ampl1*cos(2*pi*f1*t) + ampl2*cos(2*pi*f2*t+phi2);
%-------------------------
ua = lsim(my_sys,ue, t');
```

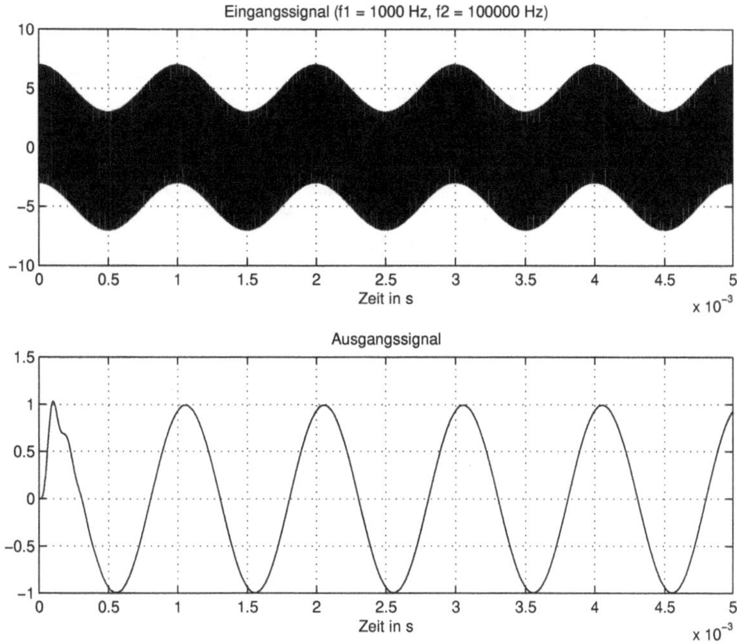

Abb. 2.24: Die Antwort auf zwei sinusförmigen Signalen (TP_4_Ord3.m)

```
%------------------------
figure(1);    clf;
subplot(211), plot(t,ue);
   title(['Eingangssignal (f1 = ',num2str(f1),...
         ' Hz, f2 = ',num2str(f2),' Hz)']);
   xlabel('Zeit in s');    grid on;
subplot(212), plot(t,ua);
   title('Ausgangssignal');
   xlabel('Zeit in s');    grid on;
.....
```

Abb. 2.24 zeigt oben die beiden Signale mit den Frequenzen f_1 = 1 kHz und f_2 = 100 kHz. Darunter ist das Ausgangssignal des Filters in Form des Signals mit f_1 = 1 kHz und Amplitude gleich der Hälfte der Amplitude am Eingang wegen der zwei gleichen Widerstände R_g, R_s. Diese bilden einen Teiler durch zwei für die Signale im Durchlassbereich.

2.4.4 Beispiel: Zustandsmodell eines Feder-Masse-Systems mit Zwischenvariable

In diesem Beispiel wird gezeigt, wie man durch eine geschickte Wahl der Zustandsvariablen die Ableitung der Anregung im Modell vermeiden kann. Das System ist in Abb. 2.25 dargestellt. Es besteht aus einer Masse m die über eine Feder der Federkonstanten k_1 und einem Dämpfer mit Dämpfungsfaktor c durch die Unebenheit $u(t)$ angeregt wird. Zusätzlich wirkt auf die Masse auch die Feder mit Federkonstante k_2.

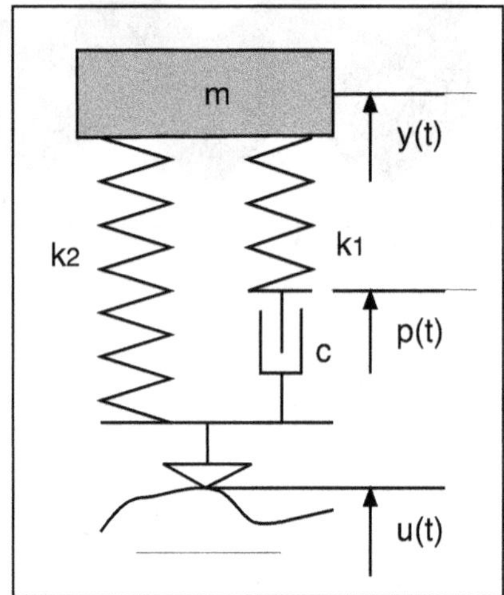

Abb. 2.25: Feder-Masse-System mit Zwischenvariable

Die Differentialgleichungen für die Variablen des Systems relativ zur statischen Gleichgewichtslage sind:

$$\begin{aligned} &m\ddot{y}(t) + k_1(y(t) - p(t)) + k_2(y(t) - u(t)) = 0 \\ &c(\dot{p}(t) - \dot{u}(t)) + k(p(t) - y(t)) = 0 \end{aligned} \tag{2.105}$$

Wenn man diese Form benutzt, muss man die Ableitung der Anregung $\dot{u}(t)$ einsetzen, was zu Schwierigkeiten führen kann, z.B. für einen Sprung $u(t)$.

Statt die Zwischenvariable $p(t)$ als Zustandsvariable zu wählen ist hier vorteilhaft die Variable $p(t) - u(t)$ als Zustandsvariable einzuführen. Die Differentialgleichungen werden jetzt in folgender Form geschrieben:

$$\begin{aligned} &m\ddot{y}(t) + (k_1 + k_2)y(t) - k_1(p(t) - u(t)) - (k_1 + k_2)u(t) = 0 \\ &c(\dot{p}(t) - \dot{u}(t)) - k_1 y(t) + k_1(p(t) - u(t)) + ku(t) = 0 \end{aligned} \tag{2.106}$$

Als Zustandsvariablen werden $y(t), v(t) = \dot{y}(t)$ und $p(t) - u(t)$ gewählt und man erhält folgende Matrixform für die Zustandsgleichung:

$$\begin{bmatrix} \dot{y}(t) \\ \dot{v}(t) \\ \dot{p}(t) - \dot{u}(t) \end{bmatrix} = \begin{bmatrix} 0 & 1 & 0 \\ -(k_1 + k_2)/m & 0 & k_1/m \\ k_1/c & 0 & -k_1/c \end{bmatrix} \begin{bmatrix} y(t) \\ v(t) \\ p(t) - u(t) \end{bmatrix} + \begin{bmatrix} 0 \\ (k_1 + k_2)/m \\ -k_1/c \end{bmatrix} u(t) \tag{2.107}$$

Die Matrizen **A** und **B** sind daraus direkt zu entnehmen und die Matrizen der Ausgangsgleichung **C** und **D** ergeben sich abhängig von den gewählten Ausgangsvariablen. Als Beispiel, wenn $y(t)$ und $p(t)$ als Ausgangsvariablen gewünscht sind, dann ist die Matrix **C** und **D** in der MATLAB-Syntax durch

```
C = [1 0 0; 0 0 1];            D = [0; 1]
```

gegeben.

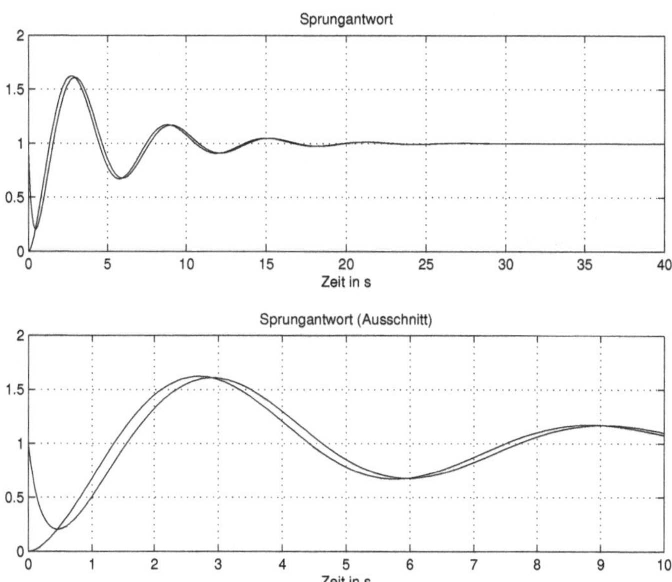

Abb. 2.26: Sprungantwort für $y(t)$ und $p(t)$ (feder_masse_zwischen_1.m)

Im Skript `feder_masse_zwischen_1.m` wird das Zustandsmodell ermittelt und die Sprungantwort für $y(t)$ und $p(t)$ damit berechnet und dargestellt:

```
% Skript feder_masse_zwischen_1.m, in dem ein Feder-Masse
% System mit einer Zwischenvariable untersucht wird
clear;
% -------- Parameter des Systems
m = 10;     c = 4;      k1 = 20;     k2 = 10;
% -------- Zustandsmodell
A = [0 1 0;-(k1+k2)/m 0 k1/m;k1/c,0,-k1/c];
B = [0;(k1+k2)/m;-k1/c];
C = [1 0 0;0 0 1];      D = [0;1];    % Lage und Zwischenvariable
% -------- Systemobjekt
my_sys = ss(A, B, C, D);
% -------- Sprungantwort
T = 40;
[s,t] = step(my_sys,T);
figure(1);    clf;
subplot(211), plot(t, s);    grid on;
title('Sprungantwort');
xlabel('Zeit in s');
subplot(212), plot(t, s);    grid on;
```

```
La = axis;     axis([La(1), 10, La(3:4)]);
title('Sprungantwort (Ausschnitt)');
xlabel('Zeit in s');
```

Abb. 2.26 zeigt die Sprungantworten für $y(t)$ und $p(t)$. Die Sprungantwort für $p(t)$ beginnt bei 1. Über den Dämpfer überträgt sich der Sprung im ersten Moment bis zur Zwischenvariable.

2.5 Die Laplace-Transformation

Die Laplace-Transformation ist traditionsmäßig immer in Verbindung mit dynamischen Systemen in der Signalverarbeitung und Regelungstechnik gelehrt worden [19], [39]. In der Gegenwart, in der man leistungsfähige Personal-Computer mit verschiedenen Software-Werkzeugen zur numerischen Lösung von linearen und nichtlinearen Differentialgleichungen zur Verfügung hat, spielt die Laplace-Transformation als Mittel zur Lösung dynamischer Systeme keine bedeutende Rolle mehr. Hinzu kommt noch die Tatsache, dass sie nur für lineare Systeme anzuwenden ist.

Im Kontext dieses Buches wird die Laplace-Transformation hauptsächlich für eine kompakte Darstellung der LTI-Systeme, die durch lineare Differentialgleichungen beschrieben sind, benutzt.

Viele Blöcke der Simulink-Erweiterung sind mit Hilfe der Laplace-Transformation ihrer Funktionen gekennzeichnet. Die Funktionen dieser Blöcke werden aber numerisch mit Hilfe der Differentialgleichungen in Form von Zustandsgleichungen gelöst.

2.5.1 Definition der Laplace-Transformation

Die Laplace-Transformation ist eine Integraltransformation, die jedem Signal im Zeitbereich eine komplexe Funktion zuordnet:

$$F(s) = \int_{-\infty}^{\infty} f(t)e^{-st}dt \qquad \text{mit} \qquad s = \sigma + j\omega \tag{2.108}$$

Abgekürzt wird diese Transformation durch

$$\mathcal{L}\{f(t)\} \rightarrow F(s) \tag{2.109}$$

symbolisiert.

Wie bei jeder Transformation müssen bestimmte Bedingungen erfüllt sein, damit das Integral existiert. Für die Studierenden ist die Bestimmung der Bereiche der Konvergenz dieser Transformation für verschiedene Signale immer ein Stolperstein bei den Klausuren.

Die Laplace-Transformierte ist konvergent, falls $f(t)$ in eine konvergierende Taylor-Reihe entwickelbar ist und somit eine analytische Funktion ist [19]. Einfach gesagt, darf das Signal $f(t)$ für $t \rightarrow \infty$ nicht schneller wachsen, als die Exponentialfunktion $e^{-\sigma t}$ abklingt, wenn $F(s)$ für $\sigma > 0$ berechnet wird. Die Konvergenzbereiche sind immer parallel zur Imaginärachse.

Für kausale Signale, die null für $t \leq 0$ sind, wird die so genannte einseitige Laplace-Transformation definiert:

$$F(s) = \int_0^\infty f(t)e^{-st}dt \qquad \text{mit} \qquad s = \sigma + j\omega \tag{2.110}$$

Der Signalraum der Laplace-Transformation wird mit *Bildbereich* bezeichnet und im Weiterem wird als Transformation die einseitige Laplace-Transformation angenommen. Als Beispiel wird die Laplace-Transformation der Sprungfunktion $u(t) = 1,\ t > 0$ ermittelt:

$$U(\sigma + j\omega) = \int_0^\infty e^{-(\sigma+j\omega)t}dt = -\frac{1}{\sigma + j\omega}e^{-(\sigma+j\omega)t}\Big|_{t=0}^{t=\infty} \tag{2.111}$$

Der Limes

$$\lim_{t\to\infty} e^{-(\sigma+j\omega)t} \tag{2.112}$$

existiert nur wenn $\sigma > 0$ ist und führt unter dieser Bedingung zu:

$$\lim_{t\to\infty} e^{-(\sigma+j\omega)t} = 0 \tag{2.113}$$

Damit erhält man schließlich:

$$U(\sigma + j\omega) = -\frac{1}{\sigma + j\omega}(0 - e^{-(\sigma+j\omega)0}) = \frac{1}{\sigma + j\omega} = \frac{1}{s} \quad \text{mit } s = \sigma + j\omega \tag{2.114}$$

Die Transformierte $U(s)$ existiert nur für $\sigma > 0$, weil für $\sigma = 0$ und $\sigma < 0$ das Integral (2.111) nicht existiert.

Für die Signale die hier betrachtet werden und die Art des Einsatzes dieser Transformation ist die Konvergenz gesichert. Für viele Signale kann die Laplace-Transformation mit Hilfe von Tabellen ermittelt werden ohne dass man das Definitionsintegral berechnen muss. Ähnlich muss man die inverse Laplace-Transformation nicht mit dem entsprechenden Integral [19] berechnen, sondern man benutzt ebenfalls Tabellen.

In Tabelle 2.1 sind einige Laplace-Transformationspaare gegeben. Hinzu kommen noch die zwei Verschiebungsbeziehungen für $a > 0$, die teilweise in der Tabelle schon angewandt wurden:

$$\mathcal{L}\{e^{at}f(t)\} = F(s-a) \qquad \text{und} \qquad \mathcal{L}\{u(t-a)f(t)\} = e^{-as}F(s) \tag{2.115}$$

Tabelle 2.1: Einige Laplace-Transformationspaare

Pos.	$f(t)$ für $t \geq 0$	$F(s)$
1	$u(t) = 1$	$\frac{1}{s}$
2	e^{at}	$\frac{1}{s-a}$
3	t^n	$\frac{n!}{s^{n+1}}$ $(n = 0, 1, \ldots)$
4	$\sin(at)$	$\frac{a}{s^2+a^2}$
5	$\cos(at)$	$\frac{s}{s^2+a^2}$
6	$\sinh(at)$	$\frac{a}{s^2-a^2}$
7	$\cosh(at)$	$\frac{s}{s^2-a^2}$
8	$\sin^2(at)$	$\frac{2a^2}{s(s^2+4a^2)}$
9	$\cos^2(at)$	$\frac{s^2+2a^2}{s(s^2+4a^2)}$
10	$e^{-bt}\sin(at)$	$\frac{a}{(s+b)^2+a^2}$
11	$e^{-bt}\cos(at)$	$\frac{s+b}{(s+b)^2+a^2}$
12	$t\sin(at)$	$\frac{2as}{(s^2+a^2)^2}$
13	$t\cos(at)$	$\frac{s^2-a^2}{(s^2+a^2)^2}$
14	$te^{-bt}\sin(at)$	$\frac{2a(s+b)}{[(s+b)^2+a^2]^2}$
14	$te^{-bt}\cos(at)$	$\frac{(s+b)^2-a^2}{[(s+b)^2+a^2]^2}$
15	$\delta(t-a),\ a > 0$	e^{-as}
16	$u(t-a),\ a > 0$	$\frac{e^{-as}}{s}$
17	$f'(t)$	$sF(s) - f(0)$
18	$f''(t)$	$s^2F(s) - sf(0) - f'(0)$

Zwei Theoreme sind ebenfalls wichtig. Das erste ist als Anfangswert-Theorem bekannt:

$$\begin{aligned} f(0) &= \lim_{s\to\infty} sF(s) \\ f'(0) &= \lim_{s\to\infty} (s^2F(s) - sf(0)) \\ f^N(0) &= \lim_{s\to\infty} (s^{N+1}F(s) - s^N f(0) - s^{N-1}f'(0) - \cdots - sf^{(N-1)}(0)) \end{aligned} \tag{2.116}$$

Das zweite ist das Endwert-Theorem:

$$\lim_{t\to\infty}(f(t)) = \lim_{s\to 0}(sF(s)) \qquad \text{wenn} \qquad \lim_{t\to\infty}(f(t)) \;\; \text{existiert} \tag{2.117}$$

Wenn die Laplace-Transformation für LTI-Systeme eingesetzt wird, muss man die Anfangsbedingungen $f(0), f'(0), \ldots$ als Null annehmen.

Die inverse Laplace-Transformation ist durch

$$f(t) = \frac{1}{2\pi j}\int_{c-j\infty}^{c+j\infty} F(s)e^{st}ds \tag{2.118}$$

definiert. Das Integral wird entlang des Wegs $s = c + j\omega$ in der komplexen Ebene zwischen $c - j\infty$ und $c + j\infty$ evaluiert. Hier ist c eine beliebige reelle Zahl, für die der Weg $s = c + j\omega$ in der Konvergenzregion von $F(s)$ liegt, [19].

Dieses Integral ist allgemein schwierig zu berechnen. Für LTI-Systeme wird hauptsächlich die inverse Laplace-Transformation mit Hilfe der gezeigten Tabelle ermittelt.

2.5.2 Laplace-Transformation der ordentlichen Differentialgleichungen

Es wird die Laplace-Transformation von LTI-Systemen ermittelt, die mit Hilfe von Differentialgleichungen beschrieben werden. Zuerst wird die Form

$$\begin{aligned} a_N\frac{d^N y(t)}{dt^N} + a_{N-1}\frac{d^{N-1}y(t)}{dt^{N-1}} + a_{N-2}\frac{d^{N-2}y(t)}{dt^{N-2}} + \ldots a_0\, y(t) = \\ b_M\frac{d^M x(t)}{dt^M} + b_{M-1}\frac{d^{M-1}x(t)}{dt^{M-1}} + b_{M-2}\frac{d^{M-2}x(t)}{dt^{M-2}} + \ldots b_0\, x(t) \end{aligned} \tag{2.119}$$

angenommen. Wenn man die Laplace-Transformation des Eingangs mit $X(s)$ und die des Ausgangs mit $Y(s)$ bezeichnet, dann ist die Laplace-Transformation dieser Differentialgleichung basierend auf den Eigenschaften Pos. 17, 18 aus Tabelle 2.1, die mehrfach angewandt werden, durch

$$\begin{aligned} Y(s)\Big(s^N a_N + s^{N-1}a_{N-1} + s^{N-2}a_{N-2} + \cdots + a_0\Big) = \\ X(s)\Big(s^M b_M + s^{M-1}b_{M-1} + s^{M-2}b_{M-2} + \cdots + b_0\Big) \end{aligned} \tag{2.120}$$

gegeben. Die Anfangsbedingungen für LTI-Systeme, sind, wie schon gesagt, null anzunehmen.

Das Verhältnis der Transformierten des Ausgangs $Y(s)$ zur Transformierten des Eingangs $X(s)$ definiert die Übertragungsfunktion $H(s)$ des LTI-Systems:

$$H(s) = \frac{s^M b_M + s^{M-1}b_{M-1} + s^{M-2}b_{M-2} + \cdots + b_0}{s^N a_N + s^{N-1}a_{N-1} + s^{N-2}a_{N-2} + \cdots + a_0} = \frac{P(s)}{Q(s)} \tag{2.121}$$

Sie ist eine rationale Funktion in s mit einem Polynom $P(s)$ vom Grad M im Zähler und einem Polynom $Q(s)$ vom Grad N im Nenner. Für realisierbare Systeme muss $N \geq M$ sein.

Wenn man die Koeffizienten b_M und a_N ausklammert, kann der Zähler und Nenner mit Hilfe der Wurzeln der Polynome dargestellt werden:

$$H(s) = \frac{P(s)}{Q(s)} = k\frac{(s-z_1)(s-z_2)(s-z_3)\dots(s-z_M)}{(s-p_1)(s-p_2)(s-p_3)\dots(s-p_N)} \tag{2.122}$$

Die Wurzeln des Zählers $z_1, z_2, \dots, z_M$ sind die Nullstellen und die Wurzeln des Nenners $p_1, p_2, \dots, p_N$ bilden die Polstellen der Übertragungsfunktion. Sie können auch komplex sein, treten aber dann in Form von konjugiert komplexen Paaren auf.

Wenn man die charakteristische Gleichung gemäß Gl. (2.40) ansieht,

$$a_N\lambda^N + a_{N-1}\lambda^{N-1} + a_{N-2}\lambda^{N-2} + \dots + a_1\lambda + a_0 = 0 \tag{2.123}$$

merkt man, dass die Pole der Übertragungsfunktion eigentlich die Wurzeln der charakteristischen Gleichung sind.

Sie bestimmen somit die homogene Lösung der Differentialgleichung, die das LTI-System repräsentiert und dadurch auch das Einschwingsverhalten des Systems.

Für ein stabiles System müssen alle Pole in der linken komplexen Halbebene liegen. Nur so klingt die homogene Lösung mit der Zeit zu null ab.

Weil die Laplace-Transformation der Delta-Funktion $\delta(t)$ gemäß Pos. 15 aus der Tabelle 2.1 für $a = 0$ gleich eins ist, ist die Impulsantwort des Systems $h(t)$ die inverse Laplace-Transformierte der Übertragungsfunktion:

$$h(t) = \mathcal{L}^{-1}\{H(s)X(s)\} = \mathcal{L}^{-1}\{H(s)\} \quad \text{für} \quad X(s) = \mathcal{L}(\delta(t)) = 1 \tag{2.124}$$

Mit der Impulsantwort wird mit Hilfe des Faltungsintegrals die partikuläre Antwort des Systems ermittelt. Hinzu muss man noch die homogene Lösung addieren. Diese besitzt noch unbekannte Parameter, die dann über die Anfangsbedingungen des Systems ermittelt werden.

2.5.3 Eigenschaften der Laplace-Transformation

Es werden einige Eigenschaften ohne Beweis angegeben. In der Literatur [19], [39] sind diese Eigenschaften bewiesen und ausführlich besprochen.

Linearität

Die Laplace-Transformation ist eine lineare Operation:

$$ax(t) + bv(t) \leftrightarrow aX(s) + bV(s) \quad \text{wobei} \quad X(s) = \mathcal{L}\{x(t)\}, \ V(s) = \mathcal{L}\{v(t)\} \tag{2.125}$$

Zeitverschiebung nach rechts

Für jede positive Zahl a gilt:

$$x(t-a) \leftrightarrow e^{-as}X(s) \qquad a \geq 0 \tag{2.126}$$

Zeitskalierung

Ebenfalls für jede positive Zahl a ist:

$$x(at) \leftrightarrow \frac{1}{a}X(\frac{s}{a}) \qquad a \geq 0 \tag{2.127}$$

Multiplikation mit einer Exponentialfunktion oder Verschiebung im s-Bereich

Für jede reelle oder komplexe Zahl a ist:

$$e^{at}x(t) \leftrightarrow X(s-a) \tag{2.128}$$

Multiplikation mit einer komplexen harmonischen Schwingung

Die vorherige Eigenschaft ist hier für imaginäre Exponenten konkretisiert:

$$e^{\pm j\omega_0 t}x(t) \leftrightarrow X(s \pm j\omega_0) \tag{2.129}$$

Integration

Die Integration als inverse Operation der Ableitung führt zu:

$$\int_0^t x(\lambda)d\lambda \leftrightarrow \frac{1}{s}X(s) \tag{2.130}$$

Faltung

Die Faltung im Zeitbereich führt im Bildbereich der Laplace-Transformation zu einer Multiplikation und umgekehrt führt die Multiplikation im Zeitbereich zu einer Faltung im Bildbereich:

$$x(t) * v(t) \leftrightarrow X(s)V(s) \quad \text{und umgekehrt} \quad x(t)v(t) \leftrightarrow X(s) * V(s) \tag{2.131}$$

Mehrfache Pole

Die mehrfachen Pole ergeben in der Partialbruchzerlegung, die weiter kurz beschrieben ist, Terme nach folgender Regel:

$$\frac{t^{N-1}}{(N-1)!}e^{-at} \leftrightarrow \frac{1}{(s+a)^N} \qquad N = 1, 2, 3, \ldots \tag{2.132}$$

2.5.4 Inverse Laplace-Transformation über Partialbruchzerlegung

Für Laplace-Transformierte, die die Form einer rationalen Funktion haben, so wie es die Übertragungsfunktionen sind, gibt es eine einfache Möglichkeit die inverse Laplace-Transformation zu ermitteln.

Mit einem konkreten Beispiel wird das Verfahren erläutert. Angenommen $X(s)$ ist durch

$$X(s) = \frac{s+4}{s^3+4s^2+3s} \tag{2.133}$$

gegeben. Die Wurzeln des Polynoms $Q(s)$ des Nenners (die Pole) sind: 0, -1, -3. Die Bildfunktion $X(s)$ wird in Partialbrüche zerlegt:

$$X(s) = \frac{c_1}{s-0} + \frac{c_2}{s-(-1)} + \frac{c_3}{s-(-3)} = \frac{c_1}{s} + \frac{c_2}{s+1} + \frac{c_3}{s+3} \tag{2.134}$$

Die Faktoren $c_1,\ c_2,\ c_3$ werden durch

$$c_i = [(s-p_i)X(s)]_{s=p_i} \quad \text{mit} \quad i = 1,2,3 \tag{2.135}$$

ermittelt. Konkret für diesen Fall:

$$\begin{aligned}
c_1 &= [sX(s)]_{s=0} = \left.\frac{s+4}{(s+1)(s+3)}\right|_{s=0} = \frac{4}{3} \\
c_2 &= [sX(s)]_{s=-1} = \left.\frac{s+4}{s(s+3)}\right|_{s=-1} = \frac{3}{-2} = -\frac{3}{2} \\
c_3 &= [sX(s)]_{s=-3} = \left.\frac{s+4}{s(s+1)}\right|_{s=-3} = -\frac{1}{6}
\end{aligned} \tag{2.136}$$

Gemäß Pos. 2 der Tabelle 2.1 sind die Zeitfunktionen dieser Terme Exponentialfunktionen:

$$x(t) = \frac{4}{3}e^{0t} - \frac{3}{2}e^{-t} - \frac{1}{6}e^{-3t} = \frac{4}{3} - \frac{3}{2}e^{-t} - \frac{1}{6}e^{-3t} \tag{2.137}$$

Wenn die Pole ein konjugiert komplexes Paar oder mehrere unterschiedliche konjugiert komplexe Paare enthalten, dann führt jedes Paar zu einer Cosinus- oder Sinusfunktion.

Mehrfache Pole müssen anders berücksichtigt werden. Angenommen der Pol p_1 ist mehrfach z.B. dreifach vorhanden:

$$X(s) = \frac{P(s)}{(s-p_1)^3(s-p_2)(s-p_3)} \tag{2.138}$$

Die Partialbruchzerlegung ist jetzt durch

$$X(s) = \frac{c_1}{(s-p_1)} + \frac{c_2}{(s-p_1)^2} + \frac{c_3}{(s-p_1)^3} + \frac{c_4}{(s-p_2)} + \frac{c_5}{(s-p_3)} \tag{2.139}$$

gegeben. Die Faktoren für den mehrfachen Pol berechnen sich wie folgt:

$$\begin{aligned}
c_3 &= [(s-p1)^3 X(s)]_{s=p1} \\
c_{r-i} &= \frac{1}{i!}\left[\frac{d^i}{ds^i}[(s-p1)^r X(s)]\right]_{s=p_1} \qquad r=3,\ i=1,2
\end{aligned} \tag{2.140}$$

In MATLAB kann man die Parameter der Partialbruchzerlegung mit Hilfe der Funktion **`residue`** ermitteln. Im Skript `partial_zerleg_1.m` ist ein Beispiel programmiert:

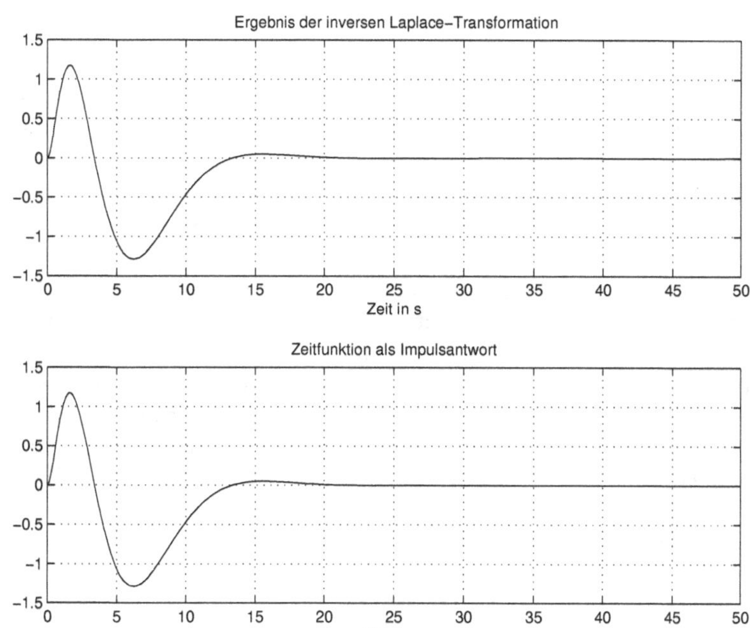

Abb. 2.27: a) Die Zeitfunktion über die Partialbruchzerlegung ermittelt b) Die Zeitfunktion als Impulsantwort (partial_zerleg_1.m)

```
% Skript partial_zerleg_1.m, in dem eine Partialbruch-
% Zerlegung untersucht wird
clear;
% ------- Koeffizienten des Zählers und Nenners
b = [5, -1];
p = [-1, -1, -0.5*exp(j*pi/4), -0.5*exp(-j*pi/4)];% Gewählte Pole
a = poly(p)
% ------- Residues der rationalen Funktion
[r, p, k] = residue(b,a)     % Partialbruchzerlegung
% ------- Die Zeitfunktion (inverse Laplace-Transformation)
Tfinal = 50;        dt = Tfinal/1000;
t =0:dt:Tfinal;
x = r(1)*exp(t*p(1)) + r(2)*t.*exp(t*p(1)) + ...
    r(3)*exp(t*p(3)) + r(4)*exp(t*p(4));
figure(1);     clf;
subplot(211), plot(t, x);
   title('Ergebnis der inversen Laplace-Transformation');
   xlabel('Zeit in s');    grid on;
% ------- Zeitfunktion als Impulsantwort
my_sys = tf(b,a);
[h, t] = impulse(my_sys,Tfinal);  % Impulsantwort
subplot(212), plot(t, h)
```

```
title('Zeitfunktion als Impulsantwort');
xlabel('Zeit in s');    grid on;
```

Im Skript werden zuerst die Koeffizienten der Polynome im Zähler und Nenner festgelegt. Für die Letzteren werden die Koeffizienten aus vorgewählten Polen (zwei mehrfache und ein konjugiert komplexes Paar) mit der Funktion **poly** ermittelt.

Die Funktion **residue** liefert weiter in `r` die Koeffizienten c_i der Partialbruchzerlegung, in `p` die Pole und in `k` einen Vektor für den Fall dass $M > N$ ist (nicht realisierbares System). Hier ist dieser Vektor leer.

Es wird danach die Zeitfunktion gebildet. Der mehrfache Pol ergibt die ersten beiden Terme gemäß der letzten Eigenschaft aus Abschnitt 2.5.3. Für das konjugiert komplexe Paar wird die Eigenschaft Pos. 2 aus Tabelle 2.1 benutzt.

Zur Überprüfung der Zeitfunktion wird diese als Impulsantwort betrachtet und mit Hilfe der Funktion **impulse** für das System mit der Übertragungsfunktion, deren Koeffizienten in den Vektoren `b` und `a` hinterlegt sind, ermittelt. Weil diese Funktion ein *Transfer Function*-Objekt verlangt, wird mit den Koeffizienten das Objekt `my_sys` gebildet.

Abb. 2.27 zeigt oben die Zeitfunktion, die über die Partialbruchzerlegung ermittelt wurde und unten die Funktion die als Impulsantwort eines Systems mit der Funktion **impulse** berechnet wurde.

2.5.5 Zusammenfassung von Übertragungsfunktionen

Wenn die LTI-Systeme aus mehreren Teilsystemen bestehen, dann kann man die Übertragungsfunktionen der Teilsysteme zusammenfassen.

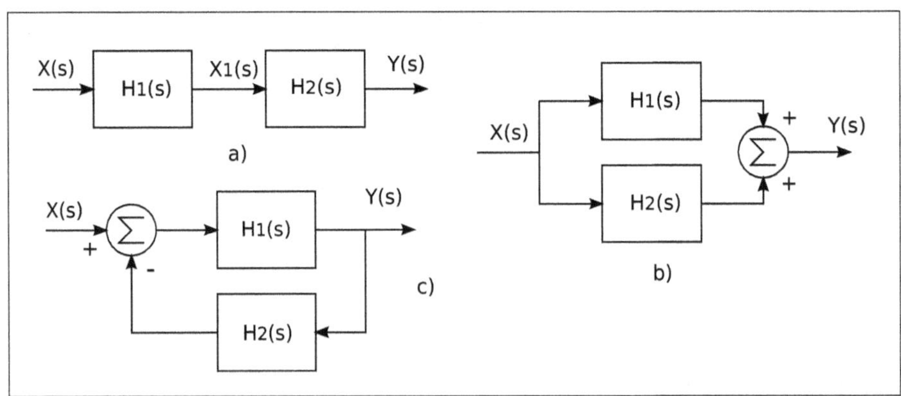

Abb. 2.28: a) Reihenschaltung zweier Teilsysteme b) Parallelschaltung c) Schaltung mit Rückkopplung

Abb. 2.28 zeigt einige typische Zusammenfassungen zweier Teilsysteme mit Übertragungsfunktion $H_1(s),\ H_2(s)$. Die Ersatzübertragungsfunktionen sind:

$$\begin{aligned} H(s) &= H_1(s)H_2(s) && \text{für die Reihenschaltung a)} \\ H(s) &= H_1(s) + H_2(s) && \text{für die Parallelschaltung b)} \\ H(s) &= \frac{H_1(s)}{1 + H_1(s)H_2(s)} && \text{für die Rückkopplungsschaltung c)} \end{aligned} \tag{2.141}$$

Der Beweis dieser Beziehungen ist eine gute Übung für den Leser.

Bei der Zusammensetzung dürfen die einzelnen Übertragungsfunktionen sich nicht beeinflussen. Als Beispiel wird die Schaltung aus Abb. 2.29a angenommen, für die die Spannung am Ausgang $u_a(t)$ abhängig von der Eingangsspannung $u_e(t)$ durch folgende Differentialgleichung beschrieben ist:

$$RC\frac{du_a(t)}{dt} + u_a(t) = u_e(t) \tag{2.142}$$

Die entsprechende Laplace-Transformation ohne Anfangsbedingungen und die daraus resultierende Übertragungsfunktion wird:

$$U_a(s)(RCs + 1) = U_e(s) \qquad \text{oder} \qquad \frac{U_a(s)}{U_e(s)} = \frac{1}{RCs + 1} \tag{2.143}$$

Zu beachten ist, dass die Differentialgleichung und die Übertragungsfunktion für die Schaltung ohne Belastung am Ausgang berechnet wurde.

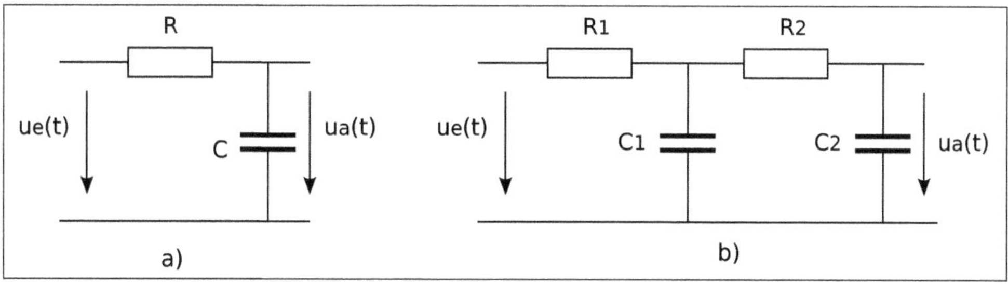

Abb. 2.29: a) RC-Schaltung ohne Belastung b) Reihenschaltung zweier RC-Schaltungen

Die Zusammensetzung der beiden Schaltungen gemäß Abb. 2.29b ergibt nicht eine Übertragungsfunktion der Form:

$$H(s) = H_1(s)H_2(s) = \frac{1}{R_1C_1s + 1} \cdot \frac{1}{R_2C_2s + 1} \tag{2.144}$$

Die zweite RC-Schaltung bildet für die erste eine Belastung und ändert dadurch deren Differentialgleichung und entsprechend ihre Übertragungsfunktion.

Für elektrische Schaltungen kann man im Bildbereich mit komplexen Impedanzen arbeiten und die Laplace-Transformation einfach ermitteln. Bei einem Widerstand ist die Beziehung Strom/Spannung durch

$$i(t) = \frac{u(t)}{R} \tag{2.145}$$

gegeben. Die Laplace-Transformation dazu ist:

$$I(s) = \frac{U(s)}{R} \qquad \text{wobei} \qquad I(s) = \mathcal{L}\{i(t)\}, \quad U(s) = \mathcal{L}\{u(t)\} \tag{2.146}$$

Die komplexe Impedanz bleibt hier weiterhin der Widerstand.

Die Differentialgleichung, die Strom und Spannung einer Kapazität verbindet, ist:

$$i(t) = C\frac{du(t)}{dt} \tag{2.147}$$

Über die Laplace-Transformation erhält man folgende Beziehung im Bildbereich:

$$I(s) = sCU(s) = \frac{U(s)}{1/(sC)} \qquad \text{oder} \quad U(s) = \frac{1}{sC}I(s) \tag{2.148}$$

Daraus ergibt sich für die Kapazität eine komplexe Impedanz der Größe $1/(sC)$.

Für eine Induktivität wird ähnlich eine komplexe Impedanz definiert. Aus

$$i(t) = L\frac{du(t)}{dt} \rightarrow I(s) = sLU(s) \qquad \text{oder} \quad U(s) = sL\,I(s) \tag{2.149}$$

ergibt sich hier eine komplexe Impedanz der Größe sL.

Als Beispiel wird die Übertragungsfunktion für die Schaltung aus Abb. 2.29b ermittelt. Der komplexe Strom durch C_2 ist $U_a(s)/(1/(sC_2)) = sC_2U_a(s)$. Dieser Strom multipliziert mit R_2 ergibt die Spannung am Widerstand R_2. Diese jetzt summiert mit der Ausgangsspannung führt zur Spannung $U_{C1}(s)$ der Kapazität C_1. Diese Vorgehensweise kann man wiederholen, bis man zur Eingangsspannung $U_e(s)$ gelangt. Es resultieren folgende zwei Gleichungen im Bildbereich:

$$\begin{aligned} &(sC_2U_a(s))R_2 + U_a(s) = U_{C1}(s) \\ &(sC_1U_{C1}(s) + sC_2U_a(s))R_1 + U_{C1}(s) = U_e(s) \end{aligned} \tag{2.150}$$

Die Zwischenspannung $U_{C1}(s)$ wird eliminiert und man erhält schließlich die gewünschte Übertragungsfunktion:

$$H(s) = \frac{U_a(s)}{U_e(s)} = \frac{1}{s^2C_1R_1C_2R_2 + s(C_1R_1 + C_2R_2 + C_2R_1) + 1} \tag{2.151}$$

Sie unterscheidet sich von der Übertragungsfunktion, die man durch das Produkt der Übertragungsfunktionen der einzelnen Abschnitte erhalten würde:

$$\begin{aligned} H_{12}(s) = H_1(s)H_2(s) = &\frac{1}{(sC_1R_1+1)} \cdot \frac{1}{(sC_2R_2+1)} = \\ &\frac{1}{s^2C_1R_1C_2R_2 + s(C_1R_1 + C_2R_2) + 1} \end{aligned} \tag{2.152}$$

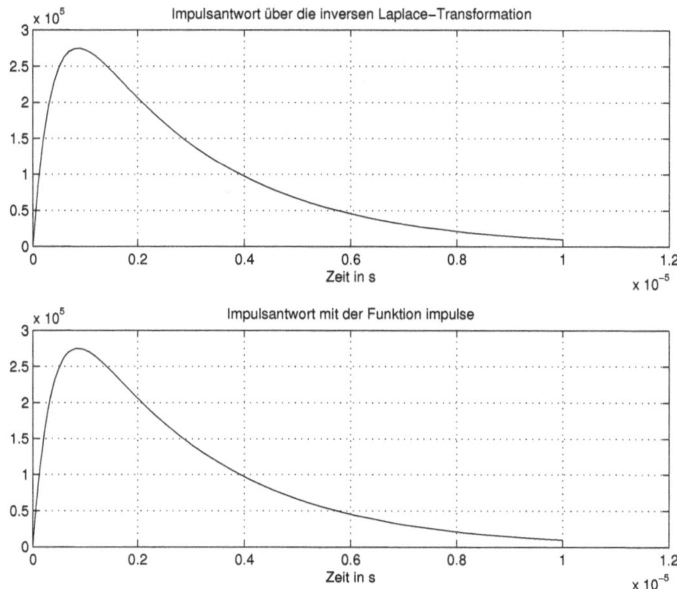

Abb. 2.30: Impulsantwort über Partialbruchzerlegung und über die impulse-*Funktion ermittelt* (partial_zerleg_2.m)

Nur wenn die Zeitkonstante C_2R_1 relativ klein zu den Zeitkonstanten C_1R_1 bzw. C_2R_2 ist, sind die Übertragungsfunktionen $H(s)$ und $H_{12}(s)$ annähernd gleich.

Im Skript `partial_zerleg_2.m` (hier nicht abgedruckt) ist die Impulsantwort als inverse Laplace-Transformation der Übertragungsfunktion ermittelt und dargestellt. Zur Kontrolle wird diese auch mit der MATLAB-Funktion **`impulse`** ermittelt und ebenfalls dargestellt. Abb. 2.30 zeigt diese Impulsantworten für folgende Parameter der Schaltung:

```
R1 = 10e3;          R2 = 10e3;          C1 = 100e-12;          C2 = 100e-12;
```

2.5.6 Beispiel: Erschütterung eines Hochhauses

In diesem Beispiel wird das Hochhaus aus Abb. 2.31, das durch vertikale Bewegung des Bodens angeregt wird, untersucht. Mit m_1, m_2 sind die Ersatzmassen bezeichnet und k_1, k_2 stellen die Ersatzfederkonstanten dar. Eine Dämpfung durch viskose Reibung wird mit den Koeffizienten c_1, c_2 eingeführt. Die Bewegungsdifferentialgleichungen der Ersatzmassen des Systems relativ zur statischen Gleichgewichtslage sind:

$$\begin{aligned} m_1\ddot{y}_1(t) + c_1(\dot{y}_1(t) - \dot{u}(t)) + k_1(y_1(t) - u(t))) + c_2(\dot{y}_1(t) - \dot{y}_2(t)) + \\ k_2(y_1(t) - y_2(t)) = 0 \\ m_2\ddot{y}_2(t) + c_2(\dot{y}_2(t) - \dot{y}_1(t)) + k_2(y_2(t) - y_1(t)) = 0 \end{aligned} \qquad (2.153)$$

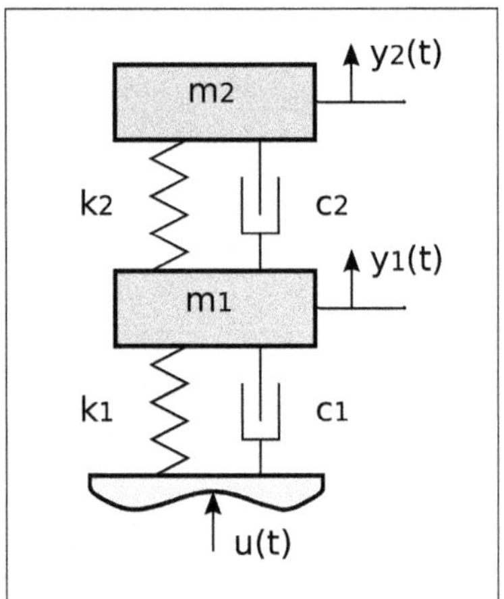

Abb. 2.31: Hochhaus angeregt durch vertikale Erschütterungen

Hier werden mit

$$\ddot{y}(t) = \frac{d^2y(t)}{dt^2} \quad ; \qquad \dot{y}(t) = \frac{dy(t)}{dt}$$

die Ableitungen der Variablen $y(t)$ bezeichnet und mit $u(t)$ die vertikale Bewegungsanregung notiert.

Die Laplace-Transformation dieser Gleichungen ergibt:

$$\begin{aligned} &m_1 s^2 Y_1(s) + c_1 s Y_1(s) + k_1 Y_1(s) + c_2 s Y_1(s) + k_2 Y_1(s) - c_2 s Y_2(s) \\ &\qquad - k_2 Y_2(s) = c_1 s U(s) + k_1 U(s) \\ &m_2 s^2 Y_2(s) + c_2 s Y_2(s) + k_2 Y_2(s) - c_2 s Y_1(s) - k_2 Y_1(s) = 0 \end{aligned} \tag{2.154}$$

Daraus kann man die zwei Übertragungsfunktionen von der Anregung $U(s)$ bis zur Lage $Y_1(s)$ der Masse m_1 bzw. von der Anregung bis zur Lage $Y_2(s)$ der Masse m_2 ermitteln. Es ergibt sich das Gleichungssystem, welches in einem MATLAB-Skript gelöst wird:

$$\begin{bmatrix} m_1 s^2 + (c_1 + c_2)s + (k_1 + k_2) & -c_2 s - k_2 \\ -c_2 s - k_2 & m_2 s^2 + c_2 s + k_2 \end{bmatrix} \cdot \begin{bmatrix} Y_1(s) \\ Y_2(s) \end{bmatrix} = \begin{bmatrix} c_1 s + k1 \\ 0 \end{bmatrix} U(s) \tag{2.155}$$

Im Skript `mechan_system_1.m` werden die Übertragungsfunktionen und die Impulsantworten ermittelt. Es werden Funktionen der *Symbolic Math Toolbox* eingesetzt, um mit symbolischen Variablen, die noch keine Werte besitzen, arbeiten zu können. Hier ist die komplexe Variable s der Laplace-Transformation eine solche Variable, die am Anfang mit der Anweisung **syms** deklariert wird. Weiter werden die Matrizen des Gleichungssystems definiert und danach die jetzt zwei symbolischen Übertragungsfunktionen `H1` und `H2` ermittelt:

```
% Skript mechan_system_1.m, in dem die Übertragungsfunktionen
% eines Hochhauses als Feder-Masse-System ermittelt werden
clear;
syms s      % Symbolische Variablen
% ------- Parameter des Systems
m1 = 1;             m2 = 0.1;
c1 = 0.2;           c2 = 0.168;     % als Tilger 0.168
k1 = 2;             k2 = 0.2;
% ------- Übertragungsfunktionen
A = [m1*s^2+(c1+c2)*s+(k1+k2),   -c2*s-k2;
    -c2*s-k2, m2*s^2+c2*s+k2];
B = [c1*s+k1;0];
% darf nicht als B = [c1*s+k1, 0]';  berechnet werden
% eventuell als B = [c1*s+k1, 0].'; weil s eine komplexe Variable ist
H = inv(A)*B;     H1 = H(1);       H2 = H(2);
```

Man erhält folgende symbolische Übertragungsfunktionen nach s:

```
H1 = (5*(s/5 + 2)*(50*s^2 + s + 100))/(250*s^4 + 80*s^3 + 3501*s^2
                                + 110*s + 1000)
H2 = (5*(s/5 + 2)*(s + 100))/(250*s^4 + 80*s^3 + 3501*s^2 + 110*s
                                + 1000)
```

Wie man sieht, sind sie noch nicht aufgelöst. Mit den MATLAB Anweisungen:

```
% ------- Polynome der Zähler und Nenner
[num1, denum1] = numden(H1);
[num2, denum2] = numden(H2);
% ------- Übertragungsfunktion vom Eingang bis y1 (Lage Masse 1)
b1 = sym2poly(num1);         a1 = sym2poly(denum1);
b1 = b1./a1(1),              a1 = a1./a1(1),
my_sys1 = tf(b1, a1);        % Transfer-Function Objekt
Tfinal = 100;
[h1, t1] = impulse(my_sys1, Tfinal);   % Impulsantwort
% ------- Übertragungsfunktion vom Eingang bis y2 (Lage Masse 2)
b2 = sym2poly(num2);         a2 = sym2poly(denum2);
b2 = b2./a2(1),              a2 = a2./a2(1),
my_sys2 = tf(b2, a2);        % Transfer-Function Objekt
Tfinal = 100;
[h2, t2] = impulse(my_sys2, Tfinal);   % Impulsantwort
........
```

werden zuerst die Koeffizienten des Zählers und Nenners mit Hilfe der Funktion **numden** extrahiert und dann in *Double*-Variablen mit der Funktion **sym2poly** umgewandelt. Die restliche Befehle sind aus den vorherigen Skripten bekannt. Die Felder der MATLAB-Objekte `my_sys1` und `my_sys2` können dargestellt werden:

```
>> get(my_sys1)
           num: {[0 1 0.1100 0.5010 0.0500]}
           den: {[1 0.1100 3.5010 0.0800 0.2500]}
      Variable: 's'
```

```
        ioDelay: 0
.........
          Notes: {}
       UserData: []
```

Hier sind nur die Koeffizienten des Polynoms im Zähler (`num`) und im Nenner (`den`) wichtig.

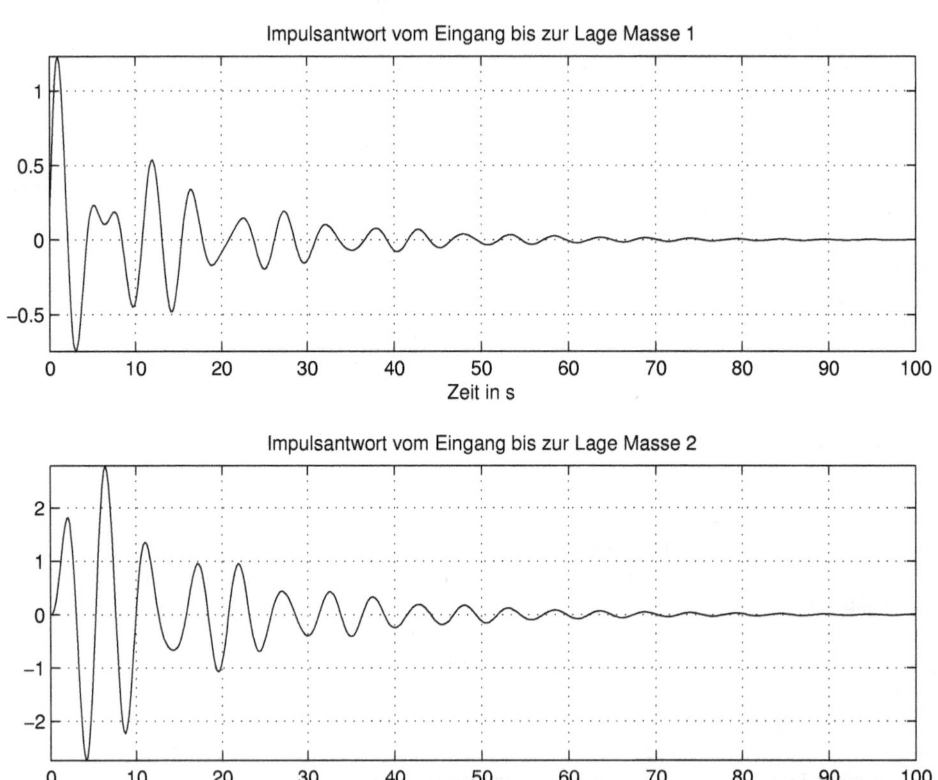

Abb. 2.32: Impulsantworten von der Anregung bis zu den Massen (mechan_system_1.m)

Weiter werden die zwei Impulsantworten von der Anregung bis zu den Lagen der Massen dargestellt. Die Pol- und Nullwerte werden mit der Funktion **`roots`** ermittelt. Abb. 2.32 zeigt die zwei Impulsantworten. Man erkennt die zwei Schwingungsfrequenzen wegen der zwei konjugiert komplexen Polpaare. Die zwei Übertragungsfunktionen haben denselben Nenner und unterscheiden sich nur durch die Zähler.

Zuletzt werden die Impulsantworten numerisch mit dem Euler-Verfahren ermittelt und mit den davor über die Funktion **`impulse`** ermittelten verglichen. Dafür werden die Differentialgleichungen (2.153) in ein Zustandsmodell umgewandelt. Als Zustandsvariablen werden dieLagen $y_1(t),\ y_2(t)$ und Geschwindigkeiten $v_1(t),\ v_2(t)$ der

Massen gewählt. Man erhält folgende Differentialgleichungen erster Ordnung für diese Variablen:

$$\begin{aligned}
\dot{y}_1(t) &= v_1(t)\\
\dot{v}_1(t) &= \frac{1}{m_1}\big(-(c_1+c_2)v_1(t)+c_2v_2(t)-(k_1+k_2)y_1(t)+\\
&\qquad k_2y_2(t)+k_1u(t)\big)+\frac{1}{m_1}c_1\dot{u}(t)\\
\dot{y}_2(t) &= v_2(t)\\
\dot{v}_2(t) &= \frac{1}{m_2}\big(-c_2v_2(t)+c_2v_1(t)-k_2y_2(t)+k_2y_1(t)\big)
\end{aligned}\tag{2.156}$$

Im Euler-Verfahren werden die Ableitungen mit Differenzen angenähert und daraus ergeben sich folgende numerische Rekursionen für die Zustandsvariablen:

$$\begin{aligned}
y_1(t+\Delta t) &= y_1(t)+\Delta t\, v_1(t)\\
v_1(t+\Delta t) &= v_1(t)+\Delta t\frac{1}{m_1}\big(-(c_1+c_2)v_1(t)+c_2v_2(t)-(k_1+k_2)y_1(t)+\\
&\qquad k_2y_2(t)+k_1(t)u(t)\big)+\frac{1}{m_1}c_1\big(u(t+\Delta t)-u(t)\big)\\
y_2(t+\Delta t) &= y_2(t)+\Delta t\, v_2(t)\\
v_2(t+\Delta t) &= v_2(t)+\Delta t\frac{1}{m_2}\big(-c_2v_2(t)+c_2v_1(t)-k_2y_2(t)+k_2y_1(t)\big)
\end{aligned}\tag{2.157}$$

Es wird mit den Anfangsbedingungen null $y_1(0)=0,\ v_1(0)=0,\ y_2(0)=0,\ v_2(0)=0$ gestartet und man berechnet immer neue Werte aus den vorherigen Werten. Die Schrittweite Δt muss relativ klein sein, um die Konvergenz des Verfahrens zu sichern.

Die Anregung wird in Form eines Dreieck-Pulses gewählt, dass sehr kurz im Vergleich zu den Zeitkonstanten des Systems ist. Die Antworten (Lagen der Massen) des Systems werden am Schluss durch die Fläche dieses Dreieck-Pulses geteilt, so dass diese Antworten Annäherungen der Impulsantworten darstellen.

In Abb. 2.33 ist dieser Prozess skizziert. In der Abbildung ist die Dauer des Pulses größer dargestellt. Sie muss kleiner als die dynamische Vorgänge im System sein. Hier würde dies eine Dauer Δ, die viel kleiner als die Periode der periodischen Antwort ist, bedeuten.

Der Dreieck-Puls hat den Vorteil, dass die Annäherung der Ableitung der Anregungsbewegung $\dot{u}(t)$ mit Differenzen $u(t+\Delta t)-u(t)$ sehr gut ist.

In den folgenden Programmzeilen werden die Impulsantworten mit dem Euler-Verfahren ermittelt:

```
% ------- Impulsantwort über Euler-Verfahren
Tfinal = 100;            dt = 0.0001;
t = 0:dt:Tfinal-dt;      nt = length(t);
```

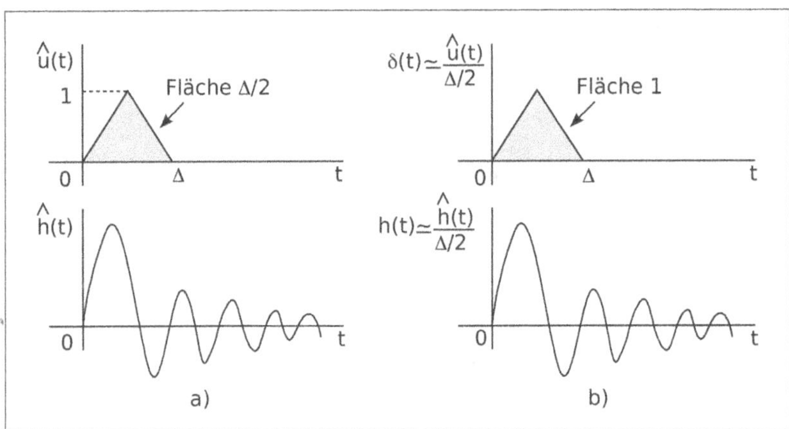

Abb. 2.33: Schätzung der Impulsantwort über die Antwort auf den Dreieck-Puls und Normierung mit der Fläche des Pulses (mechan_system_1.m)

```
y1 = zeros(1, nt);        y2 = y1;        v1 = y1;      v2 = y1;
nu = 200;
u = [2*(0:nu/2)/nu, 2*(nu/2-1:-1:1)/nu, zeros(1,nt-nu)];  % Anregung
        % in Form eines Dreieck-Pulses
for k = 1:nt-1
    v1(k+1) = v1(k) + dt*(-(c1 + c2)*v1(k) + c2*v2(k) - k1*y1(k)+...
        k1*u(k) - k2*y1(k) + k2*y2(k))/m1 + c1*(u(k+1)-u(k))/m1;
    y1(k+1) = y1(k) + dt*v1(k+1);
    v2(k+1) = v2(k) + dt*(-c2*v2(k) + c2*v1(k) - k2*y2(k)+...
        k2*y1(k+1))/m2;
    y2(k+1) = y2(k) + dt*v2(k+1);
end;
y1 = y1/(sum(u)*dt);            % Normierung mit der Fläche der Anregung
y2 = y2/(sum(u)*dt);
........
```

Die Darstellung dieser Impulsantworten zeigt, dass sie gleich den vorherigen sind, die mit der Funktion **impulse** ermittelt wurden.

Im Skript mechan-system_2.m wird eine andere Möglichkeit zur Untersuchung solcher Systeme mit MATLAB-Funktionen vorgestellt. Hier wird statt der symbolischen Transformationsvariable s eine ähnliche Variable als "Laplace-Transformationsvariable" mit Hilfe der Funktion **tf** definiert. Man erhält in derselben Art die Übertragungsfunktionen aus dem Gleichungssystem der Transformierten, die jetzt direkt verwendet werden können, wie z.B. für die Ermittlung der Impuls- und Sprungantworten:

```
% Skript mechan_system_2.m, in dem die Übertragungsfunktionen
% eines Hochhauses als Feder-Masse-System ermittelt werden
% Anregung: Bewegung des Fundaments
clear;
```

```
s = tf('s');      % Laplace-Transformations-Variable
% ------- Parameter des Systems
m1 = 1;           m2 = 0.1;
c1 = 0.1;         c2 = 0.03;                    % als Tilger 0.168
k1 = 2;           k2 = 0.85*0.2;
%c2 = 0.0001;     k2 = 0.00001;    % Ohne Tilger
% ------- Übertragungsfunktionen
Am = [m1*s^2+(c1+c2)*s+(k1+k2),   -c2*s-k2;
    -c2*s-k2, m2*s^2+c2*s+k2];
Bm = [c1*s+k1;0];
H = inv(Am)*Bm;          H1m = H(1);       H2m = H(2);
H1 = minreal(H1m);       H2 = minreal(H2m); % Kürzen der gleichen Null-
                                            % und Polstellen
figure(1);        clf;
Tfinal = 100;
figure(1);        clf;
subplot(211), impulse(H1, Tfinal);
  title('Impulsantwort u zu y1');     grid on;
  xlabel('Zeit in s');     ylabel('y1');
subplot(212), impulse(H2, Tfinal);
  title('Inpulsantwort u zu y2');     grid on;
  xlabel('Zeit in s');     ylabel('y2');
figure(2);        clf;
subplot(211), step(H1, Tfinal);
  title('Sprungantwort u zu y1');     grid on;
  xlabel('Zeit in s');     ylabel('y1');
subplot(212), step(H2, Tfinal);
  title('Sprungantwort u zu y2');     grid on;
  xlabel('Zeit in s');     ylabel('y2');
........
```

In diesem Skript werden zusätzliche Eigenschaften ermittelt und dargestellt. So z.B. werden die Null- und Polstellen der Übertragungsfunktionen ermittelt und ihre Platzierung in der komplexen Ebene mit der Funktion **zplane** dargestellt:

```
% ------- Null- und Polstellen der Übertragungsfunktionen
[z1,p1,k1] = zpkdata(H1),          z1 = z1{:},          p1 = p1{:},
[z2,p2,k2] = zpkdata(H2),          z2 = z2{:},          p2 = p2{:},
figure(3);       clf;
subplot(121), zplane(z1, p1, k1);
  title('Null- Polstellenplatzierung H1');
subplot(122), zplane(z2, p2, k2);
  title('Null- Polstellenplatzierung H2');
```

Die Antworten auf beliebige Anregungen ist hier exemplarisch für weißes Rauschen als Anregung gezeigt:

```
% ------- Antwort auf beliebigen Eingang
my_sys1 = tf(H1);                 my_sys2 = tf(H2);
Tfinal = 500;
dt = Tfinal/5000;                 t = 0:dt:Tfinal;
```

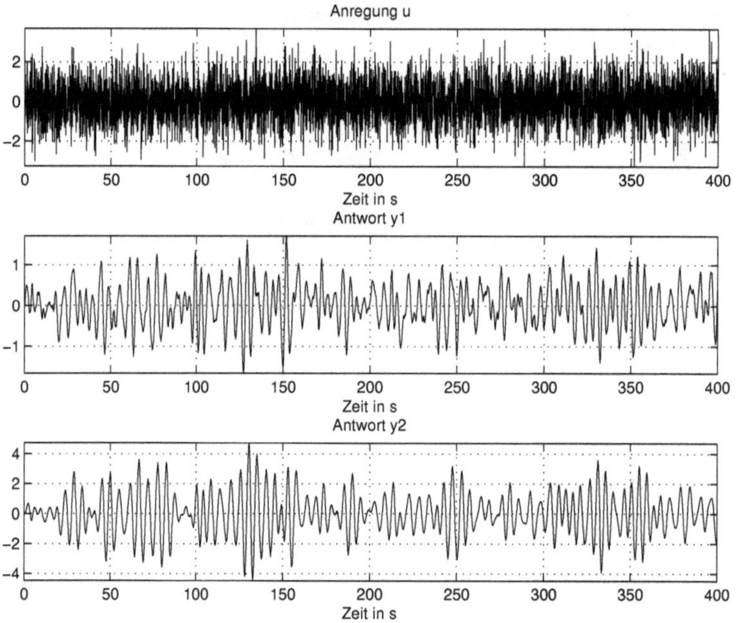

Abb. 2.34: Die Antwort auf eine Anregung in Form einer unkorrelierten Zufallssequenz (mechan_system_2.m)

```
nt = length(t);
randn('seed', 17953);              u = randn(1,nt);
%y1 = lsim(H1, u', t');            y2 = lsim(H2, u', t');
y1 = lsim(my_sys1, u', t');        y2 = lsim(my_sys2, u', t');
figure(4);     clf;
subplot(311), plot(t, u);
  title('Anregung u');       xlabel('Zeit in s');
  grid on;    axis tight;
subplot(312), plot(t, y1);
  title('Antwort y1');       xlabel('Zeit in s');
  grid on;    axis tight;
subplot(313), plot(t, y2);
  title('Antwort y2');       xlabel('Zeit in s');
  grid on;    axis tight;
```

Abb. 2.34 zeigt oben die Anregung in Form einer unkorrelierten Zufallssequenz und darunter die Antworten als Lage der Masse 1 und Lage der Masse 2 für den Fall, dass die Parameter der Masse 2 als Tilger eingestellt sind.

Am Ende des Skriptes werden die Frequenzgänge von der Anregung zu den Lagen der zwei Massen ermittelt und dargestellt, ein Thema das im nächsten Kapitel besprochen wird.

2.5.7 Beispiel: Modell eines Ofens

Abb. 2.35 zeigt die Skizze eines sehr einfachen Ofens. In einem kleinen Zeitintervall Δt steigt die Temperatur der Ersatzmasse M um $\Delta\theta(t)$ und führt zu einer gespeicherten Wärmemenge:

$$\Delta Q_m(t) = M\,c\,\Delta\theta \tag{2.158}$$

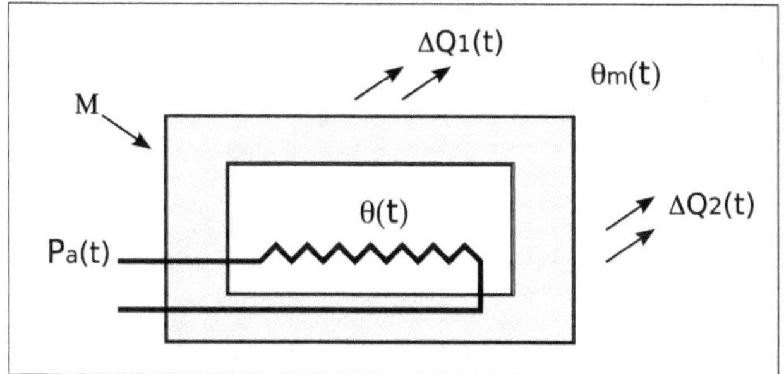

Abb. 2.35: Skizze des Ofensystems der Ersatzmasse M, das mit Heitzleistung $P_a(t)$ geheizt ist und Wärmeverluste $\Delta Q_1(t)$, $\Delta Q_2(t)$ besitzt

Dabei ist c die Wärmekapazität. Die Heizleistung $P_a(t)$ liefert im selben Zeitintervall eine Energie $Q_a(t) = P_a(t)\Delta t$. Ein Teil dieser Energie dient der Steigerung der Temperatur und der Rest geht verloren. Die Verlustwärme ist dem Temperaturunterschied zwischen dem Inneren und Äußeren des Ofens proportional. So z.B. könnte für die Verluste über die obere Fläche folgende Gleichung angenommen werden:

$$\Delta Q_1(t) = \frac{1}{R_1}(\theta(t) - \theta_m(t))\Delta t \tag{2.159}$$

Für die Seitenwände gilt eine ähnliche Form:

$$\Delta Q_2(t) = \frac{1}{R_2}(\theta(t) - \theta_m(t))\Delta t \tag{2.160}$$

Hier sind R_1, R_2 und θ_m die Wärmewiderstände für die zwei Verlustflächen bzw. die Temperatur der Umgebung. Die Wärmebilanz

$$P_a\Delta t = Mc\Delta\theta + \left(\frac{1}{R_1} + \frac{1}{R_2}\right)(\theta(t) - \theta_m(t))\Delta t \tag{2.161}$$

führt mit $\Delta t \to dt$; $\Delta\theta \to d\theta$ zu einer Differentialgleichung, die umgeformt wie folgt geschrieben werden kann:

$$T_\theta\frac{d\theta(t)}{dt} + \theta(t) - \theta_m(t) = k_a P_a(t) \tag{2.162}$$

Die Einheiten der verschiedenen Größen ergeben sich aus den Zusammenhängen und die Parameter der letzten Gleichung sind leicht durch die vorher eingeführten Größen auszudrücken. Praktisch sind die Zeitkonstante T_θ und der Proportionalitätsfaktor k_a nicht bekannt und werden durch Identifikation, z.B. über die gemessene Sprungantwort ermittelt.

In dieser Form stellt die Differentialgleichung erster Ordnung ein System mit einem Ausgang $\theta(t)$ und zwei Anregungsvariablen $P_a(t),\ \theta_m(t)$ dar. Wenn man als Ausgang die Temperatur bezogen auf die Umgebungstemperatur annimmt $\vartheta(t) = \theta(t) - \theta_m$ mit θ_m als eine Konstante, dann bleibt ein SISO-System (*Single-Input-Single-Output*) mit einer Differentialgleichung und einer Übertragungsfunktion, die man auch bei einer RC-Schaltung erhält, wenn man als Ausgang die Spannung am Kondensator betrachtet (Gl. (2.34)):

$$T_\theta \frac{d\vartheta(t)}{dt} + \vartheta(t) = k_a P_a(t) \tag{2.163}$$

Daraus erhält man folgende Übertragungsfunktion:

$$\frac{\Theta(s)}{P_a(s)} = \frac{k_a}{s\,T_\theta + 1} \qquad \text{wobei} \quad \Theta(s) = \mathcal{L}(\vartheta(t)); \quad P_a(s) = \mathcal{L}(P_a(t)) \tag{2.164}$$

Die Ermittlung der Sprungantwort bzw. Impulsantwort über die inverse Laplace-Transformation mit Hilfe der Tabelle (2.1) stellt eine gute Übung für den Leser dar.

2.5.8 Beispiel: Simulink-Modell eines Regelungssystems

Es wird die Temperatur eines Ofens geregelt. Als Prozess wird für den Ofen eine Übertragungsfunktion der Form aus dem vorherigen Abschnitt benutzt:

$$H_p(s) = \frac{K_{prozess}}{s\,T_{prozess} + 1} \tag{2.165}$$

Das Stellglied, das die Heizleistung am Eingang des Prozesses steuert, ist mit einer ähnlichen Übertragungsfunktion angenähert:

$$H_s(s) = \frac{K_{stell}}{s\,T_{stell} + 1} \tag{2.166}$$

Als Regler wird ein PI-Regler (Proportional-Integral) angenommen, der durch folgende Übertragungsfunktion beschrieben ist:

$$H_{regler}(s) = K_P + K_I \frac{1}{s} \tag{2.167}$$

Die Temperatur wird mit einem Sensor gemessen, der einen Übertragungsfaktor $K_{sensor} = 10/1000$ V/Grad besitzt, so dass man bei einer Temperatur von 1000 Grad

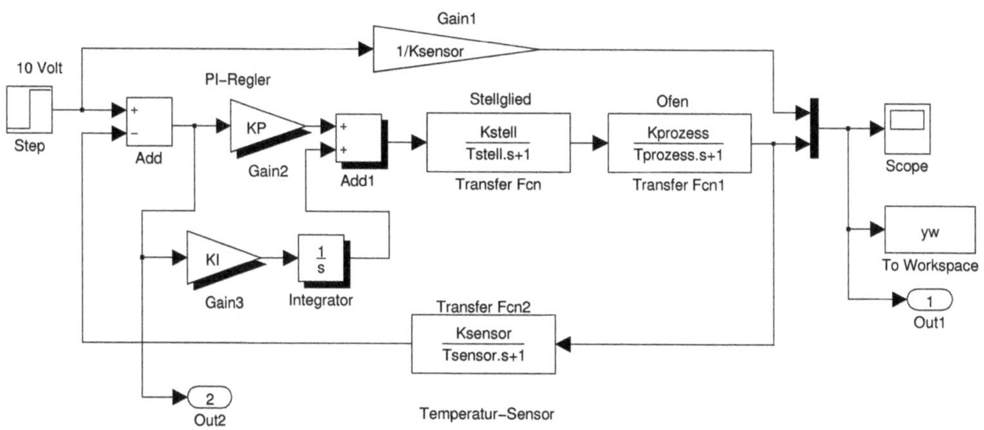

Abb. 2.36: Einfaches lineares Regelungssystem (regelung_sys_2.m, regelung_sys2.mdl)

eine Spannung von 10 V erhält. Er besitzt auch eine Trägheit, die durch die Zeitkonstante T_{sensor} simuliert wird. Somit ist die Übertragungsfunktion des Sensors:

$$H_{sensor}(s) = \frac{K_{sensor}}{sT_{sensor} + 1} \tag{2.168}$$

Die Parameter sind einfach zu verstehen und werden nicht weiter kommentiert.

Abb. 2.36 zeigt das Simulink-Modell des Systems (`regelung_sys2.mdl`). Das Modell wird aus dem Skript `regelung_sys_2.m` initialisiert und aufgerufen. Der Aufruf entspricht der Form, die in der neuen Version von MATLAB (2011b) einzusetzen ist. Die alte Form bleibt noch erhalten, wird aber später entfernt.

Im Modell werden zwei Arten von Senken benutzt, um die Simulationsdaten in die MATLAB-Umgebung zu übertragen. Es sind die *To Workspace*-Senke und die Output-Senken *Out1, Out2*. Das Skript zeigt exemplarisch, wie man die Simulation parametriert und wie die Variablen der Simulation extrahiert und dargestellt werden:

```
% Skript regelung_sys_2.m, in dem ein Regelungssystem
% untersucht wird. Arbeitet mit regelung_sys2.mdl
clear;
% ------- Parameter des Systems
Tprozess = 200;     Kprozess = 10;
Tstell = 10;        Kstell = 2;
Tsensor = 1;        Ksensor = 10/1000;
KP = 50;            KI = 0.3;    % Parameter des PI-Reglers
% ------- Aufruf der Simulation
Tfinal = 500;       dt = Tfinal/2000;
Tstart = 0;         t = Tstart:dt:Tfinal;       nc = length(t);
simOut = sim('regelung_sys2','StartTime','Tstart',...
       'StopTime','Tfinal','OutputSaveName','youtNew', ...
       'MaxStep','dt', 'MaxDataPoints', 'nc');
```

```
y = simOut.get('youtNew');
t = simOut.get('tout');
yw = simOut.get('yw');
ys = yw.signals.values;          ts = yw.time;
figure(1);    clf;
subplot(211), plot(t,y(:,1:2));
  title('Soll und Istwert');      grid on;
  xlabel('Zeit in s');
subplot(212), plot(t, y(:,3));
  title('Fehler = Soll - Istwert');      grid on;
  xlabel('Zeit in s');
.......
```

Auf die unzähligen Parameter des Simulink-Modells kann über folgende Aufrufe zugegriffen werden:

```
configSet = getActiveConfigSet('regelung_sys2')
configSetNames = get_param(configSet, 'ObjectParameters')
```

Hier wird nur ein kleiner Teil dieser Parameter verwendet.

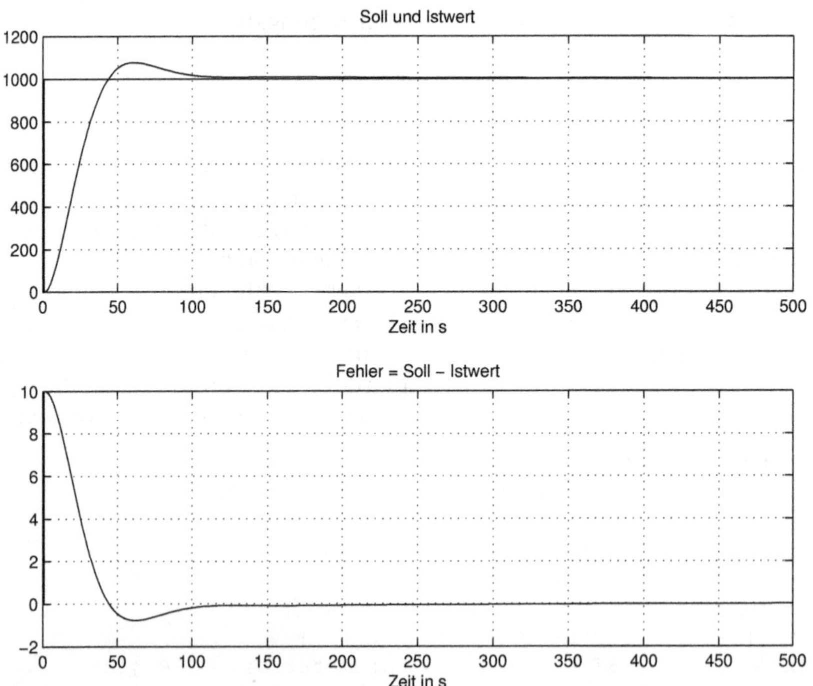

Abb. 2.37: Soll- und Istwert bzw. Fehler des Regelers (regelung_sys_2.m, regelung_sys2.mdl)

Im letzten Teil des Skriptes wird gezeigt, wie man die Variable der Laplace-Transformation `s=tf('s')` benutzen kann, um die Übertragungsfunktionen von Teilen des Gesamtsystems zu definieren. Mit den so definierten Übertragungsfunktionen, können viele Eigenschaften mit den entsprechenden Funktionen, wie z.B. **step** oder **freqs**, ermittelt werden:

```
% -------- Übertragungsfunktionen
s = tf('s');
Hp = Kprozess/(s*Tprozess + 1),          % Prozess
Hs = Kstell/(s*Tstell + 1),              % Stellglied
Hregler = KP+KI/s,                       % PI-Regler
Hdirekt = Hregler*Hs*Hp,                 % Direktpfad
Hrueck = Ksensor/(s*Tsensor + 1),        % Rückkopplung
Hgesamt = Hdirekt/(1 + Hdirekt*Hrueck), % Gesamtsystem
b = Hgesamt.num,       a = Hgesamt.den,   % Koeffizienten Zähler/Nenner
b = b{:},              a = a{:},
roots(a),                                % Pole der Übertragungsfunktion
% -------- Sprungantwort
figure(3);   clf;
step(b,a,500);
  title('Sprungantwort');   grid on;
  xlabel('Zeit in s');
% -------- Frequenzgang
[Hk, w] = freqs(b,a, 500);
figure(4);   clf;
subplot(211), semilogx(w/(2*pi), 20*log10(abs(Hk)));
  title('Amplitudengang des Gesamtsystems in dB');
  xlabel('Hz');       grid on;    axis tight;
subplot(212), semilogx(w/(2*pi), angle(Hk));
  title('Phasengang des Gesamtsystems in Rad');
  xlabel('Hz');       grid on;    axis tight;
```

Abb. 2.37 zeigt oben den Soll- und den Istwert als Temperaturen und unten ist der Fehler des Regelungssystems in Form der Werte am Eingang des Reglers dargestellt. Wegen des Integralanteils des Reglers, ist der stationäre Fehler für einen Sprung am Eingang null.

2.5.9 Beispiel: Wärmediffusion entlang eines Stabes

Es gibt Systeme, bei denen man mit räumlichen Parametern arbeiten muss. Die Modelle dazu enthalten partielle Differentialgleichungen, die nicht einfach in Regelungssystemen einzubinden sind. Die Verzögerung durch Ausbreitung der geregelten Größe in Form einer Welle wird oftmals durch eine Totzeit ersetzt, die durch Identifikation ermittelt wird.

Eine andere Möglichkeit stellt die Annäherung der räumlichen Übertragung durch mehrere Abschnitte mit konzentrierten Parametern dar. Diese wird mit der eindimensionalen Diffusion der Wärme entlang eines Stabs exemplarisch gezeigt.

Mit der Wärmebilanz entlang der x Achse für n finite Abschnitte (Abb. 2.38) erhält man n einfache Differentialgleichungen, die man in einem Zustandsmodell zusammenfassen kann. Die Wärmebilanzen des ersten und letzten Abschnittes unterscheiden sich von den restlichen $n - 2$ Abschnitten.

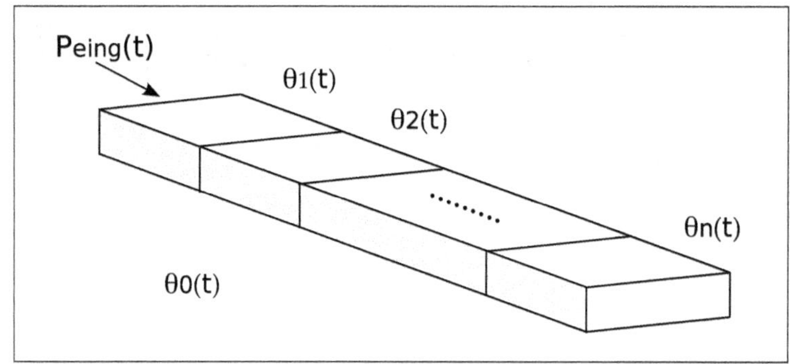

Abb. 2.38: Die eindimensionale Diffusion der Wärme entlang eines Stabs

Für den ersten Abschnitt ist die Wärmebilanz durch

$$P_{eing}(t)\,\Delta t = mc\Delta\theta_1(t) + \frac{1}{R_{12}}(\theta_1(t) - \theta_2(t))\Delta t + \frac{1}{R_{10}}(\theta_1(t) - \theta_0(t))\Delta t \quad (2.169)$$

gegeben.

Die benutzten Bezeichnungen für die Parameter sind: m =Masse in kg; c = Wärmekapazität in J K/kg; $R_{i,i+1}$ = Wärmewiderstand vom Abschnitt i zum Abschnitt $i+1$ in K/Watt; $R_{i,0}$ = Wärmewiderstand des Abschnitts i zur Umgebung. Mit P_{eing}(t) ist die Leistung in Watt, die am Anfang des Stabs für die Heizung zugeführt wird und $\theta_i(t)$, $\theta_0(t)$ sind die Temperatur der Abschnitte bzw. die der Umgebung.

Mit $\Delta t \to dt$, $\Delta\theta_1(t) \to d\theta_1(t)$ erhält man die Differentialgleichung des ersten Abschnitts:

$$\begin{aligned}\frac{d\theta_1(t)}{dt} = &- \frac{1}{mc}\left(\frac{1}{R_{12}} + \frac{1}{R_{10}}\right)\theta_1(t) + \frac{1}{mc}\left(\frac{1}{R_{12}}\right)\theta_2(t) + \\ &\frac{1}{mc}\left(\frac{1}{R_{10}}\right)\theta_0(t) + \frac{1}{mc}P_{eing}(t)\end{aligned} \quad (2.170)$$

Die Wärmebilanz eines beliebigen, inneren Abschnittes ist:

$$\begin{aligned}\frac{1}{R_{i-1,i}}(\theta_{i-1}(t) - \theta_i(t))\Delta t = mc\Delta\theta_i(t) + \frac{1}{R_{i,i+1}}(\theta_i(t) - \theta_{i+1}(t))\Delta t + \\ \frac{1}{R_{i,0}}(\theta_i(t) - \theta_0(t))\Delta t\end{aligned} \quad (2.171)$$

Die entsprechende Differentialgleichung ist dann:

$$\begin{aligned}\frac{d\theta_i(t)}{dt} =& \frac{1}{mc}\left(\frac{1}{R_{i-1,i}}\right)\theta_{i-1}(t) - \frac{1}{mc}\left(\frac{1}{R_{i-1,i}} + \frac{1}{R_{i,i+1}} + \frac{1}{R_{i,0}}\right)\theta_i(t) + \\ & \frac{1}{mc}\left(\frac{1}{R_{i-1,i}}\right)\theta_{i+1}(t) + \frac{1}{mc}\left(\frac{1}{R_{i,0}}\right)\theta_0(t)\end{aligned} \tag{2.172}$$

Im letzten Abschnitt entfällt die zum nächsten Abschnitt abgegebene Wärmemenge und die Bilanz ist:

$$\frac{1}{R_{n-1,n}}(\theta_{n-1}(t) - \theta_n(t))\Delta t \;= mc\Delta\theta_n(t) + \frac{1}{R_{n,0}}(\theta_n(t) - \theta_0(t))\Delta t \tag{2.173}$$

Sie führt zu einer Differentialgleichung der Form:

$$\begin{aligned}\frac{d\theta_n(t)}{dt} =& \frac{1}{mc}\left(\frac{1}{R_{n-1,n}}\right)\theta_{n-1}(t) - \frac{1}{mc}\left(\frac{1}{R_{n-1,n}} + \frac{1}{R_{n,0}}\right)\theta_n(t) + \\ & \frac{1}{mc}\left(\frac{1}{R_{n,0}}\right)\theta_0(t)\end{aligned} \tag{2.174}$$

Für gleiche Abschnitte gilt:

$$\frac{1}{mc}\cdot\frac{1}{R_{i-1,i}} = k_1 \qquad \text{und} \qquad \frac{1}{mc}\cdot\frac{1}{R_{i,0}} = k_2 \qquad i = 2, \ldots, n \tag{2.175}$$

Mit vier Abschnitten erhält man folgendes Zustandsmodell:

$$\begin{aligned}\begin{bmatrix}\dot\theta_1(t)\\ \dot\theta_2(t)\\ \dot\theta_3(t)\\ \dot\theta_4(t)\end{bmatrix} =& \begin{bmatrix}-(k_1+k_2) & k_1 & 0 & 0\\ k_1 & -(2k_1+k_2) & k_1 & 0\\ 0 & k_1 & -(2k_1+k_2) & k_1\\ 0 & 0 & k_1 & -(k_1+k_2)\end{bmatrix}\begin{bmatrix}\theta_1(t)\\ \theta_2(t)\\ \theta_3(t)\\ \theta_4(t)\end{bmatrix} + \\ & \begin{bmatrix}1/(mc) & k_2\\ 0 & k_2\\ 0 & k_2\\ 0 & k_2\end{bmatrix}\begin{bmatrix}P_{eing}(t)\\ \theta_0(t)\end{bmatrix}\end{aligned} \tag{2.176}$$

Als Eingangsgrößen wurden die Heizleistung und die Temperatur der Umgebung gewählt. Im Skript `waerme_stab.m` ist so eine Diffusion für $n = 4$ simuliert:

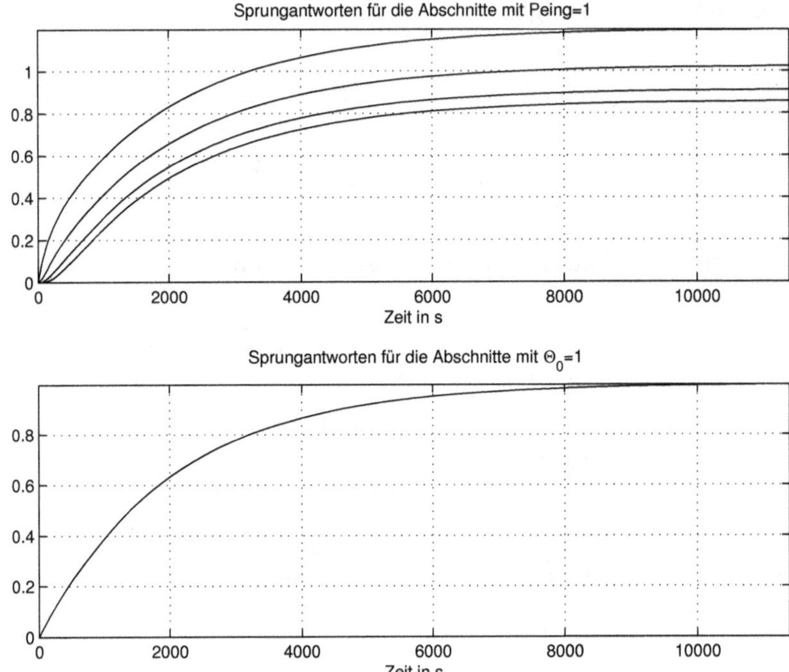

Abb. 2.39: Die Sprungantworten für die vier Abschnitte (waerme_stab.m)

```
% Skript waerme_stab.m, in dem die Diffusion
% der Wärme entlang eines Stabes simuliert wird
clear;
% ------ Parameter des Systems
M = 5;          n = 4;          m = M/n;          c = 400;
Ri_1i = 1/n;                    Ri0 = n;
k1 = 1/(m*c*Ri_1i);             k2 = 1/(m*c*Ri0);
% ------ Matrizen des Zustandsmodells
A = [-(k1+k2), k1, 0, 0;
    k1, -(2*k1+k2), k1, 0;
    0, k1,-(2*k1+k2), k1;
    0, 0, k1,-(k1+k2)];
B = [1/(m*c), k2;    0, k2;     0, k2;     0, k2];
C = eye(4,4);      D = zeros(4,2);
% ------ Sprungantwort
my_sys = ss(A, B, C, D);      % System-Objekt
[y, t] = step(my_sys);
figure(1);   clf;
subplot(211), plot(t, [y(:,:,1)]);
  title('Sprungantwort für die Abschnitte mit Peing=1');
  xlabel('Zeit in s');    grid on;    axis tight;
```

```
subplot(212), plot(t, [y(:,:,2)]);
  title('Sprungantwort für die Abschnitte mit \Theta_0=1');
  xlabel('Zeit in s');    grid on;    axis tight;
```

Abb. 2.39 zeigt die Sprungantworten für $P_{eing}(t) = 1, \ \theta_0(t) = 0$ und für $\theta_0(t) = 1, \ P_{eing}(t) = 0$.

Am Ende des Skripts werden auch die Frequenzgänge mit der Funktion **bode** für die Temperatur der Abschnitte abhängig von der Heizleistung ermittelt und dargestellt. Die Frequenzgänge beschreiben das Verhalten eines LTI-Systems im stationären Zustand für eine sinusförmige Anregung und werden ausführlich im nächsten Kapitel besprochen.

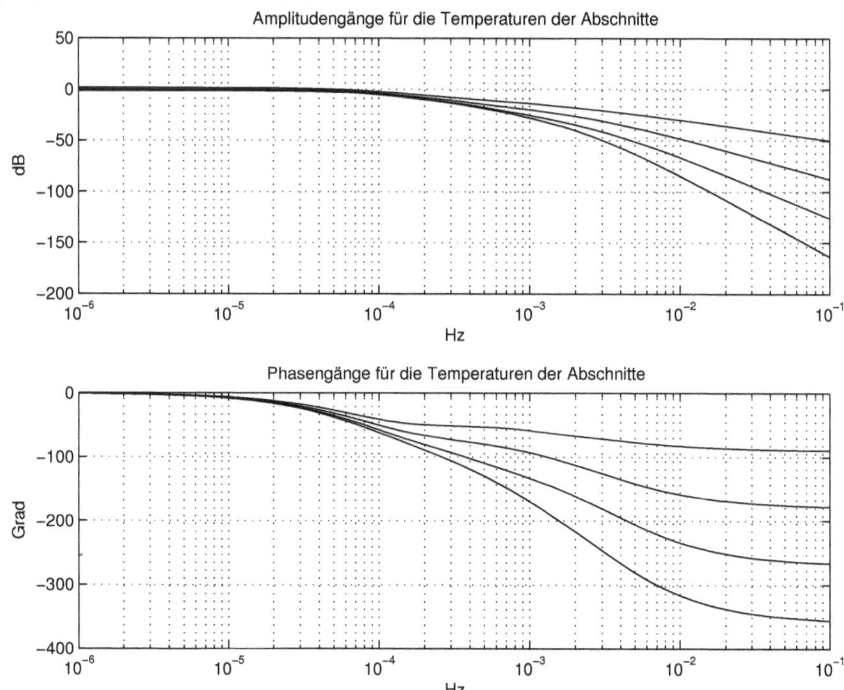

Abb. 2.40: Die Frequenzgänge für die vier Abschnitte (waerme_stab.m)

```
% ------ Frequenzgänge
fr = 0.001;
a_min = round(log10(fr/1000));        a_max = round(log10(fr*100));
f = logspace(a_min, a_max, 500);
[betrag, phase] = bode(my_sys, 2*pi*f);
betrag1 = squeeze(betrag(1,1,:));   betrag2 = squeeze(betrag(2,1,:));
betrag3 = squeeze(betrag(3,1,:));   betrag4 = squeeze(betrag(4,1,:));
phase1 = squeeze(phase(1,1,:));     phase2 = squeeze(phase(2,1,:));
phase3 = squeeze(phase(3,1,:));     phase4 = squeeze(phase(4,1,:));
```

```
figure(2);    clf;
subplot(211), semilogx(f, 20*log10([betrag1,...
   betrag2, betrag3, betrag4]));
  xlabel('Hz');    ylabel('dB');     grid on;
  title('Amplitudengänge für die Temperaturen der Abschnitte');
subplot(212), semilogx(f, [phase1,...
   phase2, phase3, phase4]);
  xlabel('Hz');    ylabel('Grad');     grid on;
  title('Phasengänge für die Temperaturen der Abschnitte');
```

Abb. 2.40 zeigt die Frequenzgänge für die vier Abschnitte abhängig von der Heizleistung $P_{eing}(t)$ und konstanter Umgebungstemperatur. Die große Phasenverschiebung für den letzten Abschnitt ergibt die Zeitverspätung aus der Sprungantwort dieses Abschnittes aus Abb. 2.39 oben.

2.6 Antwort zeitdiskreter LTI-Systeme über die Faltungssumme

Als Impulsantwort oder Einheitpulsantwort $h[n]$ für ein zeitdiskretes LTI-System, dargestellt durch die Transformation $\mathbf{T}$, wird die Antwort des Systems auf eine Anregung mit einem Einheitspuls $\delta[n]$ ausgehend vom Ruhezustand definiert:

$$h[n] = \mathbf{T}\{\delta[n]\} \tag{2.177}$$

Ein beliebiges zeitdiskretes Signal $x[n]$ kann (gemäß Gl. (1.53)) durch

$$x[n] = \sum_{k=-\infty}^{\infty} x[k]\delta[n-k] \tag{2.178}$$

dargestellt werden und die Antwort des Systems auf diesem Eingang $x[n]$ wird:

$$y[n] = \mathbf{T}\{x[n]\} = \mathbf{T}\Big\{\sum_{k=-\infty}^{\infty} x[k]\delta[n-k]\Big\} = \sum_{k=-\infty}^{\infty} x[k]\mathbf{T}\{\delta[n-k]\} \tag{2.179}$$

Da das System auch zeitinvariant ist und

$$\mathbf{T}\{\delta[n-k]\} = h[n-k], \tag{2.180}$$

erhält man schließlich:

$$y[n] = \sum_{k=-\infty}^{\infty} x[k]\, h[n-k] \tag{2.181}$$

Diese Gleichung stellt die Faltung oder Faltungssumme für zeitdiskrete LTI-Systeme dar. Wie bei den zeitkontinuierlichen LTI-Systemen wird die Faltung mit dem Operator $*$ bezeichnet:

$$y[n] = h[n] * x[n] = \sum_{k=-\infty}^{\infty} x[k]\, h[n-k] \tag{2.182}$$

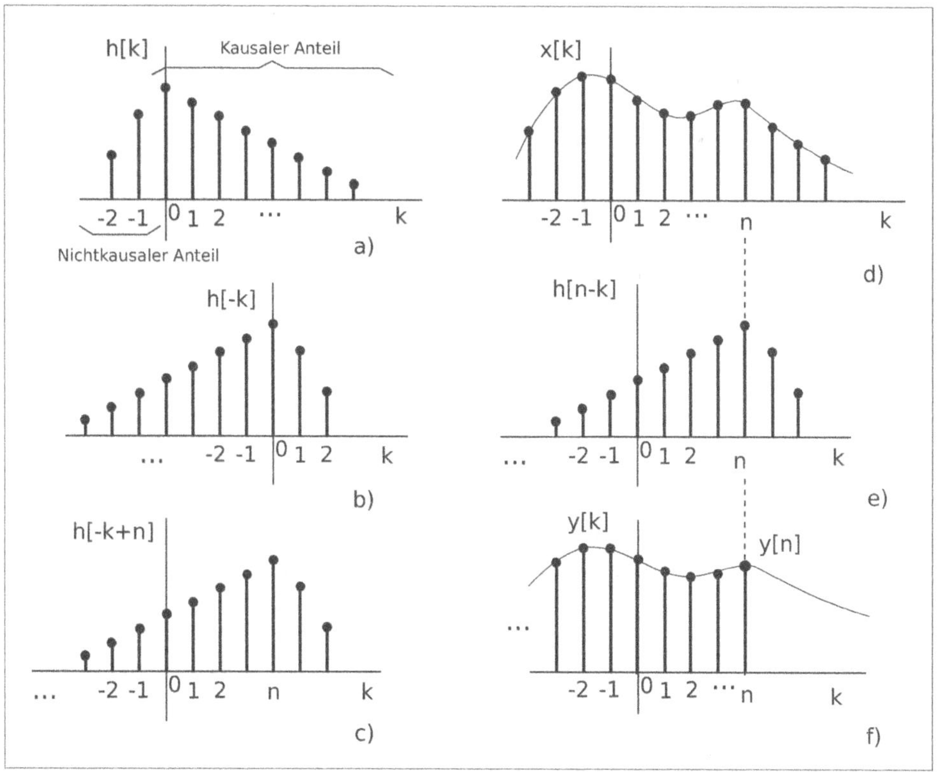

Abb. 2.41: Bildung der Glieder für die Faltungssumme

Abb. 2.41 zeigt die Bildung der Glieder der Faltungssumme für ein zeitdiskretes LTI-System mit einer nichtkausalen Impulsantwort. Der Teil der Impulsantwort mit $k \geq 0$ bildet den kausalen Anteil und der Rest für $k < 0$ stellt den nichtkausalen Anteil dar. Bei diesem allgemeinen Fall muss die Faltungssumme von $-\infty$ bis ∞ berechnet werden, weil die Impulsantwort $h[n-k]$ auch Werte für $k > n$ besitzt (Abb. 2.41e).

In den einzelnen Darstellungen wird gezeigt, wie man $h[-k]$ durch Spiegelung bildet (Abb. 2.41b), wie man diese gespiegelte Impulsantwort mit n verschiebt (Abb. 2.41c) und schließlich wird die Positionierung der Impulsantwort $h[n-k]$ relativ zur Eingangssequenz gezeigt, um die Antwort $y[n]$ zu ermitteln (Abb. 2.41d bis f).

Auch im zeitdiskreten Bereich ist die Faltung kommutativ, assoziativ und distributiv.

Wenn das System kausal mit $h[n] = 0$ für $n < 0$ ist, ändert sich die Faltungssumme wie folgt:

$$y[n] = h[n] * x[n] = \sum_{k=0}^{\infty} h[k]x[n-k] = \sum_{k=-\infty}^{n} x[k]\, h[n-k] \tag{2.183}$$

Wenn auch das Eingangssignal kausal ist mit $x[n] = 0$ für $n < 0$, dann ist die Faltungssumme durch

$$y[n] = \sum_{k=0}^{n} h[k]x[n-k] = \sum_{k=0}^{n} x[k]\, h[n-k] \tag{2.184}$$

gegeben.

Stabilität eines zeitdiskreten LTI-Systems

Die BIBO[1]-Stabilität eines zeitdiskreten LTI-Systems kann über die Impulsantwort definiert werden:

$$\sum_{k=-\infty}^{\infty} |h[k]| < \infty \tag{2.185}$$

Sprungantwort eines zeitdiskreten LTI-Systems

Die Sprungantwort $s[n]$ eines zeitdiskreten LTI-Systems mit Impulsantwort (oder Einheitspulsantwort) $h[n]$ wird direkt mit Hilfe der Faltungssumme ermittelt:

$$s[n] = h[n] * u[n] = \sum_{k=-\infty}^{\infty} h[k]u[n-k] = \sum_{k=-\infty}^{n} h[k] \tag{2.186}$$

Daraus folgt:

$$h[n] = s[n] - s[n-1] \tag{2.187}$$

2.7 Zeitdiskrete Systeme beschrieben durch Differenzengleichungen

Die Rolle der Differentialgleichung bei zeitkontinuierlichen Systemen wird bei zeitdiskreten Systemen von Differenzengleichungen eingenommen.

[1] *Bounded-Input-Baunded-Output*

2.7.1 Lineare Differenzengleichung mit konstanten Koeffizienten

Eine lineare Differenzengleichung mit konstanten Koeffizienten der Ordnung N ist durch

$$\begin{aligned} &\sum_{k=0}^{N} a_k\, y[n-k] = \sum_{k=0}^{M} b_k\, x[n-k] \qquad \text{oder} \\ &a_o\, y[n] + a_1\, y[n-1] + a_2\, y[n-2] + \cdots + a_N\, y[n-N] = \\ &\qquad b_o\, x[n] + b_1\, x[n-1] + b_2\, x[n-2] + \cdots + b_M\, x[n-M] \end{aligned} \tag{2.188}$$

gegeben, wobei mit a_k, b_k die reellen Koeffizienten bezeichnet sind.

Mit der Erfahrung von den zeitkontinuierlichen LTI-Systemen kann man von Anfang an hier bemerken, dass diese Differenzengleichung ein zeitdiskretes kausales LTI-System nur für Anfangsbedingungen gleich null darstellt.

Die rekursive Form, die den Ausgang $y[n]$ zum Zeitpunkt n abhängig von den vorherigen Ausgängen und Eingängen $y[n-k],\ x[n-k],\ k = 1, 2, \ldots$ beschreibt, ist:

$$y[n] = \frac{1}{a_0}\Big\{ -\sum_{k=1}^{N} a_k\, y[n-k] + \sum_{k=0}^{M} b_k\, x[n-k] \Big\} \tag{2.189}$$

Es ist jetzt klar, dass beim Start mit $y[n]$ bei $n = n_0$ die vorherigen Werte $y[n_0 - 1],\ y[n_0-2], \ldots, y[n_0-N]$ und die Werte $x[n_0-1],\ x[n_0-2], \ldots, x[n_0-M]$ bekannt sein müssen. Diese Werte bilden die Anfangsbedingungen.

Wenn der Ausgang $y[n]$ nur von den vorherigen Eingängen $x[n-1],\ x[n-2], \ldots, x[n-M]$ abhängt ist ($N = 0$), erhält man die nicht rekursive Form:

$$y[n] = \frac{1}{a_0}\Big\{ \sum_{k=0}^{M} b_k\, x[n-k] \Big\} \tag{2.190}$$

Im Bereich der digitalen Signalverarbeitung wird diese Form für digitale Filter benutzt, die als FIR-Filter[2] bezeichnet werden. Die Impulsantwort dieser Filter ist:

$$h[n] = \frac{1}{a_0}\sum_{k=0}^{M} b_k\, \delta[n-k] = \begin{cases} b_n/a_0 & 0 \le n \le M \\ 0 & \text{sonst} \end{cases} \tag{2.191}$$

Die Impulsantwort des allgemeinen Systems kann mit Hilfe von Gl. (2.189) ermittelt werden:

$$h[n] = \frac{1}{a_0}\Big\{ -\sum_{k=1}^{N} a_k\, h[n-k] + \sum_{k=0}^{M} b_k\, \delta[n-k] \Big\} \tag{2.192}$$

[2] *Finite-Impulse-Response*

Diese Impulsantwort ist infinit lang und definiert in der digitalen Signalverarbeitung die IIR[3]-Filter. Es ist instruktiv einige Terme der IIR-Impulsantwort zu berechnen:

$$\begin{aligned}
h[0] &= \frac{1}{a_0} b_0 \qquad \text{weil} \quad h[-1],\ h[-2],\ \ldots, h[-N] = 0 \quad \text{sind} \\
h[1] &= \frac{1}{a_0}\big(- a_1\, h[0] + b_1\big) \\
h[2] &= \frac{1}{a_0}\big(- a_1\, h[1] - a_2\, h[0] + b_2\big) \\
&\ldots \\
h[M] &= \frac{1}{a_0}\big(- a_1\, h[M-1] - a_2\, h[M-2] - \cdots - a_M\, h[0] + b_M\big) \\
h[M+1] &= \frac{1}{a_0}\big(- a_1\, h[M] - a_2\, h[M-1] - \cdots - a_{M+1}\, h[0]\big) \\
&\ldots \\
h[N] &= \frac{1}{a_0}\big(- a_1\, h[N-1] - a_2\, h[N-2] - \cdots - a_N\, h[0]\big) \\
&\ldots
\end{aligned} \tag{2.193}$$

Es wurde angenommen, dass $M < N$.

Im MATLAB, gibt es in der *Signal-Processing-Toolbox* die Funktion **filter** mit deren Hilfe die Impulsantwort berechnet werden kann. Die Funktion ermittelt die Antwort mit der allgemeinen rekursiven Gleichung (2.189) auf jeder beliebigen Eingangssequenz ausgehend von Anfangsbedingungen gleich null. Man bildet eine Eingangssequenz bestehend aus einem Wert eins und den Rest mit Nullwerten mit einer Gesamtlänge die größer sein soll als die geschätzte Länge der Impulsantwort. Bei IIR-Systemen, die eine unendlich lange Impulsantwort haben, stellt man die Länge durch Versuche ein. Die signifikanten Werte sollen dabei erfasst werden.

Im Skript `impulsantw_iir.m` wird die Impulsantwort eines IIR-Tiefpassfilters, das mit der Funktion **cheby1** entwickelt wurde, ermittelt:

```
% Skript impulsantw_iir.m in dem die Impulsantwort
% eines IIR-Filters ermittelt wird
clear;
% ------- Entwerfen eines Filters
[b,a] = cheby1(6, 1, 0.1*2);
% ------- Impulsantwort mit filter-Funktion
nt = 30;
x = [1, zeros(1,nt-1)];     % Einheitspuls
h = filter(b,a,x);          % Impulsantwort

figure(1);    clf;
subplot(211), stem(0:nt-1, x);
La = axis;     axis([-1, La(2), La(3:4)])
title('Einheitsimpuls als Eingang');
```

[3] *Infinite-Impulse-Response*

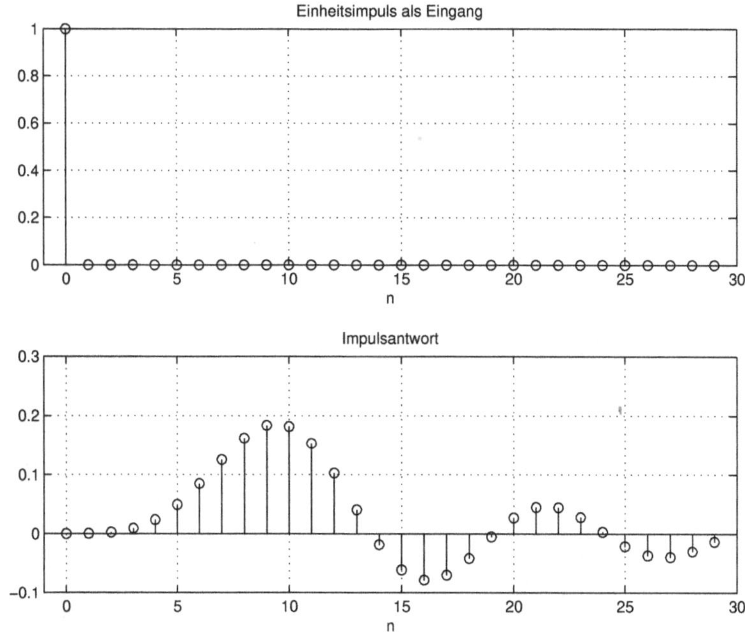

Abb. 2.42: Impulsantwort eines IIR-Filters (impulsantw_iir.m)

```
xlabel('n');     grid on;
subplot(212), stem(0:nt-1, h);
La = axis;       axis([-1, La(2), La(3:4)])
title('Impulsantwort');
xlabel('n');     grid on;
```

Die Koeffizienten des Filters sind in den Vektoren b, a enthalten:

```
b =   4.6372e-05   2.7823e-04   6.9558e-04   9.2744e-04   ...
         6.9558e-04   2.7823e-04   4.6372e-05
a =   1.0000e+00  -4.8694e+00   1.0381e+01  -1.2337e+01   ...
         8.5969e+00  -3.3268e+00   5.5856e-01
```

Die Ordnung des Filters ist sechs und ist gleich der Anzahl der Koeffizienten aus a minus eins.

Abb. 2.42 zeigt die ermittelte Impulsantwort mit Werten bis $n = 30$. Wie man sieht gibt es signifikante Werte auch weiter für $n > 30$, die man leicht durch Ändern des Wertes `nt>30` im Skript darstellen kann.

Bei FIR-Systemen ist die Bestimmung der Impulsantwort völlig unproblematisch, da sie ja gleich den Koeffizienten der Differenzengleichung (Gl. (2.190)) ist.

Es gibt eine Form für den **filter**-Befehl in der man auch die Anfangsbedingungen $y[n-1],\ y[n-2],\ldots,y[n-N]$ bzw. $x[n-1],\ x[n-2],\ldots,x[n-M]$ angeben kann und man erhält am Ende der Filterung einer Sequenz den Endzustand. Diese Form ist wichtig, wenn man die Daten blockweise verarbeitet. Mit den Endwerten der Zustandswerte eines Blocks kann man den nächsten Block ohne Einschwingen beginnen.

2.7.2 Homogene Lösung der Differenzengleichung

Die allgemeine Differenzengleichung (2.189)

$$y[n] = \frac{1}{a_0}\Big\{ - \sum_{k=1}^{N} a_k\, y[n-k] + \sum_{k=0}^{M} b_k\, x[n-k]\Big\}$$

stellt ein zeitdiskretes LTI-System nur für Anfangsbedingungen

$$y[n-1],\ y[n-2],\ \ldots, y[n-N],\ x[n-1],\ x[n-2],\ \ldots,\ x[n-M]$$

gleich null dar. Somit ist es auch hier sinnvoll eine Zerlegung der Antwort in einen Anteil $y_{zs}[n]$ für Anfangsbedingungen (eigentlich Anfangszustand) gleich null und einen Anteil $y_{zi}[n]$ für Eingang gleich null durchzuführen.

In der Mathematik wird die Antwort in eine homogene Lösung $y_h[n]$ und eine partikulären Lösung $y_p[n]$ unterteilt. Die homogene Lösung für eine Ordnung der Differenzengleichung N enthält N Konstanten, die mit Hilfe der Anfangsbedingungen für die Gesamtlösung (homogene plus partikuläre) ermittelt werden.

Der Anteil y_{zi} entspricht somit der homogenen Lösung für die Differenzengleichung ohne Anregung (ohne partikuläre Lösung). Im Anteil $y_{zs}[n]$, der ein LTI-System darstellt, ist auch die homogene Lösung mit dem Anteil vertreten, der die Anfangsbedingungen für die gegebene Anregung erfüllt.

Die homogene Lösung der Differenzengleichung stellt das Eigenverhalten des Systems ohne Anregung dar und charakterisiert das System. Die homogene Differenzengleichung ist:

$$a_0\, y[n] + a_1\, y[n-1] + a_2\, y[n-2] + \ \cdots + a_N\, y[n-N] = 0 \tag{2.194}$$

Es wird eine Lösung der Form

$$y_h[n] = z^n \tag{2.195}$$

gesucht, wobei z eine reelle, eventuell auch komplexe Zahl ist. Sie hat noch nichts mit der z-Transformation zu tun, die eine ähnliche Variable in der Definition benutzt. Durch Einsetzen erhält man:

$$a_0\, z^n + a_1\, z^{n-1} + a_2\, z^{n-2} + a_N\, z^{n-N} = 0 \tag{2.196}$$

Nachdem man den Term z^n kürzt und die Gleichung mit z^N multipliziert, erhält man die charakteristische Gleichung für die zeitdiskrete Differenzengleichung:

$$a_0\, z^N + a_1\, z^{N-1} + a_2\, z^{N-2} + a_N = 0 \tag{2.197}$$

Sie ergibt N Wurzeln $z_1, z_2, \ldots, z_N$, die reell oder komplex sein können. Die komplexen Wurzeln müssen immer als konjugiert komplexe Paare auftreten, wenn die Koeffizienten der charakteristischen Gleichung reell sind.

Für ein stabiles System muss die homogene Lösung zu null abklingen. Daraus ergibt sich die Bedingung für die Stabilität: Alle Wurzeln müssen im Betrag kleiner als eins sein. Man sagt auch, dass alle Wurzeln im Einheitskreis der komplexen Ebene liegen müssen:

$$|z_i| < 1 \qquad i = 1,\ 2,\ 3,\ \ldots,\ N \tag{2.198}$$

Diese Bedingung ist der gezeigten Bedingung für die zeitdiskrete Impulsantwort gemäß (2.185) äquivalent.

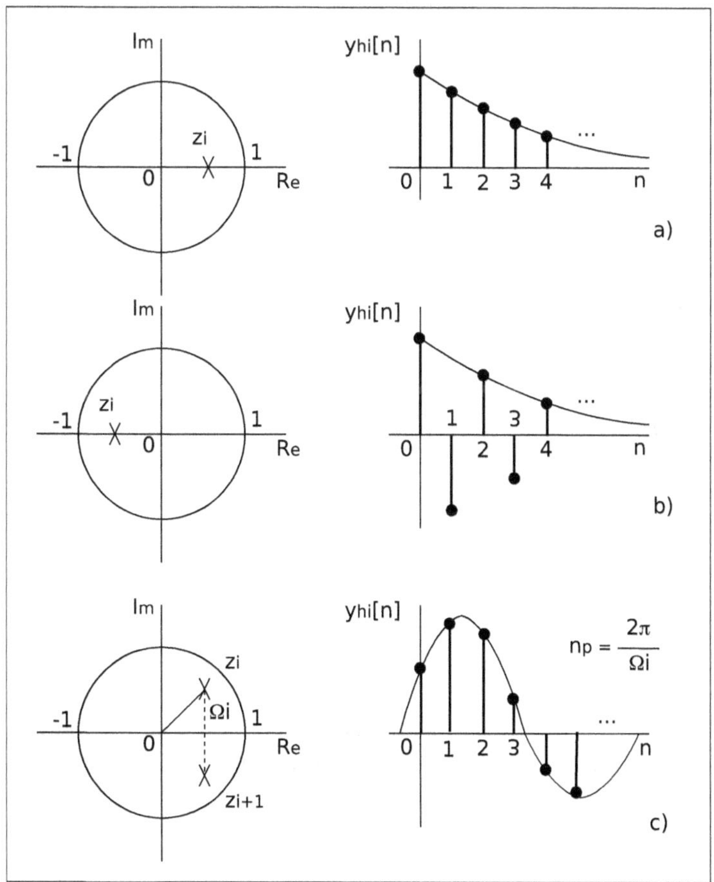

Abb. 2.43: Homogene Lösungen abhängig von den Wurzeln der charakteristischen Gleichung

Wenn eine Wurzel reell und im Betrag kleiner als eins ist, führt sie zu Anteilen in der homogenen Lösung, die in Abb. 2.43a und b gezeigt sind. Die negative Wurzel ergibt positive Werte in der homogenen Lösung für gerade Werte von n und negative Werte für ungerade Werte n. Daher die alternierenden Werte in Abb. 2.43b.

Ein konjugiert komplexes Paar der Wurzel führt zu einen periodischen Anteil, wie in Abb. 2.43c gezeigt ist. Mit

$$z_i = r_i\, e^{j\Omega_i}, \qquad z_{i+1} = r_i\, e^{-j\Omega_i}, \tag{2.199}$$

wobei $r_i > 0$ der Betrag des konjugiert komplexen Paares ist, wird der Anteil in der homogenen Lösung:

$$y_{hi}[n] = C_1\, z_i^n + C_2\, z_{i+1}^n \tag{2.200}$$

Die Koeffizienten $C_1,\ C_2$ müssen auch konjugiert komplex sein, wenn die charakteristische Gleichung reelle Koeffizienten besitzt. Es wird für diese Koeffizienten die Form

$$C_1 = C_i e^{j\phi_i} \qquad \text{und} \qquad C_2 = C_i e^{-j\phi_i} \quad C_i > 0 \tag{2.201}$$

angenommen. Daraus resultiert:

$$y_{hi}[n] = C_i e^{j\phi_i}\, r_i^n\, e^{j\Omega_i n} + C_i e^{-j\phi_i}\, r_i^n\, e^{-j\Omega_i n} = 2\, C_i\, r_i^n\, \cos(\Omega_i\, n + \phi_i) \tag{2.202}$$

Diese Gleichung zeigt, dass zwei konjugiert komplexe Wurzeln zu einen periodischen Anteil in der homogenen Lösung der Differenzengleichung führen, deren Anteil abklingt, wenn die Wurzeln im Einheitskreis liegen ($r_i < 1$).

Die Frequenz dieses Anteils ist dem Winkel $\Omega_i > 0$ der Wurzel (Abb. 2.43c) proportional. Diese relative Frequenz kann mit der Abtastperiode der zeitdiskreten Sequenz verbunden werden:

$$\Omega_i\, n = \omega_i\, n\, T_s = 2\pi f_i\, n\, T_s = 2\pi \frac{f_i}{f_s} n \tag{2.203}$$

oder

$$f_i = f_s \frac{\Omega_i}{2\pi} \qquad \text{mit} \qquad T_i = \frac{1}{f_i} = \frac{2\pi}{\Omega_i} T_s \qquad \text{und} \qquad n_p = \frac{T_i}{T_s} = \frac{2\pi}{\Omega_i} \tag{2.204}$$

Mit T_s wurde die Abtastperiode und mit $f_s = 1/T_s$ wurde die Abtastfrequenz bezeichnet. Die Frequenz f_i stellt die Frequenz des Anteils in Hz dar und $T_i = 1/f_i$ ist die entsprechende Periode in s. Die Anzahl der Abtastwerte in einer Periode ist im Mittel n_p. Nur wenn T_i/T_s eine ganze Zahl ist, enthalten die Perioden immer die gleiche Anzahl Abtastwerte.

Die noch unbekannten Werte C_i und und ϕ_i sind von den Anfangsbedingungen der Differenzengleichung abhängig, so dass die Anfangsbedingungen für die Gesamtlösung erfüllt sind. Im Skript `homog_diskret_1.m` sind zwei konjugiert komplexe Wurzeln im Einheitskreis gewählt und ihr Anteil in der homogenen Lösung wird mit Hilfe einer Differenzengleichung zweiter Ordnung ermittelt:

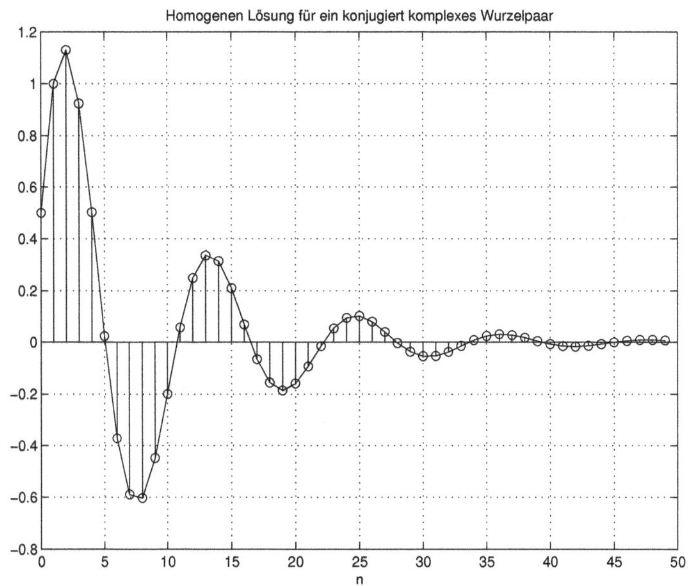

Abb. 2.44: Anteil in der homogenen Lösung für ein konjugiert komplexes Wurzelpaar (homog_diskret_1.m)

```
% Skript homog_diskret_1.m in dem die homogene Lösung
% eines zeitdiskreten LTI-Systems für zwei konjugiert
% komplexe Wurzeln untersucht wird
clear;
% ------- Konjugiert komplexes Wurzelpaar
Omega = 0.7*pi/4;         % Winkel der Wurzeln
z1 = 0.9*exp(j*Omega);    % Wurzel der charakt. Gl.
z2 = conj(z1);
abs([z1,z2])              % Liegen sie im Einheitskreis ?
a = poly([z1,z2]);        % Charakteristische Gl.
% ------- Lösung mit Hilfe der Differenzengleichung
nyh = 50;                 % Länge der Lösung
yh = zeros(1,nyh);
yh(1) = 0.5;          % y(n-2)
yh(2) = 1;            % y(n-1)
for k = 3:nyh
    yh(k) = (-a(2)*yh(k-1) - a(3)*yh(k-2))/a(1);
end;
figure(1);    clf;
stem(0:nyh-1, yh);
   hold on
plot(0:nyh-1, yh);
   hold off;
   title('Homogenen Lösung für ein konjugiert komplexes Wurzelpaar')
```

```
   xlabel('n');      grid on;
np = 2*pi/Omega    % Mittlere Periode
```

Abb. 2.44 zeigt diesen Anteil für beliebig gewählte Anfangsbedingungen.

2.8 Zustandsmodelle für zeitdiskrete Systeme

Es wird zuerst von einer Differenzengleichung der Ordnung N der Form

$$y[n] + a_1\, y[n-1] + a_2\, y[n-2] + \cdots + a_N\, y[n-N] = x[n] \tag{2.205}$$

ausgegangen.

Es ist bekannt, dass für $x[n]$ mit $n \geq 0$ die N Anfangswerte $y[-1],\ y[-2], \dots,\ y[-N]$ vollständig und eindeutig die Antwort für $n \geq 0$ bestimmen. Das bedeutet, dass N Werte notwendig sind, um den Zustand des Systems zu jedem Zeitpunkt zu definieren. Es werden folgende Variablen $q_1[n],\ q_1[n],\ \dots,\ q_N[n]$ als Zustandsvariablen gewählt:

$$\begin{aligned} q_1[n] &= y[n-N] \\ q_2[n] &= y[n-(N-1)] = y[n-N+1] \\ &\dots \\ q_N[n] &= y[n-1] \end{aligned} \tag{2.206}$$

Aus den Gleichungen (2.205) und (2.206) erhält man dann folgende Zustandsgleichung:

$$\begin{aligned} q_1[n+1] &= q_2[n] \\ q_2[n+1] &= q_3[n] \\ &\dots \\ q_N[n+1] &= -a_N\, q_1[n] - a_{N-1}\, q_2[n] -, \dots, -a_1\, q_N[n] + x[n] \end{aligned} \tag{2.207}$$

Hinzu kommt noch die Ausgangsgleichung, die den Ausgang $y[n]$ abhängig von den Zustandsvariablen $q_1[n],\ q_1[n],\ \dots,\ q_N[n]$ und vom Eingang $x[n]$ ergibt:

$$y[n] = -a_N\, q_1[n] - a_{N-1}\, q_2[n] -, \dots, -a_1\, q_N[n] + x[n] \tag{2.208}$$

Wenn man die Zustandsvariablen im Vektor $\mathbf{q}$ zusammenfasst und die zwei Gleichungen des Zustandsmodells in einer Matrixform schreibt, erhält man:

$$\begin{aligned} \mathbf{q}[n+1] &= \mathbf{A}\mathbf{q}[n] + \mathbf{B}x[n] \\ y[n] &= \mathbf{C}\mathbf{q}[n] + dx[n] \end{aligned} \tag{2.209}$$

Die Matrizen $\mathbf{A},\ \mathbf{B},\ \mathbf{C}$ und der Skalar d definieren das Zustandsmodell und sind leicht aus den vorherigen Gleichungen zu bestimmen:

$$\mathbf{C} = \left[\ -a_N\ \ -a_{N-1}\ \ -a_{N-2}\ \dots\ -a_1\ \right], \qquad d = 1 \tag{2.210}$$

$$\mathbf{A} = \begin{bmatrix} 0 & 1 & 0 & \dots & 0 \\ 0 & 0 & 1 & \dots & 0 \\ \vdots & \vdots & \vdots & \ddots & \vdots \\ -a_N & -a_{N-1} & -a_{N-2} & \dots & -a_1 \end{bmatrix}, \quad \mathbf{B} = \begin{bmatrix} 0 \\ 0 \\ \vdots \\ 1 \end{bmatrix} \tag{2.211}$$

Eine ähnliche Form erhält man für Systeme mit einer allgemeineren Differenzengleichung, die rechts auch die vorherige Werte des Eingangssignals $x[n-1]$, $x[n-2]$, ... enthält.

Die Wurzeln der charakteristischen Gleichung für die Differenzengleichung sind auch die Eigenwerte der Matrix **A**.

Es gibt zeitdiskrete Zustandsmodelle für Systeme mit mehreren Eingängen und mehreren Ausgängen. Die Größen der Matrizen ändern sich entsprechend.

Die Ähnlichkeit mit der Umwandlung einer Differentialgleichung in ein Zustandsmodell ist offensichtlich, so dass man in MATLAB mit der gleichen Funktion **tf2ss** auch die zeitdiskreten Differenzengleichungen umwandeln kann. Man muss aber die Koeffizienten der Differenzengleichung mit gleicher Länge angeben. Das wird mit vorangestellten Nullwerten realisiert.

Es gibt auch ein Blockschema für das allgemeine zeitdiskrete Zustandsmodell, dass ähnlich des Blockschemas für das zeitkontinuierliche Zustandsmodell gemäß Abb. 2.16 ist. Statt Integrator ist hier eine Verspätung mit einer Abtastperiode enthalten.

2.9 Beispiele von Systemen beschrieben durch Differenzengleichungen

Es werden hier zwei Beispiele von digitalen Filtern, die durch Differenzengleichungen beschrieben werden, vorgestellt. In einem späteren Kapitel werden die Filterfunktionen ausführlicher beschrieben und untersucht. Dieser Abschnitt soll die Differenzengleichungen mit Anwendungen, die man leicht verstehen kann, verbinden.

2.9.1 Untersuchung eines zeitdiskreten IIR-Filters

Es wird ein digitales IIR-Filter zur Unterdrückung der 50 Hz Netzstörung bei einem EKG-Signal[4] untersucht. Diese Filter sind durch Differenzengleichungen, bei denen häufig $M = N$ ist, beschrieben:

$$\begin{aligned} y[n] = -a_1\, y[n-1] + -a_2\, y[n-2] + \dots + -a_N\, y[n-N] + \\ b_0\, x[n] + b_1\, x[n-1] + \dots + b_N\, x[n-N] \qquad \text{mit} \quad a_0 = 1 \end{aligned} \tag{2.212}$$

In MATLAB gibt es in der *Signal-Processing-Toolbox* mehrere Funktionen zum Entwurf von IIR-Filtern. Diese liefern die Koeffizienten $[b_0, \; b_1, \dots, \; b_N]$ in einem Vektor z.B. `b` und die Koeffizienten $[1, \; a_1, \dots, \; a_N]$ in einem anderen Vektor z.B. `a`.

[4]Elektrokardiagramm

Im Skript `ECG_denoising_1.m` ist dieses Experiment programmiert. Am Anfang wird mit einer MATLAB-Funktion aus

http://physionet.caregroup.harvard.edu/physiotools/matlab/ECGwaveGen/ eine künstliche EKG-Sequenz generiert, die dann mit einem Störsignal der Frequenz 50 Hz überlagert wird:

```
% Skript ECG_denoising_1.m, in dem ein ECG-Signal
% gefiltert wird, um die 50 Hz Störungen zu unterdrücken
clear;
% -------- Erzeugung eines künstlichen ECG-Signals nach
% http://physionet.caregroup.harvard.edu/physiotools/
% matlab/ECGwaveGen/
fs = 1000;      % Abtastfrequenz
bpm = 70;       % Herzschläge/Minute
ampl = 1000;    % Mikro-Volt
duration =  (60/bpm-0.35)+60/bpm+1/fs; % Dauer eines Zyklus
dur = 5;
[QRSwave]=ECGwaveGen(bpm,dur,fs,ampl);
necg = length(QRSwave);
% -------- Störung mit 50 Hz
astr = 500;      % Amplitude der Störung in Mikro-Volt
t = (0:necg-1)/fs;
stoer = astr*cos(2*pi*50*t);     % Störung mit 50 Hz
% -------- Gestörtes EKG
QRSwave_noise = QRSwave + stoer;
```

Es folgt weiter der Entwurf des IIR-Sperrfilters. Als Argumente für das Butterworth-Filter in der Funktion **`butter`** sind die Ordnung (hier 7), die Bandbreite die gesperrt sein soll (hier von 40 bis 60 Hz) und der Hinweis `'stop'` für ein Sperrfilter angegeben. Die Bandbreite wird relativ zur halben Abtastfrequenz ($f_s/2$) angegeben. Die Koeffizienten der Differenzengleichung verden im Vektor `b` bzw. `a` geliefert. Es sind je 2*7+1 = 15 Koeffizienten. Bei Bandpass- und Bandsperrfilter ist die Ordnung zwei mal größer als die angegebene, hier gleich 7. Das resultiert aus der Transformation eines Tiefpassfilters der Ordnung 7 in ein Bandsperrfilter.

Danach wird das gestörte EKG-Signal mit der Funktion **`filter`** gefiltert. Sie implementiert die Differenzengleichung. Wenn man selbst die Rekurssion der Differenzengleichung programmiert, sind die a_i-Koeffizienten mit negativen Vorzeichen zu nehmen.

```
% ------- Digitales Sperr-IIR-Filter
% b, a Koeffizienten der Differenzengleichung
[b, a] = butter(7, [40 60]*2/fs,'stop');
%[b, a] = cheby1(7, 1, [40 60]*2/fs,'stop');
% ------- Filtern des EKG-Signals
QRS = filter(b,a,QRSwave_noise);
figure(1);   clf;
subplot(311), plot((0:necg-1)/fs, QRSwave)
   title('EKG-Signal');
   xlabel('Zeit in s');    grid on;
subplot(312), plot((0:necg-1)/fs, QRSwave_noise)
```

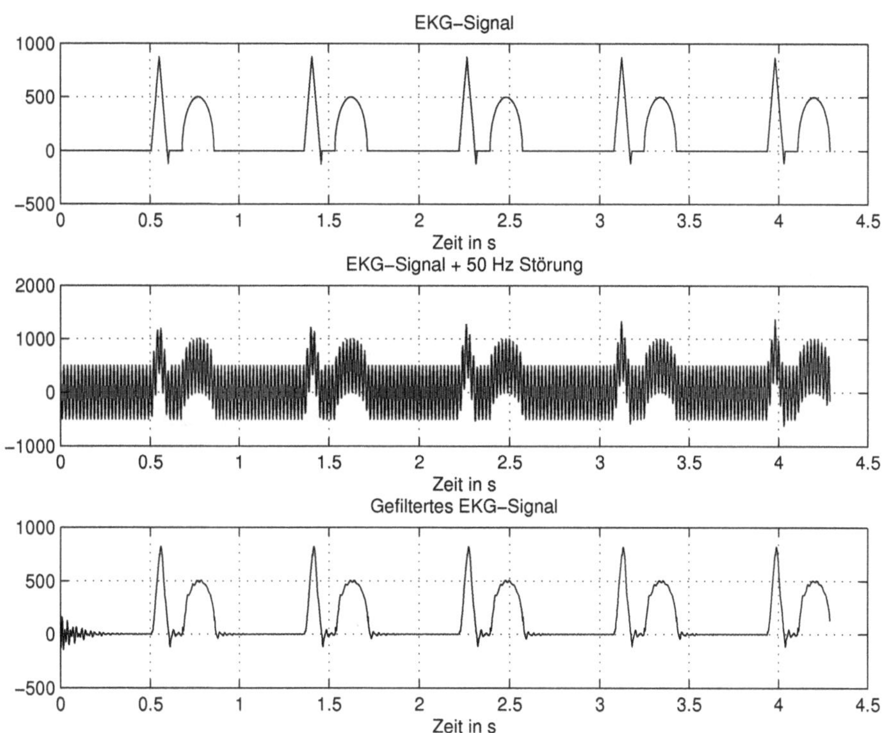

Abb. 2.45: a) EKG-Signal ohne Störung b) EKG-Signal mit 50 Hz Störung c) gefiltertes Signal (EKG_denoising_1.m)

```
   title('EKG-Signal + 50 Hz Störung');
   xlabel('Zeit in s');    grid on;
subplot(313), plot((0:necg-1)/fs, QRS)
   title('Gefiltertes EKG-Signal');
   xlabel('Zeit in s');    grid on;
```

Abb. 2.45 zeigt oben das künstlich erzeugte EKG-Signal, darunter das mit der Störung überlagerte EKG-Signal und ganz unten das gefilterte Signal. Im letzten Teil des Skripts wird der Frequenzgang des IIR-Sperrfilters mit der Funktion **freqz** ermittelt und dargestellt (Abb. 2.46). Wie man sieht, besitzt das Filter einen Sperrbereich in der Umgebung von 50 Hz. Wegen der Periodizität des Frequenzgangs des digitalen Filters erscheint auch ein ähnlicher Sperrbereich bei $f_s - 50$ Hz.

```
% ------- Frequenzgang des Filters
N = 1000;
[H, w] = freqz(b,a,N,'whole');   % Frequenzbereich von  von 0 bis fs
figure(2);   clf;
subplot(211), plot(w*fs/(2*pi), 20*log10(abs(H)));
   title('Amplitudengang');
   xlabel(['Hz  (fs = ',num2str(fs),'  Hz)']);        grid on;
```

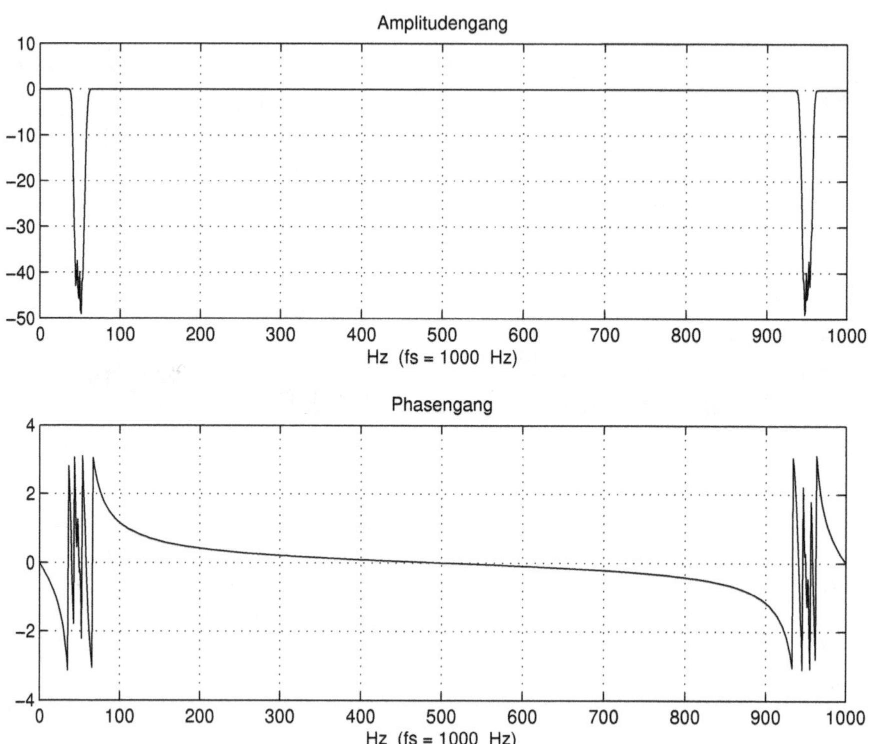

Abb. 2.46: Frequenzgang des IIR-Sperrfilters (EKG_denoising_1.m)

```
subplot(212), plot(w*fs/(2*pi), angle(H));
   title('Phasengang');
   xlabel(['Hz  (fs = ',num2str(fs),'  Hz)']);         grid on;
```

Das Sperrfilter entfernt diesen Frequenzbereich auch aus dem Nutzsignal. Deshalb versucht man mit einer kleinen Bandbreite nur die Störung zu unterdrücken. Nach dem Entwurf des Filters muss man immer den Frequenzgang untersuchen, um sicher zu sein, dass dieser dem gewünschten Frequenzgang entspricht. Bei diesem Filter ist die Dämpfung im Sperrbereich besser als -40 dB, was einen Faktor von $10^{-40/20} = 0,01$ absolut bedeutet. Das ergibt sich aus der Definition des Amplitudengangs in dB:

$$-40 = 20\log_{10}(\hat{y}/\hat{x}) \quad \rightarrow \quad \hat{y}/\hat{x} = 10^{-40/20} = 0,01 \tag{2.213}$$

Die Störung wird mit diesem Faktor unterdrückt. Die Frequenzgänge der zeitdiskreten LTI-Systeme werden ausführlich im Kapitel 4 beschrieben.

2.9.2 Untersuchung eines FIR-Filters

Es wird jetzt ein digitales (zeitdiskretes) FIR-Filter für die Unterdrückung von Messrauschen untersucht. Es wird angenommen, dass ein Nutzsignal in einem bestimmten

Frequenzbereich liegt. Das in der Praxis immer vorhandene Messrauschen, das einen größeren Frequenzbereich belegt, soll unterdrückt werden, indem das gestörte Signal mit einem Bandpassfilter gefiltert wird. Der Durchlassbereich des Filters ist auf den Frequenzbereich des Nutzsignals abgestimmt.

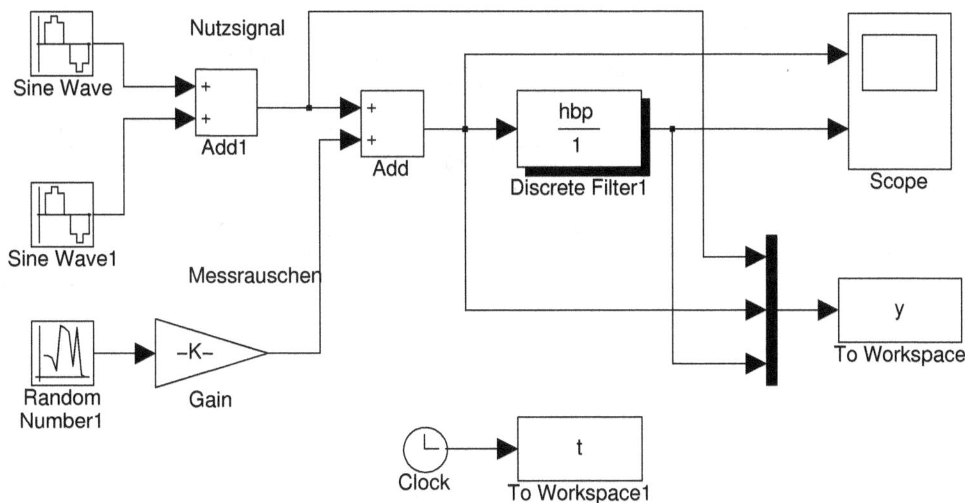

Abb. 2.47: Simulink-Modell der FIR-Filterung (FIR_denoise_1.m, FIR_denoise.mdl)

Das FIR-Filter ist durch eine Differenzengleichung folgender Form

$$y[n] = b_0\, x[n] + b_1\, x[n-1] + \cdots + b_M\, x[n-M] \tag{2.214}$$

beschrieben. Sie wird aus der allgemeinen Differenzengleichung mit $N = 1$ und $a_0 = 1$ erhalten (Gl. (2.190)). Die Koeffizienten $b_0,\ b_1,\ \ldots,\ b_M$ bilden auch die Werte der Impulsantwort (Gl. (2.191)). Im Skript `FIR_denoise_1.m` und Simulink-Modell `FIR_denoise.mdl`, wird das Experiment programmiert:

```
% Skript FIR_denoise_1.m, in dem ein FIR-Filter
% zum Entfernen von Messrauschen untersucht wird
% Arbeitet mit dem FIR_denoise.mdl Simulink-Modell
clear;
% -------- Entwerfen des Filters mit fir1
% Nutzsignal und Stärke des Messrauschens
ordn = 128;        ndelay = ordn/2;
ampl1 = 2;         ampl2 = 1;
f1s = 200;         f2s = 300;
sigma = 1;
% FIR-Filter
fs = 5000;         Ts = 1/fs;
f1 = 100;          f2 = 400;
hbp = fir1(ordn, [f1, f2]*2/fs);
```

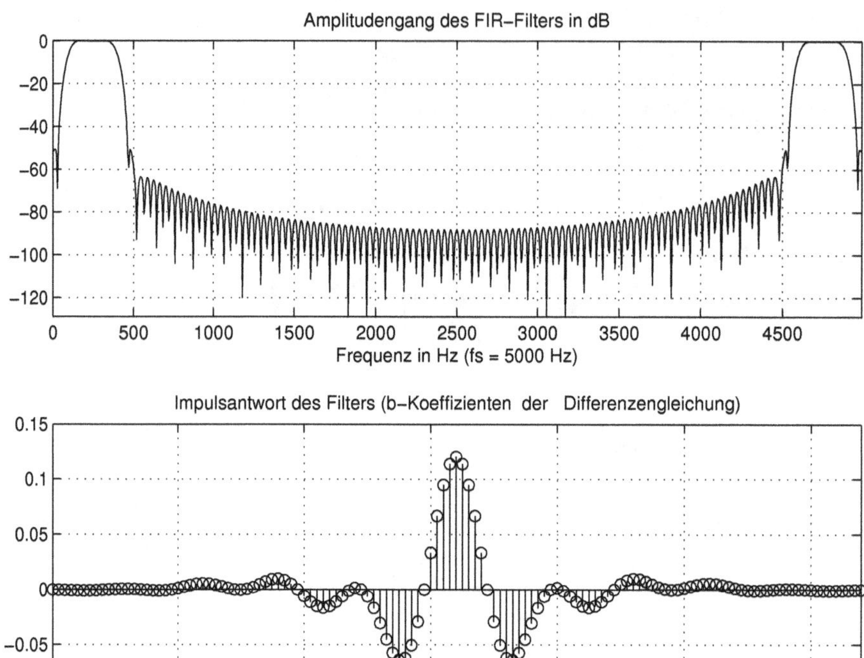

Abb. 2.48: Amplitudengang und Impulsantwort des FIR-Bandpassfilters (FIR_denoise _1.m, FIR_denoise.mdl)

```
% -------- Frequenzgang des FIR-Filters
N = 1000;
[H,w] = freqz(hbp,1,1000,'whole');
figure(1);      clf;
subplot(211), plot((0:N-1)*fs/N, 20*log10(abs(H)));
   title('Amplitudengang des FIR-Filters in dB')
   xlabel(['Frequenz in Hz (fs = ',num2str(fs),' Hz)']);
   grid on;        axis tight;
subplot(212), stem(0:ordn, hbp);
   title(['Impulsantwort des Filters (b-Koeffizienten  der', ...
         '  Differenzengleichung)']);
   xlabel('Index n');   grid on;
La = axis;    axis([La(1), ordn, La(3:4)]);
% ------- Aufruf der Simulation
tfinal = 0.1;
sim('FIR_denoise', [0,tfinal]);
% y(:,1) = Nutzsignal;    y(:,2) = Verrauschtes Signal
% y(:,3) = Gefiltertes Signal
```

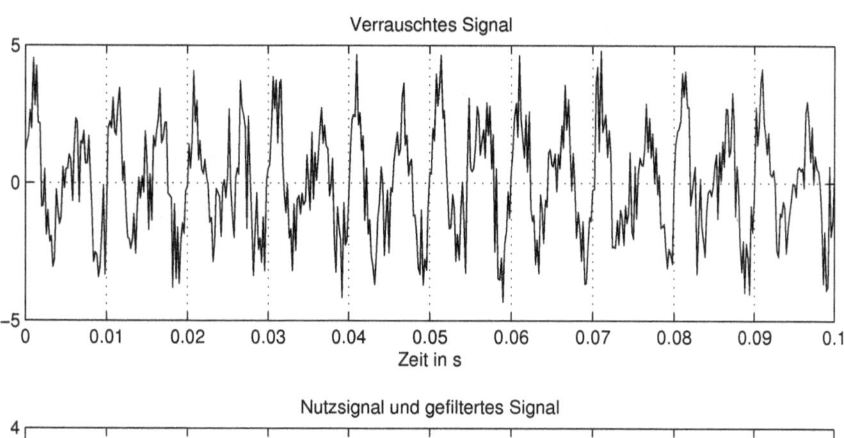

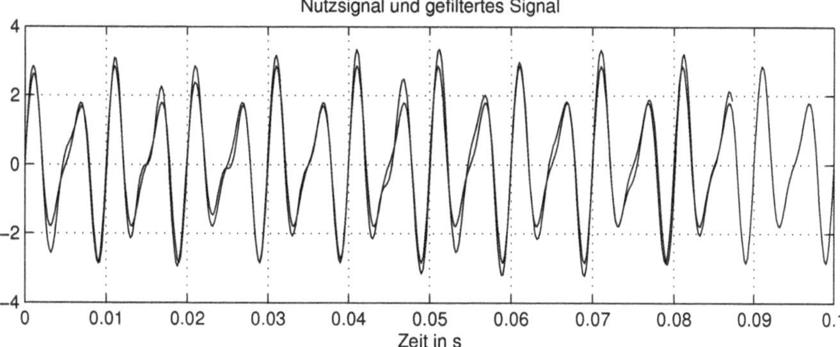

Abb. 2.49: a) Verrauschtes Signal b) Nutzsignal und gefiltertes Signal (FIR_denoise_1.m, FIR_denoise.mdl)

```
figure(2);    clf;
subplot(211), plot(t, y(:,2))
   title('Verrauschtes Signal');
   xlabel('Zeit in s');    grid on;
subplot(212), plot(t, y(:,1), t(1:end-ndelay), y(ndelay+1:end,3))
   title('Nutzsignal und gefiltertes Signal');
   xlabel('Zeit in s');    grid on;
```

Es wird angenommen, dass das Nutzsignal eine Bandbreite von 100 Hz bis 400 Hz besitzt. Für die Untersuchung werden zwei sinusförmige Komponenten mit Frequenzen von 200 Hz und 300 Hz gewählt, die im Durchlassbereich des Filters liegen.

Das Filter wird mit der MATLAB-Funktion **fir1** entwickelt. Die Argumente der Funktion sind die Ordnung des Filters (`ordn = 128`) und die Bandbreite von `f1` bis `f2`, die relativ zur halben Abtastfrequenz `fs/2` angegeben wird.

Abb. 2.47 zeigt das Simulink-Modell für diese Untersuchung. Mit zwei Blöcken *Sine Wave* werden die zwei Komponenten gebildet. Zu ihrer Summe wird das unkorrelierte, also weiße Rauschen hinzuaddiert. Das Filter wird mit der im Skript ermittelten

Impulsantwort parametriert. Die Ergebnisse werden am Oszilloskop dargestellt und in der Senke *To Workspace* gespeichert, um sie dann mit dem Skript darzustellen.

In Abb. 2.48 ist oben der Amplitudengang des Filters dargestellt und darunter ist die Impulsantwort des FIR-Filters gezeigt. Die Ordnung des FIR-Filters ist viel größer als die übliche Ordnung der IIR-Filter. Die FIR-Filter haben aber den Vorteil, dass sie immer stabil sind und dass sie einen linearen Phasengang im Durchgangsbereich besitzen. Dadurch gibt es bei diesen Filtern keine Verzerrungen wegen des Phasengangs [31]. Näheres wird im Kap. 3.9 besprochen.

Abb. 2.49 zeigt oben das verrauschte Eingangssignal und darunter überlagert das Nutz- und das gefilterte Signal. Wegen der Rauschanteile in dem Durchlassbereich des Filters sind sie nicht ganz gleich.

3 Zeitkontinuierliche Signale und Systeme im Frequenzbereich

3.1 Einführung

In den vorherigen Kapiteln wurde die Beschreibung der zeitkontinuierlichen Systeme im Zeitbereich dargestellt. Für LTI-Systeme wurde die Beschreibung über die Impulsantwort, die Sprungantwort und die Differentialgleichung bzw. über das Zustandsmodell eingeführt.

Dieses Kapitel beschäftigt sich mit der Transformation der Signale in dem Frequenzbereich [19], die für periodische Signale mit der sehr bekannten Fourie-Reihe [24] durchgeführt wird. Für aperiodische Signale wird die Fourier-Transformation [39] eingeführt. Diese kann mit Hilfe der speziellen Delta-Funktion auch auf periodische Signale erweitert werden. Schließlich wird der Frequenzgang der LTI-Systeme erläutert.

3.2 Darstellung der periodischen Signale mit Hilfe der Fourier-Reihe

Im ersten Kapitel wurde die Definition für ein periodisches Signal $x(t)$ eingeführt:

$$x(t+T) = x(t+mT_0) = x(t) \quad \text{mit} \quad m \quad \text{eine ganze Zahl} \tag{3.1}$$

Der kleinste Wert T, für den diese Bedingung erfüllt ist, stellt die Grundperiode T_0 dar. Der Kehrwert ist dann die Grundfrequenz des periodischen Signals in Hz. Als grundlegendes Beispiel dient ein sinusförmiges Signal, das periodisch mit der Periode 2π ist:

$$x(t) = \hat{x}\cos(\omega_0\, t + \phi) = \hat{x}\cos(2\pi\, f_0\, t + \phi) = \hat{x}\cos(\frac{2\pi}{T_0}\, t + \phi) \tag{3.2}$$

Die Grundperiode ist hier $T_0 = 1/f_0$ und ϕ ist die sogenannte Nullphase. Mit ω_0 wurde die Kreisfrequenz in rad/s bezeichnet:

$$\omega_0 = \frac{2\pi}{T_0} = 2\pi\, f_0 \tag{3.3}$$

Ein anderes grundlegendes periodisches Signal der gleichen Grundperiode ist folgendes komplexes Signal:

$$x(t) = e^{j\omega_0\, t} = \cos(\omega_0\, t) + j\,\sin(\omega_0\, t) \tag{3.4}$$

Ein allgemeines reelles periodisches Signal $x(t)$ der Grundperiode T_0, welches keine harmonische Schwingung ist, kann mit Hilfe von harmonischen Schwingungen in eine unendliche Summe zerlegt werden:

$$x(t) = \frac{a_0}{2} + \sum_{k=1}^{\infty} a_k \cos(k\omega_0\, t) + \sum_{k=1}^{\infty} b_k \sin(k\omega_0\, t) \tag{3.5}$$

Diese Zerlegung ist als trigonometrische Fourier-Reihe bekannt. Die Koeffizienten $a_k,\ b_k$ werden durch folgende Integrale berechnet:

$$\begin{aligned} a_k &= \frac{2}{T_0}\int_{-T_0/2}^{T_0/2} x(t)\cos(k\omega_0\, t)dt \qquad k = 0,\ 1,\ 2, \ldots,\ \infty \\ b_k &= \frac{2}{T_0}\int_{-T_0/2}^{T_0/2} x(t)\sin(k\omega_0\, t)dt \qquad k = 1,\ 2, \ldots,\ \infty \end{aligned} \tag{3.6}$$

Es ist leicht zu erkennen, dass $a_0/2$ der Mittelwert des Signals über eine Periode ist. Wenn die Periode anders gewählt wird, wie z. B. von $t = 0$ bis $t = T_0$, dann ändern sich die Koeffizienten $a_k,\ b_k,\ k = 1,\ 2,\ \ldots, \infty$ und der Koeffizient $a_0/2$ als Mittelwert bleibt unverändert.

Wenn man je einen Sinus- und den entsprechenden Cosinusterm zusammenfasst

$$a_k\cos(k\omega_0\, t) + b_k\sin(k\omega_0\, t) = A_k\,\cos(k\omega_0\, t + \phi_k) \tag{3.7}$$

ergibt sich eine neue Form der Zerlegung, die als harmonische Fourier-Reihe bekannt ist [11]:

$$x(t) = \frac{A_0}{2} + \sum_{k=1}^{\infty} A_k\,\cos(k\omega_0\, t + \phi_k) \tag{3.8}$$

Die Koeffizienten $a_k,\ b_k$ sind reell und können positiv oder negativ sein. Die neuen Koeffizienten $A_k,\ k = 1,\ 2,\ \ldots, \infty$ sind Amplituden, die immer positiv sind. Die Winkel ϕ_k stellen die Nullphasen der Cosinusterme dar. Vielmals ist die Grundfunktion mit $k = 1$ als Grundharmonische oder als erste Harmonische bezeichnet. Die restlichen Komponenten bilden die k-ten Harmonischen.

Zwischen den Koeffizienten der mathematischen Form a_k, b_k und den Amplituden A_k bzw. Nullphasen ϕ_k gibt es folgende Beziehungen:

$$\begin{aligned} &A_0 = a_0 \\ &A_k = \sqrt{a_k^2 + b_k^2}, \quad \text{und} \quad \phi_k = \text{atan}\big(-\frac{b_k}{a_k}\big) \quad k = 1,\ 2, \ldots,\ \infty \end{aligned} \tag{3.9}$$

Weil a_0 als halber Mittelwert auch negativ sein kann, wird A_0 auch negativ und ist somit keine Amplitude. Man kann aber A_0 als Amplitude eines Anteils der Frequenz null annehmen, wenn man dann für den negativen Fall auch eine Nullphase von π oder $-\pi$ hinzufügt.

Mit Hilfe der Euler-Formel [24] kann jeder Cosinusterm als Summe zweier komplexer Exponentialfunktionen geschrieben werden.

$$\cos(k\omega_0\, t + \phi_k) = \frac{1}{2}\big(e^{j(k\omega_0\, t + \phi_k)} + e^{-j(k\omega_0\, t+\phi_k)}\big) \tag{3.10}$$

Wenn man diese Zerlegung für die harmonische Form benutzt, erhält man die komplexe Form der Fourier-Reihe:

$$x(t) = \sum_{k=-\infty}^{\infty} c_k e^{jk\omega_0\, t} \tag{3.11}$$

Die komplexen Koeffizienten c_k, $k = -\infty, \ldots, -1,\ 0,\ 1,\ \ldots, \infty$ sind durch

$$c_k = \frac{1}{T_0}\int_{-T_0/2}^{T_0/2} x(t)e^{-jk\omega_0\, t}dt \tag{3.12}$$

gegeben und sind viel einfacher zu berechnen.

Für reelle Signale $x(t)$ müssen die Koeffizienten c_k und c_{-k} zueinander konjugiert komplex sein:

$$c_k = c_{-k}^* \tag{3.13}$$

Aus den komplexen Koeffizienten können die Amplituden und Nullphasen der reellen Harmonischen gemäß Zerlegung (3.8) bestimmt werden:

$$\begin{aligned} &A_0/2 = c_0 \\ &A_k = 2|c_k|, \quad \text{und} \quad \phi_k = \text{Winkel}(c_k) \quad k = 1,\ 2, \ldots,\ \infty \end{aligned} \tag{3.14}$$

Wenn die Periode in einem anderen Intervall gewählt wird, wie z.B. von $t = 0$ bis $t = T_0$, dann ändern sich die Amplituden A_k nicht, sondern nur die Nullphasen ϕ_k.

Für reelle Signale, für die die Bedingung (3.13) erfüllt ist, kann man aus den komplexen Koeffizienten der Fourier-Reihe c_k das Signal einer Periode (oder Untersuchungsintervall) durch

$$x(t) = c_0 + 2\mathcal{R}eal\left\{\sum_{k=1}^{+\infty} c_k e^{j\,k\omega_0\,t}\right\} \qquad (3.15)$$

ermitteln. Der Beweis ist eine gute Übung für den Leser.

Die Konvergenz der Fourier-Reihe

Ein periodisches Signal kann in einer Fourier-Reihe zerlegt werden, wenn es folgende Bedingungen erfüllt (Dirichlet-Bedingungen)[11]:

1) x(t) muss über eine Periode absolut integrierbar sein:

$$\int_{T_0} |x(t)|dt < \infty \qquad (3.16)$$

2) x(t) besitzt eine begrenzte Anzahl von Maxima und Minima in jedem endlichen Intervall t

3) x(t) hat eine begrenzte Anzahl von Unstetigkeitsstellen in jedem endlichen Intervall t

Die meisten praktischen periodischen Signale erfüllen diese Bedingungen und können in einer Fourier-Reihe zerlegt werden.

3.3 Amplituden- und Phasenspektrum

Die Amplituden und Nullphasenlagen der Fourier-Reihe gemäß Gl. (3.8) bilden das sogenannte einseitige Amplituden- und Phasenspektrum eines reellen Signals. Abb. 3.1a zeigt die Darstellung dieses Spektrums. Da $A_0/2$ als Mittelwert in der Periode auch negativ sein kann, ist es üblich dieser Komponente ("Harmonische" der Frequenz null) eine Amplitude gleich dem Betrag von $A_0/2$ zu vergeben und eine Nullphase hinzufügen, die für positive Werte gleich null angenommen wird und für negative Werte eine Nullphase von π oder $-\pi$ annimmt.

Das zweiseitige Amplituden- und Phasenspektrum des gleichen reellen Signals ist in Abb. 3.1b gezeigt. Es entspricht der komplexen Form der Fourier-Reihe gemäß Gl. (3.11). Aus einer Form der Fourier-Reihe ist es sehr leicht jede andere Form für reelle Signale zu ermitteln.

Als Beispiel wird die Fourier-Reihe für ein periodischen Rechtecksignal, wie in Abb. 3.2 dargestellt, ermittelt. Die zwei Darstellungen unterscheiden sich nur durch eine Zeitverschiebung. Die Amplituden der Harmonischen werden dieselben sein, die Zerlegungen unterscheiden sich nur in ihren Nullphasen.

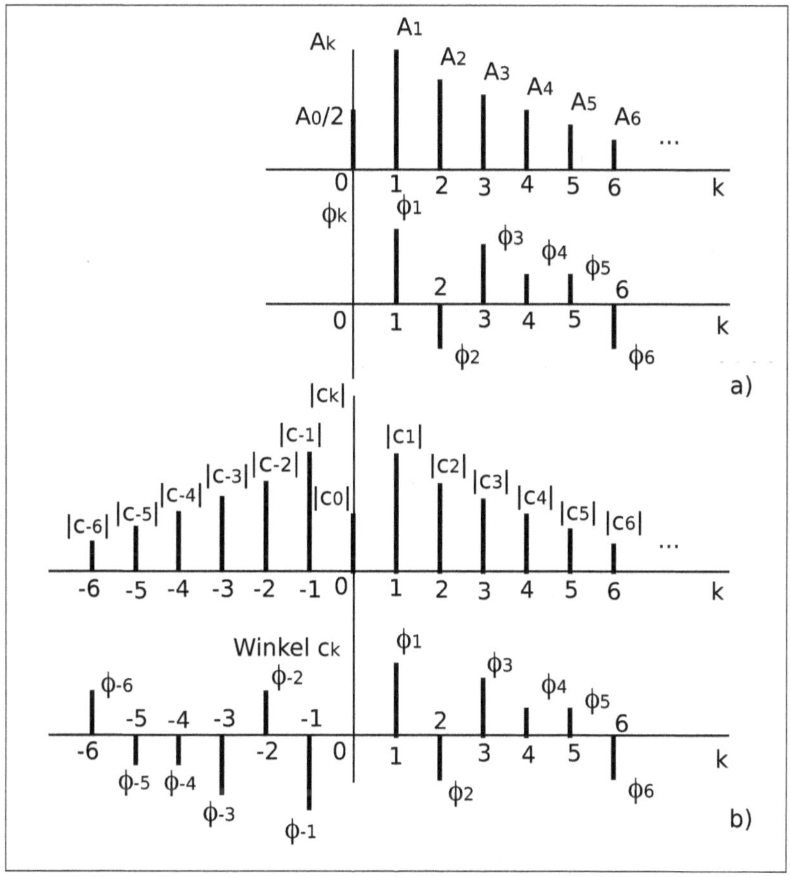

Abb. 3.1: a) Einseitiges und b) zweiseitiges Amplitudenspektrum

Es werden zuerst die Koeffizienten der komplexen Form der Fourier-Reihe (gemäß Gl. (3.12)) für das Signal gemäß Abb. 3.2a berechnet:

$$
\begin{aligned}
c_k =& \frac{1}{T_0}\int_{-T_0/2}^{T_0/2} x(t)\; e^{-jk\omega_0 t}\; dt = \frac{1}{T_0}\int_{-\tau/2}^{\tau/2} x(t)\; e^{-jk\omega_0 t}\; dt \\
n =& -\infty, \dots, -3, -2, -1, 0, 1, 2, 3 \dots, \infty
\end{aligned}
\tag{3.17}
$$

Das Integral ist wegen der Exponentialfunktion leicht zu berechnen und man erhält:

$$
c_k = \frac{h\tau}{T_0}\frac{\sin(\pi k\;\tau/T_0)}{\pi k\;\tau/T_0}
\tag{3.18}
$$

Für $k = 0$ ist $c_0 = h\tau/T_0$ und ergibt für den Mittelwert $A_0/2 = c_0$ den korrekten Wert $h\tau/T_0$. Die restlichen reellen Harmonischen werden mit $k = 1, 2, 3, \dots, \infty$ aus diesen

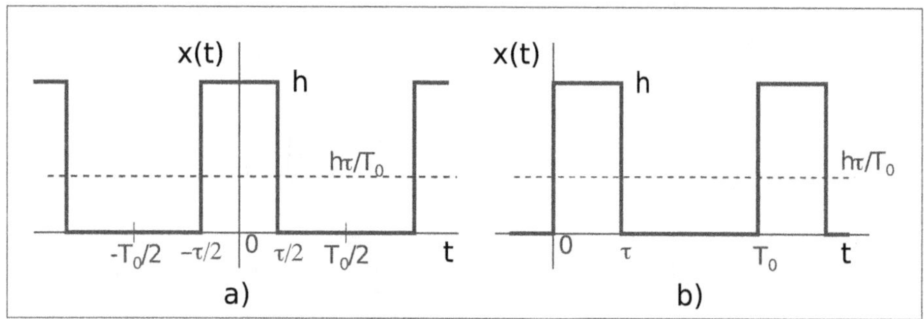

Abb. 3.2: Rechtecksignal mit Tastverhältnis τ/T_0 und Mittelwert $h\tau/T_0$

komplexen Koeffizienten ermittelt:

$$\begin{aligned} A_k =& 2|c_k| = 2\frac{h\tau}{T_0}\left|\frac{\sin(\pi k\,\tau/T_0)}{\pi k\,\tau/T_0}\right| \\ \phi_k =& Winkel\Big(\frac{\sin(\pi k\,\tau/T_0)}{\pi k\,\tau/T_0}\Big) \\ k =& 1, 2, 3\ldots, \infty \end{aligned} \tag{3.19}$$

Im Skript `fourier_rechteck1.m` ist dieses Spektrum für $\tau/T_0 = 0{,}1,\ h = 1$ ermittelt und dargestellt. Abb. 3.3 zeigt das Spektrum. Die Abszisse stellt die Indizes der harmonischen Komponenten dar und kann sehr einfach in Frequenzen umgewandelt werden. Index $n = 1$ entspricht der Grundfrequenz $f_0 = 1/T_0$ und die anderen Frequenzen sind Vielfache der Grundfrequenz. Um Platz zu sparen, werden nur die Hauptteile des Skripts gezeigt und kommentiert. Die Darstellungsbefehle sind weggelassen. Das Skript beginnt mit Initialisierungen:

```
% ------ Initialisierungen
T0 = 1/1000;            % Periode des Signals
tast = 0.1;             % Tastverhältnis
tau = tast*T0;          % Dauer des Pulses
h = 1;                  % Höhe des Pulses
nh = 50;                % Anzahl der Harmonischen die
                        % berechnet werden
......
```

Danach werden die Amplituden und Nullphasen gemäß Gl. (3.19) berechnet:

```
% ------ Ermittlung der Harmonischen
k = 0:nh;              % Index der Harmonischen
Ak = 2*abs((h*tau/T0)*sinc(k*tau/T0)); % Amplituden der Harmonischen
phik = angle(sinc(n*tau/T0));          % Nullphasen der Harmonischen
......
```

Im gleichen Skript (`fourier_rechteck1.m`) wird weiter versucht aus der begrenzten Zahl von Harmonischen das ursprüngliche Signal zu rekonstruieren:

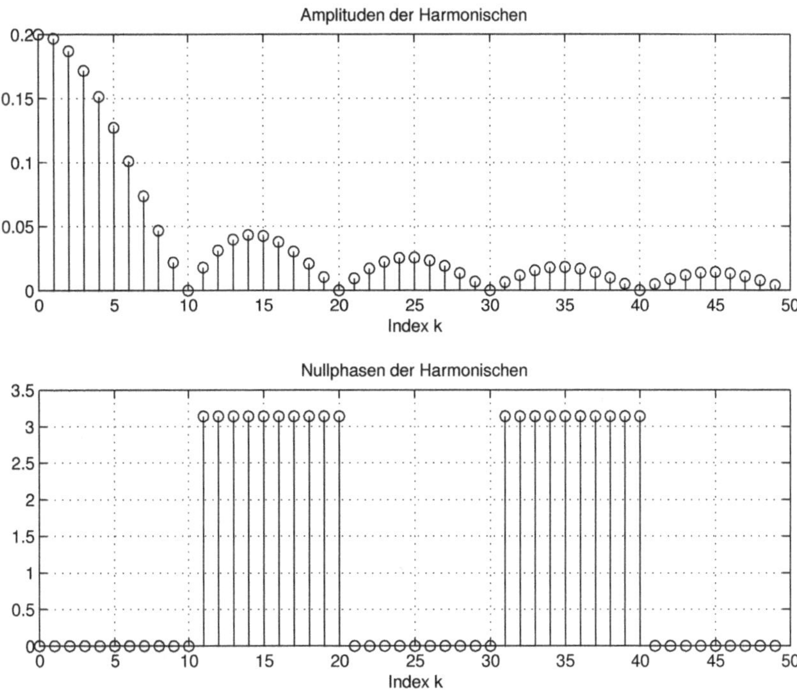

Abb. 3.3: Amplituden- und Phasenspektrum (fourier_rechteck1.m)

```
% ------- Zusammensetzung der Harmonischen
dt = T0/1000;                % Zeitschritt
t = -T0/2:dt:T0/2;          % Zeitbereich einer Periode
nx = length(t);
% x = (h*tau/T0)*ones(1, nx);
x = (An(1)/2)*ones(1, nx);          % Mittelwert
for m = 2:nh
    x = x + An(m)*cos((m-1)*2*pi*t/T0 + phin(m));
end;
.......
```

Abb. 3.4 zeigt das rekonstruierte Signal aus 50 harmonischen Komponenten. Obwohl man sehr viele Harmonische benutzt hat, sind die Überschwingungen an den Flanken bis zu 9 % höher als der erwartete Wert des Signals. Sie bleiben, auch wenn die Anzahl der Harmonischen gegen unendlich geht. Diese Eigenschaft wurde von Josiah Willard Gibbs (1839-1903) beschrieben und wird als Gibbs-Phänomen bezeichnet [39].

Für ein Signal, bei dem die Amplituden der Harmonischen rascher mit deren Ordnung abklingen, wie z.B. bei einem dreieckigen Signal, ist die Rekonstruktion mit einer begrenzten Anzahl von Harmonischen mit kleineren Fehlern möglich.

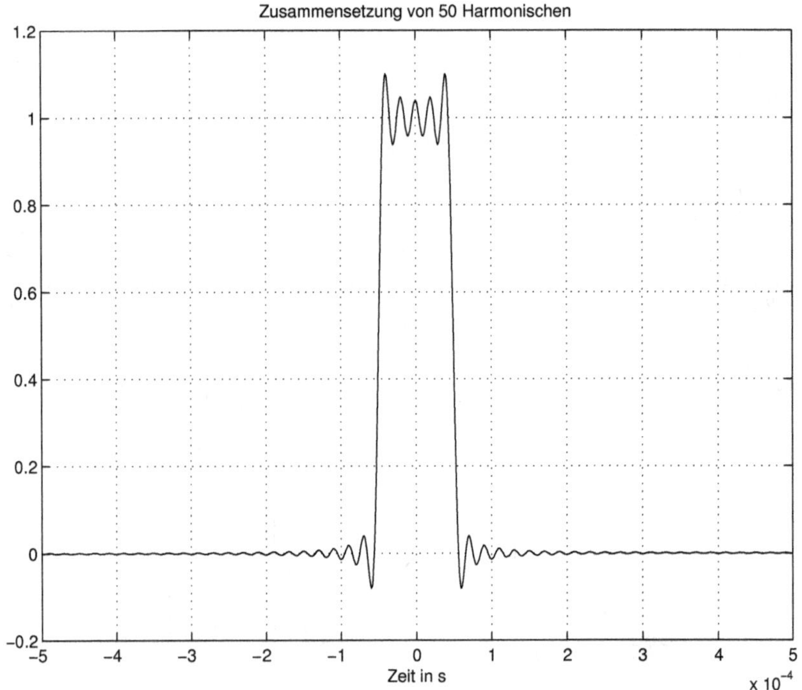

Abb. 3.4: Zusammensetzung der Harmonischen (fourier_rechteck1.m)

Dem Leser wird empfohlen für das verschobene Zeitsignal gemäß Abb. 3.2b das Amplituden- und Phasenspektrum in ähnlicher Form zu untersuchen und das MATLAB-Skript entsprechend zu ändern.

3.3.1 Leistung eines periodischen Signals

Die mittlere Leistung eines periodischen Signals der Periode T_0 ist (wie schon in Kap. 1 gezeigt) durch

$$P = \frac{1}{T_0} \int_{T_0} |x(t)|^2 dt \tag{3.20}$$

gegeben. Wenn für $x(t)$ die komplexe Form der Fourier-Reihe benutzt wird und $|x(t)|^2 = x(t)x^*(t)$ geschrieben wird, wobei $x^*(t)$ das konjugiert komplexe Signal ist,

$$x(t) = \sum_{k=-\infty}^{\infty} c_k \, e^{jk\omega_0 \, t} \qquad\qquad x^*(t) = \sum_{k=-\infty}^{\infty} c_k^* \, e^{-jk\omega_0 \, t} \tag{3.21}$$

erhält man:

$$P = \frac{1}{T_0} \int_{T_0} |x(t)|^2 dt = \sum_{k=-\infty}^{\infty} |c_k|^2 \tag{3.22}$$

Diese Gleichung stellt das berühmte Parseval-Theorem für periodische Signale dar, die mit der komplexen Fourier-Reihe dargestellt sind. Über die Verbindung dieser Form zu den anderen Formen der Fourier-Reihe kann man das Theorem auch mit den anderen Koeffizienten ausdrücken, wie z.B. mit den Amplituden A_k:

$$P = \left(\frac{A_0}{2}\right)^2 + \sum_{k=1}^{\infty} \frac{A_k^2}{2} \tag{3.23}$$

Jede Harmonische der Amplitude A_k ergibt ein Effektivwert von $A_k/\sqrt{2}$ und somit eine mittlere Leistung $A_k^2/2$. Weil die Harmonischen verschiedener Frequenzen orthogonal sind, summieren sich diese Leistungen. Der Mittelwert $A_0/2$ führt zu eine mittlere Leistung $(A_0/2)^2$.

3.4 Annäherung der Fourier-Reihe mit Hilfe der DFT

Es wird von der komplexen Form der Fourier-Reihe gemäß Gl. (3.11) ausgegangen:

$$x(t) = \sum_{n=-\infty}^{\infty} c_k \, e^{jk\omega_0 t}$$

Wobei $x(t)$ das periodische Signal der Periode $T_0 = 1/f_0$ darstellt. Die komplexen Koeffizienten c_k sind durch (Gl. (3.12))

$$c_k = \frac{1}{T_0} \int_0^{T_0} x(t) \, e^{-jk\omega_0 t} \, dt \quad \text{mit} \quad k = -\infty, \ldots, -2, -1, 0, 1, 2, \ldots, \infty$$

gegeben und für reelle Signale erfüllen sie die Bedingung $c_n = c_{-n}^*$. Das Zeitintervall wurde zwischen 0 und T_0 gewählt.

Um die Koeffizienten c_k für beliebige, z.B. gemessene Verläufe zu erhalten, könnte man die gemessenen Werte einer Periode mit bekannten Funktionen annähern und danach das Integral aus Gl.(3.11) analytisch auswerten.

In vielen Fällen ist die numerische Auswertung des Integrals der einfachere Weg. Dafür wird angenommen, dass in einer Periode T_0 des periodischen Signals, die bei $t = 0$ beginnt, N Abtastwerte mit gleichmäßigen Abständen $T_s = 1/f_s$ zu Verfügung stehen (z.B. als Messwerte). Anders ausgedrückt, das Signal einer Periode wird mit der Abtastfrequenz f_s abgetastet und die Abtastwerte sind $x(nT_s), n = 0, 1, 2, \ldots, N-1$ bzw. $T_0 = N\,T_s$.

Das Integral wird dann mit folgender Summe numerisch angenähert:

$$c_k \cong \frac{1}{T_0} \sum_{n=0}^{N-1} x(nT_s) \, e^{-j2\pi nkT_s/T_0} \, Ts = \frac{1}{N} \sum_{k=0}^{N-1} x(nT_s) \, e^{-j2\pi nk/N} \tag{3.24}$$
$$n = 0, 1, 2, 3, \ldots, N-1 \quad \text{und} \quad k = -\infty, \ldots, -2, -1, 0, 1, 2, \ldots, \infty$$

Der Bereich für den Index k wurde hier noch laut Definition von $-\infty$ bis ∞ angenommen. Es ist sehr leicht zu beweisen, dass sich die Koeffizienten, wegen der periodischen Exponentialfunktion, periodisch mit der Periode N wiederholen. Es reicht somit die Koeffizienten für die Indizes $k = 0, 1, 2, 3, \ldots, N-1$ zu berechnen. Für diese Werte der Indizes k bildet die Summe

$$X_k = \sum_{n=0}^{N-1} x(nT_s)\, e^{-j2\pi nk/N}$$
$$n = 0, 1, 2, 3, \ldots, N-1 \quad \text{und} \quad k = 0, 1, 2, 3, \ldots, N-1 \tag{3.25}$$

die DFT (*Discrete Fourier Transformation*) [12], [34], die man für N gleich einer ganzen Potenz von 2 effizienter und somit schneller berechnen kann. Der entsprechende Algorithmus ist als FFT (*Fast Fourier Transformation*) bekannt [3].

Die Koeffizienten der komplexen Fourier-Reihe werden somit durch

$$c_k \cong \frac{1}{N} X_k \qquad k = 0, 1, 2, 3, \ldots, N-1 \tag{3.26}$$

angenähert.

Es gibt in fast allen Programmiersprachen Routinen (inklusive in Assembler) zur Berechnung der DFT-Transformation. In MATLAB wird die DFT bzw. FFT mit der Funktion **`fft`** berechnet. Wenn $N = 2^p$ mit p eine ganze Zahl ist, wird der FFT-Algorithmus eingesetzt.

Zu bemerken sei, dass der explizite Zeitbezug in den letzten Beziehungen, durch Kürzen von T_s, verloren gegangen ist. Das bedeutet, dass aus einer reellen Sequenz von N Werten, die einer Periode des zeitdiskreten Signals $x[nT_s], n = 0, 1, 2, \ldots, N-1$ entnommen ist, eine Sequenz von N komplexen Werten $X_k, k = 0, 1, 2, \ldots, N-1$ berechnet wird.

Wie jede Fourier-Transformation eines reellen Signals haben die Werte der DFT eine konjugiert gerade Symmetrie, d.h. der Realteil ist gerade und der Imaginärteil ist ungerade.

Wenn N eine gerade Zahl ist, dann ist

$$X_k = X^*_{N-k}, \quad \text{für} \quad k = 1, 2, \ldots, N/2 - 1 \tag{3.27}$$

mit X_0 und $X_{N/2}$ reell und ohne Symmetriepaar. Wenn N eine ungerade Zahl ist, dann ist

$$X_k = X^*_{N-k}, \quad \text{für} \quad k = 1, 2, \ldots, (N-1)/2 \tag{3.28}$$

und X_0 ist reell.

Daraus folgt, dass nur die Hälfte der Werte der Transformierten X_n für reelle Signale berechnet werden müssen.

Die DFT (oder FFT) ist umkehrbar und aus der komplexen Sequenz der Transformierten $X_k,\ k = 0, 1, 2, \ldots, N-1$ wird die ursprüngliche Sequenz $x[nT_s],\ n = 0, 1, 2, \ldots, N-1$ durch

$$x(nTs) = x[n] = \frac{1}{N}\sum_{k=0}^{N-1} X_k\, e^{j2\pi nk/N} \qquad n = 0,\ 1,\ \ldots, N-1 \tag{3.29}$$

berechnet. Für die inverse DFT (oder FFT) kann in MATLAB die Funktion **ifft** eingesetzt werden.

Zurückkehrend zur Berechnung der Koeffizienten der komplexen Form der Fourier-Reihe eines periodischen Signals über die numerische Annäherung des Bestimmungsintegrals dieser Koeffizienten, die zur Gl. (3.25) oder Gl. (3.26) führte, stellt man folgendes fest. Wegen der gezeigten Eigenschaften der Werte X_k der DFT für reelle Signale sind die Koeffizienten c_k nur für harmonische Komponenten bis $N/2$ ($N/2$ für gerade N und $(N-1)/2$ für ungerade N) unabhängig.

Um mehr Harmonische mit dieser Annäherung zu erfassen, muss man N erhöhen, was eine dichtere Abtastung der kontinuierlichen Periode bedeutet. Wenn das Signal signifikante Harmonische bis zur Ordnung M besitzt, dann ergibt die DFT-Annäherung alle diese Harmonischen wenn $N/2 \geq M$ oder $N \geq 2M$ ist. Weil einem Index $m \leq N/2$ die Frequenz mf_s/N entspricht und dem Index M die höchste Frequenz f_{max} assoziiert ist, kann die gezeigte Bedingung auch in Frequenzen ausgedrückt werden:

$$f_s/2 \geq f_{max}$$

Sie entspricht eigentlich dem schon bekannten Abtasttheorem.

Um den Sachverhalt besser zu verstehen, wird im Intervall T_0 (das "Untersuchungsintervall"), das als Periode gilt, eine cosinusförmige Harmonische mit einer anderen Periode angenommen, die exakt m mal kleiner ist, wobei m eine ganze Zahl ist ($m \in \mathbb{Z}$):

$$x(t) = \hat{x}\cos(m\frac{2\pi}{T_0}t + \varphi_m), \quad \text{mit} \quad m \quad \text{eine ganze Zahl} \tag{3.30}$$

Durch Diskretisierung mit N Abtastwerten im Intervall T_0 ($T_0 = NT_s$) erhält man die zeitdiskrete Sequenz:

$$\begin{aligned} x(nT_s) = x[n] = \hat{x}\cos(m\frac{2\pi}{NT_s}nT_s + \varphi_m) = \hat{x}\cos(m\frac{2\pi}{N}n + \varphi_m) = \\ \frac{\hat{x}}{2}\left[e^{j(m\frac{2\pi}{N}n + \varphi_m)} + e^{-j(m\frac{2\pi}{N}n + \varphi_m)}\right] \qquad n = 0, 1, 2, \ldots, N-1 \end{aligned} \tag{3.31}$$

Sie wurde mit Hilfe der Eulerschen-Formel als Summe zweier Exponentialfunktionen ausgedrückt. Die DFT dieser Sequenz ist:

$$\begin{aligned} X_k &= \sum_{n=0}^{N-1} x[n]\, e^{-j\frac{2\pi}{N}n\,k} = \\ &\frac{\hat{x}}{2}\, e^{j\varphi_m} \sum_{n=0}^{N-1} e^{j\frac{2\pi}{N}(m-k)n} + \frac{\hat{x}}{2}\, e^{-j\varphi_m} \sum_{n=0}^{N-1} e^{-j\frac{2\pi}{N}(m+k)n} \end{aligned} \tag{3.32}$$

Weil

$$\sum_{n=0}^{N-1} e^{\pm j\frac{2\pi}{N}p\,n} = \begin{cases} 0 & \text{für} \quad p \neq 0 \\ N & \text{für} \quad p = 0 \end{cases} \tag{3.33}$$

erhält man für die obige DFT:

$$X_k = \begin{cases} 0 & \text{für} \quad k \neq m \quad k \neq N-m \\ \frac{\hat{x}}{2} N\, e^{j\varphi_m} & \text{für} \quad k = m \\ \frac{\hat{x}}{2} N\, e^{-j\varphi_m} & \text{für} \quad k = N-m \end{cases} \tag{3.34}$$

Mit dem Skript `fft_1.m` werden diese Ergebnisse durch Simulation dokumentiert:

```
% Programm fft_1.m, in dem die FFT für ein cosinusförmiges
% Signal ermittelt und dargestellt wird
clear
% ------- Signal
T0 = 2;             % Angenommene Periode der Grundwelle
                                  % oder Untersuchungsintervall
N = 40;             % Anzahl der Abtastwerte in T0
Ts = T0/N;          % Abtastperiode
fs = 1/Ts;          % Abtastfrequenz
ampl = 10;          % Amplitude
phi  = pi/3;        % Nullphase bezogen auf das Untersuchungsintervall
m = 4;              % Ordnung der Harmonischen
n = 0:N-1;          % Indizes der Abtastwerte
k = n;              % Indizes der FFT (Bins der FFT)
xn = ampl*cos(2*pi*m*n/N + phi);    % Signal
Xk = fft(xn);    % FFT des Signals
betrag_Xk = abs(Xk)/N;        phase_Xk = angle(Xk);
p = find(abs(real(Xk))<1e-8 & abs(imag(Xk))<1e-8);
phase_Xk(p) = 0;    % Entfernung der Fehler in der Phasenberechnung
% -------- Darstellungen
figure(1);
subplot(311), stem(k, xn, 'LineWidth', 1.5);
```

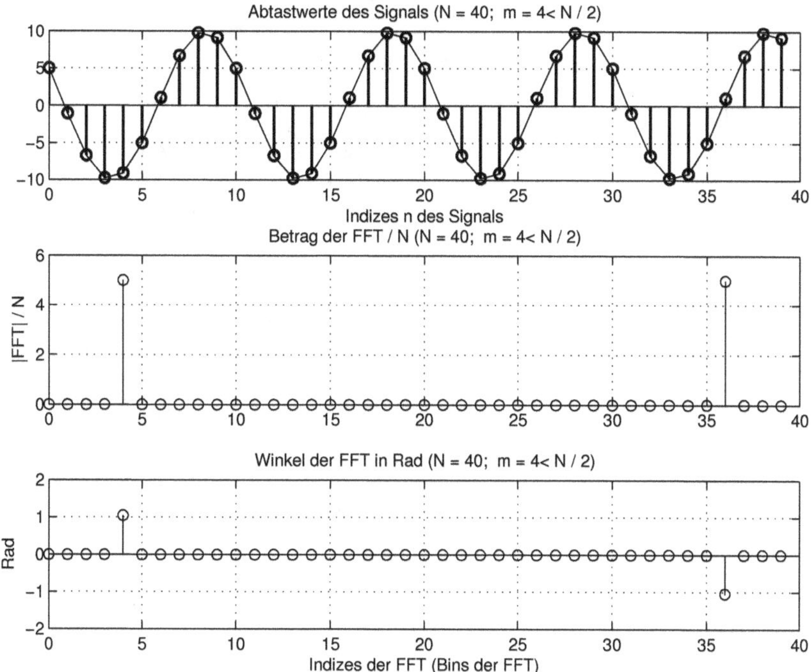

Abb. 3.5: Angenommene Periode des Signals, Betrag der FFT/N und Winkel der FFT (fft_1.m)

```
    hold on;                plot(k, xn);
    title(['Abtastwerte des Signals (N = ',num2str(N),';  m = ',...
    num2str(m),'< N / 2)']);
    xlabel('Indizes n des Signals');
    grid on;   hold off;
subplot(312), stem(n, betrag_Xk);
    title(['Betrag der FFT / N (N = ',num2str(N),';  m = ',...
    num2str(m),'< N / 2)']);
        %xlabel('Indizes der FFT (Bins der FFT)');
    ylabel('|FFT| / N');        grid on;
subplot(313), stem(n, phase_Xk);
    title(['Winkel der FFT in Rad (N = ',num2str(N),';  m = ',...
    num2str(m),'< N / 2)']);
    xlabel('Indizes der FFT (Bins der FFT)');    grid on;
    ylabel('Rad');
% ------- Darstellung mit Zeit als Abszisse für das Signal
% und Frequenzen in den Abszissen für die FFT
figure(2);
t = k*Ts;          % Umwandlung der Indizes k in Zeiten
f = k*fs/N;        % Umwandlung der Indizes n=k in Frequenzen
subplot(311), stem(t, xn, 'LineWidth', 1.5);
```

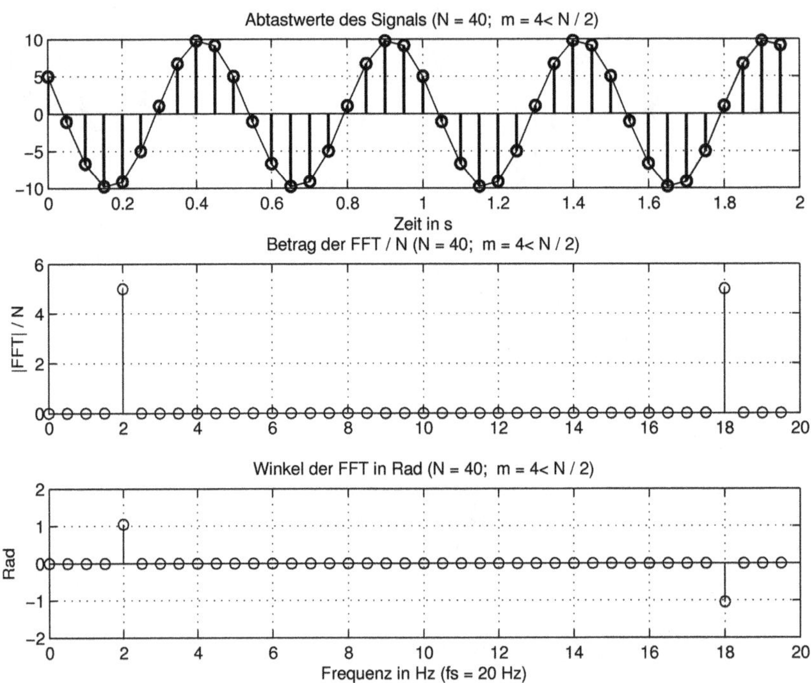

Abb. 3.6: Kontinuierliches Signal mit $m < N/2$ und seine Abtastwerte, Betrag der FFT/N und Winkel der FFT mit Abszissen in s bzw. Hz (fft_2.m)

```
    hold on;                plot(t, xn);
     title(['Abtastwerte des Signals (N = ',num2str(N),';  m = ',...
     num2str(m),'< N / 2)']);
     xlabel('Zeit in s');
     grid on;          hold off;
subplot(312), stem(f, betrag_Xk);
     title(['Betrag der FFT / N (N = ',num2str(N),';  m = ',...
     num2str(m),'< N / 2)']);
         %xlabel('Indizes der FFT (Bins der FFT)');
     ylabel('|FFT| / N');           grid on;
subplot(313), stem(f, phase_Xk);
     title(['Winkel der FFT in Rad (N = ',num2str(N),';  m = ',...
     num2str(m),'< N / 2)']);
     xlabel(['Frequenz in Hz (fs = ',num2str(fs),' Hz)']);
     grid on;               ylabel('Rad');
```

Es wurde eine Periode für die Grundwelle von $T_0 = 2$ s angenommen. Mit der Wahl $N = 40$, $m = 4$ wird die Abtastperiode $T_s = T_0/N$ s und die Periode des cosinusförmigen Signals $T_m = T_0/m$ s festgelegt. Entsprechend ist die Frequenz dieses Signals $f_m = 1/T_m = m/T_0 = f_s\, m/N$ Hz.

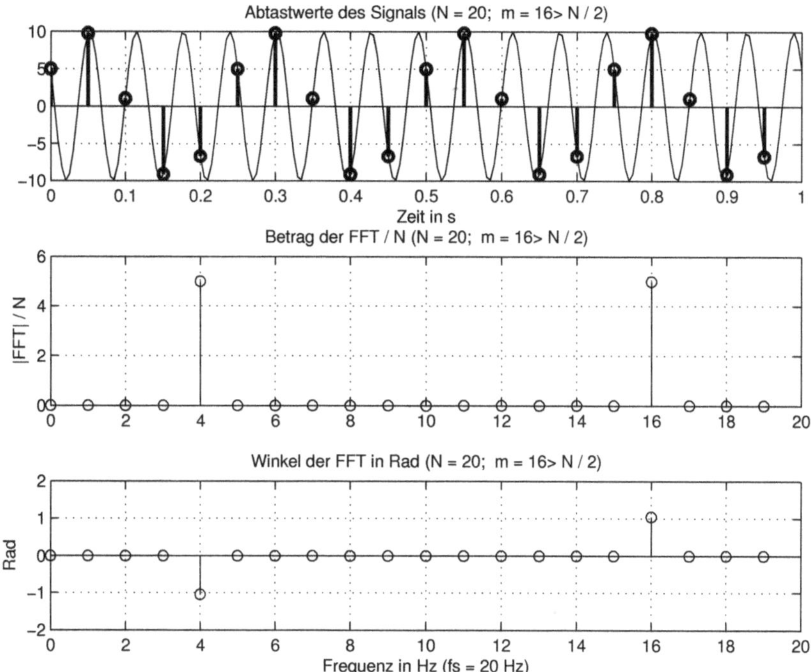

Abb. 3.7: Kontinuierliches Signal mit $m > N/2$ und seine Abtastwerte, Betrag der FFT/N und Winkel der FFT mit Abszissen in s bzw. Hz (fft_2.m)

Im Skript werden die eventuellen Phasenfehler, die durch die Berechnung über den Arkustangens des Verhältnisses Imaginärteil/Realteil entstehen können, entfernt.

Abb. 3.5 zeigt ganz oben die Abtastwerte des cosinusförmigen Signals mit exakt vier ($m = 4$) Perioden im Untersuchungsintervall, das als Periode der Grundwelle angenommen wird. Darunter ist der Betrag der FFT geteilt durch N mit den zwei Ausschlägen gemäß Gl. (3.34) bei $k = m = 4$ und bei $k = N - m = 16$ mit der Größe gleich der Amplitude des Signals geteilt durch zwei $\hat{x}/2$ dargestellt.

Ganz unten ist der Winkel der FFT gezeigt und er entspricht in der ersten Hälfte der FFT der Nullphase des Signals von $\pi/3$. Klar zu erkennen ist die Tatsache, dass die erste und zweite Hälfte der DFT (FFT) für dieses reelle Signal konjugiert komplex sind.

In diesen Darstellungen sind in der Abszisse die Indizes $n = 0, 1, 2, \ldots, N-1$ für das Signal respektiv die Indizes $k = 0, 1, 2, \ldots, N-1$ (als "Bins") für die FFT gezeigt. Um diese in Zeitwerte bzw. in Frequenzen zu umwandeln bedient man sich folgender Beziehungen:

$$\begin{aligned} t &= n\,T_s \quad \text{mit} \quad n = 0, 1, 2, \ldots, N-1 \\ f &= \frac{k}{N}\,f_s \quad \text{mit} \quad k = 0, 1, 2, \ldots, N-1 \end{aligned} \tag{3.35}$$

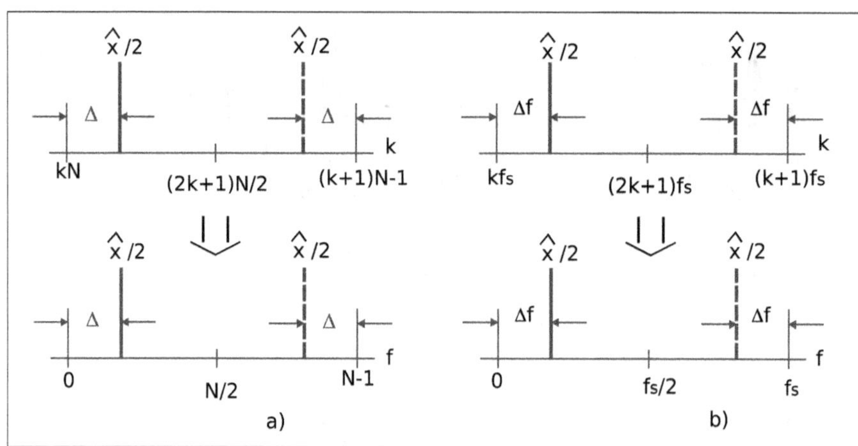

Abb. 3.8: a) Verschiebung der Indizes und b) des Frequenzbereichs für den Fall $m > N$

Im Skript wird auch eine Darstellung (`figure(2)`) mit diesen neuen Abszissen erzeugt, die in Abb. 3.6 dargestellt ist.

Es wurde $m < N/2$ gewählt und die "Spektralenlinien" sind leicht mit dem kontinuierlichen und zeitdiskreten Signal zu assoziieren. Wenn $N/2 < m < N$ ist, dann erscheinen die zwei Spektrallinien vertauscht. Die Linie bei $k = N - m$ verschiebt sich im Bereich bis $N/2$ und es entsteht *Aliasing*. Die Bedingung des Abtasttheorems, die hier durch $m < N/2$ gegeben ist, wurde verletzt.

Mit Hilfe des Skripts `fft_2.m` wird die Darstellung aus Abb. 3.7 erzeugt, in der ein Fall mit $N = 20$ und $m = 16 > N/2$ simuliert wird. Aus den Abtastwerten erkennt man die Verschiebung des reellen, kontinuierlichen Signals der Frequenz von 16 Hz zur Frequenz von 4 Hz im ersten so genannten Nyquist-Bereich von 0 bis $f_s/2$ Hz.

Das Skript `fft_2.m` stellt eine einfache Erweiterung des vorherigen Skriptes `fft_1.m` dar. Sie unterscheiden sich bei der Erzeugung des kontinuierlichen Signals für $m > N/2$:

```
.......
% Kontinuierliches Signal der Frequenz m/T0
dt = Ts/10;
t = 0:dt:T0;
xt = ampl*cos(2*pi*m*t/T0 + phi);   % kontinuierliches Signal
.......
```

Wenn $m > N$ ist, oder in Frequenzen ausgedrückt $f_m > f_s$ ist, dann stellen die zeitdiskreten Abtastwerte des Signals, wegen der Mehrdeutigkeit der zeitdiskreten Signale (siehe Kap. 1.4.4), ein im ersten Nyquist-Intervall verschobenes Signal dar. Abb. 3.8a zeigt die Verschiebung der Indizes für den Fall $nN < m < nN + N/2$. Die gleiche Verschiebung im Frequenzbereich ist in Abb. 3.8b dargestellt. Die Nullphase der verschobenen Komponente bleibt dieselbe. Wenn aber $nN + N/2 < m < (n+1)N$ dann ändert sich das Vorzeichen für die Nullphase der verschobenen Komponente im erstem Nyquist-Intervall. Es wurde ein gerader Wert für N angenommen.

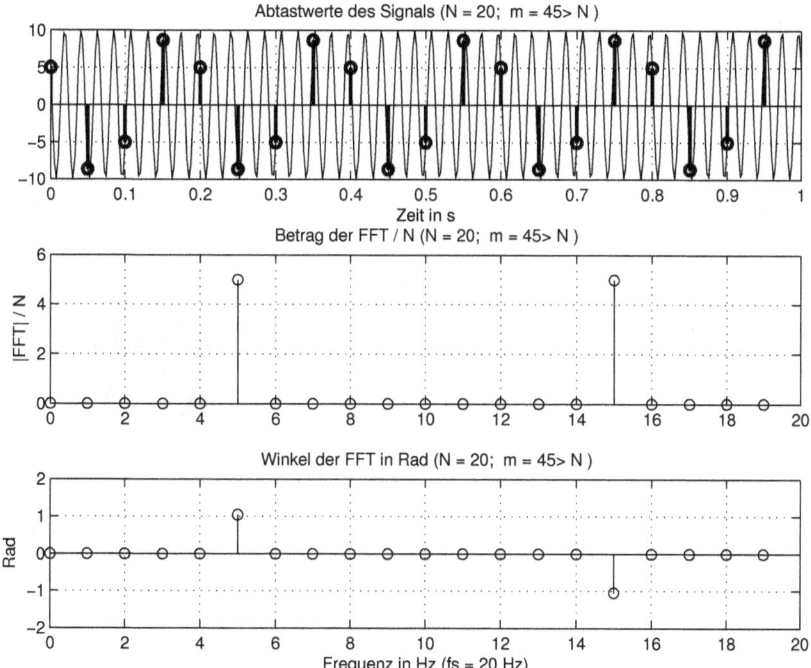

Abb. 3.9: Kontinuierliches Signal mit $m > N$ und seine Abtastwerte, Betrag der FFT/N und Winkel der FFT mit Abszissen in s bzw. Hz (fft_3.m)

Im Skript `fft_3.m` wird dieser Fall exemplarisch für $N = 20$ und $m = 45$ simuliert. Das Skript ist aus dem vorherigen (`fft_2.m`) mit kleinen Änderungen erzeugt worden. Die Schrittweite für die Erzeugung des kontinuierlichen Signals `dt` ist viel kürzer gewählt, so dass dieses Signal kontinuierlich erscheint.

Das Ergebnis ist in Abb. 3.9 gezeigt. Das Signal mit $f_m = 45$ Hz und $f_s = 40$ Hz entsprechend dem Wert $m = 45$ wird im ersten Nyquist-Intervall auf $f_\Delta = 45 - 40 = 5$ Hz verschoben. Die konjugiert komplexe Spektrallinie von 55 Hz wird auf 15 Hz verschoben. Die Nullphasen bleiben erhalten, weil m im Bereich $nN < m < nN + N/2$ liegt. Wenn das Skript mit $m = 55$ gestartet wird, dann sind die Beträge die gleichen, nur die Phasen ändern ihre Vorzeichen.

Auch hier sollte der Leser durch ändern der Parameter und auch der Skripte weitere Experimente durchführen.

3.4.1 Der Leckeffekt (*Leakage*) beim Einsatz der DFT

Bis jetzt wurde angenommen, dass $m \in \mathbb{Z}$ eine ganze Zahl ist und somit besitzt das Signal exakt eine ganze Anzahl von Perioden im Untersuchungsintervall, das wiederum als Grundperiode anzusehen ist. Diese Bedingung führt dazu, dass in der DFT (oder FFT) die Spektrallinie auf einen Index der DFT als ganze Zahl fällt.

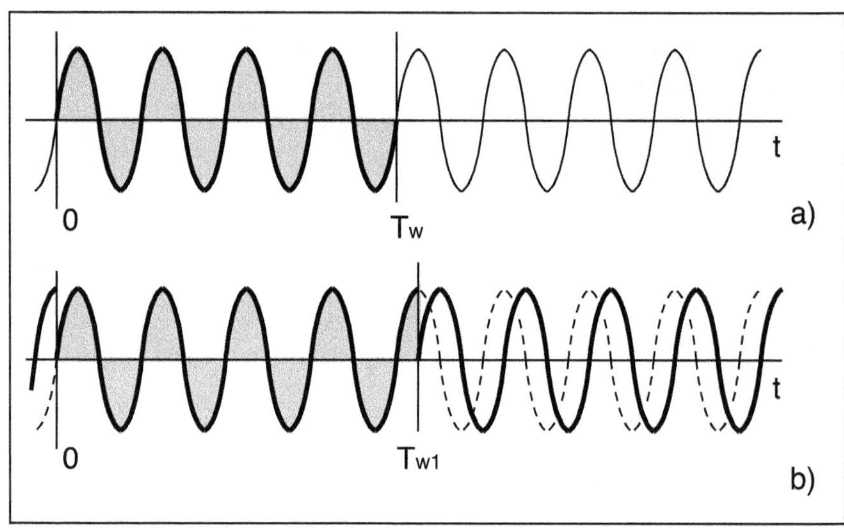

Abb. 3.10: a) Ausschnitt mit m eine ganze Zahl b) Ausschnitt mit m reell

Wenn das Untersuchungsintervall, das aus dem unendlich langen periodischen Signal entnommen wird, keine ganze Anzahl von Perioden enthält ist m eine reelle Zahl ($m \in \mathbb{R}$). Die Verlängerung nach links und rechts mit dem Untersuchungsintervall als Grundperiode ergibt nicht das ursprüngliche unendlich lange periodische Signal aus dem das Untersuchungsintervall extrahiert wurde.

Abb. 3.10a zeigt ein Untersuchungsintervall von $t = 0$ bis $t = T_w$, das vier Perioden des sinusförmigen Signals enthält und somit ist $m = 4$. Es ist klar, dass die Verlängerung nach links und rechts mit dem Untersuchungsintervall das ursprüngliche periodische Signal ergibt.

In Abb. 3.10b ist der Fall dargestellt, bei dem im Untersuchungsintervall von $t = 0$ bis $t = T_{w1}$ vier ganze Perioden plus eine Viertelperiode des Signals enthalten sind. Hier ist dann $m = 4,25$ und die Verlängerung nach links und rechts mit dem Untersuchungsintervall ergibt ein anderes periodisches Signal, das auch in der DFT zu einer anderen als die erwartete Darstellung führt.

Es entstehen mehrere Spektrallinien in der Umgebung der erwarteten Indizes, die man als Leckeffekt oder Schmiereffekt, bzw. englisch *Leakage* bezeichnet.

Im Skript `fft_4.m` wird dieser Effekt für $N = 50$ und z.B. $m = 5,2$ untersucht. Wegen des Leckeffekts werden mehrere Spektrallinien in der Umgebung der Linie für $m = 5$ und für $m = 6$ (bzw. der Linie $N - m = 45$ für $m = 5$ und $N - m = 44$ für $m = 6$) erscheinen, wie Abb. 3.11 zeigt.

Das Untersuchungsintervall kann als ein Ausschnitt aus einem unendlichen, stationären Signal angesehen werden, das man durch die Multiplikation mit einem rechteckigen Fenster erhält. Die Multiplikation im Zeitbereich bedeutet im Frequenzbereich eine Faltung zwischen den Fourier-Transformierten des Signals und des rechteckigen Fensters [20], das zu diesem Leckeffekt führt.

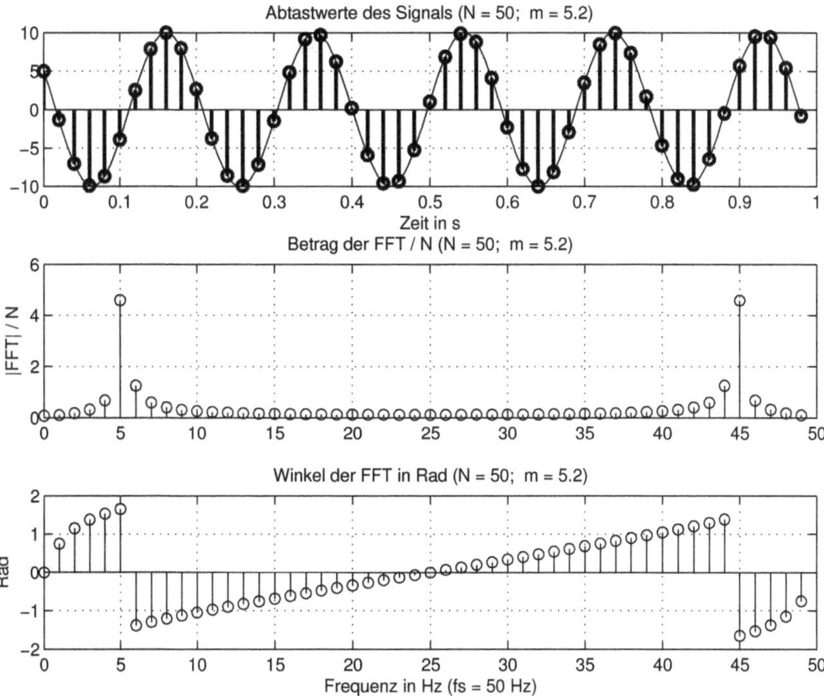

Abb. 3.11: Kontinuierliches Signal mit $m = 5,2$ und seine Abtastwerte, Betrag der FFT/N und Winkel der FFT mit Abszissen in s bzw. Hz (fft_4.m)

Der Leckeffekt kann mit anderen Fensterfunktionen, die das Signal gewichten, gemindert werden [32], [33]. Der Anfang und das Ende des Signals im Untersuchungsintervall werden verkleinert, so dass das Signal im Untersuchungsintervall nicht mehr "abgehackt" erscheint. Bekannt sind viele Fensterfunktionen, die man in MATLAB auch über Funktionen wie **hamming**, **hann**, **hanning**, **chebwin**, **kaiser**, etc. zur Verfügung hat. Die einfachste Fensterfunktion ist die **triang** in Form eines Dreiecks, so dass der Anfang und das Ende des Signals im Untersuchungsintervall auf null gezogen werden.

```
% Programm fft_4.m in dem die FFT mit Leakage fuer ein
% cosinusfoermiges Signal ermittelt und dargestellt wird

clear;
% ------- Signal
T0 = 1;           % Angenommene Periode der Grundwelle
                      % oder das Untersuchungsintervall
N = 50;           % Anzahl der Abtastwerte in T0
Ts = T0/N;        % Abtastperiode
fs = 1/Ts;        % Abtastfrequenz
ampl = 10;        % Amplitude
```

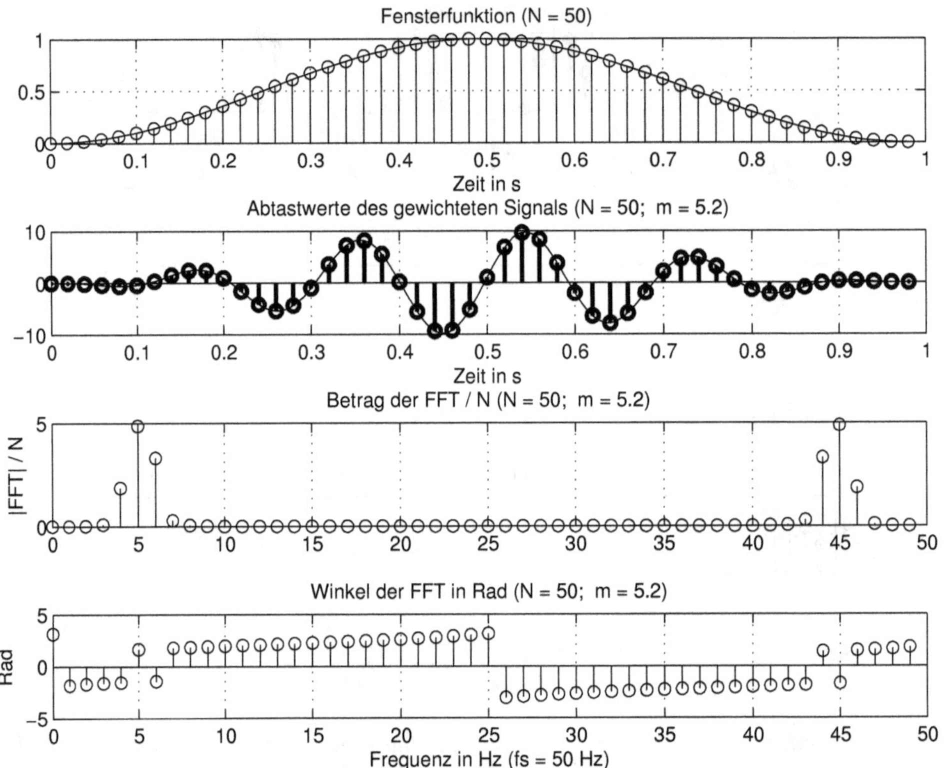

Abb. 3.12: Fensterfunktion, gewichtetes, kontinuierliches Signal mit $m \neq \mathbb{Z}$ und seine Abtastwerte, Betrag der FFT/N und Winkel der FFT mit Abszissen in s bzw. Hz (fft_4.m)

```
phi   = pi/3;       % Nullphase bezogen auf das Untersuchungsintervall
m = 5.2;            % Ordnung der Harmonischen
n = 0:N-1;          % Indizes der Abtastwerte
k = n;              % Indizes der FFT (Bins der FFT)
% Kontinuierliches Signal der Frequenz m/T0
dt = Ts/10;          t = 0:dt:T0-Ts;
xt = ampl*cos(2*pi*m*t/T0 + phi);  % kontinuierliches Signal
% Abgetastetes Signal
xn = ampl*cos(2*pi*m*n/N + phi);    % Signal
Xk = fft(xn);    % FFT des Signals
betrag_Xk = abs(Xk)/N;         phase_Xk = angle(Xk);
p = find(abs(real(Xk))<1e-8 & abs(imag(Xk))<1e-8);
phase_Xk(p) = 0;    % Entfernung der Fehler in der Phasenberechnung

% -------- Darstellungen
figure(1);
subplot(311), stem(k*Ts, xn, 'LineWidth', 2);
```

```
   hold on;          plot(t, xt);
   title(['Abtastwerte des Signals (N = ',num2str(N),';  m = ',...
       num2str(m),')']);
   xlabel('Zeit in s');        grid on;       hold off;
subplot(312), stem(k, betrag_Xk);
   title(['Betrag der FFT / N (N = ',num2str(N),';  m = ',...
       num2str(m),')']);
   ylabel('|FFT| / N');    grid on;
subplot(313), stem(k, phase_Xk);
   title(['Winkel der FFT in Rad (N = ',num2str(N),';  m = ',...
       num2str(m),')']);
   xlabel(['Frequenz in Hz (fs = ',num2str(fs),' Hz)']);    grid on;
   ylabel('Rad');

%#################################################
% -------- Signal mit Fensterfunktion gewichtet
% Kontinuierliches Signal der Frequenz m/T0
dt = Ts/10;              t = 0:dt:T0-Ts;          nwt = length(t);
wt = hann(nwt);
% wt = hamming(nwt);
xt = wt'.*(ampl*cos(2*pi*m*t/T0 + phi));  % kontinuierliches Signal
% Abgetastetes Signal
nw = N;
w = hann(nw);
% w = hamming(nw);
xn = w'.*(ampl*cos(2*pi*m*n/N + phi));    % Signal
Xk = fft(xn);                             % FFT des Signals
betrag_Xk = abs(Xk)/sum(w);        phase_Xk = angle(Xk);
p = find(abs(real(Xk))<1e-8 & abs(imag(Xk))<1e-8);
phase_Xk(p) = 0;    % Entfernung der Fehler in der Phasenberechnung
% -------- Darstellungen
figure(2);
subplot(411), plot(t, wt);
   hold on;    stem(k*Ts, w);
   title(['Fensterfunktion (N = ',num2str(N),')']);
   xlabel('Zeit in s');        grid on;       hold off;
subplot(412), stem(n*Ts, xn, 'LineWidth', 2);
   hold on;        plot(t, xt);
   title(['Abtastwerte des gewichteten Signals (N = ',num2str(N),...
      ';  m = ', num2str(m),')']);
   xlabel('Zeit in s');
   grid on;        hold off;
subplot(413), stem(k, betrag_Xk);
   title(['Betrag der FFT / N (N = ',num2str(N),';  m = ',...
        num2str(m),')']);
   ylabel('|FFT| / N');    grid on;
subplot(414), stem(k, phase_Xk);
   title(['Winkel der FFT in Rad (N = ',num2str(N),';  m = ',...
       num2str(m),')']);
```

```
xlabel(['Frequenz in Hz (fs = ',num2str(fs),' Hz)']);    grid on;
ylabel('Rad');
```

Abb. 3.12 zeigt das gleiche Signal mit $N = 50$ und z.B. $m = 5,2$ gewichtet mit der Hanning-Fensterfunktion und die entsprechenden Spektrallinien. Ganz oben sieht man die Fensterfunktion und darunter das gewichtete Signal, das nicht mehr unterbrochen erscheint und als periodisches Signal mit gleichem Anfang und Ende zu betrachten ist. Viele Spektrallinien sind jetzt in der Umgebung der Linien $m = 5$ auf null gesetzt, es bleiben aber noch einige zusätzliche Linien. Aus dem Amplitudenspektrum meint man fälschlicherweise es gäbe mehrere (hier drei) harmonische Komponenten mit $m = 4, m = 5$ und $m = 6$, allerdings weniger als ohne Fensterfunktion. Die DFT (oder FFT) für die Schätzung der komplexen Koeffizienten der Fourier-Reihe wird beim Einsatz der Fensterfunktion nicht mehr mit N geteilt sondern mit der Summe der Gewichtungswerte der Fensterfunktion:

```
.......
xn = w'.*(ampl*cos(2*pi*m*n/N + phi));    % Gewichtetes Signal
Xk = fft(xn);    % FFT des Signals
betrag_Xn = abs(Xn)/sum(w);        phase_Xn = angle(Xn);
.......
```

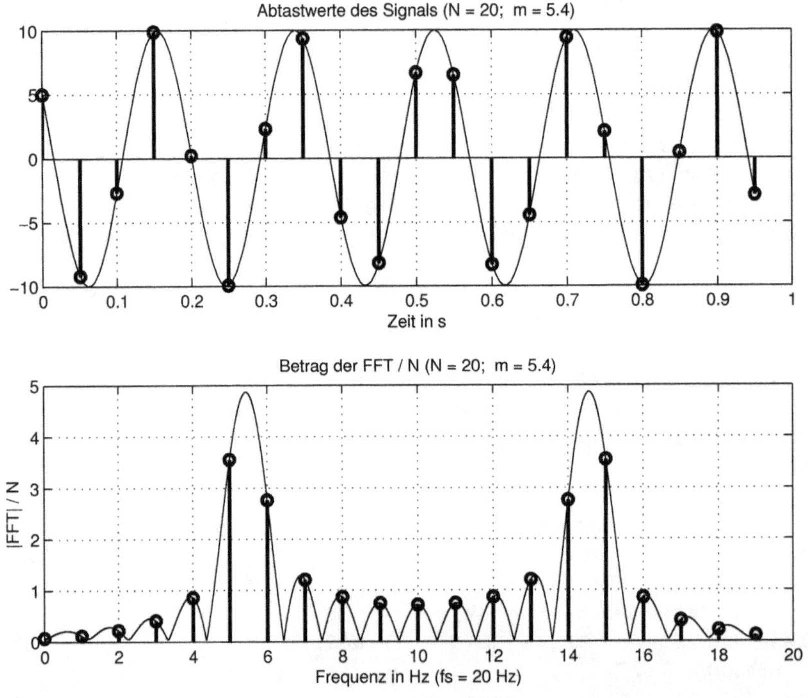

Abb. 3.13: Kontinuierliches Signal mit $m = 5,4$ und seine Abtastwerte, Betrag der FFT/N und Winkel der FFT mit Abszissen in s bzw. Hz (fft_5.m)

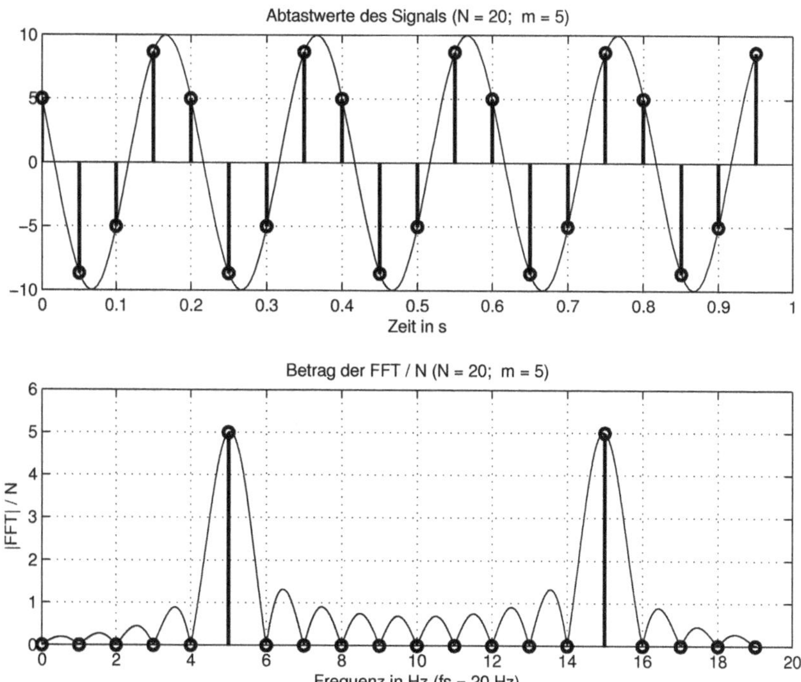

Abb. 3.14: Kontinuierliches Signal mit $m = 5$ und seine Abtastwerte, Betrag der FFT/N und Winkel der FFT mit Abszissen in s bzw. Hz (fft_5.m)

Wenn man kurzzeitig die DFT-Transformation X_k gemäß Definition

$$X_k = \sum_{k=0}^{N-1} x[n]\, e^{-j2\pi n\, k/N} \tag{3.36}$$

als Funktion einer kontinuierlichen Variablen k zwischen 0 und $N-1$ annimmt, oder besser gesagt, sie mit viel kleineren Schrittweiten für k berechnet, erhält man für den Betrag eine kontinuierliche Hülle aus zwei $sinx/x$-Funktionen mit Maximalwerten bei m und $N-m$ und Nullwerte in Abstand eins.

Die Werte des Betrags an den vorhandenen Indizes oder Stützstellen (bzw. Bins) sind jetzt durch diese Hülle gegeben. Für ganze Werte von m liegen die Maximalwerte genau bei den Indizes m und $N-m$ und die Nullwerte liegen genau an den restlichen Indizes .

Im Skript `fft_5.m` wird diese Hülle und die Linien bei den normalen Bins für $N = 20$ ermittelt. Es wird einmal mit $m = 5,4$ und danach mit $m = 5$ aufgerufen.

```
% Programm fft_5.m in dem das Leakage der FFT
% erläutert wird
clear;
% ------- Signal
```

```
T0 = 1;          % Angenommene Periode der Grundwelle
                          % oder Untersuchungsintervall
N = 20;          % Anzahl der Abtastwerte in T0
Ts = T0/N;       % Abtastperiode
fs = 1/Ts;       % Abtastfrequenz
ampl = 10;       % Amplitude
phi  = pi/3;     % Nullphase bezogen auf das Untersuchungsintervall
m = 5.4;         % Ordnung der Harmonischen
n = 0:N-1;       % Indizes der Abtastwerte
k = n;           % Indizes der FFT (Bins der FFT)
% Kontinuierliches Signal der Frequenz m/T0
dt = Ts/10;
t = 0:dt:T0-Ts;
xt = ampl*cos(2*pi*m*t/T0 + phi);  % kontinuierliches Signal
% Abgetastetes Signal
xn = ampl*cos(2*pi*m*n/N + phi);    % Signal
Xk = fft(xn);    % FFT des Signals
betrag_Xk = abs(Xk)/N;        phase_Xk = angle(Xk);
p = find(abs(real(Xk))<1e-8 & abs(imag(Xk))<1e-8);
phase_Xk(p) = 0;   % Entfernung der Fehler in der Phasenberechnung
kk = 0:0.001:N-1;             np = length(kk);
Xkk = zeros(1, np);
for p = 1:np
  Xkk(p) = sum(xn.*exp(-j*2*pi*kk(p)*n/N));
end;
Xkk = Xkk/N;
% -------- Darstellungen
figure(1);
subplot(211), stem(k*Ts, xn, 'LineWidth', 2);
   hold on;          plot(t, xt);
   title(['Abtastwerte des Signals (N = ',num2str(N),';  m = ',...
       num2str(m),')']);
   xlabel('Zeit in s');
   grid on;   hold off;
subplot(212), stem(n, betrag_Xk, 'LineWidth', 2);
   hold on;          plot(kk, abs(Xkk));
   title(['Betrag der FFT / N (N = ',num2str(N),';  m = ',...
       num2str(m),')']);
   xlabel(['Frequenz in Hz (fs = ',num2str(fs),' Hz)']);
   ylabel(' |FFT| / N');    grid on;     hold off;
```

Abb. 3.13 zeigt das Ergebnis für $m = 5,4$ und das Entstehen des Leckeffekts (Schmiereffekts) ist klar ersichtlich. Die Hülle und die Indizes (Bins) für $m = 5$ sind in Abb. 3.14 dargestellt.

Die Skriptzeilen, in denen die Hülle ermittelt wird, sind:

```
......
kk = 0:0.001:N-1;          % Schrittweite für k
np = length(kk);
Xkk = zeros(1, np);
```

```
for p = 1:np                % Berechnung der "kontinuierlichen" DFT
  Xkk(p) = sum(xn.*exp(-j*2*pi*kk(p)*n/N));
end;
Xkk = Xkk/N;
.......
```

Die Hülle ist eigentlich das Ergebnis der Faltung im Frequenzbereich zwischen der Fourier-Transformierten des Signals und der Fensterfunktion, die in diesem Fall die Rechteckfensterfunktion ist.

Dem Leser wird als Übung empfohlen das Skript `fft_5.m` so zu ändern, dass die Hülle für eine mit Fensterfunktion gewichtete Signalsequenz ermittelt und dargestellt wird, um zu sehen, wie der Leckeffekt gedämpft werden kann. Die Lösung der Übung ist in Skript `fft_6.m` enthalten.

3.4.2 Beispiel: DFT-Spektrum eines Signals mit mehreren Schwingungen

Alle Aspekte die vorher besprochen wurden, sollen mit einem konkreten Beispiel anschaulich erläutert werden. Es wird ein periodisches Signal mit begrenzter Anzahl von harmonischen Schwingungen über die DFT untersucht. Es wird folgendes Signal anfänglich angenommen:

$$x(t) = -10 + 5\cos(2\pi 100t + \pi/3) - 12\sin(2\pi 200t - \pi/4) + 20\cos(2\pi 2300t - \pi/5) \tag{3.37}$$

Mit einem Wert für die Abtastfrequenz $f_s = 1000$ Hz erfüllen die Schwingungen der Frequenzen $f_1 = 100$ Hz und $f_2 = 200$ Hz das Abtasttheorem ($f_1,\ f_2 > f_s/2$). Die Schwingung der Frequenz $f_3 = 2300$ wird mit einer Spiegelung nach $f_4 = f_3 - m\ f_s$ in den ersten Nyquist-Bereich mit $m = 2$ verschoben $f_4 = 2300 - 2000 = 300$ Hz.

Die erste Hälfte des DFT-Spektrums wird somit Komponenten bei 100, 200 und 300 Hz besitzen. Die zweite Hälfte als konjugiert Komplexe der ersten Hälfte (wegen des reellen Signals) wird Komponenten bei $f_s - 100 = 900,\ f_s - 200 = 800$ Hz und $f_s - 300 = 700$ Hz haben.

Die DFT geht von cosinusförmigen Komponenten aus und somit muss man den Sinusterm in einen Cosinusterm umwandeln:

$$x(t) = -10 + 5\cos(2\pi 100t + \pi/3) + 12\cos(2\pi 200t + \pi/4) + 20\cos(2\pi 2300t - \pi/5) \tag{3.38}$$

Es werden $N = 1000$ Abtastwerte aus diesem stationären Signal im Untersuchungsintervall angenommen. Dadurch erhält man eine Auflösung der DFT von:

$$\Delta f = \frac{f_s}{N} = 1 \quad \text{Hz/Bin} \tag{3.39}$$

Die Indizes oder Stützstellen der DFT werden als Bins bezeichnet. Die Indizes der Schwingungen sind dann alle ganze Zahlen und es ist kein Leckeffekt sichtbar:

$$m_1 = \frac{f_1}{\Delta f} = 100; \quad m_2 = \frac{f_2}{\Delta f} = 200; \quad m_3 = \frac{f_4}{\Delta f} = 300; \tag{3.40}$$

In der zweiten Hälfte der DFT werden diese Komponenten zu Spiegelungen bei

$$m_{11} = N - m_1 = 900; \quad m_{22} = N - m_2 = 800; \quad m_{33} = N - m_3 = 700; \tag{3.41}$$

führen.

Die zeitdiskrete Sequenz im Untersuchungsintervall wird:

$$\begin{aligned} x(nT_s) =& x[n] = -10 + 5\cos(2\pi 100 n/f_s + \pi/3) + 12\cos(2\pi 200 n/f_s + \pi/4) + \\ & 20\cos(2\pi 2300 n/f_s - \pi/5) \\ & n = 0, 1, 2, 3, \ldots, N-1 \quad N = 1000, \quad f_s = 1000 \quad \text{Hz} \end{aligned} \tag{3.42}$$

Im Skript `fourier_reihe1.m` wird die DFT dieses Signals ermittelt und dargestellt:

```
% Programm fourier_reihe1.m in dem die Fourier-Reihe
% ueber die DFT fuer ein Signal mit begrenzter Anzahl
% von Harmonischen ermittelt wird
clear;
% ------- Parameter des Signals
xm = -10;          % Mittelwert
f1 = 100;          % Frequenz  1. Harmonischen
ampl1 = 5;         % Amplitude 1. Harmonischen
phi1 = pi/3;       % Nullphase 1. Harmonischen
f2 = 200;          % Frequenz  2. Harmonischen
ampl2 = 12;        % Amplitude 2. Harmonischen
phi2 = pi/4;       % Nullphase 2. Harmonischen
f3 = 2300;         % Frequenz  3. Harmonischen
%f3 = 2300.6;      % Frequenz  3. Harmonischen
ampl3 = 20;        % Amplitude 3. Harmonischen
phi3 = -pi/5;      % Nullphase 3. Harmonischen
fs = 1000;         % Abtastfrequenz
N = 1000;          % Anzahl Abtastwerte im Untersuchungsintervall
n = 0:N-1;
k = n;
% ------- Zeitdiskretes Signal
xn = xm + ampl1*cos(2*pi*n*f1/fs + phi1)+...
   ampl2*cos(2*pi*n*f2/fs + phi2) + ampl3*cos(2*pi*n*f3/fs + phi3);
% ------- Amplitudenpektrum ueber DFT
Xk = fft(xn);
betrag_Xk = abs(Xk)/N;       phase_Xk = angle(Xk);
n = 0:N-1;
p = find(abs(real(Xk))<1e-8 & abs(imag(Xk))<1e-8);
phase_Xk(p) = 0;   % Entfernung der Fehler in der Phasenberechnung
figure(1);
text = ['(f1 = ',num2str(f1),' Hz;  f2 = ',num2str(f2),...
    ' Hz;  f3 = ',num2str(f3),'  Hz)'];
subplot(211), stem(k, betrag_Xk);
   title(['Betrag der FFT / N      ',text]);
   xlabel(['Frequenz in Hz (fs = ',num2str(fs),' Hz)']);
```

```
   ylabel('|FFT| / N');     grid on;
subplot(212), stem(k, phase_Xk);
   title(['Winkel der FFT in Rad ']);
   xlabel(['Frequenz in Hz (fs = ',num2str(fs),' Hz)']);
   ylabel('Rad');     grid on;
```

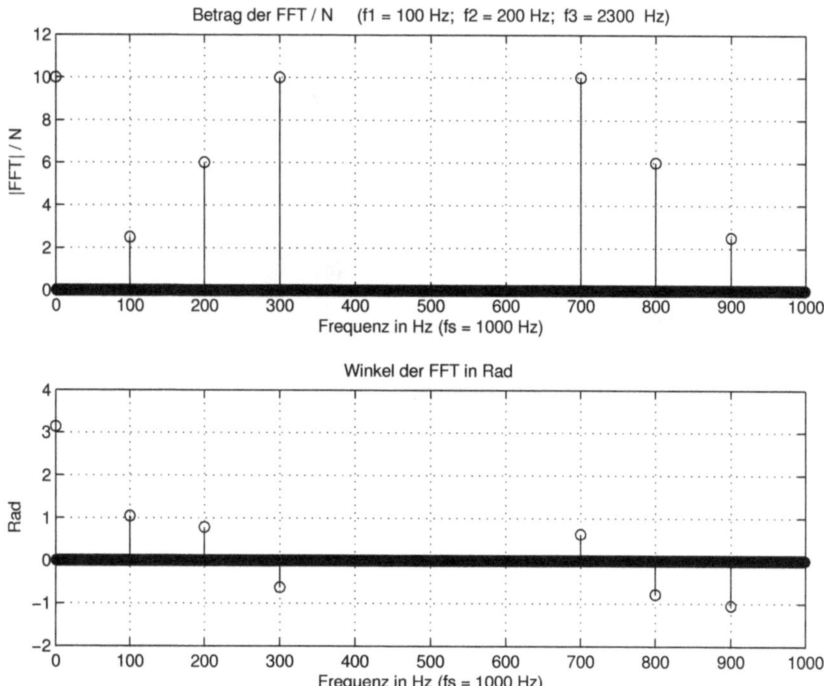

Abb. 3.15: DFT-Amplituden und -Phasenspektrum des Signals (fourier_reihe1.m)

Abb. 3.15 zeigt das DFT-Amplituden und -Phasenspektrum des Signals. Man erkennt den negativen Mittelwert von -10 durch die Amplitude 10 und Phase gleich π bei der Frequenz null. Die restlichen Spektrallinien im Amplitudenspektrum muss man noch mit 2 multiplizieren, um die Amplituden der reellen Schwingungen zu erhalten. Der Grund dafür ist, dass eine reelle harmonische Schwingung im Spektrum durch zwei komplexwertige harmonische Schwingungen jeweils der halben Amplitude, bei ihrer Frequenz und der negativen Frequenz des Spektrums (bzw. der Spiegelung an der Abtastfrequenz) dargestellt sind.

Im Phasenspektrum sind die korrekten Nullphasen der cosinusförmigen Schwingungen im ersten Nyquist-Bereich ($0 \leq f \leq f_s/2$) enthalten: $\pi/3, \pi/4$ und $-\pi/5$. Im zweiten Nyquist-Bereich ($f_s/2 \leq f \leq f_s$) sind dieselben Werte mit umgekehrten Vorzeichen zu sehen und zeigen, dass die zweite Hälfte der DFT die konjugiert komplexe der ersten Hälfte ist.

Bei den gewählten Frequenzen und dem durch die Länge N der DFT gewählten Stützstellenabstand (Hz/Bin) ist kein Leckeffekt sichtbar. Wählt man jedoch die Fre-

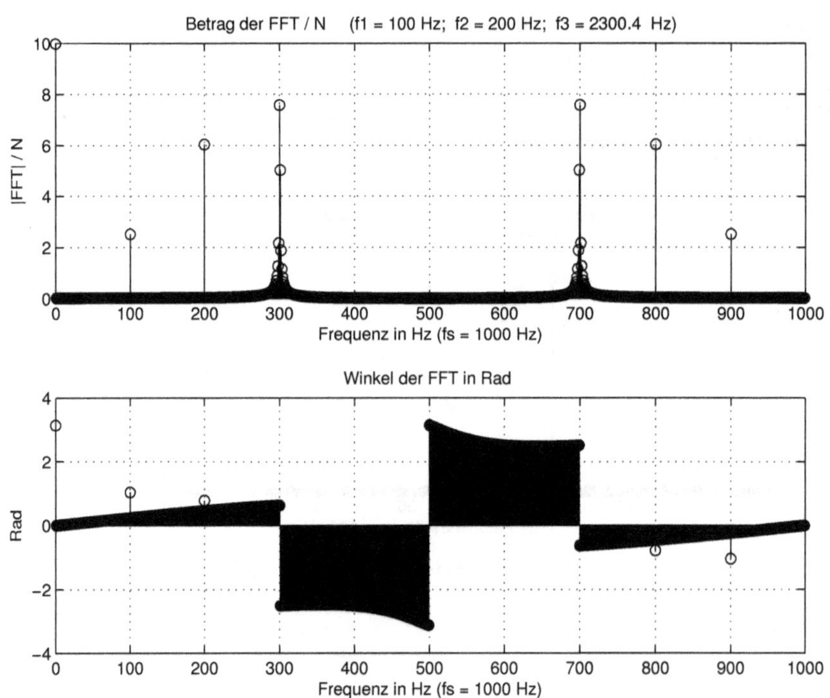

Abb. 3.16: DFT-Amplituden und -Phasenspektrum des Signals, wenn die dritte Harmonische Leakage *ergibt* (fourier_reihe1.m)

quenz $f_3 = 2300,4$ Hz, so wird der Leckeffekt sofort sichtbar, wie in Abb. 3.16 dargestellt. Es wurde mit dem gleichen Skript erzeugt, in dem nur die Frequenz f_3 geändert wurde.

Bei diesen Frequenzen und dieser Anzahl der Werte im Untersuchungsintervall von $N = 1000$ hat keine Harmonische zu Leckeffekt geführt. Wenn eine Harmonische eine Frequenz hat, die zu Leckeffekt führt, wie z.B. mit $f_3 = 2300,4$ Hz, dann erhält man das Spektrum aus Abb. 3.16. Es wurde mit dem gleichen Skript erzeugt, in dem nur die Frequenz f_3 geändert wurde. Mit der Zoom-Funktion der Abbildung kann man den Bereich in der Umgebung der Frequenz mit Leckeffekt untersuchen. Der Betrag und die Phase sind mit Fehlern behaftet.

Im Skript `fourier_reihe2.m` wird das gleiche Signal, das eine Schwingung mit Leckeffekt hat, mit einer Fensterfunktion gewichtet und danach mit der DFT untersucht. Die Programmzeilen, in denen diese Operation durchgeführt ist, sind:

```
.......
% ------- Zeitdiskretes Signal
xn = xm + ampl1*cos(2*pi*n*f1/fs + phi1)+...
          ampl2*cos(2*pi*n*f2/fs + phi2)+...
          ampl3*cos(2*pi*n*f3/fs + phi3);
% Gewichtung mit Fensterfunktion
```

```
w = hann(N);
% w = hamming(N);
xn = w'.*xn;

% ------- Amplitudenspektrum ueber DFT
Xk = fft(xn);
betrag_Xk = abs(Xk)/sum(w);        phase_Xk = angle(Xk);
p = find(abs(real(Xk))<1e-8 & abs(imag(Xk))<1e-8);
phase_Xk(p) = 0;    % Entfernung der Fehler in der Phasenberechnung
.......
```

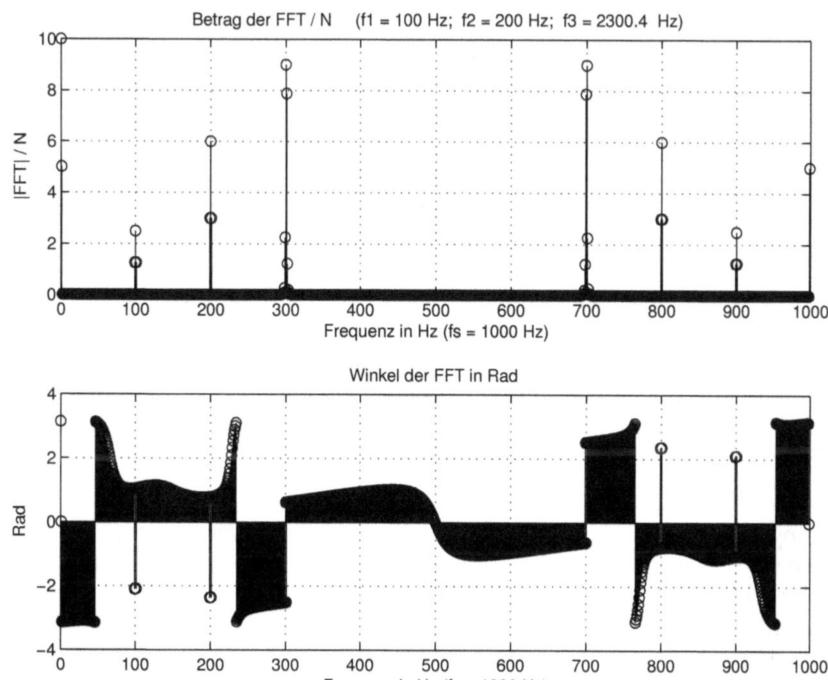

Abb. 3.17: DFT-Amplituden und -Phasenspektrum des Signals, wenn Fensterfunktion eingesetzt wird (fourier_reihe2.m)

In Abb. 3.17 ist das entsprechende DFT-Spektrum dargestellt und man bemerkt, dass nun der Leckeffekt auch für Schwingungen entsteht, deren Frequenzen nach wie vor ganzzahlige Vielfache des Stützstellenabstandes (Bin/Hz) sind. Der Grund dafür ist, dass die Fourier-Transformierte der verwendeten Fensterfunktion keine Nullstellen mehr im Raster der DFT besitzt. In Abb. 3.18 ist der Bereich um die zweite Harmonische der Frequenz $f_2 = 200$ Hz vergrößert dargestellt.

Die höchste Linie im Amplitudenspektrum, die gleich 6 ist, stellt weiterhin korrekt die halbe Amplitude dieser Schwingung ($\hat{x}_2 = 12$) dar. Die Phase von $\varphi_2 = \pi/4 = 0,7854$ im Phasenspektrum ist ebenfalls die korrekte Nullphase derselben

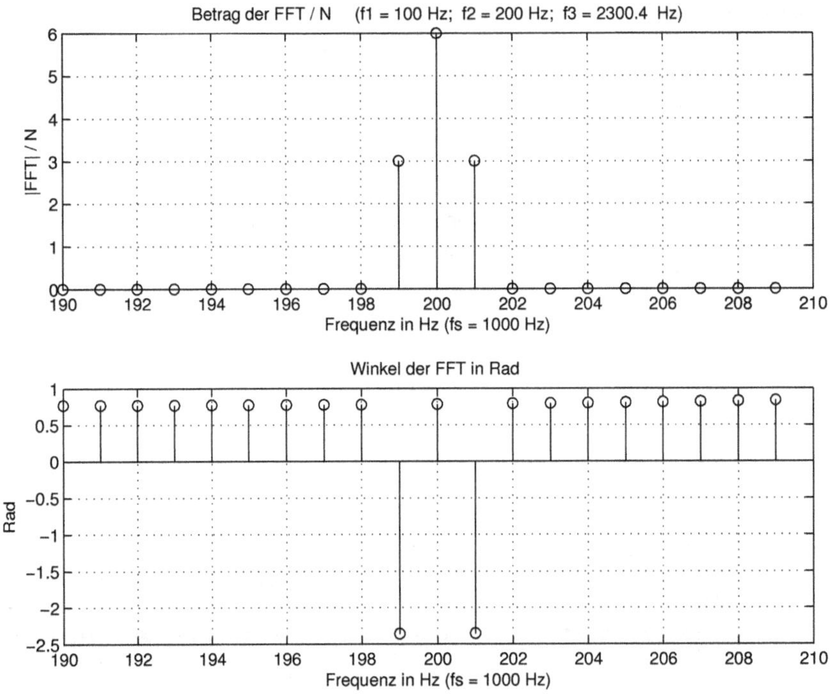

Abb. 3.18: DFT-Amplituden und -Phasenspektrum des Signals, wenn Fensterfunktion eingesetzt wird für die Harmonische mit $f_2 = 200$ Hz, bei der ursprünglich kein Leakage *auftritt* (fourier_reihe2.m)

Schwingung. Im Spektrum erscheinen aber zwei zusätzliche, symmetrische Linien und im Phasenspektrum sind auch mehrere Linien, sowohl links als auch rechts der gewünschten Linie.

Die zusätzlichen zwei Linien im Amplitudenspektrum sind leicht zu erklären. Die eingesetzte Hanning-Fensterfunktion [31] ist durch

$$w[n] = \frac{1}{2}\Big(1 - \cos(\frac{2\pi n}{N-1})\Big) \quad n = 0,\ 1,\ 2,\ \ldots,\ N-1 \tag{3.43}$$

gegeben. Die Multiplikation dieses Fensters z.B. mit der Harmonischen der Frequenz $f_2 = 200$ Hz

$$x_2[n] = 12\cos(2\pi 200n/f_s + \pi/4), \quad n = 0,\ 1,\ 2,\ \ldots,\ N-1 \tag{3.44}$$

ergibt folgende Terme:

$$\begin{aligned} w[n]x_2[n] =& 6\cos(2\pi 200n/f_s + \pi/4) - \\ & 3\Big[\cos(2\pi 200/f_s + \frac{2\pi}{N-1})n + \pi/4)\Big] - \\ & 3\Big[\cos(2\pi 200/f_s - \frac{2\pi}{N-1})n + \pi/4)\Big] \end{aligned} \tag{3.45}$$

Die zusätzlichen Spektrallinien entsprechen den zwei letzten Gliedern dieser Gleichung und besitzen folgende relative und absolute Frequenzen:

$$\begin{aligned} \frac{200}{f_s} + \frac{1}{N-1} &\cong 201/1000 \quad \text{oder} \quad 201Hz \\ \frac{200}{f_s} - \frac{1}{N-1} &\cong 199/1000 \quad \text{oder} \quad 199Hz \end{aligned} \tag{3.46}$$

Die Amplituden dieser Glieder erscheinen im Amplitudenspektrum aus Abb. 3.18. In der komplexen Form, die über die DFT erzeugt wird, sind die Amplituden nochmals durch zwei geteilt. Die Teilung der DFT mit $\sum(w[n]) \cong 500$ statt mit N = 1000 ergibt dann die Werte aus Abb. 3.17.

In ähnlicher Weise entstehen auch die zusätzlichen Linien für die anderen Schwingungen, wie z.B. für die Frequenz $f_1 = 100$ Hz.

Beim Mittelwert, der einer Frequenz gleich null entspricht, entsteht aus demselben Grund über die Fensterfunktion eine zusätzliche Spektrallinie. Mit der Zoomfunktion der Darstellung aus Abb. 3.17 sieht man diese Linie bei der Stützstelle 1 (oder Bin 1), die der Grundfrequenz entspricht. Die Cosinusfunktion aus dem Ausdruck der Fensterfunktion hat die Periode annähernd gleich der Größe des Untersuchungsintervalls oder der Grundperiode.

Bei der verschobenen (oder aliased) Schwingung mit $f_3 = 2300,4$ Hz, die Leckeffekt ergab, werden über die Fensterfunktion und das Teilen der DFT mit $\sum w[n]$ statt mit N andere Fehler erhalten. Statt Betrag 10 wird jetzt ein Wert von 9,0117 erhalten und statt $-\pi/5 = -0,6283$ wird eine total falsche Phase von 0,6271 erhalten.

Die Erklärung ist wieder in der Fourier-Transformierten der Fensterfunktion zu suchen. Weil die Fensterfunktion symmetrisch ist, erhält man für ihre Phase eine lineare Funktion. Diese Phase verfälscht nach der Faltung mit der Fourier-Transformierten des Signals die Nullphasen der Schwingungen.

Bei vorhandensein des Leckeffekts ist die Phase des Fensters die Ursache für einen systematischen Fehler in der absoluten Phase der DFT. Wenn man in der Auswertung aber Phasendifferenzen benötigt, dann kann man die DFT auch für Signale, die durch Fensterfunktionen gewichtet sind, benutzen. Im nächsten Beispiel wird eine solche Anwendung simuliert. In praktischen Anwendungen, bei denen die Daten als Messungen vorliegen, entsteht gewöhnlich Leckeffektund man setzt die üblichen Fensterfunktionen ein.

3.4.3 Beispiel: Spektrum eines künstlich erzeugten EKG-Signals

Es wird das Spektrum des periodischen EKG-Signals (englisch ECG)[1], das im vorherigen Kapitel mit einem zeitdiskreten IIR-Bandsperrfilter von einer Netzstörung mit 50 Hz befreit wurde, untersucht.

Im Skript `ECG_spektrum_1.m` wird zuerst künstlich das EKG-Signal erzeugt. Danach wird die Störung mit der Frequenz von 50 Hz und einer einstellbaren Amplitude hinzugefügt. Weiter wird die DFT ermittelt und ihr Betrag logarithmisch in dB dargestellt.

[1] *Electro-Cardio-Gram*

```
% Skript ECG_spektrum_1.m in dem das Spektrum eines
% künstlich erzeugten ECG-Signals untersucht wird
clear;
% ------ ECG-Signal
bpm = 72;       % Herzschläge/Minute
dauer = 10;     % Dauer der Sequenz
fs = 500;       % Abtastfrequenz
ampl = 1000; % Amplitude in Mikro-Volt
xecg = ECGwaveGen_1(bpm, dauer, fs, ampl); % Routine aus
% http://physionet.caregroup.harvard.edu/physiotools/
% matlab/ECGwaveGen/
nx = length(xecg);
% ------ 50 Hz Störung
ampl_st = 100;
st = ampl_st*cos(2*pi*50*(0:nx-1)/fs);
xecg_st = xecg + st;
% ------ Amplitudenspektrum über DFT
Xecg = fft(xecg_st);
figure(1);     clf;
subplot(211), plot((0:nx-1)/fs, xecg_st);
axis tight;    grid on;
title('ECG-Sequenz');
xlabel('Zeitin s')
df = fs/nx;     % Auflösung der DFT
fmax = 100;     % Bereich der DFT der dargestellt wird
nd = fix(fmax/df);
subplot(212), plot((0:nd-1)*fs/nx, 20*log10([abs(Xecg(1)),...
       2*abs(Xecg(2:nd))]/nx));
axis tight;    grid on;
title('Amplitudenspektrum in dB');    xlabel('Hz');
```

Abb. 3.19 zeigt oben das gestörte Signal und darunter das Amplitudenspektrum (DFT-Spektrum). Hier wurde keine Fensterfunktion eingesetzt und in der Umgebung der Frequenz der Störung von 50 Hz, sieht man die Verbreitung des Spektrums wegen des Leckeffekts.

Danach wird das Spektrum des mit einer Fensterfunktion gewichteten Signals ermittelt und dargestellt. In Abb. 3.20 ist oben das mit der Fensterfunktion gewichtete Signal dargestellt und darunter das Amplitudenspektrum. Der Leckeffekt ist bei 50 Hz stark unterdrückt. Die restlichen Linien des Spektrums sind etwas breiter wegen der zusätzlichen Linien, die durch die Fensterfunktion verursacht wurden.

```
% ------ Amplitudenspektrum mit Fensterfunktion
%w = hamming(nx);
w = hann(nx);
xecg_st_w = xecg_st.*w';
% ------ Amplitudenspektrum über DFT
Xecg_w = fft(xecg_st_w);
figure(2);     clf;
subplot(211), plot((0:nx-1)/fs, xecg_st_w);
```

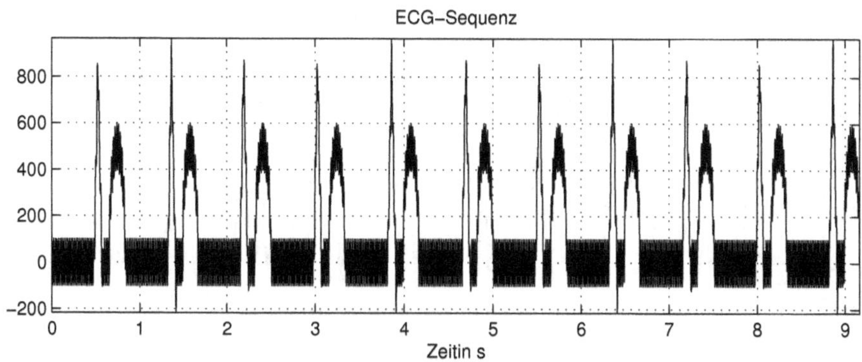

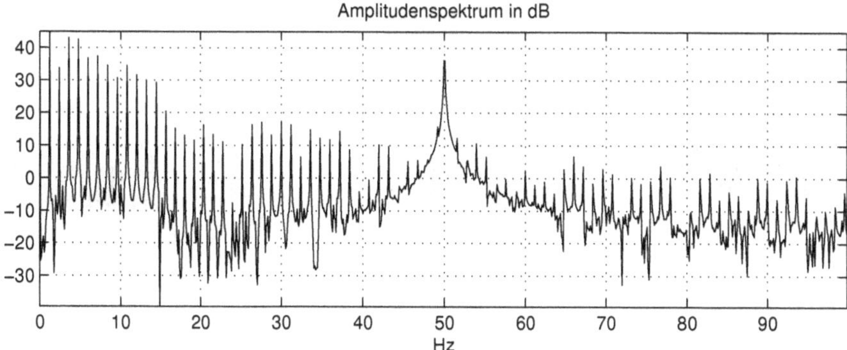

Abb. 3.19: EKG-Signal und dessen DFT-Spektrum (ECG_spektrum_1.m)

```
axis tight;    grid on;
title('ECG-Sequenz mit Fensterfunktion');
xlabel('Zeitin s')
df = fs/nx;    % Auflösung der DFT
fmax = 100;    % Bereich der DFT der dargestellt wird
nd = fix(fmax/df);
subplot(212), plot((0:nd-1)*fs/nx, 20*log10([abs(Xecg_w(1)),...
        2*abs(Xecg_w(2:nd))]/sum(w)));
axis tight;    grid on;
title('Amplitudenspektrum in dB');    xlabel('Hz');
```

Aus dem Spektrum aus Abb. 3.20 kann man jetzt den Sperrbereich des Filters schätzen, den man zur Unterdrückung der Störung wählen muss. Ein Sperrbereich von 45 bis 55 Hz würde hier geeignet sein.

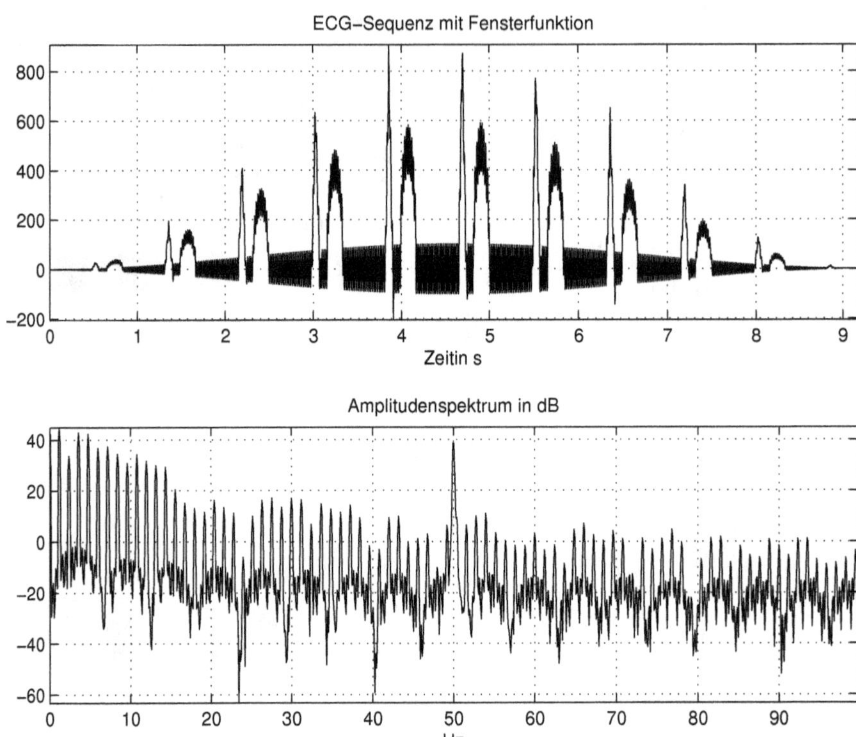

Abb. 3.20: EKG-Signal mit Fensterfunktion gewichtet und dessen DFT-Spektrum (ECG_spektrum_1.m)

3.4.4 Beispiel: DFT-Untersuchung eines rechteckigen Signals

Um die mehrfache Verschiebung (*Aliasing*) der Harmonischen mit Frequenzen die oberhalb der halben Abtastfrequenz liegen zu veranschaulichen, wird in diesem Beispiel die Fourier-Reihe eines rechteckigen Signals untersucht, das bekanntlich sehr viele Harmonischen besitzt.

Zuerst sind in der Skizze aus Abb. 3.21 die mehrfache Aliasing-Möglichkeiten erläutert [9]. Der Fall a) zeigt, welche Komponenten des Betrags des Amplitudenspektrums eines kontinuierlichen Signals, das sich über die Frequenz $f_s/2$ ausdehnt, in das erste Nyquist-Intervall verschoben werden. Sie sind grau hervorgehoben. Im zweiten Fall erstreckt sich der Betrag des Amplitudenspektrums über die Frequenz f_s, was dazu führt, dass zwei Teile dieses Spektrums in das erste Nyquist-Intervall verschoben werden. Einmal wird der Bereich zwischen $f_s/2$ und f_s über das ganze erste Nyquist Intervall verschoben. Hinzu kommt noch der Bereich, der über der Frequenz f_s liegt.

Abb. 3.21c zeigt schließlich, wie vier Teile des Betrags des Spektrums in das erste Nyquist-Intervall verschoben werden.

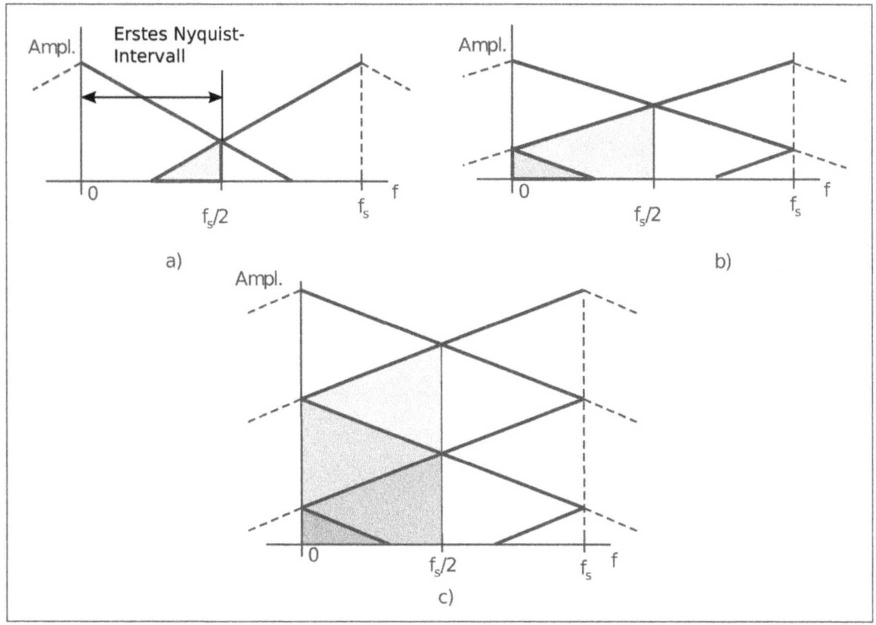

Abb. 3.21: Mögliche Aliasing-Fälle

Die Phasenlagen der verschobenen Komponenten bleiben dieselben für Frequenzen, die im Intervall $nf_s < f < nf_s + f_s/2$ liegen und ändern ihr Vorzeichen für Frequenzen, die im Intervall $nf_s + f_s/2 < f < (n+1)f_s$ liegen.

Als Beispiel wird bei $f_s = 1000$ Hz eine Schwingung der Frequenz $f = 3200$ Hz, die zwischen $3f_s$ und $3f_s + f_s/2$ liegt, zur Frequenz 200 Hz mit derselben Phasenlage verschoben. Dagegen wird eine Schwingung der Frequenz $f = 3800$ Hz, die zwischen $3f_s + f_s/2$ und $4f_s$ liegt, zur gleichen Frequenz von 200 Hz mit geändertem Vorzeichen der Phasenlage verschoben.

Im Skript `aliasing_1.m` wird das Linienspektrum eines bipolaren rechteckigen Signals untersucht. Am Anfang werden die Harmonischen des Signals (gemäß der Fourier-Reihe aus Tabellen) im ersten Nyquist- Intervall zusammen mit den verschobenen berechnet und dargestellt. Im gleichen Skript wird am Ende das Signal mit der DFT untersucht.

```
% Skript aliasing_1.m in dem das Amplitudenspektrum
% eines abgetasteten rechteckigen Signals untersucht wird
clear;
f0 = 50;            % Frequenz des rechteckigen Signals
fs = 2000;          % Abtastfrequenz
%fs = 2010;         % für fs/f0 keine ganze Zahl
n = 0:200;
k = 2*n + 1;        % Index der ungeraden Harmonischen
nk = length(k);
```

```
h = 1;              % Höhe des rechteckigen Signals
ah = 1e3;           % Skalierungsfaktor, so dass ak_min > 1 ist
ak = ah*(4*h/pi)./k;    % Theoretische Amplituden der Harmonischen
fk = f0*k;          % Frequenzen der Harmonischen
%###############
falias = zeros(1,nk);    % Verschobene (Aliased) Frequenzen
for p = 1:nk
    f_temp = rem(fk(p), fs);
%   f_temp = mod(fk(p), fs);
    if (f_temp < fs/2),
        falias(p) = f_temp;
    else falias(p) = fs - f_temp;
    end;
end;
figure(1);     clf;
stem(falias, log10(ak));
   La = axis;   axis([0,fs/2, 0, La(4)]);      hold on;
plot(falias, log10(ak),'--r');               hold off;
   title(['Theoretisches Amplitudenspektrum eines abgetasteten',...
       ' Rechtecksignals']);
   xlabel(['Hz   ', '(f0 = ', num2str(f0),'Hz,    fs = ',...
       num2str(fs),'  Hz)']);
   ylabel('log(ah x Amplit.)');  grid on;
   ......
```

Mit Hilfe der MATLAB-Funktion **mod** oder **rem** wird festgestellt in welchem Intervall die Frequenzen der jeweiligen ungeraden Harmonischen liegen($nf_s < f < nf_s + f_s/2$ oder $nf_s + f_s/2 < f < (n+1)f_s$), um sie danach korrekt zu verschieben.

Abb. 3.22 zeigt die ersten 200 ungeraden Harmonischen für $f_0 = 50$ Hz und $f_s = 2000$ Hz logarithmisch skaliert. Um die Darstellung der Linien mit der Funktion **stem** zu ermöglichen, wird die Höhe der Pulse `h` mit `ah` multipliziert, so dass auch die kleinen Amplituden größer als eins sind und mit der Plot-Funktion **stem** als Linien nach oben dargestellt werden.

Weil das Verhältnis $f_s/f_0 = 40$ eine ganze Zahl ist, fallen die verschobenen Harmonischen auf die gleichen Frequenzen der Harmonischen mit Frequenzen im ersten Nyquist-Intervall. Die letzteren sind in der Darstellung die höchsten Linien.

Wenn f_s/f_0 keine ganze Zahl ist, wie z.B. für $f_0 = 50$ Hz und $f_s = 2010$ Hz ($f_s/f_0 = 40,2$) dann fallen die verschobenen Harmonischen nicht mehr auf die gleichen Frequenzen der Harmonischen aus dem ersten Nyquist-Intervall. Man ruft das gleiche Skript `aliasing_1.m` mit dieser Abtastfrequenz auf und man erhält das Amplitudenspektrum aus Abb. 3.23.

Die Analyse dieses Signals mit Hilfe der DFT (oder FFT) zeigt, dass wenn die verschobenen Harmonischen auf die gleichen Harmonischen mit Frequenzen im ersten Nyquist-Intervall fallen, diese durch vektorielle Addition zu Fehler für diese Harmonischen führen. Diese Fehler sind bei der Analyse mit der DFT zu sehen (Abb. 3.24).

Wenn die verschobenen Harmonischen nicht auf die gleichen Frequenzen der Harmonischen im ersten Nyquist-Intervall fallen, dann sind keine Fehler bei der Untersu-

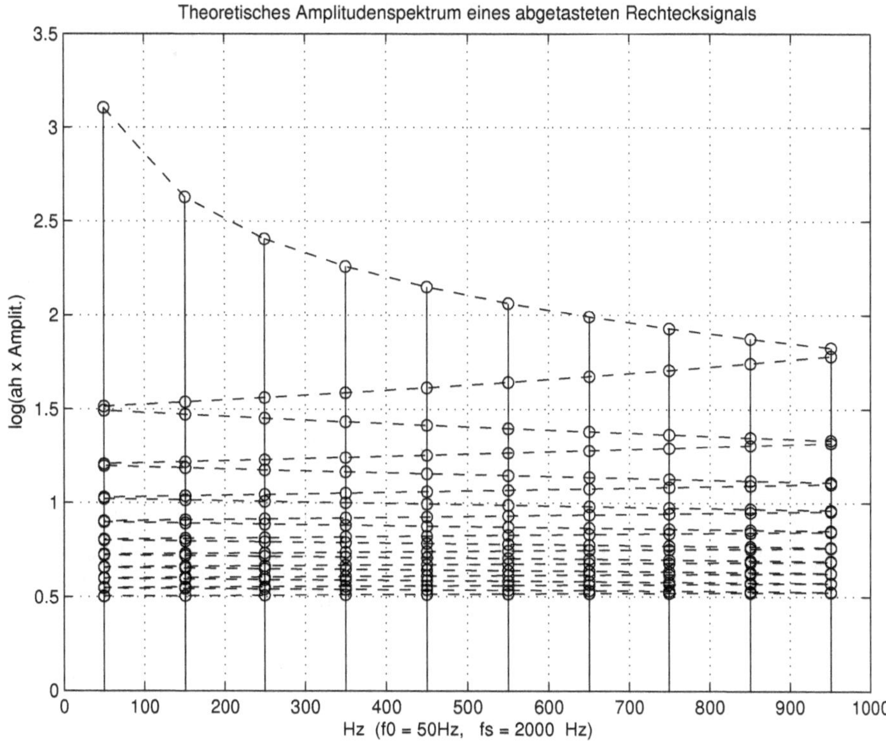

Abb. 3.22: Harmonische und verschobene Harmonische des rechteckigen Signals für f_s/f_0 eine ganze Zahl (aliasing_1.m)

chung mit der DFT (oder FFT) zu erwarten (Abb. 3.25). Die Untersuchung des rechteckigen Signals mit der DFT wird mit folgenden Programmzeilen realisiert:

```
% ------- FFT-Amplitudenspektrum
% Signal
T0 = 1/f0;
Tfinal = 100*T0; % (fs/f0)*100 muss eine ganze Zahl sein !!!
nk = 100;          % Zur Bildung des kontinuierlichen Signals
fs1 = nk*fs;       % Für die Schrittweite des kontinuierlichen Signals
dt0 = 1/fs1;
t = 0:dt0:Tfinal - dt0;
nt = length(t);
%x = ah*h*sign(cos(2*pi*t*f0));    % Rechteckiges Signal
x = ah*h*sign(sin(2*pi*t*f0));    % Rechteckiges Signal
nd = nt/20;
figure(2);    clf;
subplot(211),  plot(t(1:nd), x(1:nd));
   title('Das kontinuierliche rechteckige Signal');    grid on;
   La = axis;   axis([La(1:2),1.2*La(3:4)]);
```

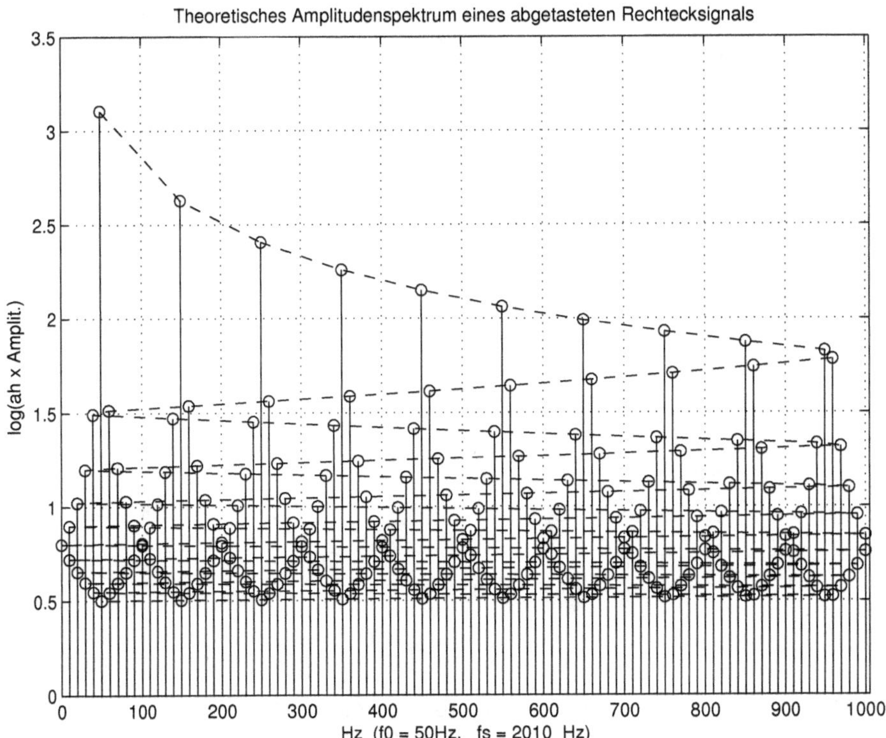

Abb. 3.23: Harmonische und verschobene Harmonische des rechteckigen Signals für f_s/f_0 keine ganze Zahl (aliasing_1.m)

```
    x = x(2:nk:end);          % Abtasten mit fs (diskretes Signal)
    t = t(2:nk:end);          % und entfernen des ersten Nullwertes
    nx = length(x);           nd = nx/20;
subplot(212),   stem(t(1:nd), x(1:nd));
    title('Das abgetastete rechteckige Signal');        grid on;
    La = axis;    axis([La(1:2),1.2*La(3:4)]);
    xlabel('Zeit in s');
% FFT-Spektrum
X = fft(x);              nfft = nx;
nd = fix(nfft/2);
figure(3);      clf;
subplot(211);        stem((0:nd-1)*fs/nfft, [log10(abs(X(1))/nfft),...
        log10(2*abs(X(2:nd))/nfft)],'*');
    La = axis;    axis([0,fs/2, 0, ceil(max(log10(2*abs(X)/nfft)))]);
    title('FFT-Amplitudenspektrum eines abgetasteten Rechtecksignals');
    xlabel(['Hz   ', '(f0 = ', num2str(f0),'Hz,     fs = ', ...
        num2str(fs),'  Hz)']);
    ylabel('log(ah x Amplit.)');   grid on;
```

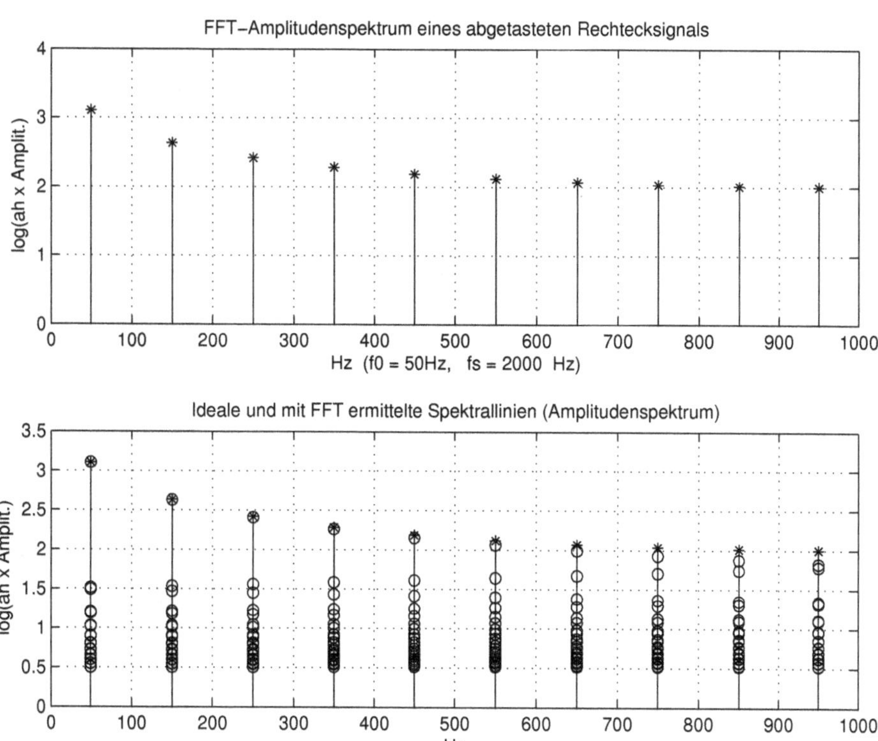

Abb. 3.24: Ideale (o) und mit der FFT (*) ermittelte Spektrallinien für f_s/f_0 eine ganze Zahl (aliasing_1.m)

```
% ------- Ideale und mit FFT ermittelten Spektrallinien
subplot(212);     stem(falias, log10(ak));
   La = axis;    axis([0,fs/2, 0, La(4)]);          hold on;
stem((0:nd-1)*fs/nfft, [log10(abs(X(1))/nfft),...
         log10(2*abs(X(2:nd))/nfft)],'*');
   La = axis;    axis([0,fs/2, 0, La(4)]);
   hold off;
   title(['Ideale und mit FFT ermittelte Spektrallinien ' ...
    ' (Amplitudenspektrum)']);
   xlabel('Hz');    ylabel('log(ah x Amplit.)');   grid on;
```

Das rechteckige Signal wird aus einem sinus- oder cosinusförmigen Signal, das mit einer sehr kleinen Zeitschrittweite definiert ist, mit Hilfe der Funktion **sign** berechnet. Dieses quasikontinuierliche Signal wird nacher durch Dezimierung auf die Abtastfrequenz f_s gebracht.

Im Skript `aliasing_2.m` wird ein dreieckiges Signal ähnlich untersucht. Bei diesem Signal klingen die Harmonischen rascher ab [8] und dadurch beeinflussen die Aliased-Harmonischen des abgetasteten Signals nicht so stark die Harmonischen aus

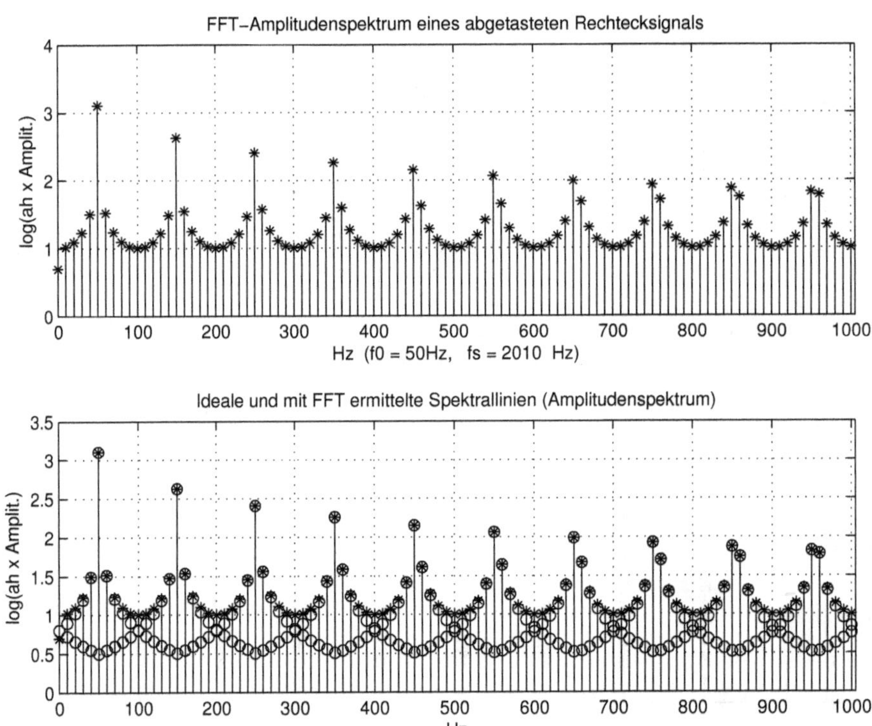

Abb. 3.25: Ideale (o) und mit der FFT (*) ermittelte Spektrallinien für f_s/f_0 keine ganze Zahl (aliasing_1.m)

dem ersten Nyquist-Intervall, auch wenn sie auf die gleichen Frequenzen fallen. Die DFT-Analyse bestätigt diesen Sachverhalt.

Die ausführliche Darstellung dieser Thematik dient einem didaktischen und einem praktischen Zweck. In den digitalen Oszilloskopen ist oft auch die FFT-Funktion integriert, wie z.B. in dem sehr verbreiteten Oszilloskop Tektronix TDS 220. Dieser besitzt eine Bandbreite von 100 MHz mit einer einstellbaren Abtastfrequenz, die bis zu 1 GHz sein kann.

Zur Darstellung des Spektrums des untersuchten Signals wird die DFT des Signals berechnet, das in einem Puffer mit 2048 Werten gespeichert wird. Das interne rechteckige Signal mit der Frequenz $f = 1$ kHz, das zur Eichung des Tastkopfes dient, kann als Quelle für die Demonstration der FFT-Funktion herangezogen werden.

Als Beispiel zeigt Abb. 3.26 eine Oszilloskop-Darstellung, die man für eine Abtastfrequenz von 50 kS/s (Kilo-Sample/s oder 50 kHz) mit Hanning-Fenster erhält. Die Auflösung des Oszilloskops ist 2,5 kHz/Div, wobei "Div" das Intervall der Rasterung des Oszilloskops ist. Der Bildschirm ist in 10 Intervallen eingeteilt. Die Darstellung zeigt immer nur das erste Nyquist-Intervall bis $f_s/2$. Die höchsten Linien sind die korrekten Harmonischen aus diesem Intervall und die restlichen Linien sind die Aliased-Harmonischen aus den höheren Nyquist-Intervallen.

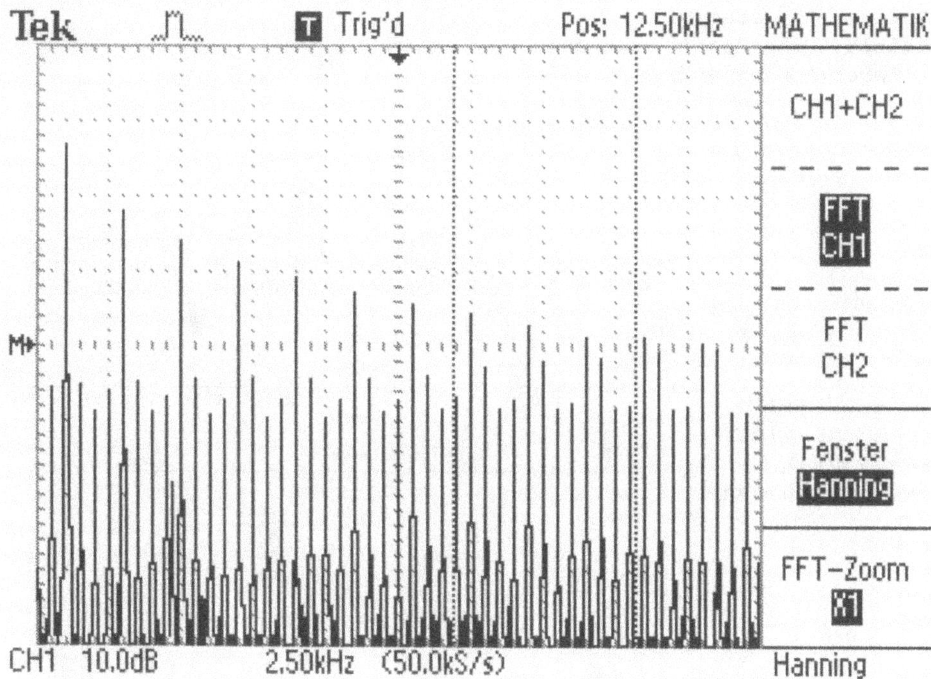

Abb. 3.26: FFT-Untersuchung eines rechteckigen Signals der Frequenz 1 kHz mit dem Oszilloskop Tektronix TDS 220

3.4.5 Beispiel: Bestimmung des analytischen Ausdrucks eines Signals über die Fourier-Reihe

Eine Möglichkeit aus einer in der Länge begrenzten Sequenz ein analytischen Ausdruck zu erhalten, besteht darin, die Sequenz als Periode eines periodischen Signals anzunehmen und das Signal mit Hilfe der Fourier-Reihe anzunähern.

Im Skript `funktion_annaeher1.m` ist diese Annäherung programmiert. Das Skript wird in Teile zerlegt, die separat erläutert werden. Am Anfang wird eine Sequenz `xd` durch Filterung eines zufälligen Signals erzeugt. Die Sequenz wird dann dargestellt und sie bildet die "ursprüngliche Sequenz" einer Periode:

```
% Skript funktion_annaeher1.m, in dem eine Sequenz
% durch eine Funktion über die Fourier-Reihe angenähert ist.
clear;
% -------- Erzeugung der Sequenz einer Periode
N = 100;                  Ts = 1;                Tperiode = N*Ts;
n = 0:N-1;                randn('seed', 3759);
xd = filter(fir1(32, 0.2), 1, randn(1,N));
xd = xd.*exp(-n/(N/3)) + 0.05;
figure(1);   clf;
```

```
subplot(211), stem(n, xd);
   title('Ursprüngliche Sequenz');    grid on;
   xlabel('Index n');
```

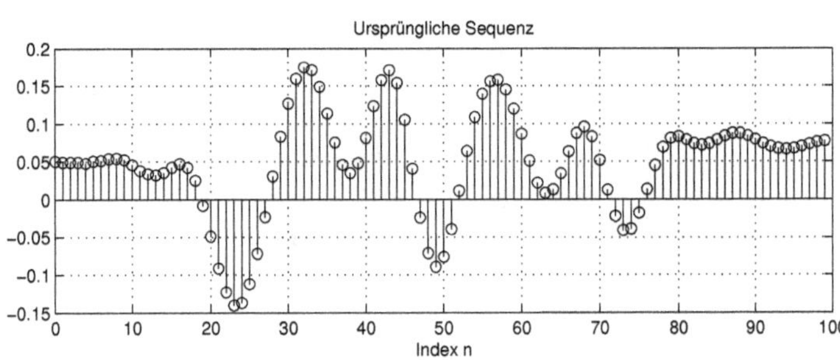

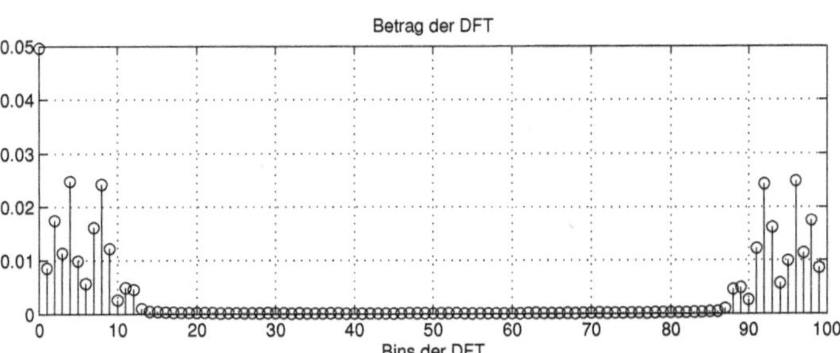

Abb. 3.27: Ursprüngliche Sequenz und die Beträge der DFT (funktion_annaeher1.m)

Weiter werden die komplexen Koeffizienten c_k der Fourier-Reihe über die DFT geschätzt. Aus der Darstellung der Beträge wird die Anzahl der signifikanten Koeffizienten ermittelt. In Abb. 3.27 ist oben die ursprüngliche Sequenz, die z.B. aus Messwerten besteht, gezeigt. Darunter sind die Beträge der DFT dargestellt.

```
% ------- Koeffizienten der Fourier-Reihe über die DFT
Xd = fft(xd)/N;
subplot(212), stem(n, abs(Xd));
   title('Betrag der DFT');   xlabel('Bins der DFT');      grid on;
% ------- Signifikante Koeffizienten der Fourier-Reihe
nsig = 20;           % Anzahl der signifikanten Koeffizienten
ck = Xd(1:nsig);   % Signifikante Koeffizienten der Fourier-Reihe
wk = 2*pi*(0:nsig-1)/Tperiode;    % Frequenzen der Harmonischen
```

Man sieht, dass die Stützstellen im Bereich von ungefähr $n \in [20, 80]$ Beträge haben, die sehr klein, also mit null angenähert werden können. Damit kann man die Anzahl der signifikanten Koeffizienten der Fourier-Reihe auf `nsig = 20` festlegen. Die Frequenzen der entsprechenden Harmonischen in rad/s werden in der Variablen `wk` gespeichert.

Jetzt kann man gemäß Gl. (3.15) eine analytische Funktion für diese Sequenz bilden. In der Simulation wird die analytische Funktion für eine beliebige Zeitdauer berechnet und dargestellt:

```
% ------- Funktion, die über die Fourier-Reihe angenähert wird
dt = Tperiode/1000;         t = 0:dt:Tperiode;          nt = length(t);
xt = zeros(1,nt);
for p = 1:nt
    xt(p) = 2*real(sum(ck(2:end).*exp(j*wk(2:end)*t(p))));
end;
xt = ck(1) + xt;         % Hinzufügen des Mittelwertes
figure(2);     clf;
stem(n*Ts, xd);         hold on;
plot(t, xt);            hold off;
   title('Ursprüngliche Sequenz und die angenäherte Funktion')
   xlabel('Zeit in s'); grid on;
```

Mit der analytischen Annäherung kann man sehr einfach z.B. die ersten zwei Ableitungen $v_x(t)$ und $a_x(t)$ dieser Funktion analytisch bestimmen:

$$\begin{aligned} x_t(t) &= c_0 + 2 * \mathcal{R}eal\left\{\sum_{k=1}^{n_{sig}-1} c_k e^{jk\,\omega_0\,t}\right\} \\ v_x(t) &= 2 * \mathcal{R}eal\left\{\sum_{k=1}^{n_{sig}-1} c_k k\,\omega_0\, e^{jk\,\omega_0\,t}\right\} \\ a_x(t) &= -2 * \mathcal{R}eal\left\{\sum_{k=1}^{n_{sig}-1} c_k (k\,\omega_0)^2\, e^{jk\,\omega_0\,t}\right\} \end{aligned} \tag{3.47}$$

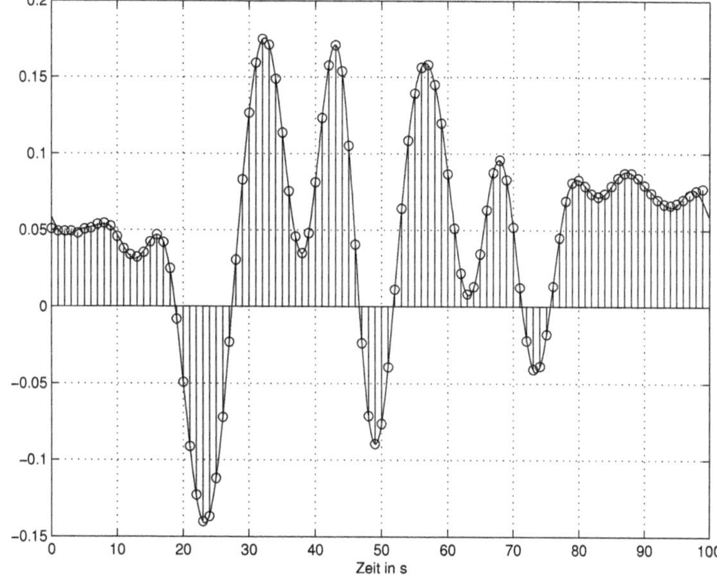

Abb. 3.28: Ursprüngliche Sequenz und die angenäherte Funktion (funktion_annaeher1.m)

Dabei ist $\omega_0 = 2\pi/T_{period}$ die Grundfrequenz. Die erste Gleichung stellt die analytische Annäherung dar (die der Gl. 3.15 entspricht) und die nächsten zwei stellen die erste und zweite Ableitung dar. Zu bemerken sei noch, dass in MATLAB die Indizes mit eins beginnen und somit ist der Koeffizient c_0 aus den mathematischen Formeln gleich `c(1)` und die Harmonischen entsprechen den Koeffizienten `c(2), c(3), ... ,c(end)`. Ähnlich sind auch die Frequenzen der Harmonischen in `w(2),w(3), ...,w(end)` enthalten und stellen die Werte $k\omega_0,\ k = 1, 2, 3, \ldots, n_{sig}$ dar.

```
% ------- Analytische Ableitungen
vx = zeros(1,nt);
for p = 1:nt
    vx(p) = 2*real(sum(j*wk(2:end).*ck(2:end)...
            .*exp(j*wk(2:end)*t(p))));
end;
ax = zeros(1,nt);
for p = 1:nt
    ax(p) = -2*real(sum((wk(2:end).^2).*ck(2:end)...
            .*exp(j*wk(2:end)*t(p))));
end;
figure(3);     clf;
subplot(311), plot(t, xt);          grid on;
   title('Über die Fourier-Reihe angenäherte Funktion');
   xlabel('Zeit in s');
subplot(312), plot(t, vx);          grid on;
   title('Erste Ableitung der angenäherten Funktion');
   xlabel('Zeit in s');
subplot(313), plot(t, ax);          grid on;
   title('Zweite Ableitung der angenäherten Funktion');
   xlabel('Zeit in s');
```

Mit dieser Methode kann man für viele gemessene Signale analytische Ausdrücke bilden, die man dann weiter in Untersuchungen einsetzen kann.

3.5 Die Fourier-Transformation zeitkontinuierlicher Signale

Für aperiodische Funktionen mit begrenzter Dauer, d. h.

$$x(t) = 0 \qquad \text{für} \qquad |t| > T_1 \tag{3.48}$$

erhält man die Darstellung im Frequenzbereich mit Hilfe der Fourier-Transformation. Die Fourier-Transformation kann man aus der Fourier-Reihe durch Grenzwertübergang der Periode nach unendlich herleiten.

Dazu wird das aperiodische Signal zu einem periodischen Signal mit der Periode $T_0 >> 2T_1$ erweitert. Für dieses Signal kann man die Fourier-Reihe benutzen:

$$x(t) = \sum_{k=-\infty}^{\infty} c_k\, e^{jk\omega_0\, t} \qquad \text{mit} \qquad c_k = \frac{1}{T_0}\int_{-T_0/2}^{T_0/2} x(t)e^{-jk\omega_0\, t}dt \tag{3.49}$$

Hier ist $\omega_0 = 2\pi/T_0$ die Kreisfrequenz des jetzt periodischen Signals, das aus dem aperiodischen gebildet wurde. Die Gleichung für $x(t)$ wird:

$$x(t) = \frac{1}{2\pi} \sum_{k=-\infty}^{\infty} e^{jk\omega_0\, t}\Big(\int_{-T_0/2}^{T_0/2} x(t)e^{-jk\omega_0\, t}dt \Big)\omega_0 \tag{3.50}$$

Für $T_0 \to \infty$ geht die Frequenz $\omega_0 = 2\pi/T_0 \to \Delta\omega$ in eine infinitesimale Frequenz $d\omega$ über und die diskreten Frequenzen $k\omega_0$ werden zu einer kontinuierlichen Frequenz $k\omega_0 \to \omega$. Aus der Summe wird ein Integral, so dass die Gleichung für $x(t)$ durch

$$x(t) = \frac{1}{2\pi} \int_{\omega=-\infty}^{\infty} e^{j\omega\, t}\Big(\int_{t=-\infty}^{\infty} x(t)e^{-j\omega\, t}dt \Big)d\omega \tag{3.51}$$

gegeben ist.

Das innere Integral stellt jetzt die Fourier-Transformation $X(j\omega)$ des aperiodischen, zeitbegrenzten Signals $x(t)$ dar (die Hintransformation):

$$X(j\omega) = \int_{t=-\infty}^{\infty} x(t)\, e^{-j\omega\, t}dt \tag{3.52}$$

Die Gleichung (3.51) für $x(t)$ beschreibt jetzt die inverse Fourier-Transformation (die Rücktransformation):

$$x(t) = \frac{1}{2\pi} \int_{\omega=-\infty}^{\infty} X(j\omega)\, e^{j\omega\, t}d\omega \tag{3.53}$$

Wenn anstatt der Kreisfrequenz $\omega = 2\pi f$ die Frequenz f als Variable des Spektrums benutzt wird, dann werden Hin- und Rücktransformationsformel symmetrisch.

$$X(2\pi f) = \int_{t=-\infty}^{\infty} x(t)e^{-j2\pi f\, t}dt, \qquad x(t) = \int_{f=-\infty}^{\infty} X(2\pi f)e^{j2\pi f\, t}df \tag{3.54}$$

Man darf nicht vergessen, dass die Fourier-Transformierte $X(2\pi f)$ eine komplexe Funktion ist. Symbolisch werden folgende Bezeichnungen benutzt:

$$X(j\omega) = \mathcal{F}\{x(t)\} \qquad \text{und} \qquad x(t) = \mathcal{F}^{-1}\{X(j\omega)\} \tag{3.55}$$

3.5.1 Fourier-Spektrum

Die komplexe Fourie-Transformierte kann auch durch

$$X(j\omega) = |X(j\omega)|e^{j\varphi(\omega)} \tag{3.56}$$

dargestellt werden. So wie bei der Fourier-Reihe, für die das Amplituden- und Phasenspektrum im Frequenzbereich definiert wurde, wird auch für die aperiodischen, zeitbegrenzten Signale ein Spektrum (Fourier-Spektrum) definiert. Der Betrag $|X(j\omega)|$ bildet das Betragsspektrum und $\varphi(\omega)$ stellt das Phasenspektrum dar.

Für reelle Signale gilt:

$$\begin{aligned} &X(-j\omega) = X^*(j\omega) \\ &|X(-j\omega)| = |X(j\omega)| \qquad \text{und} \qquad \varphi(-\omega) = -\varphi(\omega) \end{aligned} \tag{3.57}$$

Als Beispiel wird die Fourier-Transformation einer abklingenden Exponentialfunktion

$$x(t) = e^{-at}u(t) \qquad a > 0 \tag{3.58}$$

ermittelt und dargestellt. Hier stellt $u(t)$ den Einheitssprung dar, so dass $x(t) = 0$ für $t < 0$ ist.

Gemäß Definition ist die Fourier-Transformation durch

$$X(j\omega) = \int_{t=-\infty}^{\infty} e^{-at}u(t)e^{-j\omega t}dt = \int_{t=0^+}^{\infty} e^{-(a+j\omega)t}dt = \frac{1}{a+j\omega} \tag{3.59}$$

gegeben.

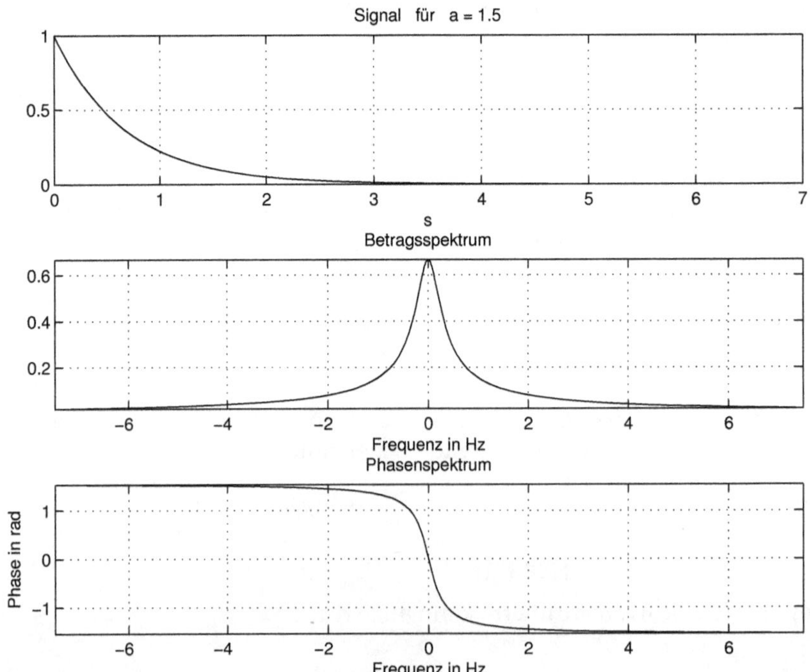

Abb. 3.29: Das Fourier-Spektrum einer abklingenden Exponentialfunktion für a = 1.5 (FT_exponential_1.m)

Das Betrags- und Phasenspektrum (Fourier-Spektrum) sind sehr einfach zu bestimmen:

$$|X(j\omega)| = \frac{1}{\sqrt{a^2 + \omega^2}} \qquad \text{und} \qquad \varphi(\omega) = -\text{atan}(\frac{\omega}{a}) \tag{3.60}$$

Mit dem Skript `FT_exponential_1.m` wird das Fourier-Spektrum ermittelt und dargestellt

```
% Skript FT_exponential_1,m, in dem die Fourier-Transformation
% einer abklingenden Funktion ermittelt und dargestellt wird
clear;
% ------- Signal
a = 1.5
dt = (1/a)/100;          t = 0:dt:10*(1/a)-dt;          nt = length(t);
x = exp(-a*t);     % Signal
% ------- Theoretische Fourier-Transformation
df = a/100;                 f = -5*a:df:5*a;
omega = 2*pi*f;
X = 1./(a + j*omega);
betrag_X = abs(X);                    phase_X = angle(X);
%####################
figure(1);     clf;
subplot(311), plot(t, x);
   title(['Signal   für   a = ', num2str(a)]);    xlabel('s');
   grid on;
subplot(312), plot(f, betrag_X);
   title('Betragsspektrum'); axis tight
   xlabel('Frequenz in Hz'); grid on;
subplot(313), plot(f, phase_X);
   title('Phasenspektrum');   axis tight
   xlabel('phase in rad'); grid on;
```

Abb. 3.29 zeigt oben die Exponentialfunktion und darunter ihr Betrags- und Phasenspektrum. Man erkennt die Eigenschaften gemäß Gl. (3.57).

3.5.2 Konvergenz der Fourier-Transformation

Die hinreichenden Bedingungen für die Konvergenz der Fourier-Transformation sind wie bei der Fourier-Reihe durch die Dirichlet-Bedingungen gegeben:

1) x(t) muss absolut integrierbar sein:

$$\int_{-\infty}^{\infty} |x(t)|dt < \infty \tag{3.61}$$

2) x(t) besitzt eine begrenzte Anzahl von Maxima und Minima in jedem finiten Intervall t

3) x(t) hat eine begrenzte Anzahl von begrenzten Diskontinuitäten in jedem finiten Intervall t

Diese Bedingungen garantieren die Existenz der Fourier-Transformation. Wenn auch die spezielle Delta-Funktion zugelassen wird, dann haben auch Signale, die diese Bedingungen nicht erfüllen eine Fourier-Transformation.

So z.B. erfüllt der Einheitssprung $u(t)$ diese Bedingungen nicht, aber mit der Delta-Funktion kann man auch hier eine Fourier-Transformierte definieren:

$$x(t) = u(t) \qquad \mathcal{F}\{u(t)\} = \pi\delta(\omega) + \frac{1}{j\omega} \tag{3.62}$$

Sehr wichtig in der Nachrichtentechnik ist die Fourier-Transformierte einer sinus- oder cosinusförmigen Funktion:

$$\begin{aligned} x(t) &= \cos(\omega_0 t) \qquad & \mathcal{F}\{x(t)\} &= \pi[\delta(\omega-\omega_0) + \delta(\omega+\omega_0)] \\ x(t) &= \sin(\omega_0 t) \qquad & \mathcal{F}\{x(t)\} &= -j\,\pi[\delta(\omega-\omega_0) - \delta(\omega+\omega_0)] \end{aligned} \tag{3.63}$$

Diese Ergebnisse sind so zu interpretieren, dass die ganze Leistung dieser Signale bei der Frequenz ω_0 und $-\omega_0$ konzentriert ist.

Direkt aus der Definition der Fourier-Transformation und der Ausblendeigenschaft der Delta-Funktion erhält man:

$$x(t) = \delta(t) \qquad \mathcal{F}\{\delta(t)\} = \int_{-\infty}^{\infty} \delta(t)e^{-j\omega\, t}dt = e^{-j\omega t}|_{t=0} = 1 \tag{3.64}$$

Einige Eigenschaften der Fourier-Transformation sind in Tabelle 3.1 gezeigt und einige Fourier-Transformationspaare sind in Tabelle 3.2 dargestellt.

Die Gleichungen (3.65) stellen die Parseval-Gleichungen dar [11]. Die letzte Gleichung ist auch als Parseval-Theorem oder Energie-Theorem bekannt. Sie besagt, dass die Energie eines Signals sowohl über die Integration des quadratischen Signals im Zeitbereich, als auch über die Integration des quadratischen Betragsspektrums im Frequenzbereich berechnet werden kann.

$$\begin{aligned} &\int_{-\infty}^{\infty} x_1(\lambda)X_2(\lambda)d\lambda = \int_{-\infty}^{\infty} X_1(\lambda)x_2(\lambda)d\lambda \\ &\int_{-\infty}^{\infty} x_1(t)x_2(t)dt = \frac{1}{2\pi}\int_{-\infty}^{\infty} X_1(j\omega)X_2(-\omega)d\omega \\ &\int_{-\infty}^{\infty} |x(t)|^2 dt = \frac{1}{2\pi}\int_{-\infty}^{\infty} |X(j\omega)|^2 d\omega \end{aligned} \tag{3.65}$$

3.6 DFT-Annäherung der Fourier-Transformation zeitkontinuierlicher Signale

Für die Ermittlung der Fourier-Transformation aperiodischer Signale, für die man keine analytische Form kennt, bietet sich dasselbe numerische Werkzeug wie für

Tabelle 3.1: Eigenschaften der Fourier-Transformation

Pos.	Eigenschaft	Signal	Fourier-Transformation
1		$x(t)$	$X(j\omega)$
2		$x_1(t)$	$X_1(j\omega)$
3		$x_2(t)$	$X_2(j\omega)$
4	Linearität	$a_1x_1(t) + a_2x_2(t)$	$a_1X_1(j\omega) + a_2X_2(j\omega)$
5	Zeitverschiebung	$x(t - t_0)$	$e^{-j\omega t_0}\, X(j\omega)$
6	Frequenzverschiebung	$e^{j\omega_0 t}\, x(t)$	$X(j(\omega - \omega_0))$
7	Zeitskalierung	$x(at)$	$\frac{1}{\|a\|}X\left(\frac{j\omega}{a}\right)$
8	Zeitumkehrung	$x(-t)$	$X(-j\omega)$
9	Dualität	$X(t)$	$2\pi x(-\omega)$
10	Zeitableitung	$\frac{dx(t)}{dt}$	$j\omega X(j\omega)$
11	Frequenzableitung	$(-jt)x(t)$	$\frac{dX(j\omega)}{d\omega}$
12	Integration	$\int_{-\infty}^{t} x(\tau)d\tau$	$\pi X(0)\delta(\omega) + \frac{1}{j\omega}X(j\omega)$
13	Faltung	$x_1(t) * x_2(t)$	$X_1(j\omega)X_2(j\omega)$
14	Multiplikation	$x_1(t)x_2(t)$	$\frac{1}{2\pi}X_1(j\omega) * X_2(j\omega)$
15	Reellsignal	$x(t) = x_g(t) + x_u(t)$	$X(j\omega) = A(\omega) + jB(\omega)$
			$X(-j\omega) = X^*(j\omega)$
	Geradekomponente	$x_g(t)$	$R_e\{X(j\omega)\} = A(\omega)$
	Ungeradekomponente	$x_u(t)$	$jI_m\{X(j\omega)\} = jB(\omega)$

Tabelle 3.2: Einige Fourier-Transformationspaare

Pos.	$x(t)$	$X(j\omega)$
1	$\delta(t)$	1
2	$\delta(t-t_0)$	$e^{-j\omega t_0}$
3	1	$2\pi\delta(\omega)$
4	$e^{j\omega_0 t}$	$2\pi\delta(\omega-\omega_0)$
5	$\cos(\omega_0 t)$	$\pi[\delta(\omega-\omega_0)+\delta(\omega+\omega_0)]$
6	$\sin(\omega_0 t)$	$-j\pi[\delta(\omega-\omega_0)+\delta(\omega+\omega_0)]$
7	$u(t)$	$\pi\delta(\omega)+\dfrac{1}{j\omega}$
8	$u(-t)$	$\pi\delta(\omega)-\dfrac{1}{j\omega}$
9	$e^{-at}u(t), \quad a>0$	$\dfrac{1}{j\omega+a}$
10	$te^{-at}u(t), \quad a>0$	$\dfrac{1}{(j\omega+a)^2}$
11	$te^{-a\|t\|}, \quad a>0$	$\dfrac{2a}{(\omega^2+a^2)}$
12	$\dfrac{1}{a^2+t^2}$	$e^{-a\|\omega\|}$
13	$e^{-at^2}, \quad a>0$	$\sqrt{\dfrac{\pi}{a}}e^{-\omega^2/4a}$
14	$p_a(t)=\begin{cases}1 & \|t\|<a\\ 0 & \|t\|>0\end{cases}$	$2a\dfrac{\sin(\omega a)}{\omega a}$
16	$\dfrac{\sin(at)}{\pi t}$	$p_a(\omega)=\begin{cases}1 & \|\omega\|<a\\ 0 & \|\omega\|>0\end{cases}$
17	$\mathrm{sign}(t)$	$\dfrac{2}{j\omega}$
18	$\sum\limits_{n=-\infty}^{\infty}\delta(t-nT)$	$\omega_0\sum\limits_{n=-\infty}^{\infty}\delta(\omega-n\omega_0), \;\; \omega_0=\dfrac{2\pi}{T}$

die Fourier-Reihe und zwar die DFT (oder FFT) an. Das Definitionsintegral gemäß Gl. (3.52)

$$X(j\omega)=\int_{-\infty}^{\infty}x(t)e^{-j\omega\, t}dt \qquad \text{mit} \quad -\infty<\omega<\infty$$

wird für ein kausales Signal mit begrenzter Dauer durch folgende Summe angenähert:

$$X(j\omega) \cong \hat{X}(j\omega) = \sum_{n=0}^{N-1} x(nT_s)e^{-j\omega\, nT_s}T_s = T_s \sum_{n=0}^{N-1} x(nT_s)e^{-j\omega\, nT_s} \tag{3.66}$$

Es wurde angenommen, dass das aperiodische Signal nur für $t \geq 0$ definiert ist und der Zeitbereich mit signifikanten Werten wird in N Intervalle der Größe T_s unterteilt. Mit anderen Worten, es wird vorausgesetzt, dass $x(t) \to 0$ für $t \to \infty$ und nur ein begrenzter Zeitbereich untersucht werden muss. Dieser Bereich wird mit einer Abtastfrequenz $f_s = 1/T_s$ zeitdiskretisiert.

Die Annäherung der Fourier-Transformation $\hat{X}(j\omega)$ als kontinuierliche komplexe Funktion von ω ist periodisch mit der Periode $\omega_s = 2\pi f_s = 2\pi/T_s$, was wiederum bedeutet, dass man nur eine Periode untersuchen muss. Für reelle Signale $x(t)$ bzw. $x(nT_s)$ ist eine Hälfte dieser Periode die konjugiert Komplexe der zweiten Hälfte.

Für die numerische Auswertung muss auch ω diskretisiert werden. Um zur DFT zu gelangen, wird der Frequenzbereich einer Periode von 0 bis $2\pi/T_s = 2\pi f_s$ auch in N Intervalle unterteilt. Der laufende Wert ω_k ist dann:

$$\omega_k = \Delta\omega\, k = \frac{2\pi}{T_s}\frac{k}{N} = 2\pi k\frac{f_s}{N} \tag{3.67}$$

Die numerische Annäherung wird zu:

$$\hat{X}(\Delta\omega k) = T_s \sum_{n=0}^{N-1} x(nT_s)e^{-j2\pi nk/N} = T_s X_k \tag{3.68}$$

Wobei X_k die DFT der zeitdiskreten Sequenz $x(nT_s) = x[n],\ n = 0, 1, 2, \ldots, N-1$ ist. Es ist schon bekannt, wenn N eine ganze Potenz von 2 ist, dann kann die DFT über die FFT effizienter berechnet werden.

Wenn die korrekte Fourier-Transformation bandbegrenzt ist, so dass sich $X(j\omega)$ bis $\omega_{max} = \pm 2\pi f_{max}$ ausdehnt, dann muss laut Abtasttheorem $f_s \geq 2f_{max}$ sein und daraus ergibt sich folgende Bedingung für die Abtastperiode T_s:

$$T_s \leq \frac{1}{2f_{max}} \tag{3.69}$$

Eine gewünschte Frequenzauflösung der DFT, die durch $\Delta\omega = 2\pi f_s/N$ oder $\Delta f = f_s/N$ gegeben ist, ergibt eine Bedingung bezüglich der Anzahl N der nötigen Abtastwerte:

$$N \geq \frac{2\pi}{\Delta\omega T_s} = \frac{f_s}{\Delta f} \tag{3.70}$$

Wenn die Fourier-Transformation eines aperiodischen Signals Anteile oberhalb von $f_s/2$ besitzt, werden diese in der DFT in das erste Nyquist-Intervall verschoben und es entsteht Aliasing. Das führt zu Fehlern in der Annäherung der Fourier-Transformation mit Hilfe der DFT (oder FFT). Die Diskussion bezüglich der Annäherung der Fourier-Reihe über die DFT bleibt auch hier gültig.

3.6.1 Beispiel: Annäherung der Fourier-Transformation eines Pulses

Die Fehler, die bei der Annäherung über die DFT entstehen, werden am Beispiel eines Pulses der Dauer τ und Höhe h gezeigt. Es wird angenommen, dass der Puls bei $t = 0$ beginnt. Die Fourier-Transformation ist sehr einfach zu berechnen:

$$X(j\omega) = \int_0^{\tau} he^{-j\omega t}dt\,, \qquad X(j2\pi f) = \tau h e^{-j\pi f\tau}\frac{\sin(\pi f\tau)}{\pi f\tau} \tag{3.71}$$

Im Skript `fourier_transf1.m` wird der Betrag der Fourier-Transformation mit dem Betrag der Annäherung über die DFT verglichen:

```
% Skript fourier_transf1.m, in dem die Annäherung der
% Fourier-Transformation eines Pulses über die DFT
% untersucht wird
clear;
% ------ Initialisierungen
tau = 1e-6;                 % Dauer des Pulses
h = 1;                      % Höhe des Pulses
f_max = 5/tau;              % Angenommene maximale frequenz
Ts = 1/(2*f_max);           % Abtastperiode
fs = 1/Ts;                  % Abtastfrequenz
df = 1/(tau*10);            % Auslösung der DFT
N = round(fs/df);           % Anzahl der Abtastwerte
% ------ Diskretisierter Puls
np = round(tau/Ts);         % Anzahl der Abtastwerte im Puls
x = h*[ones(1, np), zeros(1, N-np)];        % Puls
% ------ Korrekte Fourier-Transformation
f = 0:df:fs;
X = h*tau*sinc(f*tau);  % Korrekte FT
% ------ Annäherung über die DFT
Xdft = Ts*fft(x);           % Annäherung
%----------------------
figure(1);      clf;
subplot(311), stem((0:N-1)*Ts, x);
   title(['Puls der Dauer tau = ',num2str(tau)]);
   xlabel('Zeit in s');     grid on;
subplot(312), plot(f, abs(X));
hold on;        stem((0:N-1)*fs/N, abs(Xdft));        hold off;
   title(['Betrag der korrekten FT und der DFT-Annäherung']);
   xlabel(['Hz     (fs = ',num2str(fs/1e6),' MHz)']);  grid on;
```

```
% ------ Darstellung im Bereich -fs/2 bis fs/2
f = -fs/2+df:df:fs/2;
X = h*tau*sinc(f*tau);  % Korrekte FT
Xdft = fftshift(Xdft);  % Annäherung
subplot(313), plot(f, abs(X));
hold on;        stem((-N/2:N/2-1)*fs/N, abs(Xdft));        hold off;
   title(['Betrag der korrekten FT und der DFT-Annäherung']);
   xlabel(['Hz    (fs = ',num2str(fs/1e6),' MHz)']); grid on;
```

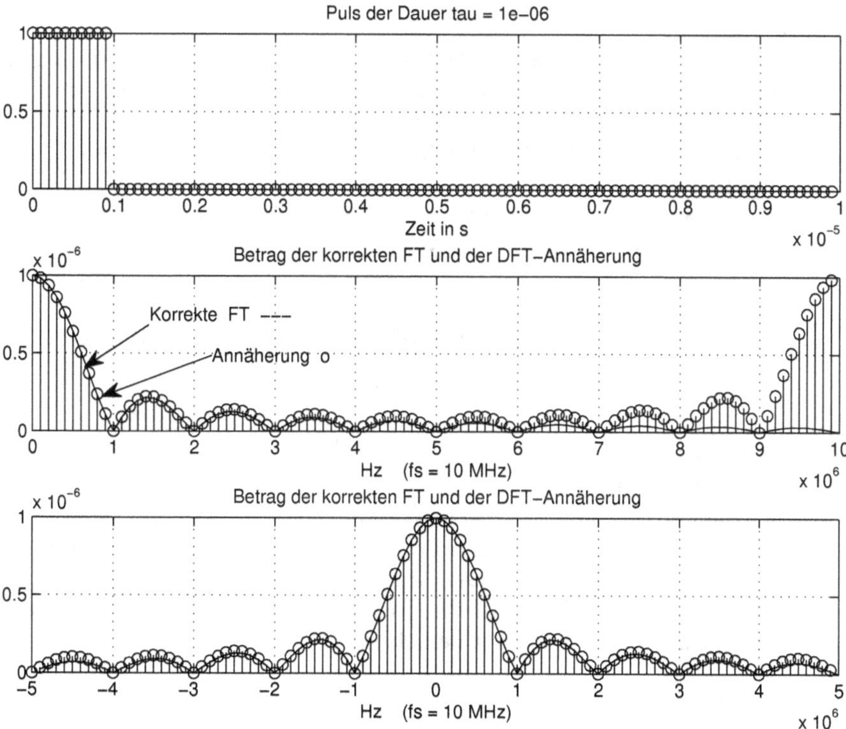

Abb. 3.30: Puls und die Beträge der Fourier-Transformation und der DFT-Annäherung (fourier_transf1.m)

Die Auflösung der DFT wurde so gewählt, dass 10 Werte in einem Frequenzintervall gleich $1/\tau$ enthalten sind. Die Nullstellen der Fourier-Transformation treten bei Vielfachen der Frequenz $f_0 = 1/\tau$ auf.

Abb. 3.30 zeigt den zeitdiskretisierten Puls und den Betrag der Fourier-Transformation bzw. der Annäherung über die DFT. Mit Hilfe der Funktion **fftshift** wurde die letzte Darstellung erhalten, in der der Frequenzbereich $-f_s/2 \leq f \leq f_s/2$ statt des Bereichs $0 \leq f \leq f_s$ verwendet wird.

Die Stützstellen (Bins) m der DFT haben im Bereich $0 \leq f \leq f_s$ folgende Frequenzen:

$$f_m = m\frac{f_s}{N} \qquad \text{mit} \qquad m = 0,\ 1,\ ,\dots, N-1 \tag{3.72}$$

Für den Bereich $-f_s/2 \leq f \leq f_s/2$ wird f_m durch

$$f_m = m\frac{f_s}{N} \quad \text{mit} \quad m = -N/2,\ \dots,\ 0,\ \dots, N/2-1 \quad (N \quad \text{gerade}) \tag{3.73}$$

gegeben.

Der Betrag der Fourier-Transformation ist in Abb. 3.30 mit kontinuierlicher Linie dargestellt. Wegen der Periodizität der DFT entstehen Fehler in der Annäherung, die für den Bereich $0 \leq f \leq f_s/2$ am größten in der Umgebung von $f_s/2$ sind. Mit der Zoom-Funktion kann die Spektraldarstellung näher untersucht werden, um die Aussage zu überprüfen.

Dem Leser wird empfohlen mit diesem Skript weitere Untersuchungen durchzuführen, wie z.B. die Anzahl der verwendeten Abtastwerte zu verkleinern oder zu vergrößern.

3.6.2 Beispiel: Annäherung der Fourier-Transformation eines dreieckigen Pulses

Der rechteckige Puls ist ein Signal mit einem breiten Spektrum. Bei aperiodischen Signalen, deren Spektrum rascher zu null abklingt, ist die Annäherung über die DFT mit kleineren Fehlern behaftet.

Als Beispiel wird die Fourier-Transformation eines dreieckigen Pulses mit der DFT-Annäherung untersucht. Zuerst wird die Fourier-Transformation des dreieckigen Pulses $x(t)$ aus Abb. 3.31a ermittelt. Die Ableitung dieses Signals $y(t)$ ist in Abb. 3.31b dargestellt. Für diese Ableitung ist die Fourier-Transformation $Y(j\omega)$ relativ einfach zu berechnen. Danach wird mit der Beziehung

$$y(t) = \frac{dx(t)}{dt} \qquad \rightarrow \qquad Y(j\omega) = j\omega X(j\omega) \tag{3.74}$$

die Fourier-Transformation des dreieckigen Pulses $X(j\omega)$ ermittelt.

Gemäß Definition ist $Y(j\omega)$ durch

$$Y(j\omega) = \int_0^{\tau/2} \Big(\frac{2h}{\tau}\Big) e^{-j\omega t} dt + \int_{\tau/2}^{\tau} \Big(-\frac{2h}{\tau}\Big) e^{-j\omega t} dt \tag{3.75}$$

gegeben. Diese Integrale führen auf folgendes Ergebnis:

$$Y(j\omega) = \frac{4h}{\tau}\Big(\frac{1}{-j\omega}\Big) e^{-j\omega\tau/2}(1-\cos(\omega\tau/2)) \tag{3.76}$$

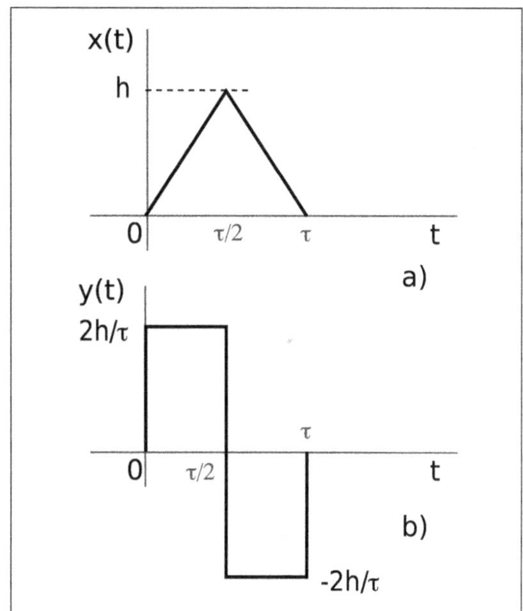

Abb. 3.31: Dreieckiger Puls und dessen Ableitung

Daraus ergibt sich für $X(j\omega)$ die Form:

$$X(j\omega) = \frac{Y(j\omega)}{j\omega} = \frac{4h}{\tau}\Big(\frac{1}{\omega^2}\Big)e^{-j\omega\tau/2}(1 - \cos(\omega\tau/2)) \tag{3.77}$$

Im Skript `fourier_transf2.m` ist diese Untersuchung programmiert. Das Skript wurde durch Anpassung des Skripts `fourier_transf1.m` gebildet:

```
% Skript fourier_transf2.m, in dem die Annäherung der
% Fourier-Transformation eines Dreieck-Pulses über die DFT
% untersucht wird
clear;
% ------ Initialisierungen
tau = 1e-6;                % Dauer des Pulses
h = 1;                     % Höhe des Pulses
f_max = 5/tau;             % Angenommene maximale frequenz
Ts = 1/(2*f_max);          % Abtastperiode
fs = 1/Ts;                 % Abtastfrequenz
df = 1/(tau*10);           % Auslösung der DFT
N = round(fs/df);          % Anzahl der Abtastwerte
% ------ Diskretisierter Puls
np = round(tau/Ts);        % Anzahl der Abtastwerte im Puls
x = h*[[(0:np/2),np/2-1:-1:0]*2/np, zeros(1, N-np-1)];        % Puls
% ------ Annäherung über die DFT
Xdft = Ts*fft(x);          % Annäherung
% ------ Korrekte FT
```

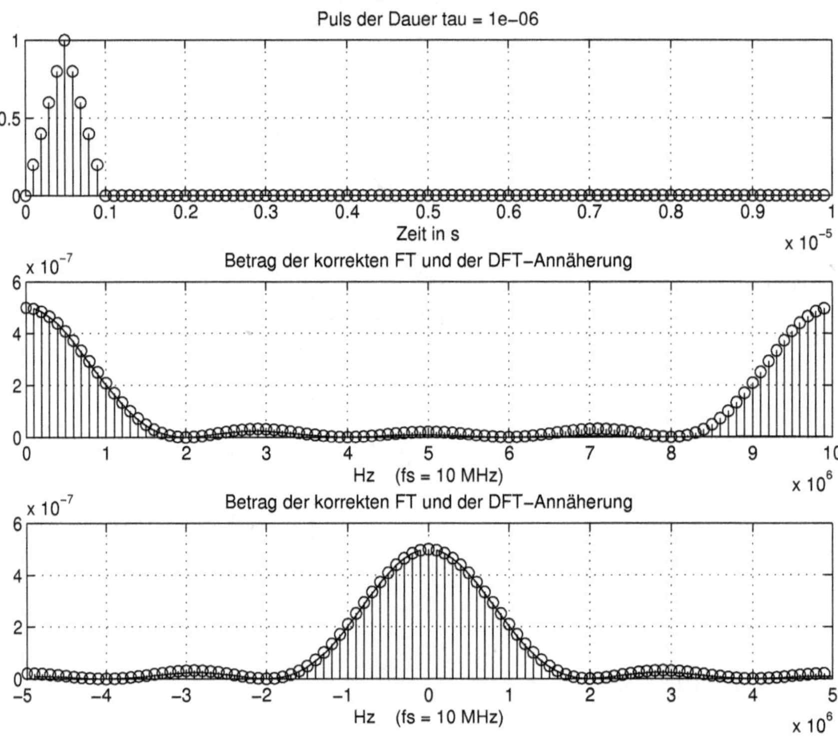

Abb. 3.32: Dreieckiger Puls und die Beträge der Fourier-Transformation und der DFT-Annäherung (fourier_transf2.m)

```
df = 1e6/10;
f = 0:df:fs;
X = (4*h/tau)*(1./((2*pi*f).^2)).*(1-cos(2*pi*f*tau/2)).*...
    exp(-j*2*pi*f*tau/2);
%----------------------
figure(1);      clf;
subplot(311), stem((0:N-1)*Ts, x);
   title(['Puls der Dauer tau = ',num2str(tau)]);
   xlabel('Zeit in s');     grid on;
subplot(312), plot(f, abs(X));
hold on;        stem((0:N-1)*fs/N, abs(Xdft));       hold off;
   title(['Betrag der korrekten FT und der DFT-Annäherung']);
   xlabel(['Hz    (fs = ',num2str(fs/1e6),' MHz)']);  grid on;

% ------ Darstellung im Bereich -fs/2 bis fs/2
f = -fs/2+df:df:fs/2;
X = (4*h/tau)*(1./((2*pi*f).^2)).*(1-cos(2*pi*f*tau/2)).*...
    exp(-j*2*pi*f*tau/2);
Xdft = fftshift(Xdft);  % Annäherung
```

```
subplot(313), plot(f, abs(X));
hold on;        stem((-N/2:N/2-1)*fs/N, abs(Xdft));        hold off;
   title(['Betrag der korrekten FT und der DFT-Annäherung']);
   xlabel(['Hz    (fs = ',num2str(fs/1e6),' MHz)']);  grid on;
```

Das Signal und die Beträge der Fourier-Transformation sowie der DFT-Annäherung sind in Abb. 3.32 dargestellt. Wie man sieht sind die Fehler in diesem Fall viel kleiner.

3.6.3 Der Effekt der Nullerweiterung

Es ist sehr wichtig zu verstehen, was geschieht, wenn man das aperiodische Signal mit Nullwerten erweitert. Sicher wird dadurch die Anzahl der Stützstellen (Bins) der DFT vergrößert. Es scheint als würde sich dadurch auch die Auflösung der DFT vergrößern. In Wirklichkeit sind die zusätzlichen Werte nur Interpolationswerte und die Auflösung wird nicht erhöht.

Ein kleines Experiment soll den Sachverhalt näher und verständlicher erläutern. Es wird ein aperiodisches Signal bestehend aus zwei abklingenden Sinus-Schwingungen verwendet, um den Einfluss der Erweiterung des Signals mit Nullstellen (im Englischen: *zero-padding*) im Skript `zero_padding_1.m` zu untersuchen.

```
% Skript zero_padding_1.m, in dem der Einfluss
% der Nullerweiterung untersucht wird
clear;
% -------- Signal dicht abgetastet
dt = 1e-3;              fsk = 1/dt;
Nk = 2000;
t = 0:dt:(Nk-1)*dt;
tau = fix(Nk/2)*dt;
f1 = 50;                     f2 = 51;    % Frequenzen der Signale
ampl1 = 1;              ampl2 = 1; % Amplituden der Signale
x = exp(-t/tau).*(ampl1*sin(2*pi*f1*t) + ...
    ampl2*cos(2*pi*f2*t));
delta_fk = fsk/Nk,     % Auflösung für dicht abgetastet

% -------- Diskretisierung
fsd = 200;              % Abtastfrequenz
Tsd = 1/fsd;
Nd = 100;
td = 0:Tsd:(Nd-1)*Tsd;
xd = exp(-td/tau).*(ampl1*sin(2*pi*f1*td) + ...
    ampl2*cos(2*pi*f2*td));
nd = length(xd);
delta_fd =fsd/Nd,       % Auflösung der DFT
%----------------------------
figure(1);  clf;
subplot(211), plot(t, x);
   title(['Kontinuierliches Signal    (Ts = dt = ',...
    num2str(dt),')']);
   xlabel('Zeit in s'); grid on;
```

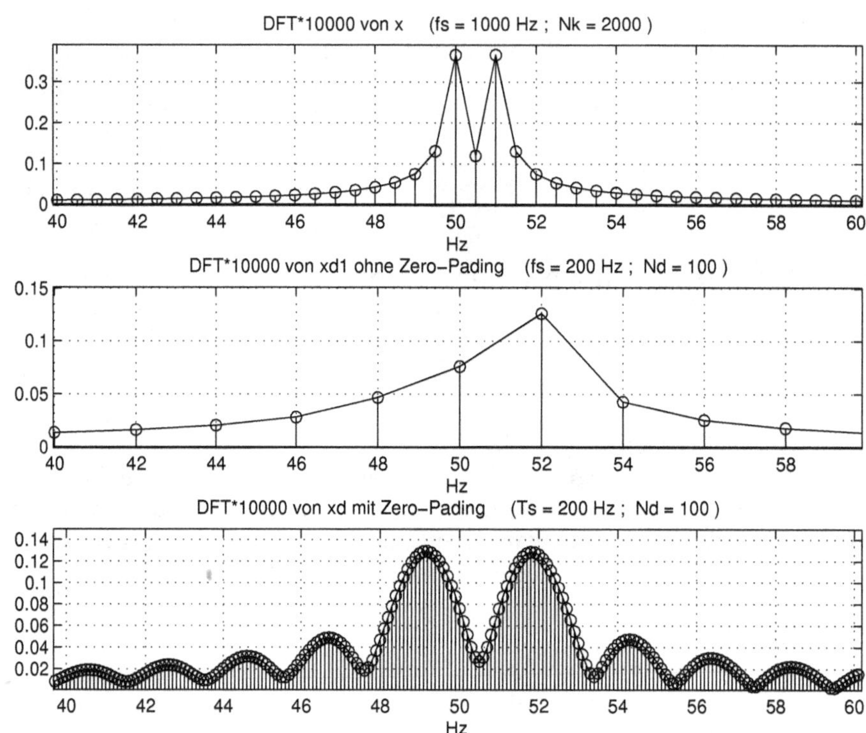

Abb. 3.33: a) DFT des dicht abgetasteten Signals b) DFT für eine Auflösung von 2 Hz/Bin c) DFT des Signals mit Nullerweiterung (zero_padding_1.m)

```
subplot(212), plot(td, xd);
   title(['Zeitdiskretes Signal      (Ts = Ts1 = ',...
    num2str(Tsd),')']);
   xlabel('Zeit in s'); grid on;
% -------- DFT-Spektrum ohne Zero-Pading
X = fft(x);
Xd = fft(xd);
nt = Nk
%----------------------------
figure(2);
subplot(311), plot((0:nt-1)/(dt*nt), (abs(dt*X)));
   title(['DFT*10000 von x     (fs = ',...
       num2str(1/dt),' Hz ;  Nk = ',num2str(Nk),' )']);
   xlabel('Hz');          grid on;
   hold on;
   stem((0:nt-1)/(dt*nt), (abs(dt*X)));
   hold off
subplot(312), plot((0:nd-1)/(Tsd*nd), (abs(Tsd*Xd)));
   title(['DFT*10000 von xd1 ohne Zero-Pading    (fs = ',...
```

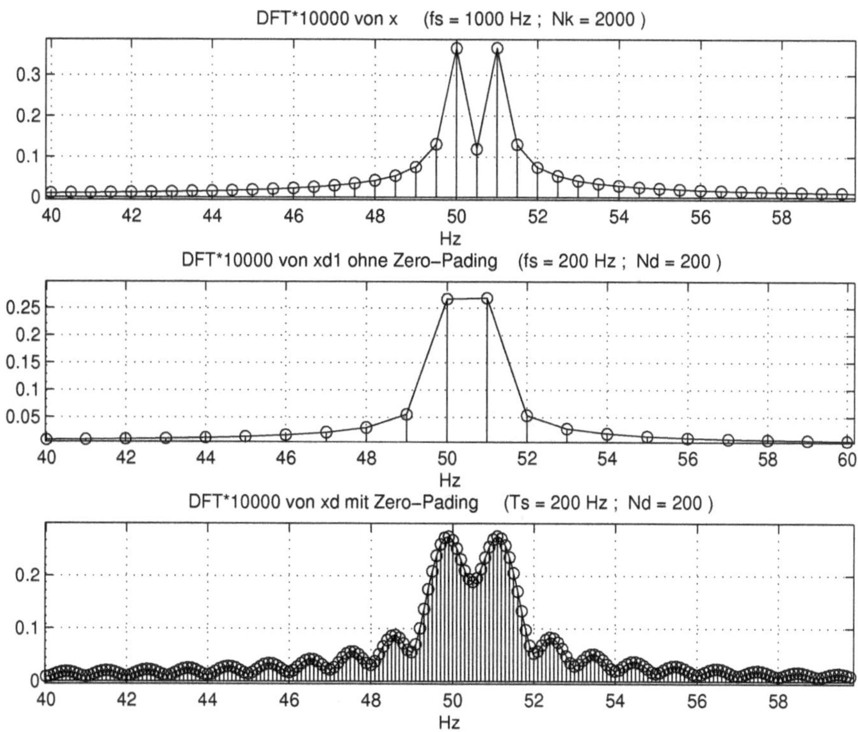

Abb. 3.34: a) DFT des dicht abgetasteten Signals b) DFT für eine Auflösung von 1 Hz/Bin c) DFT des Signals mit Nullerweiterung (zero_padding_1.m)

```
        num2str(1/Tsd),' Hz ;  Nd = ',num2str(Nd),' )']);
    xlabel('Hz');           grid on;
    hold on;
    stem((0:nd-1)/(Tsd*nd),(abs(Tsd*Xd)));
    hold off
% -------- DFT-Spektrum mit Zero-Pading
% zu nd Abtastwerten werden Nullwerte bis nt hizugefügt
Xd1 = fft(xd, nt);      % Zero-Pading
subplot(313), plot((0:nt-1)/(Tsd*nt), (abs(Tsd*Xd1)));
    title(['DFT*10000 von xd mit Zero-Pading     (Ts = ',...
        num2str(1/Tsd),' Hz ;  Nd = ',num2str(Nd),' )']);
    xlabel('Hz');           grid on;
    hold on;
    stem((0:nt-1)/(Tsd*nt), (abs(Tsd*Xd1)));
    hold off
```

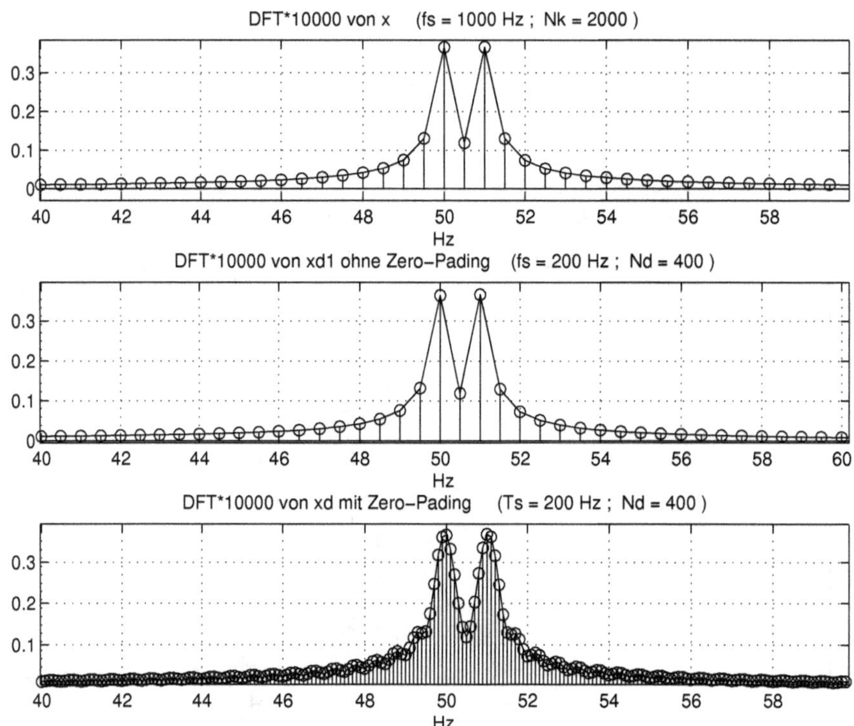

Abb. 3.35: a) DFT des dicht abgetasteten Signals b) DFT für eine Auflösung von 0,5 Hz/Bin c) DFT des Signals mit Nullerweiterung (zero_padding_1.m)

Es werden zwei sinusförmige Signale der Frequenz f_1 und f_2 mit $f_2 > f_1$, die mit einer Exponentialfunktion zeitlich begrenzt werden, untersucht:

$$x(t) = e^{-t/\tau}\big(\hat{x}_1 \sin(2\pi f_1 t) + \hat{x}_2 \sin(2\pi f_2 t)\big) \tag{3.78}$$

Mit der Zeitkonstante τ wird das Abklingen gesteuert und $\hat{x}_1,\ \hat{x}_2$ stellen die Amplituden der beiden Anteile dar. Mit einer kleinen Zeitschrittweite dt die das Abtasttheorem erfüllt, wird eine zeitdiskrete Sequenz erhalten, die sehr gut das kontinuierliche Signal darstellt.

Danach wird das Signal diskretisiert, um die Fourier-Transformierte mit der DFT anzunähern. Für $f_1 = 50$ Hz und $f_2 = 51$ Hz mit einer Abtastfrequenz $f_{sd} = 200$ Hz ist das Abtasttheorem erfüllt. Wenn man die Anzahl der Abtastwerte für die DFT auf $Nd = 100$ begrenzt, erhält man eine Auflösung der DFT von 2 Hz/Bin (Frequenzabstand der Stützstellen). Für den Anteil der Frequenz f_2 gibt es keine Stützstellen in der DFT und somit sind die zwei Schwingungen im DFT-Spektrum nicht zu unterscheiden.

Abb. 3.33 zeigt oben das DFT-Betragsspektrum des dicht abgetasteten Signals mit einer Auflösung von 0,5 Hz/Bin. Darunter ist das Spektrum für eine Abtastfrequenz von 200 Hz und 100 Werte im Untersuchungsintervall, die zu einer Auflösung von 2 Hz/Bin führt. Die zwei Anteile kann man nicht unterscheiden.

Durch Auffüllen des Untersuchungsintervalls mit Nullwerten von $Nd = 100$ bis $Nk = 2000$, das eine Auflösung von 0,1 Hz/Bin ergibt, kann man weiterhin die zwei Anteile nicht unterscheiden. Man erhält interpolierte Werte mit Maximalwerte an falschen Stellen, wie in Abb. 3.33 ganz unten gezeigt.

Dasselbe Skript aufgerufen mit derselben Abtatsfrequenz $f_d = 200$ Hz aber mit $N_d = 200$, das zu einer Auflösung von 1 Hz/Bin führt, ergibt die Spektren aus Abb. 3.34. Die zwei Anteile des Signals erscheinen mit gleichen Linien im Betragsspektrum (Abb. 3.34 in der Mitte) und werden durch Nullerweiterung auch getrennt. Die interpolierten Maximalwerte sind noch immer nicht genau an den richtigen Stellen von 50 Hz und 51 Hz (Abb. 3.34 unten).

Erst beim Aufruf mit $f_d = 200$ Hz aber mit $N_d = 400$, das zu einer Auflösung von 0,5 Hz/Bin führt, erhält man den gewünschten Effekt der Nullerweiterung, wie in Abb. 3.35 dargestellt.

3.6.4 Beispiel: Spektrum eines Ausschnittes einer Cosinusfunktion und die DFT-Annäherung

Es wird das Fourier-Spektrum eines Ausschnittes der Form

$$x(t) = \begin{cases} \hat{x}\cos(\omega_0 t) & \text{für} \quad 0 \le t \le T_f \\ 0 & \text{sonst} \end{cases} \tag{3.79}$$

ermittelt. Der Ausschnitt kann durch ein Produkt einer Cosinusfunktion $x_c(t)$

$$x_c(t) = \hat{x}\cos(\omega_0 t) \qquad \text{für} \quad -\infty \le t \le \infty \tag{3.80}$$

mit einem rechteckigen Fenster $w(t)$, das durch

$$w(t) = \begin{cases} 1 & \text{für} \quad 0 \le t \le T_f \\ 0 & \text{sonst} \end{cases} \tag{3.81}$$

definiert ist, gebildet werden.

Abb. 3.36 zeigt links das Signal $x_c(t)$, die Fensterfunktion $w(t)$ und deren Produkt, das zum Ausschnitt $x(t)$ führt. Rechts ganz oben ist das Fourier-Spektrum (Fourier-Transformation) des Signals $x_c(t)$ skizziert.

Die rechteckige Fensterfunktion ist ein Puls, für den in Gl. (3.71) die Fourier-Transformation ermittelt wurde:

$$W(f) = T_f e^{-j\pi f T_f} \frac{\sin(\pi f T_f)}{\pi f T_f} \tag{3.82}$$

Der Betrag dieser Funktion ist in Abb. 3.36b rechts skizziert. Die Nulldurchgänge sind bei Frequenzen die Vielfache von $2\pi/T_f$ in rad/s oder bei Vielfachen der Frequenz $1/T_f$ in Hz. Um so größer T_f ist, um so schmaler wird dieses Spektrum.

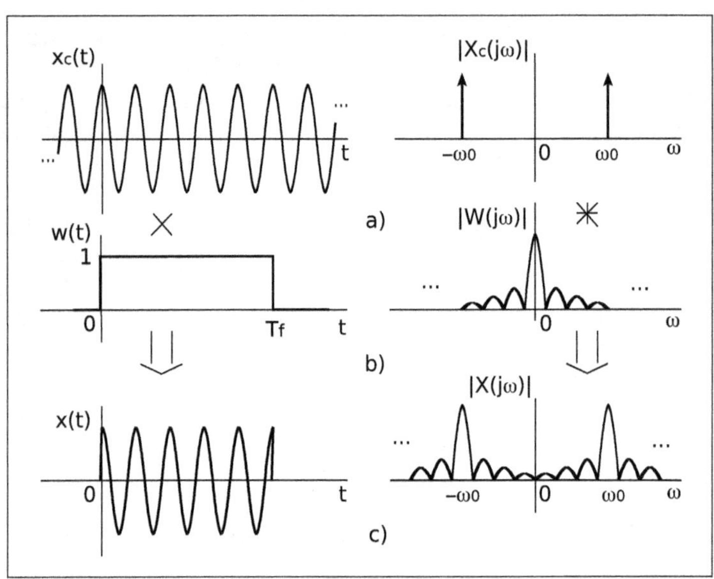

Abb. 3.36: Bildung des Fourier-Spektrums eines Ausschnittes einer Cosinusfunktion

Eine Multiplikation im Zeitbereich führt zu einer Faltung im Frequenzbereich:

$$X(j\omega) = W(j\omega) * X_c(j\omega) \tag{3.83}$$

Die Faltung mit den Delta-Funktionen von $Xc(j\omega)$

$$\begin{aligned} X_c(j\omega) &= \pi\hat{x}\big(\delta(\omega-\omega_0)+\delta(\omega+\omega_0)\big) \quad \text{oder} \\ X_c(j2\pi f) &= \frac{\hat{x}}{2}\big(\delta(f-f_0)+\delta(f+f_0)\big) \end{aligned} \tag{3.84}$$

ist sehr einfach (gemäß Gl. (2.18)) und führt auf:

$$\begin{aligned} X(j2\pi f) = T_f e^{-j\pi(f-f_0)T_f}\frac{\sin(\pi(f-f_0)T_f)}{\pi(f-f_0)T_f} &+ \\ T_f e^{-j\pi(f+f_0)T_f}\frac{\sin(\pi(f+f_0)T_f)}{\pi(f+f_0)T_f} & \end{aligned} \tag{3.85}$$

Die Skizze des Betrags dieses Fourier-Spektrums ist in Abb. 3.36c rechts gezeigt. Es besteht aus dem Fourier-Spektrum des Fensters $W(j2\pi f)$ verschoben auf f_0 und $-f_0$.

Im Skript `ausschnitt_cos_1.m` wird das analytische Fourier-Spektrum berechnet und dargestellt. Abb. 3.37 zeigt dieses Spektrum. Im Skript ist auch das Spektrum des Fensters $w(t)$ ermittelt und dargestellt (hier nicht mehr gezeigt). Danach wird das Fourier-Spektrum über die DFT angenähert.

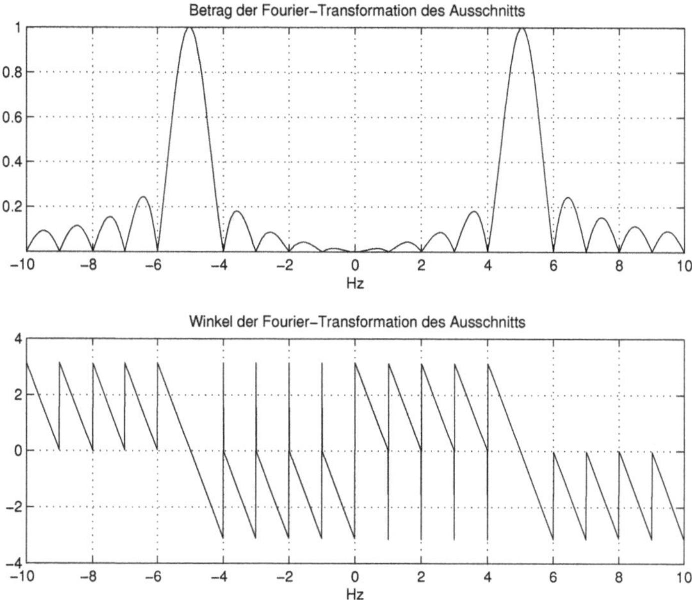

Abb. 3.37: Analytisch berechnetes, korrektes Fourier-Spektrum des Ausschnittes der Cosinusfunktion (ausschnitt_cos_1.m)

```
% Skript ausschnitt_cos_1.m in dem die FT eines
% Ausschnitts einer Cosinusfunktion untersucht wird
clear;
% ------- Spektrum des Fensters
T_f = 1;                    % Dauer des Fensters
df = (1/T_f)/100;           % Auflösung im Frequenzbereich
fmax = 10/T_f;              % Maximale Frequenz für das Spektrum
f = -fmax:df:fmax;          % Frequenzbereich
nf = length(f);
W = T_f*exp(-j*pi*f*T_f).* sinc(f*T_f);  % Spektrum des Fensters
figure(1);   clf;
subplot(211), plot(f, abs(W));
   title('Betrag der Fourier-Transformation des Fensters')
   xlabel('Hz');      grid on;
subplot(212), plot(f, angle(W));
   title('Winkel der Fourier-Transformation des Fensters')
   xlabel('Hz');      grid on;
% ------- Parameter des Signals
T0 = T_f/5;          % Periode des Signals
f0 = 1/T0;           % Frequenz des Signals
% ------- Spektrum des Ausschnitts
X = T_f*exp(-j*pi*(f-f0)*T_f).* sinc((f-f0)*T_f) + ...
       T_f*exp(-j*pi*(f+f0)*T_f).* sinc((f+f0)*T_f);
```

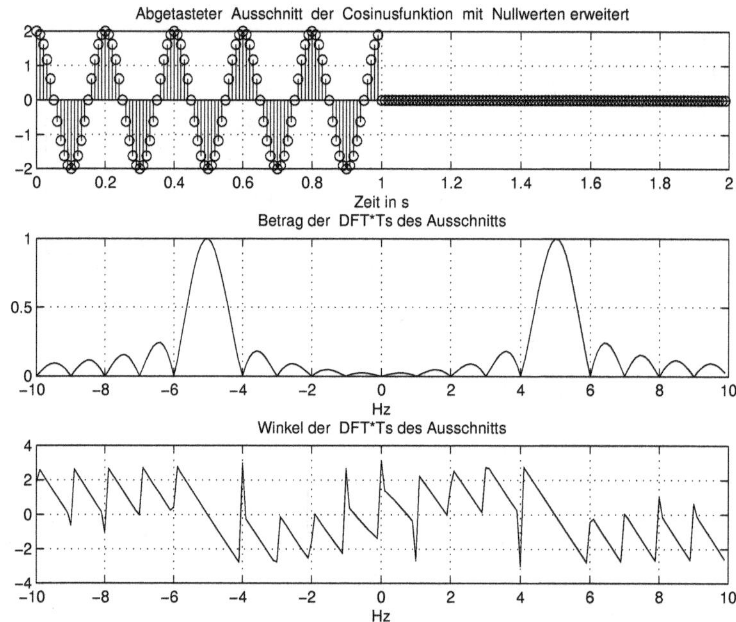

Abb. 3.38: a) Abgetasteter Ausschnitt mit Nullerweiterung b) Betrag der DFT dieses Signals c) Winkel der DFT (ausschnitt_cos_1.m)

```
figure(2);    clf;
subplot(211), plot(f, abs(X));
   title('Betrag der Fourier-Transformation des Ausschnitts')
   xlabel('Hz');     grid on;    axis tight;
subplot(212), plot(f, angle(X));
   title('Winkel der Fourier-Transformation des Ausschnitts')
   xlabel('Hz');     grid on;
% ------- Spektrum des Ausschnitts über die DFT
% Bildung des Ausschnitts
fs = 10*fmax;       Ts=1/fs;    % Abtastfrequenz und Abtastperiode
df = (1/T_f)/10;                % Auflösung für die DFT
N = round(fs/df);               % Anzahl der Abtastwerte
n1 = round(T_f/Ts);             % Anzahl der Abtastwerte im Ausschnitt
ampl = 2;           % Amplitude des Signals
x = ampl*cos(2*pi*(0:n1-1)*Ts/T0);     % Signal im Ausschnitt
xdft = [x, zeros(1,N-n1)];      % Ausschnitt plus Nullerweiterung
nx = length(xdft);              % Länge des Signals
Xdft = Ts*fftshift(fft(xdft)); % Fourier-Transformation über die DFT
ndft = round(fmax*nx/fs);       % Teil der DFT die dargestellt wird
nd = nx/5;                      % Teil des Signals das dargestellt wird
figure(3);    clf;
subplot(311), stem((0:nd-1)*Ts, xdft(1:nd))
```

```
   title(['Abgetasteter  Ausschnitt  der  Cosinusfunktion'...
       '  mit  Nullwerten erweitert']);
   xlabel('Zeit  in s');     grid on;
subplot(312),
   plot((-ndft:ndft-1)*fs/nx, abs(Xdft(nx/2-ndft+1:nx/2+ndft)));
   title('Betrag der  DFT des Ausschnitts')
   xlabel('Hz');    grid on;
subplot(313),
   plot((-ndft:ndft-1)*fs/nx, angle(Xdft(nx/2-ndft+1:nx/2+ndft)));
   title('Winkel der  DFT des Ausschnitts')
   xlabel('Hz');    grid on;
```

Der Ausschnitt wird mit einer Abtastfrequenz abgetastet, die das Abtasttheorem für die signifikanten Anteile des Spektrums erfüllt. Danach wird die Anzahl N der Stützstellen der DFT ermittelt, die eine gute Interpolation des Spektrums ergibt. Weiter wird der Ausschnitt der nur n_1 Abtastwerte enthält, bis zur Anzahl N mit Nullwerten erweitert. In Abb. 3.38 ist ganz oben das abgetastete Signal zusammen mit einem Teil der Nullwerten dargestellt.

Mit der MATLAB-Funktion **fftshift** wird das DFT-Spektrum symmetrisch um die Frequenz null berechnet. Der signifikante Teil des Spektrums wird dann mit der Variablen `ndft` extrahiert und dargestellt, wie Abb. 3.38 in der Mitte zeigt. Der Vergleich der Beträge aus Abb. 3.37 und Abb. 3.38 zeigt die sehr gute Annäherung des Fourier-Spektrums mit Hilfe der DFT.

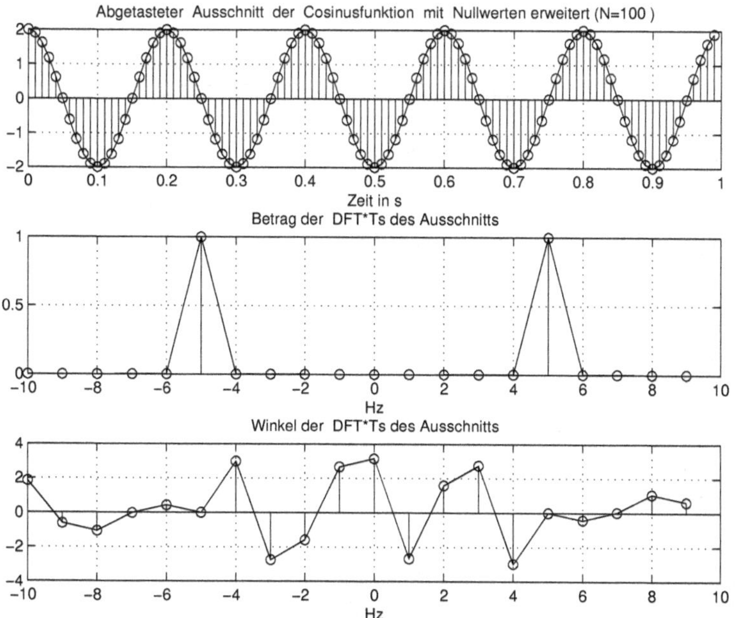

Abb. 3.39: a) Abgetasteter Ausschnitt b) Betrag der DFT dieses Signals c) Winkel der DFT (ausschnitt_cos_2.m)

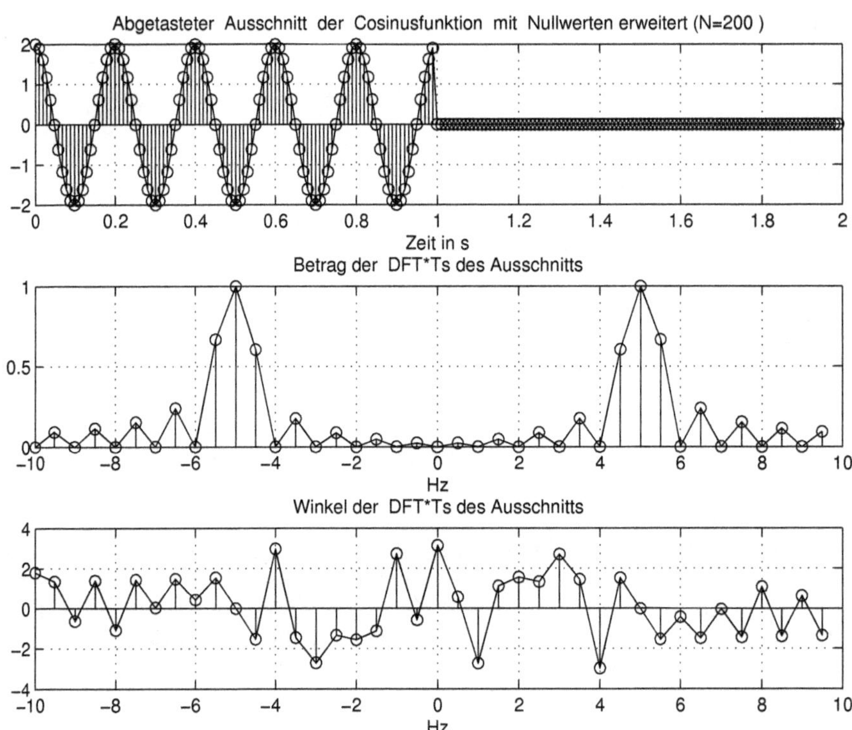

Abb. 3.40: a) Abgetasteter Ausschnitt mit Nullerweiterung (N = 200) b) Betrag der DFT dieses Signals c) Winkel der DFT (ausschnitt_cos_2.m)

Es ist wichtig zu verstehen, was die Erweiterung mit den Nullwerten in der DFT hier bewirkt. Im Skript `ausschnitt_cos_2.m` wird das Signal mit verschiedenen Nullerweiterungen über die DFT untersucht. Es wird die Auflösung der DFT über folgende Befehle geändert. Der erste Wert entspricht der Auflösung aus Skript `ausschnitt_cos_1.m`.

```
.....
%########################
df = (1/T_f)/10;                 % Auflösung für die DFT
%df = (1/T_f)/5;                 % Auflösung für die DFT
%df = (1/T_f)/2;                 % Auflösung für die DFT
%df = (1/T_f);                   % Auflösung für die DFT
%########################
.....
```

Der letzte Wert `df = (1/T_f);` führt dazu, dass nur der Ausschnitt in die DFT einbezogen wird, wie in Abb. 3.39 oben gezeigt ist. Die DFT ergibt zwei Linien bei f_0 und bei $f_s - f_0$. Für die DFT ist dieser Ausschnitt eine Periode eines periodischen zeitdiskreten Signals [3]. Die Parameter der Cosinusfunktion wurden so gewählt, dass kein Leckeffekt entsteht. Die zwei Linien sind bei weitem keine gute Annäherung des korrekten Betragspektrums aus Abb. 3.37. Die DFT Werte werden mit der Funktion **stem** dargestellt, um den diskreten Charakter der DFT hervorzuheben.

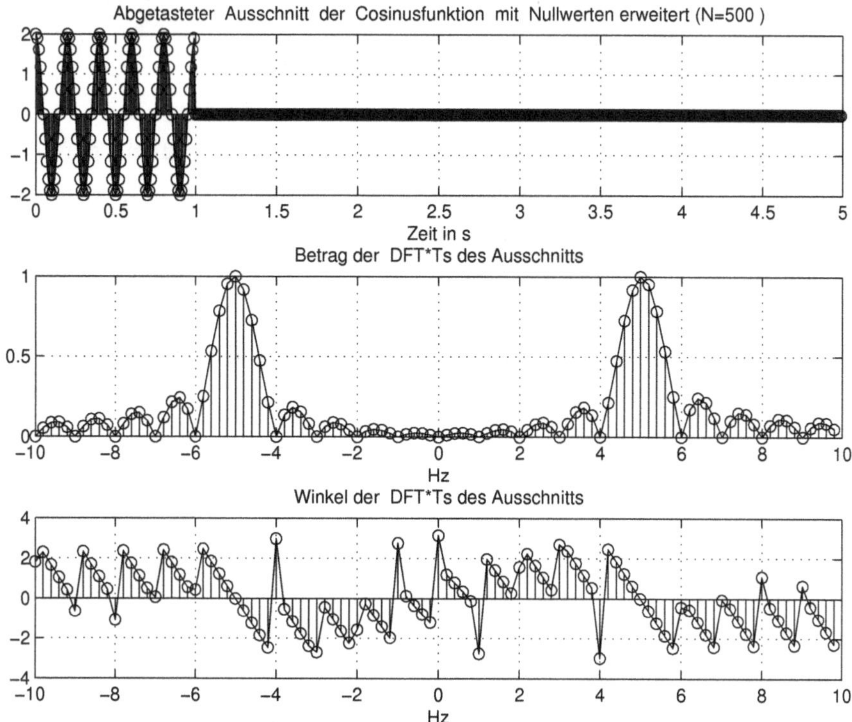

Abb. 3.41: a) Abgetasteter Ausschnitt mit Nullerweiterung (N = 500) b) Betrag der DFT dieses Signals c) Winkel der DFT (ausschnitt_cos_21.m)

Mit `df = (1/T_f)/2;` erhält man eine DFT-Annäherung, die in Abb. 3.40 gezeigt ist. Der Ausschnitt mit der Cosinusfunktion enthält auch hier dieselbe Anzahl von Abtastwerten. Zusätzlich wurde die Erweiterung mit der gleichen Anzahl von Nullwerten hinzugefügt. Wie man sieht, ist die Annäherung etwas besser geworden, es sind aber noch zu wenig interpolierte Werte hinzugekommen.

Wenn man `df = (1/T_f)/10;` wählt, ist die DFT-Annäherung viel besser, so wie in Abb. 3.41 gezeigt. Der Ausschnitt enthält weiterhin die 100 Abtastwerte und es sind noch 400 Nullwerte in der Erweiterung enthalten, so dass $N = 500$ ist.

In den gezeigten Annäherungen ist es wichtig auch das Phasenspektrum zu verfolgen.

3.6.5 Beispiel: Spektrum des Gaußpulses und seine DFT-Annäherung

Der Gaußpuls ist eine reelle gerade Funktion und ist durch

$$x(t) = e^{-a\,t^2} \qquad \text{mit} \qquad a > 0 \tag{3.86}$$

definiert [11]. Die Fourier-Transformation des Pulses ist auch eine reelle gerade Funktion:

$$X(j\omega) = \sqrt{\frac{\pi}{a}} e^{-\omega^2/(4a)} \tag{3.87}$$

Das Betragspektrum (oder Amplitudenspektrum) ist durch das reelle Spektrum gegeben und das Phasenspektrum ist null. Abb. 3.42 zeigt oben den Gaußpuls und darunter das Betragspektrum für $a = 2$.

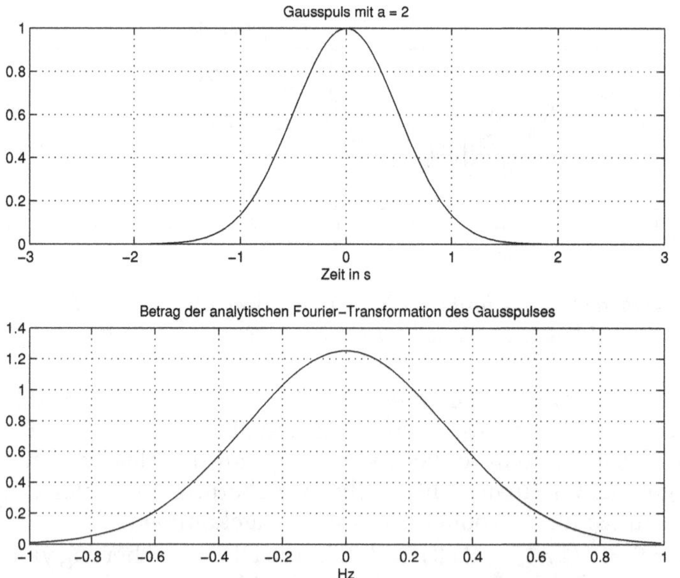

Abb. 3.42: a) Gaußpuls b) Analytischer, korrekter Betrag der Fourier-Transformation (FT_gauss_pulse_1.m)

Im Skript `FT_gauss_pulse_1.m` wird zuerst die analytische Fourier-Transformation des Gaußpulses ermittelt und dargestellt. Danach wird die Annäherung über die DFT berechnet. Die Vorgehensweise ist wie im vorherigen Fall des Ausschnittes einer Cosinusfunktion.

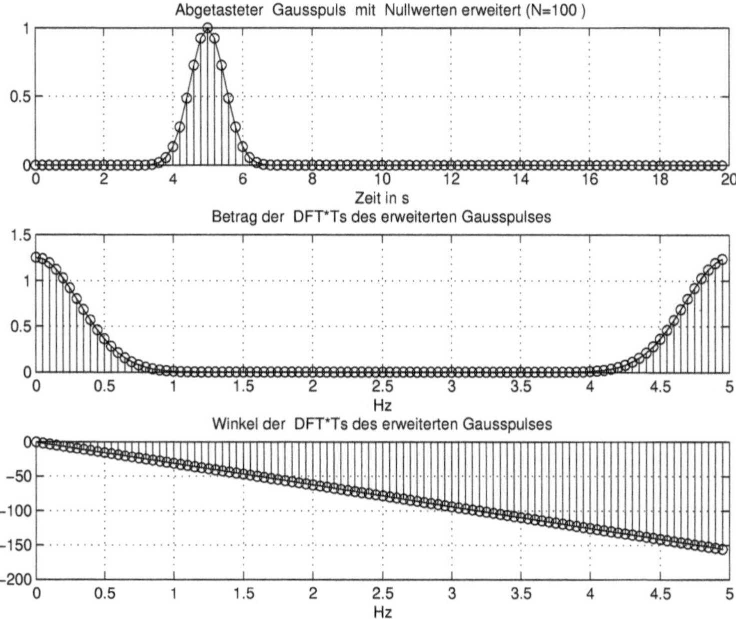

Abb. 3.43: a) Abgetasteter und erweiterter Gaußpuls b) Betrag der DFT c) Winkel der DFT (FT_gauss_pulse_1.m)

```
% Skript FT_gauss_pulse_1.m in dem die FT eines
% Gausspulses untersucht wird
clear;
% ------- Parameter des Pulses
a = 2;                              tmax = 3;
dt = tmax/1000;         t = -tmax:dt:tmax-dt;
nt = length(t);
x = exp(-a*t.^2);       % Gausspuls
figure(1);    clf;
subplot(211), plot(t, x);
   title(['Gausspuls mit a = ',num2str(a)]);
   xlabel('Zeit in s');     grid on;
% ------- Analytisches Spektrum
fmax = 1;
df = fmax/100;
f = -fmax:df:fmax-df;
X = sqrt(pi/a)*exp(-((2*pi*f).^2)/(4*a));

subplot(212), plot(f, abs(X));
title('Betrag der analytischen Fourier-Transformation des Gausspulses')
xlabel('Hz');     grid on;
% ------- Spektrum des Gausspulses über die DFT
% Bildung des Ausschnitts
```

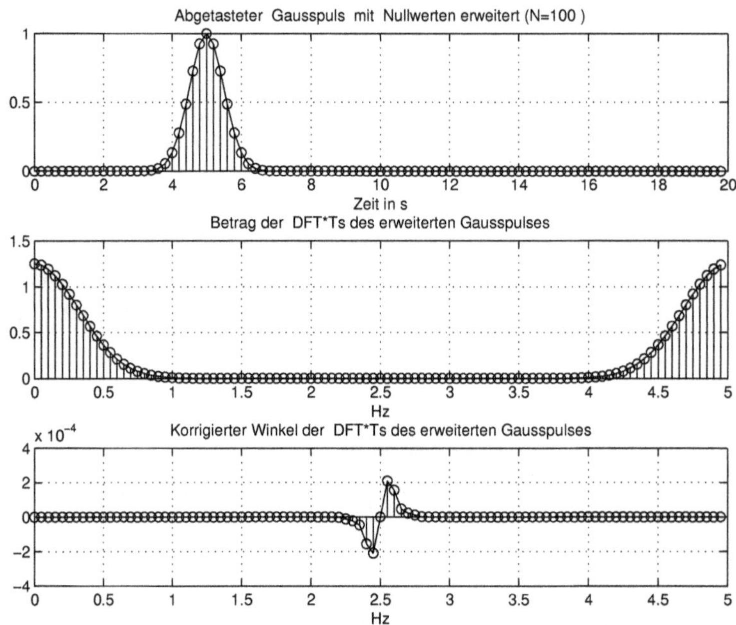

Abb. 3.44: a) Abgetasteter und erweiterter Gaußpuls b) Betrag der DFT c) Korrigierter Winkel der DFT (FT_gauss_pulse_1.m)

```
T_f = 10;
fs = 5*fmax;        Ts=1/fs;    % Abtastfrequenz und Abtastperiode
td = 0:Ts:T_f-Ts;
%#######################
df = (1/T_f)/4;                  % Auflösung für die DFT
df = (1/T_f)/2;                 % Auflösung für die DFT
%df = (1/T_f);                   % Auflösung für die DFT
%#######################
N = round(fs/df);                % Anzahl der Abtastwerte
n1 = round(T_f/Ts);              % Anzahl der Abtastwerte im Ausschnitt
xd = exp(-a*(td-T_f/2).^2);      % Gausspuls verschoben mit T_f/2
xdft = [xd, zeros(1,N-n1)];      % Ausschnitt plus Nullerweiterung
nx = length(xdft);               % Länge des Signals
Xdft = Ts*fft(xdft); % Fourier-Transformation über die DFT
nd = nx;
figure(2);   clf;
subplot(311), stem((0:nd-1)*Ts, xdft(1:nd));
   hold on;     plot((0:nd-1)*Ts, xdft(1:nd));    hold off;
   title(['Abgetasteter  Gausspuls'...
    ' mit  Nullwerten erweitert (N=', num2str(N),' )']);
   xlabel('Zeit in s');    grid on;
subplot(312), stem((0:nx-1)*fs/nx, abs(Xdft));
```

```
   hold on; plot((00:nx-1)*fs/nx, abs(Xdft),'k');   hold off;
   title('Betrag der  DFT*Ts des erweiterten Gausspulses')
   xlabel('Hz');    grid on;
subplot(313), stem((0:nx-1)*fs/nx, unwrap(angle(Xdft)));
   hold on; plot((0:nx-1)*fs/nx, unwrap(angle(Xdft)),'k');
   hold off;
   title('Winkel der  DFT*Ts des erweiterten Gausspulses')
   xlabel('Hz');    grid on;
% ---- Phasenkorrektur wegen der Verschiebung des Gausspulses mit n1/2
% Abtastwerten (T_f/2 Sekunden)
korr = exp(j*2*pi*(0:N-1)*n1/(2*N));
Xdft = Xdft.*korr;
nd = nx;
figure(3);   clf;
subplot(311), stem((0:nd-1)*Ts, xdft(1:nd));
  hold on;    plot((0:nd-1)*Ts, xdft(1:nd));    hold off;
  title(['Abgetasteter  Gausspuls'...
    '  mit  Nullwerten erweitert  (N=', num2str(N),' )']);
  xlabel('Zeit in s');    grid on;
subplot(312), stem((0:nx-1)*fs/nx, abs(Xdft));
  hold on; plot((0:nx-1)*fs/nx, abs(Xdft),'k');
  hold off;
  title('Betrag der  DFT*Ts des erweiterten Gausspulses')
  xlabel('Hz');    grid on;
subplot(313), stem((0:nx-1)*fs/nx, unwrap(angle(Xdft)));
  hold on; plot((0:nx-1)*fs/nx, unwrap(angle(Xdft)),'k');
  hold off;
  title('Korrigierter Winkel der DFT*Ts des erweiterten Gausspulses')
  xlabel('Hz');    grid on;
% ------- Ändern der DFT mit shiftfft
Xdft = fftshift(Xdft);
figure(4);   clf;
%#######################
subplot(211), stem((-nx/2:nx/2-1)*fs/nx, abs(Xdft));
  hold on; plot((-nx/2:nx/2-1)*fs/nx, abs(Xdft),'k');
  hold off;
  title('Betrag der  DFT*Ts des erweiterten Gausspulses')
  xlabel('Hz');    grid on;
subplot(212), stem((-nx/2:nx/2-1)*fs/nx, unwrap(angle(Xdft)));
  hold on; plot((-nx/2:nx/2-1)*fs/nx, unwrap(angle(Xdft)),'k');
  hold off;
  title('Korrigierter Winkel der DFT*Ts des erweiterten Gausspulses')
  xlabel('Hz');    grid on;
```

Weil das Untersuchungsintervall für die DFT immer mit $t = 0$ beginnt, ist der untersuchte Gaußpuls jetzt kausal und verschoben. Diese Verschiebung führt dazu, dass das Phasenspektrum der DFT nicht mehr null ist, sondern eine lineare Funktion von ω ist. Das ergibt sich aus folgender Eigenschaft der Fourier-Transformation, die in der

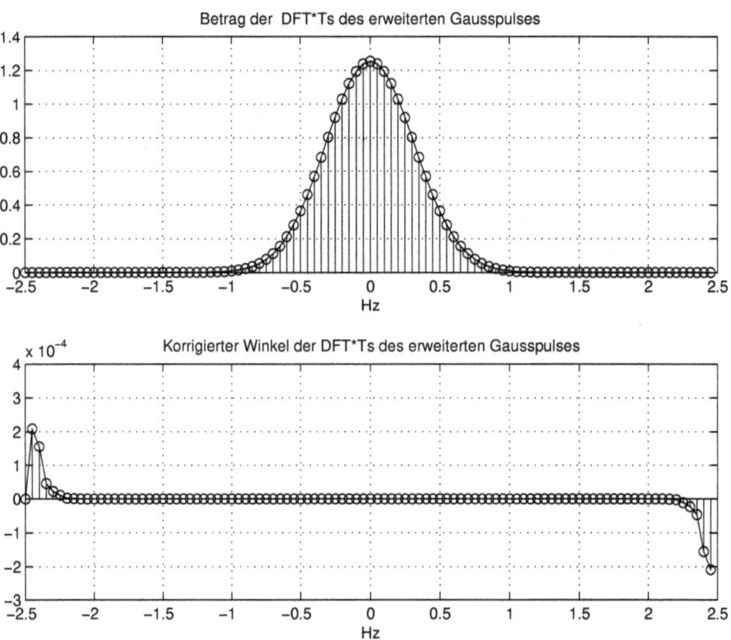

Abb. 3.45: a) Abgetasteter und erweiterter Gaußpuls b) Betrag der DFT mit shiftfft-Funktion c) Korrigierter Winkel der DFT mit shiftfft-Funktion (FT_gauss_pulse_1.m)

Tabelle 3.1 unter der Bezeichnung *Zeitverschiebung* angegeben ist:

$$x(t - t_0) \qquad \rightarrow \qquad e^{-j\omega t_0} X(j\omega) \tag{3.88}$$

Eine ähnliche Eigenschaft ist auch für zeitdiskrete Sequenzen gültig:

$$x(nT_s - n_0 T_s) \quad \rightarrow \quad e^{-j\omega_k n_0 T_s} X_k \tag{3.89}$$

Hier ist n_0 die Anzahl der Abtastperioden der Verschiebung, X_k ist die DFT der Sequenz $x(nT_s)$ der Länge N mit $n = 0,\ 1\ \ldots, N-1$ und $k = 0,\ 1\ \ldots, N-1$. Die Frequenz ω_k ist auch diskret:

$$\omega_k = k\frac{\omega_s}{N} = k\frac{2\pi f_s}{N} = k\frac{2\pi}{N\,T_s} \qquad\qquad k = 0,\ 1, \ldots, N-1 \tag{3.90}$$

Abb. 3.43 zeigt oben den verschobenen und mit Nullwerten erweiterten Gaußpuls und darunter den Betrag der DFT multipliziert mit T_s bzw. den linearen Winkel der DFT. Den linearen Winkel der DFT kann man mit einer Multiplikation der DFT durch

$$X_{kneu} = e^{j\omega n_0 T_s} X_k \tag{3.91}$$

kompensieren. Abb. 3.44 zeigt die DFT in der man den Winkel kompensiert hat. Für diese DFT ergibt dann die Funktion **`fftshift`** eine Annäherung die dem theoretischen Spektrum des Gaußpulses entspricht und in Abb. 3.45 gezeigt ist.

Die Phasenverschiebung der DFT hat in vielen praktischen Anwendungen keine Wirkung, wenn man Phasendifferenzen verfolgt. So ist z.B. bei der Identifikation der Übertragung eines Systems die Phasendifferenz der Antwort zur Anregung, die ein Gaußpuls sein kann, wichtig. Obwohl die Nullerweiterung nur interpolierte Werte ergibt, sind diese in so einer Identifikation zuständig, um eventuelle Frequenzen des Systems anzuregen.

3.7 Frequenzgang zeitkontinuierlicher LTI-Systeme

Es wurde im Kapitel 2.2.4 gezeigt, dass die Antwort eines zeitkontinuierlichen LTI-Systems mit der Impulsantwort $h(t)$ auf einen Eingang $x(t)$ durch folgende Faltung

$$y(t) = x(t) * h(t) \tag{3.92}$$

gegeben ist. Aus Tabelle 3.1 geht hervor, dass einer Faltung im Zeitbereich eine Multiplikation im Frequenzbereich entspricht:

$$y(t) = x(t) * h(t) \qquad \rightarrow \qquad Y(j\omega) = X(j\omega)H(j\omega) \tag{3.93}$$

Hier sind $Y(j\omega),\ X(j\omega)$ und $H(j\omega)$ die Fourier-Transformierten von $y(t),\ x(t)$ und $h(t)$.

Daraus folgt, dass die Funktion $H(j\omega)$ durch

$$H(j\omega) = \frac{Y(j\omega)}{X(j\omega)} \tag{3.94}$$

gegeben ist. Sie stellt den so genannten *Frequenzgang* dar. Es ist eine komplexe Funktion nach ω, die folgendermaßen geschrieben werden kann:

$$H(j\omega) = |H(j\omega)|e^{j\theta_H(j\omega)} \tag{3.95}$$

Der Betrag $|H(j\omega)|$ bildet den *Amplitudengang* und $\theta_H(j\omega)$ stellt den *Phasengang* dar.

Angenommen das Eingangssignal $x(t)$ ist eine reelle Schwingung im stationären Zustand:

$$x(t) = \hat{x}\cos(\omega_0 t) \tag{3.96}$$

Die Antwort eines LTI-Systems ebenfalls im stationären Zustand ist eine Schwingung der gleichen Frequenz mit einer Amplitude $\hat{y}$ und einer zusätzlichen Phasenverschiebung ϕ_y:

$$y(t) = \hat{y}\cos(\omega_0 t + \phi_y(\omega_0)) = \hat{y}\cos\big(\omega_0(t + \frac{\phi_y(\omega_0)}{\omega_0})\big) \tag{3.97}$$

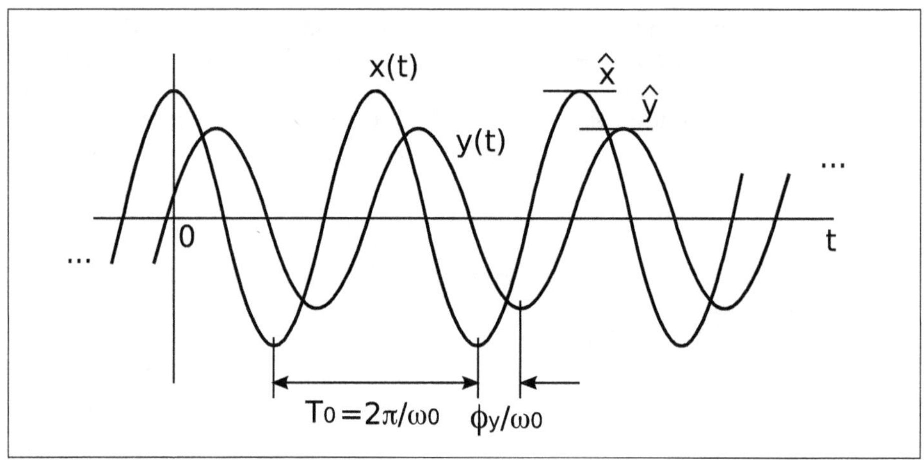

Abb. 3.46: Eingangssignal $x(t)$ und Ausgangssignal $y(t)$ hier nacheilend ($\phi_y(\omega_0) < 0$)

Die Phasenverschiebung $\phi_y(\omega_0)$ wurde hier in eine Zeitverschiebung $\phi_y(\omega_0)/\omega_0$ umgewandelt.

Abb. 3.46 zeigt das Eingangssignal $x(t)$ und das Ausgangssignal $y(t)$ hier nacheilend ($\phi_y(\omega_0) < 0$). Weil beide im stationären Zustand sind, ist das Eingangssignal mit Nullphase gleich null gewählt und somit ist die Phasenverschiebung $\phi_y(\omega_0)$ zwischen Ausgangs- und Eingangssignal auch die Nullphase des Ausgangs.

Laut Tabelle 3.2 ist die Fourier-Transformierte des Signals $x(t)$ gleich:

$$X(j\omega) = \pi\,\hat{x}\,\big(\delta(\omega-\omega_0) + \delta(\omega+\omega_0)\big) \tag{3.98}$$

Ähnlich ist die Fourier-Transformierte des Signals $y(t)$ durch

$$\begin{aligned} Y(j\omega) = \pi\,\hat{y}\,e^{j\omega\phi_y(\omega_0)/\omega_0}\big(\delta(\omega-\omega_0) + \delta(\omega+\omega_0)\big) = \\ \pi\hat{y}\big(e^{j\phi_y(\omega_0)}\delta(\omega-\omega_0) + e^{-j\phi_y(\omega_0)}\delta(\omega+\omega_0)\big) \end{aligned} \tag{3.99}$$

gegeben. Dabei wurde auch die Eigenschaft der Delta-Funktion gemäß Gl. 1.29 verwendet.

Die Fourier-Transformierte der Antwort wird:

$$\begin{aligned} Y(j\omega) = H(j\omega)\,X(j\omega) = H(j\omega)\pi\,\hat{x}\,\big(\delta(\omega-\omega_0) + \delta(\omega+\omega_0)\big) = \\ \pi\,\hat{x}\big(H(j\omega_0)\delta(\omega-\omega_0) + H(-j\omega_0)\delta(\omega+\omega_0)\big) \end{aligned} \tag{3.100}$$

Durch Gleichstellung dieser Form und der Form gemäß Gleichung (3.99) bzw. der Faktoren der Delta-Funktionen folgt:

$$\frac{\hat{y}}{\hat{x}}e^{j\phi_y(\omega_0)} = H(j\omega_0) = |H(j\omega_0)|e^{\theta_H(\omega_0)} \tag{3.101}$$

Für reelle Signale hat $H(j\omega_0)$ folgende Eigenschaft:

$$|H(-j\omega_0)| = |H(j\omega_0)| \qquad \text{und} \qquad \theta_H(-\omega_0) = -\theta_H(\omega_0) \tag{3.102}$$

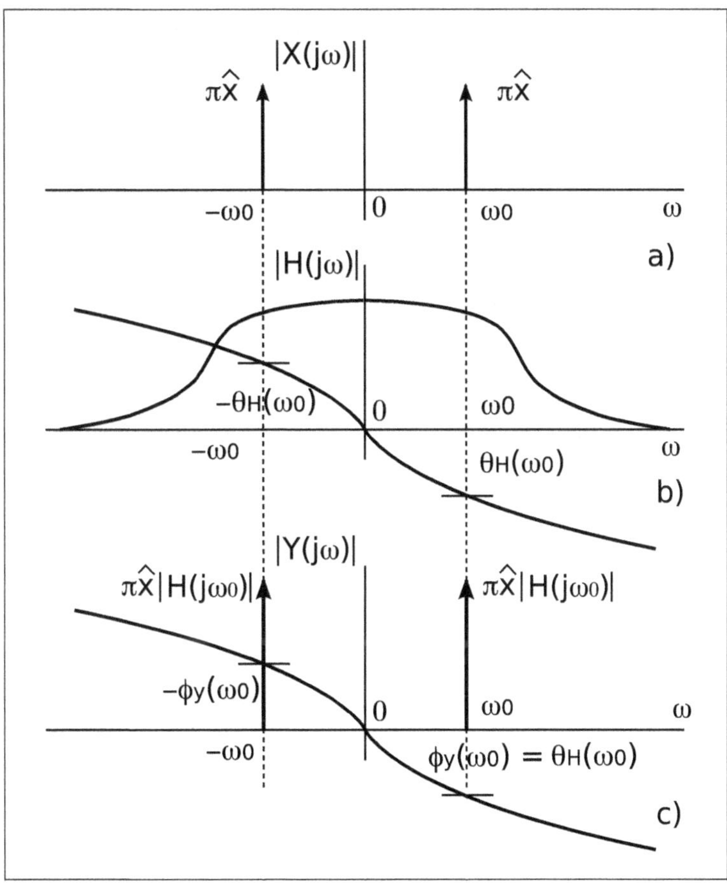

Abb. 3.47: Fourier-Transformierte des Eingangssignals, der Impulsantwort des Systems und der Antwort

Daraus ergibt sich für das Verhältnis der Amplituden $\hat{y}/\hat{x}$ und für die Phasenverschiebung $\phi_y(\omega_0)$ bei der Frequenz ω_0 folgende Form:

$$\frac{\hat{y}}{\hat{x}} = A(\omega_0) = |H(\omega_0)| \qquad \text{und} \qquad \phi_y(\omega_0) = \theta_H(\omega_0) \tag{3.103}$$

Für eine beliebige Frequenz wird in den Gleichungen ω_0 durch ω ersetzt. Das Verhältnis der Amplituden als Funktion nach ω bildet den Amplitudengang $A(\omega)$, der gleich mit dem Betrag der Fourier-Transformation $H(j\omega)$ der Impulsantwort $h(t)$ des

Systems ist. Die Phasenverschiebung des Ausgangssignals relativ zum Eingangssignal $\phi_y(\omega)$ ebenfalls als Funktion nach ω ist der Phasengang.

Es ist somit begründet, die Funktion $H(j\omega)$ als *Übertragungsfunktion* zu benennen. Abb. 3.47 zeigt nochmals, wie man aus der Fourier-Transformierte des Eingangssignals $X(j\omega)$ und der Übertragungsfunktion des Systems $H(j\omega)$ die Fourier-Transformierte des Ausgangssignals $Y(j\omega)$ erhält. Weil die Signale reell sind und das System eine reelle Impulsantwort hat, haben die Fourier-Transformierten die Eigenschaften:

$$X(-j\omega) = X^*(j\omega), \qquad Y(-j\omega) = Y^*(\omega), \qquad H(-j\omega) = H^*(j\omega) \tag{3.104}$$

Diese Eigenschaften entsprechen der Position *reelles Signal* aus Tabelle 3.1.

Für ein periodisches Eingangssignal $x(t)$, das durch eine komplexe Fourier-Reihe gemäß Gl. 3.11 dargestellt ist,

$$x(t) = \sum_{k=-\infty}^{\infty} c_{kx} e^{jk\omega_0\, t} \qquad \text{mit} \qquad \omega_0 = \frac{2\pi}{T_0} \tag{3.105}$$

erhält man im stationären Zustand am Ausgang eines LTI-Systems ein ebenfalls periodisches Signal $y(t)$. Die komplexen Koeffizienten der Fourier-Reihe $c_{ky},\ k = -\infty, \ldots, -1,\ 0,\ 1,\ \ldots, \infty$ dieses Signals sind mit den komplexen Koeffizienten $c_{kx},\ k = -\infty, \ldots, -1,\ 0,\ 1,\ \ldots, \infty$ des Eingangssignals durch

$$c_{ky} = c_{kx} H(j\omega)\Big|_{\omega = k\omega_0} = c_{kx} H(j\, k\omega_o) \tag{3.106}$$

verbunden. Es ist somit sehr einfach über den Frequenzgang (Übertragungsfunktion) das stationäre periodische Ausgangssignal $y_s(t)$ als Antwort auf eine periodische Anregung zu berechnen:

$$y_s(t) = \sum_{k=-\infty}^{\infty} c_{kx} H(j\, k\omega_o) e^{jk\omega_0\, t} \tag{3.107}$$

Für reelle Signale und Systeme mit

$$H(-j\omega) = H^*(j\omega) \qquad \text{und} \qquad c_{-k} = c_k^* \tag{3.108}$$

kann der stationäre Ausgang durch

$$y_s(t) = c_{0x} H(0) + 2\mathcal{R}_{eal} \left\{ \sum_{k=1}^{\infty} c_{kx} H(j\, k\omega_o) e^{jk\omega_0\, t} \right\} \tag{3.109}$$

ermittelt werden.

Die Antwort des Systems hat auch einen Einschwinganteil wegen der homogenen Lösung $y_h(t)$, den man separat ermitteln muss:

$$y(t) = y_s(t) + y_h(t) \tag{3.110}$$

Als Beispiel für ein System zweiter Ordnung ist die homogene Lösung gemäß Gl. (2.41) durch

$$y_h(t) = C_1 e^{\lambda_1 t} + C_2 e^{\lambda_2 t} \tag{3.111}$$

gegeben. Hier sind $\lambda_{1,2}$ die Wurzeln der charakteristischen Gleichung der homogenen Differentialgleichung, als nicht gleich angenommen. Die noch nicht bekannten Konstanten $C_1,\ C_2$ als Parameter der homogenen Lösung werden über die zwei Anfangsbedingungen $y(0),\ \dot{y}(0)$ dieses Systems ermittelt:

$$y(0) = y_s(0) + C_1 + C_2 \qquad \text{und} \qquad \dot{y}(0) = \dot{y}_s(0) + \lambda_1 C_1 + \lambda_2 C_2 \tag{3.112}$$

Es sind zwei Gleichungen mit zwei Unbekannten $C_1,\ C_2$. Die zwei Anfangswerte der stationären Lösung $y_s(0),\ \dot{y}_s(0)$ sind aus dem analytischen Ausdruck $y_s(t)$ durch

$$\begin{aligned} y_s(0) &= c_{0x} H(0) + 2\mathcal{R}_{eal}\left\{\sum_{k=1}^{\infty} c_{kx} H(j\,k\omega_o)\right\} \\ \dot{y}_s(0) &= 2\mathcal{R}_{eal}\left\{\sum_{k=1}^{\infty} c_{kx} j\,k\omega_0 H(j\,k\omega_o)\right\} \end{aligned} \tag{3.113}$$

zu berechnen.

3.8 Frequenzgang der LTI-Systeme ausgehend von ihren Differentialgleichungen

Ein zeitkontinuierliches LTI-System ist durch eine lineare Differentialgleichung mit konstanten Koeffizienten beschrieben (Gl. (2.32)):

$$\begin{aligned} a_N \frac{d^N y(t)}{dt^N} + a_{N-1}\frac{d^{N-1}y(t)}{dt^{N-1}} + a_{N-2}\frac{d^{N-2}y(t)}{dt^{N-2}} + \dots a_0\, y(t) = \\ b_M \frac{d^M x(t)}{dt^M} + b_{M-1}\frac{d^{M-1}x(t)}{dt^{M-1}} + b_{M-2}\frac{d^{M-2}x(t)}{dt^{M-2}} + \dots b_0\, x(t) \end{aligned}$$

In einer kompakten Form geschrieben erhält man:

$$\sum_{k=0}^{N} a_k \frac{d^k y(t)}{dt^k} = \sum_{k=0}^{M} b_k \frac{d^k x(t)}{dt^k} \tag{3.114}$$

Hier sind a_k und b_k die zeitkonstanten Koeffizienten der Differentialgleichung, die das Verhalten des Systems zwischen der Anregung $x(t)$ und Antwort $y(t)$ beschreibt. Bei einem physikalisch realisierbaren System muss $N \geq M$ sein.

Es wird eine stationäre Anregung der Form

$$x(t) = \hat{x}\cos(\omega t) \tag{3.115}$$

angenommen. Angelegt wurde diese Anregung bei $t = -\infty$ und wegen des stationären Zustandes kann man hier die Anregung mit Nullphase gleich null annehmen.

Die stationäre Antwort ist dann

$$y(t) = \hat{y}\cos(\omega t + \phi_y), \tag{3.116}$$

mit einer bestimmten Amplitude $\hat{y}$ und einer bestimmten Phasenverschiebung relativ zur Anregung ϕ_y, beide von der Anregungsfrequenz ω abhängig. Durch Einsetzen in die Differentialgleichung und Identifikation kann man die Amplitude und Phasenverschiebung des Ausgangs bestimmen.

Da die Ableitung der Cosinusfunktion eine Sinusfunktion ist, wird es beim Einsetzen in die Differentialgleichung einfacher, wenn man eine komplexe Exponentialfunktion ansetzt, die über die Euler Formel mit der Sinus und Cosinusschwingung verbunden ist:

$$x(t) = \hat{x}\, e^{j\omega t} = \hat{x}\left(\cos(\omega t) + j\sin(\omega t)\right) \tag{3.117}$$

Weil man ein LTI-System voraussetzt, ist die Antwort auch eine komplexe Exponentialfunktion:

$$y(t) = \hat{y}\, e^{j(\omega t + \phi_y)} = \hat{y}\left(\cos(\omega t + \phi_y) + j\sin(\omega t + \phi_y)\right) \tag{3.118}$$

Der Realteil der Antwort als Ergebnis der Anregung mit dem Realteil der komplexen Exponentialfunktion bildet die gesuchte Größe. Eigentlich sind nur $\hat{y}$ und ϕ_y zu ermitteln.

Die komplexen Exponentialfunktionen für die Anregung und für die Antwort in die Differentialgleichung eingesetzt, führen zu:

$$\hat{y}\sum_{k=0}^{N} a_k (j\omega)^k e^{j(\omega t + \phi_y)} = \hat{x}\sum_{k=0}^{M} b_k (j\omega)^k e^{j\omega t} \tag{3.119}$$

Der Term $e^{j\omega t}$ kürzt sich und man erhält:

$$\frac{\hat{y}}{\hat{x}} e^{j\phi_y} = \frac{\displaystyle\sum_{k=0}^{M} b_k (j\omega)^k}{\displaystyle\sum_{k=0}^{N} a_k (j\omega)^k} \tag{3.120}$$

Daraus folgt, dass das Verhältnis der Amplituden $\hat{y}/\hat{x}$, das den Amplitudengang $A(\omega)$ definiert, durch

$$A(\omega) = \frac{\hat{y}}{\hat{x}} = \text{Betrag}\left\{\frac{\sum_{k=0}^{M} b_k (j\omega)^k}{\sum_{k=0}^{N} a_k (j\omega)^k}\right\} = \left|\frac{\sum_{k=0}^{M} b_k (j\omega)^k}{\sum_{k=0}^{N} a_k (j\omega)^k}\right| \tag{3.121}$$

gegeben ist. Die Phasenverschiebung ϕ_y, ebenfalls als Funktion von ω, ist dann:

$$\phi_y(\omega) = \text{Winkel}\left\{\frac{\sum_{k=0}^{M} b_k (j\omega)^k}{\sum_{k=0}^{N} a_k (j\omega)^k}\right\} \tag{3.122}$$

Für eine allgemeine Anregung $x(t)$, deren Fourier-Transformation $X(j\omega)$ ist und für die entsprechende Antwort $y(t)$ mit der Fourier-Transformation $Y(j\omega)$ gibt es eine Verbindung im Frequenzbereich (Gl. (3.93)) der Form:

$$Y(j\omega) = H(j\omega)X(j\omega) \tag{3.123}$$

Dabei ist $H(j\omega)$ die Übertragungsfunktion als Fourier-Transformierte der Impulsantwort des Systems.

Wenn man die Differentialgleichung gemäß Gl. (3.114) Fourier transformiert (basierend auf der Eigenschaft *Zeitableitung* aus Tabelle 3.1), erhält man:

$$\begin{aligned} &\sum_{k=0}^{N} a_k (j\omega)^k Y(j\omega) = \sum_{k=0}^{M} b_k (j\omega)^k X(j\omega) \qquad \text{oder} \\ &Y(j\omega)\sum_{k=0}^{N} a_k (j\omega)^k = X(j\omega)\sum_{k=0}^{M} b_k (j\omega)^k \end{aligned} \tag{3.124}$$

Die Übertragungsfunktion $H(j\omega)$ des Systems wird daraus:

$$H(j\omega) = \frac{Y(j\omega)}{X(j\omega)} = \frac{\sum_{k=0}^{M} b_k (j\omega)^k}{\sum_{k=0}^{N} a_k (j\omega)^k} \tag{3.125}$$

Wenn man statt der unabhängigen Variable $j\omega$ eine komplexe Variable $s = \sigma + j\omega$ in der Übertragungsfunktion $H(j\omega)$ einsetzt, erhält man eine Funktion $H(s)$ die über der ganzen komplexen Ebene definiert ist. Sie enthält im Zähler ein Polynom vom Grad M und im Nenner ein Polynom vom Grad N, die man als Produkt von Linearfaktoren schreiben kann:

$$H(j\omega)\big|_{j\omega=s} = \frac{Y(s)}{X(s)} = \frac{\sum_{k=0}^{M} b_k(s)^k}{\sum_{k=0}^{N} a_k(s)^k} = \frac{b_M}{a_N}\frac{(s-z_1)(s-z_2)\dots(s-z_M)}{(s-p_1)(s-p_2)\dots(s-p_N)} \tag{3.126}$$

Die Werte $z_1,\ z_2,\dots,z_M$ bilden die *Nullstellen* und $p_1,\ p_2,\dots,p_N$ bilden die *Polstellen* der Übertragungsfunktion. Die Polstellen sind auch die Wurzeln der charakteristischen Gleichung der Differentialgleichung des Systems. Die komplexen Wurzeln treten immer als konjugiert komplexe Wurzeln auf, weil die Koeffizienten der Polynome reell sind.

Damit die Übertragungsfunktion $H(s)$ ein stabiles System darstellt, müssen alle Pole in der linken komplexen Halbebene liegen. Mit anderen Worten sind ihre Realteile negativ. Da die Pole auch die Wurzeln der charakteristischen Gleichung sind, bedeutet dies, dass die homogene Lösung zu null abklingt.

Die Funktion $H(s)$ wird null, wenn s gleich mit einer Nullstelle ist und unendlich groß, wenn s gleich mit einer Polstelle ist. Über der ganzen komplexen Ebene ist somit der Betrag der Funktion $H(s)$ eine Gebirgslandschaft mit "hohen Spitzen" an den Polstellen und mit "tiefen Löchern" an den Nullstellen. Der Schnitt dieser Landschaft mit der Fläche $s = j\omega$ ergibt dann die Übertragungsfunktion $H(j\omega)$.

Für reellwertige Systeme hat $H(j\omega)$ folgende Eigenschaft:

$$H(-j\omega) = H(j\omega)^* \tag{3.127}$$

Durch die Platzierung der Null- und Polstellen in der komplexen Ebene kann man das Verhalten von $H(j\omega)$ entlang der imaginären Achse $s = j\omega$ bestimmen.

Im Skript `H_3dplot_kont_2.m` ist die Funktion $H(s)$ in einer 3D-Darstellung für ein Filter gezeigt. Die Null- und Polstellen eines Tschebyschev-Filters werden mit der Funktion **cheby1** ermittelt. Sie werden in den Vektoren `z, p` geliefert. Die Konstante `k` enthält das Verhältnis b_M/a_N gemäß Gl. (3.126). Mit der Funktion **zp2th** werden danach auch die Koeffizienten des Zählers und Nenners in den Vektoren `b, a` erhalten.

Weiter wird ein Bereich in der komplexen Ebene berechnet, in dem die Funktion $H(s)$ darzustellen ist.

```
% Script H_3plot_1.m, in dem die Funktion H(s) über der ganzen
% komplexen Ebene in 3D dargestellt wird
% Nach G. Doblinger, TU-Wien, 03-2001
clear
% ------- Filterwahl
```

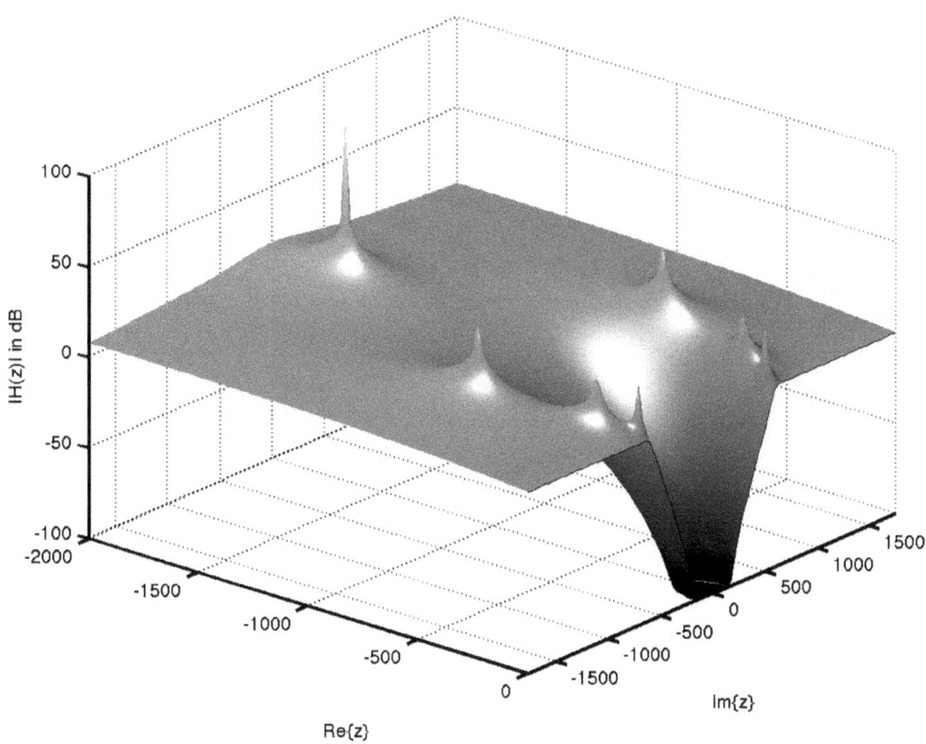

Abb. 3.48: 3D-Darstellung der Funktion H(s) eines Hochpassfilters (H_3plot_1.m)

```
[z,p,k] = cheby1(7, 0.1, 2*pi*100,'high','s');          % Hochpass
%[z,p,k] = cheby1(7, 0.1, 2*pi*[100,200],'s');          % Bandpass
% -------- Übertragungsfunktion
[b, a] = zp2tf(z,p,k);   % Transfer-Function
z_f = z;    p_f = p;     % Null- Polstellen zwischenspeichern
% -------- Bereiche für die Darstellung der Übertragungsfunktion
links = min([real(z).', real(p).']);
rechts = 0;
oben = max([imag(z).', imag(p).']);
unten = -oben;
% -------- Komplexe Variable s, über die die Übertragungsfunktion
% dargestellt wird
%[x, y] = meshgrid(links*2:(rechts-links)/100:rechts*2,...
%    1.2*unten:(oben-unten)/100:oben*1.2);
[x, y] = meshgrid(links*1.2:(rechts-links)/100:rechts*1.2,...
    2*unten:(oben-unten)/100:oben*2);
z = x + j * y;
% -------- Berechnung der Übertragungsfunktion im gezeigten Bereich
H = polyval(b,z)./polyval(a,z);
```

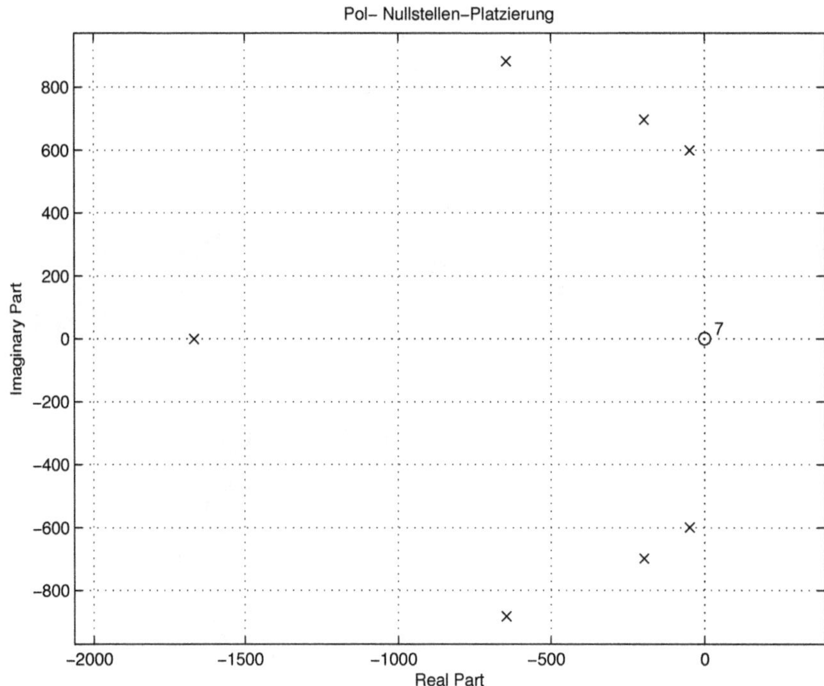

Abb. 3.49: Platzierung der Null- und Polstellen in der komplexen Ebene (H_3plot_1.m)

```
H = 20*log10(abs(H));
i1 = find(H > 100);          H(i1) = 100;
j1 = find(H < -100);         H(j1) = -100;
close all
% -------- 3D-Darstellung
pos = [0.01 0.2 0.6 0.7];
hfig = figure('name','Z Domain','Units','normal','Position',pos);
%colordef(hfig,'black');
colordef(hfig,'white');
%colormap('jet');
colormap('gray');
surf(x,y,H,'FaceColor','interp','EdgeColor','none',...
              'FaceLighting','phong');
hold on;
% -------- Frequenzgang (Schnittstelle mit jw)
yr = 1.2*unten:(oben-unten)/100:oben*1.2;
yr = 2*unten:(oben-unten)/100:oben*2;
xr = zeros(1, length(x));
%zr = xr + j*yr;
zr = j*yr;
Hr = (polyval(b,zr)) ./ (polyval(a,zr));
```

```
%phase = unwrap(angle(Hr));
phase = (angle(Hr));
Hr = 20*log10(abs(Hr));
i1 = find(Hr > 100);     Hr(i1) = 100;
j1 = find(Hr < -100);    Hr(j1) = -100;
plot3(xr, yr, Hr);
plot3(xr, yr, -100*ones(length(Hr),1));
hold off
axis tight
set(gca,'Linewidth', 2);
camlight right
view([40,30]);
grid on
xlabel('Re\{z\}');       ylabel('Im\{z\}');
zlabel('|H(z)| in dB');
axis vis3d
%
axis normal
%####################################
figure(2);        clf;
subplot(211), plot(yr/(2*pi), Hr - max(Hr));
   title('Amplitudengang');
   xlabel('Frequenz Hz');
   grid;
subplot(212), plot(yr/(2*pi), phase);
   title('Phasengang');
   xlabel('Frequenz Hz');
   grid;
% --------- Koeffizienten der Übertragungsfunktion
disp('Koeffizieneten des Zaehlers '), b
disp('Koeffizieneten des Nenners '), a
figure(3);     clf;
zplane(z_f,p_f);
   title('Pol- Nullstellen-Platzierung');
   grid on;
```

Abb. 3.48 zeigt die 3D-Darstellung des Betrags in dB für das Filter. Die Null- und Polstellen des Filters sind:

```
z_f =  0      0      0      0      0      0      0
p_f =  1.0e+03 *
  -1.6676
  -0.6459 + 0.8822i
  -0.6459 - 0.8822i
  -0.1960 + 0.6969i
  -0.1960 - 0.6969i
  -0.0482 + 0.5992i
  -0.0482 - 0.5992i
```

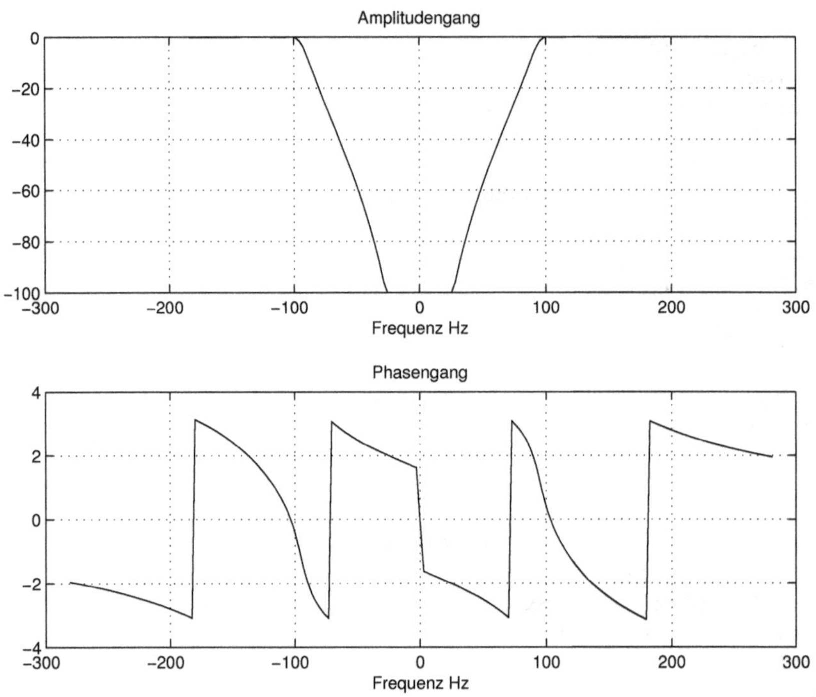

Abb. 3.50: Amplitudengang und Phasengang (für $\omega \geq 0$) (H_3plot_1.m)

Wie man sieht, gibt es eine siebenfache Nullstelle gleich null und eine reelle Polstelle. Die restlichen Polstellen erscheinen als konjugiert komplexe Paare. Der Effekt der Nullstellen ist das tiefe Tal und der Effekt der Polstellen sind die Spitzen. Man erkennt deutlich die 3 konjugiert komplexe Paare der Polstellen.

Abb. 3.49 zeigt die Platzierung der Null- und Polstellen in der komplexen Ebene. Die Darstellung wurde im Skript mit der Funktion **zplane** erzeugt. Der Verlauf des Betrags der Funktion $H(s)$ entlang der imaginären Achse $s = j\omega$ stellt den Amplitudengang $|H(j\omega)|$ dar. Er ist in Abb. 3.48 leicht zu erkennen und ist in Abb. 3.50 erneut zusammen mit dem Winkel der Funktion $H(j\omega)$ dargestellt.

Dem Leser wird empfohlen das Skript auch für andere Filter und Systeme zu starten und den Einfluss der Platzierung der Null- und Polstellung auf die Funktion $H(j\omega)$ zu untersuchen.

3.8.1 Beispiel: Frequenzgang eines Feder-Masse-Systems

Ein LTI-System wirkt immer als ein Filter und führt zu einem selektiven Frequenzverhalten. Als Beispiel wird das Feder-Masse-System aus Kap. 2.3 untersucht, bei dem als Anregung die Kraft $F_e(t)$ als Eingang gewählt wird und als Ausgangsgröße die Lage der Masse $y(t)$ angenommen wird. Gemäß Gl. (2.36) ist das System durch folgende Differentialgleichung beschrieben:

$$m\frac{d^2y(t)}{dt^2} + c\frac{dy(t)}{dt} + k_f y(t) = F_e(t) \quad \text{mit Anfangsbedingungen} \quad y(0),\ \dot{y}(0)$$

Das System wird ausgehend vom Ruhezustand, also mit Anfangsbedingungen gleich null (LTI-System) betrachtet. Die Fourier-Transformation der Differentialgleichung führt auf:

$$m\,(j\omega)^2\,Y(j\omega) + c\,(j\omega)\,Y(j\omega) + k_f\,Y(j\omega) = F_e(j\omega) \tag{3.128}$$

Hier sind $Y(j\omega),\ F_e(j\omega)$ die Fourier-Transformierte der Zeitsignale $y(t),\ F_e(t)$ und die Koeffizienten $m,\ c,\ k_f$ sind die Parameter des Feder-Masse-Systems.

Daraus resultiert die Funktion $H(j\omega)$ als Fourier-Transformation der Impulsantwort (oder die Übertragungsfunktion);

$$H(j\omega) = \frac{Y(j\omega)}{F_e(j\omega)} = \frac{1}{m\,(j\omega)^2 + c\,(j\omega) + k_f} \tag{3.129}$$

Der Betrag stellt das Amplitudenspektrum oder den Amplitudengang $A(\omega)$ dar und der Winkel ergibt das Phasenspektrum oder den Phasengang $\phi_y(\omega)$:

$$A(\omega) = \frac{1}{\sqrt{(k_f - m\,\omega^2)^2 + c^2}}\,; \qquad \phi_y(\omega) = -\text{atan}\left(\frac{c}{k_f - m\,\omega^2}\right) \tag{3.130}$$

```
% Skript feder_masse_1.m, in dem die Übertragungsfunktion
% eines Feder-Masse-Systems untersucht wird
clear;
% -------- Parameter des Systems
m = 1;        % Masse
c = 0.5;      % Viskosedämpfungskoeffizient
kf = 2;       % Feder Konstante
% -------- Frequenzbereich
f = logspace(-2, 1, 1000);   % Bereich 10^(-2) bis 10^3
omega = 2*pi*f;
% -------- Komplexe Übertragungsfunktion
H = 1./(m*(j*omega).^2 + c*(j*omega) + kf);
A = abs(H);
phi = angle(H);
%#############
figure(1);    clf;
subplot(211), semilogx(f, 20*log10(A));
   title('Amplitudengang in dB');
   xlabel('Frequenz in Hz');     grid on;
subplot(212), semilogx(f, phi);
   title('Amplitudengang in dB');
   xlabel('Frequenz in Hz');     grid on;
```

```
% -------- Impulsantwort
b = 1;     a = [m, c, kf];        % Koeffizienten des Zählers und Nenners
tmax = 3;
m_sys = tf(b, a);                 % Definieren des Objekts m_sys
[h, t] = impulse(m_sys);          % Impulsantwort
figure(2);    clf;
plot(t, h);
   title('Impulsantwort');
   xlabel('Zeit in s');    grid on;
```

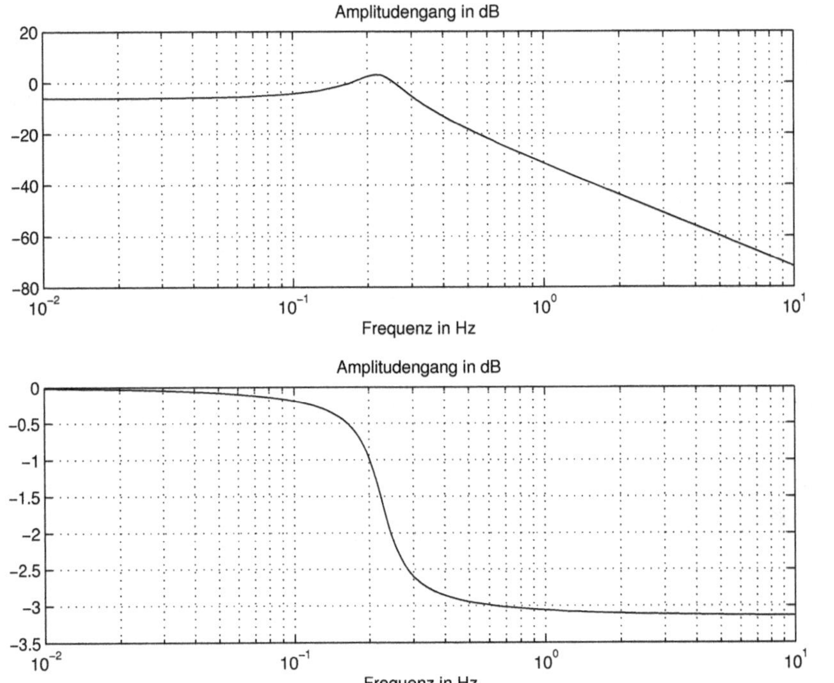

Abb. 3.51: Amplitudengang und Phasengang (für $\omega \geq 0$) (feder_masse_1.m)

Aus der Darstellung des Amplitudengangs aus Abb. 3.51 sieht man, dass das Feder-Masse-System für die gewählten Ein- und Ausgangsgrößen sich wie ein Tiefpassfilter verhält. Die Tiefen Frequenzen werden mit einer kleinen Abschwächung durchgelassen und die hohen Frequenzen werden stark gedämpft. Der Amplitudengang $A(\omega)$ ist logarithmisch skaliert in dB dargestellt:

$$A^{dB}(\omega) = 20\,\log_{10}(A(\omega)) = 20\,\log_{10}(\frac{\hat{y}}{\hat{x}}) \tag{3.131}$$

Als Beispiel wird aus dem Amplitudengang bei $f = 0,01$ Hz ein Wert $A^{dB}(f) = -6$ dB gelesen. Daraus ergibt sich für das Verhältnis der Amplituden im stationären

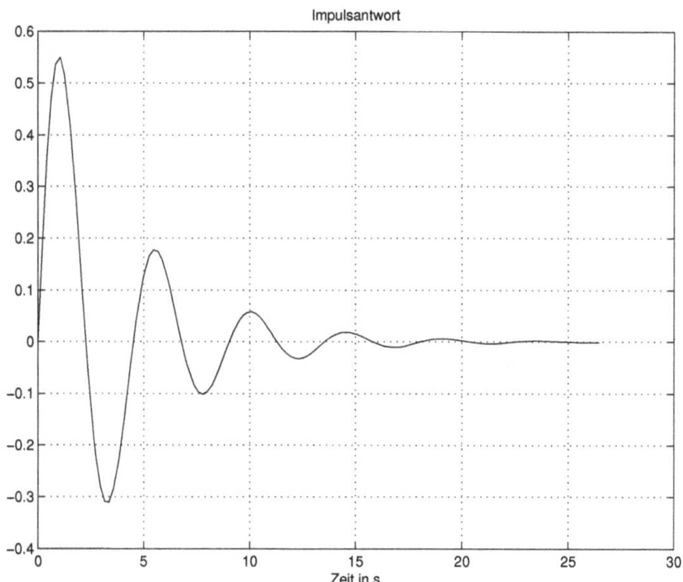

Abb. 3.52: Impulsantwort (feder_masse_1.m)

Zustand bei sinusförmiger Anregung folgender Wert:

$$-6 = 20\log_{10}(\frac{\hat{y}}{\hat{x}})\,; \qquad \frac{\hat{y}}{\hat{x}} = 10^{-6/20} \cong 0,5 \tag{3.132}$$

Der Höcker im Amplitudengang signalisiert eine mögliche Resonanzstelle. Die Resonanz wird um so ausgeprägter sein, je kleiner der Dämpfungsfaktor c ist.

Die Impulsantwort, als inverse Fourier-Transformation der Funktion $H(j\omega)$ gemäß Gl. (3.129), wird hier einfach mit Hilfe der MATLAB-Funktion **`impulse`** ermittelt und dargestellt, Abb. 3.52. Diese Funktion löst numerisch die Differentialgleichung für eine äquivalente Anfangsbedingung eines Integrators anstelle der Delta-Funktion als Anregung.

Die Differentialgleichung mit der Delta-Funktion als Anregung

$$m\,\frac{d^2y(t)}{dt^2} + c\,\frac{dy(t)}{dt} + k_f\,y(t) = \delta(0) \quad \text{mit} \quad \dot{y}(0) = 0,\; y(0) = 0 \tag{3.133}$$

geht für $t > 0$ in eine homogene Differentialgleichung über, die jetzt aber eine Anfangsbedingung $\dot{y}(0) \neq 0$ besitzt. Um diese Anfangsbedingung zu ermitteln, wird die Differentialgleichung in der Umgebung von $t = 0$ einmal integriert:

$$m\,\frac{dy(t)}{dt} + c\,y(t) + k_f \int_{t=0}^{t+\epsilon} y(\tau)d\tau = 1 \quad \text{mit} \quad y(0) = 0 \tag{3.134}$$

Daraus resultiert:

$$m\,\frac{dy(t)}{dt}\Big|_{t=0} = 1 \qquad \text{oder} \qquad \dot{y}(0) = \frac{1}{m} \tag{3.135}$$

Mit dem Skript `feder_masse_11.m` und das Modell `feder_masse11.mdl` wird die Impulsantwort in dieser Form ermittelt und mit der Impulsantwort verglichen, die mit der Funktion **impulse** berechnet wurde.

```
% Skript feder_masse_11.m, in dem die Impulsantwort
% eines Feder-Masse-Systems untersucht wird.
% Arbeitet mit dem Simulink-Modell feder_masse11
clear;
% -------- Parameter des Systems
m = 2;       % Masse
c = 0.5;     % Viskosedämpfungskoeffizient
kf = 2;      % Feder Konstante
% -------- Impulsantwort über die Funktion impulse
b = 1;    a = [m, c, kf];     % Koeffizienten des Zählers und Nenners
m_sys = tf(b, a);             % Definieren des Objekts m_sys
[h, t] = impulse(m_sys);      % Impulsantwort
tfinal = max(t);
figure(1);    clf;
subplot(211), plot(t, h);
   title('Impulsantwort mit Funktion impulse');
   xlabel('Zeit in s');   grid on;
% -------- Aufruf der Simulation
tsim = [0, tfinal];
sim('feder_masse11', tsim);  % Aufruf der Simulation

subplot(212), plot(t, y);
   title('Impulsantwort mit Simulink-Modell ermittelt');
   xlabel('Zeit in s');   grid on;
```

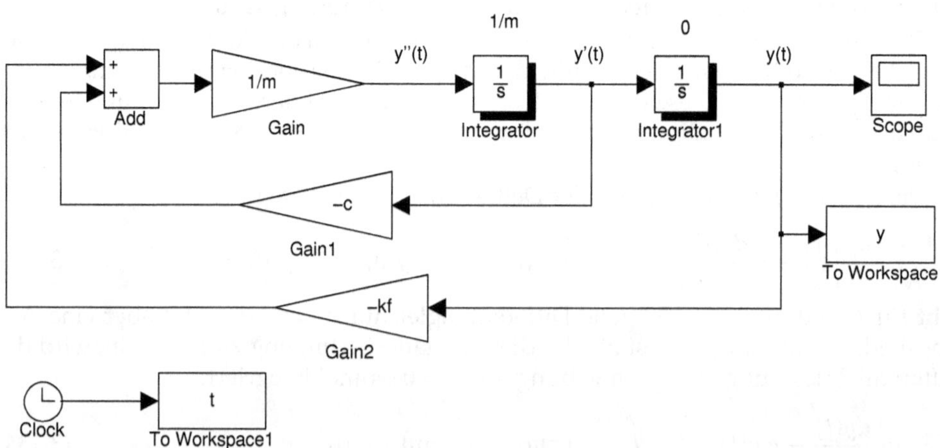

Abb. 3.53: Simulink-Modell der homogenen Differentialgleichung des Feder-Masse-Systems (feder_masse_11.m, feder_masse11.mdl)

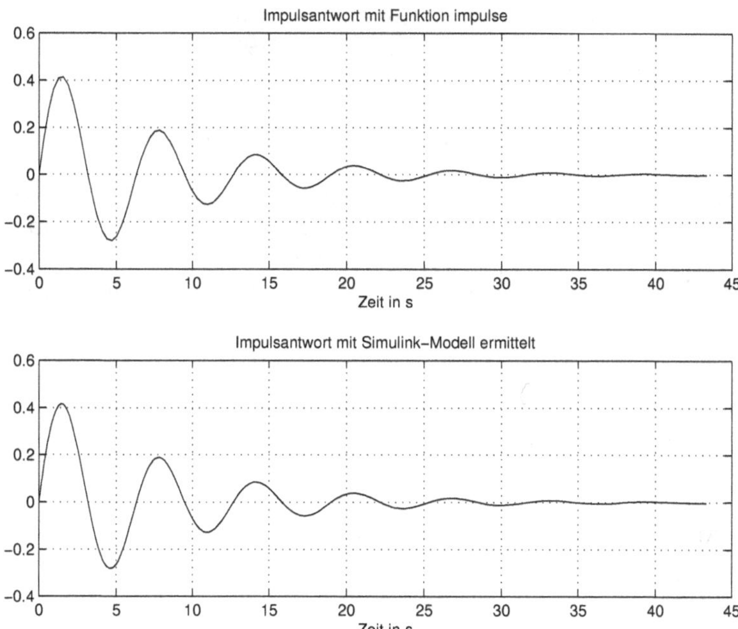

Abb. 3.54: Impulsantwort mit der impulse-Funktion und über die homogene Differentialgleichung ermittelt (feder_masse_11.m, feder_masse11.mdl)

Abb. 3.53 zeigt das Simulink-Modell der homogenen Differentialgleichung (ohne Anregung) bei dem der Integrator, der als Ausgang die Ableitung $\dot{y}(t)$ hat, eine Anfangsbedingung gleich $1/m$ besitzt.

In Abb. 3.54 ist oben die Impulsantwort dargestellt, die mit der MATLAB-Funktion **impulse** ermittelt wurde und darunter die Impulsantwort, die mit dem Modell der homogenen Differentialgleichung ermittelt wurde. In den Graphiken kann man keine Unterschiede feststellen.

Das Simulink-Modell basiert auf folgender Schreibweise der homogenen Differentialgleichung:

$$\frac{d^2y(t)}{dt^2} = \frac{1}{m}\Big[-c\,\frac{dy(t)}{dt} - k_f\,y(t)\Big] \qquad \text{mit} \quad \dot{y}(0) = 1/m, \;\; y(0) = 0 \tag{3.136}$$

Die zweite Ableitung $\ddot{y}(t)$ wird anfänglich als bekannt angenommen. Durch zweimal Integrieren erhält man die erste Ableitung $\dot{y}(t)$ und die Lage $y(t)$. Mit diesen Werten über Rückkopplungen wird in einem Summierer-Block die Ableitung $\ddot{y}(t)$ gebildet. In den Blöcken der Integratoren werden die gezeigten Anfangsbedingungen eingestellt.

Mit dem Generator-Block *Clock* und der Senke *To Workspace1* wird die Simulationszeit für das MATLAB-Skript gespeichert. Die Impulsantwort, als Antwort $y(t)$ wird in der Senke *To Workspace* zwischengespeichert.

Die inverse Fourier-Transformation für eine rationale Funktion $H(j\omega)$ wird immer mit Hilfe der Partialbruch-Zerlegung durchgeführt [19]:

$$H(j\omega) = \frac{P(j\omega)}{Q(j\omega)} = \frac{r_1}{j\omega - p_1} + \frac{r_2}{j\omega - p_2} + \cdots + \frac{r_N}{j\omega - p_N} + k \tag{3.137}$$

Mit $P(j\omega)$ wurde das Polynom in $j\omega$ des Zählers der rationalen Funktion $H(j\omega)$ bezeichnet. Ähnlich stellt $Q(j\omega)$ das Polynom in $j\omega$ des Nenners und somit sind $p_1, p_2, \ldots, p_N$ die Pole der Übertragungsfunktion.

Jeder Bruch kann einfach nach folgender Regel invers transformiert werden:

$$\mathcal{F}^{-1}\left\{\frac{r_i}{j\omega - p_i}\right\} \rightarrow e^{p_i\, t}\, u(t) \;; \qquad \mathcal{F}^{-1}(k) \rightarrow k\delta(t) \tag{3.138}$$

Dabei ist $u(t)$ der Einheitssprung, so dass die inverse Transformation nur für $t \geq 0$ gültig ist. Diese Regel entspricht der Fourier-Transformierten aus Tabelle 3.2 Positionen 1 und 9.

In MATLAB können die Parameter r_i, p_i und k der Partialbruch-Zerlegung mit der Funktion **residue** ermittelt werden. Im Skript ist die inverse Fourier-Transformation mit Partialbruch-Zerlegung für das Feder-Masse-System gezeigt:

```
% Skript inv_FT_feder_masse_1.m, in dem die Impulsantwort
% eines Feder-Masse-Systems über die inverse FT ermittelt wird
clear;
% -------- Parameter des Systems
m = 2;        % Masse
c = 0.5;      % Viskosedämpfungskoeffizient
kf = 2;       % Feder Konstante
% -------- Impulsantwort über die inverse Fourier-Transformation
b = 1;     a = [m, c, kf];     % Koeffizienten des Zählers und Nenners
% -------- Partialbruch Zerlegung
[r, p, k] = residue(b, a);
% -------- Die inverse Fourier-Transformation
tmax = 45;     dt = tmax/1000;
t = 0:dt:tmax;
h = r(1)*exp(p(1)*t) + r(2)*exp(p(2)*t);
figure(1);    clf;
subplot(211), plot(t, h);
   title('Impulsantwort mit der inversen Fourier-Transformation');
   xlabel('Zeit in s');    grid on;
```

Es wurden folgende Parameter der Partialbruch-Zerlegung erhalten:

```
r =     0 - 0.2520i                   0 + 0.2520i
p =   -0.1250 + 0.9922i             -0.1250 - 0.9922i
```

Für diese Funktion $H(j\omega)$ gibt es keine Konstante k.

Wie erwartet, ist die so erhaltene Impulsantwort gleich den vorherigen, ermittelten Impulsantworten.

3.8.2 Beispiel: Feder-Masse-System mit Bewegungsanregung

Abb. 3.55a zeigt das Feder-Masse-System mit zwei Freiheitsgraden (System 4. Ordnung), bei dem als Anregung die Bewegung $u(t)$ angesetzt wurde. Es kann als Modell für die vereinfachte Fahrzeugfederung dienen, die in Abb. 3.55b gezeigt ist. Es wurde auch als Modell für ein Hochhaus im Abschnitt 2.5.6 benutzt. Die Bewegungsdiffe-

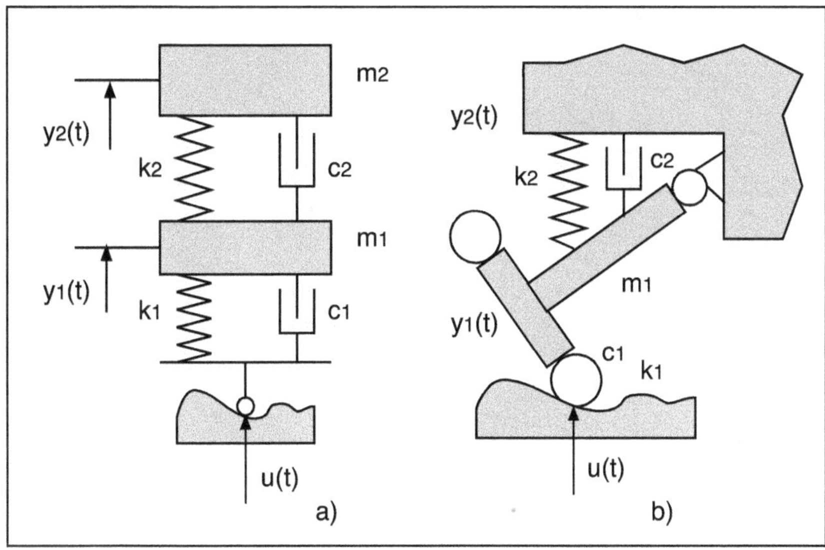

Abb. 3.55: a) Feder-Masse-System mit Bewegungsanregung b) Skizze einer Fahrzeugfederung (feder_masse_beweg_1.m)

rentialgleichungen der Ersatzmassen des Systems sind, wie im erwähnten Abschnitt schon gezeigt:

$$\begin{aligned} m_1\ddot{y}_1(t) + c_1(\dot{y}_1(t) - \dot{u}(t)) + k_1(y_1(t) - u)) + c_2(\dot{y}_1(t) - \dot{y}_2(t)) + \\ k_2(y_1(t) - y_2(t)) = 0 \\ m_2\ddot{y}_2(t) + c_2(\dot{y}_2(t) - \dot{y}_1(t)) + k_2(y_2(t) - y_1(t)) = 0 \end{aligned} \tag{3.139}$$

Mit

$$\ddot{y}(t) = \frac{d^2y(t)}{dt^2} \quad ; \qquad \dot{y}(t) = \frac{dy(t)}{dt}$$

werden die Ableitungen einer Variablen $y(t)$ bezeichnet.

Die Fourier-Transformation der Differentialgleichungen führt zu:

$$\begin{aligned} Y_1(j\omega) = Y_2(j\omega)\frac{(j\omega)c_2 + k_2}{(j\omega)^2m_1 + (j\omega)(c_1 + c_2) + k_1 + k_2} + \\ U(j\omega)\frac{(j\omega)c_1 + k_1}{(j\omega)^2m_1 + (j\omega)(c_1 + c_2) + k_1 + k_2} \end{aligned} \tag{3.140}$$

$$Y_2(j\omega) = Y_1(j\omega)\frac{(j\omega)c_2 + k_2}{(j\omega)^2 m_2 + (j\omega)c_2 + k_2} \tag{3.141}$$

Wie im Abschnitt (2.5.6) gezeigt, kann man auch hier die Funktionen der MATLAB *Symbolic Math Toolbox* einsetzen, um die komplexe Übertragungsfunktion nach $j\omega$ zu bestimmen. Eigentlich könnte man die Laplace-Transformationen, die dort ermittelt wurden, mit $s = j\omega$ in die neuen Übertragungsfunktionen umwandeln. Hier wird zu "Fuß" die Übertragungsfunktion von der Anregung bis zur Lage der Masse 2 ermittelt.

Dafür wird das Zwischenspektrum $Y_1(j\omega)$ eliminiert und man erhält folgende Übertragungsfunktion:

$$\frac{Y_2(j\omega)}{U(j\omega)} = \frac{\dfrac{((j\omega)c_1 + k_1)((j\omega)c_2 + k_2)}{(j\omega)^4 m_1 m_2 + (j\omega)^3(m_1 c_2 + m_2(c_1 + c_2)) + ...}}{.... + (j\omega)^2(m_1 k_2 + c_1 c_2 + (k_1 + k_2)m_2) + (j\omega)(c_1 k_2 + c_2 k_1) + k_1 k_2} \tag{3.142}$$

Im Skript `feder_masse_beweg_1.m` ist die Untersuchung dieses Systems programmiert:

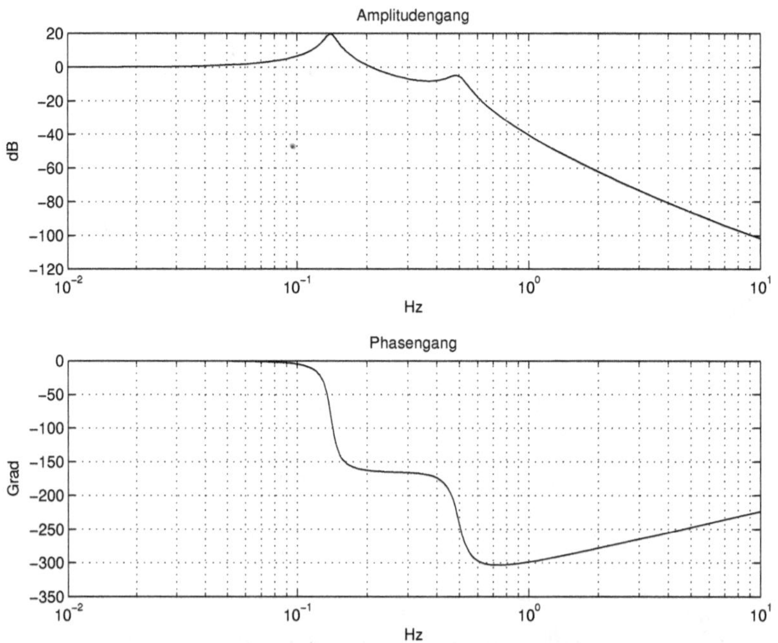

Abb. 3.56: Frequenzgang ($H(j\omega)$) des Feder-Masse-Systems mit Bewegungsanregung (feder_masse_beweg_1.m)

```
% Skript feder_masse_beweg_1.m, in dem ein Feder-Masse-System
% mit Bewegungsanregung untersucht wird
clear;
% ------- Parameter des Systems
m1 = 5;     c1 = 0.4;     k1 = 5;
m2 = 1;     c2 = 0.2;     k2 = 3;
% ------- Übertragungsfunktion Y2(w)/U(w)
b1 = [c1, k1];     b2 = [c2, k2];
a = [m1*m2, (m1*c2 +m2*(c1+c2)), (m1*k2+m2*(k1+k2)+c1*c2),...
    (c1*k2 + c2*k1), k1*k2];
b = conv(b1, b2);
m_sys = tf(b,a)
f = logspace(-2,1,500);
H = freqs(b,a,2*pi*f);     % Frequenzgang
%##################
figure(1);   clf;
subplot(211), semilogx(f, 20*log10(abs(H)));
   title('Amplitudengang');     ylabel('dB');
   xlabel('Hz');    grid on;
subplot(212), semilogx(f, unwrap(angle(H))*180/pi);
   title('Phasengang');          ylabel('Grad');
   xlabel('Hz');    grid on;
% ------- Impulsantwort mit Partialbruch-Zerlegung
[r, p, k] = residue(b, a);
% -------- Aus Tabelle der inversen FT
tmax = 100;    dt = tmax/1000;
t = 0:dt:tmax;
h = r(1)*exp(p(1)*t) + r(2)*exp(p(2)*t) +...
    r(3)*exp(p(3)*t) + r(4)*exp(p(4)*t);
%##################
figure(2);   clf;
subplot(211), plot(t, h);
   title(['Impulsantwort mit der inversen',...
     '    Fourier-Transformation über Partialbruch-Zerlegung']);
   xlabel('Zeit in s');   grid on;
% -------- Impulsantwort mit der Funktion impulse
[h, t] = impulse(m_sys, tmax);     % Impulsantwort
subplot(212), plot(t, h);
   title('Impulsantwort mit Funktion impulse');
   xlabel('Zeit in s');   grid on;
```

Zuerst werden die Vektoren der Koeffizienten der Übertragungsfunktion gebildet. Im Vektor b werden die Koeffizienten des Zählers mit der Funktion **conv** aus den Koeffizienten der Teilprodukte des Zählers ermittelt. Der Vektor a enthält die Koeffizienten des Nenners gemäß der obigen Übertragungsfunktion.

Danach wird das Objekt m_sys vom Typ **tf** (*Transfer-Function*) definiert. Mit der Funktion **freqs** wird der komplexe Frequenzgang $H(j\omega)$ für die Frequenzen aus f ermittelt. Diese werden über die Funktion **logspace** mit logarithmischen Schritten gebildet.

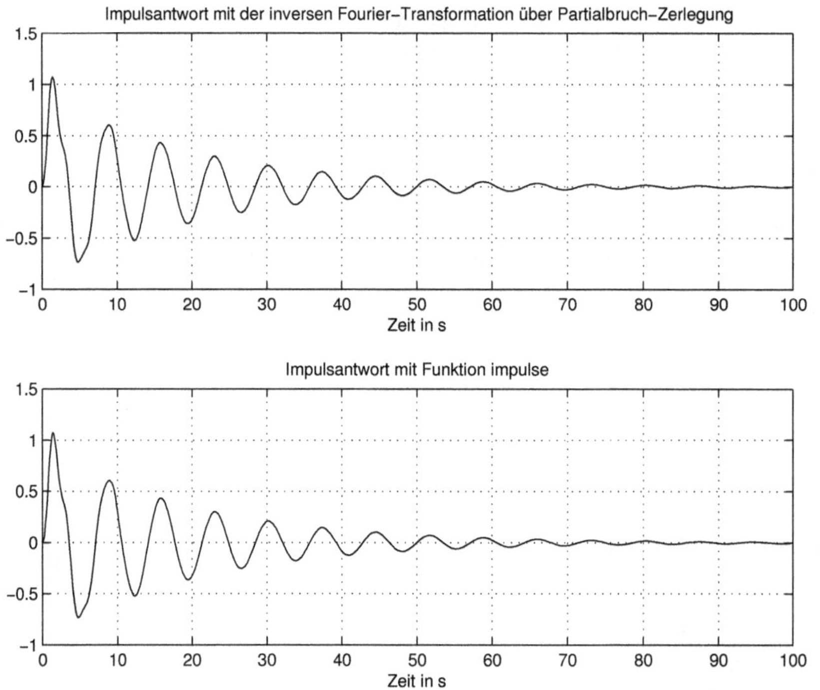

*Abb. 3.57: a) Impulsantwort über die inverse Fourier-Transformation ermittelt b) Impulsantwort mit der Funktion **impulse** berechnet* (feder_masse_beweg_1.m)

Abb. 3.56 zeigt den Frequenzgang von der Lage $y_2(t)$ der Masse m_2 bis zur Anregung $u(t)$.

Zuletzt wird im Skript die Impulsantwort des Systems über die inverse Fourier-Transformation der Funktion $H(j\omega) = Y_2(j\omega)/U(j\omega)$ mit Hilfe der Partialbruch-Zerlegung ermittelt. Sie wird mit der Impulsantwort, die mit der Funktion **impulse** berechnet wird, verglichen (Abb. 3.57).

Die Pole aus dem Vektor p sind:

```
p =      -0.2747 + 3.1017i
         -0.2747 - 3.1017i
         -0.0503 + 0.8780i
         -0.0503 - 0.8780i
```

Sie gehören zu einem stabilen System, weil ihre Realteile negativ sind. Die Imaginärteile signalisieren zwei charakteristische Frequenzen der Größe:

$$f_1 = 3,1017/(2\pi) = 0,4937 \text{ Hz} \qquad f_2 = 0,8780/(2\pi) = 0,1397 \text{ Hz} \qquad (3.143)$$

Diese Frequenzen entsprechen den zwei Höckern aus dem Amplitudengang in Abb. 3.56.

3.8.3 Beispiel: Piezo-Beschleunigungssensor

Abb. 3.58a zeigt eine Skizze des Piezo-Beschleunigungssensors, als seismischer Sensor bekannt [7]. Die Schwingungsmasse zusammen mit dem Piezokristall bilden auch ein Feder-Masse-System, das im Gehäuse schwingen kann. Vielmals gibt es noch eine zusätzliche Feder, die die Masse auf das Kristall drückt.

Die äquivalente Federkonstante ist mit k_f bezeichnet und die äquivalente viskose Dämpfung wird über den Faktor c berücksichtigt. Die Verformung des Piezokristalls führt zu einer Ladung q_r, die man dann in eine Spannung umwandeln kann. Die Kontaktierungen des Kristalls bilden auch einen Kondensator der Kapazität C_1. Somit ist die äquivalente elektrische Schaltung für diese Anordnung wie in Abb. 3.58b gezeigt.

Die Schwingungen der Masse m werden durch die Bewegung des Gehäuses $u(t)$ angeregt. Die Masse des Kristalls wird vernachlässigt. Die Bewegungen der Masse m werden durch folgende Differentialgleichung beschrieben [4]:

$$m\ddot{y}(t) + c(\dot{y}(t) - \dot{u}(t)) + k_f(y(t) - u(t)) + mg = 0 \tag{3.144}$$

Dabei sind $\ddot{y}(t),\ \dot{y}(t),\ y(t)$ und $\dot{u}(t),\ u(t)$ die Beschleunigung, Geschwindigkeit und Weg der Masse bzw. Geschwindigkeit und Weg des Gehäuses.

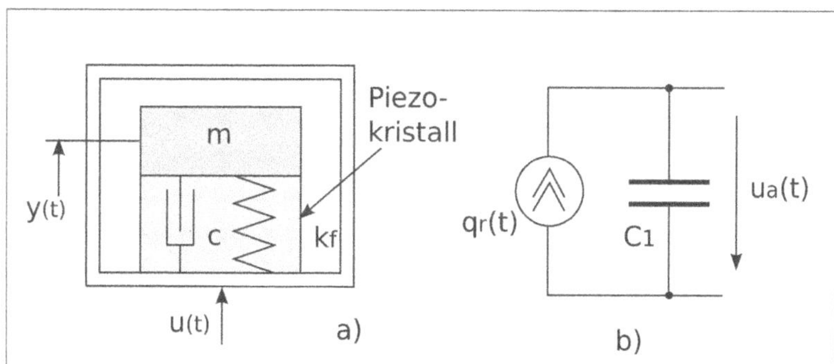

Abb. 3.58: a) Skizze des Piezo-Beschleunigungssensors b) Ersatzschaltung für das elektrische Verhalten

Die zum Gehäuse relative Bewegung $y_r(t)$, die durch

$$y_r(t) = (y(t) - u(t)) - L \tag{3.145}$$

gegeben ist, verursacht die Verformung des Kristalls und dadurch die Erzeugung der Ladung. Hier stellt L die zeitkonstante Verformung in der Ruhelage dar. In Ruhelage ist $y(t) - u(t) = L$ und $y_r(t) = 0$.

Gl. (3.145) in Gl. (3.144) eingesetzt, führt zu:

$$m\ddot{y}_r(t) + c\dot{y}_r(t) + k_f y_r(t) + k_f L + mg = -m\ddot{u}(t) \tag{3.146}$$

Die Ladung des Kristalls ist der Verformung proportional:

$$q(t) = k_q(y(t) - u(t)) = k_q y_r(t) + k_q L \tag{3.147}$$

Die relative Ladung bezogen auf die Ladung im Ruhezustand wird:

$$q_r(t) = q(t) - k_q L = k_q y_r(t) \tag{3.148}$$

Im Weiteren wird die Beschleunigung $\ddot{u}(t)$ mit $a(t)$ bezeichnet und bildet hier die Anregung. Abb. 3.59 zeigt eine mögliche Schaltung ("Ladungsverstärker"), die die Ladung in eine Spannung umwandelt. Die Kapazität des Kristalls C_1 zusammen mit der Kapazität des Koaxialkabels und des Eingangs des Verstärkers C_i ergibt eine Kapazität

$$C_q = C_1 + C_i \tag{3.149}$$

Die Differentialgleichung, die die Spannung $u_a(t)$ an dieser Kapazität mit der Ladung $q_r(t)$ verbindet ist:

$$C_q \frac{du_a(t)}{dt} = \frac{dq_r(t)}{dt} - \frac{u_a(t)}{R_i} = k_q \frac{dy_r(t)}{dt} - \frac{u_a(t)}{R_i} \tag{3.150}$$

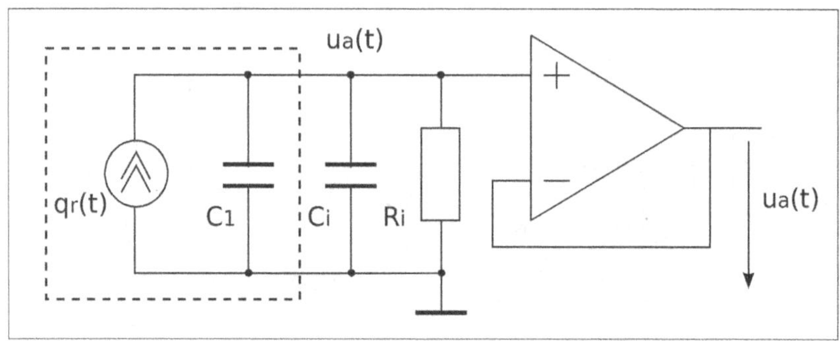

Abb. 3.59: Ladungsverstärker mit Spannungsfolger

Man kann jetzt ein Zustandsmodell mit folgenden Zustandsvariablen bilden:

$$y_r(t), v_r(t), u_a(t) \quad \text{wobei} \quad v_r(t) = \dot{y}_r(t)$$

$$\begin{aligned}
\dot{y}_r(t) &= v_r(t) \\
\dot{v}_r(t) &= \frac{1}{m}\big(-c\, v_r(t) - k_f\, y_r(t)\big) + a(t) \\
\dot{u}_a(t) &= \frac{1}{C_q} k_q v_r(t) - \frac{1}{C_q R_i} u_a(t)
\end{aligned} \tag{3.151}$$

In Matrixform erhält man:

$$\begin{bmatrix} \dot{y}_r(t) \\ \dot{v}_r(t) \\ \dot{u}_a(t) \end{bmatrix} = \begin{bmatrix} 0 & 1 & 0 \\ -\dfrac{k_f}{m} & -\dfrac{c}{m} & 0 \\ 0 & \dfrac{k_q}{C_q} & -\dfrac{1}{C_q R_i} \end{bmatrix} \begin{bmatrix} y_r(t) \\ v_r(t) \\ u_a(t) \end{bmatrix} + \begin{bmatrix} 0 \\ 1 \\ 0 \end{bmatrix} a(t) \tag{3.152}$$

Daraus ergeben sich die ersten zwei Matrizen $\mathbf{A}, \mathbf{B}$ der Beschreibung des Zustandsmodells. Wenn alle drei Zustandsvariablen als Ausgangsvariablen angenommen werden, dann sind die zwei weiteren Matrizen als Einheits- bzw. Nullmatrix und in der MATLAB-Syntax durch

```
C = eye(3,3);                  D = zeros(3,1);
```

definiert.

Im Skript `seismischer_sens_1.m` wird so ein Piezobeschleunigungssensor untersucht. Zuerst wird das Zustandsmodell (Matrizen A, B, C, D) gebildet und dann werden mit der MATLAB-Funktion **bode** die Frequenzgänge von der Anregung $a(t)$ zu jeder Zustandsvariablen ermittelt:

```
% Skript seismischer_sens_1.m, in dem ein seismischer Sensor
% mit Piezokristall untersucht wird
clear;
% ------- Parameter des Sensors
f0 = 10e3;                   % 1kHz Eigenfrequenz ohne Dämpfung
k_m = (2*pi*f0)^2;           % kf/m
c_m = 2000;                  % c/m Dämpfungsfaktor
kq = 0.1e1;                 % Proportionalitätsfaktor qr = kq*vr
Cq = 2000e-12;               % 5000 pF
Ri = 500e6;
% ------ Zustandsmodell
A = [0,1,0; -k_m, -c_m, 0; 0, kq/Cq, - 1/(Cq*Ri)];
B = [0,1,0]';          C = eye(3,3);        D = zeros(3,1);
% ------ Frequenzgang für Beschleunigungssensor
a_min = round(log10(f0/100000));      a_max = round(log10(f0*10));
f = logspace(a_min, a_max, 1000);
my_sys = ss(A, B, C, D);    % Zustandsobjekt
[betrag, phase] = bode(my_sys, 2*pi*f);
betrag_ua = squeeze(betrag(3,1,:));      % Entfernung der unnötigen
phase_ua =  squeeze(phase(3,1,:));      % Indizes
```

In den Variablen `betrag` und `phase` werden die Frequenzgänge geliefert. Für die 1000 Frequenzwerte werden 1000 Betrags- bzw. Phasenwerte erhalten. Sie sind in je einem dreidimensionalen Feld mit drei Zeilen (für die drei Zustandsvariablen), einer Spalte und mit 1000 solcher Vektoren. Zum Verständnis werden einige dieser Betragswerte gezeigt:

```
>> betrag(:,:,1:3)
ans(:,:,1) =
     0.0000
     0.0000
     0.0159
ans(:,:,2) =
     0.0000
     0.0000
     0.0161
ans(:,:,3) =
     0.0000
     0.0000
     0.0164
.....
```

Ähnlich sind auch die Phasenwerte organisiert. Da die Ausgangsspannung die dritte Zustandsvariable ist, werden in den Variablen `betrag_ua`, `phase_ua` nur die Werte für diese Variable extrahiert und in logarithmischen Koordinaten dargestellt:

```
figure(1);   clf;
subplot(211), semilogx(f, 20*log10(betrag_ua));
  title('Amplitudengang Spannung/Beschleunigung');
  xlabel('Hz');     ylabel('dB');     grid on;
subplot(212), semilogx(f, phase_ua);
  title('Phasengang Spannung/Beschleunigung');
  xlabel('Hz');     ylabel('Grad');     grid on;
```

Aus dem Frequenzgang geht hervor, dass man keine statische Beschleunigung messen kann, weil der Frequenzgang für die Frequenz null auch null ist. Nur in einem bestimmten Frequenzbereich kann der Sensor benutzt werden, hier von ca. 1 Hz bis ca. 4000 Hz. Die untere Grenze ist von der Zeitkonstante $C_q R_i$ abhängig. Für eine niedrige untere Grenze muss diese Zeitkonstante groß sein. Mit einem Widerstand $R_i = 200$ MΩ, der noch mit JFET-Transistoren realisierbar ist, wird hier mit einer Kapazität von $C_q = 2$ nF diese untere Grenze von 1 Hz erreicht. Diese Kapazität verringert aber die Empfindlichkeit des Sensors.

Zuletzt wird auch die Sprungantwort mit der MATLAB-Funktion **step** für die Ausgangsspannung ermittelt und dargestellt. Einmal wird die Sprungantwort für den Anstieg und dann für den Bereich mit $t \to \infty$ aufgelöst.

```
% ------ Sprungantwort für Beschleunigungssensor
Tfinal = 10e-3;            dt = Tfinal/1000;  % Anstiegszeit
[y, t] = step(my_sys, [0:dt:Tfinal-dt]);
figure(2);   clf;
subplot(211), plot(t, y(:,3));
  title(['Sprungantwort der Spannung ua ',...
    ' (Anstiegszeit)']);
  xlabel('Zeit in s');   ylabel('Volt');   grid on;
  axis tight;
Tfinal = 3;              dt = Tfinal/1000;      % für t -> Unendlich
[y, t] = step(my_sys, [0:dt:Tfinal-dt]);
```

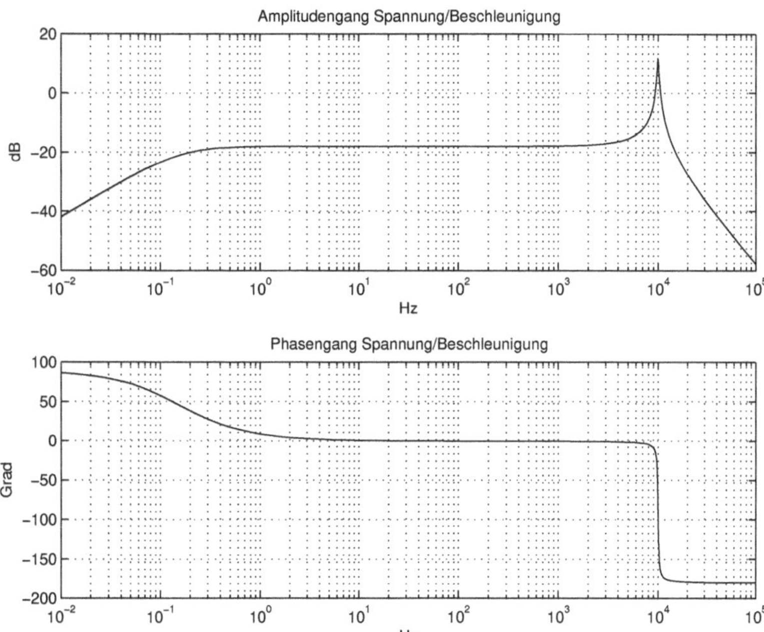

Abb. 3.60: Frequenzgang der Ausgangsspannung (seismischer_sens_1.m)

```
subplot(212), plot(t, y(:,3));
  title(['Sprungantwort der Spannung ua ',...
    ' (t -> Unendlich)']);
  xlabel('Zeit in s');    ylabel('Volt');    grid on;
  axis tight;
```

Wegen des Resonanz-Höckers bei 10000 Hz ist die Sprungantwort am Anfang periodisch und weil die Nullfrequenz nicht durchgelassen wird, fällt die Sprungantwort nach gewisser Zeit auf null (Abb. 3.61).

3.8.4 Beispiel: Modalanalyse eines Hochhauses

Durch die Modalanalyse werden die Schwingungsarten (Schwingungsmoden) einer Struktur ermittelt [9], [15], [22]. In diesem Beispiel wird eine einfache Struktur in Form eines Hochhauses mit zwei Stockwerken, wie in Abb. 3.62a gezeigt, untersucht. Die prinzipiellen Schwingungsarten (Moden) sind in Abb. 3.62b und c dargestellt.

Die erste Art entspricht der tiefsten Eigenfrequenz des Systems und zeigt, dass beide Massen der Stockwerke in dieselbe Richtung schwingen. Die zweite höhere Eigenfrequenz führt zur Art aus Abb. 3.62c, die zeigt, dass die Massen sich gegenphasig bewegen.

Im Beispiel werden diese Arten aus der Messung der Schwingungen der Massen ermittelt. Dazu wird mit einem kurzen Stoß, z.B. der Kraft $F_1(t)$, die Struktur angeregt. Die entstandenen Schwingungen klingen in Zeit ab und die Zeit von der Anregung bis

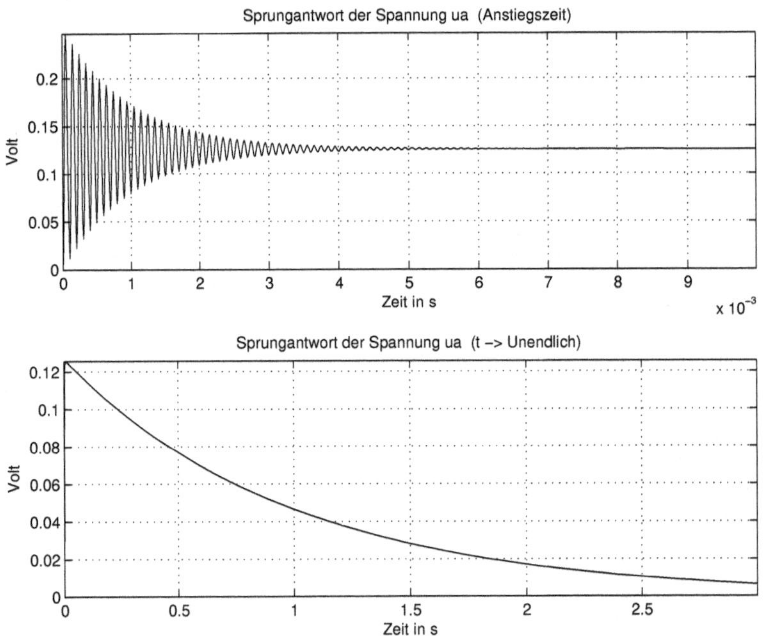

Abb. 3.61: Sprungantwort der Ausgangsspannung (seismischer_sens_1.m)

die Signale annähern null sind wird als Untersuchungsintervall (oder Grundperiode) betrachtet. Ein neuer Stoß führt zur Wiederholung dieses Intervalls.

Das System wird mit Hilfe eines Zustandsmodells beschrieben, das sich aus folgenden Differentialgleichungen ableitet:

$$\begin{aligned} m_1\,\ddot{y}_1(t) + c_1\,\dot{y}_1(t) + k_1\,y_1(t) + k_2\,(y_1(t) - y_2(t)) &= F_1(t) \\ m_2\,\ddot{y}_2(t) + c_2\,\dot{y}_2(t) + k_2(y_2(t) - y_1(t)) + k_3\,y_2(t) &= F_2(t) \end{aligned} \tag{3.153}$$

Mit $y_1(t),\ y_2(t)$ wurden die Lagen der zwei Massen relativ zur Gleichgewichtslage bezeichnet. Die Koeffizienten $c_1,\ c_2$ stellen äquivalente Dämpfungen dar und die Koeffizienten $k_1,\ k_2,\ k_3$ sind äquivalente Federkonstanten dieses Feder-Masse-Systems. Aus den Differentialgleichungen ergeben sich vier Zustandsvariablen, die hier mit $x_i(t),\ i = 1,\ 2,\ 3,\ 4$ (statt $q_i(t)$) bezeichnet werden:

$$x_1(t) = y_1(t); \quad x_2(t) = \dot{y}_1(t); \quad x_3(t) = y_2(t); \quad x_4(t) = \dot{y}_2(t); \tag{3.154}$$

Die Differentialgleichungen erster Ordnung mit den Zustandsvariablen werden:

$$\begin{aligned} m_1\,\dot{x}_2(t) + c_1\,x_2(t) + k_1\,x_1(t) + k_2\,(x_1(t) - x_3(t)) &= F_1(t) \\ m_2\,\dot{x}_4(t) + c_2\,x_4(t) + k_2(x_3(t) - x_1(t)) + k_3\,x_3(t) &= F_2(t) \end{aligned} \tag{3.155}$$

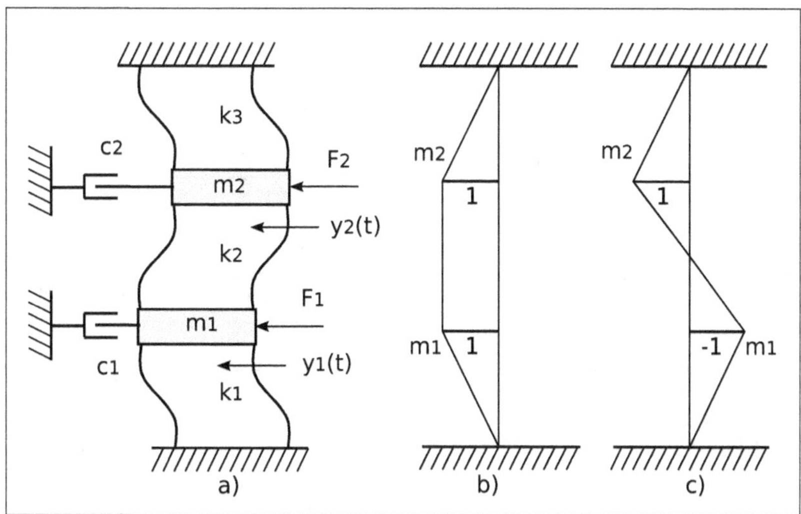

*Abb. 3.62: a) Hochhaus mit zwei Stockwerken b) erste Schwingungsart c) zweite Schwingungsart (*modal_analys_1.m*)*

Aus diesen Differentialgleichungen sind die Matrizen des Zustandsmodells leicht zu ermitteln:

$$\begin{bmatrix}\dot{x}_1(t)\\ \dot{x}_2(t)\\ \dot{x}_3(t)\\ \dot{x}_4(t)\end{bmatrix} = \begin{bmatrix} 0 & 1 & 0 & \\ -\dfrac{k_1+k_2}{m_1} & -\dfrac{c_1}{m1} & \dfrac{k_2}{m1} & 0 \\ 0 & 0 & 0 & 1 \\ \dfrac{k_2}{m_2} & 0 & -\dfrac{k_2+k_3}{m_2} & -\dfrac{c_2}{m_2}\end{bmatrix}\begin{bmatrix}x_1(t)\\ x_2(t)\\ x_3(t)\\ x_4(t)\end{bmatrix} + \begin{bmatrix}0 & 0\\ \dfrac{1}{m_1} & 0\\ 0 & 0\\ 0 & \dfrac{1}{m_2}\end{bmatrix}\begin{bmatrix}F_1(t)\\ F_2(t)\end{bmatrix} \quad (3.156)$$

Daraus werden die Matrizen **A**, **B** des Zustandsmodells gebildet. Die Lagen $y_1(t),\ y_2(t)$ sind die Zustandsvariablen $x_1(t),\ x_3(t)$, so dass man leicht die Matrizen **C**, **D** ermitteln kann.

Im Skript `modal_analys_1.m` werden am Anfang diese Matrizen gebildet:

```
% Skript modal_analys_1.m, in dem eine Modal-Analyse
% eines Hochhauses mit 2 Stockwerken
clear;
% ------ Zustandsmodell des Systems
% Parameter
m1 = 1;    m2 = 1;                  % Massen
c1 = 0.05; c2 = 0.05;               % Dämpfungsfaktoren
k1 = 1;    k2 = 1;    k3 = 1;       % Federkonstanten
% Matrizen des Zustandsmodells
A = [0,1,0,0;-(k1+k2)/m1, -c1/m1, k2/m1,0;...
    0,0,0,1;k2/m2,0,-(k2+k3)/m2, -c2/m2];
```

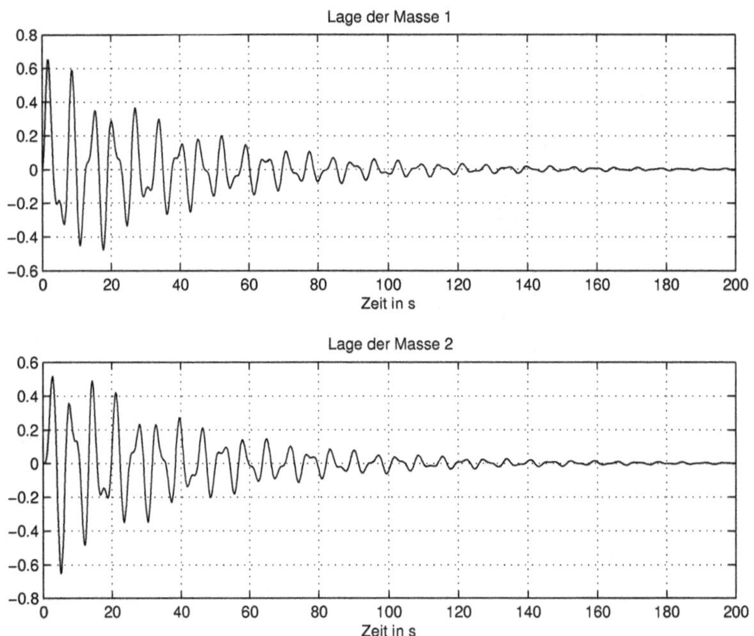

Abb. 3.63: Lage der Masse 1 und Lage der Masse 2 (modal_analys_1.m)

```
B = [0,0;1/m1,0;0,0;0,1/m2];
C = [1 0 0 0;0 0 1 0];
D = [0 0;0 0];
```

Danach wird eine Zeitachse und die Kräfte `F1, F2` gewählt. Die Kraft `F1` ist ein Puls der Dauer 10 Abtastperioden und die Kraft `F2` wird auf null gesetzt. Mit den Matrizen des Zustandsmodells wird das Objekt-System `my_sys` definiert und schließlich wird das System mit der Funktion **`lsim`** simuliert:

```
% ------ Simulation mit Stoß F1
tfinal = 200;        dt = tfinal/2000;          fs = 1/dt;
t = 0:dt:tfinal-dt;
nt = length(t);
n_1 = 10;    % Dauer des Stoßes
F1 = [ones(1,n_1), zeros(1,nt - n_1)];   % Stoß F1
F2 = zeros(1,nt);                         % F2 = 0
my_sys = ss(A, B, C, D);             % Definieren des Systems
y = lsim(my_sys,[F1', F2'],t'); % Antwort mit lsim-Funktion
% y(:,1) = Lage der Masse1;     y(:,2) = Lage der Masse2
figure(1);     clf;
subplot(211), plot(t, y(:,1));
   title(' Lage der Masse 1')
   xlabel('Zeit in s');      grid on;
subplot(212), plot(t, y(:,2));
```

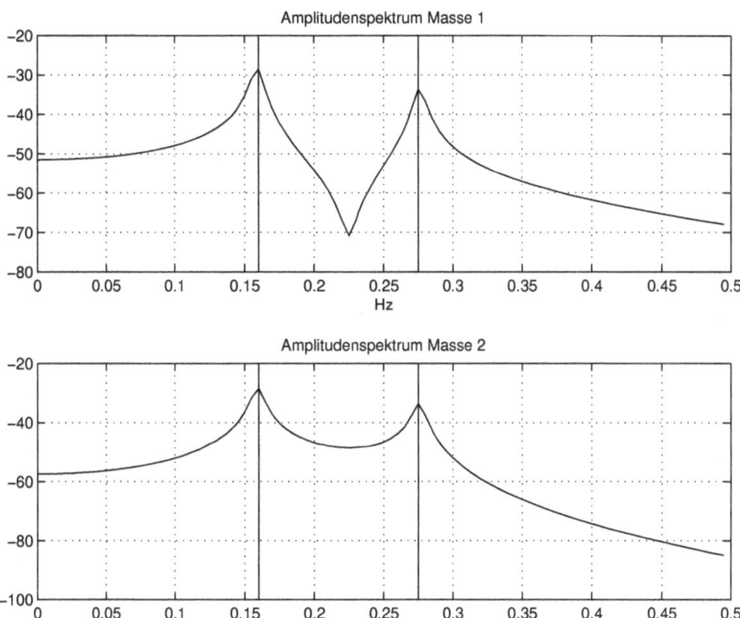

Abb. 3.64: Amplitudenspektrum der Lage der Masse 1 und Lage der Masse 2 (modal_analys_1.m)

```
title(' Lage der Masse 2')
xlabel('Zeit in s');      grid on;
```

Abb. 3.63 zeigt die Lagen der zwei Massen im Untersuchungsintervall. Mit Hilfe der Eigenwerte der Matrix A, die gleich den Wurzeln der charakteristischen Gleichung des Systems sind, werden aus den positiven Imaginärteilen die Eigenfrequenzen ermittelt. Daraus werden die Indizes der DFT berechnet:

```
% ------- Eigenfrequenzen als Eigenwerte von A
                %(Wurzel der charakt. Gl.)
z = eig(A),          % Eigenwerte der Matrix A
f1 = imag(z(3))/(2*pi) % erste Eigenfrequenz des zeitkont. Systems
f2 = imag(z(1))/(2*pi) % zweite Eigenfrequenz
m1 = round(f1*nt/fs)    % Indizes der Frequenzen
m2 = round(f2*nt/fs)
f1 = m1*fs/nt           % Eigenfrequenzen mit ganzen Binstellen
f2 = m2*fs/nt
```

Das DFT-Spektrum kann mit oder ohne Fensterfunktion berechnet werden. Weil die Abtastfrequenz sehr hoch im Vergleich zu den Eigenfrequenzen ist, wird das Spektrum nur bis zu einer Maximalfrequenz fmax dargestellt:

```
% ------- Spektrum über DFT
w = hamming(1, nt);     % Fensterfunktion
```

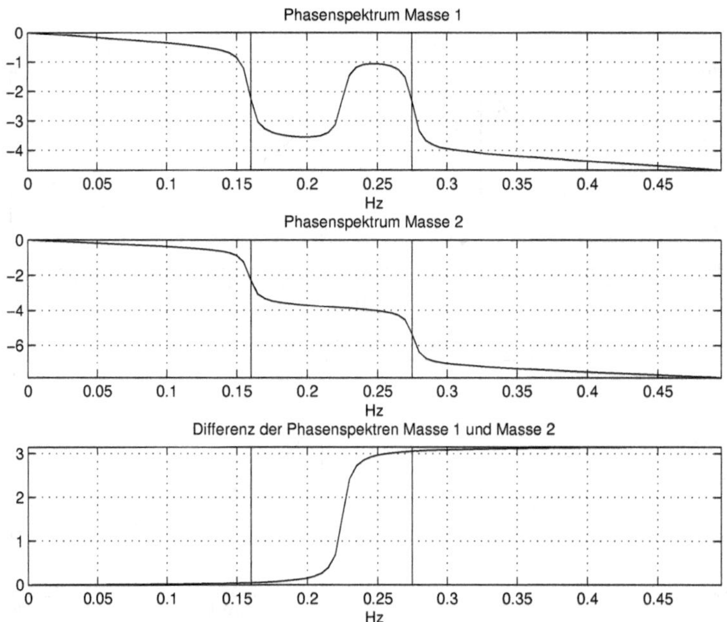

Abb. 3.65: Phasenspektrum der Lage der Masse 1 und Lage der Masse 2 (modal_analys_1.m)

```
%w = ones(nt, 1);          % Ohne Fensterfunktion
y1f = y(:,1).*w;          y2f = y(:,2).*w;
Y1 = fft(y1f);            Y2 = fft(y2f);
fmax = 0.5;               % Frequenzbereich für die Darstellung der DFT
nd = fix(fmax*nt/fs);     % der entsprechende Index für fmax
figure(2);     clf;
subplot(211), plot((0:nd-1)*fs/nt, 20*log10(abs(Y1(1:nd))));
   title('Amplitudenspektrum Masse 1');
   xlabel('Hz');       grid on;    La = axis;
   hold on;  plot([f1,f1],[La(3), La(4)], [f2,f2],[La(3), La(4)]);
   hold off;
subplot(212), plot((0:nd-1)*fs/nt, 20*log10(abs(Y2(1:nd))));
   title('Amplitudenspektrum Masse 2');
   xlabel('Hz');       grid on;    La = axis;
   hold on;  plot([f1,f1],[La(3), La(4)], [f2,f2],[La(3), La(4)]);
   hold off;
figure(3);     clf;
subplot(311), plot((0:nd-1)*fs/nt, unwrap(angle(Y1(1:nd))));
   title('Phasenspektrum Masse 1');
   xlabel('Hz');       grid on;     La = axis;
   hold on;  plot([f1,f1],[La(3), La(4)], [f2,f2],[La(3), La(4)]);
   hold off;
subplot(312), plot((0:nd-1)*fs/nt, unwrap(angle(Y2(1:nd))));
```

```
    title('Phasenspektrum Masse 2');
    xlabel('Hz');        grid on;    La = axis;
    hold on;   plot([f1,f1],[La(3), La(4)], [f2,f2],[La(3), La(4)]);
    hold off;
subplot(313), plot((0:nd-1)*fs/nt, unwrap(angle(Y1(1:nd))) -...
        unwrap(angle(Y2(1:nd))));
    title('Differenz der Phasenspektren Masse 1 und Masse 2');
    xlabel('Hz');        grid on;
    La = axis;
    hold on;   plot([f1,f1],[La(3), La(4)], [f2,f2],[La(3), La(4)]);
    hold off;
ampl_11 = abs(Y1(m1))     % Amplitude Masse 1 Frequenz f1
ampl_21 = abs(Y2(m1))     % Amplitude Masse 2 Frequenz f1
ampl_12 = abs(Y1(m2))     % Amplitude Masse 1 Frequenz f2
ampl_22 = abs(Y2(m2))     % Amplitude Masse 2 Frequenz f2
```

Abb. 3.64 zeigt das Amplitudenspektrum in dB für die Lagen der zwei Massen. Man erkennt die Eigenfrequenzen und die Tatsache dass bei jeder Eigenfrequenz die Amplituden der Schwingungen gleich sind. Bei der Frequenz `f1` beträgt der Amplitudengang ca. -30 dB und bei der Frequenz `f2` ca. -33 dB. Die Eigenfrequenzen sind mit den vertikalen Linien gekennzeichnet.

In Abb. 3.65 sind zuerst die Phasen und danach die Phasendifferenz dargestellt. Aus der Phasendifferenz kann man sehen ob die Massen gleichphasig oder gegenphasig schwingen. Bei der ersten niedrigeren Eigenfrequenz ist die Differenz null und zeigt, dass hier die Massen gleichphasig schwingen. Im Gegensatz dazu schwingen die Massen bei der zweiten höheren Eingenfrequenz gegenphasig, was durch die Differenz von π angezeigt wird.

Diese Schwingungsarten sind in Abb. 3.62b und c dargestellt. Die Werte eins der Auslenkungen sollen die gleichen Amplituden suggerieren.

Die Untersuchung wurde ohne Fensterfunktion durchgeführt, weil die Signale von null anfangen und auf null abklingen. Mit der Fensterfunktion, die man einfach aktivieren kann, erhält man dieselben Phasendifferenzen und ähnliche Amplituden.

Durch kleine Änderungen dieses Skriptes kann man viele weitere Experimente durchführen. Als Beispiel kann man den Einfluss der Dauer des Anregungspulses untersuchen. Allerdings soll der Anregungspuls nur die Eigenschwingungen anregen und darf nicht die Form einer konstanten Anregung annehmen, da sonst die dazugehörige partikuläre Lösung die hier wichtige Impulsantwort verfälschen würde.

Weiter kann man das System mit einer sinusförmigen Kraft mit einer Frequenz, die gleich der einen oder anderen Eigenfrequenz ist, anregen. Das System schwingt dann in der entsprechenden Art. Im Skript `modal_analys_2.m` ist dieses Experiment programmiert.

3.8.5 Beispiel: Mehrfach besetzte Welle

Ein ähnliches Beispiel wie das Hochhaus ist die mehrfach besetzte Welle, die in Abb. 3.66 gezeigt ist. Hier bilden die Wellenabschnitte zylindrische Torsionsfedern, deren Federkonstanten k_i vom Durchmesser und von der Länge des Abschnittes abhängig sind. Die Dämpfungsfaktoren sind mit c_i bezeichnet und die Trägheitsmomente der Abschnitte sind die Parameter J_i. Das externe Antriebsmoment $M_a(t)$ wirkt an einem Ende der Welle (z.B. durch einen Motor) und am anderen Ende wirkt ein Drehmoment $M_d(t)$ als Belastung.

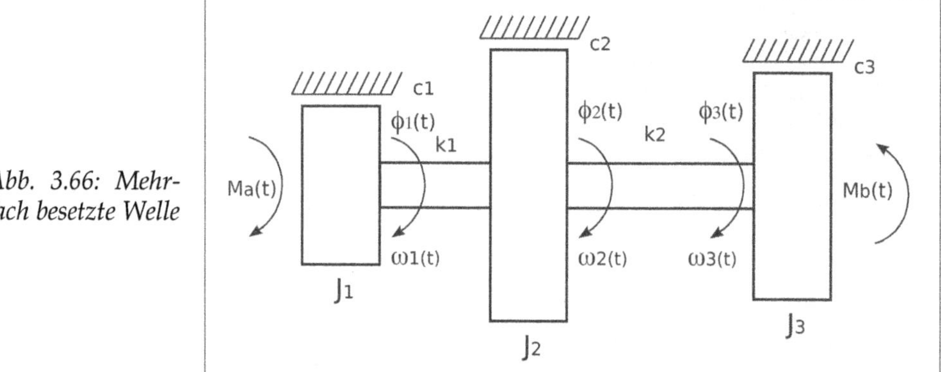

Abb. 3.66: Mehrfach besetzte Welle

Als Zustandsvariablen werden die Drehwinkel $\phi_i(t)$ und die entsprechenden Geschwindigkeiten $\omega_i(t) = d\phi_i(t)/dt$ gewählt. Die Ordnung des Systems ist gleich 6 (mit drei Freiheitsgraden) und das System hat zwei Eingänge in Form der Momente $M_a(t)$ und $M_b(t)$.

Als Bewegungsgleichungen erhält man folgende Differentialgleichungen:

$$\begin{aligned}
&J_1\,\dot{\omega}_1(t) + c_1\,\dot{\phi}_1(t) + k_1(\phi_1 - \phi_2) = M_a(t)\\
&J_2\,\dot{\omega}_2(t) + c_2\,\dot{\phi}_2(t) + k_1(\phi_2 - \phi_1) + k_2(\phi_2 - \phi_3) = 0\\
&J_3\,\dot{\omega}_3(t) + c_3\,\dot{\phi}_3(t) + k_2(\phi_3 - \phi_2) = M_a(t)
\end{aligned} \tag{3.157}$$

Daraus wird die Zustandsgleichung in Matrixform gebildet:

$$\begin{bmatrix}\dot{\phi}_1(t)\\ \dot{\phi}_2(t)\\ \dot{\phi}_3(t)\\ \dot{\omega}_1(t)\\ \dot{\omega}_2(t)\\ \dot{\omega}_3(t)\end{bmatrix} = \begin{bmatrix} 0 & 0 & 0 & 1 & 0 & 0\\ 0 & 0 & 0 & 0 & 1 & 0\\ 0 & 0 & 0 & 0 & 0 & 1\\ -\dfrac{k_1}{J_1} & \dfrac{k_1}{J1} & 0 & -\dfrac{c_1}{J_1} & 0 & 0\\ \dfrac{k_1}{J_2} & -\dfrac{k_1+k_2}{J_2} & \dfrac{k_2}{J_2} & 0 & -\dfrac{c_2}{J_2} & 0\\ 0 & \dfrac{k_2}{J_3} & -\dfrac{k_2}{J_3} & 0 & 0 & -\dfrac{c_3}{J_3}\end{bmatrix} \begin{bmatrix}\phi_1(t)\\ \phi_2(t)\\ \phi_3(t)\\ \omega_1(t)\\ \omega_2(t)\\ \omega_3(t)\end{bmatrix} + \begin{bmatrix} 0 & 0\\ 0 & 0\\ 0 & 0\\ \dfrac{1}{J_1} & 0\\ 0 & 0\\ 0 & \dfrac{1}{J_2}\end{bmatrix} \begin{bmatrix} M_a\\ M_b\end{bmatrix} \tag{3.158}$$

Die erste Matrix ist die Matrix **A** und die zweite stellt die Matrix **B** dar. Wenn man alle Zustandsvariablen auch als Ausgangsvariablen betrachtet, dann sind die Matrizen **C** und **D** die Einheits- bzw. die Nullmatrix und in der MATLAB-Syntax durch

```
C = [eye(6,6)];          D = [zeros(6,2)];
```

gegeben.

Im Skript welle_31.m wird das System untersucht und simuliert:

```
% Skript welle_31.m, in dem eine mehrfach besetzte Welle
% simuliert wird.
clear;
% ------- Parameter des Systems
J1 = 0.5;        J2 = 0.5;       J3 = 0.5;
c1 = 0.01;       c2 = 0.01;      c3 = 0.01;
%c1 = 0.0;        c2 = 0.0;       c3 = 0.0;
k1 = 1;          k2 = 1;
Ma = 0.1;        Mb = 0.05;
% ------- Matrizen des Zustandsmodells
A = [zeros(3,3), eye(3,3);
    -k1/J1, k1/J1, 0, -c1/J1, 0, 0;
    k1/J2, -(k1+k2)/J2, k2/J2, 0, -c2/J2, 0;
    0, k2/J3, -k2/J3, 0, 0, -c3/J3];
B = [zeros(3,2);1/J1, 0;0, 0;0,-1/J3];
C = [eye(6,6)];          D = [zeros(6,2)];
% ------- Eigenwerte von A
[V, e] = eig(A);              % Eigenwerte e Eigenvektoren V
e = diag(e)
f1 = imag(e(1))/(2*pi)        % Erste Eigenfrequenz Hz
f2 = imag(e(3))/(2*pi)        % Zweite Eigenfrequenz Hz
% ------- Zeitverhalten für Antrieb mit Ma und Belastung mit Mb
Tfinal = 1000;         dt = Tfinal/2000;          t = 0:dt:Tfinal-dt;
nt = length(t);
versp = 1000;                 % Hier wird die Belastung zugeschaltet
u1 = [ones(nt,1)*Ma];         % Antriebsmoment
u2 = [zeros(versp,1); ones(nt-versp,1)*Mb]; % Belastungsmoment
u = [u1,u2];                  % Anregung
my_sys = ss(A, B, C, D);      % Zustandsmodell
x0 = zeros(6,1);              % Anfangsbedingungen null
y = lsim(my_sys, u, t, x0); % Zeitantwort
figure(1),   clf;
subplot(321), plot(t,y(:,1));
   title('Drehwinkel 1');
   xlabel('Zeit in s');   grid on;    axis tight;
subplot(323), plot(t,y(:,2));
   title('Drehwinkel 2');
   xlabel('Zeit in s');   grid on;    axis tight;
subplot(325), plot(t,y(:,3));
   title('Drehwinkel 3');
   xlabel('Zeit in s');   grid on;    axis tight;
subplot(322), plot(t,y(:,4));
   title('Drehgeschwindigkeit 1');
   xlabel('Zeit in s');   grid on;    axis tight;
subplot(324), plot(t,y(:,5));
```

```
   title('Drehgeschwindigkeit 2');
   xlabel('Zeit in s');    grid on;     axis tight;
subplot(326), plot(t,y(:,6));
   title('Drehgeschwindigkeit 3');
   xlabel('Zeit in s');    grid on;     axis tight;
% -------- Übertragungsfunktion
[Zaehler1, Nenner1] = ss2tf(A,B,C,D,1);     % Vom Eingang 1 (Ma)
[Zaehler2, Nenner2] = ss2tf(A,B,C,D,2);     % Vom Eingang 1 (Ma)
tf(Zaehler1(4,:), Nenner1)  % vom Eingang 1 zu Geschwindigkeit 1
tf(Zaehler1(5,:), Nenner1)  % vom Eingang 1 zu Geschwindigkeit 2
tf(Zaehler1(6,:), Nenner1)  % vom Eingang 1 zu Geschwindigkeit 3
% ------- Frequenzgang (Beispiel vom Eingang 1 zu Geschwindigkeit 3)
b = Zaehler1(6,:);                a = Nenner1;
figure(2),     clf;
freqs(b,a);
```

Nachdem die Matrizen des Zustandsmodells ermittelt sind, werden die Eigenwerte des Systems berechnet. Die zwei konjugiert komplexen Paare zeigen, dass das System zwei Eigenfrequenzen besitzt mit Frequenzen, die man aus den Imaginärteilen berechnen kann. Danach wird das System im Zeitbereich mit der MATLAB-Funktion **lsim** für ein konstantes Antriebsmoment `Ma = 0.1` und ein Belastungsmoment `Mb = 0.05`, das nach einer gewissen Zeit zugeschaltet wird, simuliert.

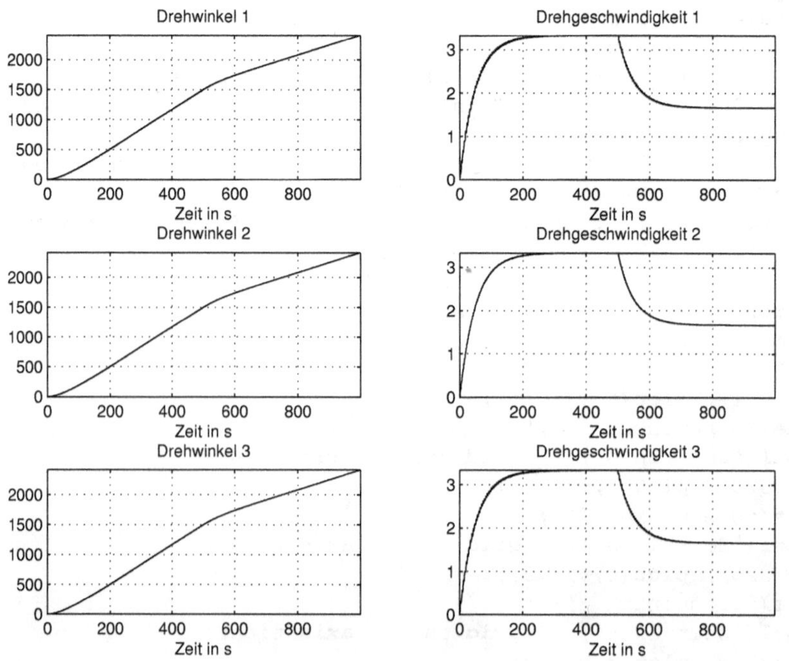

Abb. 3.67: Ergebnisse der Simulation der mehrfach besetzten Welle für Ma = 0,1 und Mb = 0,05, später zugeschaltet (welle_31.m)

Abb. 3.67 zeigt die 6 Zustandsvariablen des Systems: die Drehwinkel und die Drehgeschwindigkeiten. Wenn man mit der Zoom-Funktion die Signale näher betrachtet, stellt man fest, dass an den Flanken die Schwingungen wegen der konjugiert komplexen Eigenwerte sichtbar sind.

Am Ende des Skriptes werden die Übertragungsfunktionen von Eingang 1 (`Ma`-Eingang) zu den Geschwindigkeiten der Scheiben 1 bis 3 ermittelt. Als Beispiel erhält man mit

```
tf(Zaehler1(6,:), Nenner1)
Transfer function:
                              8 s - 6.217e-15
------------------------------------------------------------------
s^6 + 0.06 s^5 + 8.001 s^4 + 0.32 s^3 + 12 s^2 + 0.24 s - 1.44e-15
```

die gesuchte Übertragungsfunktion ($s = j\omega$). Wenn man die sehr kleine Koeffizienten des Zählers und des Nenners vernachlässigt erhält man eine angenäherte Übertragungsfunktion:

```
tf(Zaehler1(6,:), Nenner1)
Transfer function:
                              8
------------------------------------------------------------------
s^5 + 0.06 s^4+ 8.001 s^3 + 0.32 s^2 + 12 s^1 + 0.24
```

Für diese kann einfach der Frequenzgang mit $s = j\omega$ ermittelt werden. Dafür wird die MATLAB-Funktion **freqs** benutzt:

```
b =  8;
a =  1.0000    0.0600    8.0012    0.3200   12.0032    0.2400;
freqs(b, a)
```

Abb. 3.68 zeigt den Amplituden- und Phasengang der Übertragungsfunktion. Die zwei Eigenfrequenzen sind im Amplitudengang erkennbar. Als Eigenfrequenzen werden in der Literatur, die Frequenzen für Dämpfungsfaktoren gleich null, bezeichnet [19], [39].

Im Skript `welle_32.m` wird nur die homogene Lösung des Systems untersucht. Die Anregungen `Ma, Mb` sind zu null gesetzt und mit verschiedenen Anfangsbedingungen für die 6 Zustandsvariablen kann man die homogene Lösung untersuchen. Das Skript ist aus dem vorherigen abgeleitet und enthält noch zusätzlich die Analyse des Amplituden- und Phasenspektrums wie beim Hochhaus.

Die homogene Lösung wird mit folgenden Programmzeilen ermittelt:

```
.......
% ------- Zeitverhalten
Tfinal = 50;                  dt = Tfinal/500;
t = 0:dt:Tfinal-dt;           nt = length(t);
u1 = [zeros(nt,1)];           u2 = [zeros(nt,1)]; % Null Anregung
u = [u1,u2];              % Keine Anregung
my_sys = ss(A, B, C, D);
% ------- Anfangsbedingungen, die verschiedene
% Schwingungsarten anregen
```

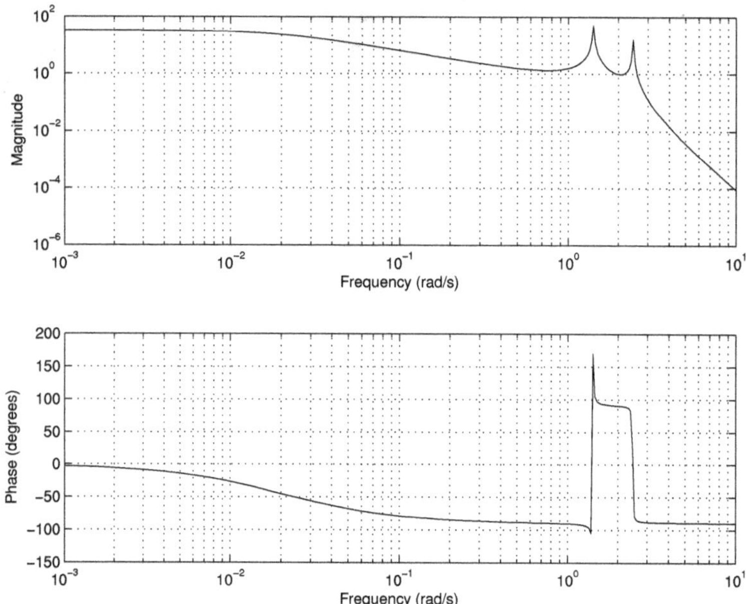

Abb. 3.68: Frequenzgang von Eingang 1 (Ma) bis Geschwindigkeit 3 (welle_31.m)

```
%x0 = [0 0 0 0 1 0]       % 0 1 0 oder 1 0 1 für die Schwingungsart bei
                                  % Frequenz f2
%x0 = [0 0 0 1 0 -1]      % 1 0 -1 für die Schwingungsart bei Frequenz f1
x0 = [0 0 0 0 0 1]        % für die Schwingungsart bei Frequenz f1 und f2
y = lsim(my_sys, u, t, x0);
.......
```

Diese Anfangsbedingung entspricht einer Anfangsgeschwindigkeit der dritten Scheibe, die beide Schwingungsarten anregt. Abb. 3.69 zeigt die Drehwinkel und Drehgeschwindigkeiten der Scheiben für ein symmetrisches System, bei dem alle Parameter gleich sind und die Dämpfungsfaktoren `c1, c2, c3` null sind. Ohne Dämpfungsfaktoren mit einer Anfangsgeschwindigkeit der dritten Scheibe dreht sich die Welle weiter und überlagert entstehen die Schwingungen, die den zwei Eigenfrequenzen entsprechen. Aus der Darstellung der Drehgeschwindigkeiten ist zu sehen, dass die zweite Scheibe bei der niedrigen Frequenz einen Knoten besitzt und diese Frequenz ist in der Darstellung nicht sichtbar. Die zweite Scheibe schwingt nur mit der zweiten höheren Eigenfrequenz.

Die erste und dritte Scheibe schwingen bei der niedrigen Eigenfrequenz gegenphasig (Phasendifferenz gleich π). Aus diesem Grund schwingt die mittlere Scheibe mit der niedrigen Eigenfrequenz gar nicht, sie liegt in einem Knoten. Bei der höheren Eigenfrequenz schwingen die erste und dritte Scheibe gleichphasig.

Um das zu überprüfen kann man die anderen Anfangsbedingungen im Skript freischalten. Dem Leser wird empfohlen mit allen drei Anfangsbedingungen die Simulation durchzuführen und die Ergebnisse zu interpretieren.

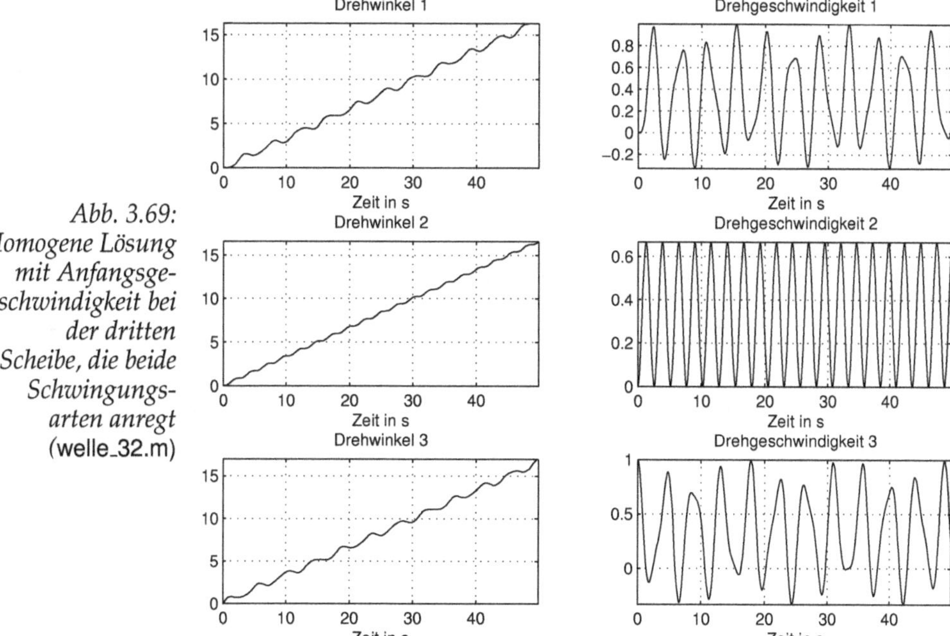

Abb. 3.69: Homogene Lösung mit Anfangsgeschwindigkeit bei der dritten Scheibe, die beide Schwingungsarten anregt (welle_32.m)

Wenn man z.B. die erste Scheibe mit einer Anfangsgeschwindigkeit in eine Richtung anregt und die dritte Scheibe mit der gleichen Anfangsgeschwindigkeit in die Gegenrichtung anregt (`x0 = [0 0 0 1 0 -1]`), dann schwingen die erste und dritte Scheibe gegenphasig und die zweite Scheibe rührt sich nicht.

In den folgenden Programmzeilen wird das Spektrum ermittelt und dargestellt:

```
........
% -------- Spektrum der Geschwindigkeiten
H = fft(y(:,4:6));
betrag = abs(H);
winkel_12 = diff(angle(H(:,1:2)),1,2);    % Winkeldifferenz 1 zu 2
winkel_13 = diff(angle([H(:,1),H(:,3)]),1,2); % 1 zu 3
nd = fix(nt/10);

figure(2);    clf;
subplot(221); plot((0:nd-1)/(nt*dt), betrag(1:nd, :));
title('Amplitudenspektrum der Geschwindigkeiten ');
   La = axis;    hold on;
plot([f1, f1], [La(3), La(4)]);
plot([f2, f2], [La(3), La(4)]); hold off;    grid on;
   axis tight;  xlabel('Hz')
subplot(223); plot((0:nd-1)/(nt*dt), [unwrap(winkel_12(1:nd,:)),...
   unwrap(winkel_13(1:nd,:))]);
```

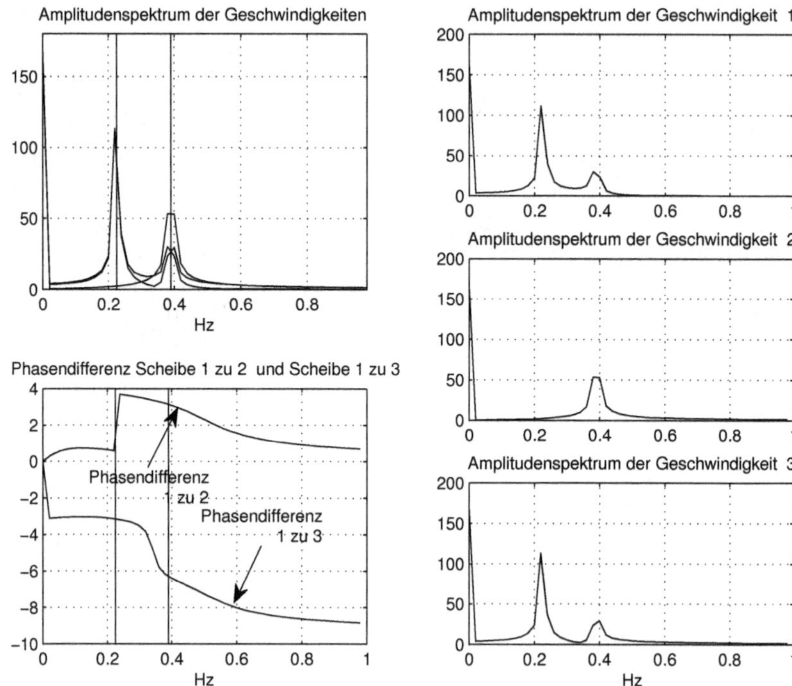

Abb. 3.70: Amplitudenspektrum und Phasendifferenzen (welle_32.m)

```
title(['Phasendifferenz Scheibe 1 zu 2 ',...
    ' und Scheibe 1 zu 3']);
   La = axis;    hold on;      xlabel('Hz')
plot([f1, f1], [La(3), La(4)]);
plot([f2, f2], [La(3), La(4)]); hold off;    grid on;
subplot(322), plot((0:nd-1)/(nt*dt), betrag(1:nd, 1));
title('Amplitudenspektrum der Geschwindigkeit  1');
   La = axis;    hold on;      grid on;
subplot(324), plot((0:nd-1)/(nt*dt), betrag(1:nd, 2));
title('Amplitudenspektrum der Geschwindigkeit  2');
   La = axis;    hold on;      grid on;
subplot(326), plot((0:nd-1)/(nt*dt), betrag(1:nd, 3));
title('Amplitudenspektrum der Geschwindigkeit  3');
   La = axis;    hold on;      grid on;     xlabel('Hz');
```

Weil die FFT für sehr viele Stützstellen (Bins) (`nt`) berechnet wird und der signifikante Teil bei niedrigen Frequenzen liegt, werden nur `nd` Stützstellen dargestellt. Abb. 3.70 zeigt links das Amplitudenspektrum der Geschwindigkeiten der Scheiben und die Phasendifferenzen der Geschwindigkeit der Scheibe 1 zur Scheibe 2 und die Phasendifferenzen der Geschwindigkeit der Scheibe 1 zur Scheibe 3, für die Anfangsbedingungen `x0 = [0 0 0 0 0 1]`, die alle Schwingungsarten anregen.

Wenn beide Schwingungsarten angeregt werden, sieht man im Amplitudenspektrum (Abb. 3.70 links) dass bei der niedrigen Eigenfrequenz die zweite Scheibe keine Resonanzerhöhung hat, sie wird also mit dieser Eigenfrequenz nicht schwingen. Weiterhin sieht man aus dem Phasenspektrum, dass bei der niedrigen Eigenfrequenz die Scheibe 1 und 3 gegenphasig schwingen (Winkeldifferenz π).

3.8.6 Beispiel: Feder-Masse-System mit Tilger

Abb. 3.8.6 zeigt ein Feder-Masse-System mit Masse m_1, Federkonstante k_1 und Dämpfungsfaktor c_1. Wenn dieses System wenig gedämpft ist, kann es bei einer Anregungskraft mit einer Frequenz, die sehr nahe der Eigenfrequenz

$$\omega_0 = \sqrt{k_1/m_1} \tag{3.159}$$

des Systems liegt, zu einer sehr großen Verstärkung der Bewegung $y_1(t)$ kommen.

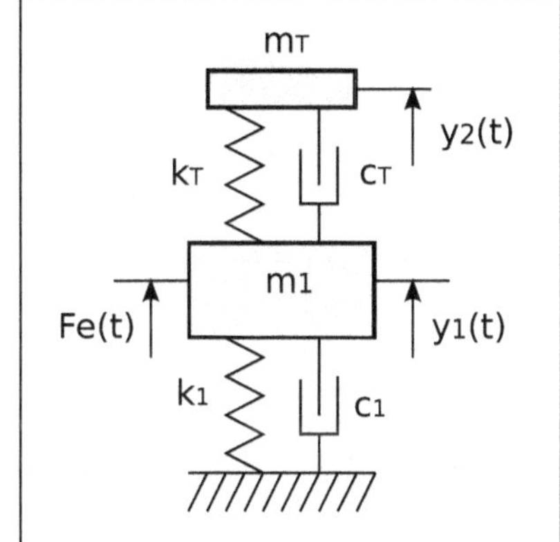

Abb. 3.71: Feder-Masse-System mit Tilger

Mit dem Tilger der Masse m_T, Federkonstante k_T und Dämpfungsfaktor c_T versucht man die Verstärkung des Systems ohne Tilger zu reduzieren. In der Literatur [14] sind die optimalen Parameter für das Tilgersystem angegeben:

$$f_T = \frac{f_0}{1 + m_T/m1}, \qquad c_T = \sqrt{\frac{3m_T/m_1}{8(1 + m_T/m_1)^3}} \tag{3.160}$$

Hier ist $f_0 = \omega_0/(2\pi)$ und $f_T = \omega_T/(2\pi)$, wobei:

$$\omega_T = \sqrt{k_T/m_T} \tag{3.161}$$

Es wird auch empfohlen, dass $m_T << m_1$ ist, z.B. $m_T = 0,1 m_1$.

Im Skript `den_hartog_tilger1` ist der Frequenzgang des Hauptsystems ohne Tilger und mit Tilger ermittelt und dargestellt. Die Parameter des Tilgers sind nach den Gleichungen (3.160) und (3.161) gewählt:

```
% Skript den_hartog_tilger1.m zur Untersuchung des
% "Den Hartog" Tilgers
clear;
syms s    % Symbolische Variable
% ------ Parameter des Systems
m1 = 5;          % Hauptmasse
c1 = 0.02;        k1 = 5;
omega_0 = sqrt(k1/m1);    % Eigenfrequenz Hauptmasse
f_0 = omega_m/(2*pi);
gama = 0.1;      % Verhältnis mT/m1
mT = gama*m1;    % Masse Tilger
omega_T = omega_0/(1+gama); % Optimale Eigenfrequenz des Tilgers
kT = (omega_T^2)*mT;    % Federkonstante für die Anpassung
cT = sqrt(3*mT/m1/(8*(1+gama)^3));
```

Für die Berechnung des Frequenzgangs wird zuerst der Frequenzbereich mit einer Dekaden links und mit einer Dekaden rechts der Eigenfrequenz $f_0 = \omega_0/(2\pi)$ gewählt.

```
% ------ Frequenzgänge des Systems mit Kraftanregung
amin = round(log10(f_0/10));        amax = round(log10(10*f_0));
f = logspace(amin, amax, 1000);    omega = f*2*pi;
```

Danach wird die Laplace-Transformation der Differentialgleichungen des Systems mit Hilfe der symbolischen Variable s gebildet. Die Differentialglechungen sind:

$$\begin{aligned} & m_1\ddot{y}_1(t) + c_1\dot{y}_1(t) + c_T(\dot{y}_1(t) - \dot{y}_2(t)) + \\ & \qquad k_1y_1(t) + k_T(y_1(t) - y_2(t)) = Fe(t) \\ & m_2\ddot{y}_2(t) + c_T(\dot{y}_2(t) - \dot{y}_1(t)) + k_T(y_2(t) - y_1(t)) = 0 \end{aligned} \tag{3.162}$$

Daraus erhält man folgende Beziehungen zwischen den Laplace-Transformierten Variablen:

$$\begin{aligned} & Y_1(s)\big(m_1s^2 + (c_1 + c_T)s + k_1 + k_T\big) - (c_Ts + k_T)Y_2(s) = Fe(s) \\ & Y_2(s)\big(m_2s^2 + c_Ts + k_T\big) = Y_1(s)(c_Ts + k_T) \end{aligned} \tag{3.163}$$

Die Frequenzgänge werden aus den Variablen ermittelt, die in umgekehrter Reihenfolge berechnet werden, ausgehend von der Annahme $Y_2(s) = 1$. Mit dieser Annahme kann dann aus der zweiten Gleichung die Variable $Y_1(s)$ ermittelt werden. Schließlich wird aus der ersten Gleichung die nötige komplexe Kraft $Fe(s)$ berechnet, die $Y_2(s) = 1$ ergibt:

```
% Frequenzgänge mit Tilger
Y2 = 1;
Y1 = Y2*(mT*s^2+cT*s+kT)/(cT*s + kT);
Fe = -(cT*s + kT)*Y2 + (m1*s^2+(c1+cT)*s + (k1+kT))*Y1;
H1 = Y1./Fe;               H2 = Y2./Fe;
H1 = subs(H1, j*omega);    H2 = subs(H2, j*omega);
```

```
                                % symbol zu double
% Frequenzgang ohne Tilger
cT = 0;     kT = 0;             % Tilger isoliert
Y1 = 1;     Y2 = 0;
Fe = Y1*(m1*s^2+(c1+cT)*s + (k1+kT));
Hm1 = Y1./Fe;
Hm1 = subs(Hm1, j*omega); % symbol zu double
```

Wenn man $c_T = 0$ und $k_T = 0$ annimmt, dann beschreiben die Gleichungen das System ohne Tilger. Mit Hilfe der Funktion **subs** werden die symbolischen Gleichungen in s in numerische Gleichungen für die Frequenzgänge überführt.

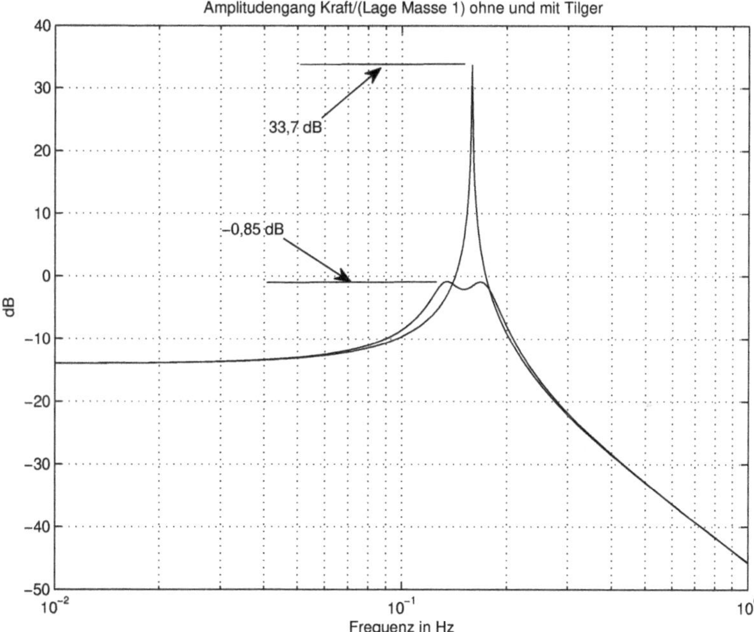

Abb. 3.72: Amplitudengang von der Lage der Hauptmasse zur Anregungskraft ohne und mit Tilger(den_hartog_tilger_1.m)

```
figure(1);    clf;
semilogx(f, 20*log10(abs(Hm1)));
  title('Amplitudengang Kraft/(Lage Masse 1) ohne und mit Tilger');
  xlabel('Frequenz in Hz');    grid on;
  hold on;
semilogx(f, 20*log10(abs(H1)),'r');
  hold off;
figure(2);    clf;
semilogx(f, 20*log10(abs(Hm1)));
  title(['Amplit.gang Kraft/(Lage Masse 1) ohne Tilger und '...
```

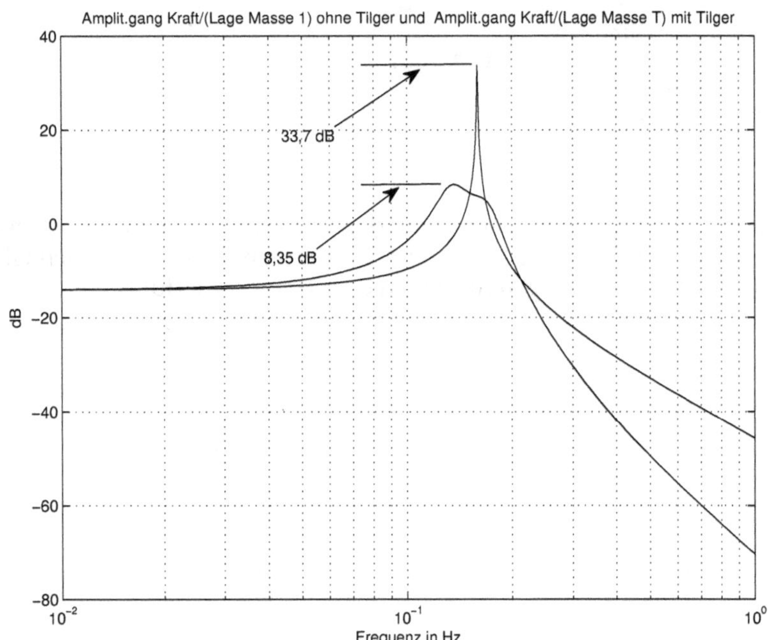

Abb. 3.73: Amplitudengang von der Lage der Tilgermasse zur Anregungskraft im Vergleich zum Amplitudengang der Hauptmasse ohne Tilger (den_hartog_tilger_1.m)

```
    ' Amplit.gang Kraft/(Lage Masse T) mit Tilger']);
  xlabel('Frequenz in Hz');    grid on;
  hold on;
semilogx(f, 20*log10(abs(H2)),'r');
  hold off;
```

Abb. 3.72 zeigt den Amplitudengang von der Kraft bis zur Lage der Hauptmasse 1 ohne Tilger und den Amplitudengang von der Kraft bis zur Lage der Hauptmasse 1 mit Tilger. Die erzielte Dämpfung ist $33,7 + 0,85 = 34,55$ dB, was einen Faktor d von

$$34,5 = 20\log_{10} d \qquad \rightarrow \qquad d = 10^{34,5/20} \cong 53 \tag{3.164}$$

bedeutet.

In Abb. 3.73 ist der Amplitudengang für die Lage der Hauptmasse 1 ohne Tilger im Vergleich zum Amplitudengang der Masse des Tilgers gezeigt. Wie man sieht, ist die Verstärkung für die Bewegung der Tilgermasse mit $8,35$ dB viel größer als die Bewegung der Hauptmasse mit Tilger, die gemäß Abb. 3.72 nur $-0,85$ dB ist. Das heißt also, dass der Tilger stärker als die Hauptmasse schwingen wird.

Lehrreich ist die Untersuchung bei einer Anregung mit einem Puls, wie z.B. Gaußpuls, der sehr schmal im Vergleich zur Dynamik des Systems ist. Diese Antwort geteilt durch die Fläche des Pulses ergibt eine Annäherung der Impulsantwort (siehe Kap. 2). Das Euler-Verfahren wäre hier relativ einfach einzusetzen.

Es stellt sich die Frage, wie man die Dauer des Pulses einfach beurteilen kann? Ganz einfach: Wenn die Antworten für zwei Pulse verschiedener Dauer nach der Normierung mit der Fläche der Anregung gleich sind, dann erfüllt diese Dauer die oben genannte Bedingung.

Aus den Differentialgleichungen des Systems gemäß Gl. (3.162) wird ein Zustandsmodell gebildet. Dafür wählt man als Zustandsvariablen die Lagen der Massen und deren Geschwindigkeiten $y_1(t), v_1(t), y_2(t), v_2(t)$. Man erhält dann folgendes System von Differentialgleichungen erster Ordnung:

$$\begin{aligned}
\dot{y}_1(t) &= v_1(t) \\
\dot{v}_1(t) &= \frac{1}{m_1}\big(-(c_1+c_T)v_1(t) + c_T v_2(t) - \\
&\qquad (k_1+k_T)y_1(t) + k_T y_2(t)\big) + \frac{F_e(t)}{m1} \\
\dot{y}_2(t) &= v_2(t) \\
\dot{v}_2(t) &= \frac{1}{m_T}\big(-c_T v_2(t) + c_T v_1(t) - k_T y_2(t) + k_T y_1(t)\big)
\end{aligned} \tag{3.165}$$

Das Zustandsmodell in Matrixform wird:

$$\begin{bmatrix} \dot{y}_1(t) \\ \dot{v}_1(t) \\ \dot{y}_2(t) \\ \dot{v}_2(t) \end{bmatrix} = \begin{bmatrix} 0 & 1 & 0 & 0 \\ \frac{-(k_1+k_T)}{m_1} & \frac{-(c_1+c_T)}{m_1} & \frac{k_T}{m_1} & \frac{c_T}{m_1} \\ 0 & 0 & 0 & 1 \\ \frac{k_T}{m_T} & \frac{c_T}{m_T} & \frac{-k_T}{m_T} & \frac{-c_T}{m_T} \end{bmatrix} \begin{bmatrix} y_1(t) \\ v_1(t) \\ y_2(t) \\ v_2(t) \end{bmatrix} + \begin{bmatrix} 0 \\ \frac{1}{m_1} \\ 0 \\ 0 \end{bmatrix} F_e(t) \tag{3.166}$$

Die ersten zwei Matrizen des Zustandsmodells **A** und **B** sind jetzt definiert. In der Annahme, dass alle Zustandsvariablen auch Ausgangsvariablen sind, ist die Matrix **C** die Einheitsmatrix und die Matrix **D** null. In der MATLAB-Syntax:

```
C = eye(4,4);                    D = zeros(4,1);
```

Im Skript `impuls_den_hartog_tilger.m` wird zuerst das Zustandsmodell ermittelt:

```
% Skript impuls_den_hartog_tilger.m, in dem die Impulsantworten
% des "Den Hartog" Tilgers ermittelt werden
clear;
% ------ Parameter des Systems
m1 = 5;           % Hauptmasse
c1 = 0.02;         k1 = 5;
omega_0 = sqrt(k1/m1);        % Eigenfrequenz Hauptmasse
f_0 = omega_0/(2*pi);
gama = 0.1;     % Verhältnis mT/m1
```

```
mT = gama*m1;  % Masse Tilger
omega_T = omega_0/(1+gama); % Optimale Eigenfrequenz des Tilgers
kT = (omega_T^2)*mT;  % Federkonstante für die Anpassung
cT = sqrt(3*mT/m1/(8*(1+gama)^3));
%cT = 0;      kT = 0;          % ohne Tilger
% ------ Zustandsmodell
A = [0, 1, 0, 0;-(k1+kT)/m1, -(c1+cT)/m1, kT/m1 cT/m1;...
    0, 0, 0, 1; kT/mT, cT/mT, -kT/mT, -cT/mT];
B = [0, 1/m1, 0, 0]';
C = eye(4,4);     D = zeros(4,1);
```

Danach werden die Impulsantworten mit der MATLAB-Funktion **impulse** berechnet und dargestellt:

```
% ------ Impulsantwort mit impulse-Funktion
my_sys = ss(A, B, C, D);
Tfinal = 100;
[y, t] = impulse(my_sys, Tfinal);
figure(1);     clf;
plot(t, y(:,1), t, y(:,3));
  legend('y1','y2');
  title(['Impulsantworten mit impulse für die Lagen der Massen',...
   '(cT =',  num2str(cT),';    kT = ',num2str(kT),' )']);
  xlabel('Zeit in s');   grid on;
```

Abb. 3.74 zeigt die Impulsantworten für die Lagen der zwei Massen: Hauptmasse und Tilgermasse.

Mit dem Euler-Verfahren erhält man dieselben Impulsantworten. Die Rekursionen dieses Verfahrens werden direkt mit der Matrixform durchgeführt:

$$\mathbf{y}(t+\Delta t) = \mathbf{y}(t) + \Delta t\big(\mathbf{A}\,\mathbf{y}(t) + \mathbf{B}\,F_e(t)\big) \tag{3.167}$$

In folgenden Programmzeilen ist dieses Verfahren implementiert:

```
% ------ Mit Euler-Verfahren
Tfinal = 100;                dt = 0.001;
ts = 0:dt:Tfinal-dt;         nt = length(ts);
y = zeros(4,nt);
nu = 200;
%u = [ones(1,nu), zeros(1,nt-nu)];    % Anregungspuls
u = [exp(-((0:nu) -nu/2).^2/(nu/2)^2),zeros(1,nt-nu)]; % Gausspuls
for k = 1:nt-1
    y(:,k+1) = y(:,k) + dt*(A*y(:,k) + B*u(k));
end;
y = y/(sum(u)*dt);    % Normierung mit der Fläche des Pulses
figure(2);    clf;
plot(ts, y(1,:), ts, y(3,:));
  title(['Impulsantworten mit Euler-Verfahren',...
    ' für die Lagen der Massen (cT = ',num2str(cT),';    kT = ',...
```

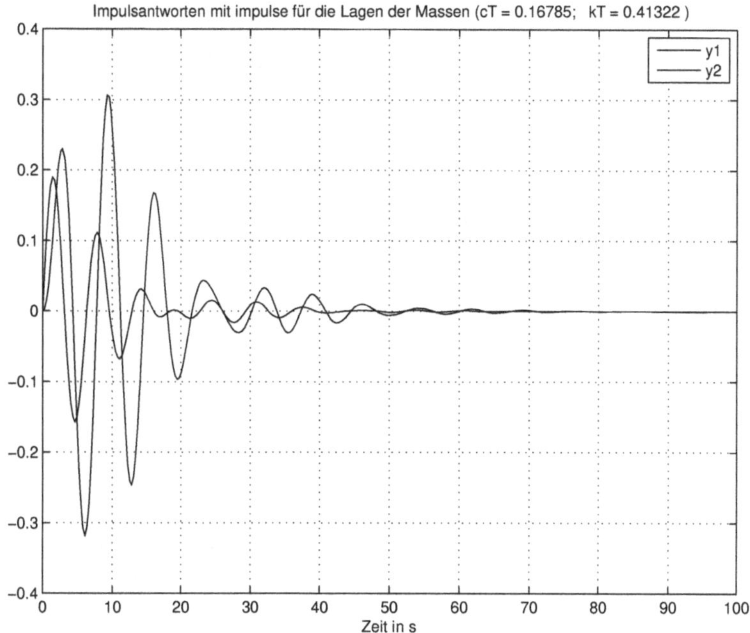

Abb. 3.74: Impulsantworten für die Lagen der Hauptmasse und Tilgermasse (impuls_den_hartog_tilger.m)

```
   num2str(kT),' )']);
xlabel('Zeit in s');    grid on;
legend('y1','y2');
```

Die Anregung ist ein "Gaußpuls" der Dauer $n_u\ dt$, die mit dem Parameter n_u gewählt werden kann. Zuletzt wird die Antwort durch die Fläche des Pulses geteilt (normiert), um eine Annäherung der Impulsantworten zu erhalten. Auch mit einem rechteckigen Puls erhält man dieselben Impulsantworten.

Das Skript kann mit `cT = 0; kT=0` aufgerufen werden, was das System ohne Tilger bedeutet, um die Impulsantwort des wenig gedämpften Systems zu untersuchen.

3.8.7 Beispiel: Synchronisation von Schwingungssystemen

Abb. 3.75 zeigt ein Experiment, das in vielen Filmen im Internet zu sehen ist (z.B. http://www.youtube.com/watch?v=W1TMZASCR-I) und das zeigt, wie sich unter bestimmten Bedingungen Schwingungssysteme synchronisieren. Das Experiment zeigt die Synchronisation von Metronomen.

Alle Metronome sind auf demselben Takt eingestellt und sind über die bewegliche Platform gekoppelt. Obwohl sie beim Start nicht phasengleich sind, werden sie nach einer gewissen Zeit phasengleich schwingen. Auch wenn die Takt-Frequenzen geringfügig abweichen entsteht eine Synchronisation.

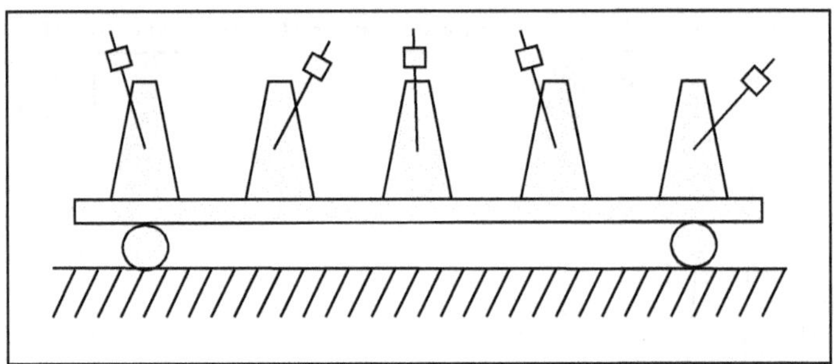

Abb. 3.75: Metronome als Schwingungssysteme, die sich synchronisieren

In der Pionierzeit der Fliegerei hat man bemerkt, dass die mechanischen Bordinstrumente falsche Anzeigen ergaben. Die Ursache war eine Synchronisation wegen der Schwingungen der Flugmaschine. Das Phänomen ist in der Literatur auch als Auswanderungserscheinung (*Migration*) bekannt [38]

In Abb. 3.76 ist das System dargestellt, das in diesem Beispiel simuliert wird. Zwei der Massen m_2 und m_4 können mit den Kräften F_{e2} bzw. F_{e4} harmonisch angeregt werden, einzeln oder beide gemeinsam.

Über das Feder-Masse-System mit Masse m_1 sind die Systeme der Massen m_2, m_3 und m_4 gekoppelt und können sich synchronisieren.

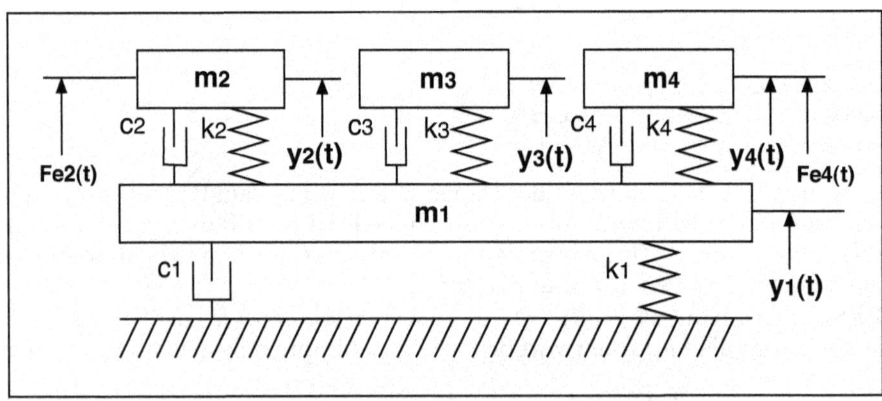

Abb. 3.76: Gekoppelte Schwingungssysteme

Die Differentialgleichungen, die die Lagen der Massen relativ zu den Lagen des Gleichgewichtszustands beschreiben, sind:

$$\begin{aligned}
&m_1\ddot{y}_1(t) + c_1\dot{y}_1(t) + k_1 y(t) + c_2(\dot{y}_1(t) - \dot{y}_2(t)) + k_2(y_1(t) - y_2(t)) + \\
&\qquad c_3(\dot{y}_1(t) - \dot{y}_3(t)) + k_2(y_1(t) - y_3(t)) + \\
&\qquad c_4(\dot{y}_1(t) - \dot{y}_4(t)) + k_2(y_1(t) - y_4(t)) = 0 \\
&m_2\ddot{y}_2(t) + c_2(\dot{y}_2(t) - \dot{y}_1(t)) + k_2(y_2(t) - y_1(t)) = F_{e2}(t) \\
&m_3\ddot{y}_2(t) + c_3(\dot{y}_3(t) - \dot{y}_1(t)) + k_3(y_3(t) - y_1(t)) = 0 \\
&m_4\ddot{y}_4(t) + c_4(\dot{y}_4(t) - \dot{y}_1(t)) + k_4(y_4(t) - y_1(t)) = F_{e4}(t)
\end{aligned} \tag{3.168}$$

Es ist ein LTI-System achter Ordnung (mit vier Freiheitsgraden), das in ein Zustandsmodell umgewandelt wird. Als Zustandsvariablen werden die Lagen der Massen und deren Geschwindigkeiten in folgender Reihenfolge gewählt:

$$[y_1(t), y_2(t), y_3(t), y_4(t), v_1(t), v_2(t), v_3(t), v_4(t)]'$$

Hier bedeutet [ ]' die Transponierung des Vektors [ ].

Im Skript `synchronisation_4` ist dieses Beispiel programmiert. Am Anfang werden die Parameter des Systems definiert und das Zustandsmodell gebildet:

```
% Skript synchronisation_4.m, in dem die Synchronisation
% von Feder-Masse-Systemen untersucht wird
clear;
% ------ Parameter des Systems
m1 = 2;          c1 = 0.01;        k1 = 0.1;
m2 = 1;          c2 = 0.1;         k2 = 2;
m3 = 1;          c3 = 0.1;         k3 = 2;
m4 = 1;          c4 = 0.1;         k4 = 2;

f01 = sqrt(k1/m1)/(2*pi),      % Eigenfrequenzen ohne Dämpfung
f02 = sqrt(k2/m2)/(2*pi),           f03 = sqrt(k3/m3)/(2*pi),
f04 = sqrt(k4/m4)/(2*pi),
ampl_fe2 = 1;  % Amplitude der Erregungskraft Fe2
ff02 = 0.02,         % Frequenz der Erregungskraft
phi2 = 0;
ampl_fe4 = 1;  % Amplitude der Erregungskraft Fe4
ff04 = 0.02,         % Frequenz der Erregungskraft
phi4 = pi/2;
% ------ Matrizen des Zustandsmodells
A = [zeros(4,4), eye(4,4);
    -(k1+k2+k3+k4)/m1, k2/m1, k3/m1, k4/m1, -(c1+c2+c3+c4)/m1,...
    c2/m1, c3/m1, c4/m1;
    k2/m2, -k2/m2, 0, 0, c2/m2, -c2/m2, 0, 0;
    k3/m3, 0, -k3/m3, 0, c3/m3, 0, -c3/m3, 0;
    k4/m4, 0, 0, -k4/m4, c4/m4, 0, 0, -c4/m4];
B = [0 0 0 0 0 1/m2 0 0; 0 0 0 0 0 0 0 1/m4]';
C = [eye(4,4), zeros(4,4)];
D = zeros(4,2);
```

Danach wird ein Zustandsobjekt (*State-Space*) für das System definiert und mit der MATLAB-Funktion **lsim** wird die Antwort als Funktion der Zeit ermittelt und dargestellt:

```
my_sys = ss(A, B, C, D);        % System-Objekt
% ------ Lösung mit lsim
Tfinal = 2000;
dt = (1/f02)/500;
t = 0:dt:Tfinal-dt;         nt = length(t);
Fe2 = ampl_fe2*cos(2*pi*ff02*t+phi2);
Fe4 = ampl_fe4*cos(2*pi*ff04*t+phi4);
Fe = [Fe2', Fe4'];
x0 = [0 0.1 -0.1 0 0 0 0 0]';          % Anfangsbedingungen
y = lsim(my_sys, Fe', t', x0);
% ------ Darstellungen
figure(1);      clf;
subplot(211), plot(t, Fe);
  title(['Anregungskraft an Masse 2 und 4  (ff02 = ',...
                    num2str(ff02),' Hz)']);
  xlabel('Zeit in s');       grid on;
subplot(212), plot(t,y(:,1),'b',t,y(:,2),'g',...
              t,y(:,3),'r',t,y(:,4),'c');
  title('Bewegungen der Masse 1, 2 und 3');
  xlabel('Zeit in s');       grid on;
  legend('y1','y2','y3','y4');
```

Abb. 3.77 zeigt die Antwort für die Werte der Parameter aus dem Skript.

Die Erregungskräfte haben die gleiche Frequenz, sind aber phasenverschoben. Die Frequenz von 0,01 Hz ist kleiner als die Eigenfrequenzen ohne Dämpfung der einzelnen Feder-Masse-Systeme und auch kleiner als die Resonanzfrequenzen des Systems.

Die Resonanzfrequenzen des Gesamtsystems kann man aus den Eigenwerten der Matrix A ermitteln:

```
>> eig(A)
ans =
  -0.1265 + 2.2332i          -0.1265 - 2.2332i
  -0.0010 + 0.0447i          -0.0010 - 0.0447i
  -0.0500 + 1.4133i          -0.0500 - 1.4133i
  -0.0500 + 1.4133i          -0.0500 - 1.4133i
```

Wie erwartet, treten die Eigenwerte in Form von konjugiert komplexen Paaren auf. Wie man sieht, gibt es mehrfache Eigenwerte. Die positiven Imaginärteile stellen die Resonanzfrequenzen des Systems in rad/s und können einfach durch Teilen mit 2π in Hz umgewandelt werden.

Die Begründung der Wahl der Anregungsfrequenz ergibt sich aus den Frequenzgängen des Systems. Diese können direkt aus dem Systemobjekt mit der Funktion **bode** ermittelt und dargestellt werden. Hier wurde ein Umweg gewählt, in dem zuerst die Übertragungsfunktionen ermittelt werden und aus diesen dann die Frequenzgänge berechnet werden. Gezeigt ist die Ermittlung der Übertragungsfunktionen von der Anregungskraft $F_{e2}(t)$ zu den Lagen der Massen.

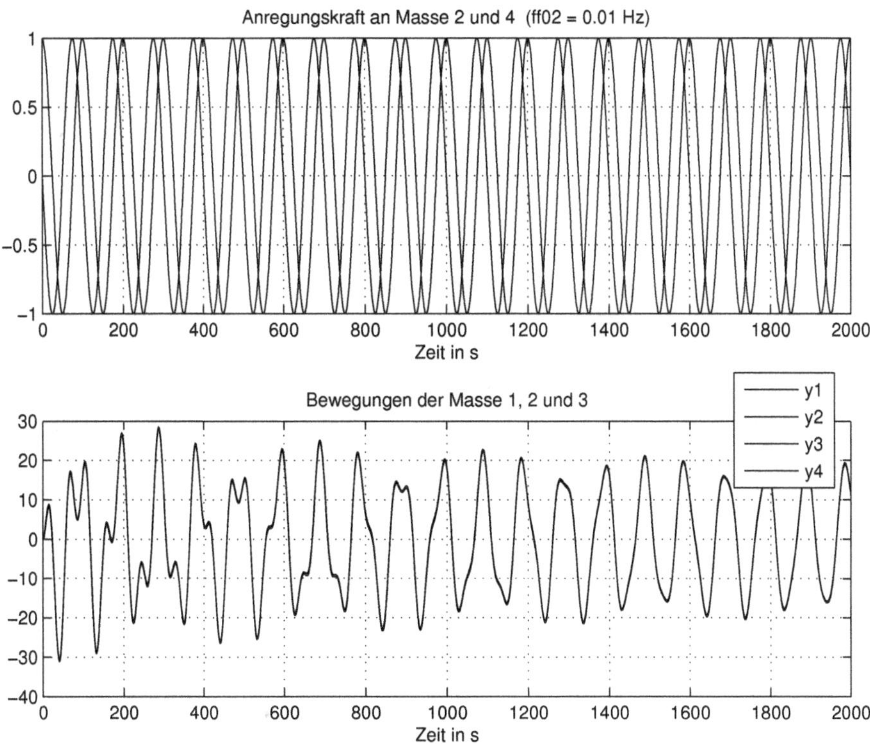

Abb. 3.77: a) Anregungskräfte b) Lagen der Massen (synchronisation_4.m)

Aus den Laplace-Transformationen der Differentialgleichungen wird ein Gleichungssystem gebildet, so dass dessen Lösung die gesuchten Übertragungsfunktionen ergibt. Die Laplace-Transformationen sind:

$$\begin{aligned}
&Y_1(s)\big(m_1s^2 + (c_1+c_2+c_3+c_4)s + (k_1+k_2+k_3+k_4)\big) - Y_2(s)(c_2s+k_2)\\
&\qquad - Y_3(s)(c_3s+k_3) - Y_4(s)(c_4s+k_4) = 0\\
&-Y_1(s)(c_2s+k_2) + Y_2(s)(m_2s^2+c_2s+k_2) = F_{e2}(s)\\
&-Y_1(s)(c_3s+k_3) + Y_3(s)(m_3s^2+c_3s+k_3) = 0\\
&-Y_1(s)(c_4s+k_4) + Y_2(s)(m_4s^2+c_4s+k_4) = 0
\end{aligned} \tag{3.169}$$

Das Gleichungssystem in den Unbekannten $Y_1(s), Y_2(s), Y_3(s), Y_4(s)$, mit $F_{e2}(s)$ als gegebene Anregung, ist daraus leicht zu bilden, wie im Skript gezeigt:

```
% ------- Ermittlung der Übertragungsfunktionen von Fe2 zu den Lagen
syms s      % Symbolische Variable
Ai = [m1*s^2+(c1+c2+c3+c4)*s+(k1+k2+k3+k4), -(c2*s+k2),...
     -(c3*s+k3), -(c4*s+k4);
     -(c2*s+k2),m2*s^2+c2*s+k2,0,0;-(c3*s+k3),0,m3*s^2+c3*s+k3,0;
```

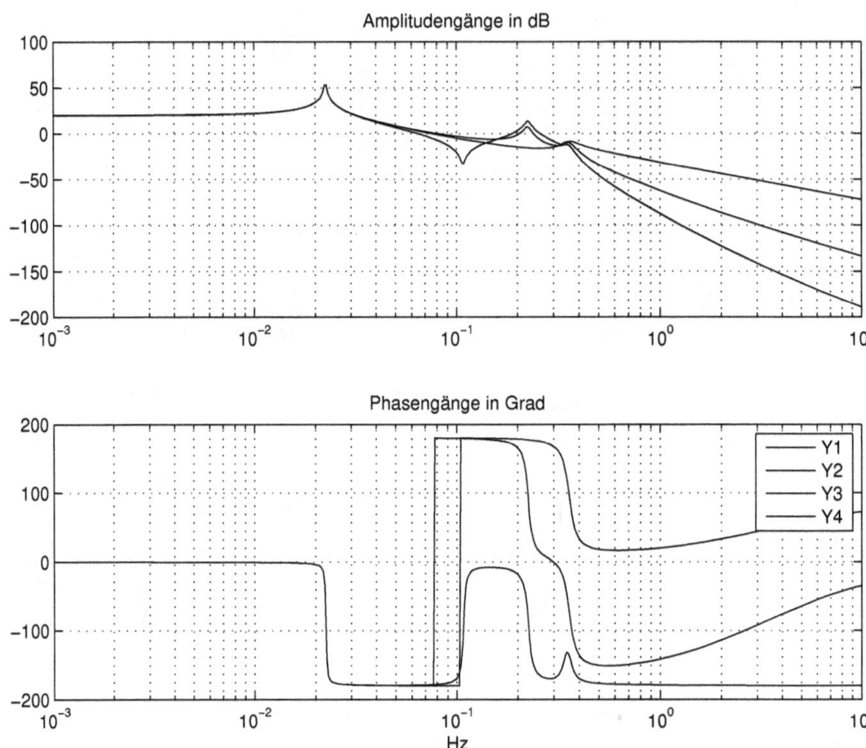

Abb. 3.78: Frequenzgänge von der Kraftanregung $F_{e2}(t)$ bis zur Lagen der Massen (synchronisation_4.m)

```
    -(c4*s+k4), 0, 0, m4*s^2+c4*s+k4];
Bi = [0 1 0 0]';
H = inv(Ai)*Bi;
H1 = H(1,1);          H2 = H(2,1);          H3 = H(3,1);          H4 = H(4,1);
[num1, den1] = numden(H1);          b1 = sym2poly(num1);
a1 = sym2poly(den1);
[num2, den2] = numden(H2);          b2 = sym2poly(num2);
a2 = sym2poly(den2);
[num3, den3] = numden(H3);          b3 = sym2poly(num3);
a3 = sym2poly(den3);
[num4, den4] = numden(H4);          b4 = sym2poly(num4);
a4 = sym2poly(den4);
```

Als Beispiel wird die Übertragungsfunktion $H_2(s)$ bis zur Lage der Masse 2 angegeben:

```
H2 =
(10*(2000*s^4 + 510*s^3 + 10111*s^2 + 430*s + 4200))/
(20000*s^6+7100*s^5+141520*s^4+20601*s^3+204050*s^2+800*s+4000)
```

Die Frequenzgänge werden dann mit Hilfe der MATLAB-Funktion **freqs** berechnet und überlagert dargestellt (Abb. 3.78).

```
% -------- Frequenzgänge
% Charakteristische Frequenzen
r = roots(a4);
fk = imag(r(1:2:end))/(2*pi);
fmin = min(fk);              fmax = max(fk);
amin = floor(log10(fmin/10));    amax = ceil(log10(fmax*10));
f = logspace(amin, amax, 500);
w = 2*pi*f;
H1f = freqs(b1, a1, w);
H2f = freqs(b2, a2, w);
H3f = freqs(b3, a3, w);
H4f = freqs(b4, a4, w);
figure(2);      clf;
subplot(211), semilogx(f, 20*log10(abs(H1f)),'b');
  title('Amplitudengänge'); grid on; hold on;
subplot(212), semilogx(f, angle(H1f)*180/pi,'b');
  title('Phasengänge'); grid on; hold on;
subplot(211), semilogx(f, 20*log10(abs(H2f)),'g');
subplot(212), semilogx(f, angle(H2f)*180/pi,'g');
subplot(211), semilogx(f, 20*log10(abs(H3f)),'r');
subplot(212), semilogx(f, angle(H3f)*180/pi,'r');
subplot(211), semilogx(f, 20*log10(abs(H4f)),'c');
subplot(212), semilogx(f, angle(H4f)*180/pi,'c');
  xlabel('Hz');
  legend('Y1', 'Y2', 'Y3', 'Y4');
  hold off
```

Jetzt sieht man die Begründung für die Wahl der Anregungsfrequenz von 0,01 Hz. Diese Frequenz ist unterhalb der Resonanzfrequenzen, die ungefähr den Spitzen des Amplitudengangs entsprechen. Hier sind alle Phasengänge gleich und null, somit müssen die Schwingungen sowohl als Amplituden als auch phasenmäßig gleich sein (Abb. 3.77).

Der Leser kann durch Ändern der Parameter und der Bedingungen viele Experimente durchführen. Als Beispiel kann man nur eine Anregungskraft benutzen und verschiedene Frequenzen einstellen. Bei der Frequenz von ca. 0,15 Hz sind nicht alle Lagen phasengleich. Auch der Einfluss verschiedener Eigenfrequenzen ohne Dämpfung der Feder-Masse-Systeme (Masse m_2, m_3, m_4) ist besonders interessant.

Im Skript `synchronisation_5.m` werden die Eigenschwingungen (homogene Lösungen) ausgehend von bestimmten Anfangsbedingungen untersucht. Die Amplitudenspektren werden mit Hilfe der Annäherung über die FFT ermittelt.

Mit dem Skript `synchronisation_6.m` werden die Lagen der Massen für eine Anregung $F_{e2}(t)$ in Form von weißem Rauschen, das ein breites Spektrum besitzt, ermittelt. Abb. 3.79 zeigt die Lagen und man sieht, dass das System wie ein Bandpassfilter reagiert. Es wird die erste Resonanzfrequenz des Systems angeregt und alle Massen schwingen synchron mit gleichen Werten. Die Komponenten der anderen Resonanzfrequenzen sind stark gedämpft, wie die Amplitudengänge aus Abb. 3.78 zeigen.

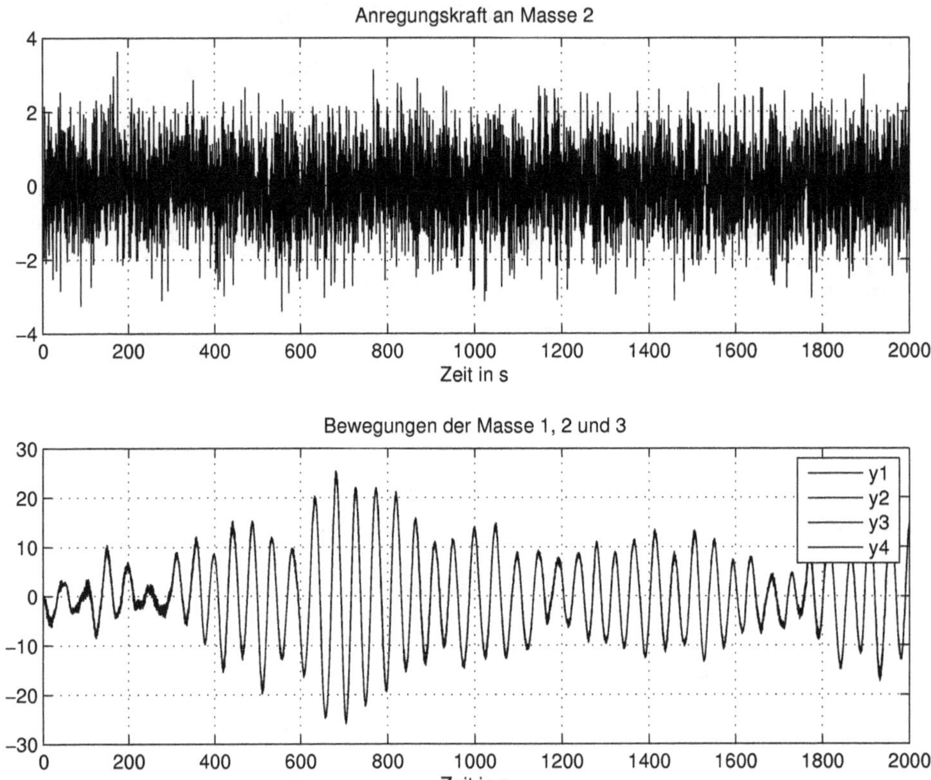

Abb. 3.79: Antworten auf eine Anregung $F_{e2}(t)$ in Form von weißem Rauschen (synchronisation_6.m)

Die Antworten der LTI-Systeme auf Zufallssignale werden im fünften Kapitel behandelt. Hier eingefügt, um zu zeigen, wie einfach über diese MATLAB-Simulation solche Signale im Zeitbereich zu erhalten sind.

3.9 Filterfunktionen

In diesem Abschnitt werden elektrische und elektronische Analogfilter als LTI-Systeme beschrieben. Zuerst werden die idealen frequenzselektiven Filter dargestellt.

In Abb. 3.80a ist der ideale Frequenzgang eines Tiefpassfilters, kurz bezeichnet mit TP-Filter, gezeigt. Die Durchlassfrequenz oder Eckfrequenz ω_c (englisch *cutoff frequency*) ist der Parameter dieses Filters. Für reellwertige Filter stellt der Bereich für $\omega > 0$ den Amplitudengang dar und zeigt, dass die sinusförmigen Signale der Frequenzen kleiner als ω_c unverzerrt in der Amplitude das Filter passieren. Mathematisch ist dieses Filter durch

$$|H(j\omega)| = \begin{cases} 1 & |\omega| < \omega_c \\ 0 & |\omega| > \omega_c \end{cases} \tag{3.170}$$

spezifiziert.

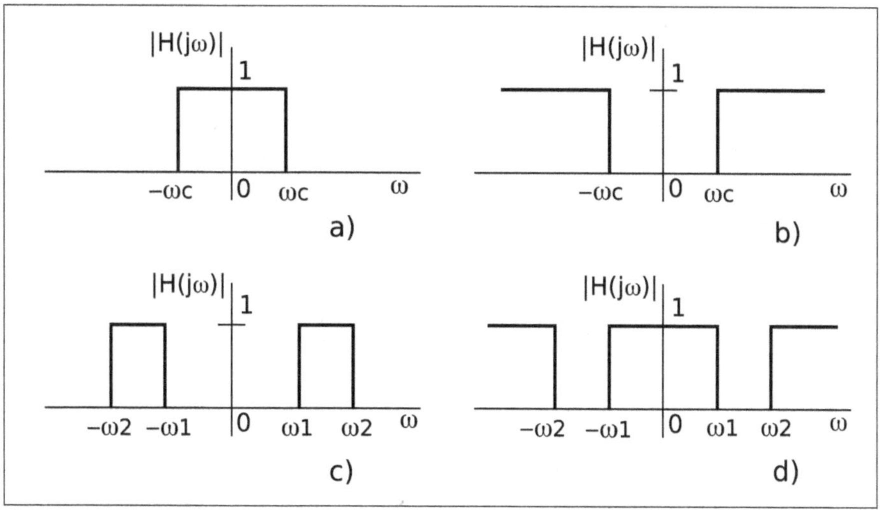

Abb. 3.80: Ideale frequenzselektive Filter

Ähnlich stellt der ideale Frequenzgang aus Abb. 3.80b einen idealen Hochpassfilter oder kurz HP-Filter dar:

$$|H(j\omega)| = \begin{cases} 1 & |\omega| > \omega_c \\ 0 & |\omega| < \omega_c \end{cases} \tag{3.171}$$

Hier werden sinusförmige Signale für Frequenzen $\omega > \omega_c$ im Bereich $\omega > 0$ ohne Amplitudenverzerrungen durchgelassen.

Das ideale Bandpassfilter, kurz BP-Filter, ist in Abb. 3.80c dargestellt. Dieses Filter hat zwei charakteristische Frequenzen ω_1, ω_2, die den Durchlassbereich definieren:

$$|H(j\omega)| = \begin{cases} 1 & \omega_1 < |\omega| < \omega_2 \\ 0 & \text{sonst} \end{cases} \tag{3.172}$$

Schließlich zeigt Abb. 3.80d das ideale Bandsperrfilter (BS-Filter), das durch

$$|H(j\omega)| = \begin{cases} 0 & \omega_1 < |\omega| < \omega_2 \\ 1 & \text{sonst} \end{cases} \tag{3.173}$$

definiert ist. Diese vier Filter werden auch als Standard-Filter angesehen.

In den Darstellungen wurden die Winkel der Phasengänge dieser Filter nicht gezeigt. Für eine unverzerrte Übertragung reicht nicht nur ein konstanter Betrag im Durchlassbereich, auch der Phasengang muss eine Bedingung erfüllen.

Es wird angenommen, dass die idealen Filter im Durchlassbereich das Ausgangssignal unverzerrt mit einer Verspätung τ_d wiedergeben:

$$y(t) = Kx(t - \tau_d); \qquad \text{mit} \qquad K > 0 \tag{3.174}$$

Die Fourier-Transformation beider Seiten führt zu:

$$Y(j\omega) = K\, e^{-j\omega\,\tau_d} X(j\omega) = H(j\omega)X(j\omega) \tag{3.175}$$

Das bedeutet, dass für eine unverzerrte Übertragung die Übertragungsfunktion durch

$$H(j\omega) = |H(j\omega)|e^{j\theta_H(\omega)} = Ke^{-j\omega\,\tau_d} \tag{3.176}$$

gegeben sein muss:

$$|H(j\omega)| = K\,; \qquad \text{und} \qquad \theta_h(\omega) = -j\omega\,\tau_d \tag{3.177}$$

Der Betrag muss eine Konstante, z.B. gleich eins sein, und der Winkel muss eine lineare Funktion von ω sein, die durch $\omega = 0$ verläuft.

Abb. 3.81 zeigt dieses Ergebnis für ein beliebiges Signal und für $K = 1$. Wenn K verschieden von eins ist, dann wird die Antwort einfach mit diesem Wert gewichtet. Bei den idealen Filtern aus Abb. 3.80 muss der Phasenverlauf im Durchlassbereich den gezeigten linearen Verlauf haben, um keine Verzerrungen wegen der Phase zu erhalten.

Die praktischen, analogen Filter können einen linearen Verlauf der Phase nur annähernd besitzen. Mit der *Gruppenlaufzeit* definiert als

$$\tau_g(\omega) = -\frac{d\theta_H(\omega)}{d\omega} \tag{3.178}$$

wird die Steilheit des Phasenverlaufes charakterisiert. Für einen linearen Verlauf der Phase muss die Gruppenlaufzeit konstant sein:

$$\tau_g(\omega) = \tau_d = \text{eine Konstante} \tag{3.179}$$

Die *Phasenlaufzeit* definiert durch

$$\tau_v(\omega) = -\frac{\theta_H(\omega)}{\omega} \tag{3.180}$$

stellt die Zeitverschiebung einer sinusförmigen Anregung beim Durchlaufen des LTI-Systems oder Filters dar. Bei einem idealen linearen Verlauf des Phasengangs sind diese zwei Zeiten gleich $\tau_v(\omega) = \tau_g(\omega)$.

Das ideale Verhalten gilt für ideale Systeme, die aus dem Ruhezustand (ohne Anfangsbedingungen) angeregt werden und das entspricht den idealen LTI-Systemen.

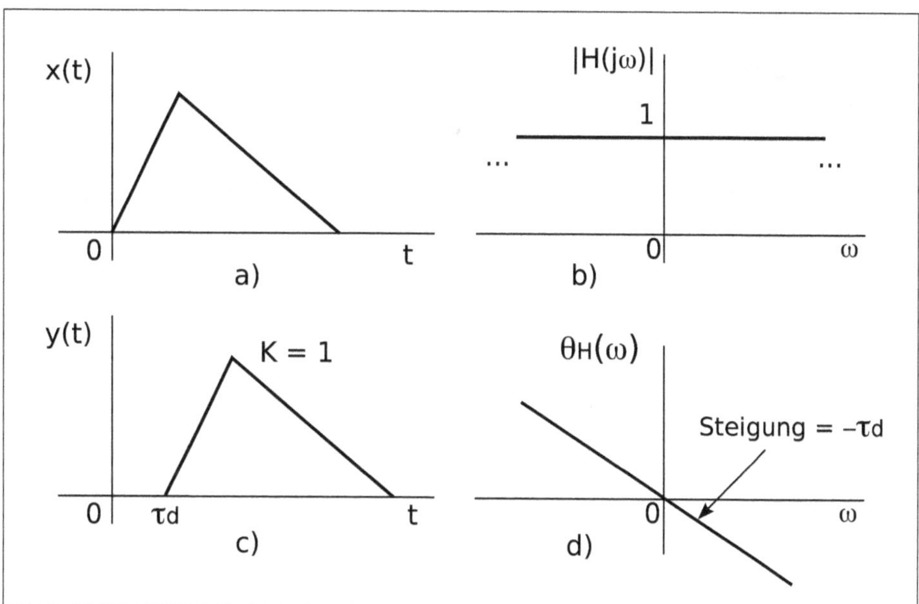

Abb. 3.81: Ideale Übertragungsfunktion, die keine Verzerrungen sondern nur eine Verspätung ergibt

3.9.1 Bandbreite der realen Filter

Die idealen Verläufe der Filter aus Abb. 3.80 können nur annähernd mit realen elektrischen oder elektronischen Schaltungen erzeugt werden. Der Verlauf des Betrags eines realen Filters kann nicht so eckig sein, er verläuft stetig vom Durchlassbereich in den Sperrbereich. Deshalb muss eine Konvention für die Durchlassfrequenz getroffen werden.

Eine übliche Definition für die Durchlassfrequenz ist der Wert bei -3 dB. Abb. 3.82a zeigt wie die Durchlassfrequenz ω_0 für ein TP-Filter definiert ist. Es ist die Frequenz, bei der der Betrag der Übertragungsfunktion um den Faktor $1/\sqrt{2}$ gegenüber dem Betrag bei der Frequenz $f = 0$ abgefallen ist.

Ein Abfall um den Faktor $1/\sqrt{2}$ entspricht im logarithmischen Maßstab einem Abfall um 3 dB.

$$20\ \log_{10}(1/\sqrt{2}) = -20\ \log_{10}(2) \cong -3\ \ \text{dB} \tag{3.181}$$

Eine ähnliche Definition wird auch für die BP-Filter angewandt, wie in Abb. 3.82b dargestellt. Die Bandbreite W_{-3dB} dieses Filters wird durch

$$W_{-3dB} = |\omega_2 - \omega_1| \tag{3.182}$$

definiert. Ähnlich wird für die anderen Filter verfahren.

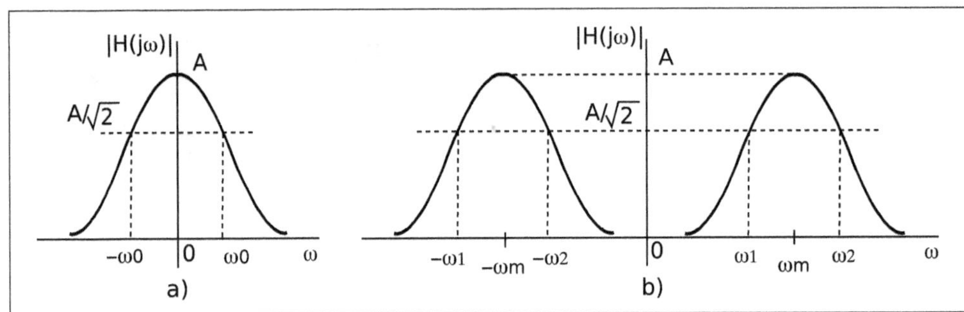

Abb. 3.82: Definition der Bandbreite bei - 3 dB

Als Beispiel wird das einfache TP-Filter aus Abb. 3.83a untersucht. Die Differentialgleichung, die die Ausgangsspannung $y(t)$ mit der Anregung $x(t)$ verbindet, ist [17]:

$$RC\frac{dy(t)}{dt} + y(t) = x(t) \tag{3.183}$$

Die Fourier-Transformation der beiden Seiten ergibt:

$$RC(j\omega)Y(j\omega) + Y(j\omega) = X(j\omega) \tag{3.184}$$

Daraus resultiert die Übertragungsfunktion $H(j\omega)$ (oder die Fourier-Transformation der Impulsantwort):

$$H(j\omega) = \frac{1}{(j\omega)RC + 1} \tag{3.185}$$

Der Amplitudengang $|H(j\omega)|$ und Phasengang $\theta_H(j\omega)$ sind dann:

$$\begin{aligned} |H(j\omega)| &= \frac{1}{|(j\omega)RC + 1|} = \frac{1}{\sqrt{1 + (\omega\, RC)^2}} \\ \theta_H(j\omega) &= -\text{atan}(\omega\, RC) \end{aligned} \tag{3.186}$$

Aus der Bedingung

$$|H(j\omega)| = \frac{1}{\sqrt{1 + (\omega\, RC)^2}} = \frac{1}{\sqrt{2}} \tag{3.187}$$

ergibt sich für die Frequenz bei -3 dB der Wert

$$\omega_0 = \frac{1}{RC}\ \text{rad/s}\ ; \qquad f_0 = \frac{1}{2\pi RC}\ \text{Hz} \tag{3.188}$$

Das Produkt der Kapazität C und des Widerstands R der Filterschaltung stellt die Zeitkonstante dar und der Kehrwert ist die Durchlassfrequenz ω_0 bei -3 dB in rad/s.

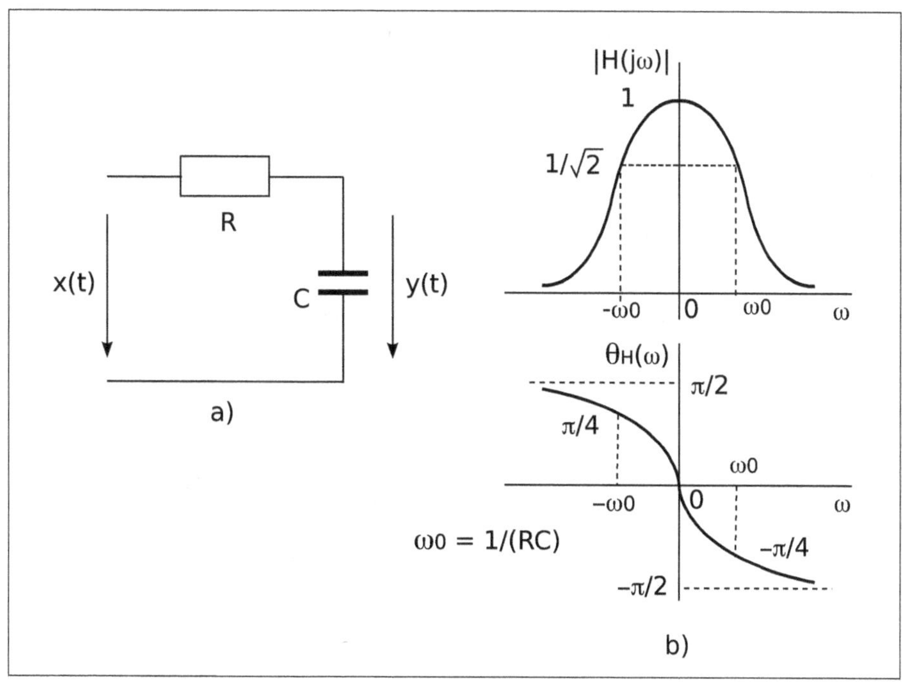

Abb. 3.83: Einfaches TP-Filter und seine Übertragungsfunktion $H(j\omega)$

Die Skizze aus Abb. 3.83b zeigt den Betrag und die Phase der Übertragungsfunktion $H(j\omega)$.

Im Skript RC_1.m wird die Funktion $H(j\omega)$ dieses Filters ermittelt und dargestellt:

```
% Skript RC_1.m, in dem ein einfaches TP-Filter
% untersucht wird
clear;
% ------- Parameter der Schaltung
R = 10e3;        C = 1e-9; % Widerstand und Kapazität
Tz = R*C;        omega_0 = 1/Tz;  % Zeitkonstante und Frequenz -3 dB
f_0 = omega_0/(2*pi);
% ------- Frequenzbereich
df = f_0/100;             f = -10*f_0:df:10*f_0;
H = 1./(j*2*pi*f*Tz +1);     % Übertragungsfunktion
% ------- Didaktische Darstellung
figure(1);
subplot(211), plot(f, abs(H));
   title('Amplitudengang');
   xlabel('Hz');      grid on;
subplot(212), plot(f, angle(H)*180/pi);
   title('Phasengang');
   xlabel('Hz');      grid on;
```

```
% ------- Technische Darstellung für f > 0
f = logspace(2, 6, 500);      % Logarithmisch skalierte Frequenzen
H = 1./(j*2*pi*f*Tz +1);      % Übertragungsfunktion
figure(2);
subplot(211), semilogx(f, 20*log10(abs(H)));
   title('Amplitudengang');
   xlabel('Hz');      grid on;
subplot(212), semilogx(f, angle(H)*180/pi);
   title('Phasengang');
   xlabel('Hz');      grid on;
% ------- Frequenzgang mit bode-Funktion (f>0)
b = 1;    a = [Tz, 1];     % Koeffizienten des Zählers und Nenners
m_sys = tf(b, a);          % Übertragungsfunktion-Objekt
[betrag, phase] = bode(m_sys, 2*pi*f);
betrag = squeeze(betrag);      phase= squeeze(phase);
figure(3);
subplot(211), semilogx(f, 20*log10(betrag));
   title('Amplitudengang über bode-Funktion');
   xlabel('Hz');      grid on;
subplot(212), semilogx(f, phase);
   title('Phasengang');
   xlabel('Hz');      grid on;
   % ------- Gruppenlaufzeit
tau_g = -[0,diff(phase')./diff(2*pi*f)];
figure(4);
subplot(211), semilogx(f, tau_g);
   title('Gruppenlaufzeit'); ylabel('s');
   xlabel('Hz');    grid on;
```

Es wird die Funktion $H(j\omega)$ mit linearen Koordinaten, wie in Abb. 3.83b gezeigt, dargestellt. Um einen größeren Frequenzbereich und einen größeren Bereich für den Betrag in der Darstellung zu erfassen, wird auch eine Darstellung für $f > 0$ mit logarithmischen Koordinaten erzeugt, die in der Literatur als Bode-Diagramm bezeichnet wird [17], [19]. Auf der Abszisse werden die Frequenzen logarithmisch skaliert ($log_{10}(f)$) dargestellt und die Ordinate zeigt den Betrag in dB definiert durch:

$$|H(f)|^{dB} = 20\log_{10}(|H(f)|) \qquad f > 0 \tag{3.189}$$

Für die gewählten Parameter ist die Frequenz bei -3 dB $f_0 = 15,915$ kHz. Abb. 3.84 zeigt das Bode-Diagramm für dieses Filter.

Im Skript wird der Frequenzbereich für die logarithmische Darstellung mit der Funktion `logspace` erzeugt. So erhält man äquidistante Punkte in der logarithmischen Darstellung. Der Phasengang ist nur in der Abszisse logarithmisch. Die Ordinate bleibt in Grad. Am Ende des Skripts wird numerisch über finite Differenzen als Annäherung der Ableitung die Gruppenlaufzeit ermittelt und dargestellt (siehe Abb. 3.85). Wie man sieht ist die Gruppenlaufzeit bis zu 3 kHz praktisch konstant gleich $\tau_g \cong 5,810^{-4}$ s, so dass bis zu dieser Frequenz keine Verzerrungen wegen der Phase zu erwarten sind. Der Phasenverlauf ist bis zu dieser Frequenz linear.

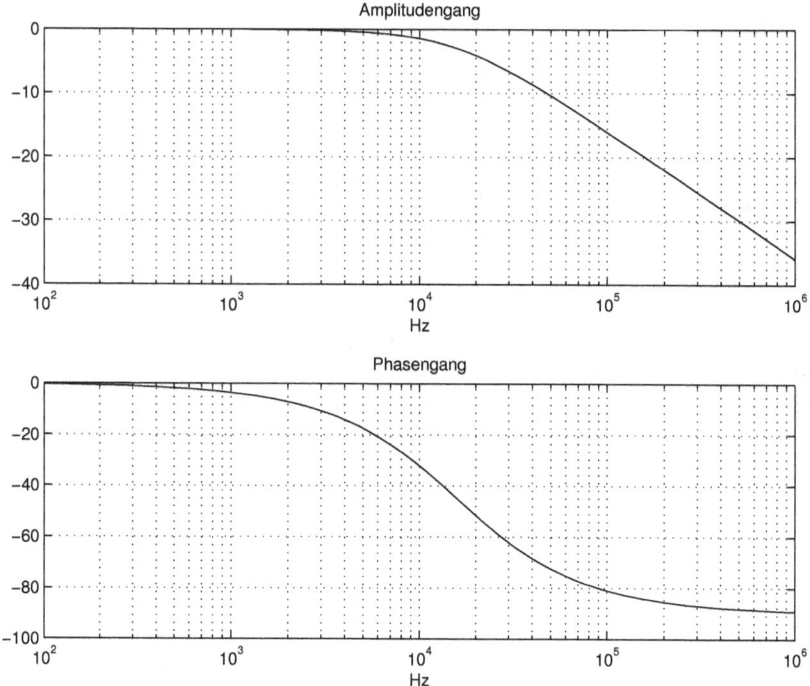

Abb. 3.84: Logarithmischer Frequenzgang des RC-TP-Filters (RC_1.m)

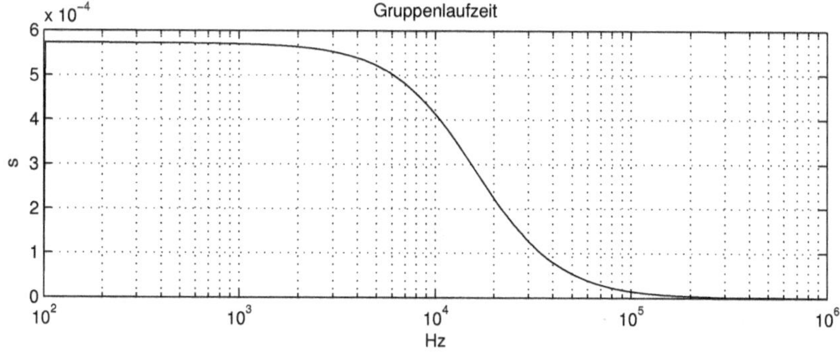

Abb. 3.85: Gruppenlaufzeit des RC-TP-Filters (RC_1.m)

Für dieses Filters $H(j\omega)$ kann man sehr einfach mit Hilfe der Tabelle 3.2, Pos. 9, die Impulsantwort als inverse Fourier-Transformation ermitteln:

$$H(j\omega) = \frac{1}{(j\omega)T_z + 1} = \frac{1/T_z}{j\omega + 1/T_z} \quad \rightarrow \quad h(t) = \frac{1}{T_z} e^{-t/T_z} u(t) \tag{3.190}$$

Wie erwartet, ist sie kausal und hat bei $t = 0$ den Wert $1/T_z$ und klingt über eine Exponentialfunktion zu null ab. Somit ist das Filter ein stabiles System.

3.9.2 Verzerrungen der Analogfilter

Es werden die Verzerrungen einiger Analogfilter mit einem Eingangssignal bestehend aus drei sinusförmigen Signalen untersucht, die die ersten Harmonischen eines rechteckigen periodischen Signals darstellen:

$$x(t) = \hat{x}\cos(2\pi\, f_1 t) + \frac{\hat{x}}{3}\cos(2\pi\, 3\, f_1 t) + \frac{\hat{x}}{5}\cos(2\pi\, 5\, f_1 t) \tag{3.191}$$

Wenn die drei Frequenzen $f_1,\ f_2,\ f_3$ im Durchlassbereich des Filters liegen entsteht keine Amplitudenverzerrung. Wenn zusätzlich die Frequenzen im Bereich liegen, in dem auch die Gruppenlaufzeit konstant ist, dann entstehen auch keine Verzerrungen wegen der Phase. Das Ausgangs- und Eingangssignal im stationären Zustand sind gleich und lediglich mit der Gruppenlaufzeit versetzt.

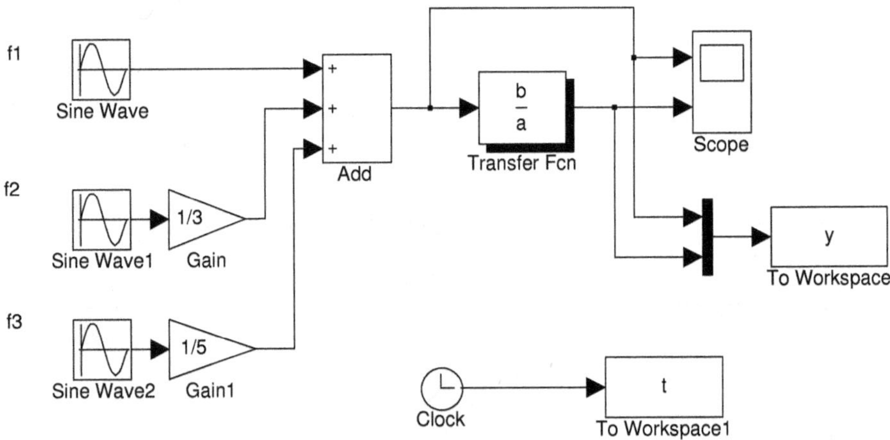

Abb. 3.86: Simulink-Modell des Experiments (analog_filter_1.m, analog_filter1.mdl)

Im Skript `analog_filter_1.m`, das mit dem Modell `analog_filter1.mdl` arbeitet, wird dieses Experiment programmiert:

```
% Script analog_filter_1.m, in dem TP-Analogfilter
% untersucht werden. Arbeitet mit Modell analog_filter1.mdl
clear
% ------- Filterwahl
f_0 = 1000;   % f-3dB Frequenz
% Elliptisches-Filter
%[z,p,k] = ellip(7, 0.1, 60, 2*pi*f_0,'s');          % Tiefpass
% Butterworth-Filter
[z,p,k] = butter(7, 2*pi*f_0,'s');                    % Tiefpass
% Chebyschev-Filter
```

```
%[z,p,k] = cheby1(7, 0.1, 2*pi*f_0,'s');            % Tiefpass
% -------- Übertragungsfunktion
[b, a] = zp2tf(z,p,k);        % Koeffizienten des Zählers und Nenners
% -------- Frequenzgang
fmin = f_0/100;        fmax = f_0*100;
a1 = log10(fmin);      a2 = log10(fmax);
f = logspace(a1, a2, 500);
omega = 2*pi*f;
P = polyval(b, j*omega);      Q = polyval(a, j*omega);
H = P./Q;               % Übertragungsfunktion
tau_g = -[0, diff(unwrap(angle(H)))./diff(omega)]; % Gruppenlaufzeit
figure(1);
subplot(311), semilogx(f, 20*log10(abs(H)));
   title('Amplitudengang');  ylabel('dB');
   xlabel('Hz');  grid on;
subplot(312), semilogx(f, unwrap(angle(H))*180/pi);
   title('Phasengang');       ylabel('Grad');
   xlabel('Hz');  grid on;
subplot(313), semilogx(f, tau_g);
   title('Gruppenlaufzeit'); ylabel('s');
   xlabel('Hz');  grid on;
La = axis;      axis([La(1:2),-0.001, max(tau_g)]);
% -------- Simulation
f1 = 100;       f2 = f1*3;       f3 = f1*5;
tfinal = 10/f1;
sim('analog_filter1', [0:tfinal/1000:tfinal]);
% y(:,1) = Eingangassignal des Filters
% y(:,2) = Ausgangssignal des Filters
figure(2);
nt = length(t);     nd = nt-fix(nt/3):nt;
%nt = length(t);     nd = 1:fix(nt/4);  % Um den Anfang zu sehen
subplot(211),
plot(t(nd), y(nd,1), t(nd), y(nd,2));
   title(['Eingangs- und Ausgangssignal des Filters',...
        '    f0 = ',num2str(f_0),';     f1 = ',num2str(f1),...
        ';   f2 = ',num2str(f2),';     f3 = ',num2str(f3)]);
   xlabel('s');    grid on;
% -------- Neue Frequenzen
f1 = 200;       f2 = f1*3;       f3 = f1*5;
tfinal = 10/f1;
sim('analog_filter1', [0:tfinal/1000:tfinal]);
subplot(212),
nt = length(t);     nd = nt-fix(nt/3):nt;
%nt = length(t);     nd = 1:fix(nt/4);  % Um den Anfang zu sehen
plot(t(nd), y(nd,1), t(nd), y(nd,2));
   title(['Eingangs- und Ausgangssignal des Filters',...
        '    f0 = ',num2str(f_0),';     f1 = ',num2str(f1),...
        ';   f2 = ',num2str(f2),';     f3 = ',num2str(f3)]);
   xlabel('s');    grid on;
```

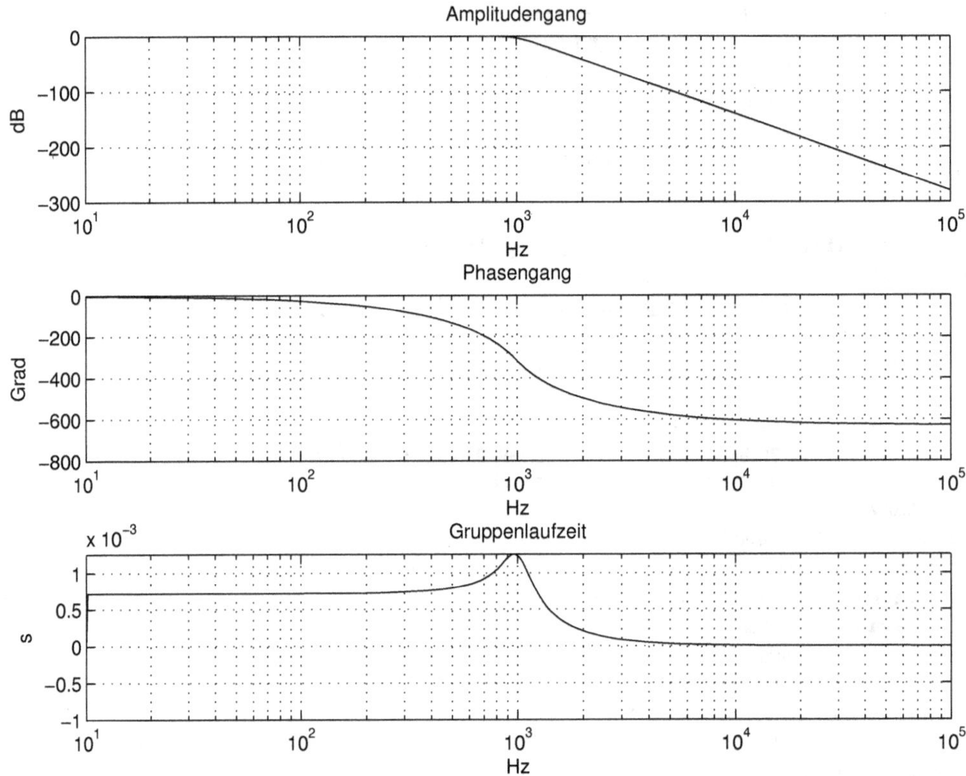

Abb. 3.87: Frequenzgang und Gruppenlaufzeit (analog_filter_1.m, analog_filter1.mdl)

Die Annäherung des idealen TP-Filters aus Abb. 3.80a wird mit verschiedenen mathematischen Methoden realisiert. Das hat zu verschiedene Typen von Filtern geführt. Sehr bekannt sind die Elliptischen-, die Butterworth- und die Tschebyschev-Filter [19]. Sie unterscheiden sich durch die Steilheit des Übergangs vom Durchlass- in den Sperrbereich des Amplitudengangs und durch den Phasenverlauf. Das Butterworth-Filter ist das Filter, dass man wählen soll, wenn man nicht weiß welches Filter für die eigene Anwendung geeignet ist. Mit den MATLAB-Funktionen **ellip**, **butter** oder **butter** werden die TP-Filter entwickelt.

Diese Funktionen liefern die Null- und Polstellen des Filters in den Vektoren z, p und eine Verstärkung im Skalar k. Daraus werden weiter die Koeffizienten des Zählers im Vektor b und des Nenners im Vektor a für die Übertragungsfunktion mit der Funktion **zp2tf** ermittelt. Diese Koeffizienten werden automatisch dem Block *Transfer Fcn* bekannt gemacht, der das Filter im Modell (Abb. 3.86) simuliert.

Der Frequenzgang des Filters und die Gruppenlaufzeit sind in Abb. 3.87 dargestellt. Bei der Berechnung der Gruppenlaufzeit über finite Differenzen als Annäherung der Ableitung fehlt ein Wert und deshalb ist am Anfang ein Nullwert hinzugefügt.

Abb. 3.87 zeigt den Frequenzgang des Butterworth TP-Filters zusammen mit der Gruppenlaufzeit. Verzerrungen wegen der Phase treten für Frequenzen auf, die größer

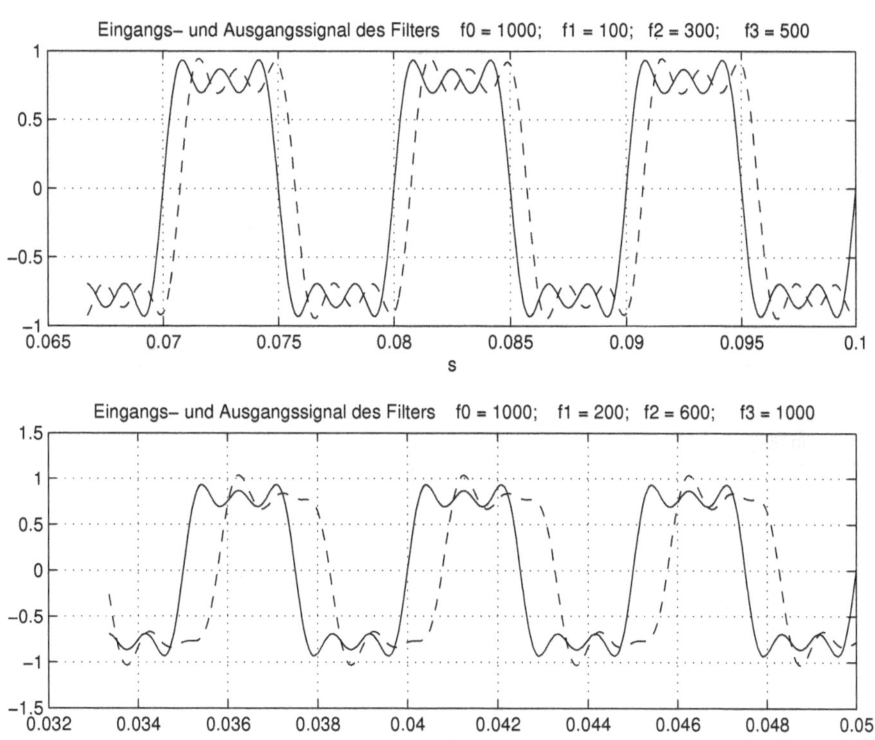

Abb. 3.88: Antwort des TP-Filters für zwei Sätze von Frequenzen der Anregung
(analog_filter_1.m, analog_filter1.mdl)

als ca. 300 Hz sind. Bis zu dieser Frequenz ist die Gruppenlaufzeit praktisch konstant. Wenn die drei Frequenzen der Harmonischen kleiner als diese Frequenz sind, werden keine Verzerrungen wegen der Phase erwartet. Das Ausgangssignal erscheint nur mit der Gruppenlaufzeit verspätet.

Bei einer Durchlassfrequenz des Filters von $f_0 = 1000$ Hz zeigt Abb. 3.88 oben das Ein- und Ausgangssignal für $f_1 = 100$ Hz, $f_2 = 300$ Hz und $f_3 = 500$ Hz. Das dritte Signal überschreitet ein bisschen die gezeigte Grenze, ohne dass dies sich in dem Ausgangssignal bemerkbar macht. Das dritte Signal ist im Vergleich zu den ersten auch mit dem Faktor 1/5 gewichtet.

In der gleichen Abbildung sind darunter die Signale für $f_1 = 200$ Hz, $f_2 = 600$ Hz und $f_3 = 1000$ Hz gezeigt. In diesem Fall überschreiten die zweite und dritte Harmonische die Grenze von ca. 300 Hz und die Verzerrungen sind relativ groß.

Dem Leser wird empfohlen auch die anderen zwei TP-Filter in dieser Form zu untersuchen und die Ergebnisse zu interpretieren.

Im Skript `analog_filter_2.m` ist ein ähnliches Experiment für HP-Filter programmiert. Das Simulink-Modell bleibt dasselbe, über das Skript werden nur andere Koeffizienten in den Vektoren `b, a` berechnet. Es wird auch der Frequenzgang und die Gruppenlaufzeit ähnlich wie beim vorherigen TP-Filter ermittelt und dargestellt.

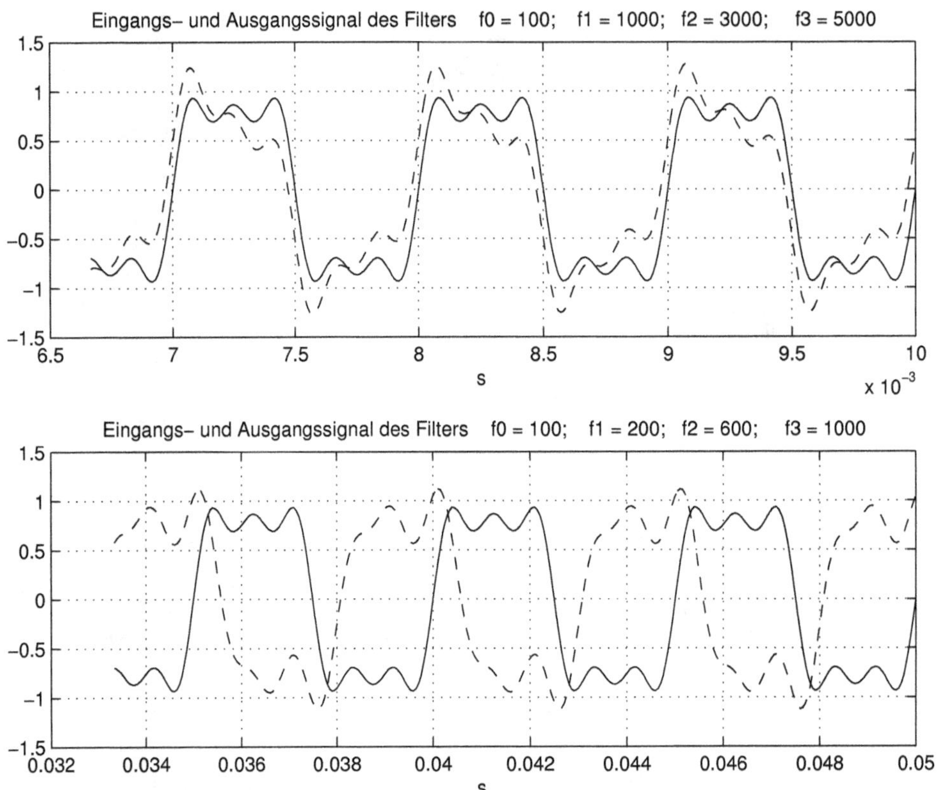

Abb. 3.89: Antwort des HP-Filters für zwei Sätze von Frequenzen der Anregung (analog_filter_2.m, analog_filter1.mdl)

Abb. 3.89 stellt die Ein- und Ausgangssignale des HP-Filters mit Durchlassfrequenz $f_0 = 100$ Hz dar. Oben sind die Signale für eine Anregung mit $f_1 = 1000$ Hz, $f_2 = 3000$ Hz und $f_3 = 5000$ Hz gezeigt. Das Ausgangssignal ist hier voreilig und mit Verzerrungen wegen der Phase behaftet. Darunter ist der Fall mit $f_1 = 200$ Hz, $f_2 = 600$ Hz und $f_3 = 1000$ Hz dargestellt. Die erste Harmonische hat eine Frequenz, die sehr nahe an der Durchlassfrequenz des Filters von $f_0 = 100$ Hz liegt. Die Verzerrungen sind entsprechend viel größer.

Die Voreilung bei den HP-Filter widerspricht dem Gefühl, dass das Ergebnis der Ursache folgen muss und nicht vorher stattfinden kann. Die gezeigten Signale entsprechen dem stationären Zustand nach dem Einschwingen. Wenn man die Signale von $t = 0$ aufwärts betrachtet, dann wird man merken, dass am Anfang das Ausgangssignal nicht vor dem Eingangssignal auftritt. Man muss nur die Zeile

```
%nt = length(t);    nd = 1:fix(nt/4);  % Um den Anfang zu sehen
```

aktivieren, um die Signale von Anfang an zu betrachten.

Es ist relativ einfach das Skript und das Modell für andere Signale zu ändern und weitere Experimente durchzuführen. Ein periodisches rechteckiges Signal, das sehr viele Harmonischen besitzt, kann sehr lehrreich sein.

Die Schlußfolgerung nach diesen Versuchen muss sein, dass für jede Anwendung das passende Filter durch Simulation festgelegt werden muss.

3.9.3 Übertragungsfunktionen elektrischer Schaltungen

Die Bestimmung der Übertragungsfunktion $H(j\omega)$ einer elektrischen Schaltung kann mit Hilfe der komplexen Impedanzen, die aus der Wechselstromlehre bekannt sind [17], ermittelt werden.

Es wurde gezeigt, dass die Funktion $H(j\omega) = |H(j\omega)|e^{j\theta_H(\omega)}$ für $\omega \geq 0$ den Frequenzgang darstellt und eine physikalische Interpretation besitzt. Der Betrag dieser Funktion als Amplitudengang $A(\omega)$ zeigt die Abhängigkeit von ω des Verhältnisses der Amplituden des Ausgangs- und Eingangssignals und der Winkel dieser Funktion als Phasengang $\phi(\omega)$ stellt die Abhängigkeit der Phasenverschiebung des Ausgangssignals relativ zum Eingangsignal von ω dar.

$$A(\omega) = |H(j\omega)| = \frac{\hat{y}}{\hat{x}}; \qquad \phi(\omega) = \phi_a - \phi_e = \theta_H(\omega) \tag{3.192}$$

Das gilt für eine Anregung mit einem stationären cosinusförmigen Eingangssignal

$$x(t) = \hat{x}\cos(\omega t + \phi_e) \qquad -\infty < t < \infty, \tag{3.193}$$

das zu einem Ausgangssignal der Form

$$y(t) = \hat{y}\cos(\omega t + \phi_a) = \hat{x}\,|H(j\omega)|\cos(\omega t + \theta_H(\omega)) \qquad -\infty < t < \infty \tag{3.194}$$

führt.

Das ist genau was in elektrischen Schaltungen im stationären Zustand für sinusförmige Variablen mit den komplexen Impedanzen, den komplexen Strömen und den komplexen Spannungen als Werkzeuge berechnet werden.

Die Impedanz eines Widerstandes R hat den Wert R und zeigt, dass zwischen dem Strom und der Spannung eines Widerstandes keine Phasenverschiebung stattfindet.

Bei einem Kondensator der Kapazität C ist die komplexe Impedanz durch

$$Z_c(j\omega) = Z_c(j\omega) = \frac{1}{j\omega C} \tag{3.195}$$

gegeben. Das erhält man aus der Differentialgleichung, die den Strom und die Spannung im stationären Zustand verbindet:

$$i_c(t) = C\,\frac{du_c(t)}{dt} \tag{3.196}$$

Die Fourier-Transformation dieser Differentialgleichung führt auf:

$$I_c(j\omega) = Cj\omega U_c(j\omega) \qquad \text{oder} \qquad Z_c(j\omega) = \frac{U_c(j\omega)}{I_c(j\omega)} = \frac{1}{j\omega C} \tag{3.197}$$

Die Impedanz einer Induktivität L kann ähnlich aus der Differentialgleichung, die die Spannung und den Strom verbindet, abgeleitet werden. Aus

$$u_L(t) = L\,\frac{di_L(t)}{dt} \tag{3.198}$$

wird die Fourier-Transformation berechnet und danach die Impedanz ermittelt:

$$U_L(j\omega) = Lj\omega I_L(j\omega) \qquad \text{oder} \qquad Z_L(j\omega) = \frac{U_L(j\omega)}{I_L(j\omega)} = j\omega L \tag{3.199}$$

Die Kehrwerte der Impedanzen definieren die Admittanzen $Y(j\omega)$ (oder komplexe Leitwerte).

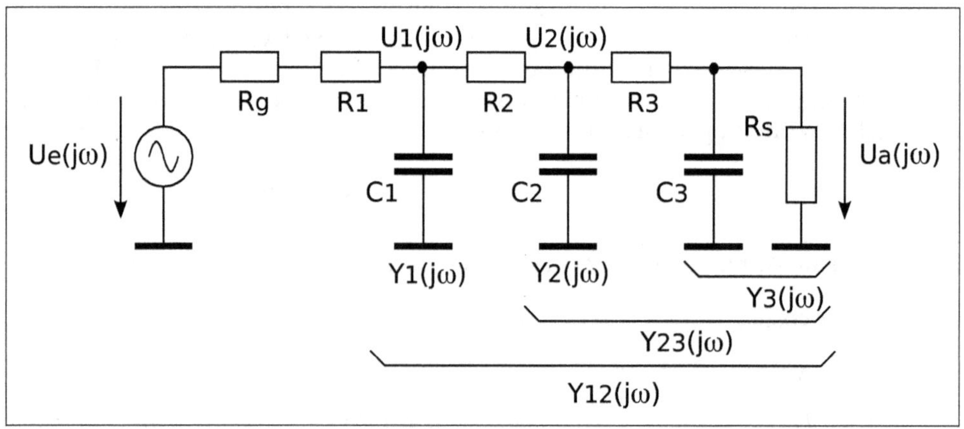

Abb. 3.90: Passives TP-Filter dritter Ordnung

Als Beispiel wird die Übertragungsfunktion des passiven TP-Filters dritter Ordnung aus Abb. 3.90 ermittelt und dargestellt. Mit

$$Y_3(j\omega) = j\omega C_3 + 1/R_s\,; \qquad Y_2(j\omega) = j\omega C_2\,; \qquad Y_1(j\omega) = j\omega C_1 \tag{3.200}$$

und

$$Y_{23}(j\omega) = Y_2(j\omega) + \frac{1}{R_3 + 1/Y_3(j\omega)}; \quad Y_{12}(j\omega) = Y_1(j\omega) + \frac{1}{R_2 + 1/Y_{23}(j\omega)} \tag{3.201}$$

erhält man folgende Beziehungen für die Spannungen der Schaltung:

$$\begin{aligned}
U_2(j\omega) &= U_a(j\omega)\,Y_3(j\omega)\,R_3 + U_a(j\omega) = U_a(j\omega)\big[Y_3(j\omega)\,R_3 + 1\big]\\
U_1(j\omega) &= U_2(j\omega)\,Y_{23}(j\omega)\,R_2 + U_2(j\omega) = U_2(j\omega)\big[Y_{23}(j\omega)\,R_2 + 1\big]\\
U_e(j\omega) &= U_1(j\omega)\,Y_{12}(j\omega)\,(R_g + R_1) + U_1(j\omega) =\\
&\qquad U_1(j\omega)\big[Y_{12}(j\omega)(R_g + R_1) + 1\big]
\end{aligned} \tag{3.202}$$

Ausgehend von

$$U_a(j\omega) = 1 \tag{3.203}$$

kann man dann der Reihe nach die restlichen Spannungen bis zu $U_e(j\omega)$ berechnen. Dann wird die gesuchte Übertragungsfunktion durch

$$H(j\omega) = \frac{U_a(j\omega)}{U_e(j\omega)} \tag{3.204}$$

ermittelt. Im Skript `TP_3ord.m` ist die komplexe Übertragungsfunktion der Schaltung

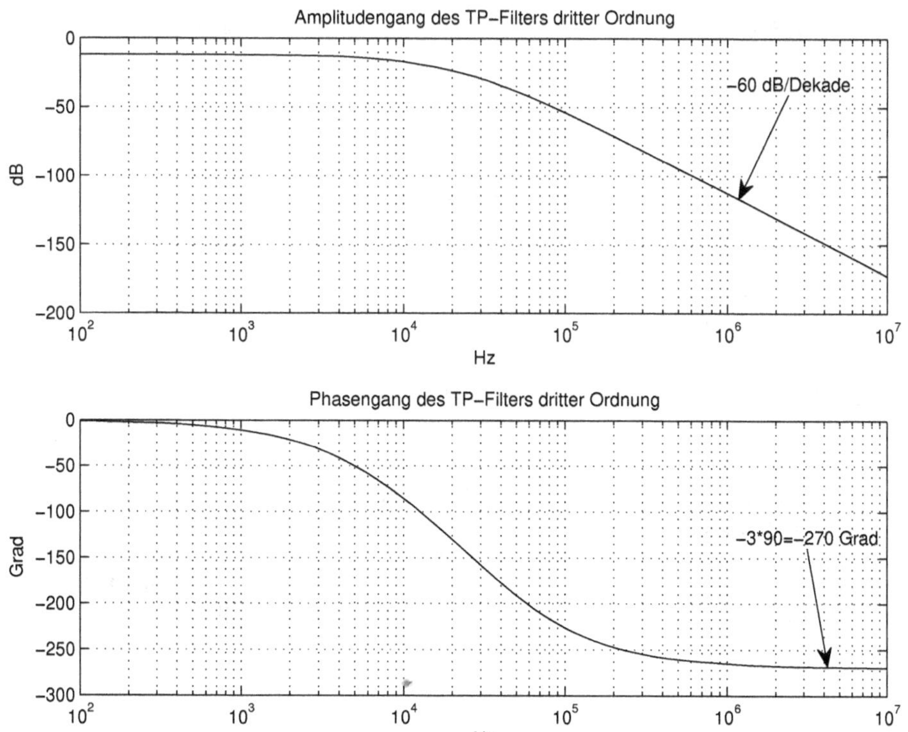

Abb. 3.91: Frequenzgang des TP-Filters dritter Ordnung (TP_3ord.m)

nach diesem Verfahren ermittelt und dargestellt:

```
% Skript TP_3ord.m, in dem ein passives TP-Filter
% 3. Ordnung untersucht wird
clear;
% ------- Parameter der Schaltung
```

```
Rg = 10e3;      R1 = 2e3;
R2 = 12e3;      R3 = R2;
Rs = 12e3;
C1 = 1e-9;      C2 = C1;     C3 = C1;
% ------- Frequenzbereich
a1 = 2;         a2 = 7;
f = logspace(a1, a2, 500);
omega = 2*pi*f;
% ------- Impedanzen und Admittanzen
Y3 = j*omega*C3+1/Rs;
Y2 = j*omega*C2;                          Y1 = j*omega*C1;
Y23 = Y2 + 1./(R3 + 1./Y3);
Y12 = Y1 + 1./(Rg + R1 + 1./Y23);
% ------- Spannungen
Ua = 1;
U2 = Ua*(Y3*R3 + 1);                    U1 = U2.*(Y23*R2 + 1);
Ue = U1.*(Y12*(Rg + R1) + 1);
% ------- Übertragungsfunktion
H = Ua./Ue;
betrag = abs(H);     phase = angle(H);
figure(1);
subplot(211), semilogx(f, 20*log10(betrag));
   title('Amplitudengang des TP-Filters dritter Ordnung');
   xlabel('Hz');    ylabel('dB');    grid on;
subplot(212), semilogx(f, unwrap(phase)*180/pi);
   title('Phasengang des TP-Filters dritter Ordnung');
   xlabel('Hz');    ylabel('Grad');    grid on;
```

In Abb. 3.91 ist der Frequenzgang dargestellt. Die Dämpfung (von ca. -12 dB) im Durchlassbereich ist wegen der Widerstände entstanden, sie bilden bei tiefen Frequenzen einen Teiler mit dem Faktor 1/4 = 0,25 (oder $10^{-12/20}$).

In der logarithmischen Darstellung (Bode-Diagramm) sieht man, dass der Übergang in den Sperrbereich als Grenzwert mit einer Geraden der Steigung −60 dB/Dekade stattfindet. Jede Ordnung ergibt eine Steigung von −20 dB/Dekade bei TP-Filtern. Die gesamte Phasenverschiebung ist $3 \times (-90) = -270$ Grad, weil jede Ordnung eine gesamte Phasenverschiebung von −90 Grad bei TP- Filtern ergibt.

4 Zeitdiskrete Signale und Systeme im Frequenzbereich

4.1 Einführung

In der Signalverarbeitung spielen die zeitdiskreten Signale eine immer größere Rolle. Ohne die zeitdiskreten Signale wären die Fortschritte in der Kommunikationstechnik und vielen anderen Bereichen nicht möglich. Die Analyse und Bearbeitung der zeitdiskreten Signale in der Technik allgemein, in der Medizin und in vielen anderen Bereichen hat enorme Möglichkeiten eröffnet.

Die meisten zeitdiskreten Signale entstehen durch gleichförmige Abtastung der zeitkontinuierlichen Signale [30], [37]. Wie im Kap. 1.4.4 dargestellt wurde, bringt die gleichförmige Abtastung wegen der Mehrdeutigkeiten aber auch Nachteile mit sich. Die Mehrdeutigkeiten entstehen allerdings nur, wenn das Abtasttheorem verletzt wird und zeitkontinuierliche Signale abgetastet werden, deren Frequenz größer als die halbe Abtastfrequenz ist.

Generell könen die Mehrdeutigkeiten vermieden werden, wenn man sich der ungleichförmigen Abtastung bedient (englisch *Nonuniform-Sampling*) [28]. Deren Behandlung würde den Rahmen eines einführenden Buches über Signale und Systeme sprengen. Daher wird die Beschreibung im Frequenzbereich nur für gleichförmig abgetastete Signale behandelt.

4.1.1 Abtastung als Produkt mit periodischen Delta-Impulsen

Ein abgetastetes Signal ist eine Folge von Zahlen, die die Abtastwerte sind. Der Zeitbezug ist nicht mehr explizit vorhanden, sondern nur noch implizit durch Kenntnis der Abtastfrequenz, bzw. der Abtastperiode.

Will man nun abgetastete Signale wie zeitkontinuierliche Signale behandeln, so müssen sie als eine Funktion der kontinuierlichen Zeit t dargestellt werden. Hierzu eignet sich die Felta-Funktion, welche nur zu einem Zeitpunkt - dem Abtastzeitpunkt - von Null verschieden ist.

Indem man die Ausblendeigenschaft der Delta-Funktion verwendet, kann man das abgetastete Signal $x_s(t)$ als ein Produkt des kontinuierlichen Signals $x(t)$ mit einer periodischen Folge von Delta-Funktionen schreiben:

$$x_s(t) = x(t) \sum_{n=-\infty}^{\infty} \delta(t - nT_s) = \sum_{n=-\infty}^{\infty} x(t)\delta(t - nT_s) = \sum_{n=-\infty}^{\infty} x(nT_s)\delta(t - nT_s) \quad (4.1)$$

Diese Darstellung ist immer Vorteilhaft, wenn man abgetastete und kontinuierliche Signale gleichzeitig behandeln muss, z.B. wenn man den Zusammenhang zwischen dem Spektrum des zeitkontinuierlichen und des abgetasteten Signals bei der A/D-Wandlung bestimmen will.

4.1.2 Spektrum eines abgetasteten Signals

Will man das Spektrum eines abgetasteten Signals mit Hilfe der Fourier-Transformation berechnen, so ist dieses wie ein zeitkontinuierliches Signal gemäß Gl. (4.1) darzustellen. Jetzt kann man die Definition der Fourier-Transformation für zeitkontinuierliche Signale auch für die zeitdiskreten Signale benutzen. Aus

$$X_s(j\omega) = \int_{-\infty}^{\infty} x_s(t)e^{-j\omega t}dt = \int_{-\infty}^{\infty} \left(\sum_{n=-\infty}^{\infty} x(t)\delta(t-nT_s) \right) e^{-j\omega t}dt \tag{4.2}$$

erhält man durch Tauschen der Reihenfolge der Integration und der Summierung bzw. der Anwendung der Ausblendeigenschaft der Delta-Funktion:

$$X_s(j\omega) = \sum_{n=-\infty}^{\infty} \int_{-\infty}^{\infty} x(t)\delta(t-nT_s)e^{-j\omega t}dt = \sum_{n=-\infty}^{\infty} x(nT_s)e^{-j\omega nT_s} \tag{4.3}$$

Die Fourier-Transformation $X_s(j\omega)$ ist in der Literatur als *Discrete-Time-Fourier-Transform* bekannt, kurz DTFT [19], [20]. Sie ist eine kontinuierliche Funktion von ω und wegen der Exponentialfunktion ist sie periodisch mit der Periode $\omega_s = 2\pi/T_s$ in rad/s. Betrachtet man die Frequenz f als Variable, so ist die Periode gleich der Abtastfrequenz $f_s = 1/T_s$.

Die DTFT einer Sequenz $x_s(t) = x(nT_s)$, die durch Abtastung eines kontinuierlichen Signals erhalten wird und die Fourier-Transformierte des kontinuierlichen Signals hängen eng zusammen. Um hervorzuheben, dass die Sequenz $x(nT_s)$ eine zeitdiskrete Sequenz ist, wird sie im Bereich der zeitdiskreten Signale mit eckigen Klammern als $x[nT_s]$ geschrieben.

Weil die Sequenz $s(t)$

$$s(t) = \sum_{n=-\infty}^{\infty} \delta(t-nT_s) \tag{4.4}$$

periodisch ist, besitzt sie eine komplexe Fourier-Reihe

$$s(t) = \sum_{k=-\infty}^{\infty} c_k \, e^{jk\omega_s \, t} \tag{4.5}$$

deren Koeffizienten c_k durch

$$\begin{aligned} c_k =& \frac{1}{T_s}\int_{-T_s/2}^{T_s/2} s(t)e^{-jk\omega_s \, t}dt = \frac{1}{T_s}\int_{-T_s/2}^{T_s/2} \delta(t)e^{-jk\omega_s \, t}dt = \\ & \frac{1}{T_s}e^{-jk\omega_s \, t}\Big|_{t=0} = \frac{1}{T_s}, \qquad \text{mit} \qquad k = 0, \ \pm 1, \ \pm 2, \dots \end{aligned} \tag{4.6}$$

gegeben sind. Somit kann man das Signal $s(t)$ über die komplexe Fourier-Reihe durch

$$s(t) = \frac{1}{T_s} \sum_{k=-\infty}^{\infty} e^{jk\omega_s t} \tag{4.7}$$

ausdrücken.

Gemäß der Definition der Fourier-Transformation für zeitkontinuierliche Signale erhält man für $\mathcal{F}(s(t)) = S(j\omega)$:

$$S(j\omega) = \int_{-\infty}^{\infty} \left(\frac{1}{T_s} \sum_{k=-\infty}^{\infty} e^{jk\omega_s t} \right) e^{-j\omega t} dt = \frac{1}{T_s} \sum_{k=-\infty}^{\infty} \int_{-\infty}^{\infty} e^{-j(\omega - k\omega_s)t} dt \tag{4.8}$$

Das Integral in der obigen Gleichung ist gemäß Gl. (1.34) nichts anderes als die Delta-Funktion $2\pi\delta(\omega - k\omega_s)$. Dadurch ergibt sich schließlich (Pos. 18, Tabelle 3.2):

$$\mathcal{F}(s(t)) = S(j\omega) = \frac{2\pi}{T_s} \sum_{k=-\infty}^{\infty} \delta(\omega - k\omega_s) = \omega_s \sum_{k=-\infty}^{\infty} \delta(\omega - k\omega_s) \tag{4.9}$$

Eine Sequenz $s(t)$ von periodischen Delta-Impulsen der Periode T_s hat als Fourier-Transformation ebenfalls eine Sequenz von Delta-Impulsen der Periode $1/T_s$ in Hz oder $\omega_s = 2\pi/T_s$ in rad/s, die noch mit $2\pi/T_s$ oder ω_s gewichtet sind.

Zurückkehrend zu der Bestimmung der Fourier-Transformation des Produktes $x(t)s(t)$ kann man direkt auf die Eigenschaft Pos. 6 aus Tabelle 3.1 zurückgreifen:

$$e^{j\omega_0 t} x(t) \rightarrow X(\omega - \omega_0)$$

Damit wird:

$$\mathcal{F}(x(t)s(t)) = \mathcal{F}\left(x(t) \frac{1}{T_s} \sum_{k=-\infty}^{\infty} e^{jk\omega_s t} \right) \rightarrow X_s(j\omega) = \frac{1}{T_s} \sum_{k=-\infty}^{\infty} X(j(\omega - k\omega_s)) \tag{4.10}$$

Dieses Ergebnis kann auch aus Eigenschaft 14 der Tabelle 3.1 abgeleitet werden, die besagt, dass die Multiplikation im Zeitbereich zu einer Faltung im Frequenzbereich führt:

$$\mathcal{F}(x(t)s(t)) \rightarrow \frac{1}{2\pi} X(j\omega) * S(j\omega) = \frac{1}{T_s} X(j\omega) * \sum_{k=-\infty}^{\infty} \delta(\omega - k\omega_s) \tag{4.11}$$

Die Faltung mit Delta-Funktionen ist sehr einfach, sie führt zu Verschiebungen des Spektrums $X(j\omega)$ zu den Frequenzen $k\omega_s,\ k = 0, \pm 1,\ \pm 2,\ \cdots \pm\infty$, was dem Ergebnis aus Gl. (4.10) entspricht.

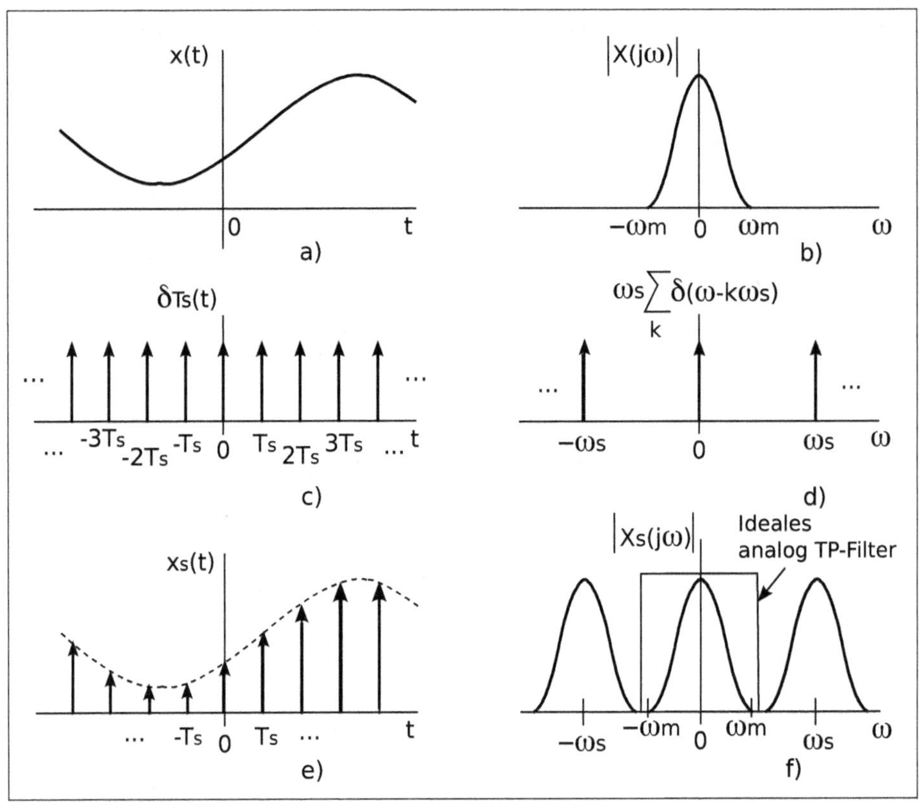

Abb. 4.1: Betragsspektrum des abgetasteten Signals abhängig vom Betragsspektrum des zeitkontinuierlichen Signals

Abb. 4.1 zeigt die Bildung des DTFT-Betragsspektrums des abgetasteten Signals abhängig vom FT-Betragsspektrum des zeitkontinuierlichen Signals. Links sind die Zeitfunktionen und rechts die Betragsspektren dargestellt. Es wird angenommen, dass das Signal $x(t)$ ein begrenztes Betragsspektrum mit $|\omega_m| < \omega_s/2$ besitzt.

Die Sequenz der periodischen Delta-Impulse $s(t) = \delta_{T_s}(t)$ (Abb. 4.1c) besitzt ein Betragsspektrum, das in Abb. 4.1d dargestellt ist. Die Multiplikation der Signale $x(t)s(t) = x_s(t)$ ergibt das Signal aus Abb. 4.1e und im Frequenzbereich die Faltung, die in Abb. 4.1f gezeigt ist und die dem Ergebnis aus Gl. (4.10) entspricht.

Mit Hilfe eines idealen analogen Tiefpassfilters kann man aus dem abgetasteten Signal das ursprüngliche zeitkontinuierliche Signal rekonstruieren. Der Amplitudengang dieses Filters ist in Abb. 4.1f gezeigt. Er muss den Bereich $-\omega_s/2 < \omega < \omega_s/2$ durchlassen und den Rest sperren. Zusätzlich darf keine Phasenverschiebung stattfinden oder höchstens eine lineare Phasenverschiebung, die zu einer Verspätung mit der Gruppenlaufzeit führt.

Diesem idealen analogen TP-Filter entspricht eine Einheitspulsantwort oder Impulsantwort $h(t)$, die man über die inverse Fourier-Transformation des Spektrums dieses Filters erhält. Gemäß Pos. 16 aus Tabelle 3.2 mit $a = \omega_s/2$ erhält man:

$$h(t) = \frac{\sin(t\omega_s/2)}{\pi t} = f_s \frac{\sin(\pi f_s t)}{\pi f_s t} \quad (4.12)$$

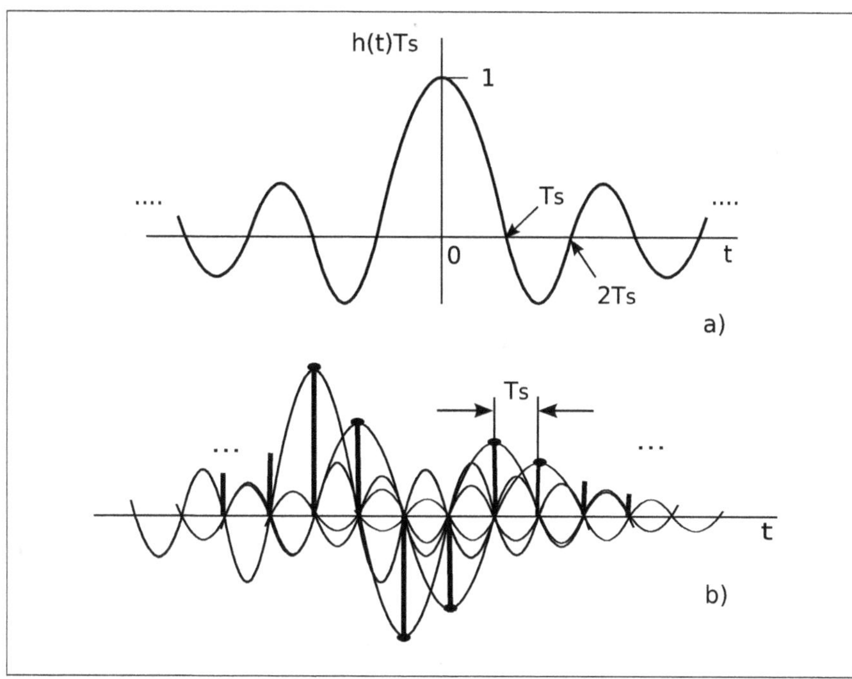

Abb. 4.2: a) Impulsantwort des TP-Filters ($h(t)T_s$) b) Einige Abtastwerte und die $\sin(\pi f_s t)/(\pi f_s t)$-Funktionen

Die Antwort des Filters auf die Sequenz $x_s(t)$ bestehend aus den Delta-Impulsen der Abtastwerte berechnet sich aus der Faltung dieser Delta-Impulse und der Impulsantwort $h(t)$:

$$\begin{aligned} x_r(t) = \int_{-\infty}^{\infty} h(t-\tau)x_s(\tau)d\tau = \int_{-\infty}^{\infty} h(t-\tau)\left(\sum_{n=-\infty}^{\infty} x(\tau)\delta(\tau - nT_s)\right)d\tau = \\ \sum_{n=-\infty}^{\infty}\int_{-\infty}^{\infty} h(t-\tau)x(\tau)\delta(\tau-nT_s)d\tau = \sum_{n=-\infty}^{\infty} h(t-nT_s)x(nT_s) \end{aligned} \quad (4.13)$$

Mit $h(t)$ gemäß Gl. (4.12) hier eingesetzt, erhält man folgende Form für das zeitkontinuierliche rekonstruierte Signal $x_r(t)$:

$$x_r(t) = \frac{1}{T_s}\sum_{n=-\infty}^{\infty} x(nT_s)\frac{\sin(\pi f_s(t-nT_s))}{\pi f_s(t-nT_s)} \quad (4.14)$$

Wenn die Impulsantwort des Filters noch mit T_s gewichtet wird, um die Dämpfung des Spektrums zu kompensieren, so dass $h(t) = \sin(\pi f_s t)/((\pi f_s t)$ ist, dann wird die Rekonstruktionsformel durch

$$x_r(t) = \sum_{n=-\infty}^{\infty} x(nT_s) \frac{\sin(\pi f_s(t - nT_s))}{\pi f_s(t - nT_s)} \tag{4.15}$$

gegeben [19].

Das rekonstruierte Signal nimmt die Werte des abgetasteten Signals bei $t = nT_s$ an. Abb. 4.2a zeigt die Impulsantwort des Filters $h(t)$ gewichtet mit T_s und darunter sind einige Abtastwerte und die $\sin(\pi f_s t)/(\pi f_s t)$-Funktionen dargestellt. Zwischen den Abtastwerten bildet sich das zeitkontinuierliche Signal aus der Summe aller dieser Sinc-Funktionen.

Wenn das Signal ein bandbegrenztes Spektrum besitzt, aber $|\omega_m| > \omega_s/2$ ist, dann entsteht Aliasing und aus den Abtastwerten kann man das zeitkontinuierliche Signal nicht mehr rekonstruieren. Abb. 4.3 zeigt wie sich die Perioden des Spektrums, die durch Abtastung entstehen, schneiden.

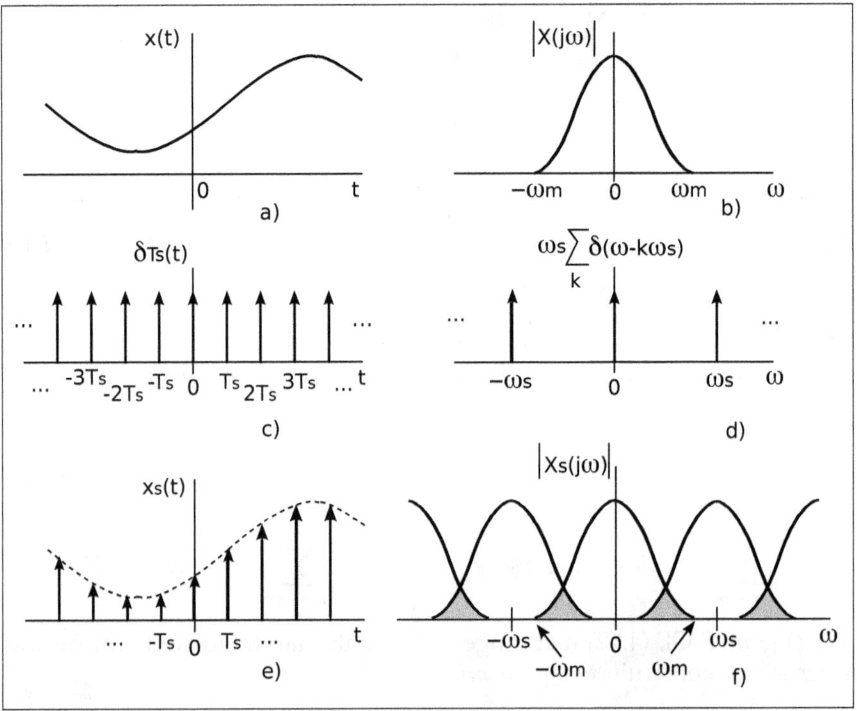

Abb. 4.3: Betragspektrum des abgestasteten Signals, wenn $|\omega_m| > \omega_s/2$ ist und Aliasing entsteht.

Die Bedingung $|\omega_m| < \omega_s/2$ oder $|f_m| < f_s/2$ entspricht dem Abtasttheorem. Da man praktisch nie ein ideales analoges TP-Filter implementieren kann, wird immer überabgetastet, so dass $f_s > 2f_m$ ist. Dadurch entsteht eine Lücke zwischen den Spektren und man kann mit realen analogen Filtern eine gute Rekonstruktion erhalten.

Im Skript `sinc_interp_1.m` ist eine Rekonstruktion mit idealem Filter gemäß der Rekonstruktionsformel (4.15) programmiert.

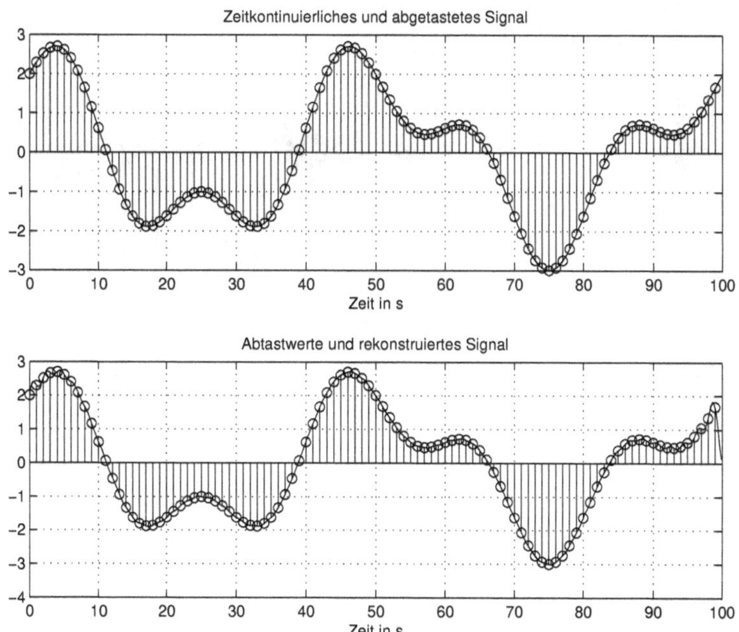

Abb. 4.4: a) Zeitkontinuierliches und abgetastetes Signal b) Rekonstruiertes und abgetastetes Signal(sinc_interp_1.m)

```
% Skript sinc_interp_1.m, in dem eine Interpolation mit
% Sinc_Funktion gezeigt wird
clear;
% ------- Bandbegrenztes Signal
dt = 0.1;                tmax = 100;
t = 0:dt:tmax-dt;        nt = length(t);
f1 = 0.05;               f2 = 0.02;
x = 2*cos(2*pi*f1*t) + sin(2*pi*f2*t);   % zeitkontinuierliches Signal
% x = x.*hanning(nt)';
% ------- Abgetastetes Signal
Ts = 1;           % Abtastperiode
nv = fix(Ts/dt);        % Anzahl Zeitschritte in Ts
td = 0:Ts:tmax-Ts;
xd = x(1:nv:end);        nd = length(xd);
figure(1);  clf;
```

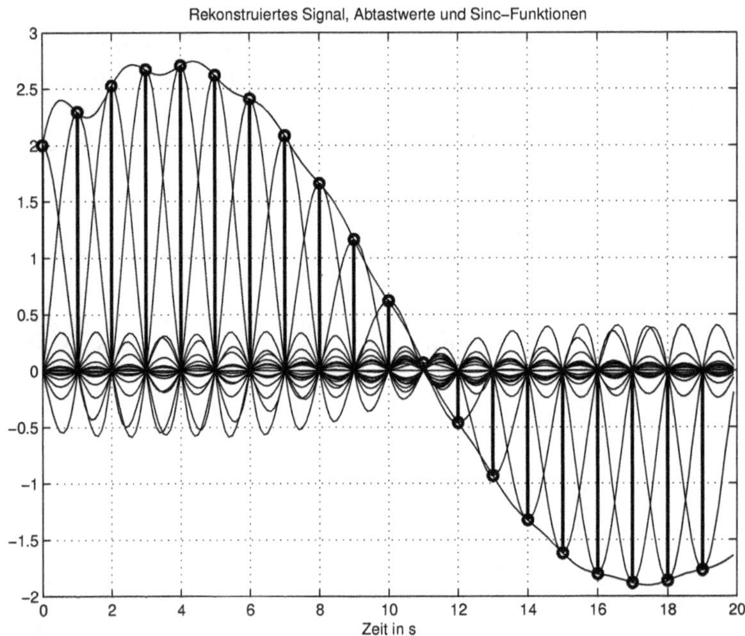

Abb. 4.5: Rekonstruiertes Signal, Abtastwerte und die Sinc-Funktionen für jeden Abtastwert (sinc_interp_1.m)

```
subplot(211),plot(t, x);    hold on;
stem(td, xd); hold off;
   title('Zeitkontinuierliches und abgetastetes Signal')
   xlabel('Zeit in s');   grid on;
% ------- Interpolation mit Sinc_Funktion
xrr = zeros(nd, nt);
for n = 0:nd-1
    xrr(n+1,:) = xd(n+1)*sinc((t-n*Ts)/Ts); % Sinc-Funktion
    % für jeden Abtastwert
end;
xr = sum(xrr);     % Summe der Sinc-Funktionen
subplot(212); stem(td, xd); hold on;
plot(t, xr);  hold off;
   title('Abtastwerte und rekonstruiertes Signal');
   xlabel('Zeit in s');   grid on;
figure(2);   clf;
nds = fix(nt/5);                                   nsd = nds/nv;
plot(t(1:nds), xrr(1:nsd,1:nds));        hold on;
plot(t(1:nds), xr(1:nds));
stem((0:nsd-1), xd(1:nsd),'Linewidth',2);  hold off;
   title('Rekonstruiertes Signal, Abtastwerte und Sinc-Funktionen');
   xlabel('Zeit in s');   grid on;
```

In der Matrix `xrr` mit einer Anzahl von Zeilen gleich der Anzahl der Abtastwerte des Signals und mit einer Anzahl von Spalten, die gleich der Länge des Zeitvektors ist, werden die Sinc-Funktionen für jeden Abtastwert gespeichert. Die Summe der Werte entlang der Spalten ergibt dann das rekonstruierte Signal.

In Abb. 4.4 ist oben das zeitkontinuierliche Signal und dessen Abtastwerte dargestellt. Darunter ist das rekonstruierte Signal wiederum zusammen mit den Abtastwerten gezeigt. Am Anfang und am Ende des rekonstruierten Signals sind die Fehler zwischen den Abtastwerten größer, weil hier das Filter mit Impulsantwort $h(t)$ einschwingt bzw. ausschwingt.

Abb. 4.5 zeigt den Anfang der Signale mit den Abtastwerten und das rekonstruierte Signal. Zusätzlich sind hier auch die Sinc-Funktionen für jeden Abtastwert dargestellt, um zu zeigen, wie ihre Summe das rekonstruierte Signal zwischen den Abtastwerten bildet. Am Anfang kann man das Einschwingen des Filters erkennen. Das ursprüngliche Signal "schwingt" nicht zwischen den Abtastwerten.

4.1.3 Beispiel: Frequenzspektrum der Pulsamplitudenmodulation

Ein gutes Einführungsbeispiel ist die Ermittlung des Spektrums eines pulsamplitudenmodulierten, sinusförmigen Signals mit Hilfe der Fourier-Reihe, die verständlicher ist. Es wird gezeigt, wie man zu der periodischen Folge von Delta-Funktionen über eine Grenzwertbildung ausgehend von einer realen Pulsfolge gelangt. Abb. 4.6a zeigt eine Schaltung, die zur Bildung des pulsamplitudenmodulierten Signals dienen kann.

Es wird angenommen, dass das Eingangssignal $x(t)$ ein cosinusförmiges Signal (Abb. 4.6) ist:

$$x(t) = \hat{x}\cos(\omega_0\, t + \phi_x) \tag{4.16}$$

Die Modulationspulse der Höhe h, Periode T_s und Dauer $\tau << T_s$ können mit Hilfe der Fourier-Reihe ausgedrückt werden. Die Koeffizienten der komplexen Fourier-Reihe sind gemäß Gl. 3.18 durch

$$c_k = \frac{h\tau}{T_s}\,\frac{\sin(\pi k\,\tau/T_s)}{\pi k\tau/T_s} = \frac{h\tau}{T_s}\mathrm{sinc}(k\tau/T_s) \tag{4.17}$$

gegeben. Hier ist $\mathrm{sinc}(x) = \sin(\pi\, x)/(\pi\, x)$ die bekannte sinc-Funktion [30]. Aus den komplexen Koeffizienten können die Amplituden und Nullphasenlagen der reellen, physikalisch vorhandenen Harmonischen bestimmt werden:

$$\begin{aligned} &A_0/2 = c_0 \quad \text{Mittelwert} \\ &A_k = 2|c_k|, \quad \text{und} \quad \phi_k = \text{Winkel}(c_k) \quad k = 1,\, 2,\, \ldots, \infty \end{aligned} \tag{4.18}$$

Daraus folgt für das Pulsmodulationssignal folgende Darstellung:

$$\begin{aligned} s(t) = \frac{h\tau}{T_s}\left(1 + 2\sum_{k=1}^{\infty}\left|\frac{\sin(\pi k\,\tau/T_s)}{\pi k\tau/T_s}\right|\cos(2\pi k t/T_s)\right) = \\ \frac{h\tau}{T_s}\Big(1 + 2\sum_{k=1}^{\infty}\big|\mathrm{sinc}(k\tau/T_s)\big|\cos(2\pi k t/T_s)\Big) \end{aligned} \tag{4.19}$$

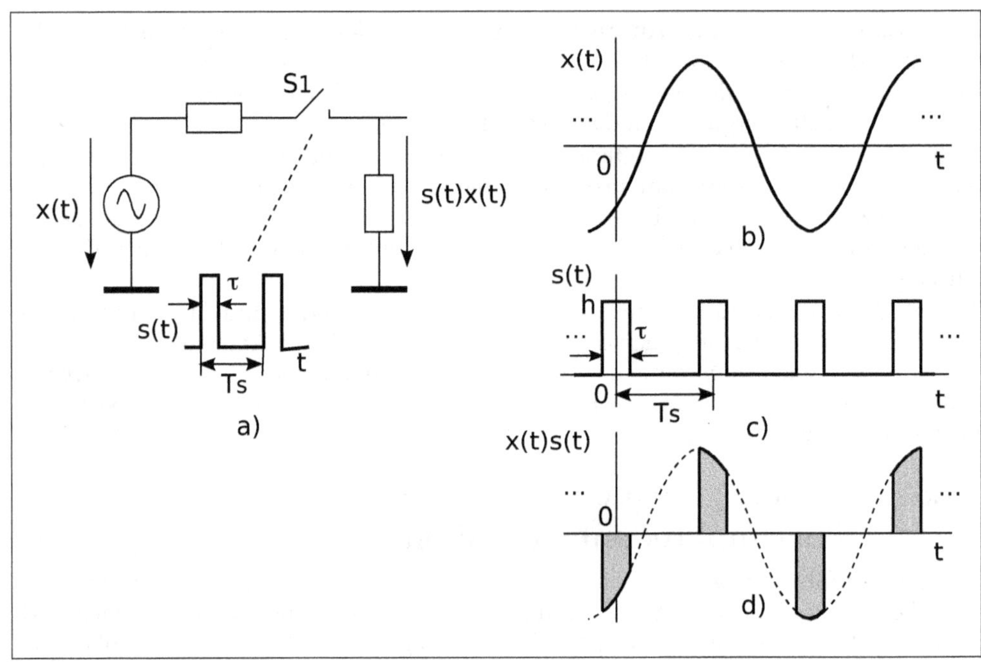

Abb. 4.6: Schaltung für die Pulsamplitudenmodulation und die Signale für einen sinusförmigen Eingangssignal

Sie zeigt, dass es ein Mittelwert gibt und die Amplituden der Harmonischen mit dem Betrag $|\text{sinc}(k\tau/T_s)|$ gewichtet sind. Abb. 4.7 zeigt das einseitige Amplitudenspektrum dieser periodischen Pulse.

Auf der Abszisse sind die Frequenzen f der Harmonischen in Hz und die Indizes k derselben angegeben. Die Hülle $|\text{sinc}(k\tau/T_s)|$ hat Nullwerte bei Vielfachen der Frequenz $1/\tau$ Hz. Die erste Nullstelle ergibt sich, wenn das Argument der Sinusfunktion gleich π ist:

$$\pi k\tau/T_s = \pi \qquad \text{oder} \qquad k = \frac{T_s}{\tau} \tag{4.20}$$

Diesem Index entspricht die Frequenz $k(2\pi/T_s) = 2\pi/\tau$ in rad/s oder $1/\tau$ in Hz. Die Frequenz $(2\pi/T_s) = 2\pi f_s = \omega_s$ ist die Grundfrequenz der Pulssequenz.

Das Produkt der Pulssequenz $s(t)$ und des Signals $x(t)$ wird:

$$x_s(t) = x(t)\, s(t) = \hat{x}\cos(\omega_0 t + \phi_x)\frac{h\tau}{T_s}\Big(1 + 2\sum_{k=1}^{\infty} |\text{sinc}(k\tau/T_s)|\, \cos(2\pi kt/T_s)\Big) \tag{4.21}$$

Basierend auf der Beziehung

$$\cos(\alpha)\, \cos(\beta) = \frac{1}{2}[\cos(\alpha+\beta) + \cos(\alpha-\beta)], \tag{4.22}$$

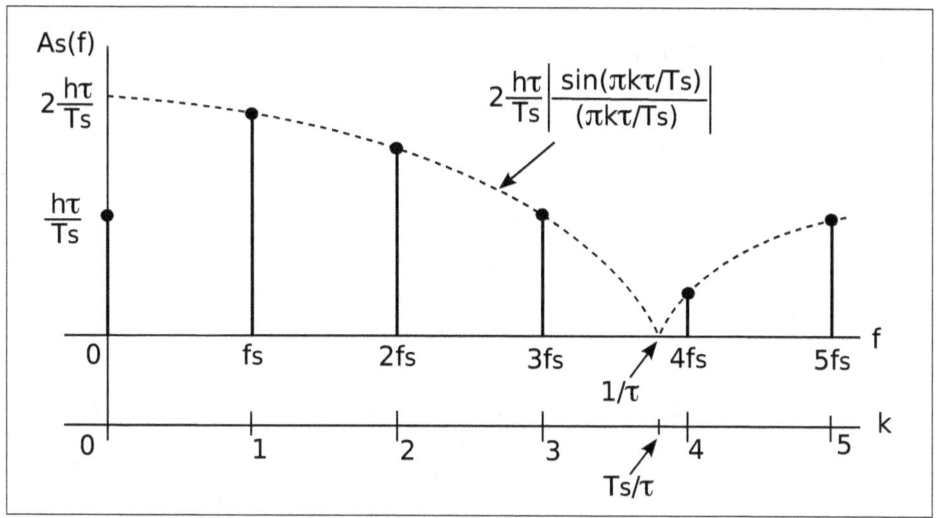

Abb. 4.7: Einseitiges Amplitudenspektrum der periodischen Pulse

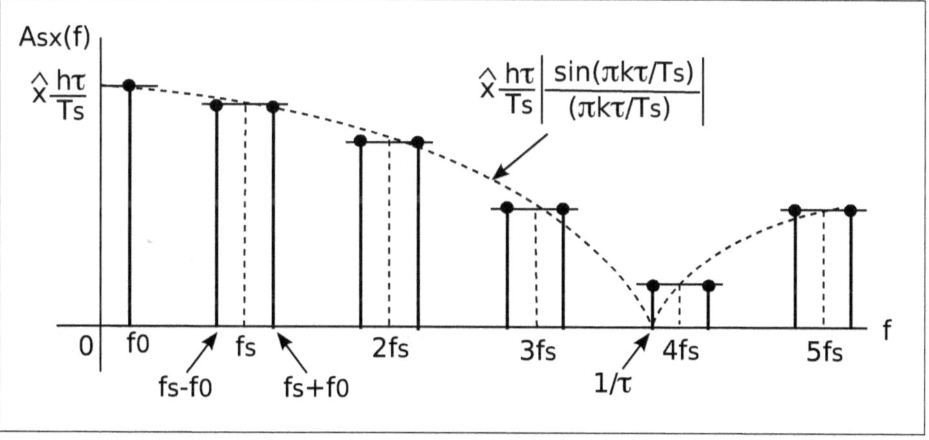

Abb. 4.8: Amplitudenspektrum des pulsamplitudenmodulierten sinusförmigen Signals

erhält man:

$$\begin{aligned} x_s(t) =& x(t)\, s(t) = \hat{x}\frac{h\tau}{T_s}\cos(\omega_0 t + \phi_x) + \\ & \hat{x}\frac{h\tau}{T_s}\sum_{k=1}^{\infty}\left|\text{sinc}(k\tau/T_s)\right|\cos(2\pi kt/T_s + \omega_0 + \phi_x) + \\ & \hat{x}\frac{h\tau}{T_s}\sum_{k=1}^{\infty}\left|\text{sinc}(k\tau/T_s)\right|\cos(2\pi kt/T_s - \omega_0 + \phi_x) \end{aligned} \tag{4.23}$$

Für die Frequenz $f_0 = \omega_0/(2\pi)$ des Signals und mit $1/T_s = f_s$ ergibt sich schließlich für das Produkt folgende Form:

$$\begin{aligned} x_s(t) =& x(t)\, s(t) = \hat{x}\frac{h\tau}{T_s}\cos(2\pi f_0 t + \phi_x) + \\ & \hat{x}\frac{h\tau}{T_s}\sum_{k=1}^{\infty}\left|\text{sinc}(k\tau/T_s)\right|\cos\big(2\pi(k\, f_s + f_0)\, t + \phi_x\big) + \\ & \hat{x}\frac{h\tau}{T_s}\sum_{k=1}^{\infty}\left|\text{sinc}(k\tau/T_s)\right|\cos\big(2\pi(k f_s - f_0)\, t + \phi_x\big) \end{aligned} \tag{4.24}$$

Das Amplitudenspektrum des Signals $x_s(t)$ ist in Abb. 4.8 gezeigt. Das Signal besitzt eine Frequenzkomponente bei Frequenz f_0 des Signals $x(t)$. Diese Komponente ist mit $h\tau/T_s$ gewichtet. Weiterhin besitzt das pulsamplitudenmodulierte Signal Komponenten bei den Frequenzen $kf_s + f_0$ und $kf_s - f_0,\ k = 1, 2, \ldots, \infty$. Diese sind zusätzlich mit den Werten der sinc-Funktion an den entsprechenden Frequenzstellen gewichtet.

Wenn man jetzt die Pulse des Modulationssignals $s(t)$ immer schmäler macht, so dass $\tau \to 0$ und gleichzeitig ihre Höhe h vergrößert, so dass das Produkt $h\tau = 1$ bleibt, dann wird im Grenzwert aus der sinc-Funktion in Gl. (4.19) die Konstante eins und man erhält:

$$s(t) = \frac{1}{T_s}\left(1 + 2\sum_{k=1}^{\infty}\cos(2\pi k t/T_s)\right) = \frac{1}{T_s}\left(1 + 2\sum_{k=1}^{\infty}\cos(2\pi k f_s t)\right) \tag{4.25}$$

Die Pulse des Signals $s(t)$ mit $\tau \to 0,\ h\tau = 1$ sind eigentlich periodische Delta-Impulse der Periode $T_s = 1/f_s$ mit Mittelwert gleich $1/T_s$ und mit Harmonischen, die die gleiche Amplitude $2/T_s$ haben.

Es scheint, als ob die Maßeinheit von $s(t)$ aus Gl. (4.25) 1/s betragen würde und damit nicht korrekt wäre. Man muss aber beachten, dass die "1" aus dem Zähler von $1/T_s$ nicht dimensionslos ist, sondern aus $h\tau = 1$ entstanden ist, also die Einheit V.s besitzt. Somit ergibt sich auch für $s(t)$ aus Gl. (4.25) die Maßeinheit V.

Das Produkt dieses idealen Signals mit dem Signal $x(t)$ führt zu:

$$\begin{aligned} x_s(t) = x(t)s(t) = & \frac{\hat{x}}{T_s}\cos(2\pi f_0 t + \phi_x) + \\ & \frac{\hat{x}}{T_s}\sum_{k=1}^{\infty}\cos\big(2\pi(k\, f_s + f_0)\, t + \phi_x\big) + \frac{\hat{x}}{T_s}\sum_{k=1}^{\infty}\cos\big(2\pi(k\, f_s - f_0)\, t + \phi_x\big) \end{aligned} \tag{4.26}$$

Das Amplitudenspektrum des Produkts $x(t)s(t)$ ist in Abb. 4.9 dargestellt. Es ist ein ideales Signal wegen der idealen Sequenz aus Delta-Funktionen. Alle Komponenten haben gleiche Amplituden $\hat{x}/T_s$. Auch hier kann man ähnliche Überlegungen bezüglich der Einheit aufstellen. Weil $h\tau/T_s \to 1/T_s$ die Einheit V hat, besitzt $\hat{x}/T_s$ die

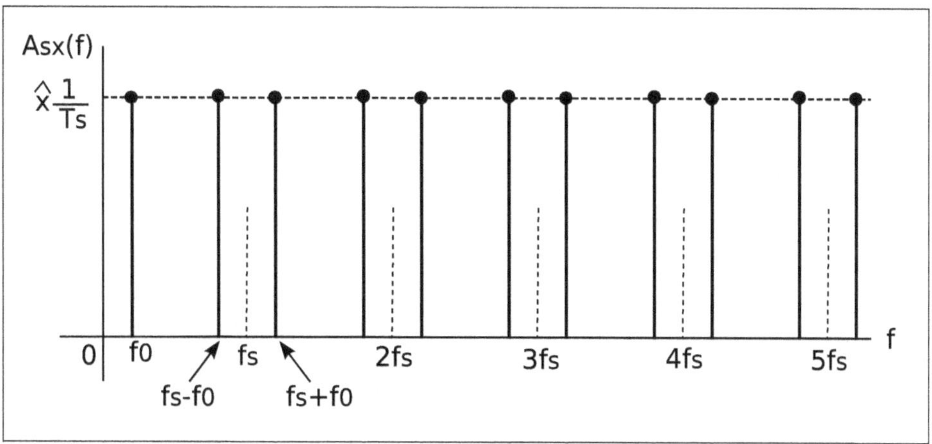

Abb. 4.9: Amplitudenspektrum des idealen pulsamplitudenmodulierten sinusförmigen Signals

Einheit V^2, was durch Multiplikation resultiert. Ein Multiplizierer, der am Ausgang eine Spannung in V ergibt, fügt immer einen Faktor (hier gleich Eins) mit der Einheit 1/Volt hinzu.

4.1.4 Beispiel: Spektrum des Signals am Ausgang eines D/A-Wandlers

Das Modell der Abtastwerte als Delta-Funktionen ist sehr nützlich, wenn man Anwendungen untersucht, bei denen man aus dem zeitkontinuierlichen in den zeitdiskreten Signalbereich (oder umgekehrt) übergeht. Als Beispiel wird jetzt das Spektrum des Signals am Ausgang eines D/A-Wandlers untersucht.

Abb. 4.10a zeigt das Blockschaltbild des Wandlers, der mit der Taktfrequenz $f_s = 1/T_s$ die Werte aus dem Speicher in analoge Signale umwandelt. Zwischen den zeitdiskreten Werten $x[nT_s]$ hält der Wandler das analoge Signal konstant. Das entspricht einem Halteglied nullter Ordnung mit einer Impulsantwort, die durch

$$h(t) = \begin{cases} 1 & \text{für} \quad 0 \leq t \leq T_s \\ 0 & \text{sonst} \end{cases} \tag{4.27}$$

gegeben ist.

Abb. 4.10b stellt das Modell dar, mit dessen Hilfe das Spektrum des Ausgangs $y(t)$ ermittelt wird. Die zeitdiskreten Werte werden als Delta-Impulse der Flächen gleich mit diesen Werten angenommen. Über das Halteglied nullter Ordnung erzeugt jeder Impuls einen konstanten Wert in jedem Abtastintervall T_s.

Dadurch entsteht das treppenförmige Signal $y(t)$ am Ausgang des D/A-Wandlers, das in Abb. 4.10a dargestellt ist.

Abb. 4.11 zeigt, wie man dieses Modell für die Abtastwerte benutzen kann, um das Spektrum des Ausgangs eines D/A-Wandlers zu bestimmen. In Abb. 4.11a sind die Delta-Impulse der Daten mit der Abtastperiode T_s dargestellt. Das entsprechende

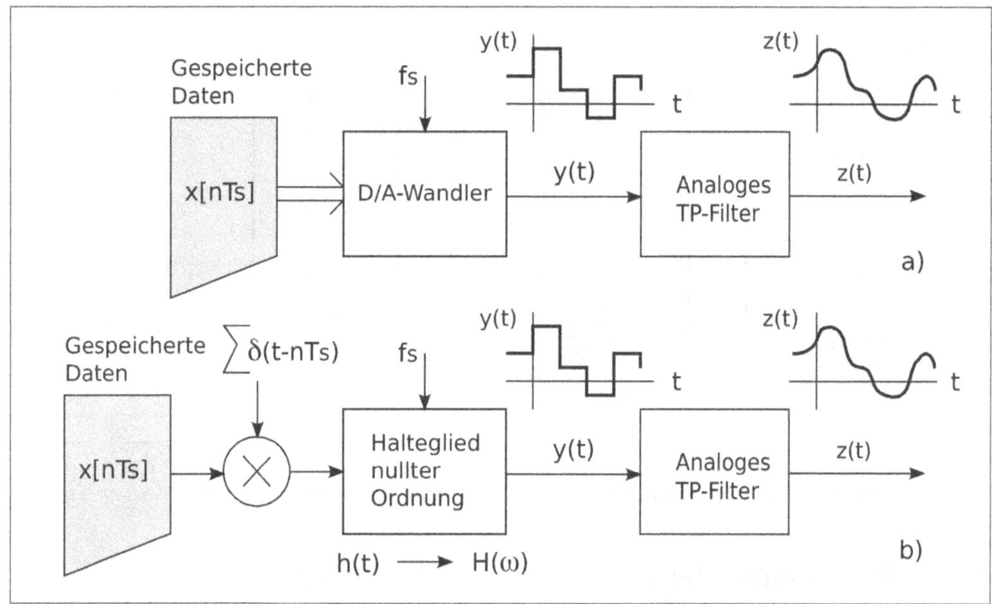

Abb. 4.10: a) Blockschaltbild eines D/A-Wandlers b) Modell mit Halteglied nullter Ordnung

Spektrum ist in Abb. 4.11b dargestellt. Aus den Delta-Impulsen $x_s(t)$ wird mit dem Halteglied nullter Ordnung durch Faltung $h(t) * x_s(t)$ das treppenförmige Signal $y(t)$ erhalten. Die Faltung im Zeitbereich bedeutet eine Multiplikation im Frequenzbereich zwischen der Fourier-Transformierte $X_s(j\omega)$ und der Fourier-Transformierte $H(j\omega)$ der Impulsantwort $h(t)$ des Halteglieds nullter Ordnung.

Die Fourier-Transformierte $H(j\omega)$ kann mit Hilfe der Tabelle 3.2 Pos. 14 ermittelt werden:

$$H(j\omega) = e^{-j\omega T_s/2} 2\frac{T_s}{2}\frac{\sin(\omega T_s/2)}{\omega T_s/2} = e^{-j\omega T_s/2} T_s \frac{\sin(\omega T_s/2)}{\omega T_s/2} \tag{4.28}$$

Die Multiplikation mit der Exponentialfunktion $e^{-j\omega T_s/2}$ ist hinzugefügt, weil die Impulsantwort gemäß Abb. 4.11c kausal ist und bei $t = 0$ beginnt. Das entspricht einer Zeitverschiebung mit $T_s/2$ und gemäß Pos. 5 der Tabelle 3.2 führt diese Zeitverschiebung zur gezeigten Multiplikation.

Die erste Nullstelle von $|H(j\omega)|$ ergibt sich aus $\omega T_s/2 = \pm\pi$ und wird $\omega = \pm 2\pi/T_s = \pm\omega_s$. Die restlichen Nullstellen sind dann bei Vielfachen von $\pm\omega_s$. Nach der Multiplikation von $X_s(j\omega)$ und $H(j\omega)$ erhält man das Spektrum aus Abb. 4.11f. Von den Spektren $X_s(j\omega)$ bei $\pm k\omega_s$ verbleiben noch Reste um Vielfache der Abtastfrequenz, die aber durch das nachfolgende analoge Tiefpassfilter unterdrückt werden.

Im Skript `DA_wandler_1.m` ist ein Experiment nach diesem Sachverhalt programmiert. Das Skript wird stückweise erläutert. Am Anfang werden die Signale gebildet:

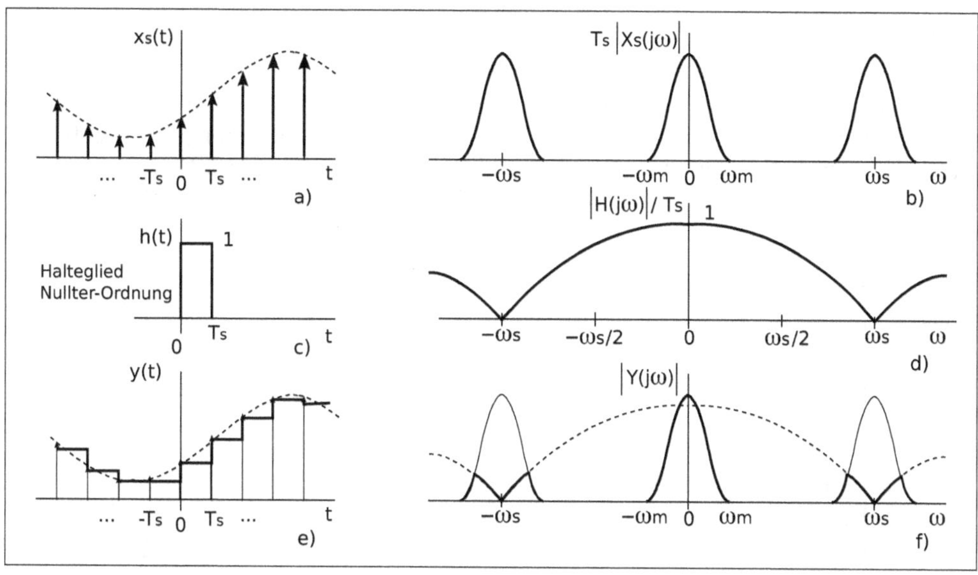

Abb. 4.11: Erläuterung des Spektrums am Ausgang eines D/A-Wandlers

```
% Skript DA_wandler_1.m, in dem das Spektrum
% eines D/A-Wandlers untersucht wird
clear;
% ------- Aperiodisches Signal
tmax = 20;                          dtk = 0.1;
tk = 0:dtk:tmax-dtk;                ntk = length(tk);
tau = 2;
xk = exp(-tk/tau);          % Zeitkontinuierliches Signal
%xk = tk.*xk;
%##############
Ts = 0.5;
td = 0:Ts:tmax-Ts;                  ntd = length(td);
xd = exp(-td/tau);          % Zeitdiskretes Signal
%xd = td.*xd;
%##############
dt = Ts/10;                         t = 0:dt:tmax-dt;
xh = [xd; xd; xd; xd; xd; xd; xd; xd; xd; xd];
xh = reshape(xh, 1, 10*ntd);  % D/A-Ausgangssignal
nh = length(xh);
figure(1);
subplot(211), stem(td, xd);         hold on;
plot(tk, xk);                       hold off;
   title('Abgetastetes und kontinuierliches Signal');
   xlabel('Zeit in s');             grid on;
subplot(212), stairs(t, xh)
   title('Ausgangssignal des D/A-Wandlers');
```

```
xlabel('Zeit in s');                grid on;
.....
```

Mit einer sehr kleinen Zeitschrittweite wird das zeitkontinuierliche Signal `xk` simuliert. Als nächstes wird das zeitdiskrete Signal `xd` mit der Abtastperiode `Ts` gebildet. Schließlich wird das treppenförmige Signal am Ausgang des D/A-Wandlers `xh` erzeugt. Abb. 4.12 zeigt oben das zeitkontinuierliche und zeitdiskrete Signal und darun-

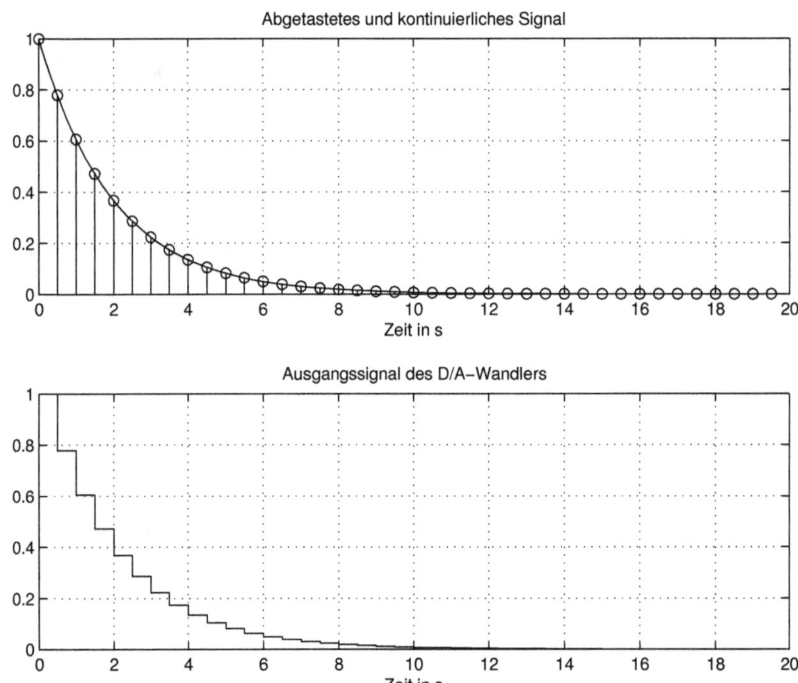

Abb. 4.12: a) Zeitkontinuierliches und abgetastetes Signal b) Treppenförmiges Ausgangssignal des D/A-Wandlers (DA_wandler_1.m)

ter das treppenförmige Signal am Ausgang des D/A-Wandlers, das zeitkontinuierlich ist. In der Simulation ist jede Treppe des zeitkontinuierlichen Signals mit 10 Zeitschritten dargestellt.

Das Fourier-Spektrum dieser Signale wird ausgehend von der Definition der Fourier-Transformation numerisch angenähert:

$$X_i(j\omega) = \int_{t=-\infty}^{\infty} x_i(t)e^{-j\omega t}dt \cong dt_i \sum_{n=0}^{N-1} x_i(n\,dt_i)e^{-j\omega n\,dt_i} \qquad (4.29)$$

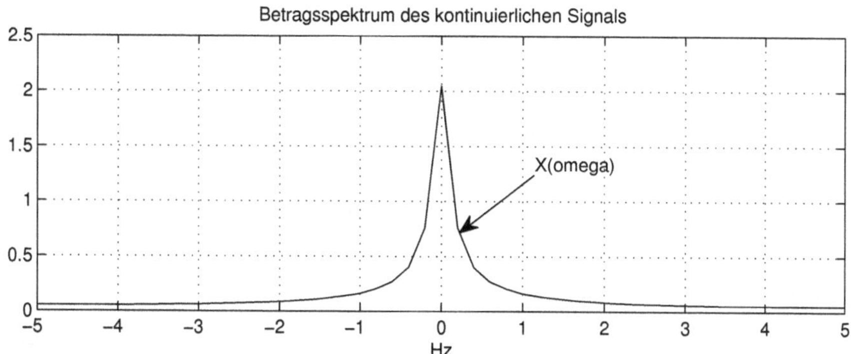

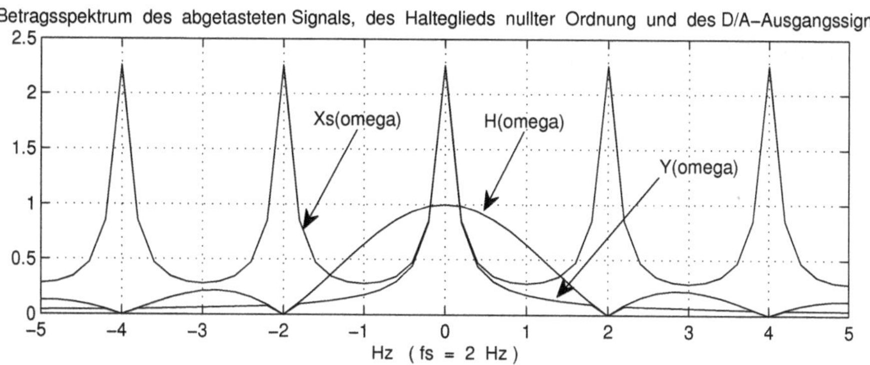

Abb. 4.13: a) Spektrum des zeitkontinuierlichen Signals b) Spektrum des zeitdiskreten Signals, Spektrum des Halteglieds nullter Ordnung und Spektrum des Ausgangssignals des D/A-Wandlers (DA_wandler_1.m)

```
% ------- Spektrum des D/A-Ausgangssignals
fs = 1/Ts;                             df = fs/10;
f = -2.5*fs:df:2.5*fs;                 nf = length(f);
omega = 2*pi*f;
Xk = zeros(1, nf);     % Spektrum des kontinuierlichen Signals
for k = 1:nf
    Xk(1,k) = sum(xk.*exp(-j*omega(k)*dtk*(0:ntk-1)));
end;
Xd = zeros(1, nf);     % Spektrum des abgetasteten Signals
for k = 1:nf
    Xd(1,k) = sum(xd.*exp(-j*omega(k)*Ts*(0:ntd-1)));
end;
Xh = zeros(1, nf);     % Spektrum des D/A-Ausgangssignals
for k = 1:nf
    Xh(1,k) = sum(xh.*exp(-j*omega(k)*dt*(0:nh-1)));
end;
%Xn = Ts*abs(sinc(f*Ts)).*abs(Xd);   % Überprüfen des Spektrums Xh
```

```
figure(2);
subplot(211), plot(f, dtk*abs(Xk))
   title('Betragsspektrum des kontinuierlichen Signals');
   xlabel('Hz');      grid on;
subplot(212), plot(f, dt*abs(Xh));      hold on;
plot(f, Ts*abs(Xd),'g')
plot(f,abs(sinc(f*Ts)),'r');            hold off;
title(['Betragsspektrum  des  abgetasteten Signals,',...
     '  des  Halteglieds  nullter  Ordnung  und  des',...
     ' D/A-Ausgangssignals']);
xlabel(['Hz    ( fs   =  ', num2str(fs),'  Hz )']);      grid on;
```

Es wurde ein Frequenzbereich gewählt, der mehrere Perioden des periodischen Spektrums enthält. Die Multiplikation mit den jeweiligen Zeitschritten wird in den **plot** Befehlen der Darstellung gemacht. Abb. 4.13 zeigt oben das Spektrum des simulierten kontinuierlichen Signals. Nicht vergessen, dieses Signal ist in der Simulation auch zeitdiskret mit einer kleinen Zeitschrittweite, so dass die Periodizität für diesen Frequenzbereich nicht sichtbar ist. Wenn man den Frequenzbereich erhöht, dann wird man auch diese Periodizität sehen können.

Darunter sind das Spektrum $X_s(j\omega)$ des zeitdiskreten Signals mit $f_s = 1/T_s = 2$ Hz, das Spektrum $Y(j\omega)$ des treppenförmigen Signals am Ausgang des Halteglieds nullter Ordnung und die Fourier-Transformierte der Impulsantwort $H(j\omega)$ des Halteglieds dargestellt.

Das Halteglied nullter Ordnung ergibt Amplitudenfehler im Frequenzbereich von $0 \leq f \leq f_s/2$, in dem alle aus den Abtastwerten rekonstruierten Signale liegen. Dieser Fehler ist bei $f = f_s/2$ ca. 37 % und kann leicht aus dem Ausdruck für $H(j\omega)$ gemäß Gl. (4.28) ermittelt werden.

Um diesen Fehler zu umgehen, kann man Überabtasten und nicht den ganzen Nyquist-Bereich nutzen oder man kompensiert die Dämpfung durch das Halteglied nullter Ordnung mit einem digitalen Filter vor dem Wandler. Dieser verstärkt den Amplitudengang der digitalen Daten, so dass zusammen mit dem fallenden Amplitudengang des Halteglieds nullter Ordnung ein konstanter Amplitudengang für die Daten entsteht [18].

Das treppenförmige Signal am Ausgang des D/A-Wandlers wird gewöhnlich mit einem analogen Tiefpassfilter geglättet. Für dieses Filter ist eine Überabtastung auch sehr nützlich, weil man mit analogen Filtern keine steile Übergänge vom Durchlassbereich in den Sperrbereich realisieren kann.

4.2 Eigenschaften der DTFT

Die zeitdiskrete Fourier-Transformation als DTFT (*Discrete-Time Fourier-Transform*) bezeichnet, wird hier auch übernommen, weil in der MATLAB-Software englische Bezeichnungen benutzt werden. Durch die Anwendung der Fourier-Transformation auf das abgetastete Signal wurde Gl. (4.3) als Ausdruck für die DTFT erhalten:

$$X_s(j\omega) = \sum_{n=-\infty}^{\infty} x(nT_s)e^{-j\omega nT_s} \tag{4.30}$$

Um zu signalisieren, dass man jetzt nur mit diskreten Sequenzen arbeitet, wird das DTFT-Spektrum mit

$$\begin{aligned} &X_s(j\omega) \rightarrow X(e^{j\omega T_s}) \qquad \text{oder} \quad X(e^{j\Omega}) \\ &\text{wobei} \qquad \omega = 2\pi f, \qquad \Omega = \omega T_s = 2\pi \frac{f}{f_s} \end{aligned} \tag{4.31}$$

bezeichnet. Mit $x(nT_s) = x[n]$ wird oft in der Literatur die Abhängigkeit von der Abtastperiode T_s weggelassen [20], [34] und man schreibt:

$$X(e^{j\Omega}) = \sum_{n=-\infty}^{\infty} x[n] e^{-j\Omega n} \tag{4.32}$$

Im Weiterem werden die zeitdiskreten Sequenzen mit eckigen Klammern bezeichnet $x(nT_s) = x[nTs]$ und die Abhängigkeit von T_s explizit aus didaktischen Gründen beibehalten:

$$X(e^{j\omega T_s}) = \sum_{n=-\infty}^{\infty} x[nT_s] e^{-jn\omega T_s} \tag{4.33}$$

Die inverse DTFT berechnet sich durch:

$$x[nTs] = \frac{T_s}{2\pi} \int_{-\omega_s/2}^{\omega_s/2} X(e^{j\omega T_s}) e^{jn\omega T_s} d\omega \qquad \text{mit} \qquad \omega_s = \frac{2\pi}{T_s} \tag{4.34}$$

Der Beweis ist relativ einfach. Mit

$$\begin{aligned} &x[nT_s] = \frac{T_s}{2\pi} \int_{-\omega_s/2}^{\omega_s/2} \left(\sum_{l=-\infty}^{\infty} x[lT_s] e^{-jl\omega T_s} \right) e^{jn\omega T_s} d\omega = \\ &\sum_{l=-\infty}^{\infty} x[lT_s] \left(\frac{T_s}{2\pi} \int_{-\omega_s/2}^{\omega_s/2} e^{j(n-l)\omega T_s} d\omega \right) = \sum_{l=-\infty}^{\infty} x[lT_s] \frac{\sin(\pi(n-l)}{\pi(n-l))} \end{aligned} \tag{4.35}$$

Da

$$\frac{\sin(\pi(n-l)}{\pi(n-l)} = \delta[n-l] = \begin{cases} 1 & \text{für} \quad n = l \\ 0 & \text{für} \quad n \neq l \end{cases} \tag{4.36}$$

ist, erhält man:

$$\sum_{l=-\infty}^{\infty} x[lT_s] \frac{\sin(\pi(n-l)}{\pi(n-l)} = \sum_{l=-\infty}^{\infty} x[lT_s] \delta[n-l] = x[nTs] \tag{4.37}$$

In der Literatur ist oft folgende Form benutzt, in der die normierte Kreisfrequenz Ω verwendet wird [20], [34]:

$$x[nTs] = \frac{1}{2\pi}\int_{-\pi}^{\pi} X(e^{j\Omega})e^{j\Omega n}d\Omega \qquad \text{mit} \qquad \Omega = \omega T_s \tag{4.38}$$

Die DTFT $X(e^{j\omega T_s})$ ist eine komplexe Funktion von ω, die in folgender Form geschrieben werden kann:

$$X(e^{j\omega T_s}) = |X(e^{j\omega T_s})|e^{j\theta_X(\omega)} \tag{4.39}$$

Der Betrag der DTFT definiert das Betragsspektrum und die Phase definiert das Phasenspektrum als Funktionen von ω. Sie werden gewöhnlich für eine Periode der DTFT dargestellt. Diese Periode ist vielmals zwischen $-\omega_s/2$ und $\omega_s/2$ gewählt (oder $-f_s/2 \leq f \leq f_s/2$).

Da später angestrebt wird, die DTFT über die DFT (oder FFT) anzunähern, wird die Periode $0 \leq \omega \leq \omega_s$ oder $0 \leq f \leq f_s$ benutzt. In praktischen Darstellungen wird die normierte Frequenz f/f_s eingesetzt, die dann für eine Periode mit $0 \leq f \leq f_s$ Werte zwischen 0 und 1 einnimmt ($0 \leq f/f_s \leq 1$).

In MATLAB wird in den Funktionen der *Signal Processing Tollbox* die normierte Frequenz bezogen auf $f_s/2$ und nicht auf f_s verlangt [9].

4.2.1 Beispiel für eine DTFT

Es wird die kausale Sequenz $x[nT_s]$

$$x[nT_s] = (0,4)^n u[nT_s] \tag{4.40}$$

im Frequenzbereich untersucht [11]. Hier ist $u[nT_s]$ die Einheitssprungsequenz, die im ersten Kapitel einfach mit $u[n]$ bezeichnet wurde. Die Multiplikation mit $u[nT_s]$ führt dazu, dass die Sequenz $x[nT_s]$ kausal mit $x[nT_s] = 0,\ n < 0$ ist.

Die DTFT wird zu:

$$X(e^{\omega T_s}) = \sum_{0}^{\infty}(0,4)^n u[nT_s]e^{-jn\omega T_s} = \sum_{0}^{\infty}\left(0,4e^{-j\omega T_s}\right)^n = \frac{1}{1-0,4e^{-j\omega T_s}} \tag{4.41}$$

Man erkennt, dass sich bei der Gl.(4.41) um die Summe einer geometrischen Reihe handelt, für die ein analytischer Ausdruck angegeben werden kann.

Im Skript `DTFT_1` wird das Betrags- und Phasenspektrum berechnet und dargestellt. Abb. 4.14 zeigt das Ergebnis für einen Frequenzbereich $-2,5\ f_s \leq f \leq 2.5\ f_s$.

```
% Skript DTFT_1.m, in dem eine DTFT untersucht wird
clear;
% ------- Analytische DTFT der Sequenz a^n, n=0,1,2,...
a = 0.4;                      % a < 1
Ts = 0.5;                     fs = 1/Ts;
df = fs/100;
```

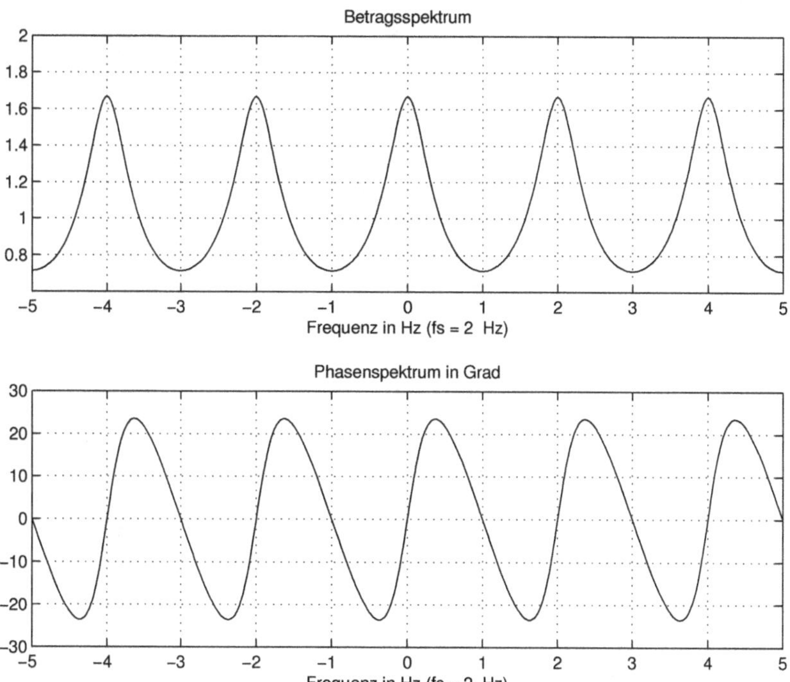

Abb. 4.14: Betrag- und Phasenspektrum der DTFT der Sequenz $x[nT_s] = (0,4)^n u[nT_s]$ (DTFT_1.m)

```
f = -2.5*fs:df:2.5*fs;          omega = 2*pi*f;
X = 1./(1-a*exp(j*omega*Ts));    % Analytische DTFT
figure(1);
subplot(211), plot(f, abs(X));
   title('Betragsspektrum');      grid on;
   xlabel(['Frequenz in Hz (fs = ',num2str(fs), '  Hz)']);
subplot(212), plot(f, angle(X)*180/pi);
   title('Phasenspektrum in Grad');      grid on;
   xlabel(['Frequenz in Hz (fs = ',num2str(fs), '  Hz)'])
```

Die Periodizität der DTFT mit der Periode ω_s (oder f_s) ist klar ersichtlich. Sie kann leicht bewiesen werden:

$$X(e^{j(\omega+k\omega_s)T_s}) = \sum_{n=-\infty}^{\infty} x[nT_s]e^{-jn(\omega+2\pi k/T_s)T_s} = \sum_{n=-\infty}^{\infty} x[nT_s]e^{-jn\omega T_s}e^{-j2\pi nk}$$
$$= \sum_{n=-\infty}^{\infty} x[nT_s]e^{-jn\omega T_s} = X(e^{j\omega T_s}) \quad \text{weil} \quad e^{-j2\pi nk} = 1 \quad k,n \in \mathbb{Z} \tag{4.42}$$

4.2.2 Konvergenzbedingungen

Für eine unendliche Reihe der Form aus Gl. (4.33), die die DTFT definiert, stellt sich immer die Frage der Konvergenz [19], [20]. Für viele praktische Anwendungen wird die Länge der Sequenz begrenzt und dadurch ist die Konvergenz allgemein gesichert.

Die DTFT $X(e^{j\omega T_s})$ der diskreten Sequenz $x[nT_s]$ existiert, wenn die Summe der Reihe in irgend einer Art konvergiert. Man kann zeigen [11], dass für eine absolut summierbare Sequenz $x[nT_s]$ mit

$$\sum_{n=-\infty}^{\infty} |x[nT_s]| < \infty\,, \tag{4.43}$$

die DTFT $X(e^{j\omega T_s})$ zu einer kontinuierlichen Funktion nach ω konvergiert:

$$|X(e^{j\omega T_s})| < \infty \qquad \text{für alle Werte von} \quad \omega \tag{4.44}$$

Die Sequenz aus dem vorherigen Beispiel $x[nT_s] = (0,4)^n\, u[nT_s]$ ist absolut summierbar und ihre Fourier-Transformation (DTFT) konvergiert gleichmäßig zur gezeigten Funktion nach ω und zwar $1/(1 - 0,4e^{-j\omega T_s})$.

Weil

$$\sum_{n=-\infty}^{\infty} |x[nT_s]|^2 \leq \left(\sum_{n=-\infty}^{\infty} |x[nT_s]|\right)^2\,, \tag{4.45}$$

gilt, besitzt eine absolut summierbare Sequenz auch begrenzte Energie, wobei diese durch

$$\sum_{n=-\infty}^{\infty} |x[nT_s]|^2 \tag{4.46}$$

gegeben ist.

Umgekehrt muss nicht immer gelten, dass eine Sequenz mit finiter Energie absolut summierbar ist. Für solche Sequenzen, die man Fourier-transformieren möchte, wird eine Konvergenz im quadratischen Mittel angestrebt:

$$\lim_{k\to\infty} \int_{-\omega_s/2}^{\omega_s/2} \left|X(e^{j\omega T_s} - X_k(e^{j\omega T_s})\right|^2 d\omega = 0 \tag{4.47}$$

Wobei $X_k(e^{j\omega T_s})$ die DTFT einer in der Länge begrenzten Sequenz als Ausschnitt aus der ursprünglichen Sequenz ist:

$$X_k(e^{j\omega T_s}) = \sum_{n=-k}^{k} x[nT_s]e^{-j\omega T_s} \tag{4.48}$$

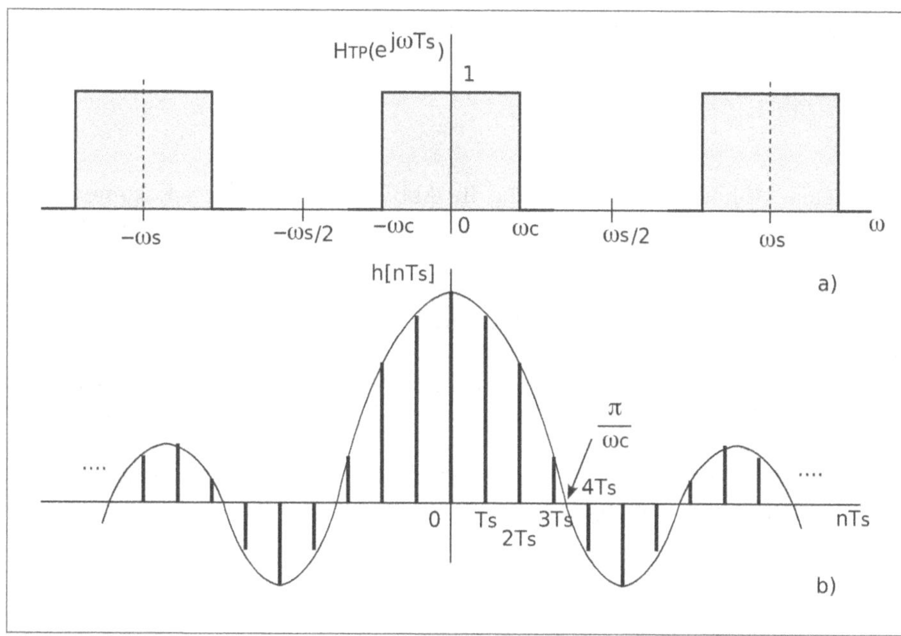

Abb. 4.15: a) DTFT des idealen TP-Filters mit Durchlassfrequenz ω_c b) Die Einheitspulsantwort des TP-Filters

4.2.3 Beispiel: Entwurf eines zeitdiskreten TP-Filters

In Verbindung mit der Konvergenz der unendlichen Sequenzen bzw. der in der Praxis erforderlichen Begrenzung auf Sequenzen endlicher Länge, wird der Entwurf eines zeitdiskreten TP-Filters untersucht.

Es wird als Beispiel der ideale Tiefpassfilter betrachtet, dessen DTFT in Abb. 4.15a gegeben ist. Sie ist im Bereich $\omega \in [-\omega_c, \omega_c]$ konstant eins ansonsten null, und ist natürlich periodisch mit der Periode ω_s, da ja ein zeitdiskretes Tiefpassfilter betrachtet wird.

Die inverse DTFT (gemäß Gl. (4.34)) ergibt die Einheitspulsantwort des Filters:

$$h[nT_s] = \frac{T_s}{2\pi} \int_{-\omega_c}^{\omega_c} e^{jn\omega T_s} d\omega = \frac{T_s}{2\pi} \left(\frac{e^{jn\omega_c T_s}}{jnT_s} - \frac{e^{-jn\omega_c T_s}}{jnT_s} \right) = \frac{\omega_c T_s}{\pi} \frac{\sin(n\omega_c T_s)}{n\omega_c T_s}, \qquad -\infty < n < \infty \tag{4.49}$$

Die Energie

$$\sum_{n=-\infty}^{\infty} |h[nT_s]|^2 = \omega_c T_s / \pi \tag{4.50}$$

ist begrenzt aber diese Sequenz ist nicht absolut summierbar:

$$\sum_{n=-\infty}^{\infty} |h[nT_s]| = \infty \tag{4.51}$$

Die ideale Einheitspulsantwort, die in Abb. 4.15b skizziert ist, kann praktisch aus zwei Gründen nicht benutzt werden. Einerseits ist sie nicht kausal ($h[nT_s] \neq 0$, für $n < 0$) und anderseits ist sie unendlich lange.

Um das Filter anzuwenden, muss man die Einheitspulsantwort oder Impulsantwort in der Länge begrenzen, um dann durch Verschiebung nach rechts daraus eine kausale Einheitspulsantwort zu erzeugen. Diese Verschiebung führt zu einer zusätzlichen linearen Phase und somit zu einer Gruppenlaufzeit gleich der Anzahl der Schritte der Verschiebung. Wenn diese Anzahl mit T_s multipliziert wird erhält man die Gruppenlaufzeit in Sekunden.

Dieses Filter ist ein FIR-Filter (*Finite-Impuls-Response*) und die Abhängigkeit des Ausgangs $y[nT_s]$ vom Eingang $x[nT_s]$ ist durch folgende Differenzengleichung beschrieben:

$$y[nT_s] = h_0 x[nT_s] + h_1 x[(n-1)T_s] + h_2 x[(n-2)T_s] + \cdots + h_N x[(n-N)T_s] \tag{4.52}$$

Die Parameter des Filters sind die Koeffizienten $h_0,\ h_1,\ h_2, \ldots,\ h_N$ die man als Zeitsequenz mit Hilfe des Operators $\delta[nT_s]$ auf die Zeitachse als Summe positionieren kann:

$$h[nT_s] = h_0\delta[nT_s] + h_1\delta[(n-1)T_s] + \cdots + h_N\delta[(n-N)T_s] \tag{4.53}$$

Für $n = 0$ ist nur $\delta[nT_s] = 1$ und alle anderen Terme sind null, weil alle $\delta[nT_s] = 0$ für $n \neq 0$ sind. Weiter für $n = 1$ ist nur $\delta[(n-1)T_s] = 1$ und der Rest null und es geht so weiter bis $n = N$.

Im Skript `impuls_TP_1.m` ist der Entwurf dieses FIR-TP-Filters aus der idealen, unendlich langen, nichtkausalen Einheitspulsantwort untersucht:

```
% Skript impuls_TP_1.m, in dem ein TP-Filter
% untersucht wird
clear;
% ------- Einheitspulsantwort
Ts = 0.01;                fs = 1/Ts;
fc = 0.4*fs/2;                   % Relative Durchlassfrequenz (zu fs/2)
nc = round(pi/(2*pi*fc*Ts)); % Erste Nullstelle des idealen h
np = 5;                          % Parameter für die Länge des Filters
n = -np*nc:np*nc;                % Begrenzung der Länge

h = 2*fc*sinc(n*2*fc/fs)/fs; % Ideale nichtkausale Einheitspulsantwort

figure(1);
subplot(211), stem(n, h);
   title(['Einheitspulsantwort des TP-Filters ',...
    ' nach der symmetrischen Kürzung']);
```

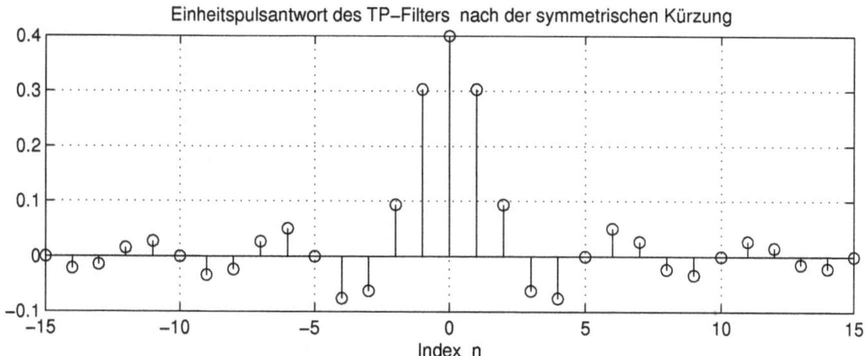

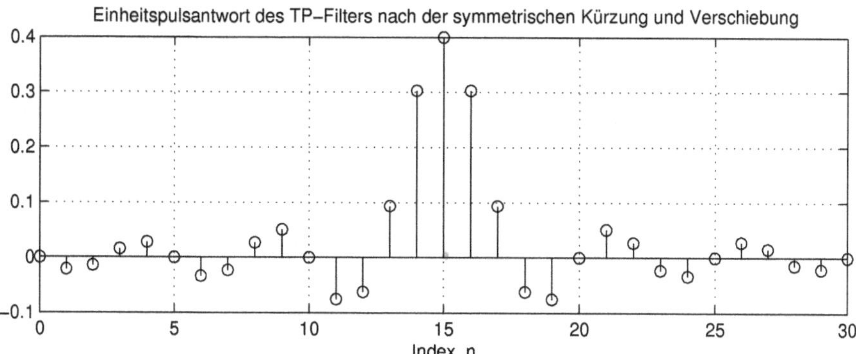

Abb. 4.16: a) Die symmetrisch gekürzte Einheitspulsantwort b) Die gekürzte und verschobene Einheitspulsantwort (impuls_TP_1.m)

```
   xlabel('Index  n');    grid on;
% Verschiebung für Kausalität
n = 0:2*np*nc;
   hLP = 2*fc*sinc((n-np*nc)*2*fc/fs)/fs;
subplot(212), stem(n, hLP);
   title(['Einheitspulsantwort des TP-Filters nach',...
    ' der symmetrischen Kürzung und Verschiebung']);
   xlabel('Index  n');    grid on;
% -------- DTFT des Filters
df = fs/1000;
f = -fs:df:fs;      omega = 2*pi*f;
nf = length(f);
HLP = zeros(1, nf);
for k = 1:nf
    HLP(1,k) = sum(h.*exp(-j*n*omega(k)*Ts));
end;
figure(2);
subplot(211), plot(f, abs(HLP));
```

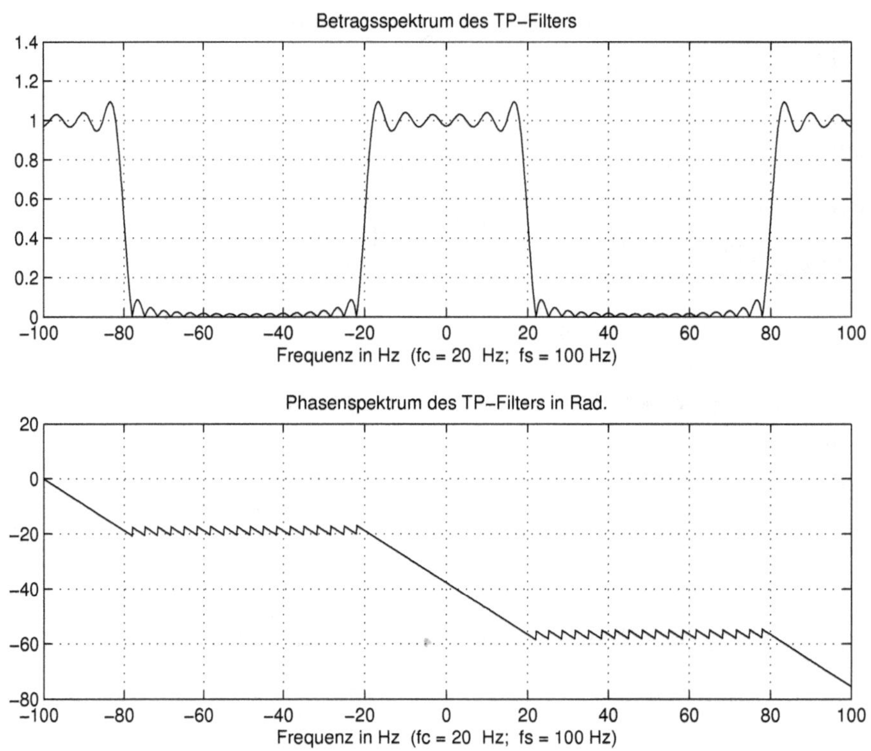

Abb. 4.17: a) Betragsspektrum des FIR-TP-Filters b) Phasenspektrum (impuls_TP_1.m)

```
    title('Betragsspektrum des TP-Filters');
    xlabel(['Frequenz in Hz  (fc = ',num2str(fc),...
        '  Hz;  fs = ',num2str(fs),' Hz)']);
    grid on;
subplot(212), plot(f, unwrap(angle(HLP)));
    title('Phasenspektrum des TP-Filters in Rad.');
    xlabel(['Frequenz in Hz  (fc = ',num2str(fc),...
        '  Hz;  fs = ',num2str(fs),' Hz)']);
    grid on;
```

Abb. 4.16 zeigt oben die in der Länge begrenzte und nichtkausale Einheitspulsantwort $h[nT_s]$ und darunter die durch Verschiebung erhaltene kausale Einheitspulsantwort. Mit dem Parameter np aus dem Programm kann man die Länge des Ausschnittes steuern.

In Abb. 4.17 ist das Betrags- und Phasenspektrum des FIR-TP-Filters von $-f_s$ bis f_s dargestellt, um die Periodizität hervorzuheben. Wegen der Begrenzung der Länge der idealen Einheitspulsantwort ist der Betrag nicht gleich dem Betrag aus Abb. 4.15a. Weiterhin macht sich das Gibbs-Phänomen [39] bemerkbar, demzufolge an Unstetigkeitsstellen eines periodischen Signals Überschwingungen entstehen, wenn man es mit einer endlichen Anzahl von Fourier-Koeffizienten darstellt. Die inverse DTFT ist eine Fourier-Reihenentwicklung der periodischen Spektren.

Wenn man die Länge des Ausschnittes der idealen Einheitspulsantwort vergrößert (z.B. mit `np = 10`) bleiben die Schwingungen in ihrer Höhe unverändert, sie klingen jedoch schneller ab. Zu bemerken sei die lineare Phase im Durchlassbereich als wichtige Eigenschaft dieses Filters.

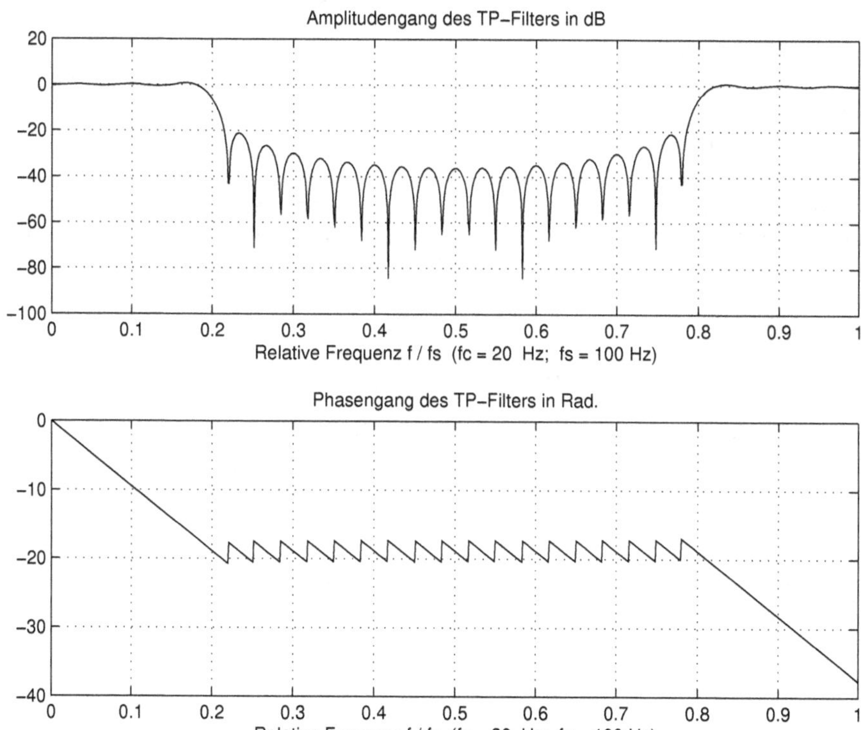

Abb. 4.18: a) Amplitudengang des FIR-TP-Filters in dB b) Phasengang in Rad (impuls_TP_1.m)

In MATLAB (in der *Signal Processing Toolbox*) kann der Frequenzgang des Filters, der der Periode im Bereich $0 \leq f \leq f_s$ entspricht, mit der Funktion **freqz** ermittelt und dargestellt werden. Es wird gewöhnlich der Betrag in dB und die Phase in Grad als Funktionen der normierten Frequenz $\Omega = \omega T_s$ oder f/f_s benutzt, die hier bevorzugt wird.

Mit folgender Ergänzung des Skripts

```
% -------- Frequenzgang über freqz
f = 0:df:fs;
Hz = freqz(hLP, 1, f, fs);
figure(3);
subplot(211), plot(f/fs, 20*log10(abs(Hz)));
   title('Amplitudengang des TP-Filters in dB');
```

```
    xlabel(['Relative Frequenz f / fs  (fc = ',num2str(fc),...
        '  Hz;  fs = ',num2str(fs),' Hz)']);
    grid on;
subplot(212), plot(f/fs, unwrap(angle(Hz)));
    title('Phasengang des TP-Filters in Rad.');
    xlabel(['Relative Frequenz f / fs  (fc = ',num2str(fc),...
        '  Hz;  fs = ',num2str(fs),' Hz)']);
    grid on;
```

wird der Einsatz dieser Funktion exemplarisch gezeigt. Mit `help` **`freqz`** erhält man eine kurze Beschreibung der Funktion und der benötigten Parameter. Abb 4.18 zeigt den Amplitudengang in dB und den Phasengang in rad, die man mit diesen Programmzeilen erhält.

Die Frequenzachse ist mit der normierten Frequenz f/f_s exemplarisch beschriftet. Das ist sinnvoll, um das Verhalten des Filters bei einer anderen Abtastfrequenz f_s einfach zu ermitteln. Wenn z.B. die Abtastfrequenz $f_s = 1000$ Hz ist, so erhält man die neue Durchlassfrequenz in Hz durch die Multiplikation der normierten Durchlassfrequenz von ca. 0,2 mit der neuen Abtastfrequenz: $f_c = 0,2 \times 1000 = 200$ Hz (statt 20 Hz bei $f_s = 100$ Hz).

4.2.4 Typische DTFT-Transformationspaare

Wie bei den zeitkontinuierlichen Signalen kann die DTFT auch für Sequenzen erweitert werden, die nicht absolut oder quadratisch summierbar sind. Beispiele solcher Sequenzen sind die Einheitsprungssequenz $u[nT_s]$, oder die harmonischen Schwingungen wie $\cos(\omega_0 nT_s + \phi)$.

Mit der schon bekannten Delta-Funktion $\delta(\omega)$ können auch diese Signale DTFT transformiert werden. Ohne es zu beweisen, ist die DTFT der komplexen Exponentialfunktion

$$x[nT_s] = e^{j\omega_0 nT_s} = \cos(\omega_0 nT_s) + j\,\sin(\omega_0 nT_s) \tag{4.54}$$

durch

$$X(e^{j\omega T_s}) = \sum_{k=-\infty}^{\infty} 2\pi\delta((\omega - \omega_0)T_s + 2\pi k) = \sum_{k=-\infty}^{\infty} 2\pi\delta(\omega - \omega_0 + \frac{2\pi k}{T_s}) \tag{4.55}$$

gegeben. Da $2\pi k/T_s = k\omega_s$ ist, zeigt das Ergebnis, dass die DTFT aus Delta-Funktionen besteht, die bei $\omega_0,\ \pm\,\omega_s + \omega_0,\ \pm\,2\omega_s + \omega_0, \ldots$ positioniert sind (Abb. 4.19a).

Mit Hilfe der DTFT dieser komplexen Exponentialfunktion kann man auch die DTFT für eine cosinusförmige Sequenz bestimmen:

$$\begin{aligned}\mathcal{DTFT}(\cos(\omega_0 nT_s)) &= \mathcal{DTFT}\left(\frac{e^{j\omega_0 nT_s} + e^{-j\omega_0 nT_s}}{2}\right) = \\ \pi \sum_{k=-\infty}^{\infty} \delta(\omega - \omega_0 + k\omega_s) &+ \pi \sum_{k=-\infty}^{\infty} \delta(\omega + \omega_0 + k\omega_s)\end{aligned} \tag{4.56}$$

In Abb. 4.19b sind die Delta-Funktionen für die cosinusförmige Sequenz dargestellt.

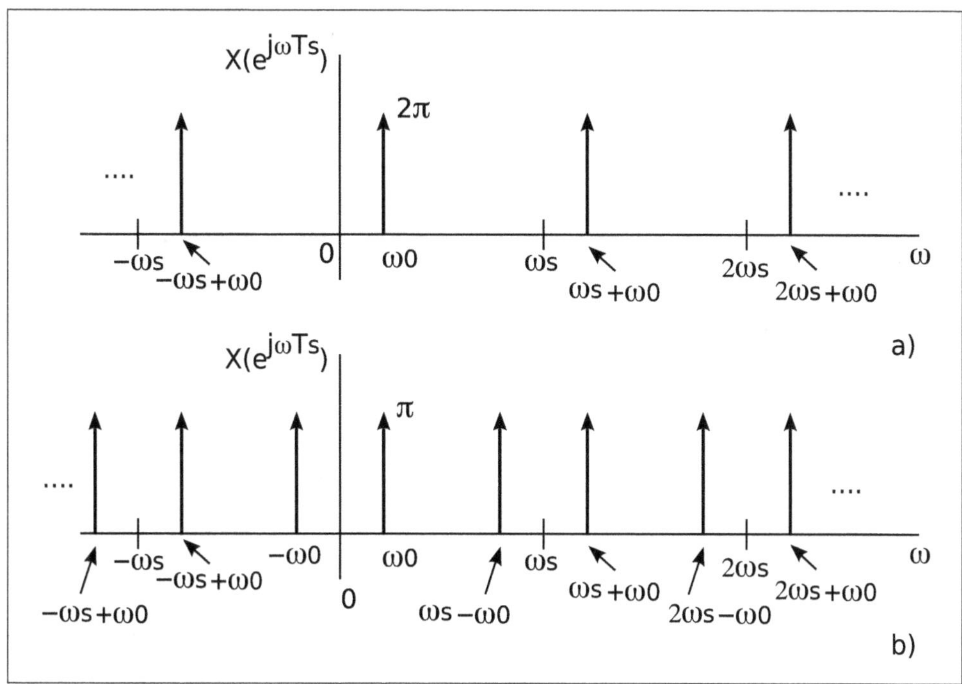

Abb. 4.19: a) Die erweiterte DTFT der Exponentialfunktion $e^{j\omega_0 nT_s}$ b) Die erweiterte DTFT der Cosinusfunktion $cos(\omega_0 nT_s)$

Tabelle 4.1 zeigt einige DTFT-Paare und Tabelle 4.2 stellt einige wichtige Eigenschaften der DTFT dar. Hinzu kommt noch der Satz von Parseval:

$$\sum_{n=-\infty}^{\infty} g[nT_s]h^*[nT_s] = \frac{T_s}{2\pi}\int_{-\omega_s/2}^{\omega_s/2} G(e^{j\omega T_s})H^*(e^{j\omega T_s})d\omega \tag{4.57}$$

Durch ( )* ist die konjugiert Komplexe bezeichnet. Für eine Sequenz $x[nT_s]$ führt dieser Satz auf:

$$\sum_{n=-\infty}^{\infty} |x[nT_s]|^2 = \frac{T_s}{2\pi}\int_{-\omega_s/2}^{\omega_s/2} |X(e^{j\omega T_s})|^2 d\omega \tag{4.58}$$

Betrachtet man die DTFT als eine Funktion der Frequenzvariable f so wird der Satz von Parseval zu:

$$\sum_{n=-\infty}^{\infty} |x[nT_s]|^2 = T_s\int_{-f_s/2}^{f_s/2} |X(e^{j2\pi f T_s})|^2 df \tag{4.59}$$

Tabelle 4.1: Einige DTFT-Paare

Pos.	$x[nT_s]$	$X(e^{j\omega T_s})$
1	$\delta[nT_s]$	1
2	1	$2\pi\sum_{k=-\infty}^{\infty}\delta(\omega T_s+2\pi k)$
3	$e^{j\omega_0 nT_s}$	$2\pi\sum_{k=-\infty}^{\infty}\delta((\omega-\omega_0)T_s+2\pi k)$
4	$u[nT_s]$	$\dfrac{1}{1-e^{-j\omega T_s}}+\pi\sum\limits_{k=-\infty}^{\infty}\delta((\omega T_s+2\pi k)$
5	$\alpha^n u[nT_s],\ \|\alpha\|<1$	$\dfrac{1}{1-\alpha e^{-j\omega T_s}}$
6	$\alpha^{\|n\|},\ \|\alpha\|<1$	$\dfrac{1-\alpha^2}{1-2\alpha\cos(\omega T_s)+\alpha^2}$
7	$x[nT_s]=\begin{cases}1 & \|n\|\le N_1\\ 0 & \|n\|>N_1\end{cases}$	$\dfrac{\sin(\omega T_s(N_1+1/2))}{\sin(\omega T_s/2)}$
8	$\dfrac{\sin(WT_s n)}{\pi n},\ 0<W<\omega_s/2$	$X(e^{j\omega T_s})=\begin{cases}1 & 0\le\|\omega\|\le W\\ 0 & W<\|\omega\|\le\omega_s/2\end{cases}$

In einer numerischen Annäherung kann das Integral über eine Summe berechnet werden, vorausgesetzt die DTFT ist dicht diskret dargestellt. Wenn keine analytische Form für $X(e^{j\omega T_s})$ bekannt ist, dann wird der Satz von Parseval durch

$$\sum_{n=-\infty}^{\infty}|x[nT_s]|^2 \cong T_s\sum_{k=-N/2}^{N/2}|X(e^{j2\pi k/N})|^2\Delta f \tag{4.60}$$

angenähert, wobei:

$$\begin{gathered}\Delta f=f_s/N, \qquad f=k\Delta f=kf_s/N, \qquad \omega T_s=2\pi fT_s\cong 2\pi k/N\\ X(e^{j2\pi k/N})=X_k=\sum_{n=0}^{M-1}x[nT_s]e^{-j2\pi kn/N}, \quad k=-N/2,\ \ldots,N/2\end{gathered} \tag{4.61}$$

Bei der Berechnung der DTFT werden $N+1$ Werte (N gerade) für f im Intervall $-f_s/2$ bis $f_s/2$ benutzt. Die Sequenz $x[nT_s]$ wird als kausal mit $0\le n\le M-1$ und $N>M$ angenommen.

Im Skript `parseval_1.m` wird für die Sequenz aus der Tabelle 4.1, Pos. 5 der Satz von Parseval angewandt. So kann man die Gl. (4.58) und (4.60), hauptsächlich was die Multiplikation oder Division mit T_s anbelangt, überprüfen.

Tabelle 4.2: Allgemeine Eigenschaften der DTFT

Pos.	Eigenschaft	Sequenz $x[nT_s]$	DTFT
		$g[nT_s]$	$G(e^{j\omega T_s})$
		$h[nT_s]$	$H(e^{j\omega T_s})$
1	Linearität	$a_1 g[nT_s] + a_2 h[nT_s]$	$a_1 G(e^{j\omega T_s}) + a_2 H(e^{j\omega T_s})$
2	Zeitverschiebung	$g[(n-n_0)T_s]$	$e^{-j\omega n_0 T_s}\, G(e^{j\omega T_s})$
3	Frequenzverschieb.	$e^{j\omega_0 n T_s}\, g[nT_s]$	$G(e^{j(\omega-\omega_0)T_s})$
4	Ableitung	$nT_s\, g[nT_s]$	$j\dfrac{dG(e^{j\omega T_s})}{d\omega}$
5	Faltung	$g[nT_s] * h[nT_s]$	$G(e^{j\omega T_s})H(e^{j\omega T_s})$
6	Modulation	$g[nT_s]\, h[nT_s]$	$\dfrac{T_s}{2\pi}\displaystyle\int_{-\omega_s/2}^{\omega_s/2} G(e^{j\omega_\theta T_s})H(e^{j(\omega-\omega_\theta)T_s})d\omega_\theta$
7	Zeitskalierung	$g_m[nT_s] = \begin{cases} g[nT_s/m] = g[kT_s] & \text{wenn } n = km \\ 0 & \text{wenn } n \neq km \end{cases}$	$G(e^{jm\omega T_s})$

```
% Skript parseval_1.m, in dem der Satz von Parseval
% überprüft wird
clear;
% ------- Sequenz bei der die DTFT analytisch bekannt ist
a = 0.9;
M = 100;        n = 0:M;
x = a.^n;                           % Sequenz
fs = 100;    Ts = 1/fs;      N = 1000;
k = -N/2:N/2;                % Index für Frequenz
df = fs/N;
f = k*df;                    nf = length(f);
figure(1);
subplot(211), stem(n, x);
title('Sequenz');    grid on;
xlabel('Zeit in s');
% ------- DTFT analytisch
X = 1./(1-a*exp(-j*2*pi*f*Ts));
subplot(212), plot(f, abs(X));
```

Tabelle 4.3: Symmetrieeigenschaften der DTFT-Paare für reelle Sequenzen

$x[nT_s]$	$X(e^{j\omega T_s}) = X_{re}(e^{j\omega T_s}) + jX_{im}(e^{j\omega T_s})$
$x_{ger}[nT_s]$	$X_{re}(e^{j\omega T_s})$
$x_{ung}[nT_s]$	$j\,X_{im}(e^{j\omega T_s})$
	$X(e^{j\omega T_s}) = X^*(e^{-j\omega T_s})$
	$X_{re}(e^{j\omega T_s}) = X_{re}(e^{-j\omega T_s})$
Symmetrien	$X_{im}(e^{j\omega T_s}) = -X_{im}(e^{-j\omega T_s})$
	$\lvert X(e^{j\omega T_s})\rvert = \lvert X(e^{-j\omega T_s})\rvert$
	$\text{Winkel}\{X(e^{j\omega T_s})\} = -\text{Winkel}\{X(e^{-j\omega T_s})\}$

```
title('Betrag der DTFT (analytisch berechnet)');     grid on;
xlabel(['Frequenz in Hz   ( fs = ', num2str(fs),' Hz )']);
% ------ Parsevalsatz überprüfen mit der analytischen DTFT
En = sum(x.^2)                        % Energie aus dem Zeitbereich
Ef = Ts*sum(abs(X).^2)*fs/N           % Energie aus der DTFT
% ------ Parsevalsatz überprüfen mit der numerischen DTFT
Xn = zeros(1,N);
for m = 1:N+1
    Xn(m) = sum(x.*exp(-j*2*pi*n*k(m)/N));   % DTFT numerisch
end;
Efn = Ts*sum(abs(Xn).^2)*fs/N       % Energie aus der DTFT
```

Durch `En` wurde die Energie der Sequenz bezeichnet, die aus dem Zeitbereich berechnet wird und mit `Ef`, `Efn` wurden die Energien, die über die analytische bzw. numerische DTFT ermittelt wurde, bezeichnet. Man erhält folgende Ergebnisse:

```
En =      5.2632
Ef =      5.2634
Efn =     5.2634
```

Tabelle 4.3 (nach [11]) zeigt die Symmetrieeigenschaften der DTFT für reelle Sequenzen, die nützlich sind, wenn man analytisch die DTFT für bestimmte Sequenzen ermittelt.

4.2.5 Beispiel: Zeitskalierung

In der Tabelle 4.2 Pos. 7 ist die Änderung der DTFT angegeben, die durch eine Skalierung der Zeit erfolgt. Diese Eigenschaft ist wichtig, wenn man in der Praxis z.B.

TP-Filter mit sehr schmaler Bandbreite entwickelt.

Die Zeitskalierung

$$x_m[nT_s] = \begin{cases} x[nT_s/m] = x[kT_s] & \text{wenn } n = km \\ 0 & \text{wenn } n \neq km \end{cases} \quad (4.62)$$

ergibt folgende Änderung der DTFT:

$$\mathcal{DTFT}\{x_m[nT_s]\} = X(e^{jm\omega T_s}) \quad (4.63)$$

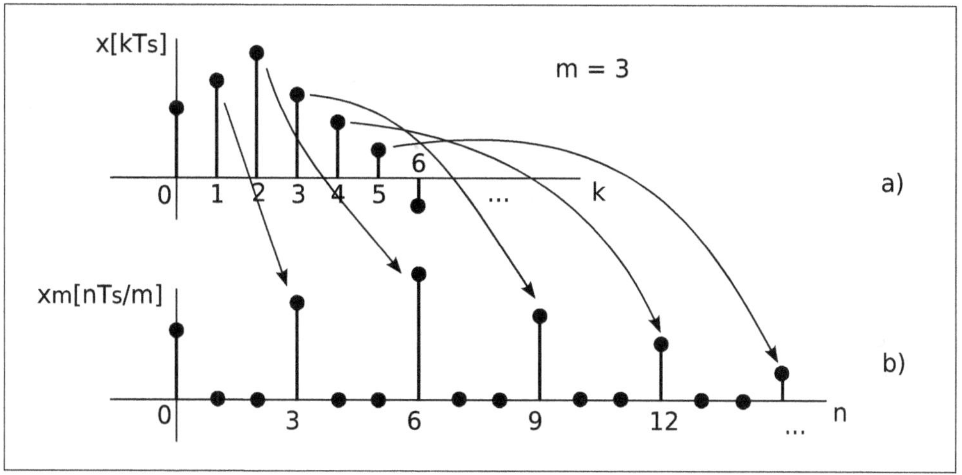

Abb. 4.20: Bildung der zeitskalierten Sequenz

Um die Bildung der skalierten Sequenz zu verstehen, ist in Abb. 4.20 der Fall mit $m = 3$ dargestellt. Als Beispiel verschiebt sich der Wert von $k = 2$ auf $n = km = 2 \times 3 = 6$ und ähnlich verschieben sich die anderen Werte $x[kT_s]$ an die Positionen $nT_s = m.k.T_s$.

Wie die zweite Zeile der Gl. (4.62) angibt, bzw. wie in Abb. 4.20 dargestellt, werden dabei $m - 1$ Nullwerte zwischen den Abtastwerten der ursprünglichen Sequenz eingefügt.

Im Skript `zeitskal_1.m` wird die DTFT einer zeitskalierten Sequenz untersucht:

```
% Skript zeitskal_1.m, in dem die DTFT einer
% Zeitskalierung untersucht wird
clear;
% ------- Sequenz bei der die DTFT analytisch bekannt ist
a = 0.8;
M = 25;                          n = -M:M;
x = a.^abs(n);                   nx = length(x);
fs = 1000;     Ts = 1/fs;        N = 1000;
k = -N/2:N/2;                    % Index für Frequenz
df = fs/N;
```

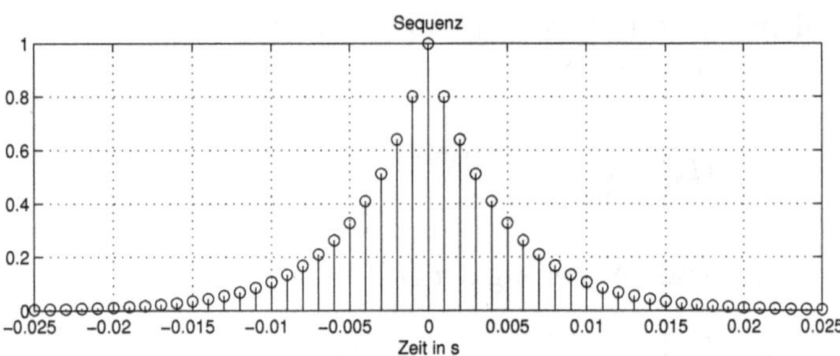

Abb. 4.21: Die ursprüngliche Sequenz und deren Betrag der DTFT (zeitskal_1.m)

```
f = k*df;                     nf = length(f);
figure(1);       clf
subplot(211), stem(Ts*n, x);
title('Sequenz');      grid on;
xlabel('Zeit in s');
% ------- DTFT analytisch
X = (1-a^2)./(1-2*a*cos(2*pi*f*Ts)+a^2);      % Reelle DTFT
subplot(212), plot(f, abs(X));
   title('Betrag der DTFT (analytisch berechnet)');     grid on;
   xlabel(['Frequenz in Hz  ( fs = ', num2str(fs),' Hz )']);
% ------- Zeitskalierung mit m
m = 3;
xsk = [x; zeros(m-1,nx)];       % Vorbereiten der Einfügung der Nullwerte
xsk = reshape(xsk, 1, m*nx); % Einfügen der m-1 Nullzwischenwerte
xsk = xsk(1:m*nx-m+1);         % Symmetrische Sequenz bilden
nsk = length(xsk);
msk = (-(nsk-1)/2:(nsk-1)/2);
figure(2);    clf;
subplot(211), stem(Ts*msk, xsk);
   title(['Skalierte Sequenz ( m = ',num2str(m),' )']);
   xlabel('Zeit in s');        grid on;
% ------- DTFT analytisch
X = (1-a^2)./(1-2*a*cos(2*pi*f*m*Ts)+a^2); % Reelle DTFT
subplot(212), plot(f, abs(X));
   title('Betrag der DTFT der skalierten Sequenz');     grid on;
   xlabel(['Frequenz in Hz  ( fs = ', num2str(fs),' Hz )']);
% ------- Numerische Ermittlung der DTFT
```

```
Xn = zeros(1,nf);
for l = 1:nf
    Xn(l) = sum(xsk.*exp(-j*2*pi*f(l)*msk*Ts));
end;
figure(3);    clf;
subplot(211), plot(f, abs(Xn));
   title('Betrag der DTFT der skalierten Sequenz (numerisch)');
   xlabel(['Frequenz in Hz   ( fs = ', num2str(fs),' Hz )']);
grid on;
```

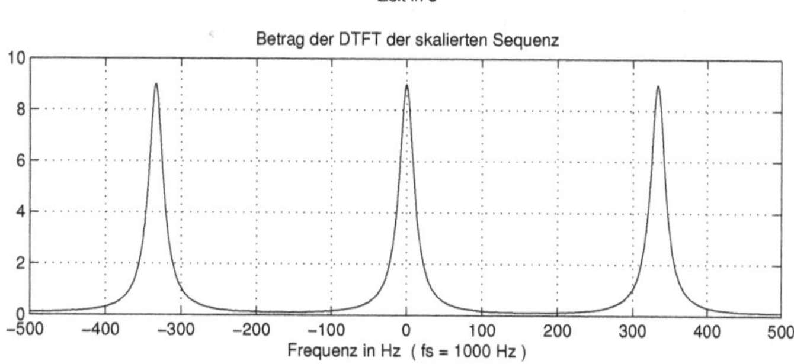

Abb. 4.22: Die skalierte Sequenz und deren Betrag der DTFT (zeitskal_1.m)

Die DTFT $X(e^{jm\omega T_s})$ der skalierten Sequenz unterscheidet sich von der ursprünglichen DTFT $X(e^{j\omega T_s})$ durch m Wiederholungen des gestauchten Spektrums für $-\omega_s/2 \leq \omega \leq \omega_s/2$. In Abb. 4.21 ist die ursprüngliche Sequenz und der entsprechende Betrag der DTFT gezeigt. Der Betrag der DTFT der skalierten Sequenz ist in Abb. 4.22 für $m = 3$ dargestellt.

Im Bereich $-f_s/2 \leq f \leq f_s/2$ wiederholt sich jetzt 3 mal der gestauchte DTFT-Spektrum. Mit einem zusätzlichen Filter werden die zwei Wiederholungen des gestauchten Spektrums unterdrückt, um so ein Tiefpassfilter mit steilem Übergang und mit schmaler Bandbreite zu erhalten.

Am Ende des Skriptes wird die DTFT auch numerisch ausgehend von der skalierten Sequenz ermittelt. Wie erwartet erhält man dasselbe Ergebnis.

4.2.6 Beispiele: Frequenzverschiebungen

Die als Frequenzverschiebung bezeichnete Eigenschaft aus Tabelle 4.2, Position 3, wird in diesem Abschnitt näher untersucht und ihre Anwendung erläutert. Die Anwendungen beziehen sich auf digitale Filter und zwar auf reellwertige FIR-Filter [18].

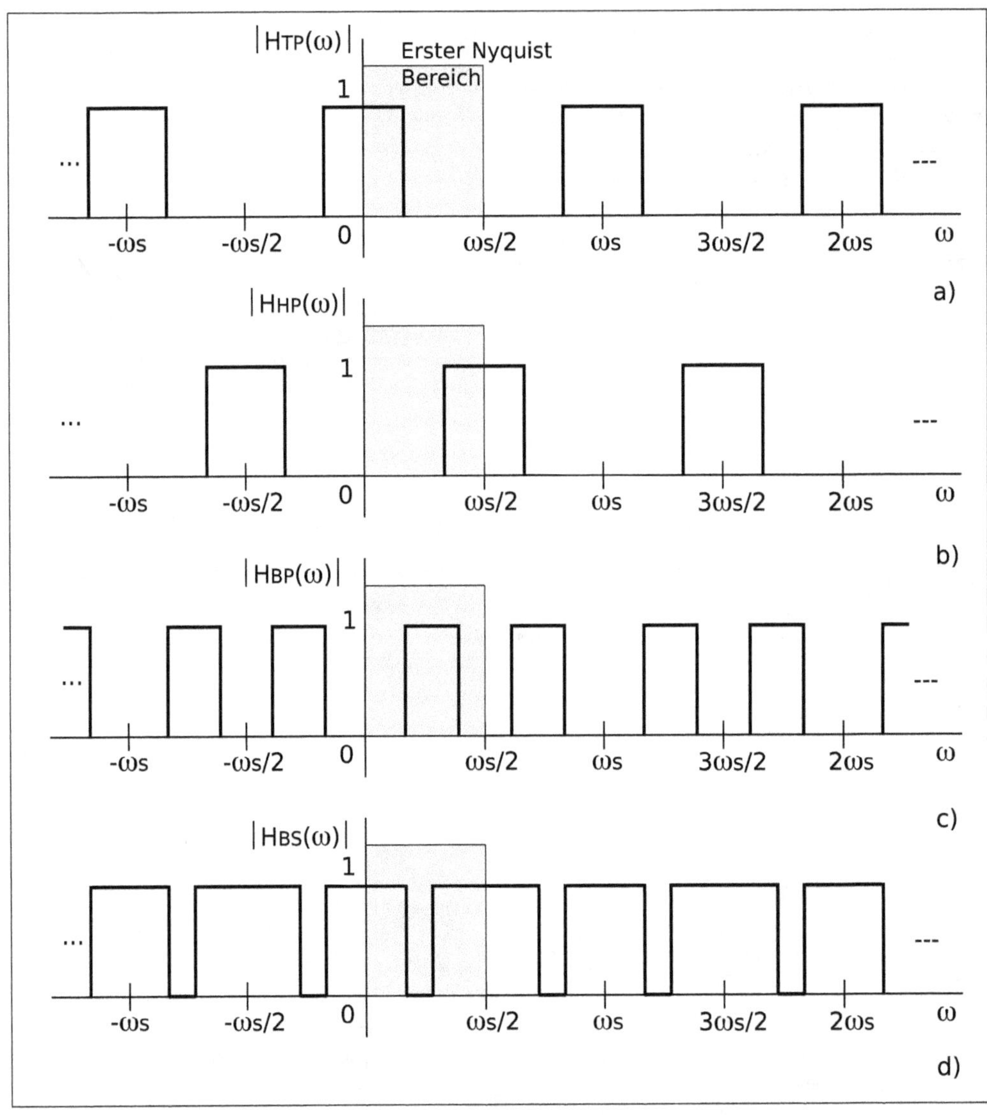

Abb. 4.23: Beträge der DTFT für die standard digitalen Filter a) Tiefpass- b) Hochpass- c) Bandpass- d) Bandsperre-Filter

Abb. 4.23 zeigt die Beträge der DTFT für Tiefpass-, Hochpass-, Bandpass- und Bandsperre-Filter (standard Filter). Es werden mehrere Perioden der periodischen DTFT dargestellt. Praktisch wird immer nur eine Periode betrachtet und zwar $-\omega_s/2 \leq \omega \leq \omega_s/2$ oder sehr oft $0 \leq \omega \leq \omega_s$. Der Bereich von $\omega = 0$ bis $\omega = \omega_s/2$, in dem die aus den Abtastwerten rekonstruierten Signale immer liegen, bildet den erste "Nyquist-Bereich" [23]. Die Phasenverläufe kann man sich wegen der Symmetrieeigenschaften der DTFT für reelle Sequenzen, die in Tabelle 4.3 aufgelistet sind, leicht vorstellen.

Im ersten Beispiel wird aus einem FIR-Tiefpassfilter, beschrieben durch seine Einheitspulsantwort $h_{TP}[nT_s]$ und Durchlassfrequenz ω_c, ein Hochpassfilter mit Durchlassfrequenz $\omega_s/2 - \omega_c$ gebildet. Der frequenzgang $H_{HP}(e^{j\omega T_s})$ des Hochpassfilters wird aus dem Frequenzgang des Tiefpassfilters durch Verschiebung mit der Frequenz $\omega_s/2$ erhalten:

$$H_{HP}(e^{j\omega T_s}) = H_{TP}(e^{j(\omega-\omega_s/2)T_s}) \tag{4.64}$$

Im Zeitbereich führt diese Verschiebung zu einer Multiplikation:

$$h_{HP}[nT_s] = e^{j(\omega_s/2)nT_s} h_{TP}[nT_s] \qquad n = 0,\ 1,\ \ldots, N-1 \tag{4.65}$$

Mit N wurden die Anzahl der Werte der Einheitspulsantwort des Filters bezeichnet. Weil

$$e^{j(\omega_s/2)nT_s} = e^{j\pi n} = (-1)^n \tag{4.66}$$

ist die Einheitspulsantwort des HP-Filters sehr einfach zu berechnen:

$$h_{HP}[nT_s] = (-1)^n h_{TP}[nT_s] \qquad n = 0,\ 1,\ \ldots, N-1 \tag{4.67}$$

Im Skript `TP_HP_1.m` ist diese Transformation für ein FIR-Filter programmiert:

```
% Skript TP_HP_1.m, in dem gezeigt wird, wie mit
% Frequenzverschiebung aus einem TP- ein HP-Filter
% erzeugt wird
clear;
% ------- TP-Filter
nord = 128;
fcr = 0.2;                   % Relative Durchlassfrequenz
hTP = fir1(nord, fcr*2);     % Einheitspulsantwort des TP-Filters
% ------- HP-Filter
hHP = hTP.*(-1).^(0:nord);  % Einheitspulsantwort des HP-Filters

% ------- Frequenzgänge
%[HTP, w] = freqz(hTP, 1, 'whole');     % Frequenzgang
%[HHP, w] = freqz(hHP, 1, 'whole');
[HTP, w] = freqz(hTP, 1);     % Frequenzgang im ersten
[HHP, w] = freqz(hHP, 1);     % Nyquist-Bereich
figure(1);    clf;
subplot(211), plot(w/(2*pi), 20*log10(abs(HTP)));
   title('Amplitudengang des FIR-TP-Filters in dB');
   xlabel(['Relative Frequenz f/fs ( fc/fs = ',num2str(fcr),...
    ' )']);   grid on;
subplot(212), plot(w/(2*pi), 20*log10(abs(HHP)));
   title('Amplitudengang des FIR-HP-Filters in dB');
   xlabel(['Relative Frequenz f/fs ( fc/fs = ',num2str(0.5 - fcr),...
    ' )']);   grid on;
```

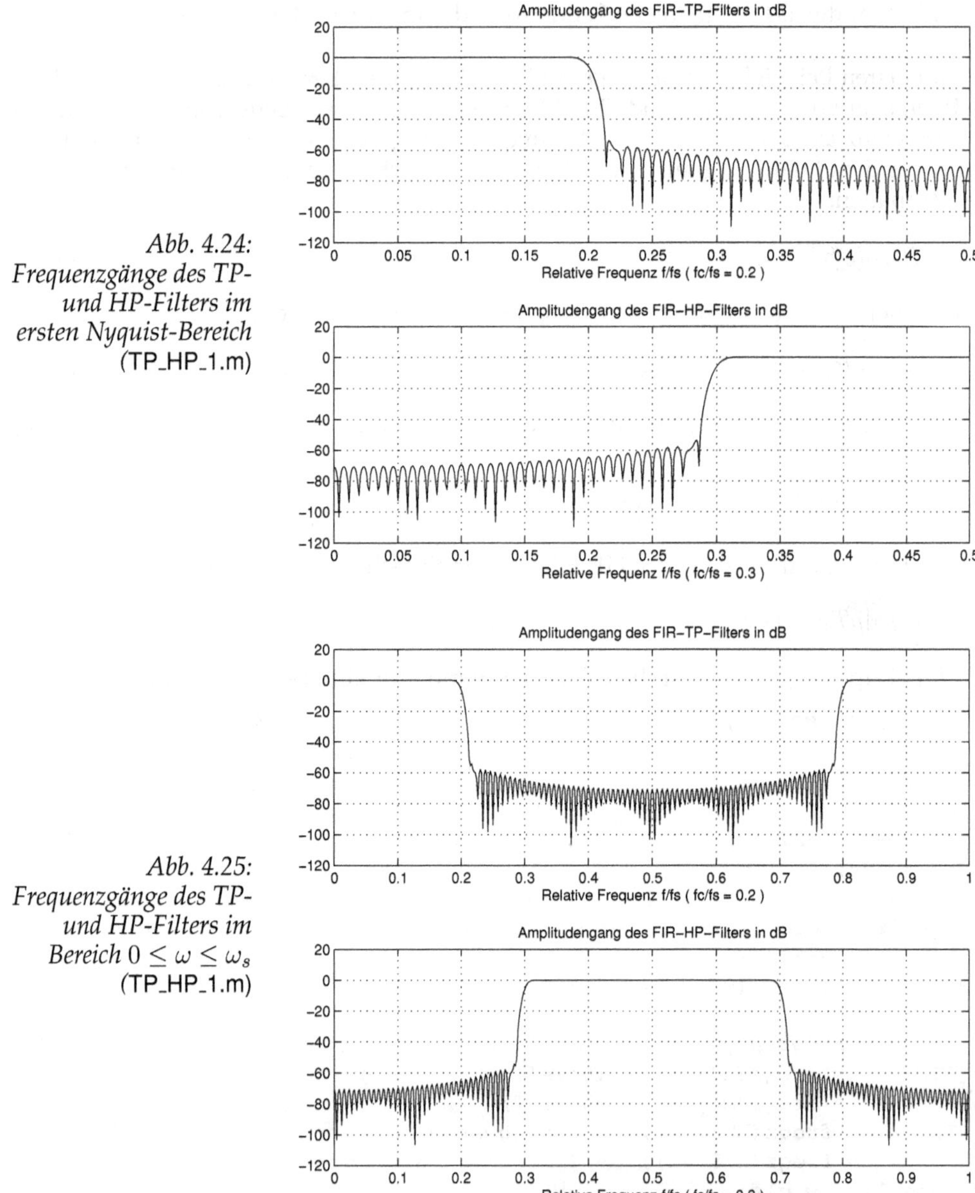

Abb. 4.24: Frequenzgänge des TP- und HP-Filters im ersten Nyquist-Bereich (TP_HP_1.m)

Abb. 4.25: Frequenzgänge des TP- und HP-Filters im Bereich $0 \leq \omega \leq \omega_s$ (TP_HP_1.m)

Die Einheitspulsantwort des TP-Filters wird mit der MATLAB-Funktion **`fir1`** ermittelt. Die Werte der Einheitspulsantwort sind auch die Werte der Koeffizienten der Differenzengleichung, deren Ordnung gleich mit der Anzahl der Koeffizienten minus eins ist. Auch in den anderen Beispielen werden die FIR-Filter mit dieser Funktion berechnet.

Die Frequenzgänge werden mit der MATLAB-Funktion **freqz** ermittelt. Abb. 4.24 zeigt die Amplitudengänge der zwei Filter für den Bereich $0 \leq \omega \leq \omega_s/2$ (erster Nyquist-Bereich), allerdings mit der Abszisse in relativen Frequenzen zwischen $f/f_s = 0$ und $f/f_s = 0,5$.

Wenn in der Funktion **freqz** die Option `'whole'` hinzugefügt wird, dann erhält man die Frequenzgänge im Bereich $0 \leq \omega \leq \omega_s$ oder wie in Abb. 4.25 dargestellt zwischen $f/f_s = 0$ und $f/f_s = 1$.

Die Funktion **freqz** liefert z.B. in `HTP` die komplexe DTFT in den gezeigten Bereichen und in `w` die Frequenz $\Omega = \omega T_s$ zwischen 0 und π für den ersten Nyquist-Bereich und zwischen 0 und 2π im Falle der Option `'whole'`. Ohne weitere Funktionsparameter werden 500 Werte dargestellt.

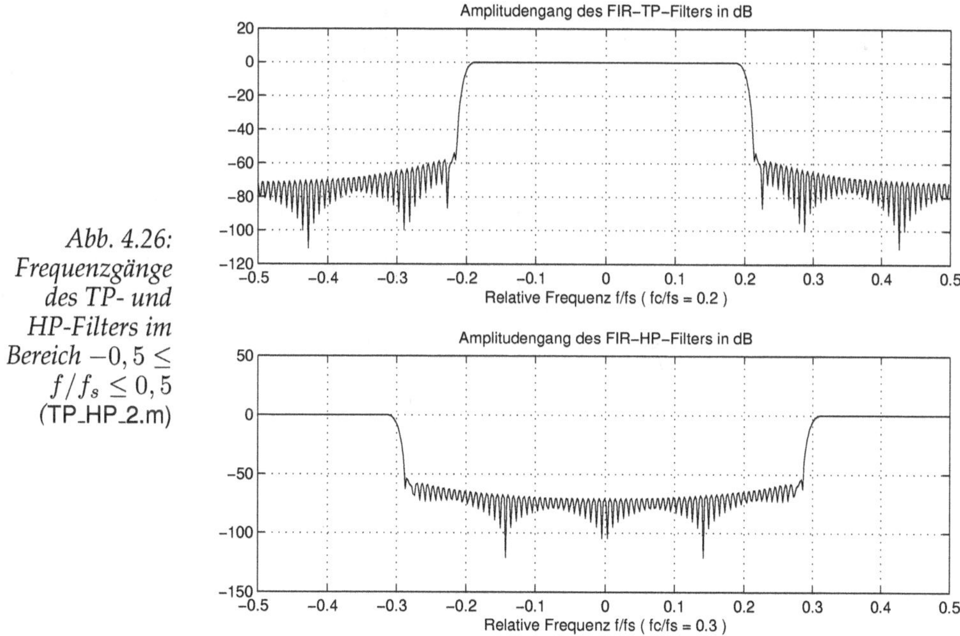

Abb. 4.26: Frequenzgänge des TP- und HP-Filters im Bereich $-0,5 \leq f/f_s \leq 0,5$ (TP_HP_2.m)

Abb. 4.26 zeigt dieselben Frequenzgänge dargestellt in der Periode von $-\omega_s/2$ bis $\omega_s/2$ oder $-0,5 \leq f/f_s \leq 0,5$. Um diese Darstellung zu erhalten, setzt man, wie im Skript `TP_HP_2.m` gezeigt, die Funktion **fftshift** ein.

Im nächsten Beispiel wird gezeigt, wie man durch Frequenzverschiebung aus einem Tiefpassfilter ein Bandpassfilter erzeugen kann. Abb. 4.27 zeigt das Prinzip. Zuerst wird die DTFT des TP-Filters nach rechts zur Mittenfrequenz ω_0 verschoben. Um die Symmetrie, die für reellwertige Filter notwendig ist, zu erhalten, muss man danach die DTFT des TP-Filters auch nach links verschieben. Aus

$$H_{BP}(e^{j\omega T_s}) = H_{TP}(e^{j(\omega+\omega_0)T_s}) + H_{TP}(e^{j(\omega-\omega_0)T_s}) \tag{4.68}$$

ergibt sich für die Einheitspulsantworten folgende Beziehung:

$$\begin{aligned} h_{BP}[nT_s] =& e^{j\omega_0 nT_s} h_{TP}[nT_s] + e^{-j\omega_0 nT_s} h_{TP}[nT_s] = \\ & h_{TP}[nT_s] \left(e^{j\omega_0 nT_s} + e^{-j\omega_0 nT_s}\right) = 2\cos(\omega_0 nT_s)\, h_{TP}[nT_s] \end{aligned} \tag{4.69}$$

Im Skript `TP_BP_1.m` wird das Verfahren programmiert:

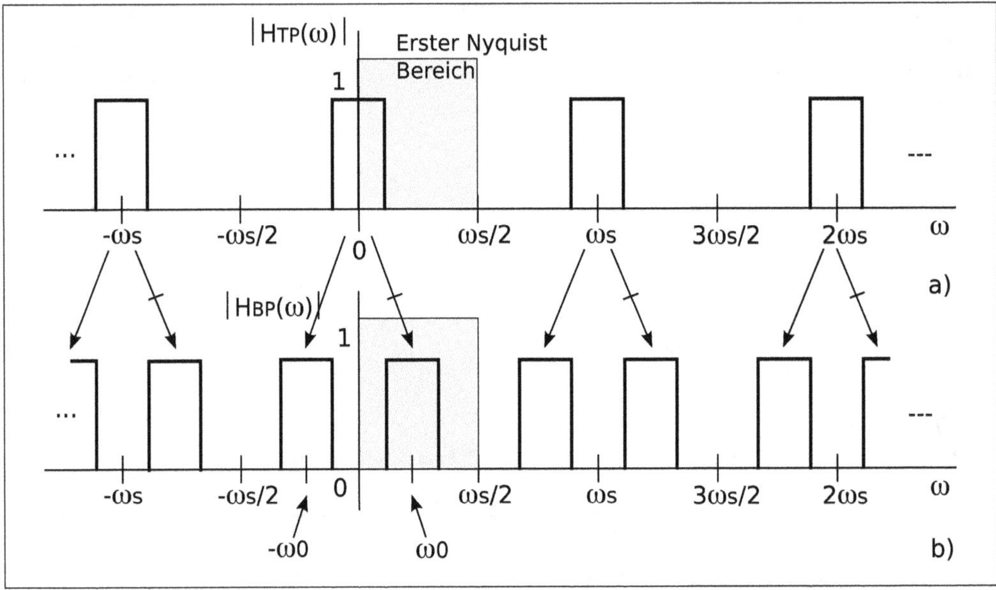

Abb. 4.27: Die Frequenzverschiebungen der DTFT eines TP-Filters, um einen BP-Filter zu erhalten

```
% Skript TP_BP_1.m, in dem gezeigt wird, wie mit
% Frequenzverschiebung aus einem TP- ein BP-Filter
% erzeugt wird
clear;
% ------- TP-Filter
nord = 128;
fcr = 0.1;                    % Relative Durchlassfrequenz
hTP = fir1(nord, fcr*2);      % Einheitspulsantwort des TP-Filters
% ------- BP-Filter
f0 = 0.2;                     % Relative Mittenfrequenz
hBP = 2*cos(2*pi*f0*(0:nord)).*hTP; % Einheitspulsantwort des
                                    % BP-Filters
% ------- Frequenzgänge
%[HTP, w] = freqz(hTP, 1, 'whole');     % Frequenzgang
%[HBP, w] = freqz(hBP, 1, 'whole');
[HTP, w] = freqz(hTP, 1);      % Frequenzgang im ersten
[HBP, w] = freqz(hBP, 1);      % Nyquist-Bereich
```

```
figure(1);      clf;
subplot(211), plot(w/(2*pi), 20*log10(abs(HTP)));
   title('Amplitudengang des FIR-TP-Filters in dB');
   xlabel(['Relative Frequenz f/fs ( fc/fs = ',num2str(fcr),...
    ' )']);    grid on;
subplot(212), plot(w/(2*pi), 20*log10(abs(HBP)));
   title('Amplitudengang des FIR-BP-Filters in dB');
   xlabel(['Relative Frequenz f/fs ( Mittenfrequenz  f0 / fs = ',...
      num2str(f0),' )']);    grid on;
```

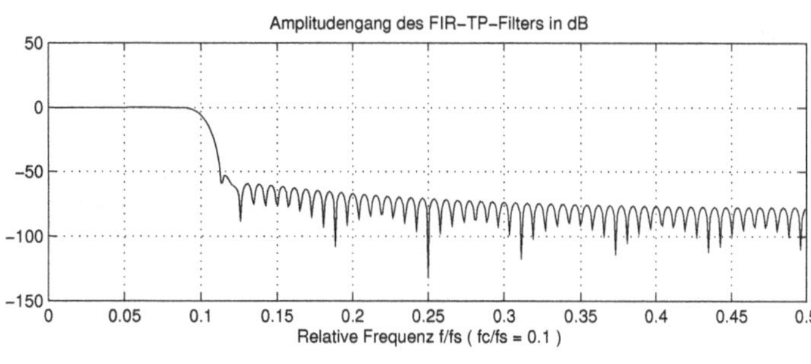

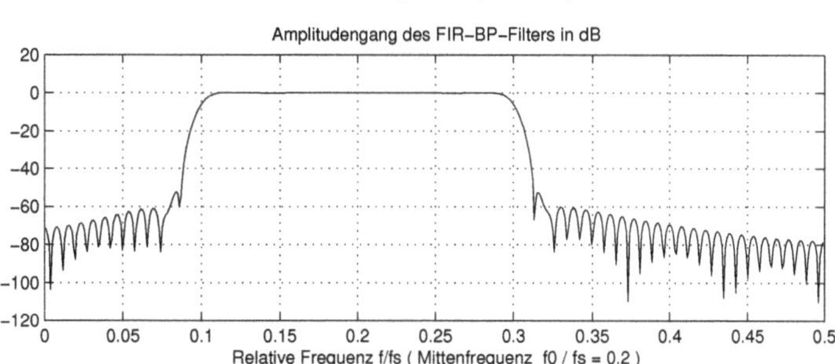

Abb. 4.28: Frequenzgänge des TP- und BP-Filters im ersten Nyquist-Bereich (TP_BP_1.m)

Abb. 4.28 zeigt die Frequenzgänge des TP- und des BP-Filters im ersten Nyquist-Bereich und in Abb. 4.29 sind dieselben Frequenzgänge im Bereich $0 \leq \omega \leq \omega_s$ dargestellt.

Dem Leser wird empfohlen die Skripte zu erweitern und auch die entsprechenden Einheitspulsantworten darzustellen. In dem Skript `TP_BP_2.m` (das hier nicht abgedruckt ist) werden auch die Einheitspulsantworten für das letzte Beispiel dargestellt (Abb. 4.30).

In MATLAB gibt es Funktionen für die Entwicklung verschiedener Typen von Filtern, so dass die gezeigten Beispiele eigentlich didaktischen Charakter haben, um den Umgang mit der DTFT zu verstehen.

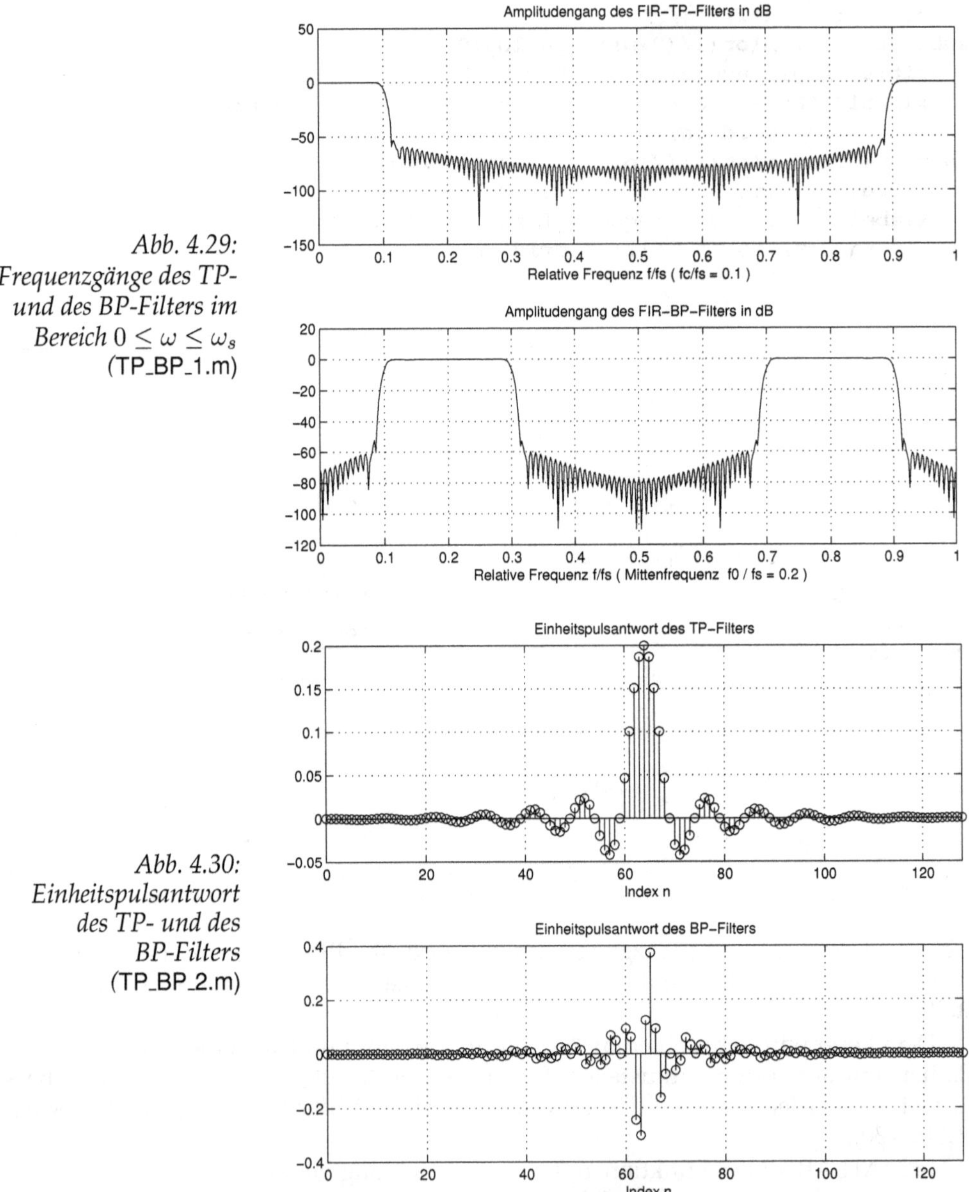

Abb. 4.29: Frequenzgänge des TP- und des BP-Filters im Bereich $0 \leq \omega \leq \omega_s$ (TP_BP_1.m)

Abb. 4.30: Einheitspulsantwort des TP- und des BP-Filters (TP_BP_2.m)

4.3 Frequenzgang der zeitdiskreten LTI-Systeme

Die Antwort $y[nT_s]$ eines zeitdiskreten LTI-Systems der Einheitspulsantwort oder Impulsantwort $h[nT_s]$ auf eine Anregung $x[nT_s]$ ist durch folgende Faltung gegeben:

$$y[nT_s] = x[nT_s] * h[nT_s] \tag{4.70}$$

Gemäß Eigenschaft Pos. 5 aus Tabelle 4.2 entspricht der Faltung im Zeitbereich eine Multiplikation im Frequenzbereich:

$$Y(e^{j\omega T_s}) = X(e^{j\omega T_s})\, H(e^{j\omega T_s}) \tag{4.71}$$

Hier sind $Y(e^{j\omega T_s})$, $X(e^{j\omega T_s})$ und $H(e^{j\omega T_s})$ die DTFT der Sequenzen $y[nT_s]$, $x[nT_s]$ und $h[nT_s]$. Aus dieser Gleichung erhält man den Frequenzgang $H(e^{j\omega T_s})$ des Systems:

$$H(e^{j\omega T_s}) = \frac{Y(e^{j\omega T_s})}{X(e^{j\omega T_s})} \tag{4.72}$$

Der Betrag $|H(e^{j\omega T_s})|$ bildet den Amplitudengang und der Winkel $\theta_H(\omega)$ dieser komplexen Funktion stellt den Phasengang dar:

$$H(e^{j\omega T_s}) = |H(e^{j\omega T_s})|\, e^{j\theta_H(\omega)} \tag{4.73}$$

Wenn die Anregung eine komplexe Exponentialfunktion ist

$$x[nT_s] = \hat{x}\, e^{j\omega n T_s} = \hat{x}\big(\cos(\omega T_s) + j\sin(\omega T_s)\big), \quad \text{mit} \quad \omega < \omega_s/2 \tag{4.74}$$

dann ist die Antwort im stationären Zustand auch eine komplexe Exponentialfunktion:

$$y[nT_s] = \hat{y}\, e^{j(\omega n T_s + \phi_y)} = \hat{y}\, e^{j\phi_y} e^{j\omega n T_s} = \hat{y}\big(\cos(\omega T_s + \phi_y) + j\sin(\omega T_s + \phi_y)\big) \tag{4.75}$$

Die DTFT der Anregung und die der Antwort sind durch den Frequenzgang verbunden (Gl. (4.71)):

$$\hat{y}\, e^{j\phi_y}\, \mathcal{DTFT}\{e^{j\omega n T_s}\} = \hat{x}\, \mathcal{DTFT}\{e^{j\omega n T_s}\}\, H(e^{j\omega T_s}) \tag{4.76}$$

Die DTFT's der Exponentialfunktionen links und rechts kürzen sich und es bleibt:

$$\begin{aligned} \frac{\hat{y}}{\hat{x}} &= A(\omega) = |H(e^{j\omega T_s})| \\ \phi_y(\omega) &= \text{Winkel}\{H(e^{j\omega T_s})\} = \theta_H(\omega) \end{aligned} \tag{4.77}$$

Daraus folgt auch eine physikalische Interpretation des komplexen Frequenzgangs. Der Betrag zeigt das Verhältnis der Amplituden der Ausgangs- und Anregungssequenz im stationären Zustand und der Winkel des komplexen Frequenzgangs stellt die Phasenverschiebung der Ausgangssequenz relativ zur Anregungssequenz dar. Somit spielt für diese Interpretation nur der erste Nyquist-Bereich eine Rolle.

Die Antwort (Ausgang) kann auch im nichtperiodischen Fall über die inverse DTFT berechnet werden:

$$y[nT_s] = \frac{1}{2\pi} \int_{-\omega_s/2}^{\omega_s/2} X(e^{j\omega T_s}) H(e^{j\omega T_s}) d\omega \tag{4.78}$$

Diese Antwort entspricht einem LTI-System, mit Anfangsbedingungen gleich null.

4.3.1 Die z-Transformation der Differenzengleichungen

Die z-Transformation ist ein weit verbreitetes Werkzeug zur Analyse von zeitdiskreten Sequenzen [19], [20]. Im Kontext dieses Buches wird die z-Transformation eigentlich nur zur vereinfachten Darstellung der rationalen Übertragungsfunktionen $H(e^{j\omega T_s})$, die sich aus linearen Differenzengleichungen ergeben, benutzt.

Für eine Sequenz $x[nT_s]$ ist die z-Transformation durch folgende Summe definiert:

$$\mathcal{Z}x[nT_s] = X(z) = \sum_{n=-\infty}^{\infty} x[nT_s]\, z^{-n} \tag{4.79}$$

Hier ist $z = re^{j\omega T_s}$ eine komplexe Variable. Wenn $r = 1$ ist beschreibt diese Variable den Einheitskreis in der komplexen Ebene und die z-Transformation ist die DTFT der Sequenz, sofern die Summe für $r = 1$ konvergiert.

Für zeitdiskrete Sequenzen mit begrenzter Länge, wie sie im Weiteren benutzt werden und für Differenzengleichungen sind die Bedingungen für die Konvergenz dieser Summe immer erfüllt und werden nicht mehr diskutiert.

Zwei wichtige Eigenschaften werden bei der Darstellung der Differenzengleichungen über die Z-Transformation benutzt:

1) Linearität: Wenn $X_1(z) = \mathcal{Z}(x_1[nT_s])$ und $X_2(z) = \mathcal{Z}(x_2[nT_s])$, dann ist

$$\mathcal{Z}(a\, x_1[nT_s] + b\, x_2[nT_s]) = a\, X_1(z) + bX_2(z) \tag{4.80}$$

2) Zeitverschiebung: Die z-Transformation einer zeitverschobenen Sequenz $x[(n-m)T_s]$ ist:

$$\mathcal{Z}\{x[(n-m)T_s]\} = z^{-m}X(z) \tag{4.81}$$

Die zweite Eigenschaft ergibt sich aus der Definition:

$$\begin{aligned}\mathcal{Z}\{x[(n-m)T_s]\} &= \sum_{n=-\infty}^{\infty} x[(n-m)T_s]\, z^{-n} \quad \text{mit} \quad p = n-m \quad \text{wird}\\ \mathcal{Z}\{x[(n-m)T_s]\} &= \sum_{p=-\infty}^{\infty} x[pT_s]\, z^{-m}z^{-p} = z^{-m}\sum_{p=-\infty}^{\infty} x[pT_s]z^{-p} = z^{-m}X(z)\end{aligned} \tag{4.82}$$

Die z-Transformierte einer Differenzengleichung der Form

$$\sum_{k=0}^{N} a_k\, y[(n-k)T_s] = \sum_{k=0}^{M} b_k\, x[(n-k)T_s] \tag{4.83}$$

wird zu

$$Y(z)\sum_{k=0}^{N} a_k z^{-k} = X(z)\sum_{k=0}^{M} b_k z^{-k} \tag{4.84}$$

Die Übertragungsfunktion als Verhältnis der z-Transformierte des Ausgangs zur z-Transformierte des Eingangs wird damit zu:

$$H(z) = \frac{Y(z)}{X(z)} = \frac{\sum_{k=0}^{M} b_k z^{-k}}{\sum_{k=0}^{N} a_k z^{-k}} \tag{4.85}$$

Im nächsten Abschnitt wird gezeigt, dass man mit $z = e^{j\omega T_s}$ die DTFT der Sequenzen erhält und $H(z)$ geht in den komplexen Frequenzgang über $H(z) \to H(e^{j\omega T_s})$.

4.3.2 Frequenzgang für LTI-Systeme beschrieben durch Differenzengleichungen

Viele zeitdiskrete LTI-Systeme können als Modelle für praktische Anwendungen eingesetzt werden. Von besonderem Interesse sind die LTI-Systeme beschrieben durch lineare Differenzengleichungen mit konstanten Koeffizienten:

$$\begin{aligned} &\sum_{k=0}^{N} a_k\, y[(n-k)T_s] = \sum_{k=0}^{M} b_k\, x[(n-k)T_s] \qquad \text{oder} \\ &y[nT_s] = \frac{1}{a_0}\left\{-\sum_{k=1}^{N} a_k\, y[(n-k)T_s] + \sum_{k=0}^{M} b_k\, x[(n-k)T_s]\right\} \end{aligned} \tag{4.86}$$

Wenn man hier beide Seiten Fourier-transformiert (DTFT) und dabei die Eigenschaft Pos. 2 aus Tabelle 4.2 beachtet

$$\mathcal{F}\{y[(n-k)T_s]\} = e^{-j\omega k T_s} Y(e^{j\omega T_s}), \tag{4.87}$$

so erhält man:

$$\sum_{k=0}^{N} a_k\, e^{-j\omega k T_s} Y(e^{j\omega T_s}) = \sum_{k=0}^{M} b_k\, e^{-j\omega k T_s} X(e^{j\omega T_s}) \tag{4.88}$$

Daraus wird der komplexe Frequenzgang ermittelt:

$$H(e^{j\omega T_s}) = \frac{Y(e^{j\omega T_s})}{X(e^{j\omega T_s})} = \frac{\sum_{k=0}^{M} b_k\, e^{-j\omega k T_s}}{\sum_{k=0}^{N} a_k\, e^{-j\omega k T_s}} \qquad \text{oder} \quad H(e^{j\omega T_s}) = H(z)\Big|_{z=e^{j\omega T_s}} \tag{4.89}$$

Wie alle DTFTs ist der komplexe Frequenzgang auch periodisch mit der Periode $\omega_s = 2\pi f_s$. Man muss somit nur eine Periode betrachten mit $0 \leq \omega \leq \omega_s$ oder mit $-\omega_s/2 \leq \omega \leq \omega_s/2$.

In der Signalverarbeitung werden digitale Filter, die als LTI-Systeme mit Hilfe von Differenzengleichungen beschrieben werden können, in zwei Kategotien eingeteilt. Wenn mit Ausnahme von $a_0 \neq 0$ alle Koeffizienten der Differenzengleichung a_k für $k \neq 0$ null sind, so besitzen diese Filter eine zeitlich beschränkte Einheitspulsantwort (Impulsantwort) und werden als FIR-Filter (*Finite-Impulse-Responce*) bezeichnet.

Im anderen Fall ($a_k \neq 0$) ist die Einheitspulsantwort des Systems zeitlich unbeschränkt und die Filter werden als IIR-Filter (*Infinite-Impulse-Responce*) bezeichnet.

Eine weitere Bezeichnungssystematik ist folgende: FIR-Filter werden auch als MA-Systeme (*Moving-Average*) bezeichnet. Wenn alle Koeffizienten b_k null sind mit Ausnahme von $b_0 \neq 0$, dann stellt die Differenzengleichung ein AR-System (*Auto-Regressive*) dar. Die allgemeine Form der Differenzengleichung beschreibt ein ARMA-System (*Auto-Regressive-Moving-Average*).

Die Übertragungsfunktion $H(z)$ nimmt folgende Form an wenn $N = M$:

$$H(z) = \frac{Y(z)}{X(z)} = \frac{\sum_{k=0}^{N} b_k\, z^{-k}}{\sum_{k=0}^{N} a_k\, z^{-k}} = \frac{b_0}{a_0} \cdot \frac{(z-z_1)(z-z_2)\ldots(z-z_N)}{(z-p_1)(z-p_2)\ldots(z-p_N)} \tag{4.90}$$

Hier sind die Werte $z_1,\ z_2, \ldots,\ z_N$ die Nullstellen der Funktion $H(z)$. Wenn die Variable z diese Werte einnimmt, dann ist die Funktion $H(z)$ null. Die Werte $p_1,\ p_2, \ldots,\ p_N$ bilden die Polstellen der Übertragungsfunktion, die jetzt unendlich groß wird, wenn die Variable z diese Werte einnimmt. Die Anzahl der Pole N bestimmt auch die Ordnung des Systems.

Wenn $M \neq N$ ist, z.B. $M > N$, dann wird die Funktion $H(z)$ wie folgt geschrieben:

$$H(z) = \frac{Y(z)}{X(z)} = \frac{\sum_{k=0}^{M} b_k\, z^{-k}}{\sum_{k=0}^{N} a_k\, z^{-k}} \cdot \frac{z^M}{z^M} = \frac{b_0 z^M + b_1 z^{M-1} + \cdots + b_M}{(a_0 z^N + b_1 z^{N-1} + \cdots + a_N) z^{M-N}} \tag{4.91}$$

Es gibt jetzt M Nullstellen und M Polstellen, wobei davon $M - N$ Polstellen gleich null sind. Ähnlich kann man den Fall $N > M$ betrachten. Dann erhält man N Pole und N Nullstellen von denen $N - M$ gleich null sind.

Für reelle Koeffizienten der Differenzengleichung müssen die Null- und Polstellen, wenn sie komplex sind, in Form von konjugiert komplexen Paaren vorkommen.

Die komplexe Variable $z = re^{j\omega T_s}$ kann die ganze komplexe Ebene durchlaufen und bildet für den Betrag der Funktion $H(z)$ eine "Gebirgslandschaft" mit tiefen "Tälern" an den Stellen der Nullstellen und hohen "Spitzen" an den Polstellen.

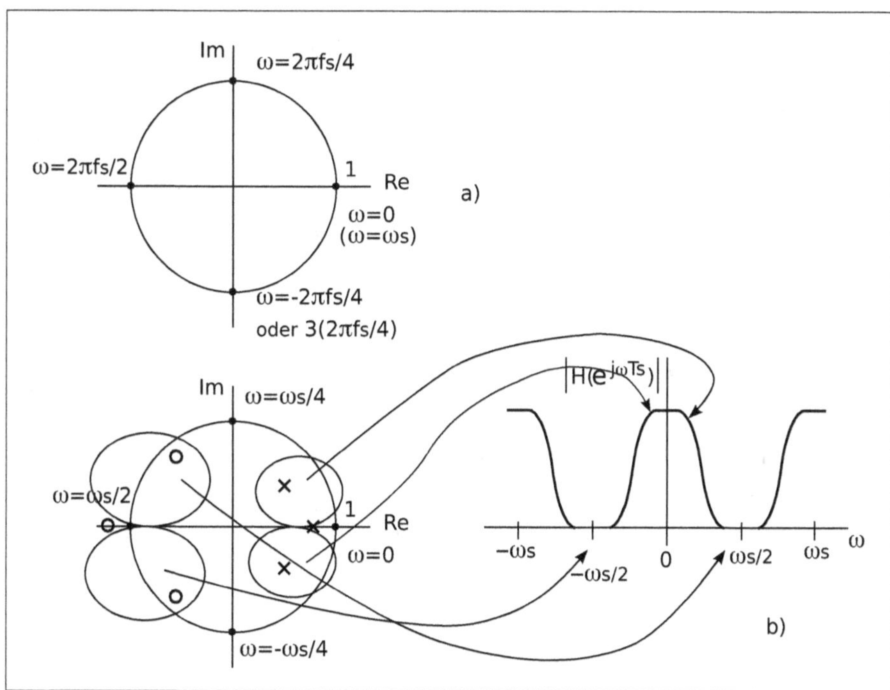

Abb. 4.31: a) Die Variable $z = e^{j\omega T_s}$ in der komplexen Ebene b) Platzierung der Pole und Nullstellen für ein Tiefpassfilter

Die Werte $z = e^{j\omega T_s}$ beschreiben den Einheitskreis ($r = 1$) und somit ist der komplexe Frequenzgang durch die allgemeine Funktion $H(z)$ für $z = e^{j\omega T_s}$ entlang des Einheitskreises gegeben. Der Frequenzgang entspricht dem Schnitt der "Gebirgslandschaft" mit einem Zylinder mit Radius eins.

Das Frequenzverhalten des zeitdiskreten Systems kann durch die Platzierung der Null- und Polstellen in der komplexen Ebene beeinflusst werden.

Abb. 4.31a zeigt den Einheitskreis in der komplexen Ebene der Variable $z = r\, e^{j\omega T_s}$ für $0 \leq \omega \leq \omega_s$ und $r = 1$. Mit den Polen im ersten und vierten Quadranten wird die Gebirgslandschaft in der Umgebung der Frequenz $|\omega| = 0$ nach oben gezogen und mit den Nullstellen im dritten und vierten Quadranten wird dieselbe in der Umgebung der Frequenz $|\omega| = \omega_s/2$ nach unten gezogen. Der Schnitt mit dem Zylinder, dessen Radius eins ist, ergibt dann einen Frequenzgang mit einem Betrag, der in Abb. 4.31b skizziert ist.

Die Pole müssen für ein stabiles System im Einheitskreis liegen (siehe Kap. 2.7.2 Gl. (2.198)). Die Nullstellen können auch außerhalb liegen. Wenn auch die Nullstellen im Einheitskreis liegen, ist das System als minimalphasiges System definiert [20], [34].

Im Skript `H_3dplot_diskr_1.m` wird die Pol- Nullstellenplatzierung für ein elliptisches Bandpassfilter zusammen mit der Gebirgslandschaft ermittelt. Abb. 4.32 zeigt die Platzierung der Pole und Nullstellen für eine Bandbreite von $0,25f/f_s$ bis $0,35f/f_s$. Wenn man die Pole zählt, sind es $2 \times 7 = 14$ Pole in Form von 7 konjugiert

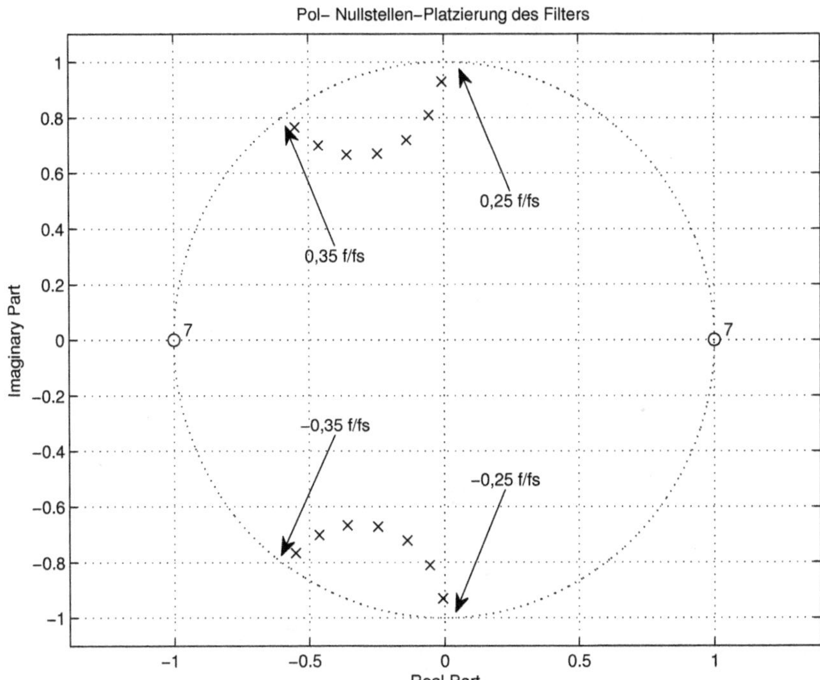

Abb. 4.32: Die Pol- Nullstellen Platzierung für das elliptische Bandpassfilter (H_3plot_diskr_1.m)

komplexen Paaren. Es gibt 7 Nullstellen bei $f/f_s = 0$ und weitere 7 Nullstellen bei $f/f_s = 0,5$.

Abb. 4.33 zeigt die Gebirgslandschaft und die Schnittstelle mit dem Zylinder mit Radius eins. Man erkennt die "Täler" wegen der Nullstellen bei $f/f_s = 0$ und bei $f/f_s = 0,5$ und die Spitzen wegen der Pole. Im Skript wird auch der resultierende Amplitudengang bzw. Phasengang ermittelt und dargestellt.

Der komplexe Frequenzgang gemäß Gl. (4.89) kann mit Hilfe der DFT ermittelt werden. Die Periode von 0 bis ω_s für die Frequenz wird mit N Werten diskretisiert:

$$\omega_n = n\frac{\omega_s}{N} = n\frac{2\pi f_s}{N} \qquad \text{mit} \qquad n = 0, 1, 2, \ldots, N-1 \tag{4.92}$$

Der Zähler $Z_h(e^{j\omega T_s})$ des komplexen Frequenzgangs $H(e^{j\omega T_s})$ kann jetzt für jeden dieser diskreten Frequenzwerte durch

$$Z_h(e^{j\omega_n T_s}) = \sum_{k=0}^{M} b_k\, e^{-j\frac{2\pi}{N}nf_skT_s} = \sum_{k=0}^{M} b_k\, e^{-j\frac{2\pi}{N}nk} \quad \text{weil} \quad f_sT_s = 1 \tag{4.93}$$

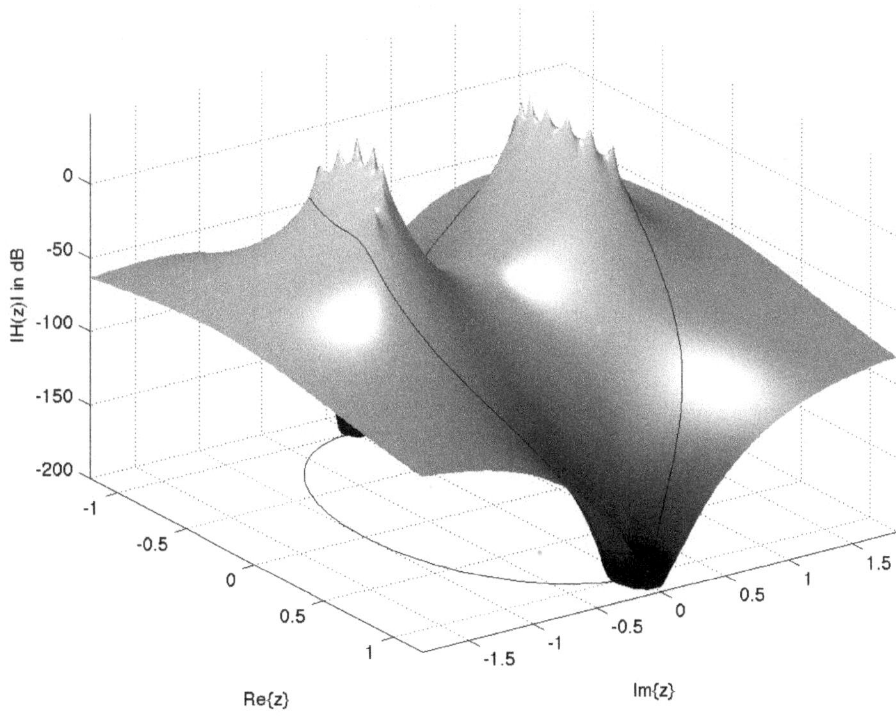

Abb. 4.33: Die "Gebirgslandschaft" der Funktion $|H(e^{j\omega T_s})|$ für das elliptische Bandpassfilter (H_3plot_diskr_1.m)

berechnet werden. Gewöhnlich ist $N >> M$ und man kann die Koeffizienten des Polynoms im Zähler b_k mit Nullwerten bis N erweitern ($k = 0, 1, 2, \ldots, N-1$), so dass der Zähler des komplexen Frequenzgangs über die DFT mit N Schtützstellen (oder Bins) berechnet werden kann:

$$Z_h(e^{j\omega_n T_s}) = \sum_{k=0}^{N-1} b_k\, e^{-j\frac{2\pi}{N}nk} \qquad k, n = 0, 1, 2, \ldots, N-1 \tag{4.94}$$

Ähnlich wird auch der Nenner $N_h(e^{j\omega T_s})$ des komplexen Frequenzgangs $H(e^{j\omega T_s})$ für die diskreten Frequenzen ω_n ermittelt:

$$N_h(e^{j\omega_n T_s}) = \sum_{k=0}^{N-1} a_k\, e^{-j\frac{2\pi}{N}nk} \qquad k, n = 0, 1, 2, \ldots, N-1 \tag{4.95}$$

Die Koeffizienten des Nenners a_k wurden ebenfalls mit Nullwerten bis zu der Anzahl N erweitert ($k = 0, 1, 2, \ldots, N-1$). Durch elementweise Division des komplexen Zählers mit dem komplexen Nenner erhält man den komplexen Frequenzgang.

Weil die MATLAB-Funktion **fft** die Erweiterung mit Nullwerten automatisch durchführt, wenn die Sequenz kürzer als die gewählte Anzahl von Stützstellen (Bins) ist, kann man den komplexen Frequenzgang in MATLAB einfach berechnen.

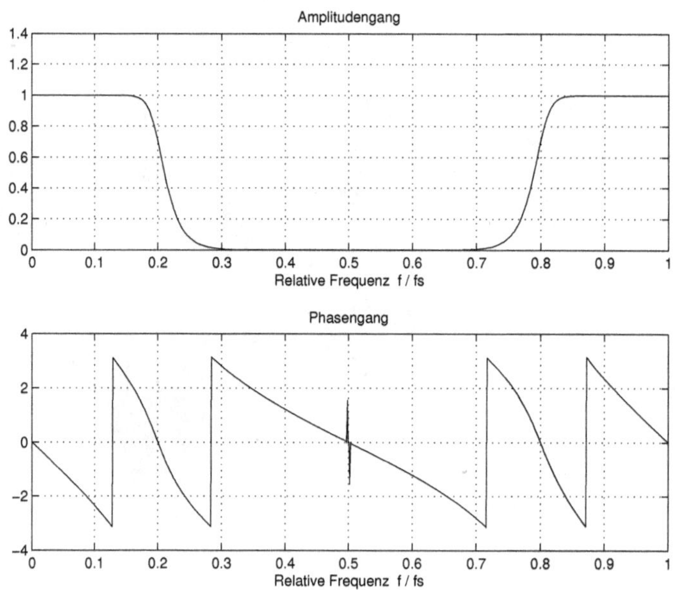

*Abb. 4.34: Frequenzgang eines IIR-Filters über die DFT ermittelt (*kompl_freq_dft.m)

Ein kleines Skript `kompl_freq_dft.m` zeigt wie man mit Hilfe der DFT des Zählers und des Nenners den komplexen Frequenzgang eines IIR-Filters ermitteln kann. Abb. 4.34 zeigt diesen Frequenzgang.

```
% Skript kompl_freq_dft.m, in dem der komplexe Frequenzgang
% über die DFT ermittelt wird
clear;
% ------- Zeitdiskrtes LTI-System in Form eines IIR-Filters
nord = 8;           fr = 0.2;
[b, a] = butter(nord, fr*2);    % Butterworth-TP-Filter
% ------- Frequenzgang
N = 1024;
Zh = fft(b, N);         % Komplexer Zähler
Nh = fft(a, N);         % Komplexer Nenner
H = Zh./Nh;             % Komplexer Frequenzgang
figure(1);      clf;
subplot(211), plot((0:N-1)/N, abs(H));    % Amplitudengang
title('Amplitudengang');     xlabel('Relative Frequenz  f / fs');
grid on;
subplot(212), plot((0:N-1)/N, angle(H));    % Amplitudengang
title('Phasengang');         xlabel('Relative Frequenz  f / fs');
grid on;
```

Die Funktion **butter** liefert im Vektor `b` und im Vektor `a` die Koeffizienten eines IIR-Tiefpass-Filters der Ordnung `nord = 8`, was zu je 9 Koeffizienten für b_k und a_k führt.

4.3.3 Zeitdiskrete Simulation zeitkontinuierlicher LTI-Systeme

Es wird ein zeitkontinuierliches LTI-System mit Anregung $x(t)$ und Antwort $y(t)$ angenommen. Gewünscht ist ein zeitdiskretes LTI-System mit Anregung $x[nT_s]$ und Antwort $y[nT_s]$ so dass

$$\text{wenn } x[nT_s] = x(nT_s) \quad \text{dann} \quad y[nT_s] = y(nT_s) \tag{4.96}$$

Diese Bedingung im Zeitbereich führt zu folgende Bedingung im Frequenzbereich:

$$H_c(j\omega) = H_d(e^{j\omega T_s}) \tag{4.97}$$

Sie kann nur annähernd erfüllt sein, weil $H_c(j\omega)$ als komplexer Frequenzgang des zeitkontinuierlichen Systems nicht periodisch ist und der komplexe Frequenzgang $H_d(e^{j\omega T_s})$ des zeitdiskreten Systems periodisch mit der Periode ω_s ist.

Wenn die Anregung $x(t)$ bandbegrenzt ist, dann kann man für den Frequenzbereich $-\omega_s/2 \leq \omega \leq \omega_s/2$ eine gute Annäherung erzielen.

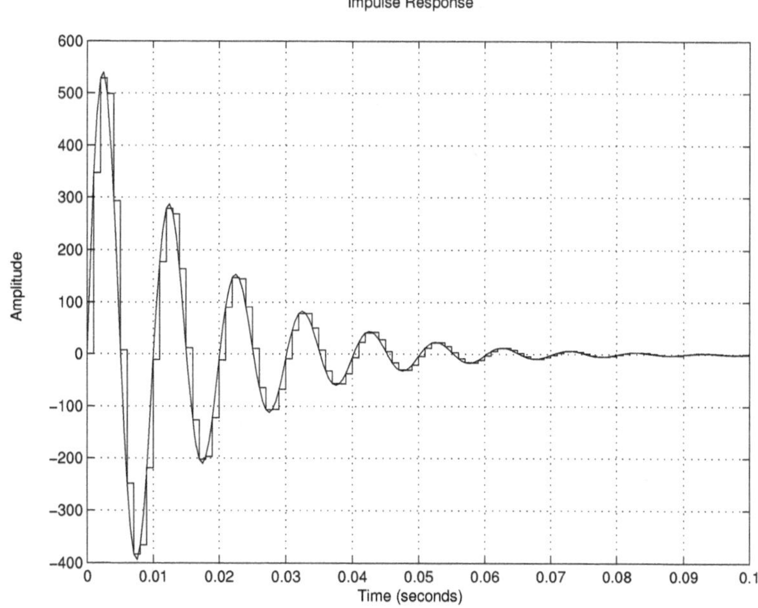

Abb. 4.35: Impulsantwort des zeitkontinuierlichen Systems und die Impulsantwort des zeitdiskreten Systems (kont_diskret_1.m)

Im Skript kont_diskret_1.m ist die Umwandlung eines zeitkontinuierlichen Systems 2. Ordnung in ein zeitdiskretes System basierend auf zwei Verfahren programmiert.

Das erste ist das Verfahren der Impulsinvarianz, bei dem das zeitdiskrete System zu den Abtastzeitpunkten dieselben Werte der Impulsantwort hat wie das zeitkontinuierliche System. Das zweite Verfahren arbeitet im Frequenzbereich und bildet über die so genannte bilineare Transformation $z = (1 + s)/(1 - s)$ die komplexe Variable s der Laplace-Transformation zeitkontinuierlicher Systeme in die Variable z der z-Transformation zeitdiskreter Systeme ab. Beide Verfahren werden häufig angewendet und sind ausführlich in der Literatur beschrieben [19], [31].

```
% Skript kont_diskret_1.m, in dem eine Transformation
% eines zeitkontinuierlichen Systems in ein
% zeitdiskretes System untersucht wird
clear;
% ------- Zeitkontinuierliches System 2. Ordnung
f0 = 100;              omega_0 = f0*2*pi;
zeta = 0.2;
b = 1;
a = [1/(omega_0^2), zeta/omega_0, 1];
nf = 1000;
[Hc, w] = freqs(b, a, 2*pi*(0:f0/100:10*f0));
figure(1);
subplot(211), plot(w/(2*pi), 20*log10(abs(Hc)));
   title('Amplitudengang des zeitkontinuierlichen Systems');
   xlabel('Hz');     grid on;
subplot(212), plot(w/(2*pi), angle(Hc));
   title('Phasengang des zeitkontinuierlichen Systems');
   xlabel('Hz');     grid on;
% ------- Zeitdiskretes System über Impulseinvarianz
sc = ss(tf(b, a)); % Zustandsmodell des
                   % zeitkontinuierlichen Systems
Ts = 1/1000;           fs = 1/Ts
sd = c2d(sc, Ts, 'impulse');
figure(2);    clf;
impulse(sc, sd);
   grid on;
[bd, ad] = ss2tf(sd.a, sd.b, sd.c, sd.d ,1)  % tf-Form
% ------- Zeitdiskretes System über Bilineare-Transformation
sd1 = c2d(sc, Ts, 'tustin');
figure(3);    clf;
impulse(sc, sd1/Ts);
   grid on;
[bd1, ad1] = ss2tf(sd.a, sd.b, sd.c, sd.d ,1)% tf-Form
% ------- Frequenzgänge
[Hc, w] = freqs(b, a, 2*pi*(0:f0/100:fs));
[Hd, wd] = freqz(bd, ad, 2*pi*(0:f0/100:fs)/fs);
[Hd1, wd1] = freqz(bd1, ad1, 2*pi*(0:f0/100:fs)/fs);
figure(4);    clf;
```

```
plot(w/(2*pi*fs), 20*log10(abs(Hc)));
  hold on;
plot(wd/(2*pi), 20*log10(abs(Hd)*Ts), 'r');
plot(wd1/(2*pi), 20*log10(abs(Hd1)*Ts), 'k');
  hold off;
  title('Amplitudengänge der Systeme')
  xlabel('Relative Frequenz f/fs');   grid on;
```

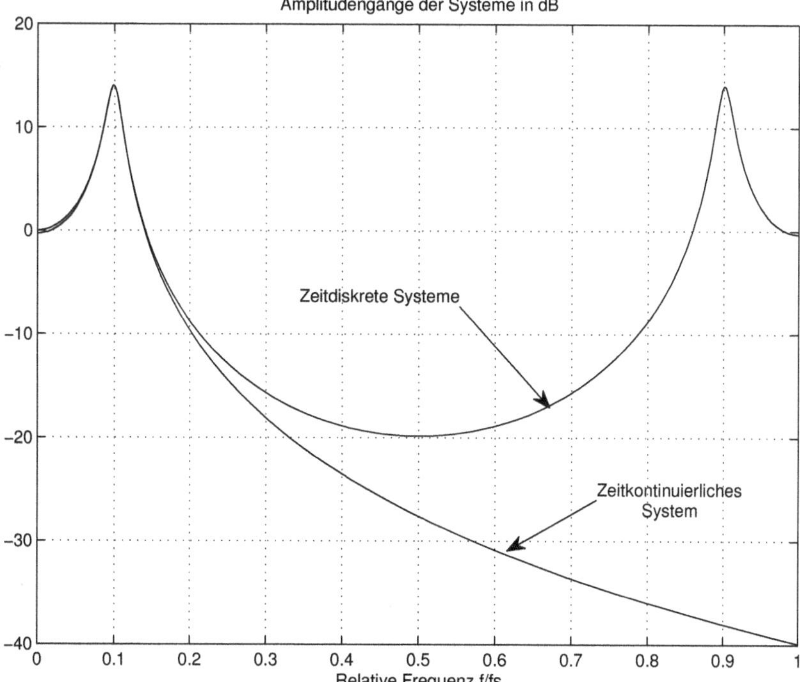

Abb. 4.36: Amplitudengänge der zeitdiskreten Systeme und des zeitkontinuierlichen Systems (kont_diskret_1.m)

Die Verfahren werden im MATLAB über die Funktion **c2d** implementiert. In Abb. 4.35 ist ersichtlich, dass beim Verfahren der Impulsinvarianz die Impulsantwort des zeitdiskreten Systems der Impulsantwort des zeitkontinuierlichen Systems entspricht.

In Abb. 4.36 sind die zwei Amplitudengänge der zeitdiskreten Systeme, die mit dem Verfahren der Impulsinvarianz und dem Verfahren der bilinearen Transformation entwickelt wurden, zusammen mit dem Amplitudengang des zeitkontinuierlichen Systems dargestellt. Die Annäherung ist nur am Anfang für $\omega << \omega_s/2$ oder in relativen Frequenzen für $f/f_s << 1/2$ sehr gut. Die Abweichung entsteht wegen der Periodizität des Frequenzgangs der zeitdiskreten Systeme.

Dem Leser wird empfohlen, das Skript so zu erweitern, dass auch die Phasengänge dargestellt werden.

In MATLAB gibt es eine zweite Funktion **bilinear** zum Einsatz des Verfahrens der bilinearen Transformation, die im Skript `analog_digital_1.m` zur Umwandlung eines Analogfilters (Typ Butterworth) in ein Digitalfilter benutzt wird:

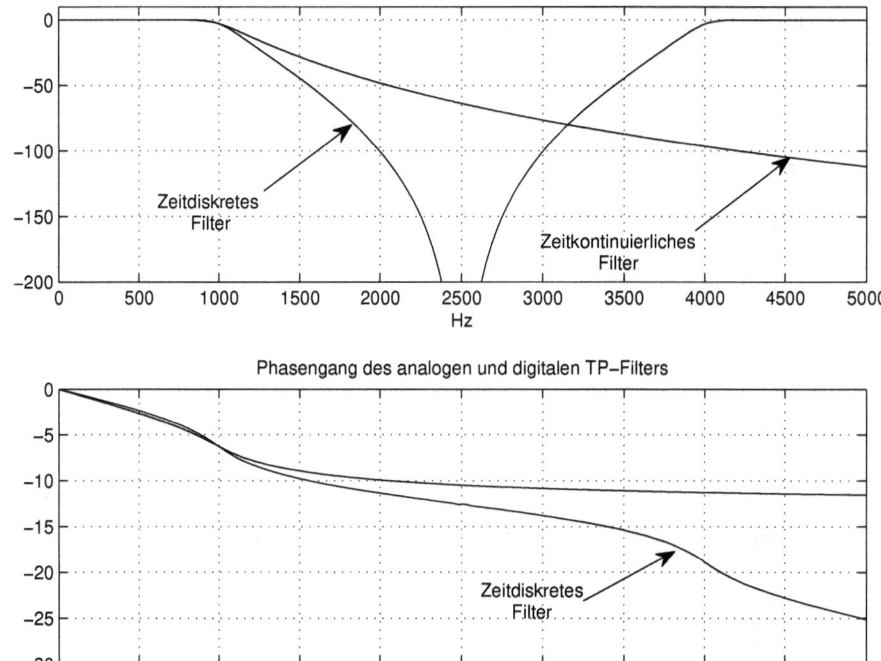

Abb. 4.37: Frequenzgänge des zeitdiskreten und des zeitkontinuierlichen Filters (analog_digital_1.m)

```
% Skript analog_digital_1.m, in dem die Transformation
% Analog-Digital untersucht wird
clear;
% ------- Analogfilter
nord = 8;       fc = 1000;    % Ordnung und Durchlassfrequenz des Filters
[b, a] = butter(nord, 2*pi*fc, 's');      % Analogfilter
% ------- Umwandlung mit bilinear
fs = 5000;
[bd, ad] = bilinear(b, a, fs, fc);        % Digitalfilter
% ------- Frequenzg?nge
[Ha, w] = freqs(b,a,2*pi*[0:fs]);       % Frequenzgang des Analogfilters
nf = 1000;
[Hd, f] = freqz(bd,ad,nf,'whole',fs);% Frequenzgang des Digitalfilters
..............................
```

```
figure(4);      clf;
subplot(211), plot(w/(2*pi),20*log10(abs(Ha)),f,20*log10(abs(Hd)),'r');
title(['Amplitudengang des analogen und digitalen Butterworth', ...
        ' TP-Filters in dB'])
xlabel('Hz'); grid on;    axis tight;
La = axis;      axis([La(1:2), -200, 10]);
subplot(212), plot(w/(2*pi), unwrap(angle(Ha)), f, ...
    unwrap(angle(Hd)),'r');
title('Phasengang des analogen und digitalen TP-Filters')
xlabel('Hz'); grid on;
```

Mit der Frequenz `fc` wird in der Funktion **`bilinear`** die Frequenz angegeben, bei der die zwei Amplitudengänge des zeitdiskreten und des zeitkontinuierlichen Filters gleich sein müssen.

Abb. 4.37 zeigt die Frequenzgänge des zeitdiskreten und des zeitkontinuierlichen Filters, wobei die Amplitudengänge in dB dargestellt sind.

4.3.4 Verschaltung von zeitdiskreten LTI-Systemen

Abb. 4.38 zeigt die typischen Verschaltungen von zwei zeitdiskreten LTI-Systemen.

Die erste Struktur (Abb. 4.38a) entspricht der Reihenschaltung zweier LTI-Systeme. Es ist leicht zu zeigen, wie man das Ersatzsystem ermittelt:

$$H(z) = \frac{Y_2(z)}{X(z)} = \frac{Y_2(z)}{Y_1(z)} \cdot \frac{Y_1(z)}{X(z)} = H_1(z)\, H_2(z) \tag{4.98}$$

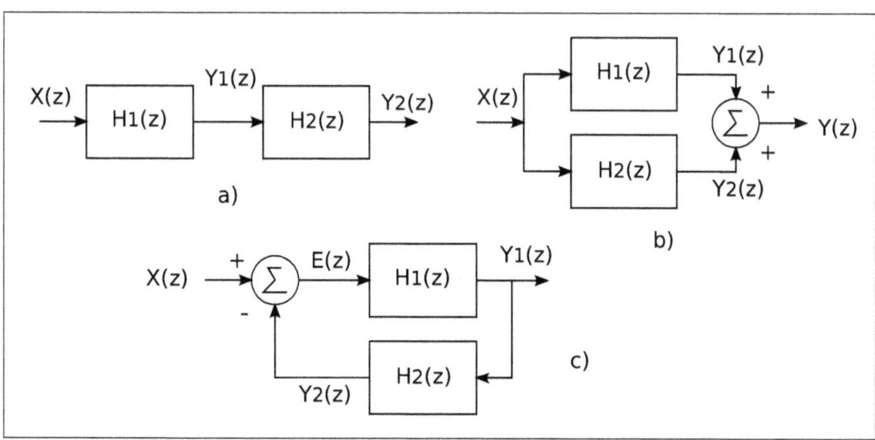

Abb. 4.38: Typische Zusammensetzungen von LTI-Systemen

Ähnlich wird das Ersatzsystem für die Parallelschaltung aus Abb. 4.38b ermittelt:

$$H(z) = \frac{Y(z)}{X(z)} = \frac{Y_1(z) + Y_2(z)}{X(z)} = \frac{Y_1(z)}{X(z)} + \frac{Y_2(z)}{X(z)} = H_1(z) + H_2(z) \tag{4.99}$$

Die letzte Struktur mit negativer Rückkopplung (*Negative Feedback*) ist in der Regelungstechnik oft vorhanden. Aus

$$Y_1(z) = E(z)\,H_1(z), \qquad Y_2(z) = Y_1(z)\,H_2(z), \qquad \text{und} \quad E(z) = X(z) - Y_2(z) \quad (4.100)$$

erhält man:

$$H(z) = \frac{Y_1(z)}{X(z)} = \frac{H_1(z)}{1 + H_1(z)\,H_2(z)} \quad (4.101)$$

Mit diesen einfachen Strukturen und den entsprechenden Verschaltungen kann man auch kompliziertere Strukturen vereinfachen.

In MATLAB gibt es zwei Konventionen zur Darstellung der zeitdiskreten Systeme. Die eine wird in der Signalverarbeitung eingesetzt und stellt die Übertragungsfunktionen $H(z)$ als rationale Funktion von z^{-1} mit einem Polynom $P(z^{-1})$ für den Zähler und mit einem Polynom $Q(z^{-1})$ für den Nenner dar:

$$H(z) \to H(z^{-1}) = \frac{P(z^{-1})}{Q(z^{-1})} \quad (4.102)$$

In der *Control System Toolbox* werden die Übertragungsfunktionen in Form von rationalen Funktionen von z benutzt:

$$H(z) = \frac{P(z)}{Q(z)} \quad (4.103)$$

Um die Funktionen der *Control System Toolbox* auch mit der Konvention aus der *Signal Processing Toolbox* zu benutzen, muss man die Polynome des Zählers und Nenners mit gleicher Anzahl Koeffizienten versehen. Als Beispiel sei die Übertragungsfunktion

$$H(z) = \frac{3 + 2,5z^{-1} + 1,6z^{-2}}{5 - 3,5z^{-1} + 1,2z^{-2} - 2,7z^{-4} + 4,7z^{-5}} \quad (4.104)$$

angenommen.

Die Funktionen der zwei Konventionen können benutzt werden, wenn die Koeffizienten des Polynoms im Zähler und im Nenner mit Nullwerten erweitert werden. In der MATLAB Syntax ist das:

$$b = [3,\ 2.5,\ 1.6,\ 0,\ 0,\ 0]$$

Die Koeffizienten des Nenners werden, wie folgt angegeben:

$$a = [5, -3.5,\ 1.2,\ 0, -2.7, 4.7]$$

Die korrekte Darstellung der Polynome der Übertragungsfunktion ist auch wichtig, wenn die Übertragungsfunktionen bei der Verschaltung multipliziert werden. Als Beispiel seien die Polynome:

$$P_1(z) = 1z^{-2} + 3z^{-4} \quad (4.105)$$

und

$$P_2(z) = 2 + 1z^{-2} + 5z^{-4} \tag{4.106}$$

Man muss folgende Form der Polynome annehmen und entsprechend die Koeffizienten angeben, um das korrekte Produkt zu erhalten:

$$\begin{aligned} P_1(z) &= 0 + 0z^{-1} + 1z^{-2} + 0z^{-3} + 3z^{-4} \\ P_2(z) &= 2 + 0z^{-1} + 1z^{-2} + 0z^{-3} + 5z^{-4} \end{aligned} \tag{4.107}$$

Mit den Koeffizienten `b1 = [0 0 1 0 3]` und `b2 = [2 0 1 0 5]` kann man das Produkt der Polynome mit der Funktion **conv** berechnen:

```
>> conv(b1,b2)
ans =      0     0     2     0     7     0     8     0    15
```

Den Lesern wird empfohlen das Ergebnis der Multiplikation der Polynome zu überprüfen.

4.3.5 Kanonische Strukturen von zeitdiskreten LTI-Systemen

Um die Struktur der zeitdiskreten Systeme, die mit Differenzengleichungen beschrieben sind, anschaulich darzustellen ist in Abb. 4.39a das Verspätungselement dargestellt. In Anlehnung an die z-Transformation mit der Eigenschaft der Verschiebung im Zeitbereich

$$\begin{aligned} \mathcal{Z}(y[nT_s]) &= Y(z) \\ \mathcal{Z}(y[(n-m)T_s]) &= z^{-m}Y(z) \qquad m > 0 \\ \mathcal{Z}(y[(n+m)T_s]) &= z^{m}Y(z) \qquad m > 0 \end{aligned} \tag{4.108}$$

wird das Verspätungselement im Bereich der z-Transformierten durch z^{-1} dargestellt, wie in Abb. 4.39b gezeigt.

Mögliche Strukturen zur Realisierung eines zeitdiskreten LTI-Systems sollen am Beispiel eines Systems 2. Ordnung mit der allgemeinen Übertragungsfunktion

$$H(z) = \frac{Y(z)}{X(z)} = \frac{b_0 + b_1 z^{-1} + b_2 z^{-2}}{1 + a_1 z^{-1} + a_2 z^{-2}} \tag{4.109}$$

dargestellt werden. Abb. 4.40a zeigt die direkte Form und Abb. 4.40b stellt die sogenannte erste kanonische Form dar [12]. Die kanonische Form ergibt sich aus einer anderen Art die Terme aus

$$Y(z) = -a_1 z^{-1}Y(z) - a_2 z^{-2}Y(z) + b_0 X(z) + b_1 z^{-1}X(z) + b_2 z^{-2}X(z) \tag{4.110}$$

zusammenzusetzen:

$$Y(z) = \{[-a_2 Y(z) + b_2 X(z)]z^{-1} + [-a_1 Y(z) + b_1 X(z)]\}z^{-1} + b_0 X(z) \tag{4.111}$$

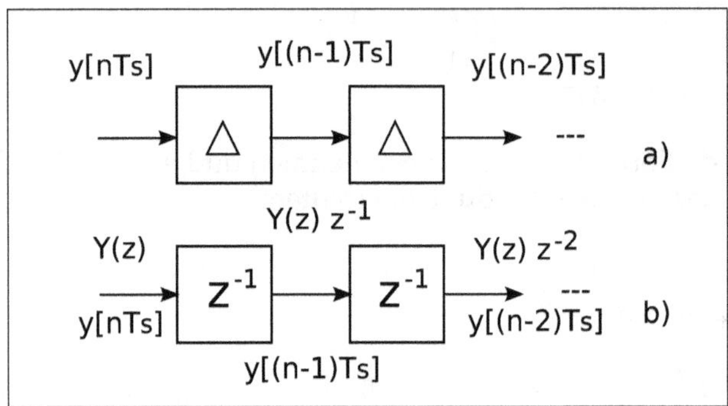

Abb. 4.39: Verspätungselement mit einer Abtastperiode

Aus dieser Form kann man auch ein Zustandsmodell ableiten. Dafür werden die Signale am Ausgang der Verzögerungsglieder $q_1[nT_s]$ und $q_2[nT_s]$ als Zustandsvariablen gewählt:

$$\begin{aligned} y[nT_s] &= q_1[nT_s] + b_0 x[nT_s] \\ q_1[(n+1)T_s] &= -a_1 y[nT_s] + q_2[nT_s] + b_1 x[nT_s] \\ &= -a_1 q_1[nT_s] + q_2[nT_s] + (b_1 - a_1 b_0)x[nT_s] \\ q_2[(n+1)T_s] &= -a_2 y[nT_s] + b_2 x[nT_s] = -a_2 q_1[nT_s] + (b_2 - a_2 b_0)x[nT_s] \end{aligned} \tag{4.112}$$

In Matrixform erhält man dann:

$$\begin{aligned} \mathbf{q}[(n+1)T_s] &= \begin{bmatrix} -a_1 & 1 \\ -a_2 & 0 \end{bmatrix} \mathbf{q}[nT_s] + \begin{bmatrix} b1 - a_1 b_0 \\ b2 - a_2 b_0 \end{bmatrix} x[nT_s] \\ y[nT_s] &= [1 \;\; 0]\mathbf{q}[nT_s] + b_0 x[nT_s] \end{aligned} \tag{4.113}$$

Der Vektor $\mathbf{q}[nT_s] = [q_1[nT_s] \;\; q_2[nT_s]]'$ enthält die zwei Zustandsvariablen dieses Systems zweiter Ordnung.

Nach dem Namen dieser Form ist zu erwarten, dass eine weitere Form existiert und zwar die zweite kanonische Form [12]. Sie basiert auf einer Zerlegung der Übertragungsfunktion in ein Produkt:

$$H(z) = \frac{Y(z)}{X(z)} = \frac{W(z)}{X(z)} \cdot \frac{Y(z)}{W(z)} = H_1(z) \cdot H_2(z) \tag{4.114}$$

Hier sind:

$$\begin{aligned} H_1(z) &= \frac{W(z)}{X(z)} = \frac{1}{1 + a_1 z^{-1} + a_2 z^{-2}} \\ H_2(z) &= \frac{Y(z)}{W(z)} = b_0 + b_1 z^{-1} + b_2 z^{-2} \end{aligned} \tag{4.115}$$

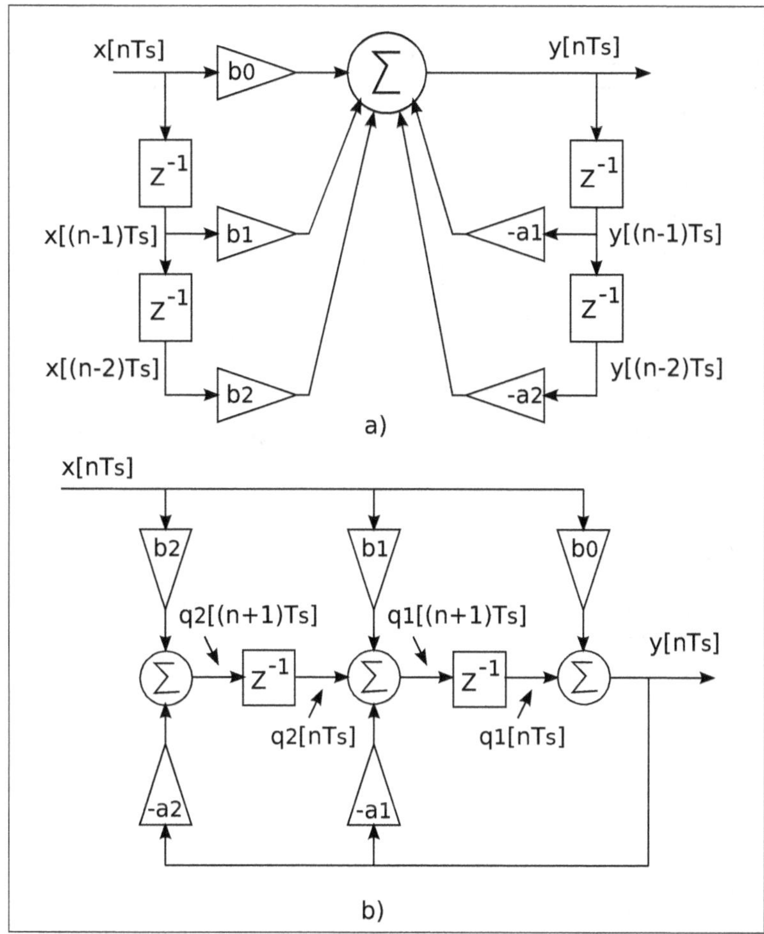

Abb. 4.40: Die direkte und die erste kanonische Form eines Systems zweiter Ordnung

Mit diesen Gleichungen kann man zuerst die Hilfsgröße $W(z) = H_1(z)X(z)$ als ein rekursives System implementieren (linker Teil der Abb. 4.41). Anschließend implementiert man die Größe $Y(z) = H_2(z)W(z)$ unter verwendung der Hilfsgröße $W(s)$ als nichtrekursives System (rechter Teil der Abb. 4.41). Da es in beiden Teilsystemen die Hilfsgröße $W(z)$ ist, die zu verzögern ist, können die Verzögerungsglieder der beiden Teilsysteme zusammengefasst werden und man erhält die 2. kanonische Form, wie in Abb. 4.41 dargestellt.

Diese neue Form ergibt auch ein neues Zustandsmodell [11].

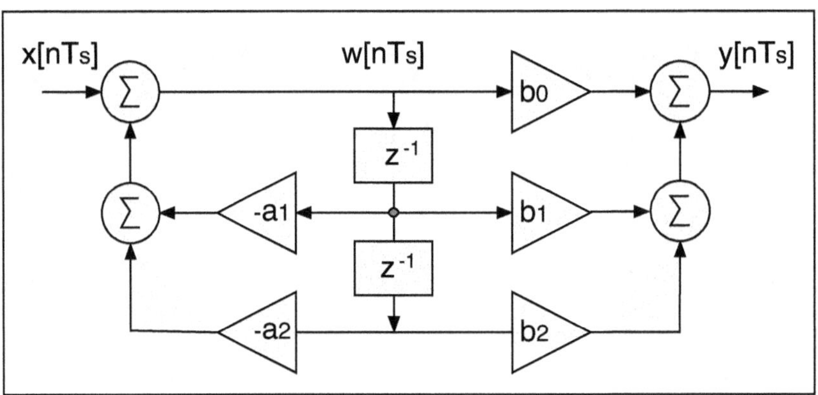

Abb. 4.41: Die zweite kanonische Form eines Systems zweiter Ordnung

4.4 Digitale Filter

Im Folgenden sollen die digitale Filter als LTI-Systeme etwas näher betrachtet werden und in zwei Kategorien eingeteilt werden: nichtrekursive Filter, die eine endliche Länge der Einheitspulsantwort oder Impulsantwort haben (FIR-Filter) und rekursive Filter, bei denen die Einheitspulsantwort oder Impulsantwort eine unendliche Ausdehnung haben kann (IIR-Filter).

Für Effekte, die durch Quantisierung der Filterkoeffizienten wegen beschränkter Wortlänge in Signalprozessoren entstehen können, wird auf die Literatur verwiesen [18].

4.4.1 FIR-Filter

Die FIR-Filter (*Finite-Impulse-Responce*) sind Filter, die in der Differenzengleichung nur die Koeffizienten b_k verschieden von null haben und $a_0 = 1$:

$$y[nT_s] = b_0\, x[nT_s] + b_1\, x[(n-1)T_s] + \cdots + b_M\, x[(n-M)T_s] \tag{4.116}$$

Die Koeffizienten b_k, $k = 0,\ 1,\ \ldots,\ M$ bilden auch die Werte der Einheitspulsantwort (oder Impulsantwort) des Filters. Die DTFT der Impulsantwort ist:

$$H(e^{j\omega T_s}) = \frac{b_0 + b_1\, e^{-j\omega T_s} + b_2\, e^{-j2\omega T_s} + \cdots + b_M\, e^{-jM\omega T_s}}{1} \tag{4.117}$$

Wenn man statt der Variablen $e^{j\omega T_s}$ die allgemeinere komplexe Variable $z = r\, e^{j\omega T_s}$, $r > 0$ einfügt, erhält man die komplexe Übertragungsfunktion $H(z)$:

$$
\begin{aligned}
H(z) =& \frac{b_0 + b_1\, z^{-1} + b_2\, z^{-2} + \cdots + b_M\, z^{-M}}{1} = \\
& \frac{b_0 z^M + b_1\, z^{M-1} + b_2\, z^{M-2} + \cdots + b_M}{z^M} = \\
& b_0 \frac{(z - z_1)(z - z_2)(z - z_3) \ldots (z - z_M)}{z^M}
\end{aligned}
\tag{4.118}
$$

Die Übertragungsfunktion $H(z)$ besitzt M Nullstellen und eine M-fache Polstelle bei $z = 0$. Die Lage der Nullstellen legt die Eigenschaften des Filters fest. Es gibt verschiedene Verfahren zur Entwicklung von FIR-Filtern, die ausführlich in der Literatur beschrieben sind [12], [18], [31]. In MATLAB sind diese Verfahren in speziellen Funktionen implementiert [26]:

```
FIR Filter Design
cfirpm      Complex and nonlinear-phase equiripple FIR filter design
fir1        Window-based finite impulse response filter design
fir2        Frequency sampling-based finite impulse response filter
            design
fircls      Constrained least square, FIR multiband filter design
fircls1     Constrained least square, lowpass and highpass,
            linear phase, FIR filter design
firls       Least square linear-phase FIR filter design
firpm       Parks-McClellan optimal FIR filter design
firpmord    Parks-McClellan optimal FIR filter order estimation
intfilt     Interpolation FIR filter design
kaiserord   Kaiser window FIR filter design estimation parameters
sgolay      Savitzky-Golay filter design
```

Die Vorteile der FIR-Filter sind:

- Die FIR-Filter sind immer stabil.
- Man kann mit diesen Filtern lineare Phasengänge realisieren und so zusätzliche Verzerrungen der Signale wegen des Phasengangs vermeiden.

Um einen vorgegebenen Frequenzgang zu realisieren, benötigt man relativ hohe Filterordnungen im Vergleich zu den rekursiven IIR-Filtern, was als Nachteil angesehen werden kann. Es gibt z.B. integrierte Schaltungen im Audiobereich mit FIR-Filtern der Ordnung 4096, was 4097 Koeffizienten bedeutet. Nur so kann man die benötigten steilen Flanken beim Übergang aus dem Durchlass- in den Sperrbereich bei diesen Anwendungen erzeugen.

Exemplarisch wird eine Anwendung mit einem FIR-Filter beschrieben. Es handelt sich um ein Filter, welches die über einen Sensor gemessenen Geschwindigkeit differenziert, um die Beschleunigung zu erhalten. Dafür wird ein Simulink-Modell (`beschleunig_1.mdl`), das in Abb. 4.42 dargestellt ist, benutzt.

Mit dem Block *Random Number* wird ein weißes Rauschsignal generiert, aus dem mit einem einfachen analogen TP-Filter zweiter Ordnung ein bandbegrenztes Signal

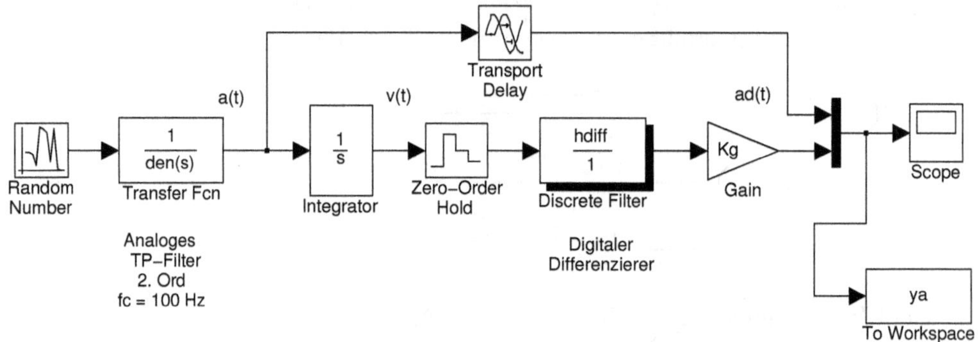

Abb. 4.42: Simulink-Modell mit FIR-Differenzierer (beschleunig1.m, beschleunig_1.mdl)

generiert wird. Die Übertragungsfunktion dieses TP-Filters ist:

$$H(j\omega) = \frac{1}{(j\omega/\omega_{tp})^2 + j\omega\,\zeta/\omega_{tp} + 1} \tag{4.119}$$

Mit ω_{tp} wurde die Durchlassfrequenz (in rad/s) bezeichnet und $\zeta = 0.2$ stellt ein Dämpfungsfaktor dar.

Das Signal am Ausgang des Filters wird als Beschleunigung angesehen, die über einen analogen Integrator (Block *Integrator*) die Geschwindigkeit am Ausgang eines Sensors simuliert. Daraus soll ein digitaler FIR-Differenzierer die Beschleunigung berechnen. Dafür wird mit dem Block *Zero-Order Hold* das abgetastete Signal erzeugt, das weiter dem Block *Discrete Filter* als Eingang geliefert wird. Der Ausgang des Filters wird noch mit einem Faktor `Kg` skaliert und zusammen mit der analogen Beschleunigung auf dem *Scope*-Block dargestellt, bzw. in der Senke *To Workspace* zwischengespeichert.

Bei den FIR-Filtern mit linearem Phasengang ist die Verzögerung, die sie einführen, genau bekannt und zwar die Ordnung geteilt durch zwei mal Abtastperiode. Um die analoge Beschleunigung und die über das FIR-Filter erzeugte Beschleunigung zu vergleichen, muss auch die erste verzögert werden, was im Modell mit dem Block *Transport Delay* erzeugt wird.

Im Skript `beschleunig1.m` wird das Modell initialisiert und aufgerufen. Das Filter wird mit der Funktion **`firls`** entwickelt. Dafür werden im Vektor `f` die Eckpunkte der Frequenzen und im Vektor `a` die Eckpunkte des gewünschten Amplitudengangs definiert.

```
% Skript beschleunig1.m, in dem mit einem digitalen
% FIR-Differenzierer aus der Geschwindigkeit die
% Beschleunigung ermittelt wird
% Arbeitet mit Model beschleunig_1.mdl
clear;
% ------ Initialisierungen
varianz = 1;    % Varianz des weißen Rauschens
```

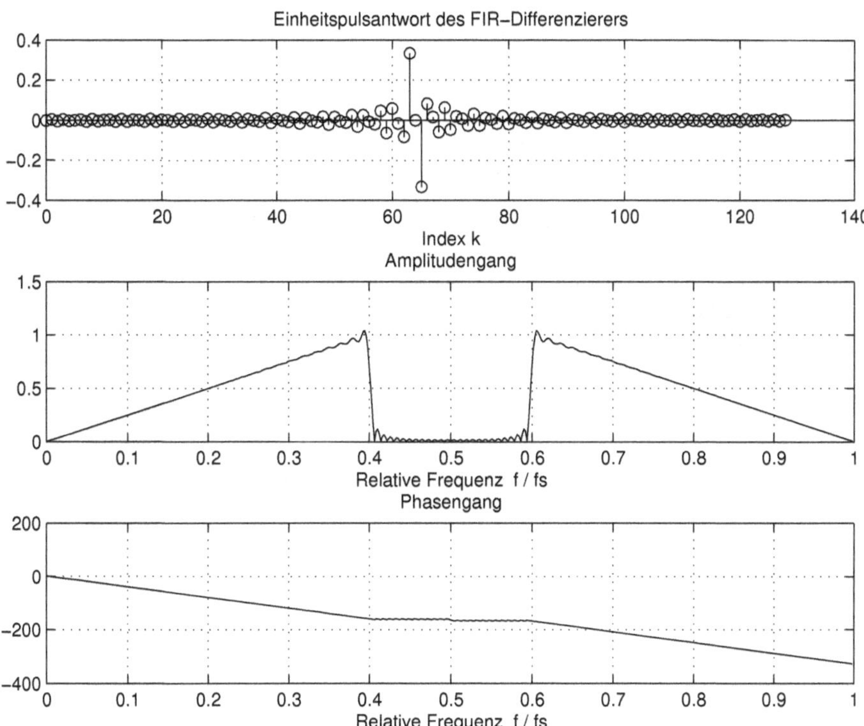

Abb. 4.43: Impulsantwort (Einheitspusantwort), Amplitudengang und Phasengang des FIR-Differenzierers (beschleunig1.m, beschleunig_1.mdl)

```
omega_tp = 2*pi*100;  % Durchlassfrequenz des analogen Filters 2. Ord.
Ts = 1/1000;    % Abtastperiode
fs = 1/Ts;
% ------ Digitaler Differenzierer
fd = 0.4;  % Relative Frequenz des Bereichs des Differenzierers
f = [0  fd  fd   0.5]*2;  % Gewünschter Amplitudengang
a = [0  1   0    0];       % Eckfrequenzen
nord = 128;
hdiff = firls(nord, f, a, 'differentiator');
figure(1);    clf;
subplot(311), stem(0:nord, hdiff);
   title('Einheitspulsantwort des FIR-Differenzierers')
   xlabel('Index k');   grid on;
% Frequenzgang
[H, w] = freqz(hdiff,1,'whole');
subplot(312), plot(w/(2*pi), abs(H));
   title('Amplitudengang')
   xlabel('Relative Frequenz  f / fs');  grid on;
subplot(313), plot(w/(2*pi), unwrap(angle(H)));
```

```
   title('Phasengang')
   xlabel('Relative Frequenz  f / fs');  grid on;
% ------ Aufruf der Simulation
tmax = 2;
Kg = 2*pi*fd*fs;                 % Verstärkung des Differenzierers
sim('beschleunig_1',[0,tmax]);    % Aufruf der Simulation
t = ya.time;
y = ya.signals.values;     % y(:,1) = analoge Beschleunigung
                           % y(:,2) = digitale Beschleunigung
nd = length(t) - fix(length(t)/5):length(t);
figure(2);     clf;
plot(t(nd), y((nd),1), t(nd), y((nd),2));
   title('Analoges und digitales Beschleunigungssignal');
   xlabel('Zeit in s');   grid on;
```

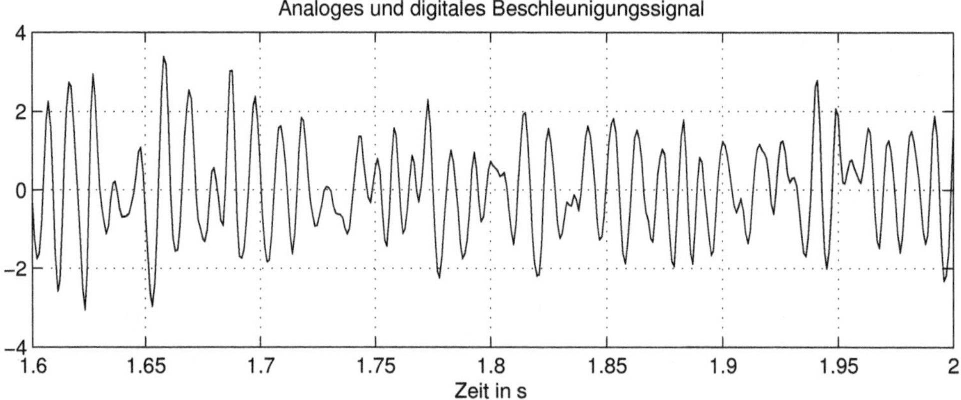

Abb. 4.44: Ursprüngliche und mit FIR-Differenzierer nachgebildete Beschleunigung (beschleunig1.m, beschleunig_1.mdl)

Abb. 4.43 zeigt in der Mitte den realisierten Amplitudengang. Er entspricht bis zur relativen Frequenz von $f/f_s = 0,4$ einem Differenzierer. Der restliche Frequenzbereich wird gesperrt.

Ein idealer zeitkontinuierlicher Differenzierer hat eine Übertragungsfunktion $H(j\omega)$:

$$H(j\omega) = j\omega, \quad \left|H(j\omega)\right|_{\omega=2\pi f} = 2\pi f \tag{4.120}$$

Der FIR-Differenzierer hat einen Betrag der Übertragungsfunktion (Amplitudengang) gemäß Darstellung aus Abb. 4.43 der Form:

$$\left|H(e^{j\omega T_s}\right| = \frac{1}{f_d}(f/f_s)\alpha \tag{4.121}$$

Hier ist f_d die relative Durchlassfrequenz (0,4) und f_s ist die Abtastfrequenz. Der Faktor α ist ein Skalierungsfaktor, so dass das digitale FIR-Filter den analogen Differenzierer nachbildet. Durch Gleichstellung der Steilheiten $(d|H|/df)$ dieser zwei Beträge erhält man für α einen Wert $\alpha = 2\pi f_d f_s$ der im Modell dem Faktor `Kg` entspricht.

Abb. 4.44 zeigt die ursprüngliche und die mit dem FIR-Differenzierer ermittelte Beschleunigung. Die Übereinstimmung ist sehr gut, kann aber durch Erweitern des Skriptes quantitativ untersucht werden.

Der Frequenzgang des Filters ist mit der Funktion **freqz** berechnet worden. Eine kurze Beschreibung erhält man mit `help freqz` oder eine ausführliche Beschreibung kann mit dem MATLAB *Help Browser* erhalten werden.

Die Ergebnisse der Simulation sind mit dem Block *To Workspace* zwischengespeichert und sind im MATLAB verfügbar. Der Block wurde mit dem Format `Structure With Time` parametriert. Im Skript ist dargestellt, wie man aus so einer Struktur die Beschleunigungen und die Simulationszeit extrahiert.

4.4.2 IIR-Filter

Die IIR-Filter (*Infinite Impulse Responce*) haben den Vorteil, dass mit einer kleineren Ordnung sehr steile Flanken beim Übergang vom Durchlass- in den Sperrbereich realisierbar sind.

Sie haben als Nachteile einen nichtlinearen Phasenverlauf und können auch instabil werden. Die Filterentwurfsverfahren liefern natürlich stabile Filter, aber bei der Implementierung der Filter auf Signalprozessoren kann es wegen der begrenzten Genauigkeit der Zahlendarstellung zu Instabilität kommen. Das ist allerdings selten.

In MATLAB gibt es folgende Funktionen zur Entwicklung von IIR-Filtern. Wie die Namen verraten, werden die meisten über die entsprechenden analogen Filter durch Diskretisierung berechnet:

```
IIR Digital Filter Design
butter      Butterworth filter design
cheby1      Chebyshev Type I filter design (passband ripple)
cheby2      Chebyshev Type II filter design (stopband ripple)
ellip       Elliptic filter design
maxflat     Generalized digital Butterworth filter design
yulewalk    Recursive digital filter design
```

Die Ordnung die erforderlich ist, um bestimmte Spezifikationen zu erfüllen, kann mit folgenden Funktionen geschätzt werden:

```
IIR Filter Order Estimation
buttord     Butterworth filter order and cutoff frequency
cheb1ord    Chebyshev Type I filter order
cheb2ord    Chebyshev Type II filter order
ellipord    Minimum order for elliptic filters
```

Details gibt es in der Literatur [20], [34] und in den *Help*-Beschreibungen der MATLAB-Software.

Um die Thematik zu verdeutlichen, wird im Folgenden ein einfaches elliptisches IIR-Sperrfilter untersucht. Es soll ein Sperrfilter (*Notch*-Filter) zweiter Ordnung entwickelt werden, das die Störfrequenz von $f_0 = 50$ Hz aus dem Signal eines Sensors, das mit $f_s = 1000$ Hz abgetastet ist, unterdrückt.

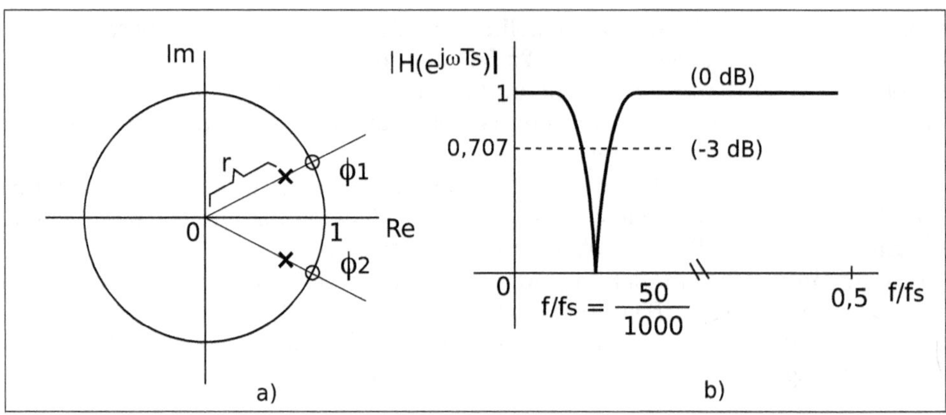

Abb. 4.45: a) Null- und Polstellen Platzierung des IIR-Sperrfilters b) Amplitudengang des IIR-Sperrfilters

Mit zwei konjugiert komplexen Nullstellen auf dem Einheitskreis bei einem Winkel von ϕ_1 bzw. $\phi_2 = -\phi_1$ von

$$\phi_1 = \frac{2\pi f_0}{f_s} = 2\pi\frac{50}{1000} = \frac{\pi}{10} \quad \text{rad,} \quad \text{oder} \quad 180/10 = 18 \text{ Grad}$$

wird der Betrag von $H(e^{j\omega T_s})$, wie in Abb. 4.45a gezeigt, auf null bei der Störfrequenz von $f_0 = 50$ Hz gesetzt. Die zwei Nullstellen sind somit $z_1 = e^{j\phi_1}$ und $z_2 = e^{-j\phi_1}$. Der Zähler der Übertragungsfunktion wird dann:

$$H(e^{j\omega T_s}) = (1 - z_1 z^{-1})(1 - z_2 z^{-1})|_{z=e^{j\omega T_s}} \tag{4.122}$$

Mit zwei Polen die im Einheitskreis mit den gleichen Winkeln $p_1 = re^{j\phi_1}$, $p_2 = re^{-j\phi_1}$ platziert sind, wird dann der Betrag der Übertragungsfunktion bei $f/f_s = 0$ und bei $f/f_s = 0,5$ gleichgestellt und mit einem Faktor g wird weiter der Betrag auf eins gebracht. Die Übertragungsfunktion ist dann zu:

$$\begin{aligned} H(e^{j\omega T_s}) &= g\frac{(1 - z_1 z^{-1})(1 - z_2 z^{-1})}{(1 - p_1 z^{-1})(1 - p_2 z^{-1})}\Big|_{z=e^{j\omega T_s}} \\ &= g\frac{(1 - e^{j\phi_1} z^{-1})(1 - e^{-j\phi_1} z^{-1})}{(1 - re^{j\phi_1} z^{-1})(1 - re^{-j\phi_1} z^{-1})}\Big|_{z=e^{j\omega T_s}} \end{aligned} \tag{4.123}$$

Mit dem Parameter r kann man die Bandsperre bei -3 dB (Abb. 4.45b) auf den gewünschten Wert einstellen. In diesem Fall könnte man eine Bandbreite der Bandsperre von 10 Hz anstreben.

Im Skript `IIR_notch1.m` ist dieses Filter berechnet:

```
% Skript IIR_notch1.m, in dem ein IIR-Sperrfilter
% entwickelt wird
clear;
```

```
% ------- Initialisierungen
fs = 1000;       Ts = 1/fs;
f0 = 50;
f0r = f0/fs;     % Relative Sperrfrequenz
phi_1 = 2*pi*f0r;         phi_2 = -phi_1;
z1 = exp(j*phi_1);        z2 = exp(-j*phi_2);  % Nullstellen
% -------- Übertragungsfunktion mit den zwei Nullstellen
b = [1 -2*cos(phi_1) 1];
% Frequenzgang
nfft = 4096;
[H, w] = freqz(b, 1, nfft);
figure(1);    clf;
subplot(211), plot(w/(2*pi), 20*log10(abs(H)));
   title('Amplitudengang in dB');
   xlabel('Relative Frequenz');    grid on;
subplot(212), plot(w/(2*pi), angle(H));
   title('Phasengang');
   xlabel('Relative Frequenz');    grid on;
% -------- Übertragungsfunktion mit zwei Nullstellen
                        % und mit zwei Polstellen
g = 0.996;              % Durch Versuche eingestellt
r = 0.996;              % Durch Versuche eingestellt
p1 = r*exp(j*phi_1);      z2 = r*exp(-j*phi_2);   % Nullstellen
b = g*[1 -2*cos(phi_1) 1]
a = [1 -2*r*cos(phi_1) r^2]
% Frequenzgang
[H, w] = freqz(b, a, nfft);
nd = 1:nfft*4*f0r;                % Bereich der dargestellt wird
figure(2);    clf;
subplot(211), plot(w(nd)/(2*pi), 20*log10(abs(H(nd))));
   title('Amplitudengang in dB');    grid on;
   xlabel(['Relative Frequenz  ( fs = ', num2str(fs),' Hz )']);
subplot(212), plot(w(nd)/(2*pi), angle(H(nd)));
   title('Phasengang');
   xlabel('Relative Frequenz');    grid on;
```

Zuerst werden die zwei Nullstellen auf dem Einheitskreis ermittelt und die Übertragungsfunktion nur mit diesen Nullstellen berechnet. Abb. 4.46 zeigt den entsprechenden Amplitudengang in dB. Man sieht die starke Dämpfung der Frequenz von 50 Hz, der eine relative Frequenz von 50/1000 entspricht.

Danach werden noch die zwei Pole hinzugefügt und durch Versuche die Parameter g und r ermittelt, bis der gewünschte Amplitudengang erhalten wird, Abb. 4.47. Mit der Zoom-Funktion kann man auch die Bandbreite des Sperrbereichs überprüfen.

Der Wert `r = 0,996` zeigt, dass die notwendigen Pole sehr nahe an dem Einheitskreis liegen. Eine Implementierung im Festkommaformat muss sicherstellen, dass dieser durch die Quantisierung der Koeffizienten nicht fälschlicherweise gleich eins oder größer als eins wird und so zu einer Instabilität führt.

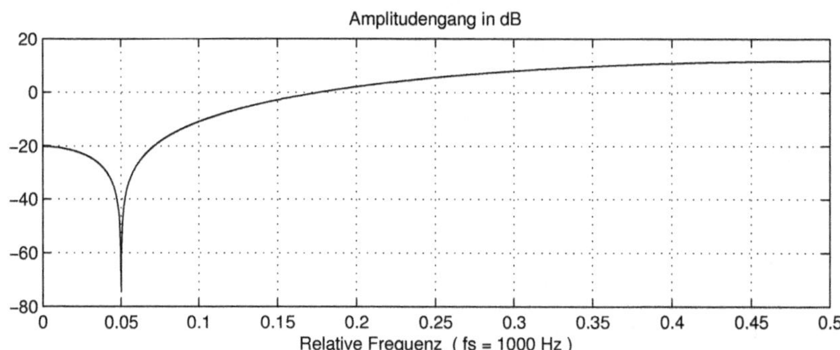

Abb. 4.46: Amplitudengang in dB für die Übertragungsfunktion mit den zwei Nullstellen am Einheitskreis (IIR_notch1.m)

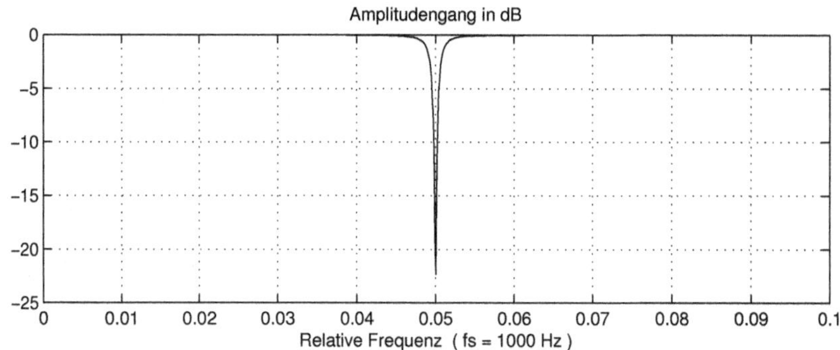

Abb. 4.47: Amplitudengang in dB für die Übertragungsfunktion mit den zwei Nullstellen am Einheitskreis und zwei durch Versuche eingestellten Pole (IIR_notch1.m)

Mit folgendem MATLAB-Programm kann man ein ähnliches elliptisches Filter berechnen, bei dem eine Welligkeit im Durchlassbereich von 1 dB ($|1-10^{1/20}| \cong 0,122$) und eine Dämpfung im Sperrbereich von 60 dB ($10^{60/20} = 1000$) gewünscht sind.

```
>> [b, a] = ellip(1, 1, 60, [45, 55]*2/1000,'stop')
b =     0.9843    -1.8731     0.9843
a =     1.0000    -1.8731     0.9685
>> freqz(b,a, 1024)
>> roots(a)
ans =
   0.9365 + 0.3023i          % Pole des Filters
   0.9365 - 0.3023i
>> abs(ans)
ans =
    0.9841                   % Betrag r
    0.9841
```

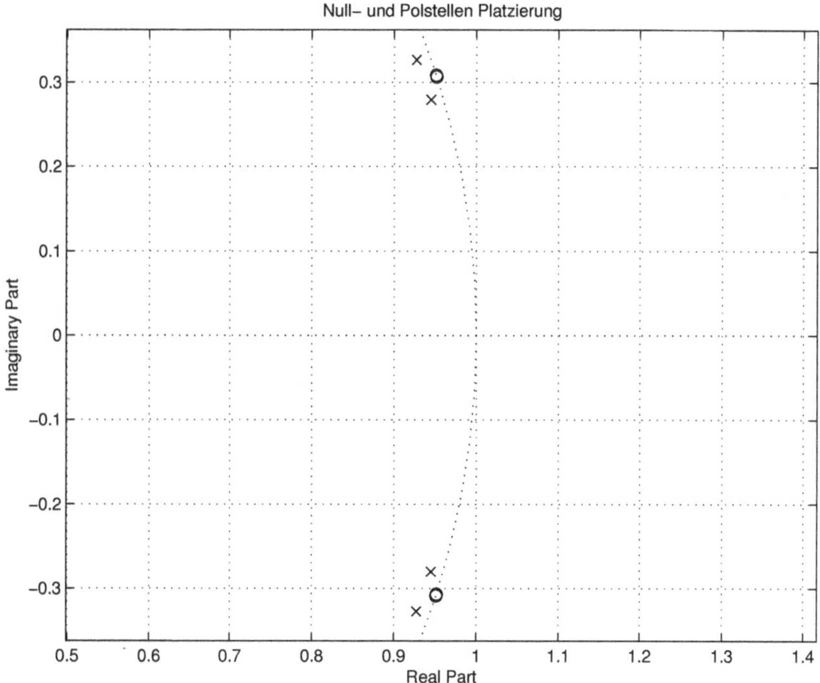

Abb. 4.48: Null- und Polstellen eines elliptischen IIR-Sperrfilters (IIR_notch2.m)

Im Skript `IIR_notch2.m` wird ein elliptisches Filter 4. Ordnung mit den gleichen Spezifikationen wie zuvor ermittelt:

```
% Skript IIR_notch2.m, in dem ein IIR-Sperrfilter
% entwickelt wird
clear;
% ------- Initialisierungen
fs = 1000;        Ts = 1/fs;
f0 = 50;
f0r = f0/fs;      % Relative Sperrfrequenz
% ------- Elliptisches IIR-Sperrfilter
nord = 2;         % Die reale Ordnung ist 2*nord
[b,a] = ellip(nord, 1, 60, [45, 55]*2/fs, 'stop');
% Frequenzgang
nfft = 4096;
[H, w] = freqz(b, a, nfft);
figure(1);    clf;
subplot(211), plot(w/(2*pi), 20*log10(abs(H)));
   title('Amplitudengang in dB');   grid on;
   xlabel(['Relative Frequenz  ( fs = ', num2str(fs),' Hz )']);
subplot(212), plot(w/(2*pi), angle(H));
```

```
   title('Phasengang');
   xlabel('Relative Frequenz');        grid on;
% ------- Null- und Polstellen
z = roots(b)
p = roots(a)
r = abs(p)
figure(2);      clf;
zplane(z,p);
   title('Null- und Polstellen Platzierung')
   grid on;
```

Mit der Funktion **zplane** wird die Platzierung der Null- und Polstellen in der komplexen Ebene dargestellt. Ein vergrößerter Ausschnitt ist in Abb. 4.48 gezeigt. Man erkennt die zwei Paare von konjugiert komplexen Nullstellen auf dem Einheitskreis und die zwei Paare der konjugiert komplexen Polstellen.

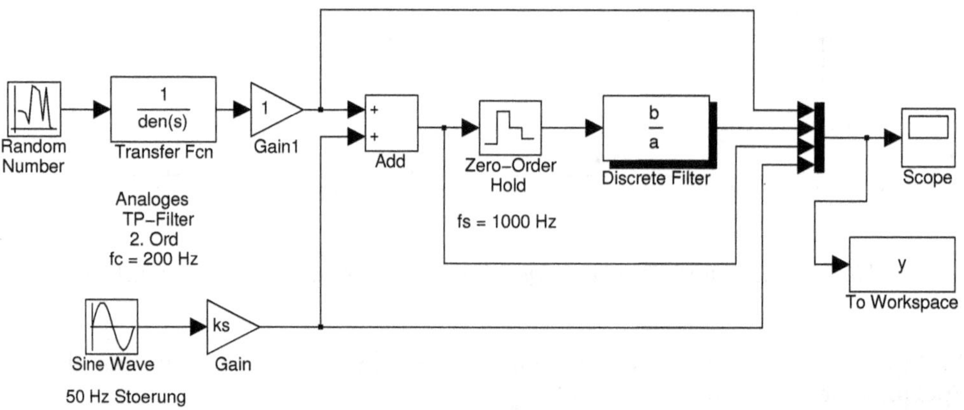

Abb. 4.49: Simulink Modell, in dem mit einem IIR-Sperrfilter eine Störung der Frequenz 50 Hz unterdrückt wird (IIR_notch3.m, IIR_notch_3.mdl)

Im Skript `IIR_notch3.m` ist exemplarisch die Unterdrückung einer Störung der Frequenz 50 Hz, die sich auf ein Nutzsignal der Bandbreite 200 Hz überlagert hat, mit dem gezeigten IIR-Sperrfilter untersucht.

```
% Skript IIR_notch3.m, in dem ein IIR-Sperrfilter
% zur Unterdrückung einer Störung von 50 Hz eingesetzt
% wird. Arbeitet mit Modell IIR_notch_3.mdl
clear;
% ------- Initialisierungen
fs = 1000;        Ts = 1/fs;
f0 = 50;
f0r = f0/fs;      % Relative Sperrfrequenz
omega_tp = 2*pi*200;  % Bandbreite des Signals
varianz = 1;          % Varianz des Rauschens für das Signal
ks = 2.5;             % Amplitude der Störung mit 50 Hz
```

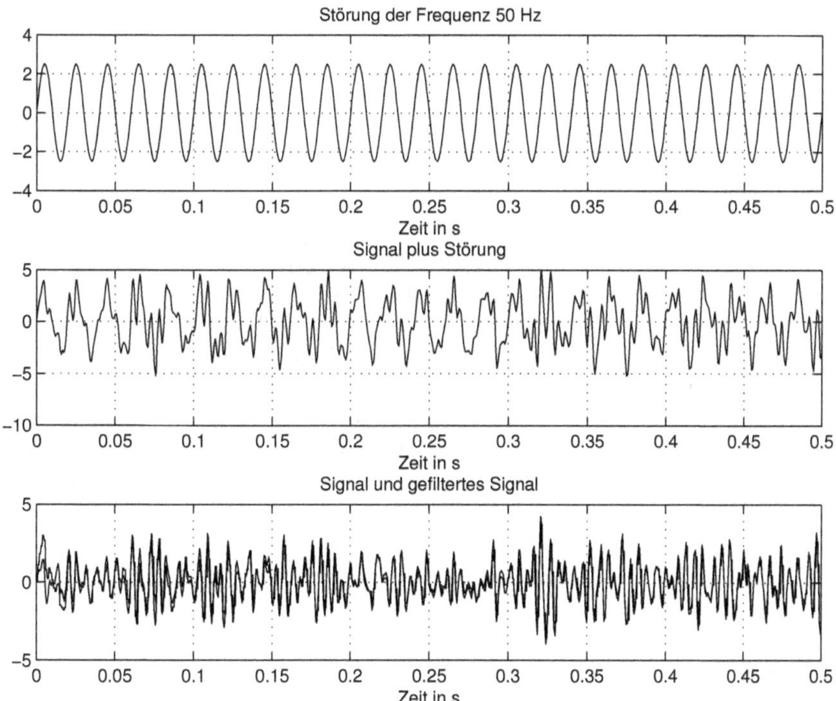

Abb. 4.50: a) Störung b) Nutz- plus Störsignal c) Nutzsignal und gefiltertes Signal (IIR_notch3.m, IIR_notch_3.mdl)

```
% ------- Elliptisches IIR-Sperrfilter
nord = 2;          % Die reale Ordnung ist 2*nord
[b,a] = ellip(nord, 1, 60, [45, 55]*2/fs, 'stop');
% Frequenzgang
nfft = 4096;
[H, w] = freqz(b, a, nfft);
figure(1);     clf;
subplot(211), plot(w/(2*pi), 20*log10(abs(H)));
   title('Amplitudengang in dB');   grid on;
   xlabel(['Relative Frequenz  ( fs = ', num2str(fs),' Hz )']);
subplot(212), plot(w/(2*pi), angle(H));
   title('Phasengang');
   xlabel('Relative Frequenz');    grid on;
% ------- Aufruf der Simulation
sim('IIR_notch_3', [0, 0.5]);
figure(2);   clf;
subplot(311), plot(y.time, y.signals.values(:,4))
   title('Störung der Frequenz 50 Hz');
   xlabel('Zeit in s');     grid on;
```

```
subplot(312), plot(y.time, y.signals.values(:,3))
   title('Signal plus Störung');
   xlabel('Zeit in s');       grid on;
subplot(313), plot(y.time, y.signals.values(:,1),...
       y.time, y.signals.values(:,2));
   title('Signal und gefiltertes Signal');
   xlabel('Zeit in s');       grid on;
```

Aus dem Skript wird zur Simulation das Modell `IIR_notch_3.mdl`, das in Abb. 4.49 gezeigt ist, aufgerufen. Hier wird aus einem Rauschgenerator (Block *Random Number*) mit Hilfe eines analogen TP-Filters ein bandbegrenztes Nutzsignal der Bandbreite 200 Hz erzeugt. Hinzu kommt die Störung der Frequenz 50 Hz. Nach der Abtastung mit dem Block *Zero-Order Hold* folgt die Filterung mit dem IIR-Sperrfilter.

Abb. 4.50 zeigt oben die Störung, danach das Nutz- plus Störsignal und ganz unten das Nutzsignal zusammen mit dem gefilterten Signal. Die Unterschiede zwischen Nutzsignal und gefiltertes Signal sind hauptsächlich durch die gleichzeitige Unterdrückung der Komponenten des Nutzsignals in der Umgebung von 50 Hz gegeben.

4.5 Die Verbindung zwischen der DTFT und der DFT

Die DTFT einer Sequenz $x[nT_s]$ ist gemäß Gl. (4.3) durch

$$X(e^{j\omega T_s}) = X_s(j\omega) = \sum_{n=-\infty}^{\infty} x[nT_s]e^{-j\omega nT_s} \tag{4.124}$$

gegeben. Sie ist eine kontinuierliche Funktion von ω, die zusätzlich periodisch mit der Periode $\omega_s = 2\pi/T_s = 2\pi f_s$ ist.

Für zeitbegrenzte kausale Sequenzen aus N Werten mit $n = 0,\ 1,\ 2, \ldots, N-1$ erhält man:

$$X(e^{j\omega T_s}) = \sum_{n=0}^{N-1} x[nT_s]e^{-j\omega nT_s} \tag{4.125}$$

Wegen der Periodizität muss man nur eine Periode untersuchen, z.B. von $\omega = 0$ bis $\omega = \omega_s$ oder von $\omega = -\omega_s/2$ bis $\omega = \omega_s/2$.

Wenn man numerisch diese DTFT berechnen will, ist die kontinuierliche Variable ω einer Periode zu diskretisieren, wie z.B. durch M äquidistante Werte:

$$\Delta\omega = \frac{\omega_s}{M}, \qquad \text{mit} \qquad \omega_k = k\Delta\omega = k\frac{\omega_s}{M} = k\frac{2\pi f_s}{M} \tag{4.126}$$

Die kontinuierliche DTFT wird dadurch eigentlich abgetastet und besteht in einer Periode aus M Werten X_k:

$$X_k = X(e^{j\omega T_s})\big|_{\omega=\omega_k} = \sum_{n=0}^{N-1} x[nT_s]e^{-j\omega_k nT_s} = \sum_{n=0}^{N-1} x[nT_s]e^{-j2\pi kn/M} \tag{4.127}$$

Dabei ist $k = 0,\ 1,\ 2,\ \ldots, M - 1$. Damit die frequenzdiskreten Werte X_k die frequenzkontinuierliche Funktion $X(e^{j\omega T_s})$ der DTFT darstellt, muss man diese genügend dicht abtasten.

Wie im Abschnitt 4.5.1 gezeigt wird, muss die Anzahl M der Stützstellen im Frequenzbereich mindestens der Anzahl N der Abtastwerte des Signals entsprechen, sonst entsteht Aliasing im Zeitbereich, wenn man mit einer inversen DTFT die ursprüngliche Sequenz ermittelt.

Wie man unschwer aus Gl. (4.127) erkennen kann, sind die frequenzdiskreten Werte X_k der DTFT für $M = N$ nichts anderes als die DFT des zeitdiskreten Signals. Es stellt sich nun die Frage, ob man aus den frequenzdiskreten Werten der DFT die frequenzkontinuierlichen Werte der DTFT interpolieren kann.

In der Literatur [13] ist folgende Interpolationsgleichung angegeben, mit deren Hilfe man aus der DFT mit N Stütztellen (Bins) die entsprechende DTFT ermitteln kann:

$$X(e^{j\omega T_s}) = \sum_{k=0}^{N-1} X_k \Phi(\omega T_s - \frac{2\pi k}{N}) \tag{4.128}$$

Dabei ist

$$\Phi(\omega T_s) = \frac{\sin(\omega T_s N/2)}{N \sin(\omega T_s/2)} e^{-j\omega Ts(N-1)/2} \tag{4.129}$$

die Interpolationsfunktion und

$$X_k = \sum_{n=0}^{N-1} x[nT_s] e^{-j2\pi nk/N} \qquad \text{mit} \qquad k = 0, 1, 2, \ldots, N-1 \tag{4.130}$$

ist die DFT der Sequenz $x[nT_s], n = 0, 1, 2, \ldots, N - 1$.

Die Interpolationsfunktion $\Phi(\omega T_s)$ ist eine kontinuierliche, periodische Funktion von ω mit Periode $\omega_s = 2\pi/T_s$. Sie ist als *periodische sinc*-Funktion bekannt. Die Ähnlichkeit mit der Interpolationsformel für die Rekonstruktion des zeitkontinuierlichen Signals aus dessen zeitdiskreten Abtastwerten ist offensichtlich. Bei dieser wird die sinc-Funktion eingesetzt, wie in Gl. (4.15) gezeigt. In der Mathematik stellt $\Phi(\omega T_s)$ den Dirichlet-Kern oder die Dirichlet-Funktion dar [1].

Für $\omega = 2\pi k/T_s$ Argumente entsteht eine Unbestimmtheit in der Interpolationsfunktion $\Phi(\omega T_s - 2\pi k/N)$, die über die Regel von l'Hospital [1] gelöst werden kann. Die Unbestimmtheit führt in MATLAB zu einem NAN-Wert (*Not a Number*), der abgefangen und entsprechend korrigiert wird.

In dem Skript `Dirichlet_kern_1.m` wird diese Interpolationsfunktion für $N = 10$ numerisch ermittelt und dargestellt. Für den Verschiebungsparameter k kann man verschiedene Werte $k = 0, 1, 2, \ldots, N - 1$ wählen.

```
% Skript Dirichlet_kern_1.m in dem der Dirichlet-Kern
% untersucht wird.
```

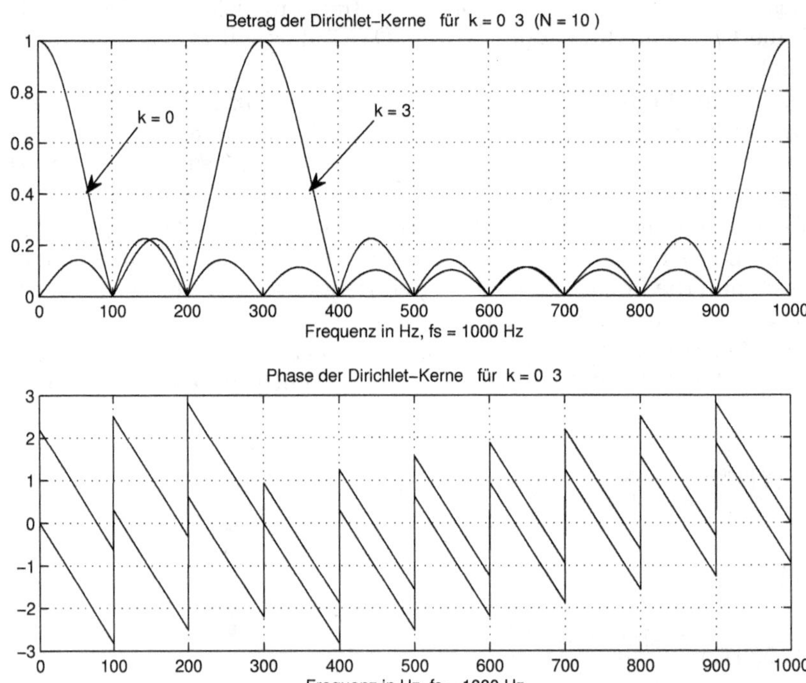

Abb. 4.51: a) Beträge der Interpolationsfunktionen für k = 0 und k = 1 b) Phasen dieser Interpolationsfunktionen (Dirichlet_kern_1.m)

```
clear;
% -------- Parameter des Kerns
N = 10;          % Anzahl der Stützstellen (Bins) der DFT
M = 500*N;       % Anzahl der Frequenzwerte Für die DTFT (M>>N)
fs = 1000;       % Angenommene Abtastfrequenz der
                 % zeitdiskreten Sequenz
Ts = 1/fs;
omega = 2*pi*fs*(0:M-1)/M;      % Frequenzbereich 0 bis 2fs in rad/s
% -------- Dirichlet Kerne
Phi = zeros(N,M);        % N Kerne für k = 0:N-1 mit M Werte für omega
for k = 0:N-1
  for p = 1:M
    Phi(k+1,p)=(sin((omega(p)*Ts-2*pi*k/N)*N/2))./...
        (sin((omega(p)*Ts-2*pi*k/N)/2)).*...
        exp(-j*(omega(p)*Ts-2*pi*k/N)*(N-1)/2)/N;
    if isnan(Phi(k+1,p))        % Unbestimmtheit lösen
    % disp('*');
      Phi(k+1,p) = exp(-j*(omega(p)*Ts-2*pi*k/N)*(N-1)/2);
    end
  end;
```

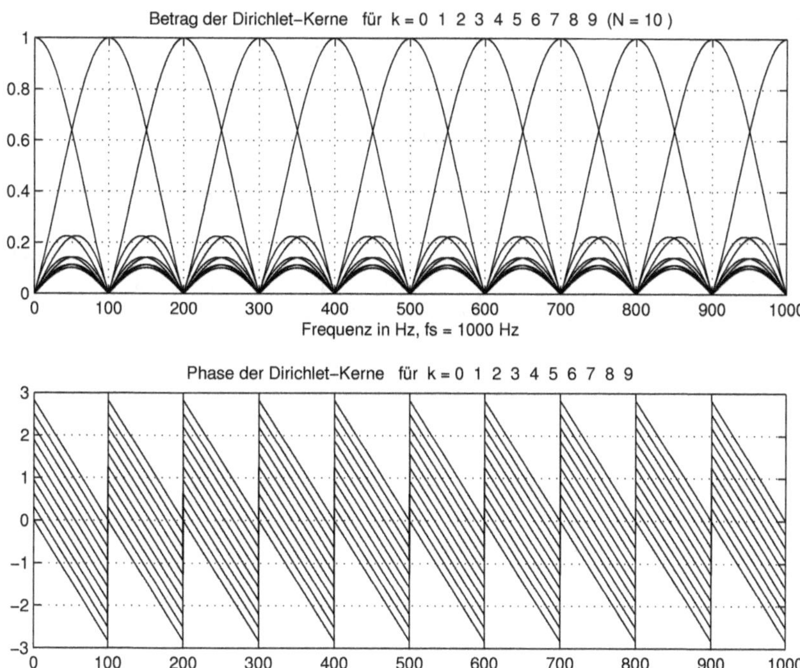

Abb. 4.52: a) Beträge der Interpolationsfunktionen für k = 0 bis N-1 b) Phasen dieser Interpolationsfunktionen (Dirichlet_kern_1.m)

```
end;
%######################
kd = [1,4];      % Gewählter Dirichlet-Kern
% kd = [1:N];    % Alle Dirichlet-Kerne für k = 0:N-1
figure(1);       clf;
subplot(211), plot(omega/(2*pi),[abs(Phi(kd,:))']);
  title(['Betrag der Dirichlet-Kerne   für  k = ',num2str(kd-1),...
  '   (N = ', num2str(N),' )']);
  xlabel(['Frequenz in Hz, fs = ',num2str(fs),' Hz']);     grid on;
subplot(212), plot(omega/(2*pi),[angle(Phi(kd,:))']);
  title(['Phase der Dirichlet-Kerne   für  k = ',num2str(kd-1)]);
  xlabel(['Frequenz in Hz, fs = ',num2str(fs),' Hz']);     grid on;
```

Abb. 4.51 zeigt die komplexe Interpolationsfunktion für zwei Werte für k und zwar für $k = 0$ und $k = 3$. Es werden die Beträge und die Phasen dargestellt. Durch die Wahl `kd = [1:N];` erhält man alle Interpolationsfunktionen für $k = 0, 1, 2, \ldots, N-1$, wie in Abb. 4.52 dargestellt.

Die Interpolierung der DFT, um die DTFT gemäß Gl. (4.128) zu erhalten, ist im Skript `interp_Dirichlet` in Form einer MATLAB-Funktion programmiert:

```
function X_DTFT = interp_Dirichlet(x, fs);
% Funktion zur Interpolierung der DFT einer Sequenz x
% mit dem Dirichlet-Kern, um die DTFT zu erhalten
% Testaufruf; x = [cos(2*pi*(0:10)/13), zeros(1,20)];
%              interp_Dirichlet(x,fs);
N = length(x);      % Länge der Sequenz
Ts = 1/fs;          % Abtastperiode der Sequenz (wird angenommen)
multipl = 100;
M = multipl*N;      % Anzahl der Frequenzwerte Für die DTFT (M>>N)
omega = 2*pi*fs*(0:M-1)/M;   % Frequenzbereich 0 bis fs in rad/s
Xk = fft(x);        % DFT der Sequenz
X_DTFT = zeros(1,M);
for p = 1:M
   X_DTFT(p) = 0;
   for k = 0:N-1
      X_DTFT(p) = X_DTFT(p) + (Xk(k+1).*...
            exp(-j*(omega(p)*Ts-2*pi*k/N)*(N-1)/2).*...
            (sin((omega(p)*Ts-2*pi*k/N)*N/2))./...
            (sin((omega(p)*Ts-2*pi*k/N)/2)))/N;
   end;
   if isnan(X_DTFT(p))          % Unbestimmtheiten lösen
      k = round(p/multipl);
      X_DTFT(p) = Xk(k+1);
   end;
end;
k = 0:N-1;          % Anzahl Stützstellen der DFT
%#########################
figure(1);   clf;
subplot(311), stem(k, x);    % Sequenz
  title(['Zeitdiskrete Sequenz der Länge N = ',num2str(N)]);
  xlabel('Indes n');   grid on;
subplot(312), plot(omega/(2*pi), abs(X_DTFT));
  hold on;
  stem(k*fs/N, abs(Xk));
  hold off;
  title(['Betrag der DTFT als Betrag der interpolierten DFT (N = ',...
      num2str(N), ')']);
  xlabel(['Frequenz in Hz (fs = ',num2str(fs),' Hz )']);    grid on;
subplot(313), plot(omega/(2*pi), angle(X_DTFT));
  title(['Phase der DTFT als Phase der interpolierten DFT (N = ',...
      num2str(N), ')']);
  xlabel(['Frequenz in Hz (fs = ',num2str(fs),' Hz )']);    grid on;
  hold on;
  stem(k*fs/N, angle(Xk));
  hold off;
```

Die Argumente der Funktion sind die zeitdiskrete Sequenz $x[nT_s]$ mit $n = 0, 1, 2, \ldots, N-1$ und deren angenommene Abtastfrequenz f_s. Die DTFT wird im Vektor X_DTFT der Größe M mit $M >> N$ gespeichert. Die kontinuierliche Frequenz

ω der DTFT wird mit M frequenzdiskreten Werten angenähert, $\omega = p\ \omega_s/M, p = 0, 1, 2, \ldots, M-1$.

Für die einfache kausale Pulssequenz $x[nT_s]$ bestehend aus N Werten gleich 1 und ansonsten null, wie in Abb. 4.53a dargestellt, ist die DTFT analytisch einfach zu berechnen:

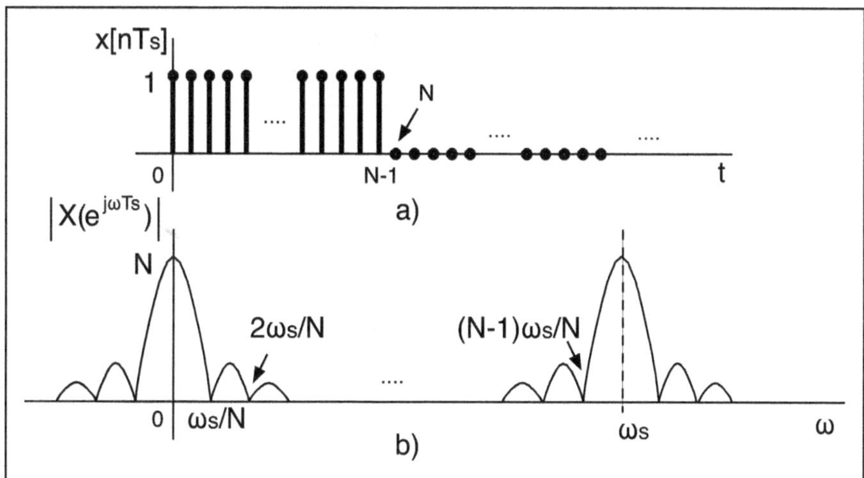

Abb. 4.53: a) Zeitdiskrete Sequenz b) Die DTFT dieser Sequenz

$$X(e^{j\omega T_s}) = \sum_{n=0}^{\infty} x[nT_s]e^{-j\omega nT_s} = \sum_{n=0}^{N-1} e^{-j\omega nT_s} \tag{4.131}$$

Es ist die Summe einer geometrischen Reihe mit $q = e^{-j\omega T_s}$ als Verhältnis zweier benachbarter Glieder, Summe die man mit der Formel

$$\sum_{n=0}^{N-1} q^n = \frac{1-q^N}{1-q} \tag{4.132}$$

berechnen kann:

$$X(e^{j\omega T_s}) = \frac{1-e^{-j\omega NT_s}}{1-e^{-j\omega T_s}} = \frac{e^{-j\omega NT_s/2}\left(e^{j\omega NT_s/2} - e^{-j\omega NT_s/2}\right)}{e^{-j\omega T_s/2}\left(e^{j\omega T_s/2} - e^{-j\omega T_s/2}\right)} \tag{4.133}$$

Daraus resultiert schließlich:

$$X(e^{j\omega T_s}) = e^{-j\omega(N-1)T_s/2}\frac{\sin(\omega T_s N/2)}{\sin(\omega T_s/2)} \tag{4.134}$$

Man erkennt auch hier den Dirichlet-Kern $\sin(Nx)/\sin(x)$. Er entspricht der Interpolationsfunktion gemäß Gl. (4.129) mit $k = 0$ und multipliziert mit N. Die resultierte DTFT ist in Abb. 4.53b skizziert.

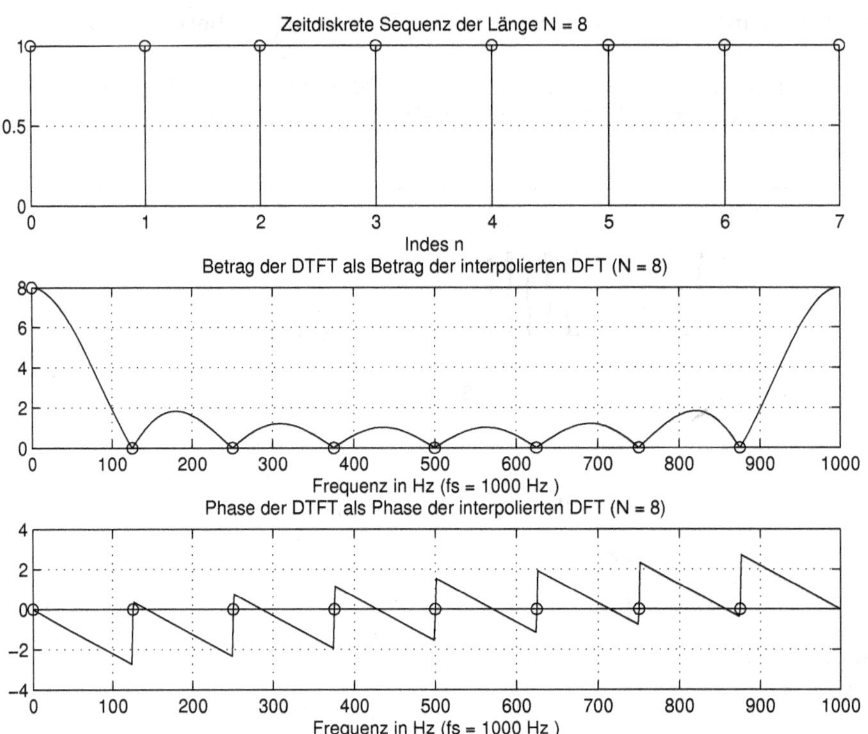

Abb. 4.54: a) Sequenz b) Betrag der DFT und der interpolierten DFT als DTFT c) Phasen der DFT und der interpolierten DFT (interp_Dirichlet.m)

Mit der Funktion `interp_Dirichlet` kann diese DTFT berechnet und dargestellt werden. Zuerst wird die Sequenz $x[nT_s] = 1$ für $n = 0, 1, 2, \ldots, N-1$ mit $N = 32$ angenommen. Der Aufruf der Funktion findet mit folgenden Programmzeilen statt:

```
N = 8;          fs = 1000;
x = [ones(1,N)];
interp_Dirichlet(x, fs);
```

Das Ergebnis ist in Abb. 4.54 dargestellt. Ganz oben ist die Sequenz dargestellt, darunter ist der Betrag der interpolierten DFT als DTFT kontinuierlich und die DFT mit vertikalen Linien dargestellt und ganz unten sind die Phasen der interpolierten DFT als DTFT und der DFT gezeigt.

Die DFT aus Abb 4.54b besteht aus einem Wert gleich 8 bei $f = 0$ und alle restlichen 7 Werte sind gleich null, weil sie genau auf die Nullstellen des Betrags der DTFT fallen.

Die DTFT "sieht" das Signal $x[nT_s]$ als ein Signal mit unendlicher zeitlicher Ausdehnung, hier mit $n = 0, 1, 2, \ldots, \infty$. Die DFT der Länge $N = 8$ "sieht" jedoch die 8 konstanten Abtastwerte des Signals, nicht jedoch die Nullen, die dahinter sind. Dementsprechend stellt sich für die DFT das Signal wie eine Gleichspannung dar und

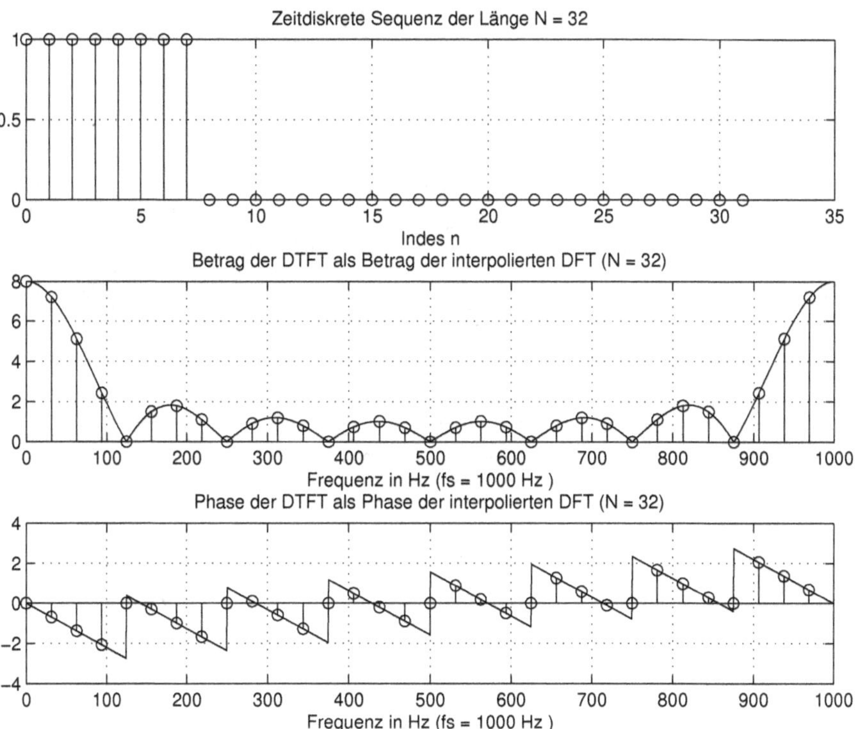

Abb. 4.55: a) Mit Nullwerten erweiterte Sequenz b) Betrag der DFT und der interpolierten DFT als DTFT c) Phasen der DFT und der interpolierten DFT (interp_Dirichlet.m)

das DFT-Spektrum hat also einen von Null verschiedenen Betrag bei der Frequenz $f = 0$ und ist ansonsten null.

Möchte man den rechteckförmigen Verlauf der Pulssequenz auch von der DFT erfasst haben, so muss man die Sequenz als Rechteck der DFT präsentieren, d.h. den Einswerten Nullwerte anhängen.

Mit dem Aufruf

```
N = 32;          fs = 1000;
x = [ones(1,8), zeros(1,N-8)];
interp_Dirichlet(x, fs);
```

erhält man das Ergebnis aus Abb. 4.55. Jetzt ist die DTFT dichter abgetastet und man erhält ein korrektes Bild dieser Funktion. In dieser Form kann man sagen, dass diese DFT die im Frequenzbereich abgetastete DTFT ist.

Die Funktion `interp_Dirichlet` kann für beliebige kausale Sequenzen eingesetzt werden. In Abb. 4.56 ist das Ergebnis für folgenden Aufruf gezeigt:

```
x = [cos(2*pi*(0:10)/13), zeros(1,20)];       fs  = 1000;
interp_Dirichlet(x,fs);
```

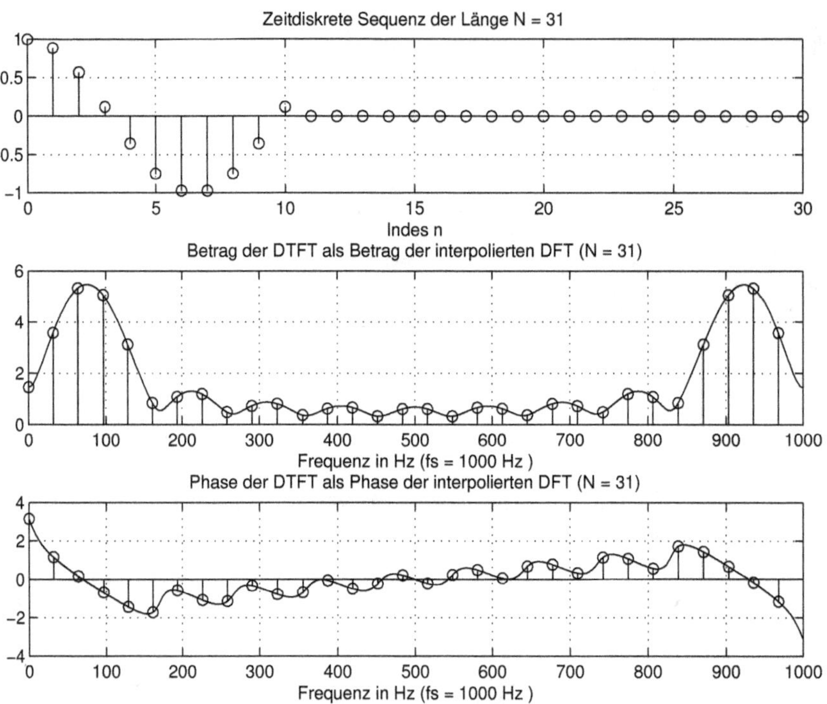

Abb. 4.56: a) Mit Nullwerten erweiterte Sequenz b) Betrag der DFT und der interpolierten DFT als DTFT c) Phasen der DFT und der interpolierten DFT (interp_Dirichlet.m)

Zu bemerken sei, dass die Abtastfrequenz beliebig gewählt werden kann, mit ihr werden die Auswertungen auf eine bestimmte Abtastperiode bzw. eine Abtastfrequenz bezogen.

4.5.1 Aliasing im Zeitbereich wegen der Abtastung der DTFT

In diesem Abschnitt wird gezeigt, dass die Inverse der abgetasteten DTFT Aliasing im Zeitbereich ergeben kann. Dieser Sachverhalt ist wichtig, wenn man die Eigenschaften der DTFT über die DFT untersucht.

Abb. 4.57a, b zeigt ein zeitdiskretes Signal bestehend aus N Abtastwerten der Abtastperiode T_s und die entsprechende periodische DTFT $X(e^{j\omega T_s})$ im Betrag. Durch Multiplikation von $X(e^{j\omega T_s})$ mit einer periodischen Sequenz von Delta-Impulsen (Abb. 4.57d) der Periode ω_s/M

$$S(e^{j\omega MTs}) = \sum_{m=-\infty}^{\infty} \delta(\omega - m\frac{\omega_s}{M})$$

wird die DTFT abgetastet (Abb. 4.57f).

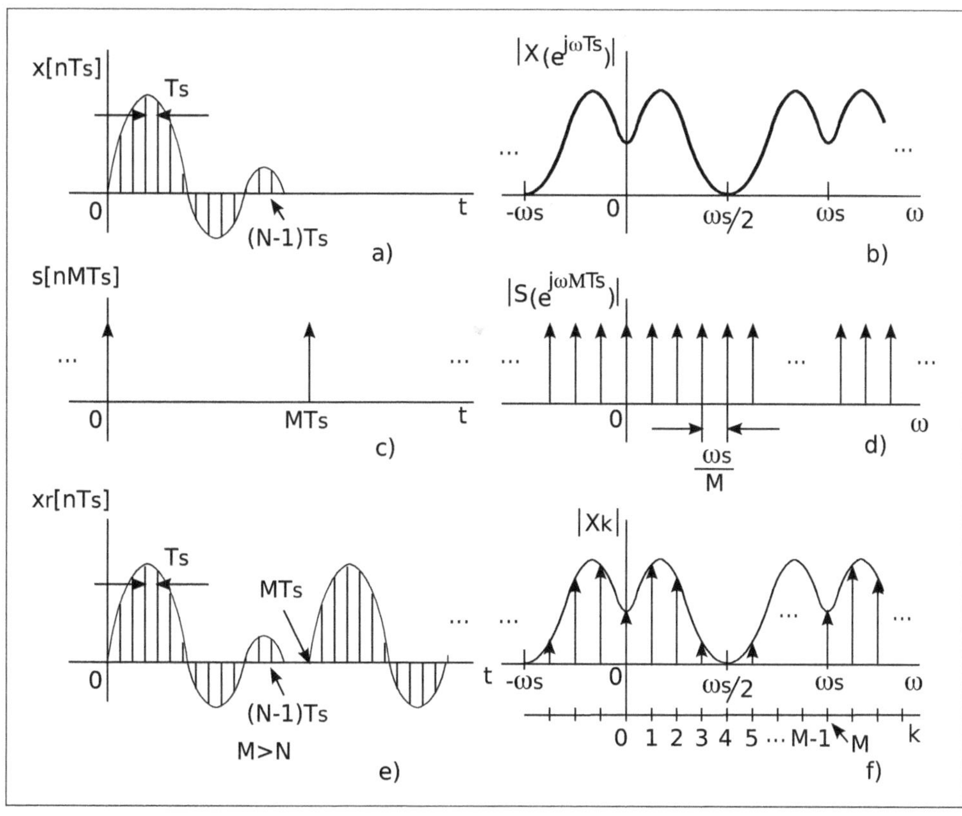

Abb. 4.57: DFT als abgetastete DTFT

Der Sequenz von Delta-Impulsen $S(e^{j\omega MT_s})$ im Frequenzbereich entspricht die periodische Sequenz von Delta-Impulsen im Zeitbereich $s[nMT_s]$, die in Abb. 4.57c dargestellt ist. Der Abtastung im Frequenzbereich entspricht eine Faltung im Zeitbereich, die zum Signal $x_r[nT_s]$ führt (Abb. 4.57e). Es ist ein periodisches Signal der Periode MT_s welches für $M \geq N$ das ursprüngliche Signal ohne Aliasing periodisch wiederholt.

Wenn die Anzahl M der Abtastwerte einer Periode der DTFT im Frequenzbereich kleiner als die Anzahl der Abtastwerte N des zeitdiskreten Signals ist, entsteht Aliasing, das im folgenden Skript `DTFT_DFT_1.m` als Experiment programmiert ist.

Zuerst wird ein zeitbegrenztes zeitdiskretes Signal aus N Abtastwerten gebildet, das in Abb. 4.58 dargestellt ist:

```
% Skript DTFT_DFT_1.m, in dem die Annäherung der DTFT
% über die DFT untersucht wird
clear;
% ------- Zeitbegrenztes Signal
fs = 2000;     Ts = 1/fs;
N = 100;       n = 0:N-1;
```

```
f = 125;          % Frequenz des Signals
Tz = 20*Ts;       % Zeitkonstante für das Abklingen
x = sin(2*pi*f*n*Ts).*exp(-n*Ts/Tz);     % Signal
figure(1);    clf;
stem(n*Ts, x);
   title(['Signal  ( N = ',num2str(N),'  )']);
   grid on;       xlabel('Zeit in s');
```

Danach werden M Werte der DTFT laut Definition berechnet:

$$X_k = \sum_{n=0}^{N-1} x[nT_s]e^{-jk\omega_s nT_s/M} = \sum_{n=0}^{N-1} x[nT_s]e^{-jk2\pi nk/M} \qquad k = 0,\ 1,\ 2,\ \ldots, M-1 \tag{4.135}$$

Mit anderen Worten wird die frequenzkontinuierliche DTFT abgetastet. Zum Experimentieren können verschiedene Werte für M eingestellt werden: größer, kleiner oder gleich N.

```
% ------- DTFT Berechnung
M = N;          % Zum Experimentieren
M = 2*N;
M = N/2;
%M = N/4;
X_DTFT = zeros(1,M);
for k = 1:M
    X_DTFT(k)  = sum(x.*exp(-j*2*pi*(k-1)*n/M));
end;
```

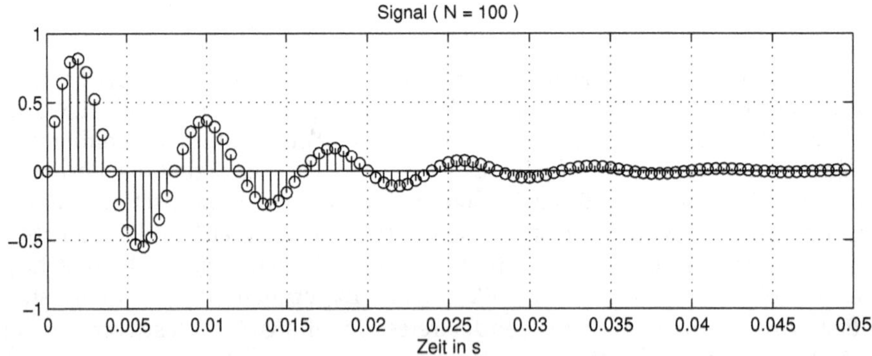

Abb. 4.58: Zeitdiskretes Signal (DTFT_DFT_1.m)

Weiter wird die DFT des Signals ermittelt und Abb. 4.59 erzeugt. Hier ist oben der Betrag der DTFT und der DFT als kontinuierlicher Verlauf dargestellt und zusätzlich sind die M Abtastwerte der DTFT mit $*$ gekennzeichnet. In Abb. 4.59 wurde $M = 50$ und damit kleiner als $N = 100$ gewählt.

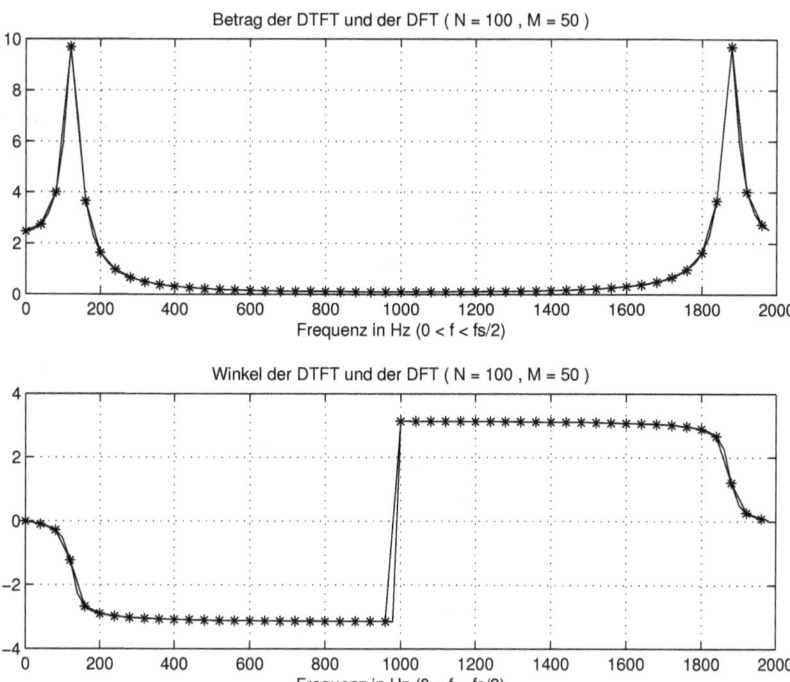

Abb. 4.59: a) Betrag der DTFT und der DFT b) Phasengang der DTFT und der DFT (DTFT_DFT_1.m)

```
% ------- DFT Berechnung
X_DFT = fft(x);
figure(2);    clf;
subplot(211), plot((0:M-1)*fs/M, abs(X_DTFT));
   hold on; plot((0:M-1)*fs/M, abs(X_DTFT),'*');
plot((0:N-1)*fs/N, abs(X_DFT),'r');
   title(['Betrag der DTFT und der DFT ( N = ',...
    num2str(N),' , M = ',num2str(M), ' )']);
   xlabel('Frequenz in Hz (0 < f < fs/2)');
   hold off;    grid on;
subplot(212), plot((0:M-1)*fs/M, angle(X_DTFT));
   hold on; plot((0:M-1)*fs/M, angle(X_DTFT),'*');
plot((0:N-1)*fs/N, angle(X_DFT),'r');
   title(['Winkel der DTFT und der DFT ( N = ',...
    num2str(N),' , M = ',num2str(M), ' )']);
   xlabel('Frequenz in Hz (0 < f < fs/2)');
   hold off;    grid on;
```

Mit folgendem Programmabschnitt wird die inverse DTFT ermittelt, die zur Zeitsequenz `xr` führt und die inverse DFT berechnet, die zur Sequenz `xr_DFT` führt:

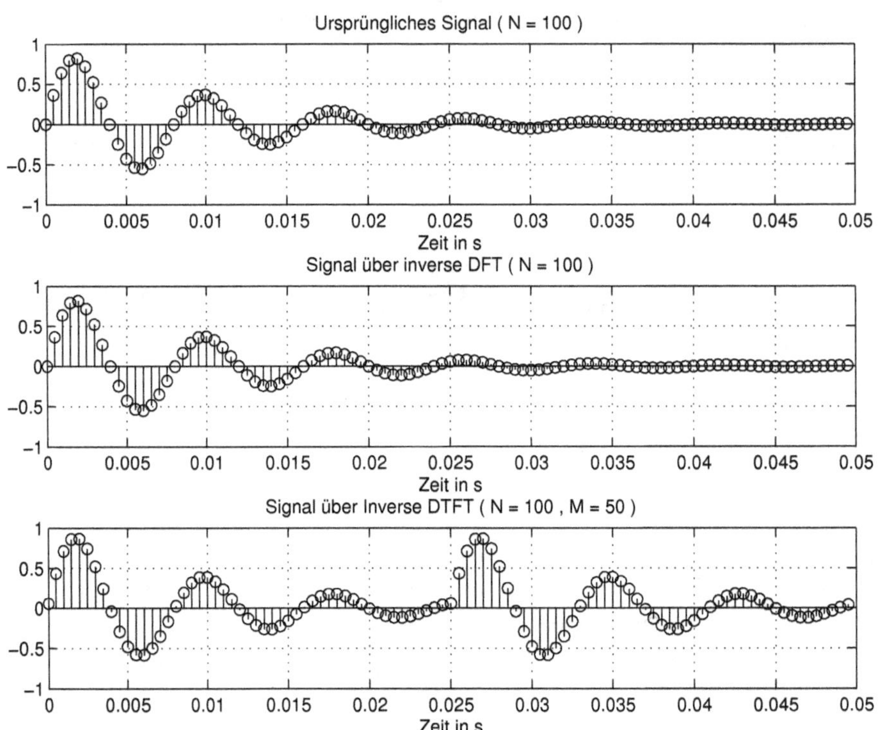

Abb. 4.60: a) Ursprüngliche Signalsequenz b) Sequenz, die über die inverse DFT erhalten wurde c) Sequenz mit Aliasing, die über die inverse DTFT erhalten wurde (DTFT_DFT_1.m)

```
% ------ Inverse DTFT
xr = zeros(1,N);
for ni = 1:N
    xr(ni) = sum(X_DTFT.*exp(j*2*pi*(ni-1)*(0:M-1)/M));
end;
xr = real(xr)/M;
xr_DFT = real(ifft(X_DFT));
figure(3);    clf;
subplot(311), stem(n*Ts, x);
   title(['Ursprüngliches Signal ( N = ',num2str(N),' )']);
   xlabel('Zeit in s');              grid on;
subplot(312), stem(n*Ts, xr_DFT(n+1),'r');
   title(['Signal über inverse DFT ( N = ',...
      num2str(N),' )']);
   xlabel('Zeit in s');              grid on;
subplot(313), stem(n*Ts, xr(n+1));
   title(['Signal über Inverse DTFT ( N = ',...
      num2str(N),' , M = ',num2str(M), ' )']);
xlabel('Zeit in s');              grid on;
```

Die Berechnung der Inversen der DTFT basiert auf Gl. (4.34):

$$x[nTs] = \frac{T_s}{2\pi}\int_{\omega=0}^{\omega_s} X(e^{j\omega T_s})e^{j\omega T_s}d\omega \tag{4.136}$$

Das Integral wird mit folgender Summe angenähert:

$$\begin{aligned} x_{inv}[nTs] &= T_s\sum_{k=0}^{M-1} X_k\, e^{j2\pi nk/M\omega T_s}\frac{f_s}{M} = \frac{1}{M}\sum_{k=0}^{M-1} X_k\, e^{j2\pi nk/M} \\ n &= 0,\, 1,\, 2,\, \ldots, N-1 \end{aligned} \tag{4.137}$$

Das ursprüngliche Signal mit $N = 100$, das Signal welches über die inverse DFT mit ebenfalls $N = 100$ und das Signal, welches über die inverse DTFT mit $N = 100$ und $M = 50$ erhalten wurde, sind in Abb. 4.60 dargestellt.

Wenn $M = N$ ist, dann sind die Abtastwerte der DTFT gleich denen der DFT und es entsteht kein Aliasing. Für $M > N$ hat die Inverse der DTFT eine Länge gleich M, wobei die ersten N Werte das korrekte ursprüngliche Signal darstellen und die restlichen sind gleich null (Abb. 4.57e). In Abb. 4.60c sind immer nur die ersten N Werte der Inversen der abgetasteten DTFT dargestellt.

4.5.2 Faltung über die DFT

Die Sachverhalte des vorherigen Abschnittes müssen berücksichtigt werden, wenn man mit Hilfe des Faltungssatzes die zeitdiskrete Faltung zweier Sequenzen im "Umweg" über den Frequenzbereich effektiv implementieren will. Diese Methode trägt den Namen *schnelle Faltung*.

In der Tabelle 4.2 pos. 5 ist angegeben, dass der Faltung im Zeitbereich eine Multiplikation der entsprechenden DTFT im Frequenzbereich entspricht:

$$\begin{aligned} & y[nT_s] = h[nT_s] * x[nT_s] \quad \rightarrow \quad Y(e^{j\omega T_s}) = H(e^{j\omega T_s})\, X(e^{j\omega T_s}) \\ & y[nT_s] = \mathcal{DTFT}^{-1}\{H(e^{j\omega T_s})X(e^{j\omega T_s})\} = \mathcal{DTFT}^{-1}\{Y(e^{j\omega T_s})\} \\ & \text{wobei} \\ & \qquad H(e^{j\omega T_s}) = \mathcal{DTFT}\{h[nT_s]\}, \quad X(e^{j\omega T_s}) = \mathcal{DTFT}\{x[nT_s]\} \end{aligned} \tag{4.138}$$

Wenn die Sequenzen verschiedene Längen besitzen, wie z.B. die Sequenz $h[nT_s]$ die Länge M und die Sequenz $x[nT_s]$ die Länge N, ergibt die Faltung

$$\begin{aligned} y[nTs] =& h[0]x[nT_s] + h[T_s]x[(n-1)T_s] + h[2T_s]x[(n-2)T_s] + \ldots \\ & + h[(M-1)T_s]x[(n-M+1)T_s] \\ & \qquad n = 0,\, 1,\, 2,\, \ldots, M+N-1 \end{aligned} \tag{4.139}$$

eine Sequenz $y[nT_s]$ der Länge $M + N - 1$.

Der erste Wert $y[0]$ berechnet sich einfach aus $y[0] = h[0]x[0]$, weil die restlichen Werte $x[-T_s]$, $x[-2T_s], \ldots$ gleich null sind. Der letzte Wert berechnet sich mit $y[(N+M-2)T_s] = h[(M-1)T_s]x[(N-1)T_s]$, weil die Werte $x[NT_s]$, $x[(N+1)T_s], \ldots$ gleich null sind. Die Anzahl der Werte $y[nT_s]$, die verschieden von null sind, ist somit $(N+M-2)-0+1 = M+N-1$.

Wie im vorherigen Abschnitt gezeigt wurde, muss eine Sequenz der Länge $N+M-1$ mit einer DFT mindestens dieser Länge dargestellt werden, sonst entsteht Aliasing im Zeitbereich. Somit müssen für die Zeitsequenzen $h[nT_s]$ und $x[nT_s]$ DFTs der Länge $N+M-1$ berechnet werden.

Dafür erweitert man die Sequenz $h[nT_s]$ der Länge M mit mindestens $N-1$ Nullwerten und die Sequenz $x[nT_s]$ der Länge N mit mindestens $M-1$ Nullwerten. Von beiden erweiterten Sequenzen mit nun gleicher Länge berechnet man die DFTs und multipliziert sie elementweise. Die inverse DFT des Produktes ergibt dann das Faltungsergebnis.

Bei der Faltung zweier reeller Zeitsequenzen ist das Faltungsergebnis reell. Aufgrund numerischer Ungenauigkeiten kann das Ergebnis der inversen DFT von null verschiedene, aber kleine Imaginärteile haben. Diese verwirft man in der Praxis und nimmt den Realteil der inversen DFT.

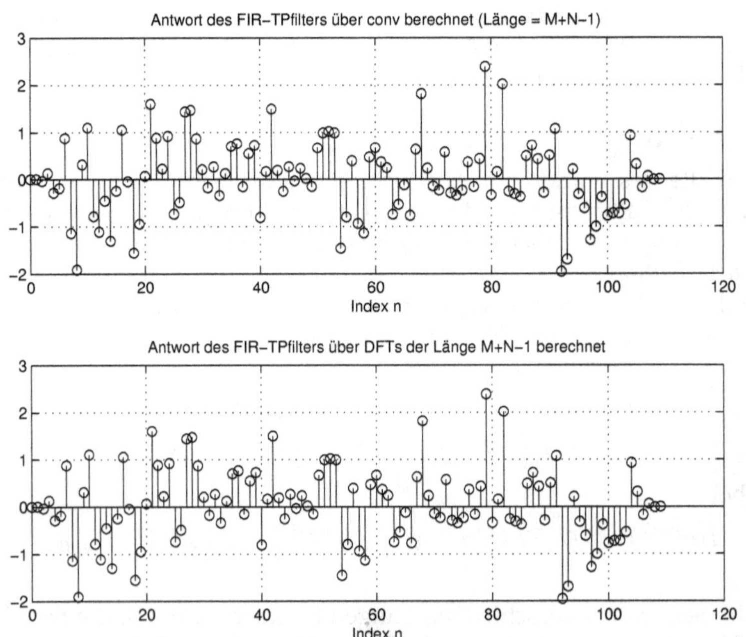

Abb. 4.61: Antwort des FIR-Filters über die Funktion conv und über die DFTs (faltung_DFT_1.m)

Im Skript `faltung_DFT_1.m` wird zuerst die Faltung mit der MATLAB-Funktion **conv** ermittelt und danach das Faltungsergebnis über die DFTs der mit Nullwerten erweiterten Sequenzen berechnet:

```
% Skript faltung_DFT_1.m, in dem die Faltung über die DFT
% untersucht wird
clear;
% ------- Einheitspulsantwort FIR-TPfilter
nord = 10;
h = fir1(nord, 0.4*2);     % Einheitspulsantwort des Filters
M = length(h);
figure(1);     clf;
subplot(211), stem(0:nord, h);
   title('Einheitspulsantwort des FIR-TPfilters');
   xlabel('Index');    grid on;
[Hh,w] = freqz(h,1);
subplot(212), plot(w/(2*pi), 20*log10(abs(Hh)));
   title('Amplitudengang des FIR-TPfilters in dB');
   xlabel('Relative Frequenz f / fs');    grid on;
% ------- Signal
N = 100;
x = randn(1,N);              % Zufallssignal
% ------- Faltung mit conv
y_conv = conv(h,x);
ny_conv = length(y_conv);    % Muss M+N-1 sein
% ------- Faltung über DFTs der Länge M+N-1
H = fft(h,M+N-1);     % DFT von h mit Nullwerten erweitert bis M+N-1
X = fft(x,M+N-1);     % DFT von x mit Nullwerten erweitert bis M+N-1
Y = H.*X;             % Elementweise Multiplikation von H und X
y_DFT = real(ifft(Y));   % Inverse DFT von H.*X
ny_DFT = length(y_DFT);
figure(2);     clf;
subplot(211), stem(0:ny_conv-1, y_conv);
   title(['Antwort des FIR-TPfilters über conv berechnet',...
    ' (Länge = M+N-1)']);
   xlabel('Index n');    grid on;
subplot(212), stem(0:ny_DFT-1, y_DFT);
   title(['Antwort des FIR-TPfilters über DFTs der Länge',...
    ' M+N-1 berechnet']);
   xlabel('Index n');    grid on;
% ------- Faltung über DFTs der Länge N < N+M-1
H = fft(h,N);    % DFT von h mit Nullwerten erweitert bis N
X = fft(x,N);    % DFT von x mit Nullwerten erweitert bis N
Y = H.*X;             % Elementweise Multiplikation von H und X
y_DFT = real(ifft(Y));   % Inverse DFT von H.*X
ny_DFT = length(y_DFT);
figure(3);     clf;
subplot(211), stem(0:ny_conv-1, y_conv);
   title(['Antwort des FIR-TPfilters über conv berechnet',...
    ' (Länge = M+N-1)']);
   xlabel('Index n');    grid on;
subplot(212), stem(0:ny_DFT-1, y_DFT);
   title(['Antwort des FIR-TPfilters über DFTs der Länge',...
```

```
    ' N berechnet']);
  xlabel('Index n');    grid on;
```

Abb. 4.61 zeigt oben das Ergebnis der Faltung mit der Funktion **conv** und darunter das Ergebnis der Faltung über die DFTs der Länge $M + N - 1$. Wie man sieht sind sie gleich. Die Sequenzen, die gefaltet wurden, sind die Einheitspulsantwort $h[nT_s]$ eines FIR-Tiefpassfilters der Ordnung 10 und Länge $M = 11$ und einer Zufallssequenz $x[nT_s]$ der Länge $N = 100$.

4.5.3 Beispiel: Identifikation einer Einheitspulsantwort über die DFT des Eingangs und des Ausgangs

Die DTFT des Eingangs $X(e^{j\omega T_s})$ und des Ausgangs $Y(e^{j\omega T_s})$ eines LTI-Systems sind durch die DTFT der Einheitspulsantwort $H(e^{j\omega T_s})$ verbunden:

$$Y(e^{j\omega T_s}) = H(e^{j\omega T_s})X(e^{j\omega T_s}) \tag{4.140}$$

Daraus folgt die Möglichkeit der Identifikation von $H(e^{j\omega T_s})$ und über die inverse DTFT die Ermittlung der Einheitspulsantwort $h[nT_s]$. Die DTFTs werden mit Hilfe der DFTs als abgetastete Frequenzgänge ermittelt. Im Skript `identifikation_DFT_1.m`

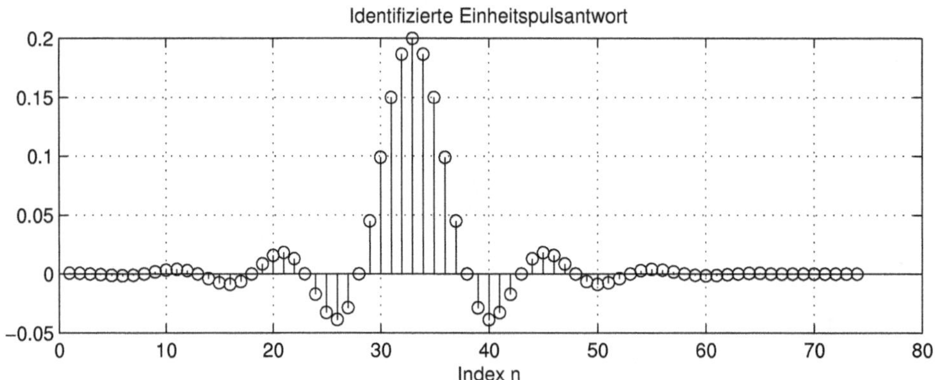

Abb. 4.62: Identifizierte Einheitspulsantwort ohne Messrauschen für das Ausgangssignal (identifikation_DFT_1.m)

ist dieses Experiment für ein FIR-Tiefpassfilter programmiert. Die Einheitspulsantwort `h` des Filters wird mit der Funktion **fir1** entworfen und danach dargestellt:

```
% Skript identifikation_DFT_1.m, in dem eine Übertragungsfunktion
% über die DFT identifiziert wird
clear;
% ------- Einheitspulsantwort des FIR-TP-Filters
nord = 64;      fr = 0.1;  % Ordnung und relative Frequenz
h = fir1(nord, fr*2);    % Einheitspulsantwort des Filters
M = length(h);
figure(1);    clf;
```

```
subplot(211), stem(0:nord, h);
   title('Einheitspulsantwort des FIR-TP-Filters');
   xlabel('Index');    grid on;
[Hh,w] = freqz(h,1);
subplot(212), plot(w/(2*pi), 20*log10(abs(Hh)));
   title('Amplitudengang des FIR-TP-Filters in dB');
   xlabel('Relative Frequenz f / fs');    grid on;
```

Danach wird ein Anregungssignal in Form einer "Glocke" gebildet und mit der Funktion **conv** wird die Einheitspulsantwort mit der Anregung gefaltet, um den Ausgang zu erhalten:

```
% ------- Anregungssignal
naus = 10;          Tz = 40;
x = [exp(-((0:naus-1)-naus/2).^2/2)];
N = length(x);
%x = randn(1,N);
% ------- Ausgangssignal über conv
y_conv = conv(h,x);
ny_conv = length(y_conv);    % Muss M+N-1 sein
noise = 0;
%noise = 0.000001;        % Varianz des Messrauschens
y_conv = conv(h,x) + sqrt(noise)*randn(1,ny_conv);
figure(2);    clf;
subplot(211), stem(0:N-1, x);
   title('Anregungssequenz');
   xlabel('Index n');         grid on
subplot(212), stem(0:ny_conv-1, y_conv)
   title('Antwort des FIR-TP-Filters');
   xlabel('Index n');         grid on
```

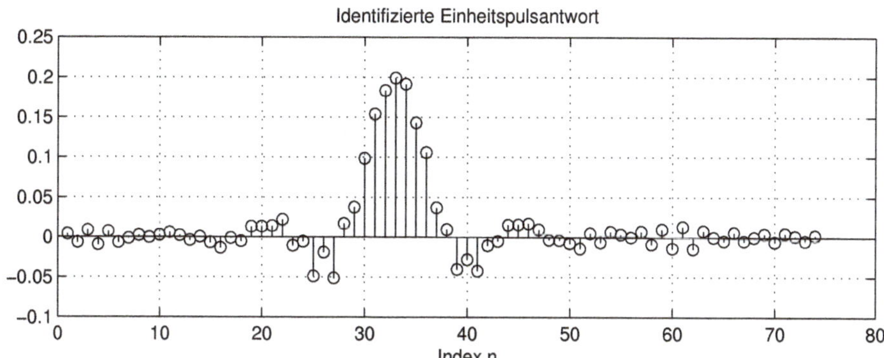

Abb. 4.63: Identifizierte Einheitspulsantwort mit Messrauschen für das Ausgangssignal (identifikation_DFT_1.m)

Das Programm bietet auch die Möglichkeit, auf den Ausgang Messrauschen zu addieren, um ein praktisches reales Experiment zu simulieren.

Danach werden die DFTs des Eingangssignals und des Ausgangssignals mit der Länge $N + M - 1$, wie im vorherigen Abschnitt erläutert, berechnet. Das Verhältnis der DFTs führt auf die DFT `Hid` der Einheitspulsantwort. Der Realteil der inversen DFT ergibt dann die identifizierte Einheitspulsantwort:

```
% ------- Übertragungsfunktion über DFTs der Länge M+N-1
X = fft(x,M+N-1);       % DFT von h mit Nullwerten erweitert bis M+N-1
Y = fft(y_conv,M+N-1); % DFT von x mit Nullwerten erweitert bis M+N-1
Hid = Y./X;             % Identifizierte Übertragungsfunktion
k = find(Hid == inf | Hid == -inf | Hid == NaN)
Hid(k) = 0;
hid = real(ifft(Hid));    % Identifizierte Einheitspulsantwort
figure(3);    clf;
stem(hid);
   title('Identifizierte Einheitspulsantwort')
   xlabel('Index n');    grid on;
```

Das Verfahren liefert die korrekte Einheitspulsantwort, wie man in Abb. 4.62 erkennen kann. Fügt man jedoch dem Ausgangssignal Rauschen hinzu, so werden bereits bei kleinen Rauschleistungen beträchtliche Fehler gemacht. In Abb. 4.63 ist die fehlerhafte identifizierte Einheitspulsantwort zu sehen.

Immer wenn Rauschen vorkommt, muss man in irgend einer Form mitteln. Im Skript `identifikation_DFT_2.m` wird der Versuch für dieselbe Anregung mehrmals exakt wiederholt. Die DFTs der verrauschten Ausgangssignale werden gemittelt und so in der Schätzung der Übertragungsfunktion bzw. Einheitspulsantwort eingesetzt.

Weil der deterministische Anteil in der Antwort sich exakt wiederholt, wiederholt sich auch die DFT dieses Anteils und wird durch die Mittelung nicht beeinflusst. Hingegen ist die DFT wegen des Rauschanteils bei jedem Versuch verschieden und die Mittelung verringert die Streuung dieser DFTs. Das Messrauschen kann viel größer sein.

In der Simulation ist es relativ einfach die Versuche exakt zu wiederholen. In der Praxis, wenn man z.B. die Übertragungsfunktion einer Struktur über Hammerschläge identifizieren möchte, ist es nicht mehr so einfach die Versuche genau zu wiederholen.

Für solche Fälle muss man andere Verfahren einsetzen und zwar Methoden der stochastischen Systeme [29], [34], die im nächsten Kapitel beschrieben werden.

5 Zufallsprozesse

Zufallssignale wurden bereits im ersten Kapitel erwähnt. Es sind Signale, die zufällige Werte annehmen, deren Verlauf für die Zukunft nicht angegeben werden kann. Ihre Beschreibung ist nur mit Hilfe statistischer Methoden möglich.

Zufällige Signale sind allgegenwärtig. Man begegnet ihnen als Zeitsignale: Jedes Nachrichtensignal ist ein zufälliges Signal, Störsignale wie das Rauschen sind ebenfalls Zufallsfunktionen der Zeit. Auch Funktionen der Raumkoordinaten können zufällige Signale sein, wie z.B. die Intensität eines Bildes.

Zur Beschreibung zufälliger Signale wurde der Begriff des Zufallsprozesses geprägt [11], [25], welcher alle möglichen Realisierungen eines zufälligen Signals umfasst.

5.1 Definition eines Zufallsprozesses

Gegeben ist ein Ereignisraum S, auf dem ein Zufallsexperiment stattfindet. Das Ergebnis des Zufallsexperimentes ist ein Ereignis $\zeta_i \in S$. Wird jedem Ereignis ζ_i eine Zahl zugeordnet, so hat man eine Zufallsvariable definiert. Erweitert man diese Definition, indem man einem Ereignis ζ_i eine Folge von Zufallsvariablen oder eine Zeitfunktion zuordnet, so hat man einen Zufallsprozess definiert. Genau genommen spricht man im ersten Fall von einer Zufallssequenz und im zweiten Fall von einem Zufallsprozess, doch vereinfachend soll für beide Fälle hier der Begriff Zufallsprozess verwendet werden.

Die dem Ereignis zugeordnete Funktion wird als eine Funktion der unabhängigen Variable "Zeit" betrachtet, aber selbstverständlich kann diese Variable auch eine andere physikalische Bedeutung haben, z.B. die einer Raumkoordinate. Wird dem Ereignis ζ_i eine Folge von Zufallsvariablen zugeordnet, so sind die Elemente dieser Folge indiziert und den Index kann man auch als eine (jetzt diskrete) Zeit auffassen.

Damit ist ein Zufallsprozess eine Funktion von zwei Parametern: des Ereignisses ζ und der Zeit t. Eine Zeitfunktion wird als Musterfunktion oder Realisierung des Zufallsprozesses bezeichnet. Man verwendet für die Musterfunktion auch die Bezeichnung Stichprobe.

Sowohl der Ereignisraum als auch die Zeit können kontinuierlich oder diskret sein. Ist der Ereignisraum ein Kontinuum, d.h. wenn es eine unabzählbare Menge von Ereignissen ζ_i gibt, wie z.B. die Position, an der ein Leserstrahl auf eine Projektionsfläche fallen und eine Aktion auslösen kann, so spricht man von einem kontinuierlichen Zufallsprozess.

Im anderen Fall ist es ein diskreter Zufallsprozess. Ein Beispiel für einen diskreten Zufallsprozess wäre ein sprechender Würfel. Bei diesem gibt es nur sechs mögliche Ereignisse, nämlich die sechs Zahlen, die oben liegen können, und die Musterfunktionen sind die Sprechsignale für die betreffende Zahl, die über einen Lautsprecher ausgegeben werden.

Wie bereits vorher erwähnt, kann eine folge von Zufallsvariablen als ein zeitdiskretes Signal aufgefasst werden und man hat es somit mit einem zeitdiskreten Zufallsprozess zu tun. In der Natur sind die Musterfunktionen jedoch häufig zeitkontinuierlich, so dass viele Zufallsprozesse zeitkontinuierlicher Natur sind.

Zusammenfassend gibt es also vier Kategorien von Zufallsprozessen:

1) Kontinuierliche Zufallsprozesse mit zeitkontinuierlichen Musterfunktionen. Ein typisches Beispiel dafür sind Wiener-Prozesse (oder Brownsche Bewegung) [25].

2) Kontinuierliche Zufallsprozesse mit zeitdiskreten Musterfunktionen. Ein typisches Beispiel dafür sind Gaußsche Sequenzen, also z.B. Abtastwerte eines Signals welches mit Gaußschem Rauschen gestört wurde.

3) Diskrete Zufallsprozesse mit zeitkontinuierlichen Musterfunktionen. Ein Beispiel dafür ist der schon erwähnte sprechende Würfel, aber auch Poisson-Prozesse, die die Anzahl der Telefonanrufe als Funktion der Zeit oder die Anzahl der Tore in einem Fußballspiel als Funktion der Spieldauer angeben.

4) Diskrete Zufallsprozesse mit zeitdiskreten Musterfunktionen. Ein Beispiel dafür sind die Buchstaben eines Buches oder die Bernoulli-Sequenzen [25], also z.B. eine Folge von statistisch unabhängigen Münzwürfen.

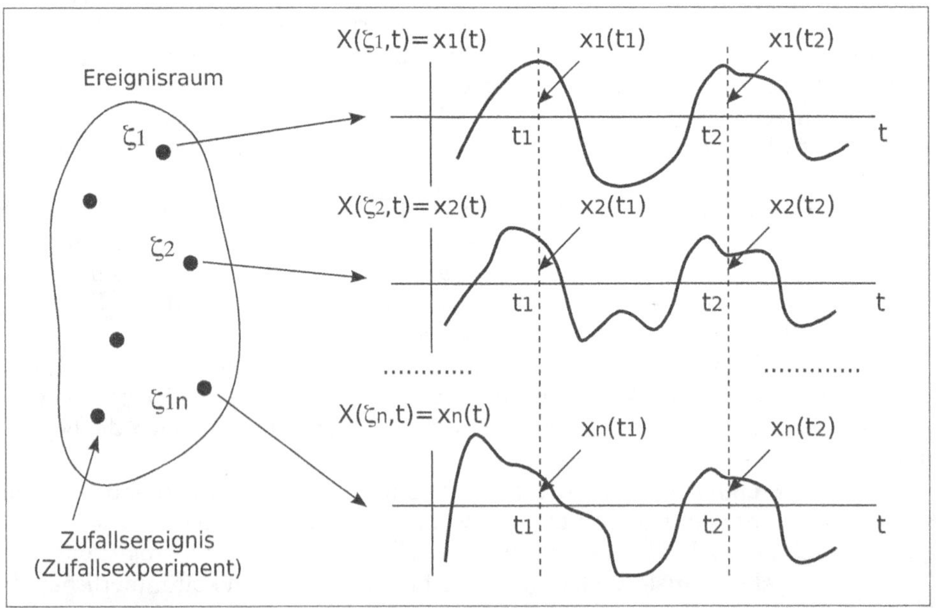

Abb. 5.1: Definition eines Zufallsprozesses

Prinzipiell ist zu betonen, dass es nicht die Musterfunktionen sind, die zufällig sind, sondern dass der Zufall im Ereignis, also in der Auswahl der Musterfunktion liegt, wie in Abb. 5.1 dargestellt.

Diese Art zu modellieren ist auch kompatibel mit Rauschprozessen, bei denen man sich vorstellen kann, dass alle möglichen (unendlich viele) Musterfunktionen vorab feststehen und eine davon ausgewählt ist. Auch eine Folge von N Münzwürfen (Bernoulli-Prozess) kann man sich als die Auswahl einer Musterfunktion aus dem Vorrat von 2^N Musterfunktionen vorstellen, denn es ist für das Modell prinzipiell dasselbe, ob N identische Münzen gleichzeitig geworfen werden, oder ob eine Münze unter identischen Bedingungen N mal nacheinander geworfen wird.

Oftmals wird in der Bezeichnung des Zufallsprozesses das Zufallsereignis ζ weggelassen, wie in $X(\zeta, t) \to X(t)$ oder in $X(\zeta, t) \to Xn$ für zeitdiskrete Zufallsprozesse. Das soll aber nicht darüber hinwegtäuschen, dass es das Zufallsereignis ist, welches die statistischen Eigenschaften des Prozesses bestimmt. Einige Beispiele sollen die Ausführungen verdeutlichen.

Zufällige Sinussignale

Für ζ eine Zufallszahl im Intervall $[0, 1]$, stellt die Variable $X(\zeta, t)$, die durch

$$X(\zeta, t) = \zeta \sin(2\pi\omega_0 t) \qquad (5.1)$$

gegeben ist, ein Zufallsprozess. Hier ist ω_0 eine Konstante. Die Musterfunktionen (oder Realisierungen) dieses Zufallsprozesses sind Sinussignale der Amplitude ζ, wie sie in Abb. 5.2 gezeigt sind. Es handelt sich offensichtlich um eine kontinuierliche Zufallsvariable (ζ kontinuierlich), die auch zeitkontinuierliche Musterfunktionen hat. Sie werden im Skript `zufall_sinus_1.m` erzeugt:

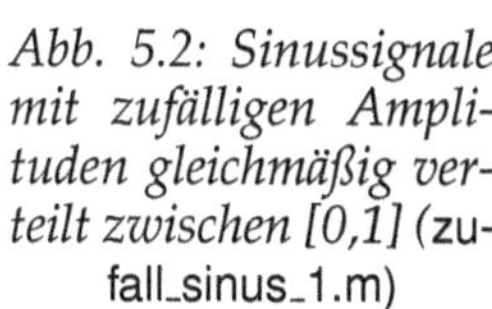

Abb. 5.2: Sinussignale mit zufälligen Amplituden gleichmäßig verteilt zwischen [0,1] (zufall_sinus_1.m)

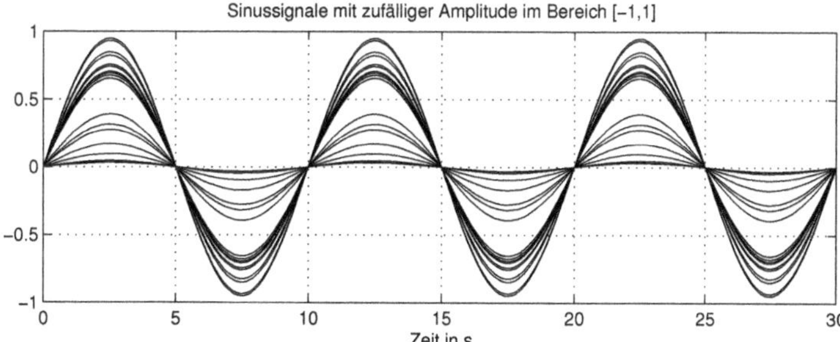

Für die zufälligen Amplituden wird die Funktion **`rand`** eingesetzt, die zufällige Zahlen im Bereich [0, 1] erzeugt.

Ähnlich können zufällige Sinussignale mit ζ als Zufallsereignis, die die Kreisfrequenz $\omega = \zeta$ gleichmäßig verteilt im Intervall $[-\pi, \pi]$ bestimmt, gebildet werden (Abb. 5.3):

$$Y(\zeta, t) = \sin(\zeta t) \qquad (5.2)$$

Zufällige Rechteckpulse

In diesem Zufallsexperiment besteht der Ereignisraum aus den beiden Werten $\zeta_1 = 1$ und $\zeta_2 = -1$, die mit bestimmten Wahrscheinlichkeiten auftreten. Ihnen werden

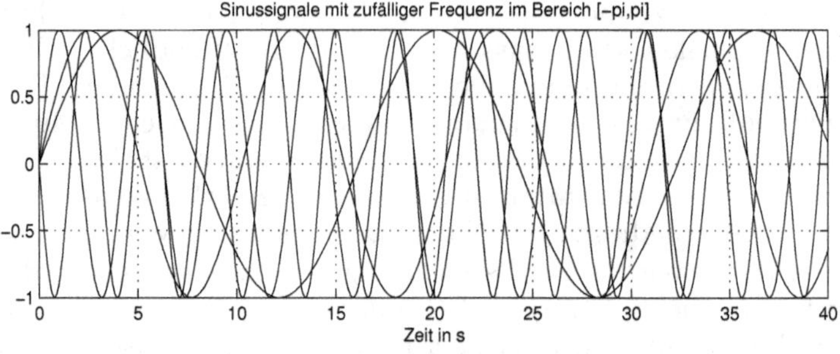

Abb. 5.3: Sinussignale mit zufälligen Frequenzen gleichmäßig verteilt zwischen [-π, π] (zufall_sinus_2.m)

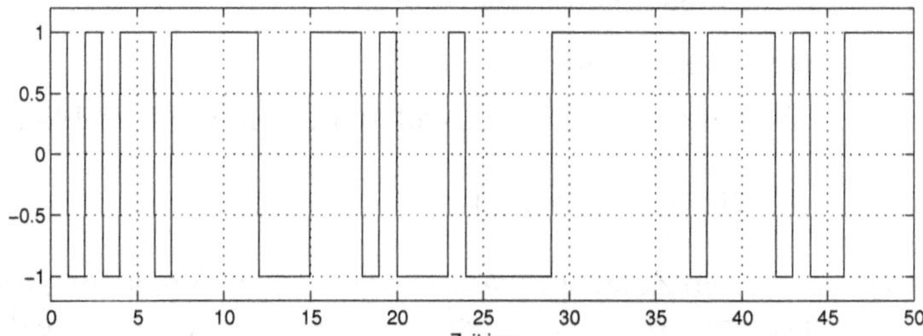

Abb. 5.4: Binäre Zufallssequenz (zufall_binaer_1.m)

die Zeitfunktionen

$$X(\zeta_i, t) = \zeta_i \, \text{rect}(t - kT) \quad \text{mit} \quad k \in \mathbb{Z} \tag{5.3}$$

zugeordnet. Wobei

$$\text{rect}(t) = \begin{cases} 1 & t \in [0, T] \\ 0 & \text{sonst} \end{cases} \tag{5.4}$$

ein Rechteckpuls ist.

Es entsteht ein Zufallsprozess, wie in Abb. 5.4 dargestellt ist. In der Praxis treten solche Signale bei der digitalen Basisbandübertragung auf.

5.2 Statistik der Zufallsprozesse

Es werden hier die wichtigsten Aspekte der Statistik der Zufallsprozesse, die relevant für die Thematik dieses Buchs sind, gezeigt [11], [25].

5.2.1 Wahrscheinlichkeitsfunktionen

Es wird ein Zufallsprozess $X(t)$ angenommen. Für einen gegebenen Zeitpunkt t_1 ist $X(t_1) = X_1$ eine Zufallsvariable und ihre Verteilungsfunktion $F_x(x_1, t_1)$ ist durch

$$F_X(x_1; t_1) = P\{X(t_1) \leq x_1\} \tag{5.5}$$

definiert, wobei x_1 eine reelle Zahl ist und mit $P\{\}$ hier die Wahrscheinlichkeit bezeichnet wird. Die Funktion $F_X(x_1;t_1)$ stellt die eindimensionale Verteilungsfunktion dar. Die entsprechende eindimensionale Verteilungsdichte oder eindimensionale Wahrscheinlichkeitsdichte wird aus

$$f_X(x_1;t_1) = \frac{\partial F_X(x_1;t_1)}{\partial x_1} \tag{5.6}$$

erhalten.

Die gemeinsame Verteilung oder Verbundverteilung von zwei Zufallsvariablen, die man für t_1 und t_2 aus $X(t)$ erhält und zwar $X(t_1)$ bzw. $X(t_2)$ ist durch

$$F_X(x_1,x_2;t_1,t_2) = P\{X(t_1) \leq x_1, X(t_2) \leq x_2\} \tag{5.7}$$

gegeben, wobei x_1 und x_2 reelle Zahlen sind. Die Ableitung ergibt dann die zweidimensionale Wahrscheinlichkeitsdichte:

$$f_X(x_1,x_2;t_1,t_2) = \frac{\partial^2 F_X(x_1,x_2;t_1,t_2)}{\partial x_1 \partial x_2} \tag{5.8}$$

Ähnlich kann man für n Zufallsvariablen $X(t_i) = X_i$ mit $i = 1,2,\ldots,n$ die n-dimensionale Verteilung definieren:

$$F_X(x_1,\ldots,x_n;t,\ldots,t_n) = P\{X(t_1) \leq x_1,\ldots,X(t_n) \leq x_n\} \tag{5.9}$$

und entsprechend ihre Verteilungsdichte:

$$f_X(x_1,\ldots,x_n;t_1,\ldots,t_2) = \frac{\partial^n F_X(x_1,\ldots,x_n;t_1,\ldots,t_n)}{\partial x_1,\ldots \partial x_n} \tag{5.10}$$

Die Prozesse können auch von zwei verschiedenen Ereignisräumen $X(t)$ und $Y(t)$ stammen. Die gemeinsame Verteilung für $X(t_1)$ und $Y(t_2)$ ist ähnlich definiert:

$$F_{XY}(x_1,y_2;t_1,t_2) = P\{X(t_1) \leq x_1, Y(t_2) \leq y_2\} \tag{5.11}$$

Dabei sind auch hier x_1, y_2 reelle Zahlen. Die entsprechende Verteilungsdichte ist dann:

$$f_{XY}(x_1,y_2;t_1,t_2) = \frac{\partial^2 F_{XY}(x_1,y_2;t_1,t_2)}{\partial x_1 \partial y_2} \tag{5.12}$$

5.2.2 Statistische Mittelwerte

Wie bei den Zufallsvariablen werden die Zufallsprozesse durch statistische Mittelwerte über die Realisierungen oder der Stichproben beschrieben. Der Mittelwert oder Erwartungswert von $X(t)$ ist durch

$$\mu_x(t) = E\{X(t)\} = \int_{-\infty}^{\infty} x f_X(x,t)dx \tag{5.13}$$

definiert. Dabei ist $X(t)$ die Zufallsvariable, die man aus dem Zufallsprozesses für einen festen Wert von t gewinnt.

Für zeitdiskrete Prozesse $X(n)$ ist der Mittelwert durch

$$\mu_X(n) = E\{X(n)\} = \sum_n x_n p_X(x_n) \tag{5.14}$$

gegeben, wobei $p_X(x_n)$ die Wahrscheinlichkeit $P\{X = x_n\}$ ist ($p_X(x_n) = P\{X = x_n\}$).

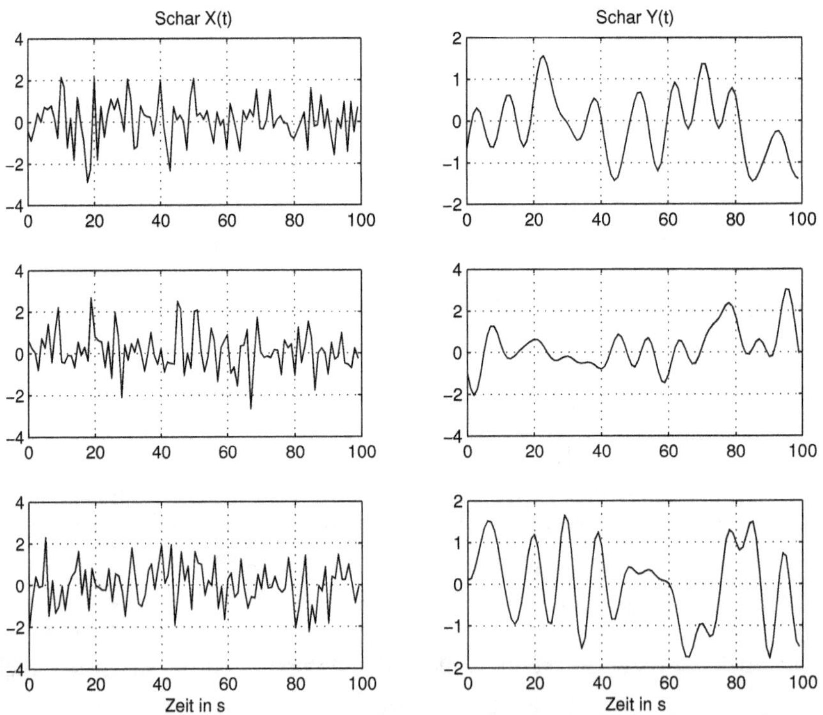

Abb. 5.5: Stichproben aus zwei Zufallsprozessen

Abb. 5.5 zeigt je drei Stichproben (Realisierungen) aus zwei reellwertigen Zufallsprozessen, die gleiche Verteilungsdichten besitzen, sich aber im Zeitverhalten unterscheiden. Mit der Autokorrelationsfunktion (kurz Autokorrelation) kann man teilweise diesen Unterschied beschreiben.

Die Autokorrelation eines reellwertigen Zufallsprozesses $X(t)$ ist durch

$$R_{XX}(t_1,t_2) = E\{X(t_1)X(t_2)\} = \int_{-\infty}^{\infty}\int_{-\infty}^{\infty} x_1 x_2 f_X(x_1,x_2;t_1,t_2)dx_1 dx_2 \tag{5.15}$$

definiert. Die Autokorrelation beschreibt die Verbindung (als Korrelation) zwischen den Werten eines Zufallsprozesses für $t = t_1$ und $t = t_2$. Wenn t_2 über den Abstand τ zu t_1 ausgedruckt wird, erhält man:

$$R_{XX}(t,t+\tau) = E\{X(t)X(t+\tau)\} \tag{5.16}$$

Aus der Definition resultiert noch:

$$\begin{aligned} &R_{XX}(t_1,t_2) = E\{X(t_1)X(t_2)\} = E\{X(t_2)X(t_1)\} = R_{XX}(t_2,t_1) \qquad \text{und} \\ &R_{XX}(t,t) = E\{X(t)^2\} \end{aligned} \tag{5.17}$$

Im Prozess aus Abb. 5.5 rechts sind die Werte $X(t_1)$ und $X(t_2)$ stärker korreliert als dieselben Werte des linken Prozesses aus derselben Abbildung. In Abb. 5.6 sind die Autokorrelationsfunktionen mit der MATLAB-Funktion **`xcorr`** geschätzt. Man bemerkt dass die Hauptkeule der Autokorrelationsfunktion im rechten Bild breiter ist, dieser Prozess also stärker korreliert ist.

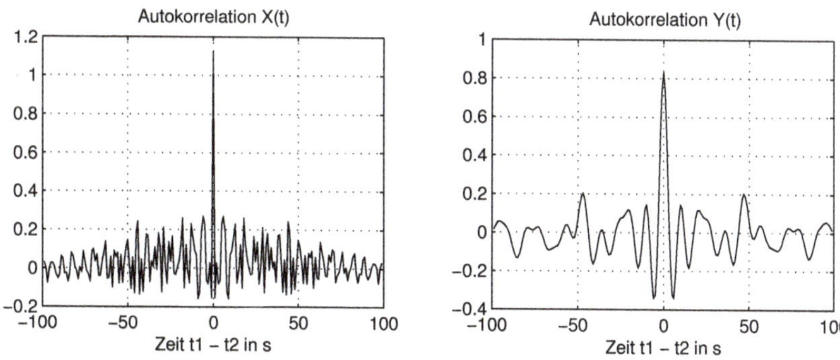

Abb. 5.6: Geschätzte Autokorrelation der Prozesse X(t) und Y(t) aus Abb. 5.5

Eine ähnliche Funktion ist die *Autokovarianz*, die für $X(t)$ durch

$$\begin{aligned} C_{XX}(t_1,t_2) =& E\{[X(t_1) - \mu_X(t_1)][X(t_2) - \mu_X(t_2)]\} = \\ & R_{XX}(t_1,t_2) - \mu_X(t_1)\mu_X(t_2) \end{aligned} \tag{5.18}$$

definiert ist. Wenn der Prozess mittelwertfrei ist, also $\mu_X(t) = 0$, dann ist $C_{XX}(t_1,t_2) = R_{XX}(t_1,t_2)$.

Die Varianz des Prozesses $X(t)$ ist durch

$$\sigma_X^2 = \mathrm{Var}\{X(t)\} = E\{[X(t) - \mu_X(t)]^2\} = C_{XX}(t,t) \tag{5.19}$$

gegeben.

Wenn der Prozess $X(t)$ ein komplexwertiger Prozess ist, dann sind:

$$\begin{aligned} R_{XX}(t_1,t_2) &= E\{X(t_1)X^*(t_2)\} \\ C_{XX}(t_1,t_2) &= E\{[X(t_1) - \mu_X(t_1)][X(t_2) - \mu_X(t_2)]^*\} \end{aligned} \tag{5.20}$$

Hier wird mit * die konjugiert Komplexe bezeichnet.

Ähnliche Funktionen können auch für zeitdiskrete Zufallsprozesse $X(n)$ definiert werden:

$$\begin{aligned} &R_{XX}(n_1,n_2) = E\{X(n_1)X(n_2)\} = E\{X(n_2)X(n_1)\} = R_{XX}(n_2,n_1) \\ &R_{XX}(n,n) = E\{X(n)^2\} \\ &C_{XX}(n_1,n_2) = E\{[X(n_1) - \mu_X(n_1)][X(n_2) - \mu_X(n_2)]\} \\ &C_{XX}(n_1,n_2) = R_{XX}(n_1,n_2) \qquad \text{wenn} \qquad \mu_X(n) = 0 \end{aligned} \tag{5.21}$$

Für zwei unterschiedliche Prozesse $X(t)$ und $Y(t)$ wird die *Kreuzkorrelation* durch

$$R_{XY}(t_1,t_2) = E\{X(t_1)Y(t_2)\} = \int_{-\infty}^{\infty}\int_{-\infty}^{\infty} x_1 y_2 f_{XY}(x_1,y_2;t_1,t_2)dx_1 dy_2 \tag{5.22}$$

definiert. Entsprechend wird auch die Kreuzkovarianz eingeführt:

$$\begin{aligned} C_{XY}(t_1,t_2) = E\{[X(t_1) - \mu_X(t_1)][Y(t_2) - \mu_Y(t_2)\} = \\ R_{XY}(t_1,t_2) - \mu_X(t_1)\mu_Y(t_2) \end{aligned} \tag{5.23}$$

Zwei Zufallsprozesse $X(t)$ und $Y(t)$ sind statistisch unabhängig, wenn man die Verbundverteilung als Produkt der einzelnen Verteilungen schreiben kann:

$$F_{XY}(x,y;t_1,t_2) = F_X(x;t_1)F_Y(y;t_2) \tag{5.24}$$

Die Prozesse sind nicht korreliert, wenn die Kovarianz null ist:

$$C_{XY}(t_1,t_2) = R_{XY}(t_1,t_2) - \mu_X(t_1)\mu_Y(t_2) = 0 \tag{5.25}$$

5.3 Stationäre Zufallsprozesse

Es gibt mehrere Arten von stationären Prozessen, die weiter erläutert werden. Sie sind wichtig weil sie in vielen Anwendungen auftreten und sind theoretisch gut beschrieben [11], [25].

5.3.1 Stationär im strengen Sinn

Ein Zufallsprozess $X(t)$ ist stationär im strengen Sinn (SSS *Strict-Sense Stationary*), wenn seine Statistik unabhängig von einer Verschiebung seines Ursprungs ist:

$$f_X(x_1, \ldots, x_n; t_1, \ldots, t_n) = f_X(x_1, \ldots, x_n; t_1 + c, \ldots, t_n + c) \tag{5.26}$$

Dabei ist c eine beliebige Verschiebung. Daraus folgt $f_X(x_1, t_1) = f_X(x_1; t_1 + c)$ und somit ist die Wahrscheinlichkeitsdichte einer aus dem Prozess definierter Zufallsvariablen unabhängig von t:

$$f_X(x_1; t) = f_X(x_1) \tag{5.27}$$

Ähnlich erhält man für die zweidimensionale Verteilung:

$$f_X(x_1, x_2; t_1, t_2) = f_X(x_1, x_2; t_1 + c, t_2 + c) = f_X(x_1, x_2; t_2 - t_1) \quad \text{für} \quad c = -t_1 \tag{5.28}$$

Dadurch besitzt ein SSS-Zufallsprozess $X(t)$ eine Verbunddichte, die nicht von der Absoluten Zeit t, sondern nur von der Zeitdifferenz $\tau = t_2 - t_1$ abhängt.

5.3.2 Stationär im weiteren Sinn

Ein Zufallsprozess $X(t)$ ist stationär im weiteren Sinn (WSS *Wide-Sense Stationary*), wenn sein Mittelwert eine Konstante ist

$$E\{X(t)\} = \mu_X \tag{5.29}$$

und seine Autokorrelation nur von der Zeitdifferenz τ abhängt:

$$E\{X(t)X(t + \tau)\} = R_{XX}(\tau) \tag{5.30}$$

Aus diesen zwei Gleichungen geht auch hervor, dass die Kovarianz ebenfalls nur von der Zeitdifferenz τ abhängig ist:

$$C_{XX}(\tau) = R_{XX}(\tau) - \mu_X^2 \tag{5.31}$$

Mit $\tau = 0$ in Gl. (5.30) erhält man:

$$E\{X(t)^2\} = R_{XX}(0) \tag{5.32}$$

Da $E\{X(t)^2\}$ die mittlere Leistung des Prozesses ist, bedeutet das, dass ein WSS-Prozess eine mittlere Leistung unabhängig von t gleich $R_{XX}(0)$ besitzt.

Für zwei Zufallsprozesse $X(t)$ und $Y(t)$ können die Bedingungen für die Eigenschaft verbundstationär im weiteren Sinn angegeben werden:

$$R_{XY}(t,t+\tau) = E\{X(t)Y(t+\tau)\} = R_{XY}(\tau) \quad \text{mit beliebigen} \quad \tau \tag{5.33}$$

Daraus ergibt sich auch folgende Eigenschaft, für die Kreuzkovarianz des Verbundprozesses:

$$C_{XY}(t,t+\tau) = R_{XY}(\tau) - \mu_X\mu_Y \quad \text{mit beliebigen} \quad \tau \tag{5.34}$$

Zwei WSS-Prozesse sind nicht korrelieret, wenn:

$$C_{XY}(\tau) = R_{XY}(\tau) - \mu_X\mu_Y = 0 \quad \text{oder} \quad R_{XY}(\tau) = \mu_X\mu_Y \tag{5.35}$$

Ähnliche Bedingungen können für zeitdiskrete WSS-Prozesse $X(n)$ bzw. $Y(n)$ angegeben werden. Statt der kontinuierlichen Zeitdifferenz τ muss man eine diskrete Differenz k benutzen. Als Beispiel gilt für die WSS-Prozesse $X(n)$ und $Y(n)$ (ähnlich der Gl. (5.33)):

$$R_{XY}(n,n+k) = E\{X(n)Y(n+k)\} = R_{XY}(k) \quad \text{mit beliebigen} \quad k \in \mathbb{Z} \tag{5.36}$$

5.3.3 Ergodische Prozesse

Der zeitliche Mittelwert einer Stichprobe oder Realisierung $x(t)$ eines Zufallsprozesses $X(t)$ ist durch

$$\bar{x} = \lim_{T\to\infty} \frac{1}{T} \int_{-T/2}^{T/2} x(t)dt \tag{5.37}$$

definiert. Ähnlich kann man eine zeitliche Autokorrelation für eine Stichprobe $x(t)$ definieren:

$$\bar{R}_{XX}(\tau) = \lim_{T\to\infty} \frac{1}{T} \int_{-T/2}^{T/2} x(t)x(t+\tau)dt \tag{5.38}$$

Zu bemerken sei, dass $\bar{x}$ und $\bar{R}_{XX}$ Zufallsvariablen sind, deren Werte von der gewählten Stichprobe des Prozesses $X(t,\zeta)$ abhängen.

Wenn $X(t)$ stationär ist und man die Erwartungswerte der zeitlichen Mittelwerte (welche selbst Zufallsvariablen sind) betrachtet, dann ist:

$$\begin{aligned}
E\{\bar{x}\} &= \lim_{T\to\infty} \frac{1}{T} \int_{-T/2}^{T/2} E\{x(t)\}dt = \mu_X \\
E\{\bar{R}_{XX}(\tau)\} &= \lim_{T\to\infty} \frac{1}{T} \int_{-T/2}^{T/2} E\{x(t)x(t+\tau)\}dt = R_{XX}(\tau)
\end{aligned} \tag{5.39}$$

Ein Zufallsprozess wird als ergodisch bezeichnet, wenn die statistischen Erwartungswerte (also die Mittelwerte über die Schar der Realisierungen) gleich den zeitlichen Mittelwerten sind. Mit anderen Worten kann man für einen ergodischen Prozess die statistischen Erwartungswerte (Mittelwert, Varianz, Korrelation, Momente höherer Ordnung) des Prozesses durch Beobachtung über die Zeit einer einzigen Stichprobe oder Realisierung ermitteln.

Ein stationärer Prozess $X(t)$ ist ergodisch im Mittelwert wenn

$$\bar{x} = E\{X(t)\} = \mu_x \tag{5.40}$$

gilt. Er ist in der Autokorrelation ergodisch wenn :

$$\bar{R}_{XX}(\tau) = E\{X(t)X(t+\tau)\} = R_{XX}(\tau) \tag{5.41}$$

Für zeitdiskrete Prozesse sind die zeitlichen Mittelwerte durch

$$\begin{aligned} \bar{x} &= \lim_{N\to\infty} \frac{1}{2N+1} \sum_{n=-N}^{N} x(n) \\ \bar{R}_{XX}(k) &= \lim_{N\to\infty} \frac{1}{2N+1} \sum_{n=-N}^{N} x(n)x(n+k) \end{aligned} \tag{5.42}$$

definiert.

Wenn $X(n)$ stationär ist, dann ist der Erwartungswert $E\{\bar{x}\}$ und der Erwartungswert der Autokorrelation $E\{\bar{R}_{XX}(k)\}$ durch

$$E\{\bar{x}\} = \mu_X \quad \text{und} \quad E\{\bar{R}_{XX}(k)\} = R_{XX}(k) \tag{5.43}$$

gegeben. Wenn zusätzlich der Prozess auch ergodisch ist, gilt:

$$\bar{x} = \mu_X \quad \text{und} \quad \bar{R}_{XX}(k) = R_{XX}(k) \tag{5.44}$$

Zu bemerken sei, dass ein SSS-Prozess auch ein WSS-Prozess ist, aber umgekehrt ist ein WSS-Prozess nicht zwingend ein SSW-Prozess.

5.3.4 Beispiel: Stationärer und ergodischer Prozess

In diesem Beispiel wird der Unterschied zwischen einem stationären SSS-Prozess (der auch WSS ist) und einem ergodischen Prozess durch eine Simulation untersucht.

Zuerst wird ein stationärer Prozess $X_s(t, \zeta_i) = X(t, \zeta_i) + M(\zeta_i)$ gebildet. Hier ist $X(t, \zeta_i)$ ein stationärer Prozess bestehend aus Stichproben mit statistischen Mittelwert null und einer Gleichverteilung im Bereich ± 1. Somit ist dessen Varianz gleich $1/3$ und die Standardabweichung als Wurzel der Varianz ist $\sqrt{1/3} = 0,5774...$. Das geht aus folgender Berechnung hervor:

$$E\{X(t,\zeta_i)^2\} = \int_{-1}^{+1} f_X(x)x^2dx = \frac{1}{2}\int_{-1}^{+1} x^2dx = \frac{1}{3} \tag{5.45}$$

Die Verteilungsdichte $f_X(x)$ für den gleichverteilten Prozess im Bereich ± 1 ist einfach gleich $1/2$ (Abb. 5.7a).

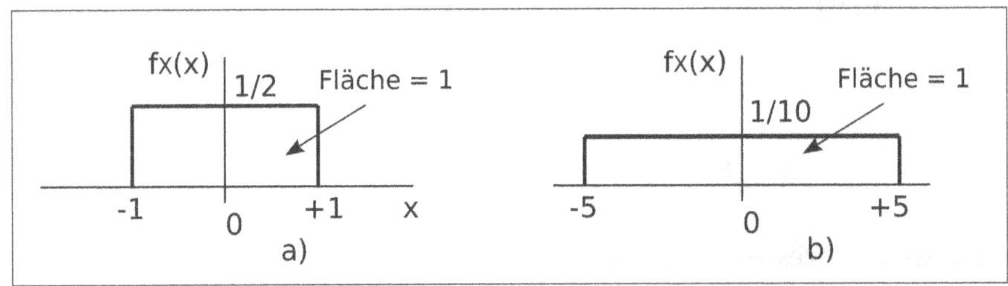

Abb. 5.7: Verteilungsdichte für gleichverteilte Zufallsvariablen

Der Zufallsprozess $M(\zeta_i)$ ist gleichverteilt im Bereich ± 5, hat den Erwartungswert null und ihm sind konstante Musterfunktionen oder Realisierungen zugeordnet. Das bedeutet für seine Verteilungsdichte $f_M(m) = 1/10$ (Abb. 5.7b) eine Varianz:

$$E\{M(\zeta_i)^2\} = \int_{-1}^{+1} f_M(m)m^2dm = \frac{1}{10}\int_{-5}^{+5} m^2dm = \frac{25}{3} = 8,33\ldots \tag{5.46}$$

Die beiden Prozesse werden als unkorreliert angenommen. Der Erwartungswert der Summe der beiden Zufallsprozesse ist auch null und die Varianz ist:

$$E\{[X(\zeta_i,t)+M(\zeta_i)]^2\} = E\{[X(\zeta_i,t)]^2\}+E\{[M(\zeta_i)]^2\} = 1/3+25/3 = 8,66... \tag{5.47}$$

Abb. 5.8 zeigt 4 Stichproben (oder Realisierungen) des Prozesses $X_s(t,\zeta_i) = X(t,\zeta_i)+M(\zeta_i)$. In der Überschrift der Abbildung sind auch die zeitlichen Mittelwerte der Proben als Werte des Prozesses $M(\zeta_i)$ angegeben. Der statistische Mittelwert oder Erwartungswert und die statistische Standardabweichung sind konstant und signalisieren einen stationären Zufallsprozess.

Abb. 5.9 stellt die entsprechenden geschätzten Werte dar. Idealerweiße müsste der Mittelwert null sein und die Standardabweichung gleich $\sqrt{1/3+25/3} = 2,9439...$ sein. Die in Abb. 5.9 dargestellten Werte entsprechen nicht exakt diesen Werten, da für die Simulation im Skript `station_ergodisch_1.m` nur 1000 Stichproben erzeugt wurden.

Der Prozess ist aber lediglich stationär, nicht jedoch ergodisch, denn, wie man unschwer aus der Abb. 5.8 erkennen kann, sind die zeitlichen Mittelwerte der vier Stichproben unterschiedlich und nicht gleich dem in Abb. 5.9 dargestellten Erwartungswert null.

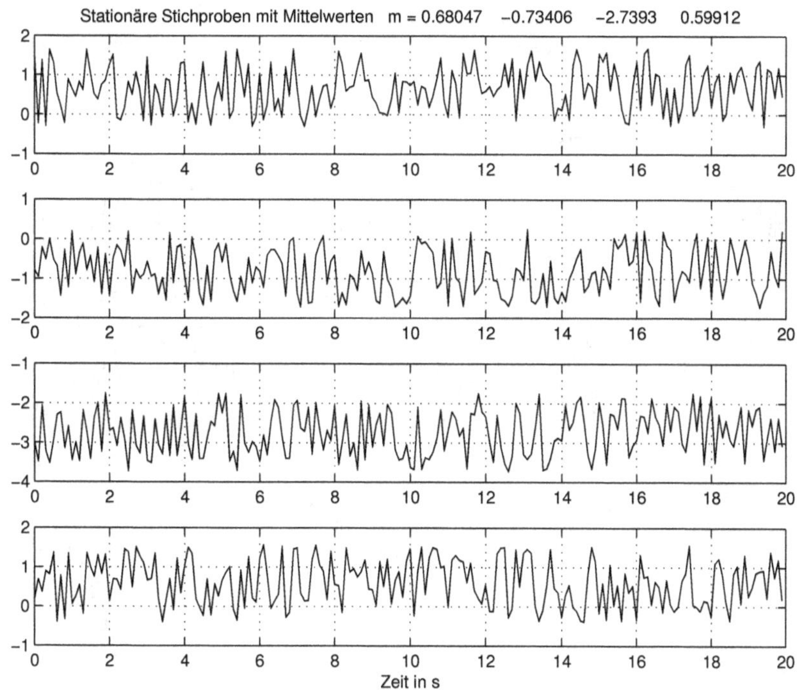

Abb. 5.8: Stichproben des stationären nicht ergodischen Zufallsprozesses $X_s(t, \zeta_i)$ (station_ergodisch_1.m)

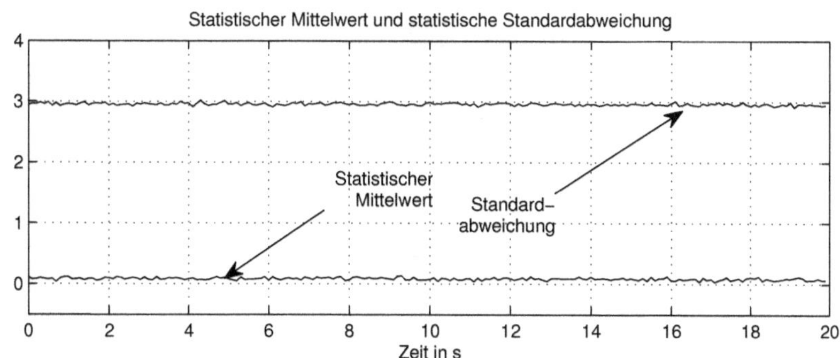

Abb. 5.9: Statistischer Mittelwert und statistische Standardabweichung des Zufallsprozesses $X_s(t, \zeta_i)$ (station_ergodisch_1.m)

Im selben Skript wird weiter ein stationärer ergodischer Prozess $X_{erg}(t, \zeta_i)$ simuliert. Er besteht aus demselben Prozess $X(t, \zeta_i)$ plus eine Konstante M als Mittelwert für alle Stichproben.

Abb. 5.10 zeigt wiederum vier Stichproben, die nun alle denselben zeitlichen Mittelwert gleich 5 besitzen. Der statistische Mittelwert oder Erwartungswert ist ebenfalls gleich 5.

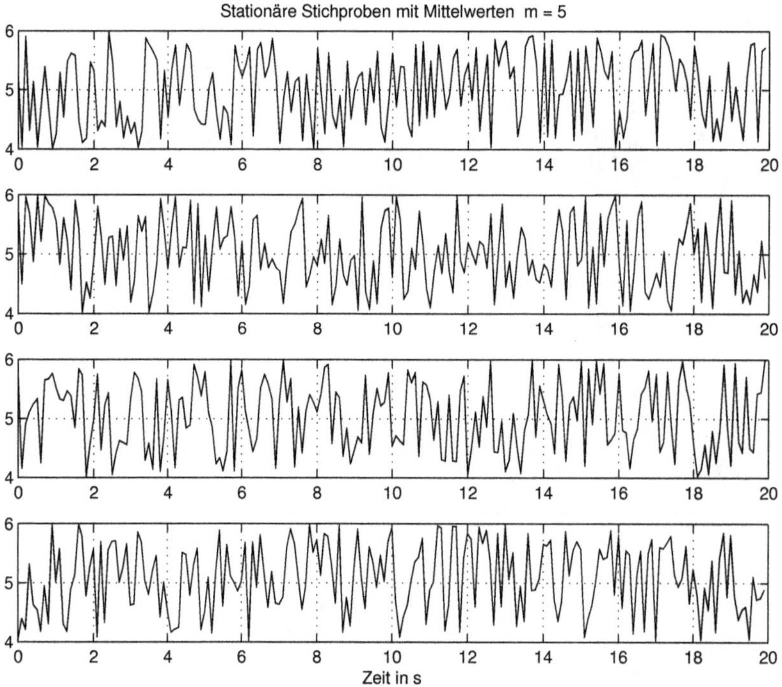

Abb. 5.10: Stichproben des stationären und ergodischen Zufallsprozesses $X_{erg}(t, \zeta_i)$ (station_ergodisch_1.m)

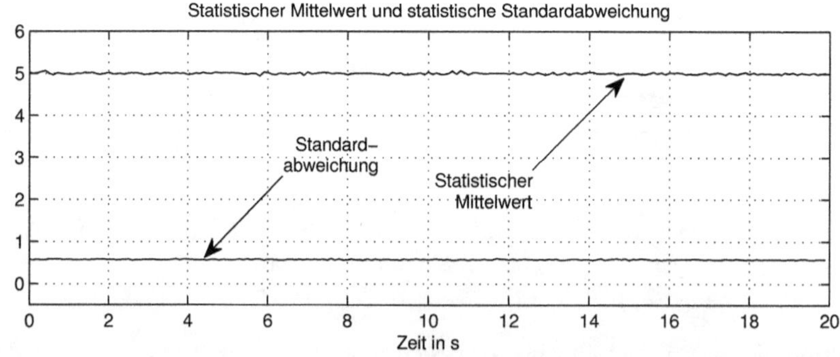

Abb. 5.11: Statistischer Mittelwert und statistische Standardabweichung des ergodischen Zufallsprozesses $X_{erg}(t, \zeta_i)$ (station_ergodisch_1.m)

In Abb. 5.11 sind die geschätzten, statistischen Kenngrößen in Form des Mittelwertes (idealer Wert gleich 5) und der Standardabweichung mit idealem Wert gemäß Gl. (5.45) gleich $\sqrt{1/3} = 0,5774...$ dargestellt. Dem Leser wird empfohlen mit der Anzahl der Stichproben und deren Größe zu experimentieren. Hier sind wegen der großen Anzahl der Stichproben die statistischen Mittelwerte sehr stabil.

Dieselben Kenngrößen geschätzt über die Zeitmittelwerte für diesen ergodischen Prozess sind

```
xerg_mz =     4.9565    (als Mittelwert)
verg_mz =     0.5772    (als Standardabweichung)
```

Für diese Schätzung wurden nur 200 Werte aus einer Stichprobe eingesetzt, weil für mehr Werte wären die Darstellungen überfrachtet.

5.3.5 Beispiele: Nichtstationäre Zufallsprozesse

Als Beispiel für einen nichtstationären Zufallsprozess wird der Prozess gemäß Gl. 5.1 betrachtet:

$$X(t,\zeta) = \zeta \sin(2\pi\omega_0 t) \qquad (5.48)$$

Dabei ist ζ eine im Intervall [-1,1] gleichverteilte Zufallsvariable. Die Frequenz ω_0 ist deterministisch und gegeben. Einige Stichproben oder Realisierungen sind in Abb. 5.2 dargestellt. Der statistische Mittelwert ist:

$$E\{X(t,\zeta)\} = E\{\zeta\}\sin(2\pi\omega_0 t) = 0 \qquad (5.49)$$

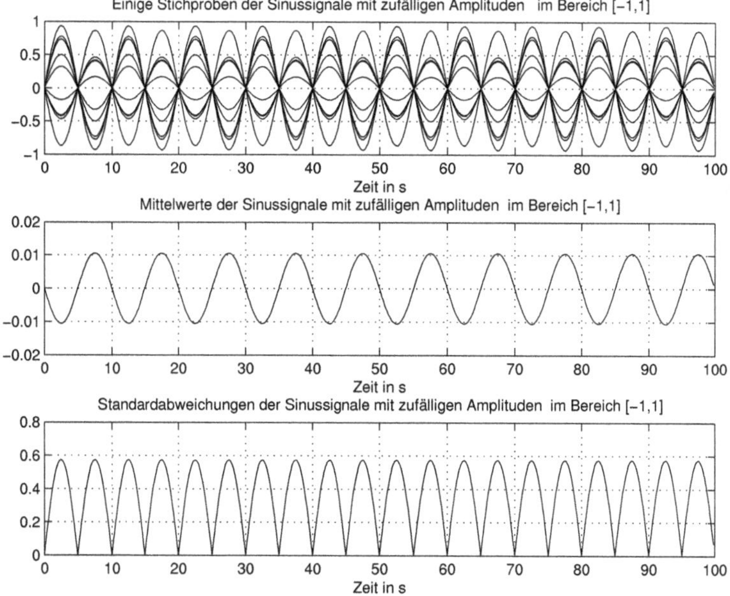

Abb. 5.12: Nicht stationärer Zufallsprozess (zufall_sinus_4.m)

Die Varianz wird dann durch

$$E\{X(t,\zeta)^2\} = E\{\zeta^2\}\sin^2(2\pi\omega_0 t) = \frac{1}{3}\sin^2(2\pi\omega_0 t) \tag{5.50}$$

ermittelt. Sie ist eine periodische Zeitfunktion mit Maximalwerte gleich $1/3$. Die Standardabweichung des Zufallsprozesses hat dann als Maximalwert $\sqrt{1/3}$ = 0,5774. Die Berechnung der Varianz $E\{\zeta^2\}$ basiert auf die Verteilungsdichte $f_\zeta(\zeta)$ aus Abb. 5.7a:

$$E\{\zeta^2\} = \int_{-1}^{+1} f_\zeta(\zeta)\zeta^2 d\zeta = \frac{1}{2}\int_{-1}^{+1}\zeta^2 d\zeta = \frac{1}{3} \tag{5.51}$$

Abb. 5.12 zeigt oben einige Stichproben des Prozesses und darunter den statistischen Mittelwert und die statistische Standardabweichung als Zeitfunktionen. Statt des erwarteten Mittelwertes gleich null, erhält man hier eine Sinusfunktion mit einer kleinen Amplitude, die den Fehler bei der Schätzung des Erwartungswertes $E\{\zeta\}$ darstellt. Sie ist von der Anzahl der Stichproben, die in die Schätzung einbezogen werden, abhängig.

Zufallsprozesse, deren statistische Mittelwerte periodische Funktionen der Zeit sind, werden als zyklostationär bezeichnet. Dieser Zufallsprozess ist also zyklostationär mit der Periode $T = 2\pi/\omega_0$

Ein ähnlicher Prozess ist in Abb. 5.4 dargestellt. Wenn die Realisierungen immer synchron am Anfang einer Periode starten, dann ist dieser Prozess auch zyklostationär. Er hat einen Mittelwert null und eine Varianz gleich eins. Die Autokovarianz (hier gleich der Autokorrelation) ist:

$$C_{XX}(t_1,t_2) = E\{X(t_1)X(t_2)\} - 0 \begin{cases} = 1 & nT \le t_1, t_2 \le (n+1)T \\ = 0 & \text{sonst} \end{cases} \tag{5.52}$$

Abb. 5.13 zeigt links die statistische Autokovarianz in einer 2D Darstellung und rechts in einer 3D Darstellung.

Wenn die Realisierungen nicht synchron sondern zufällig im Intervall T beginnen, erhält man einen stationären WSS-Prozess $X_s(t)$, der auch ergodisch ist:

$$X_s(t) = X(t+\theta) \qquad \text{mit} \quad \theta \quad \text{gleichmäßig verteilt in} \quad [0,T] \tag{5.53}$$

Die ideale Autokorrelation ist eine Dreieckfunktion [25]:

$$R_{X_s}(\tau) = \begin{cases} 1 - \frac{|\tau|}{T} & |\tau| \le T \\ 0 & |\tau| > T \end{cases} \tag{5.54}$$

Abb. 5.14 zeigt die statistische Autokorrelation des Prozesses $X_s(t)$ und die über eine Stichprobe ermittelte Autokorrelation für $T = 1$. Mit einer längeren Stichprobe nähert sich die geschätzte Autokorrelation der oben gezeigten dreieckigen an.

Die zeitliche Korrelation einer Realisierung oder Musterfunktion (bzw. Probe) wird in MATLAB mit der Funktion **xcorr** berechnet. So wird mit dem Aufruf:

```
[Rxx, lags] = xcorr(x,max_lag,'biased');
```

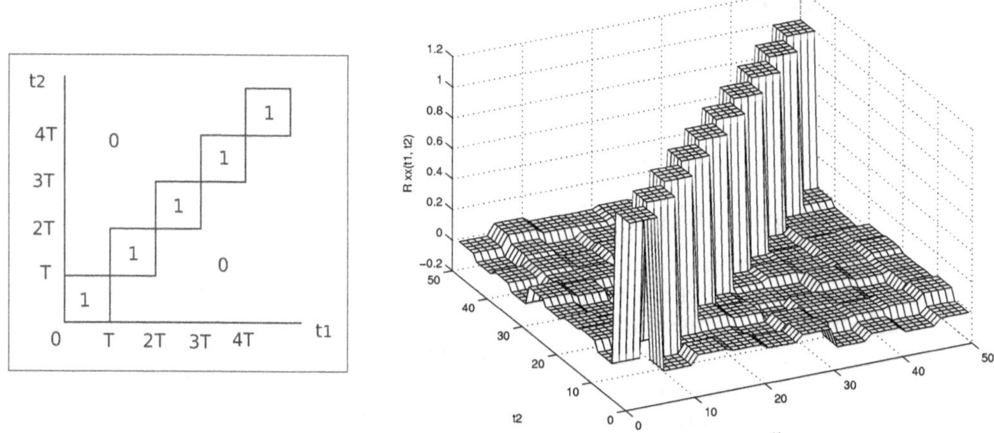

Abb. 5.13: Statistische Autokovarianz einer binären synchronen Zufallssequenz (zufall_binaer_2.m)

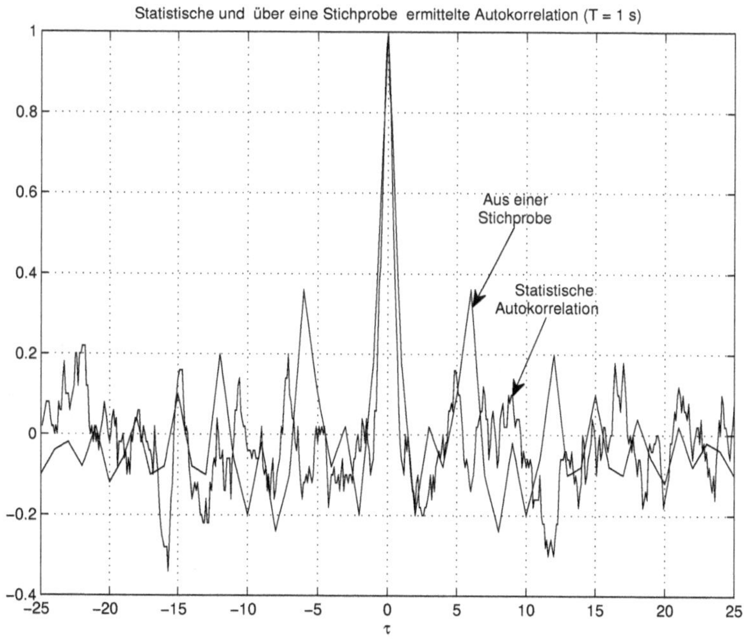

Abb. 5.14: Statistische und über eine Stichprobe ermittelte Autokorrelation (zufall_binaer_3.m)

die Autokorrelation durch

$$R_{XX}(k) = \frac{1}{N-1} \sum_{n=1}^{N-|k|} x(n)x(n+k) \tag{5.55}$$

geschätzt. Hier ist N die Länge der Sequenz $x(n),\ n = 1, 2, \ldots, N$.

5.3.6 Beispiel: Gauß-Zufallsprozess

Hier wird ein Gauß-Prozess untersucht, der aus Realisierungen besteht, die man durch Tiefpassfilterung von weißem Rauschen mit normal verteilten oder gaußverteilten Werten erhält. Der Ereignisraum spielt hier keine Rolle.

Mit dem Skript `gauss_prozess_1.m` wird die Untersuchung durchgeführt. Das Skript wird in Teile zerlegt, die separat erläutert werden. Zu beginn des Skripts werden mit der Funktion **randn** normalverteilte unkorrelierte Sequenzen von Zufallsvariablen (weißes Rauschen) erzeugt, die mit der Funktion **filter** gefiltert und zeilenweise in der Matrix `X` gespeichert werden. Das Einschwingen wegen des Filters wird weggelassen, so dass alle Sequenzen im stationären Zustand sind:

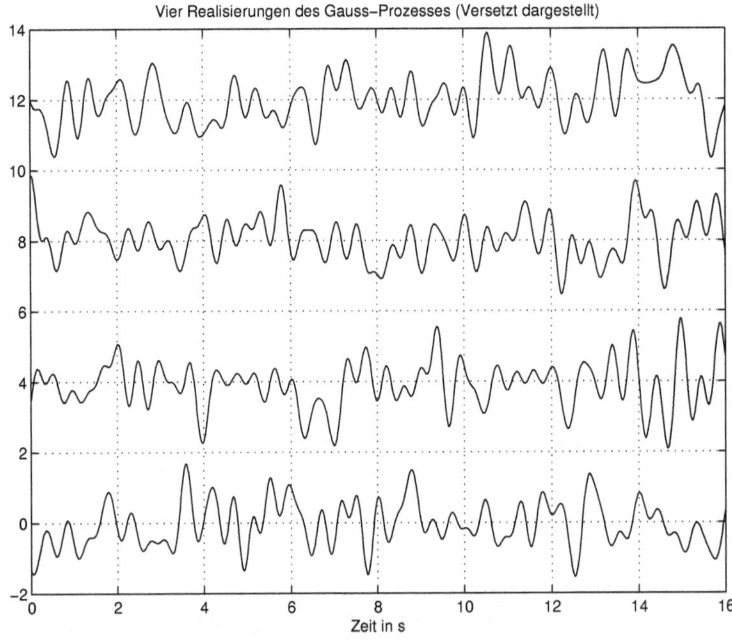

Abb. 5.15: Vier Realisierungen eines Gauß-Prozesses (gauss_prozess_1.m)

```
% Skript gauss_prozess_1.m, in dem ein Gaußrozess
% untersucht wird
clear;
% --------- Gaußprozess
```

```
h = fir1(128, 0.1);        % FIR-TP-Filter für die Erzeugung des Prozesses
na = 500;                  % Anzahl der Realisierungen
Tfinal = 20;               dt = Tfinal/1000;     % Zeitachse
t = 0:dt:Tfinal-dt;        nt = length(t);
X = zeros(na,nt);          % Matrix für die Realisierungen
for p = 1:na
    X(p,:) = filter(h,1, 2*randn(1,nt));     % Gaußvariablen
end;
X = X(:,200:end);          % Ohne Einschwingen wegen des Filters
[m,n] = size(X);
figure(1);   clf;          %############
plot((0:n-1)*dt, [X(1,:)',X(2,:)'+4,X(3,:)'+8,X(4,:)'+12]);
   title(['Vier Realisierungen des Gaußprozesses',...
        '(Versetzt dargestellt)']);
   xlabel('Zeit in s');    grid on;
```

Abb. 5.15 zeigt vier der Realisierungen, die alle den Mittelwert null haben und nur der Übersichtlichkeit wegen versetzt dargestellt sind. Weiter wird von den Realisierungen der statistische Mittelwert und die statistische Varianz mit den Funktionen **mean** und **std** geschätzt.

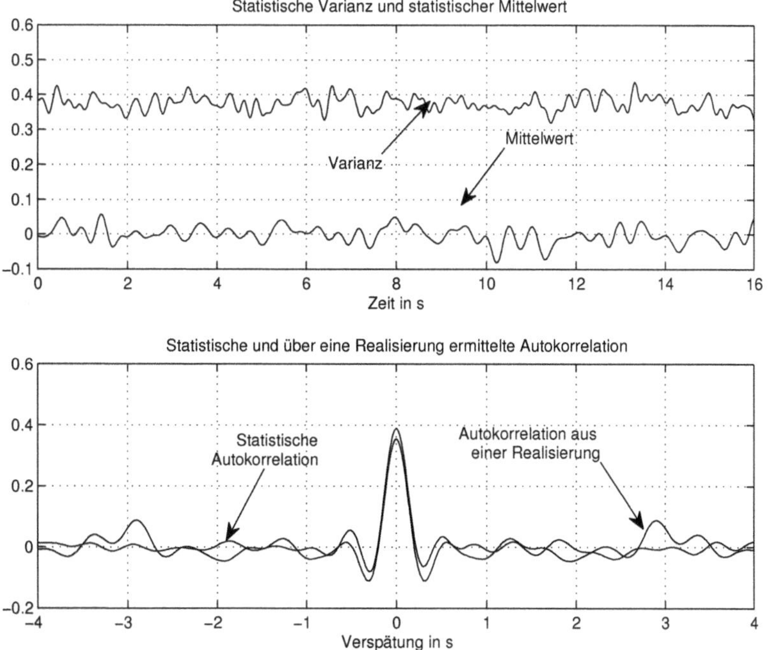

Abb. 5.16: a) Statistischer Mittelwert und statistische Varianz b) Statistische und über eine Realisierung ermittelte Autokorrelation (gauss_prozess_1.m)

```
% -------- Statistischer Mittelwert und Varianz
mX = mean(X);
sigmaX = std(X).^2;
figure(2);    clf;       %############
subplot(211); plot((0:n-1)*dt, mX, (0:n-1)*dt, sigmaX);
   title(' Statistische Varianz und statistischer Mittelwert')
   xlabel('Zeit in s');      grid on;
```

In Abb. 5.16 sind oben diese statistische Mittelwerte dargestellt. Wie schon erwähnt, sind sie selbst Zufallsvariable mit einer Streuung, die mit der Anzahl der Realisierungen kleiner wird. Danach wird die statistische Autokorrelation ermittelt und zusammen mit der über eine Realisierung berechneten Autokorrelation dargestellt, wie in Abb. 5.16 unten zu sehen.

```
% Statistische und über eine Realisierung ermittelte Autokorrelation
Rxx = zeros(1,n);
for m = 1:n
   Rxx(m) = mean(X(:,(n-1)/2).*X(:,m)); % Statistische Autokorrelation
end
subplot(212);  plot((-(n-1)/2+1:(n-1)/2+1)*dt, Rxx)
   hold on;
[Rxx_z, lag] = xcorr(X(1,:), 400, 'biased'); % Über eine Realisiserung
plot(lag*dt, Rxx_z,'r');
   hold off;
   La = axis;     axis([-200*dt, 200*dt, La(3:4)]);
title(['Statistische und über eine Realisierung ermittelte'...
                     '  Autokorrelation']);
   xlabel('Verspätung in s');      grid on;
```

Zur Berechnung der statistischen Autokorrelation wird die mittlere Spalte der Matrix X elementweise mit den vorherigen und nachfolgenden Spalten multipliziert und mit der Funktion **mean** gemittelt. Für die Berechnung der Autokorrelation einer Realisierung (hier die erste Zeile `X(1,:)`) wird die Funktion **xcorr** eingesetzt. In der Darstellung wird nur ein Bereich der Autokorrelation $R_{XX}(\tau)$ in der Umgebung der Verspätung $\tau = 0$ dargestellt.

Es wird weiter die statistische Verteilungsdichte zu einem beliebigen Zeitpunkt, der durch die Spalten der Matrix `X` gegeben ist, mit der Funktion **hist** ermittelt. Diese Funktion bestimmt die Häufigkeiten einer Sequenz in einer Anzahl von Intervallen. Die Division dieser Häufigkeiten durch die Anzahl der Werte der Spalte und die Größe der Intervalle in denen die Treffer gezählt werden, ergibt die Verteilungsdichte.

```
% ------- Statistische Verteilungsdichte
n_int = 20;
[hist_x, int_x] = hist(X(:,5), n_int);  % Häufigkeiten
dint = int_x(2) - int_x(1);     % Größe der Intervalle für die Treffer
vd_x = hist_x/(dint*na);        % Verteilungsdichte
figure(3);    clf;       %############
bar(int_x, vd_x);
   hold on;
   x_i = -3:0.1:3;              % Ideale Gaußverteilungsdichte
```

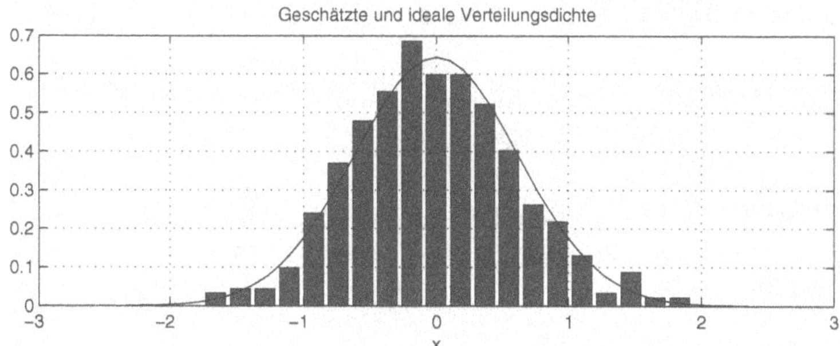

Abb. 5.17: Geschätzte und ideale Verteilungsdichte (gauss_prozess_1.m)

```
   sigma_i = std(X(:,5));          % Geschätzte Standardabweichung
   vd_i = (1/(sqrt(2*pi)*sigma_i))*exp(-x_i.^2/(2*(sigma_i^2)));
                                   % Ideale Verteilungsdichte
plot(x_i, vd_i);
   title('Geschätzte und ideale Verteilungsdichte');
   xlabel('x');   grid on;
```

Sie wird mit der idealen Gaußverteilungsdichte verglichen. Diese entspricht folgender Funktion [25]:

$$f_X(x) = \frac{1}{\sigma\sqrt{2\pi}}\, e^{-(x-m_x)^2/2\sigma^2} \quad \text{wobei hier} \quad m_x = 0 \tag{5.56}$$

Die Standardabweichung der Daten σ wird numerisch geschätzt und der Mittelwert wird auf null gesetzt ($m_x = 0$). Abb. 5.17 zeigt die in 20 Intervallen geschätzte Verteilungsdichte zusammen mit der idealen Verteilungsdichte.

5.4 Zufallsprozesse im Frequenzbereich

Die im engeren oder weiteren Sinn stationären Zufallssignale (SSS- oder WSS-Signale) führen zu Autokorrelationsfunktionen die nicht mehr von der absoluten Zeit t abhängen, sondern nur von der Zeitverschiebung τ zwischen den Beobachtungspunkten des Zufallsprozesses. Diese Eigenschaft erlaubt die Behandlung solcher Zufallsprozesse auch im Frequenzbereich über die Fourier-Transformation.

Im Folgenden wird die spektrale Leistungsdichte als wichtigste Beschreibungsgröße von Zufallsprozessen im Frequenzbereich eingeführt. Zuvor aber wird erneut auf die wichtigsten Eigenschaften der Autokorrelationsfunktion eingegangen [11], [25].

5.4.1 Autokorrelationsfunktion

Im Weiteren werden nur WSS-Zufallssignale angenommen. Für diese Art Zufallssignale ist die Autokorrelation durch

$$R_{XX}(\tau) = E\{X(t)X(t+\tau)\} \tag{5.57}$$

gegeben und besitzt im Falle reellwertiger Zufallsprozesse folgende Eigenschaften:

$$\begin{aligned} &R_{XX}(-\tau) = R_{XX}(\tau) \\ &|R_{XX}(\tau)| \leq R_{XX}(0) \qquad \text{wobei} \qquad R_{XX}(0) = E\{X^2(t)\} \end{aligned} \tag{5.58}$$

Der Wert $E\{X^2(t)\}$ stellt die mittlere Leistung des Signals $X(t)$ dar.

Für ein zeitdiskretes WSS-Signal kann man ähnliche Definitionen und Eigenschaften angeben. In diesem Fall ist die Autokorrelation durch

$$R_{XX}(k) = E\{X(n)X(n+k)\} \tag{5.59}$$

definiert.

Für zwei WSS-Signale $X(t)$ und $Y(t)$ ist die Kreuzkorrelation (wie schon gezeigt) durch

$$R_{XY}(\tau) = E\{X(t)Y(t+\tau)\} \tag{5.60}$$

definiert. Sie hat folgende Eigenschaften:

$$\begin{aligned} &R_{XY}(-\tau) = R_{YX}(\tau) \\ &|R_{XY}(\tau)| \leq \sqrt{R_{XX}(0)R_{YY}(0)} \quad \text{und} \quad |R_{XY}(\tau)| \leq \frac{1}{2}(R_{XX}(0) + R_{YY}(0)) \end{aligned} \tag{5.61}$$

Für zeitdiskrete WSS-Zufallssignale $X(n)$ und $Y(n)$ ist die Kreuzkorrelation durch

$$R_{XY}(k) = E\{X(n)Y(n+k)\} \tag{5.62}$$

definiert und besitzt ähnliche Eigenschaften.

In MATLAB kann man die Auto- und Kreuzkorrelation für einen ergodischen Prozess mit der Funktion **xcorr** schätzen. Mit **xcorr**(Y,X), wobei X und Y zwei Vektoren der Größe M sind, wird die Kreuzkorrelation über folgende Summe angenähert:

$$\textbf{xcorr}(Y,X) = \begin{cases} \dfrac{1}{N_{corr}} \displaystyle\sum_{n=1}^{M-k} Y(n+k)X(n) & \text{für} \quad k \geq 0 \\ \dfrac{1}{N_{corr}} \displaystyle\sum_{n=1}^{M-|k|} Y(n)X(n+|k|) & \text{für} \quad k < 0 \end{cases} \tag{5.63}$$

Die Normierung N_{corr} für die Bildung des Zeitmittelwertes wird mit einer Option gewählt:

```
'biased'   - scales the raw cross-correlation by 1/M.
'unbiased' - scales the raw correlation by 1/(M-abs(lags)).
'coeff'    - normalizes the sequence so that the auto-correlations
             at zero lag are identically 1.0.
'none'     - no scaling (this is the default).
```

Zum Beispiel wird bei der Normierung `unbiased` die Kreuz- oder Autokorrelation wie folgt berechnet:

$$\mathbf{xcorr}(Y,X) = \begin{cases} \dfrac{1}{M-k}\displaystyle\sum_{n=1}^{M-k} Y(n+k)X(n) & \text{für} \quad k \geq 0 \\ \dfrac{1}{M-|k|}\displaystyle\sum_{n=1}^{M-|k|} Y(n)X(n+|k|) & \text{für} \quad k < 0 \end{cases} \tag{5.64}$$

Wenn die Verspätung k größer wird, ist die Anzahl der Werte, die summiert werden, kleiner und somit ist diese Mittelwertbildung sinnvoll.

Wie man sieht, muss man in der Kreuzkorrelationsfunktion **xcorr** die Sequenzen vertauschen, um die Definition aus Gl. (5.60) zu erfüllen.

Im Skript `kreuz_korrelat_1.m` wird die statistische Auto- und Kreuzkorrelation (über die Schar des Prozesses) ermittelt. Weil der Prozess auch ergodisch ist (im Mittelwert und in der Autokorrelation), wird die Kreuzkorrelation auch als Zeitmittelwert über eine Realisierung geschätzt.

Das Skript beginnt mit der Bildung der zwei Prozesse $X(t)$ und $Y(t)$. Der erste ist eine Sequenz von gaußverteilten unkorrelierten Zufallsvariablen und die Realisierungen des zweiten Prozesses werden durch Filterung mit einem FIR-Tiefpassfilter des ersten gewonnen.

```
% Skript kreuz_korrelat_1.m in dem die Kreuzkorrelation
% zweier WSS-Zufallsprozesse ermittelt wird
clear;
% ------ Gauß-WSS-Prozess
nord = 128;
h = fir1(nord, 0.1);     % FIR-TP-Filter für die Erzeugung des Prozesses
na = 1000;                % Anzahl der Realisierungen
Tfinal = 20;             dt = Tfinal/5000;     % Zeitachse
t = 0:dt:Tfinal-dt;      nt = length(t);
X = zeros(na,nt);        % Matrix für die Realisierungen für X
Y = zeros(na,nt);        % Matrix für die Realisierungen für Y
for p = 1:na
    X(p,:) = randn(1,nt);              % X
    Y(p,:) = filter(h,1,X(p,:));      % Y als gefilterter X-Prozess
end;
X = X(:,200:end);
Y = Y(:,200:end);        % Ohne Einschwingen wegen des Filters
[m,n] = size(X);
nt = n;
```

Weiter wird die statistische Autokorrelation des $X(t)$ Prozesses und die statistische Kreuzkorrelation mit dem Prozess $Y(t)$ berechnet. Dafür wird die mittlere Spalte der Matrix, die die Realisierungen entlang der Zeilen für $X(t)$ enthält, mit allen Spalten des Prozesses $Y(t)$ elementweise multipliziert und gemittelt. Die Spalten bis zur mittleren Spalte entsprechen negativen Werten für die Verspätung k und die restlichen Spalten ergeben die Verspätungen für $k > 0$ der Kreuzkorrelation. Ähnlich wird die statistische Autokorrelation geschätzt, wenn statt $Y(t)$ nochmals der $X(t)$ Prozess genommen wird.

```
% ------ Auto- und Kreuzkorrelation (statistisch)
max_lag = 200;
sp1 = (nt-1)/2;         t1 = (sp1-1)*dt;  % Mittlere Spalte (Tfinal/2)
sp2 = 1:nt;
Rxx = zeros(1,2*max_lag+1);      Rxy = Rxx;    % Initialisierungen
for p = sp1-max_lag:sp1+max_lag
   Rxx(p-(sp1-max_lag)+1) = mean(X(:,sp1).*X(:,p));
   Rxy(p-(sp1-max_lag)+1) = mean(X(:,sp1).*Y(:,p));
end;
figure(1),    clf;
subplot(311), plot((-max_lag)*dt:dt:(max_lag)*dt, Rxx);
   title('Statistische Autokorrelation   Rxx')
   xlabel('Zeit  \tau  in s');     grid on;       axis tight;
subplot(312), plot((-max_lag)*dt:dt:(max_lag)*dt, Rxy);
   title('Statistische Kreuzkorrelation   Rxy')
   xlabel('Zeit  \tau  in s');     grid on;       axis tight;
```

Zuletzt wird die Kreuzkorrelation aus einer Realisierung mit der Funktion **`xcorr`** ermittelt. Die Realisierung wird über die Zeile mit der Variablen `zl1` gewählt:

```
% ------ Kreuzkorrelation in Zeit
zl1 = 1;                    % Zeile des Zufallsprozesses
max_lag = 200;
[Rxy_z, lag] = xcorr(Y(zl1,:), X(zl1,:), max_lag, 'biased');
subplot(313), plot(lag*dt, Rxy_z);
   title('Zeit-Kreuzkorrelation   Rxy')
   xlabel('Zeit  \tau  in s');     grid on;      hold on;
plot((0:nord)*dt, h, 'r');
hold off;        axis tight;
```

Abb. 5.18 zeigt ganz oben die statistische Autokorrelation der unkorrelierten Sequenz $X(t)$. Wie man sieht ist diese annähernd gleich der idealen, die durch

$$R_{xx}(\tau) = \begin{cases} R_{XX}(0) = E\{X^2(t)\} & \text{für} \quad \tau = 0 \\ \\ 0 & \text{für} \quad \tau \neq 0 \end{cases} \tag{5.65}$$

gegeben ist.

In der mittleren und unteren Darstellung aus Abb. 5.18 sind die statistische und die zeitliche Kreuzkorrelation der Prozesse $X(t)$ und $Y(t)$ dargestellt. Obwohl in der Simulation natürlich mit zeitdiskreten Sequenzen gearbeitet wird, sind die Korrelationen dargestellt als ob sie zeitkontinuierliche Funktionen wären. Dies ist möglich, da die Simulationsschrittweite viel kleiner als die Zeitkonstanten der Prozesse ist.

In der unteren Darstellung ist der Kreuzkorrelation auch die Impulsantwort des Filters überlagert und man sieht, dass diese annähernd gleich sind. Warum das so ist, wird in einem späteren Abschnitt untersucht.

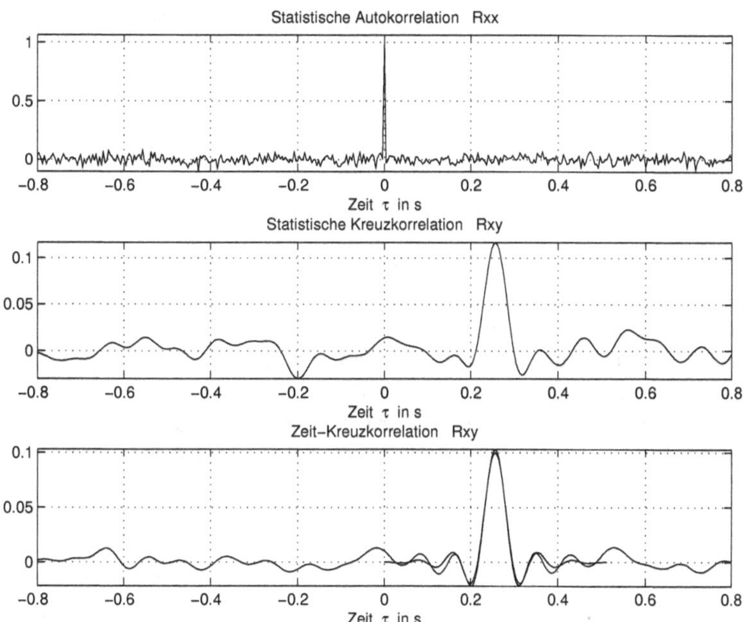

Abb. 5.18: a) Statistische Autokorrelation $X(t)$ b) Statistische Kreuzkorrelation $X(t)$ und $Y(t)$ c) Kreuzkorrelation aus einer Realisierung (kreuz_korrelat_1.m)

5.4.2 Spektrale Leistungsdichte

Die spektrale Leistungsdichte eines Prozesses $X(t)$ mit der Autokorrelationsfunktion $R_{XX}(\tau)$ ist durch folgende Fourier-Transformation definiert:

$$\begin{aligned} S_{XX}(\omega) &= \int_{-\infty}^{\infty} R_{XX}(\tau)e^{-j\omega\tau}d\tau \\ R_{XX}(\tau) &= \frac{1}{2\pi}\int_{-\infty}^{\infty} S_{XX}(\omega)e^{j\omega\tau}d\omega \end{aligned} \tag{5.66}$$

Die inverse Transformation ergibt aus der spektralen Leistungsdichte die Autokorrelation. Wenn statt der Frequenz ω in rad/s die Frequenz $f = \omega/(2\pi)$ in Hz verwendet wird, dann sind die Transformation und ihre inverse durch

$$\begin{aligned} S_{XX}(f) &= \int_{-\infty}^{\infty} R_{XX}(\tau)e^{-j2\pi f\tau}d\tau \\ R_{XX}(\tau) &= \int_{-\infty}^{\infty} S_{XX}(f)e^{j2\pi f\tau}df \end{aligned} \tag{5.67}$$

gegeben. Diese Gleichungen sind als *Wiener-Khinchin* Beziehungen bekannt [11], [25].

Folgende Eigenschaften der spektralen Leistungsdichte sind hier wichtig:

$$\begin{aligned}
&1)\quad S_{XX}(\omega) \quad \text{ist reell und} \quad S_{XX}(\omega) \geq 0\\
&2)\quad S_{XX}(-\omega) = S_{XX}(\omega)\\
&3)\quad \frac{1}{2\pi}\int_{-\infty}^{\infty} S_{XX}(\omega)d\omega = R_{XX}(0) = E\{X^2(t)\}
\end{aligned} \tag{5.68}$$

Die letzte Eigenschaft entspricht dem Parseval-Theorem [19], [31] und dient oft zur Überprüfung der Normierungen, die im Frequenzbereich vorgenommen werden. Diese Eigenschaft besagt, dass die Leistung eines Zufallsprozesses, die durch den Wert der Autokorrelation für Verschiebung null gegeben ist ($R_{XX}(0)$), auch über den Frequenzbereich als Integral der spektralen Leistungsdichte berechnet werden kann.

Die spektrale Leistungsdichte beschreibt die Verteilung der Leistung über die Frequenz und ihr Integral liefert somit die Leistung des Prozesses. Wenn der Mittelwert des Zufallsprozesses null ist, dann ist die mittlere Leistung gleich der Varianz des Signals. In MATLAB kann man mit der Funktion **std** die Standardabweichung berechnen und deren Quadrat ergibt dann die Varianz.

Für zeitdiskrete Zufallsprozesse $X(n)$ ist die spektrale Leistungsdichte in der Literatur [11], [25] gewöhnlich mit Hilfe der normierten Kreisfrequenz $\Omega = \omega T_s = 2\pi f/f_s$ ausgedrückt:

$$\begin{aligned}
S_{XX}(\Omega) &= \sum_{k=-\infty}^{\infty} R_{XX}(k)e^{-j\Omega k}\\
R_{XX}(k) &= \frac{1}{2\pi}\int_{-\pi}^{\pi} S_{XX}(\Omega)e^{j\Omega k}d\Omega
\end{aligned} \tag{5.69}$$

Mit T_s bzw. f_s wurden die Abtastperiode und die Abtastfrequenz in der Annahme bezeichnet, dass der zeitdiskrete Prozess $X(n) = X(nT_s)$ durch Abtastung eines zeitkontinuierlichen Prozesses gewonnen wurde.

Die spektrale Leistungsdichte $S_{XX}(\omega)$ hat die Einheit $\text{V}^2 s = \text{V}^2/Hz$ unter der Annahme dass der Zufallsprozess eine elektrische Spannung darstellt und die Autokorrelationsfunktion die Einheit V^2 hat.

Damit man die gleichen Einheiten auch für zeitdiskrete Zufallsprozesse erhält, werden weiter folgende Definitionen benutzt:

$$\begin{aligned}
S_{XX}(\omega) &= T_s \sum_{k=-\infty}^{\infty} R_{XX}(kT_s)e^{-j\omega kT_s}\\
R_{XX}(kT_s) &= \frac{1}{2\pi}\int_{-\omega_s/2}^{\omega_s/2} S_{XX}(\omega)e^{j\omega kT_s}d\omega
\end{aligned} \tag{5.70}$$

Der Faktor T_s ergibt sich aus dem ersten Integral in Gl. (5.66), das für den zeitdiskreten Fall in eine Summe mit $d\tau \to T_s$ übergeht. Die Beziehungen für den Fall der Frequenz in Hz kann man daraus ableiten. Mit $\omega_s = 2\pi/T_s = 2\pi f_s$ ist die Abtastkreisfrequenz in rad/s bezeichnet.

Wegen der Periodizität der Exponentialfunktion

$$e^{j\omega kT_s} = e^{j(\omega kT_s + 2\pi m)} = e^{jkT_s(\omega + 2\pi m/(kT_s))} = e^{jkT_s(\omega + n\omega_s)} \tag{5.71}$$

für $k, m \in \mathbb{Z}$ und $n = m/k \in \mathbb{Z}$ ist die spektrale Leistungsdichte periodisch in der Abtastfrequenz $\omega_s = 2\pi/T_s$. Man muss dadurch nur einen Bereich von $-\omega_s/2$ bis $\omega_s/2$ oder von 0 bis ω_s betrachten. Entsprechend sind auch die Bereiche für den Fall der Frequenz in Hz von $-f_s/2$ bis $f_s/2$ oder von 0 bis f_s.

Im zeitdiskreten Fall gelten ähnliche Eigenschaften:

$$\begin{aligned} &1)\quad S_{XX}(\omega) \quad \text{ist reell und} \quad S_{XX}(\omega) \geq 0 \\ &2)\quad S_{XX}(-\omega) = S_{XX}(\omega) \\ &3)\quad E\{X^2(n)\} = R_{XX}(0) = \frac{1}{2\pi}\int_{-\omega_s/2}^{\omega_s/2} S_{XX}(\omega)d\omega \quad \text{(Parseval-Theorem)} \end{aligned} \tag{5.72}$$

Im Skript `spektrsle_leist_1.m` wird die spektrale Leistungsdichte eines ergodischen Prozesses ermittelt und dargestellt. Es sind zwei Prozesse, einmal eine unkorrelierte normalverteilte Sequenz für den Prozess $X(t) = X(nT_s)$ und die mit einem FIR-Tiefpassfilter daraus gebildete Sequenz $Y(t) = Y(nT_s)$:

```
% Skript spektrale_leist_1.m, in dem die spektrale
% Leistungsdichte eines ergodischen Prozesses ermittelt  wird
clear;
% ------ Ergodischer Prozess
nord = 128;
h = firl(nord, 0.2);       % FIR-TP-Filter für die Erzeugung des Prozesses
Tfinal = 20;               dt = Tfinal/5000;    % Zeitachse
t = 0:dt:Tfinal-dt;        nt = length(t);
X = randn(1,nt);           % Unkorrelierter Prozess
Y = filter(h,1,X);         % Y als gefilterter X-Prozess
X = X(200:end); Y = Y(200:end); % Ohne Einschwingen wegen des Filters
[m,n] = size(X);           nt = n;
```

Das Einschwingen wegen des Filters wird entfernt, so dass man zwei Sequenzen im stationären Zustand erhält. Für diesen wird dann die Autokorrelation `Rxx` bzw. `Ryy` ermittelt und dargestellt:

```
% ------ Autokorrelationen
max_lag = 200;
[Rxx, lag] = xcorr(X, max_lag, 'unbiased');
[Ryy, lag] = xcorr(Y, max_lag, 'unbiased');
%[Rxx, lag] = xcorr(X, max_lag, 'biased');
%[Ryy, lag] = xcorr(Y, max_lag, 'biased');
figure(1);    clf;
subplot(211), plot(lag*dt, Rxx);
   title('Autokorrelation Rxx');     grid on;
```

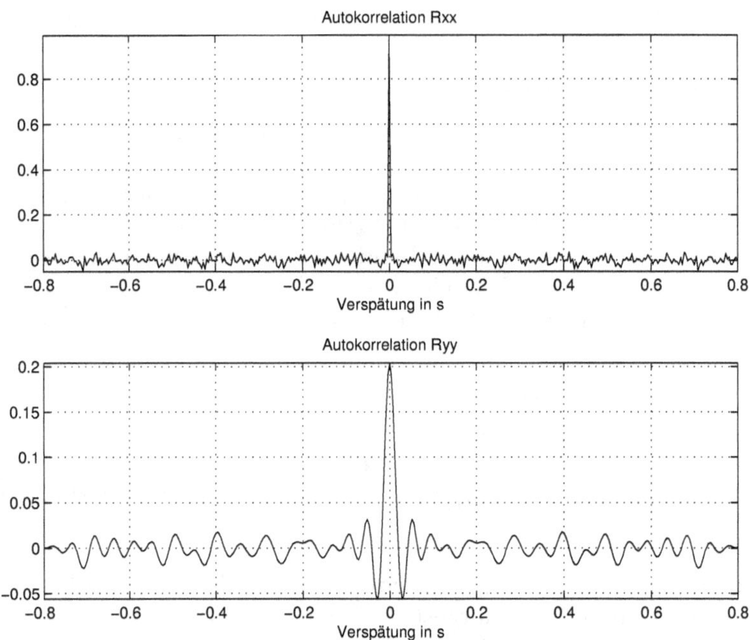

Abb. 5.19: Autokorrelation $R_{XX}(\tau)$ und $R_{YY}(\tau)$ aus einer Realisierung geschätzt (kreuz_leist_1.m)

```
   xlabel('Verspätung in s');              axis tight;
subplot(212), plot(lag*dt, Ryy);
   title('Autokorrelation Ryy');           grid on;
   xlabel('Verspätung in s');              axis tight;
```

Abb. 5.19 zeigt diese Autokorrelationen. Die unkorrelierte Variable $X(nT_s)$ ist eine gaußverteilte Sequenz mit Mittelwert null und Varianz gleich eins. Deshalb ist $R_{XX}(0) = 1$.

Danach werden die spektralen Leistungsdichten gemäß erster Gl. (5.70) berechnet und in Abb. 5.20 dargestellt:

```
% ------ Spektrale Leistungsdichten
Ts = dt;         fs = 1/Ts;        df = fs/1000;
f = 0:df:fs-df;                    % Eine Periode
omega = 2*pi*f;                    nf = length(f);
Sxx = zeros(1, nf);                Syy = Sxx;
for p = 1:nf
    Sxx(p) = real(sum(Rxx.*exp(-j*omega(p)*lag*Ts)));
    Syy(p) = real(sum(Ryy.*exp(-j*omega(p)*lag*Ts)));
end
Sxx = Sxx*Ts;                Syy = Syy*Ts;
figure(2);     clf;
subplot(211), plot(f, Sxx);
```

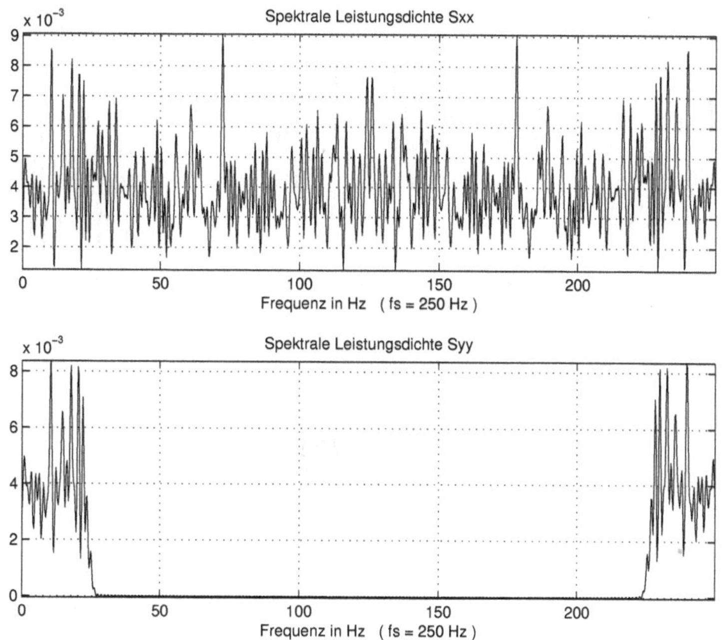

Abb. 5.20: Spektrale Leistungsdichte $S_{XX}(f)$ und $S_{YY}(f)$ im Bereich 0 bis f_s (kreuz_leist_1.m)

```
   title('Spektrale Leistungsdichte Sxx');     grid on;
   xlabel(['Frequenz in Hz    ( fs = ', num2str(fs), ' Hz )']);
   axis tight;
subplot(212), plot(f, Syy);
   title('Spektrale Leistungsdichte Syy');     grid on;
   xlabel(['Frequenz in Hz    ( fs = ', num2str(fs), ' Hz )']);
   axis tight;
```

Es wird die Periode von $f = 0$ bis $f = f_s$ dargestellt. Man kann mit der Funktion **fftshift** die Darstellung für die Periode beginnend von $f = -f_s/2$ bis $f = f_s/2$ umwandeln:

```
figure(3);     clf;
subplot(211), plot(-fs/2:df:fs/2-df, fftshift(Sxx));
   title('Spektrale Leistungsdichte Sxx');     grid on;
   xlabel(['Frequenz in Hz    ( fs = ', num2str(fs), ' Hz )']);
   axis tight;
subplot(212), plot(-fs/2:df:fs/2-df, fftshift(Syy));
   title('Spektrale Leistungsdichte Syy');     grid on;
   xlabel(['Frequenz in Hz    ( fs = ', num2str(fs), ' Hz )']);
   axis tight;
```

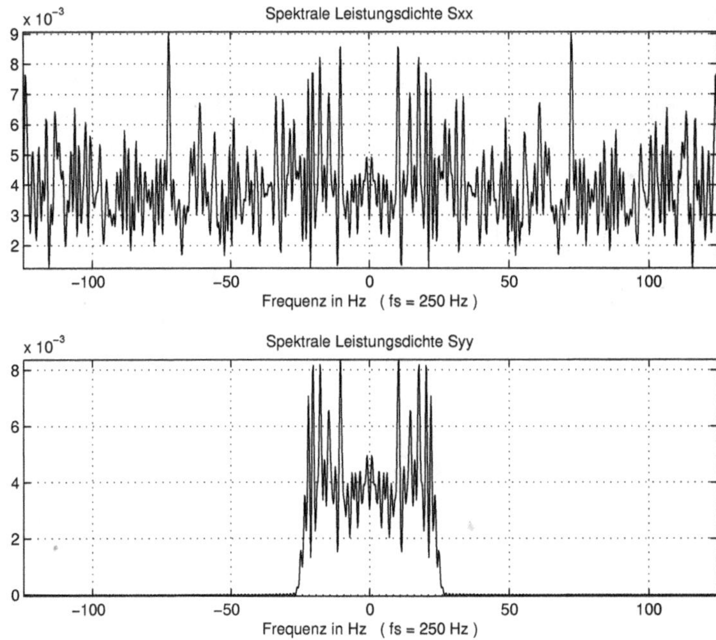

Abb. 5.21: Spektrale Leistungsdichte $S_{XX}(f)$ und $S_{YY}(f)$ im Bereich $-f_s/2$ bis $f_s/2$ (kreuz_leist_1.m)

Abb. 5.21 zeigt die Darstellung für diesen Frequenzbereich. Zuletzt wird mit dem Parseval-Theorem die Korrektheit der Normierungen der spektralen Leistungsdichten, mit denen man diese mit der Einheit V^2/Hz (oder W/Hz) erhalten hat, überprüft:

```
% ------ Parseval Theorem
sigma_x  = std(X)^2
sigma_xf = sum(Sxx)*df
sigma_y  = std(Y)^2
sigma_yf = sum(Syy)*df
```

Hier ist `sigma_x` die Varianz der Sequenz $X(nT_s)$ direkt aus der Sequenz berechnet und `sigma_xf` ist die Varianz über die spektrale Leistungsdichte ermittelt. Das entsprechende Integral wird mit einer Summe angenähert. Ähnliche Bezeichnungen sind für die zweite Sequenz benutzt worden. Die Ergebnisse sind:

```
sigma_x =    1.0135
sigma_xf =   1.0135
sigma_y =    0.1829
sigma_yf =   0.1831
```

Hier stellt die Varianz auch die mittlere Leistung des Signals dar, weil das Signal mit Mittelwert null angenommen wurde.

Die Autokorrelationen und die spektralen Leistungsdichten sind deterministische Funktionen und nur die numerisch, über eine begrenzte Anzahl von Realisierungen, geschätzten Werte dieser Funktionen sind Zufallsvariablen. Eine Mittelung über mehrere Realisierungen verringert die Streuung und die Schätzungen nähern sich den tatsächlichen Werten an.

Für die unkorrelierte Sequenz $X(nT_s)$ ist die mittlere spektrale Leistungsdichte in V^2/Hz aus den geschätzten Werten gleich:

```
>> mean(Sxx)
ans =   0.0041
```

Diese integriert (durch Summe angenähert) über die Periode von 0 bis f_s führt auf:

```
>> 0.0041*nf*fs/nf
ans =   1.0250
```

Hier ist `nf` die Anzahl der Frequenzwerte der spektralen Leistungsdichte und `fs` ist die Abtastfrequenz. Der ideale Wert wäre eins, weil dieser Wert der Varianz der Sequenz, die mit **randn** generiert wurde, entspricht.

Im Bereich der Durlassfrequenz des FIR-Tiefpassfilters bleibt die spektrale Leistungsdichte gleich der spektralen Leistungsdichte der Eingangssequenz und hat den Wert 0,0041 V^2/Hz. Die relative Durchlassfrequenz des Filters ist $0,2/2 = 0,1$ und ergibt bei einer Abtastfrequenz $f_s = 250$ Hz eine Bandbreite gleich $250 \times 0,1 = 25$ Hz, was man auch in der Darstellung aus Abb. 5.21 sieht.

Die Leistung (oder hier auch die Varianz) am Ausgang des Filters für die Sequenz $Y(nT_s)$ ist somit gleich:

```
>> 0.0041*2*25
ans =   0.2050
```

Dieser Wert unterscheidet sich vom `sigma_y = 0.1829` weil das Filter keinen idealen, steilen Durchlassbereich besitzt und die Streuung der geschätzten spektralen Leistungsdichte groß ist. Später werden andere Methoden für die Ermittlung der spektralen Leistungsdichten vorgestellt, die bessere Ergebnisse liefern.

5.4.3 Spektrale Kreuzleistungsdichte

Die spektrale Kreuzleistungsdichte $S_{XY}(\omega)$ zweier zeitkontinuierlicher Zufallsprozesse $X(t)$ und $Y(t)$ ist als Fourier-Transformierte der Kreuzkorrelation definiert:

$$S_{XY}(\omega) = \int_{\tau=-\infty}^{\infty} R_{XY}(\tau)e^{-j\omega\tau}d\tau \tag{5.73}$$

Die inverse Fourier-Transformierte ergibt dann aus der Kreuzleistungsdichte $S_{XY}(\omega)$ die Kreuzkorrelation:

$$R_{XY}(\tau) = \frac{1}{2\pi}\int_{\omega=-\infty}^{\infty} S_{XY}(\omega)e^{j\omega\tau}d\omega \tag{5.74}$$

Im Gegensatz zur spektralen Leistungsdichte $S_{XX}(\omega)$, die immer reell und positiv ist, wird die spektrale Kreuzleistungsdichte $S_{XY}(\omega)$ eine komplexe Funktion sein mit den Eigenschaften:

$$\begin{aligned} &1) \quad S_{XY}(\omega) = S_{YX}(-\omega) \\ &2) \quad S_{XY}(-\omega) = S^*_{XY}(\omega) \end{aligned} \tag{5.75}$$

Für zeitdiskrete Sequenzen wird hier die Form mit der Frequenz ω bevorzugt:

$$\begin{aligned} S_{XY}(e^{j\omega T_s}) &= T_s \sum_{k=-\infty}^{\infty} R_{XY}(kT_s)e^{-j\omega kT_s} \\ R_{XY}(kT_s) &= \frac{1}{2\pi}\int_{-\omega_s/2}^{\omega_s/2} S_{XY}(e^{j\omega T_s})e^{j\omega kT_s}d\omega \end{aligned} \tag{5.76}$$

Die spektrale Kreuzleistungsdichte $S_{XY}(e^{j\omega T_s})$ ist eine komplexe Funktion periodisch mit der Periode ω_s für die, dieselben Eigenschaften aus Gl. 5.75 gelten:

$$\begin{aligned} &1) \quad S_{XY}(e^{j\omega T_s}) = S_{YX}(e^{-j\omega T_s}) \\ &2) \quad S_{XY}(e^{-j\omega T_s}) = S^*_{XY}(e^{j\omega T_s}) \end{aligned} \tag{5.77}$$

Im Skript `spektrale_leist_2.m` wird die spektrale Kreuzleistungsdichte zwischen der unkorrelierten Sequenz der Anregung eines FIR-Filters und dessen Antwort ermittelt. Zuerst wird die Autokorrelation der Anregung und die Kreuzkorrelation der Antwort mit der Anregung aus einer Realisierung geschätzt:

```
% Skript spektrale_leist_2.m, in dem die spektrale
% Kreuzleistungsdichte zweier ergodischer Prozesse ermittelt
% werden
clear;
% ------ Ergodische Prozesse
randn('seed', 37915);
nord = 128;
h = firl(nord, 0.2);     % FIR-TP-Filter für die Erzeugung des Prozesses
Tfinal = 20;             dt = Tfinal/5000;    % Zeitachse
t = 0:dt:Tfinal-dt;      nt = length(t);
X = randn(1,nt);         % Unkorrelierter Prozess
Y = filter(h,1,X);       % Y als gefilterter X-Prozess
X = X(200:end);         Y = Y(200:end);
            % Ohne Einschwingen wegen des Filters
[m,n] = size(X);         nt = n;
% ------ Kreukorrelation
max_lag = 200;
%[Rxx, lag] = xcorr(X, X, max_lag, 'unbiased');
%[Rxy, lag] = xcorr(Y, X, max_lag, 'unbiased');
[Rxx, lag] = xcorr(X, X, max_lag, 'biased');
[Rxy, lag] = xcorr(Y, X, max_lag, 'biased');
```

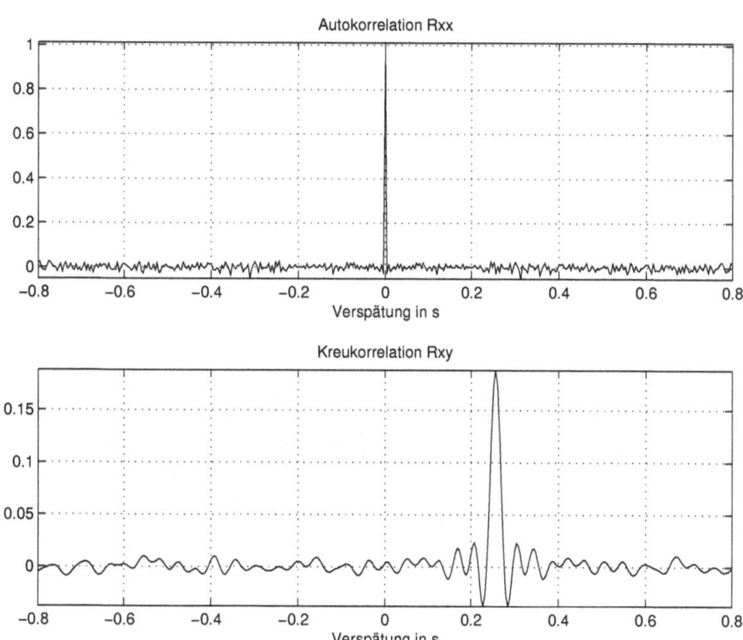

Abb. 5.22: Autokorrelation der Anregung und Kreuzkorrelation der Antwort eines FIR-Tiefpassfilters (spektrale_leist_2.m)

```
figure(1);      clf;
subplot(211), plot(lag*dt, Rxx);
   title('Autokorrelation Rxx');          grid on;
   xlabel('Verspätung in s');             axis tight;
subplot(212), plot(lag*dt, Rxy);
   title('Kreukorrelation Rxy');          grid on;
   xlabel('Verspätung in s');             axis tight;
```

Abb. 5.22 zeigt oben die Autokorrelation der Anregung und darunter die Kreuzkorrelation zwischen der Antwort des FIR-Tiefpassfilters und der Anregung. Danach werden die spektrale Leistungsdichte der Anregung und die spektrale Kreuzleistungsdichte zwischen Antwort und Anregung als Fourier-Transformationen der entsprechenden Korrelationen berechnet. Die Integrale dieser Transformationen werden über Summen angenähert:

```
% ------ Spektrale Leistungsdichte und Kreuzleistungsdichte
Ts = dt;        fs = 1/Ts;          df = fs/1000;
f = 0:df:fs-df;                     % Eine Periode
omega = 2*pi*f;                     nf = length(f);
Sxy = zeros(1, nf);                 Sxx = Sxy;
for p = 1:nf
    Sxx(p) = real(sum(Rxx.*exp(-j*omega(p)*lag*Ts)));
    Sxy(p) = (sum(Rxy.*exp(-j*omega(p)*lag*Ts)));
```

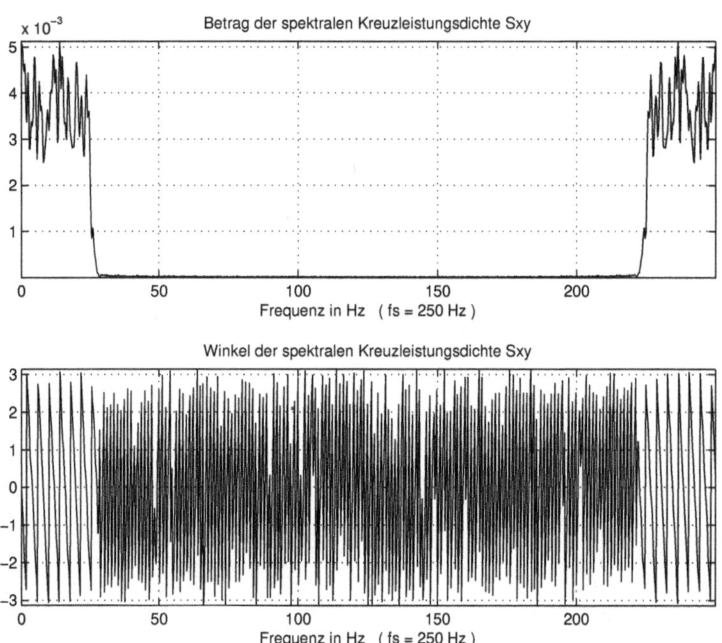

Abb. 5.23: Betrag und Phase der spektralen Kreuzleistungsdichte (spektrale_leist_2.m)

```
end
Sxy = Sxy*Ts;                    Sxx = Sxx*Ts;
figure(2);    clf;
subplot(211), plot(f, abs(Sxy));
   title('Betrag der spektralen Kreuzleistungsdichte Sxy'); grid on;
   xlabel(['Frequenz in Hz   ( fs = ', num2str(fs), ' Hz )']);
   axis tight;
subplot(212), plot(f, angle(Sxy));
   title('Winkel der spektralen Kreuzleistungsdichte Sxy'); grid on;
   xlabel(['Frequenz in Hz   ( fs = ', num2str(fs), ' Hz )']);
   axis tight;
```

Im nächsten Abschnitt (Kap. 5.5) wird gezeigt, dass die spektrale Leistungsdichte der Anregung und die spektrale Kreuzleistungsdichte der Antwort über den komplexen Frequenzgang des LTI-Systems verbunden sind:

$$S_{XY}(e^{j\omega T_s}) = H(e^{j\omega T_s})S_{XX}(e^{j\omega T_s}) \tag{5.78}$$

Daraus ergibt sich eine Möglichkeit, den komplexen Frequenzgang aus den spektralen Leistungsdichten zu schätzen. Das ist im letzten Teil des Skripts programmiert:

```
% ------ Geschätzte Übertragungsfunktion des Filters
H = Sxy./Sxx;       % Geschätzter komplexer Frequenzgang
```

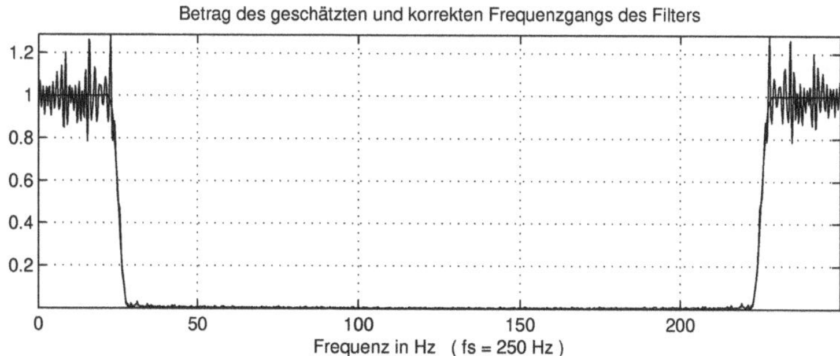

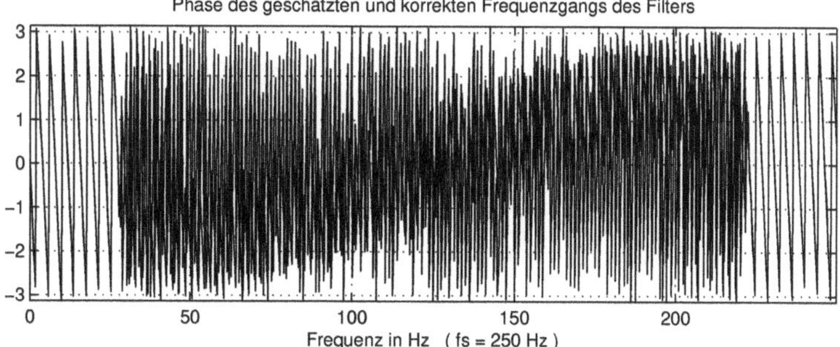

Abb. 5.24: Geschätzter und korrekter komplexer Frequenzgang des FIR-Filters (spektrale_leist_2.m)

```
Hid = fft(h, nf);       % Korrekter komplexer Frequenzgang
figure(3);     clf;
subplot(211), plot(f, abs(H));
   title(['Betrag des geschätzten und korrekten',...
            'Frequenzgangs des Filters']);
   xlabel(['Frequenz in Hz    ( fs = ', num2str(fs), ' Hz )']);
   axis tight;      grid on;
   hold on;  plot(f, abs(Hid),'r');     hold off;
subplot(212), plot(f, angle(H));
   title(['Phase des geschätzten und korrekten',...
            'Frequenzgangs des Filters']);
   xlabel(['Frequenz in Hz    ( fs = ', num2str(fs), ' Hz )']);
   axis tight;      grid on;
hold on;  plot(f, angle(Hid),'r');     hold off;
```

Abb. 5.24 zeigt den geschätzten und den korrekten Frequenzgang des Filters. Mit der Zoom-Funktion kann man den Durchlassbereich vergrößern und die Unterschiede beobachten. Das Ergebnis ist noch nicht zufriedenstellend weil die Varianzen der geschätzten spektralen Leistungsdichten zu groß sind. Im weiteren Verlauf des Buchs werden andere Verfahren zur Ermittlung der spektralen Leistungsdichten vorgestellt, die viel bessere Ergebnisse liefern.

5.4.4 Weißes Rauschen

Ein zeitkontinuierlicher Zufallsprozess $X(t)$ wird als weißes Rauschen bezeichnet, wenn er eine konstante spektrale Leistungsdichte besitzt:

$$S_{XX}(\omega) = \eta \tag{5.79}$$

Die inverse Fourier-Transformation führt zur Autokorrelationsfunktion:

$$R_{XX}(\tau) = \eta\delta(\tau) \tag{5.80}$$

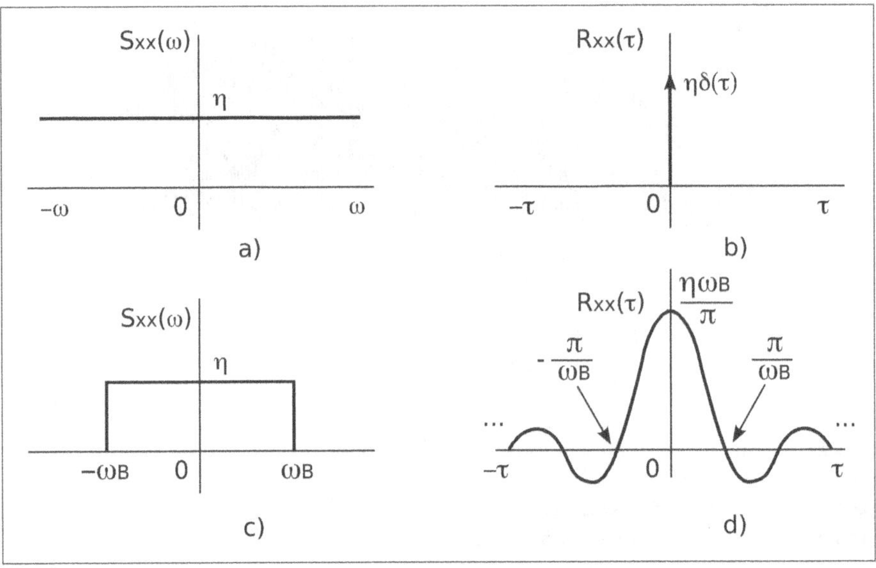

Abb. 5.25: a) Spektrale Leistungsdichte des weißen Rauschens b) Autokorrelation des weißen Rauschens c) Spektrale Leistungsdichte des Bandbegrenzten weißen Rauschens d) Autokorrelation des Bandbegrenzten weißen Rauschens

Abb. 5.25a zeigt die spektrale Leistungsdichte des weißes Rauschens und in Abb. 5.25b ist die entsprechende Autokorrelationsfunktion dargestellt. Es ist leicht zu verstehen, dass dieser Prozess ideal und nicht real ist. Die mittlere Leistung oder Varianz (weil der Mittelwert null ist) als Integral der spektralen Leistungsdichte von $-\infty$ bis ∞ ist unendlich groß, was in der Realität nicht möglich ist.

Als bandbegrenztes weißes Rauschen wird ein Zufallsprozess bezeichnet, der in einem Frequenzbereich zwischen $-\omega_B$ und ω_B eine konstante spektrale Leistungsdichte besitzt. Das ist in Abb. 5.25c dargestellt. Die entsprechende Autokorrelation (Abb. 5.25d) wird durch die inverse Fourier-Transformation ermittelt:

$$R_{XX}(\tau) = \frac{1}{2\pi}\int_{-\omega_B}^{\omega_B} \eta e^{j\omega\tau} d\omega = \frac{\eta\omega_B}{\pi} \cdot \frac{\sin(\omega_B\tau)}{\omega_B\tau} \tag{5.81}$$

Die Nullstellen der Sinc-Funktion sind bei Vielfachen von π/ω_B. Mit der Bandbreite f_B in Hz sind diese bei Vielfachen von $1/(2f_B)$.

Oftmals benötigt man in Simulationen normalverteilte Zufallsprozesse mit einer vorgegebenen spektralen Leistungsdichte. Diese erzeugt man aus einer Sequenz von unkorrelierten und normalverteilten Zufallsvariablen durch Filterung (siehe Abschnitt 5.5).

Eine unkorrelierte Zufallsvariable entspricht unter bestimmten Bedingungen banbegrenztem weißem Rauschen. In MATLAB kann man mit der Funktion **randn** unkorrelierte normalverteilte Zufallsvariablen mit Mittelwert null und Varianz eins erzeugen.

Die mittlere Leistung (in W) einer Zufallssequenz ist unabhängig von der Schrittweite. Mit kleineren Schrittweiten sind höhere Frequenzen im Signal vorhanden und die Leistung verteilt sich auf einen breiteren Frequenzbereich. Bei gegebener Varianz ist die spektrale Leistungsdichte in W/Hz somit kleiner. Es besteht also eine Abhängigkeit der spektralen Leistungsdichte von der Schrittweite der Rauschsequenz.

Mit einer zeitdiskreten unkorrelierten normal verteilten Sequenz kann das kontinuierliche Rauschen mit konstanter spektraler Leistungsdichte bis zu einer Grenzfrequenz erzeugt werden. Diese Grenzfrequenz, die die Rolle von ω_B spielt, ist die halbe Abtastfrequenz $f_s/2$ der Sequenz. Diese Frequenz muss höher als die maximale charakteristische Frequenz des kontinuierlichen Systems sein. Im signifikanten Frequenzbereich des Systems ist dieses Signal dann weißes Rauschen.

Die Varianz der unkorrelierten Sequenz $W(t)$ muss gleich der gewünschten spektralen Leistungsdichte mal die Abtastfrequenz f_s sein:

$$\sigma_W^2 = S_{WW}(2\pi f)\, f_s = S_{WW}(2\pi f)/T_s \tag{5.82}$$

Folgende Anweisungen erzeugen eine normalverteilte mittelwertfreie Rauschsequenz w der Dauer 100 s mit einer spektralen Leistungsdichte gleich 10 W/Hz bei gegebener Schrittweite von $0,01$ s:

```
dt = 0.01;                t = 0:dt:100;
w = sqrt(10/dt)*randn(1, length(t));
```

Im Skript `simulation_rauschsig_1.m` wird eine solche zeitdiskrete Sequenz erzeugt und danach ein "zeitkontinuierliches Signal" durch Interpolierung generiert. In der Abtastperiode der zeitdiskreten Sequenz werden `nk = 40` kleinere Schritte für das zeitkontinuierliche Signal angenommen:

```
% Skript simulation_rauschsig_1.m, in dem ein kontinuierliches
% Signal mit einer gewünschten spektralen Leistungsdichte
% simuliert wird
clear;
% ------- Parameter des Signals
randn('seed', 353595);
Sww = 10;          % Gewünschte spektrale Leistungsdichte: 10 W/Hz
fs = 1000;         Ts = 1/fs;
n = 1000;          % Anzahl Werte
td = 0:Ts:(n-1)*Ts;
varianz_id = Sww*fs
```

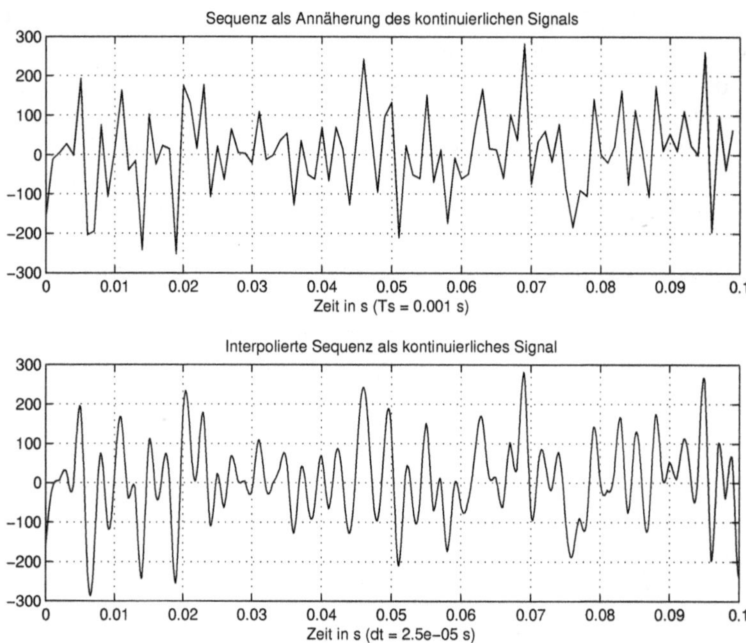

Abb. 5.26: Zeitdiskrete Sequenz mit Abtastperiode T_s und simuliertes zeitkontinuierliches Signal der Schrittweite T_s/N_k (simulation_rauschsig_1.m)

```
w = sqrt(Sww/Ts)*randn(1,n);  % Zeitdiskrete Sequenz als Annäherung
                    % des gewünschten zeitkontinuierlichen Signals
% ------- Geschätzte Varianz (mittlere Leistung)
sigma_w = std(w),                        varianz_w = sigma_w^2
% ------- Kontinuierliches Signal
nk = 40;          % Unterteilung der Abtastperiode
dt = Ts/nk;
tk = 0:dt:n*Ts-dt;
%wk = interp1(td,w,tk,'spline');
wk = interp(w,nk);
figure(1);    clf;
ndarst = fix(n/10);            % Für ein Ausschnitt
subplot(211), plot(td(1:ndarst), w(1:ndarst));
   title('Sequenz als Annäherung des kontinuierlichen Signals');
   xlabel(['Zeit in s (Ts = ', num2str(Ts),' s)']);
   grid on;
subplot(212), plot(tk(1:nk*ndarst), wk(1:nk*ndarst));
   title('Interpolierte Sequenz als kontinuierliches Signal');
   xlabel(['Zeit in s (dt = ', num2str(dt),' s)']);
   grid on;
```

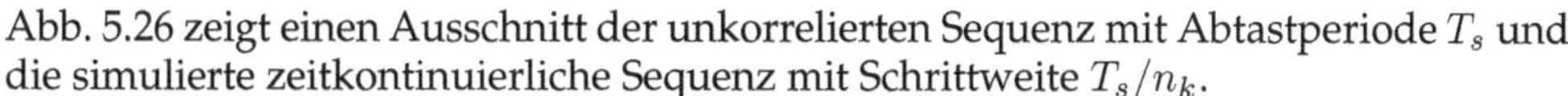

Abb. 5.26 zeigt einen Ausschnitt der unkorrelierten Sequenz mit Abtastperiode T_s und die simulierte zeitkontinuierliche Sequenz mit Schrittweite T_s/n_k.

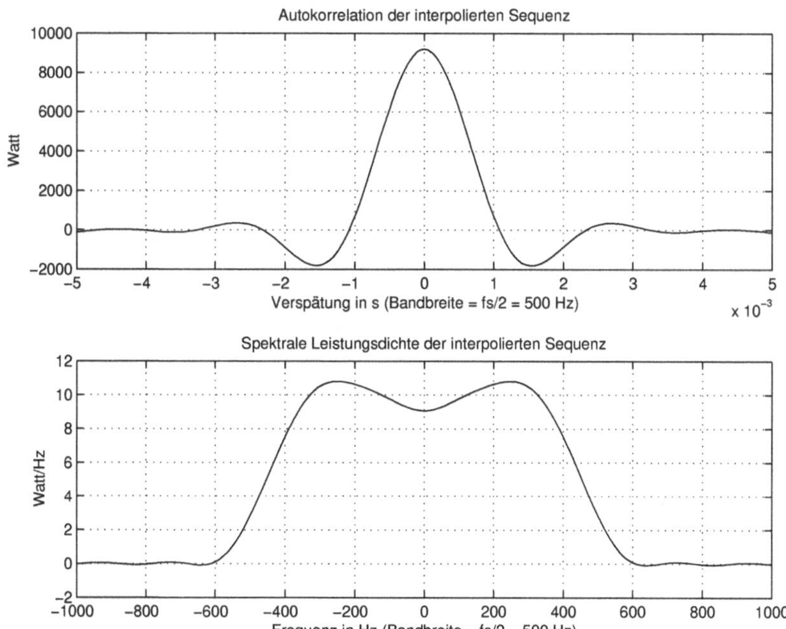

Abb. 5.27: a) Autokorelation des simulierten zeitkontinuierlichen Signals b) Spektrale Leistungsdichte dieses Signals in W/Hz (simulation_rauschsig_1.m)

Weiter wird die Autokorrelation des simulierten zeitkontinuierlichen Signals ermittelt und über die Fourier-Transformation, die durch eine Summe angenähert wird, die spektrale Leistungsdichte dieses Signals berechnet:

```
% ------- Autokorrelation des kontinuierlichen Signals
max_lag = 200;
[Rww_k, lag] = xcorr(wk, max_lag, 'unbiased');
df = fs/1000;
f = -fs:df:fs;   nf = length(f);
Sww_k = zeros(1,nf);
for p = 1:nf
    Sww_k(p) = sum(Rww_k.*exp(-j*2*pi*f(p)*lag*dt));
end;
Sww_k= real(Sww_k*dt);
figure(2);   clf;
subplot(211), plot(lag*dt, Rww_k);
 title('Autokorrelation der interpolierten Sequenz');
 xlabel(['Verspätung in s (Bandbreite=fs/2=',num2str(fs/2),'Hz)']);
 grid on;     ylabel('W');
subplot(212), plot(f, Sww_k);
```

```
  title('Spektrale Leistungsdichte der interpolierten Sequenz');
  xlabel(['Frequenz in Hz (Bandbreite=fs/2=',num2str(fs/2),'Hz)']);
  grid on;    ylabel('W/Hz');
% ------- Parseval-Theorem
varianz_f = sum(Sww_k)*df     % Varianz aus der spektr. Leistungsdichte
varianz_t = std(wk)^2         % Varianz aus den Zeitwerten
% ------- Maximaler Wert der Autokorrelation
Rww_k0 = max(Rww_k)       % Maximalwert der Autokorrelation
Rww_k0_id = Sww*fs        % Idealer Maximalwert
```

Abb. 5.27 zeigt oben die Autokorrelation und darunter die spektrale Leistungsdichte des simulierten zeitkontinuierlichen Signals. Wie man sieht, besitzt dieses Signal eine annähernd konstante spektrale Leistungsdichte von 10 W/Hz im Bereich von $-f_s/2 = -500$ Hz bis $f_s/2 = 500$ Hz.

Am Ende des Skripts wird das Parseval-Theorem verwendet, um die Berechnung der spektralen Leistungsdichte zu überprüfen. Die Varianz berechnet als Integral (Summe) über die spektrale Leistungsdichte muss gleich sein mit dem Wert der Autokorrelation bei Verspätung null, die gleich der Varianz über die Zeit ist:

```
varianz_f =    9.1935e+03
varianz_t =    9.1821e+03
```

Der nominale Wert der Varianz ist 10000 W und müsste auch der Höchstwert der Autokorrelation gemäß Abb. 5.25d sein, wobei hier $\omega_B = 2\pi f_s/2$ ist:

```
Rww_k0 =     9.1927e+03
Rww_k0_id =    10000
```

Es wurden Sequenzen mit Mittelwert null angenommen.

Die ersten Nullstellen der Autokorrelation links und rechts des Maximalwerts entsprechen ungefähr den Werten aus Abb. 5.25d und zwar $\pi/\omega_B = 1/f_s = 1e-3$ s bei $f_s = 1000$ Hz.

Zu bemerken sei, dass hier die Varianz als mittlere Leistung in W (oder V^2) angenommen wird. In elektrischen Anwendungen ist das leicht zu verstehen. Für Signale anderer Natur, z.B. Bewegungen in m (Meter) ist die Leistung dann in m^2 gegeben und für Temperaturen in $^\circ C$ ist die Einheit der Leistung $(^\circ C)^2$. Entsprechend sind auch die Einheiten für die spektralen Leistungsdichten W/Hz, m^2/Hz oder $(^\circ C)^2$/Hz.

5.4.5 Schmalbandiger Zufallsprozess

Ein WSS-Prozess $X(t)$ mit Mittelwert null und spektraler Leistungsdichte $S_{XX}(\omega)$, die in einem schmalen Frequenzbereich $2W$ relativ zur Mittenfrequenz ω_c verschieden von null ist, wird als *schmalbandiger Zufallsprozess* bezeichnet.

Sollche Zufallsprozese kommen oft in der Kommunikationstechnik vor, wenn man weißes Rauschen über ein Bandpassfilter überträgt. Auf einem Oszilloskop sieht man diesen Prozess als ein Signal mit zufälliger Amplitude $A(t)$, zufälliger Phase $\phi(t)$ und Frequenz ω_c:

$$X(t) = A(t)\cos(\omega_c t + \phi(t)) \tag{5.83}$$

Die Prozesse $A(t)$ und $\phi(t)$ sind bandbegrenzt und können über Tiefpassfilterung von weißem Rauschen erzeugt werden.

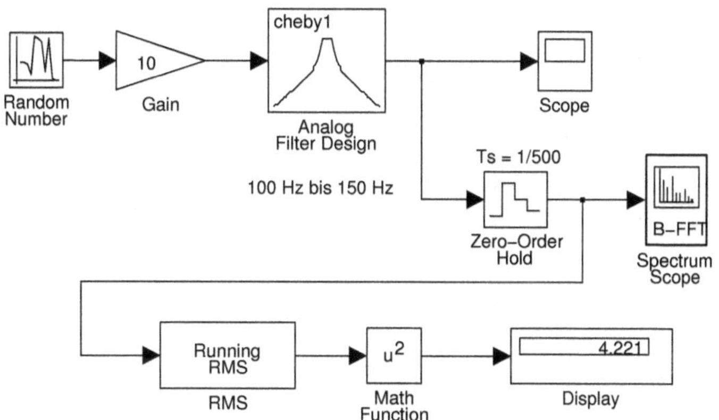

Abb. 5.28: Simulink-Modell für die Erzeugung eines schmalbandigen Rauschsignals (schmal_rausch_2.mdl)

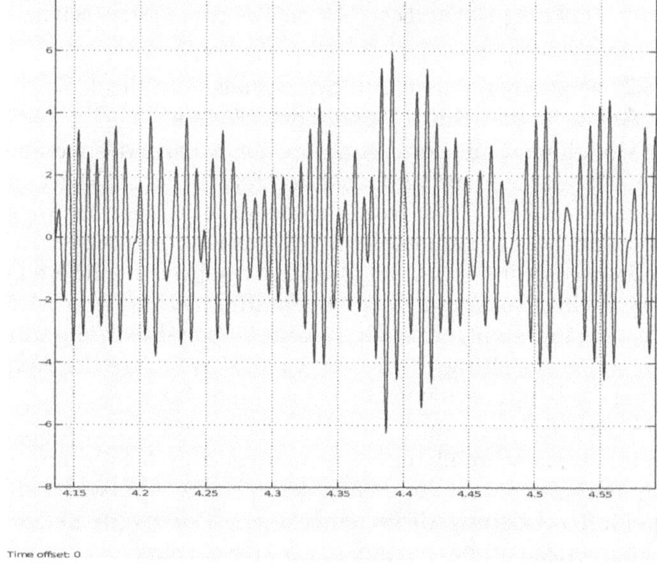

Abb. 5.29: Schmalbandiges Rauschsignal (schmal_rausch_2.mdl)

In den Simulink-Modellen `schmal_rausch_1.mdl` und `schmal_rausch_2.mdl` werden solche schmalbandige Prozese erzeugt. Im ersten Modell werden die Prozesse $A(t)$ und $\phi(t)$ mit Tiefpassfiltern erzeugt und dann in der obigen Gleichung verwendet.

Das zweite Modell (Abb. 5.28) erzeugt ein schmalbandiges Rauschen durch Filterung von weißem Rauschen durch ein Bandpassfilter, mit relativ schmaler Bandbreite.

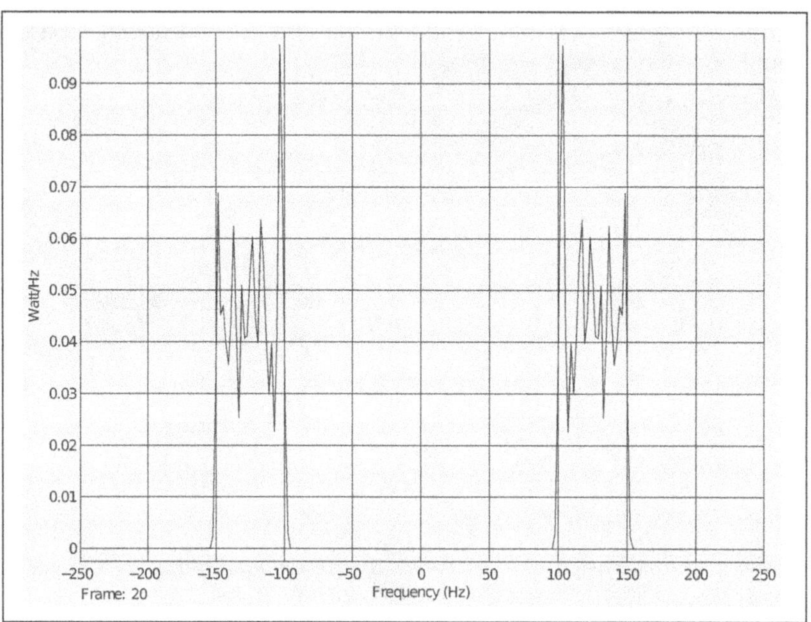

Abb. 5.30: Spektrale Leistungsdichte des schmalbandigen Rauschsignals, das durch Bandpassfilterung von weißem Rauschen erzeugt wurde (schmal_rausch_2.mdl)

Abb. 5.29 zeigt einen Ausschnitt des Signals vom Block *Scope* und Abb. 5.30 zeigt die spektrale Leistungsdichte des erzeugten Signals.

Im Modell wird aus dem Block *Random Number* das weiße Rauschen verstärkt und dann mit den analogen Bandpassfilter *Analog Filter Design* gefiltert. Das Signal wird über den Block *Zero-Order Hold* abgetastet und in ein zeitdiskretes Signal umgewandelt. Die spektrale Leistungsdichte wird mit der Senke *Spectrum Scope* in W/Hz ermittelt und dargestellt (Abb. 5.30). Zusätzlich wird die mittlere Leistung über die Blöcke *Running RMS* (*Root-Mean-Square* oder Effektivwert) und *Math Function*, letzterer als Quadrierer eingestellt, ermittelt. Der im *Display*-Block angezeigte Wert ergibt sich aus der spektralen Leistungsdichte von ca. 0,04 W/Hz (siehe Abb. 5.30) multipliziert mit zwei mal die Bandbreite von 50 Hz (also 100 Hz).

Im Skript `schmalband_rauschen_1.m` und `schmalband_rauschen_2.m` werden zeitdiskrete schmalbandige Sequenzen durch Filterung mit FIR-Bandpassfiltern erzeugt und untersucht. Im ersten Skript ist die Abtastperiode T_s bei der Berechnung der spektralen Leistungsdichte einbezogen. Das zweite Skript zeigt wie man mit relativen Frequenzen arbeiten kann, so ob $T_s = 1$ wäre.

5.5 Zufallssignale in LTI-Systemen

Bei der Anregung der LTI-Systeme mit Zufallssignalen ist man weniger am Zusammenhang zwischen einer Musterfunktion (oder Realisierung) am Eingang und der Musterfunktion am Ausgang interessiert, sondern man will vielmehr wissen, wie die statistischen Beschreibungsgrößen des Zufallsprozesses (Mittelwert, Autokorrelationsfunktion, spektrale Leistungsdichte) durch das LTI-System verändert werden. Das wird nachfolgend in Anlehnung an [11] dargestellt.

Für ein zeitkontinuierliches und zeitinvariantes lineares System angeregt durch $x(t)$ ist die Antwort $y(t)$ über das Faltungsintegral gegeben:

$$y(t) = \int_{-\infty}^{\infty} h(\tau)x(t-\tau)d\tau = h(t) * x(t) \tag{5.84}$$

Hier ist $h(t)$ die Impulsantwort des zeitkontinuierlichen LTI-Systems.

Ähnlich ist die Antwort für ein zeitdiskretes LTI-System durch

$$y[nT_s] = \sum_{i=-\infty}^{\infty} h[nT_s]x[(n-i)Ts] = h[nT_s] * x[nT_s] \tag{5.85}$$

gegeben, wobei $h[nT_s]$ die zeitdiskrete Impulsantwort (oder Einheitspulsantwort) ist. In einer vereinfachten Schreibweise wird die Abtastperiode weggelassen:

$$y[n] = \sum_{i=-\infty}^{\infty} h[n]x[n-i] = h[n] * x[n] \tag{5.86}$$

Für ein Zufallsprozess $X(t)$ ist dann der Mittelwert der Antwort:

$$\begin{aligned} \mu_Y = E\{Y(t)\} = E\left\{\int_{-\infty}^{\infty} h(\alpha)X(t-\alpha)d\alpha\right\} = \\ \int_{-\infty}^{\infty} h(\alpha)E\{X(t-\alpha)\}d\alpha = \int_{-\infty}^{\infty} h(\alpha)\mu_X(t-\alpha)d\alpha = h(t) * \mu_X(t) \end{aligned} \tag{5.87}$$

Die Autokorrelation der Antwort wird zu:

$$\begin{aligned} R_{YY}(t_1,t_2) =& E\{Y_1(t)Y_2(t)\} = \\ & E\left\{\int_{-\infty}^{\infty}\int_{-\infty}^{\infty} h(\alpha)X(t_1-\alpha)h(\beta)X(t_2-\beta)d\alpha d\beta\right\} = \\ & \int_{-\infty}^{\infty}\int_{-\infty}^{\infty} h(\alpha)h(\beta)E\{X(t_1-\alpha)X(t_2-\beta)\}d\alpha d\beta = \\ & \int_{-\infty}^{\infty}\int_{-\infty}^{\infty} h(\alpha)h(\beta)R_{XX}(t_1-\alpha,t_2-\beta)d\alpha d\beta \end{aligned} \tag{5.88}$$

Für einen WSS-Prozess, für den $\mu_X(t) = \mu_X$ eine Konstante ist, erhält man aus Gl. (5.87):

$$E\{Y(t)\} = \int_{-\infty}^{\infty} h(\alpha)\mu_X d\alpha = \mu_X \int_{-\infty}^{\infty} h(\alpha)d\alpha = \mu_X H(0) \tag{5.89}$$

Das war zu erwarten, denn die Konstante μ_x ist ein Gleichanteil und wird demnach auch mit dem Wert der Übertragungsfunktion bei Frequenz $f = 0$ verstärkt.

Für die Autokorrelation der Antwort auf einen WSS-Prozess ergibt sich aus Gl. (5.88):

$$R_{YY}(t_1, t_2) = \int_{-\infty}^{\infty} \int_{-\infty}^{\infty} h(\alpha)h(\beta)R_{XX}(t_2 - t_1 + \alpha - \beta)d\alpha d\beta \tag{5.90}$$

Die Autokorrelationsfunktion ist nur von der Differenz der Zeitmomente $t_2 - t_1 = \tau$ abhängig und somit ist:

$$R_{YY}(\tau) = \int_{-\infty}^{\infty} \int_{-\infty}^{\infty} h(\alpha)h(\beta)R_{XX}(\tau + \alpha - \beta)d\alpha d\beta \tag{5.91}$$

Als Schlussfolgerung kann man sagen, dass für eine WSS-Anregung die Antwort eines LTI-Systems auch WSS ist.

Die Kreuzkorrelation zwischen Anregung $X(t)$ und Antwort $Y(t)$ wird:

$$\begin{aligned} R_{XY}(t_1, t_2) =& E\{X(t_1)Y(t_2)\} = \\ & E\left\{X(t_1) \int_{-\infty}^{\infty} h(\alpha)X(t_2 - \alpha)d\alpha\right\} = \\ & \int_{-\infty}^{\infty} h(\alpha)E\{X(t_1)X(t_2 - \alpha)\}d\alpha = \\ & \int_{-\infty}^{\infty} h(\alpha)R_{XX}(t_1, t_2 - \alpha)d\alpha \end{aligned} \tag{5.92}$$

Für ein WSS-Anregungsprozess $X(t)$, bei dem $R_{XX}(t_1, t_2) = R_{XX}(\tau)$ mit $\tau = t_2 - t_1$, erhält man folgende Kreuzkorrelation:

$$R_{XY}(\tau) = \int_{-\infty}^{\infty} h(\alpha)R_{XX}(\tau - \alpha)d\alpha = h(\tau) * R_{XX}(\tau) \tag{5.93}$$

Die Kreuzkorrelation zwischen der WSS-Anregung $X(t)$ und der Antwort eines LTI-Systems $Y(t)$ ist durch die Faltung der Impulsantwort mit der Autokorrelation der Anregung gegeben.

Ähnlich kann man folgende Beziehung beweisen [11]:

$$\begin{aligned} R_{YY}(t_1,t_2) = & E\{Y(t_1)Y(t_2)\} = \\ & E\left\{\int_{-\infty}^{\infty} h(\alpha)X(t_1-\alpha)d\alpha Y(t_2)\right\} = \\ & \int_{-\infty}^{\infty} h(\alpha)E\{X(t_1-\alpha)Y(t_2)\}d\alpha = \\ & \int_{-\infty}^{\infty} h(\alpha)R_{XY}(t_1-\alpha,t_2)d\alpha \end{aligned} \tag{5.94}$$

Für WSS-Prozesse ist dann:

$$\begin{aligned} R_{YY}(\tau) = & \int_{-\infty}^{\infty} h(\alpha)R_{XY}(\tau+\alpha)d\alpha = \\ & \int_{-\infty}^{\infty} h(-\beta)R_{XY}(\tau-\beta)d\beta = h(-\tau)*R_{XY}(\tau) \end{aligned} \tag{5.95}$$

Mit $R_{XY}(\tau)$ gemäß Gl. 5.93 hier eingesetzt erhält man:

$$R_{YY}(\tau) = h(\tau)*h(-\tau)*R_{XX}(\tau) \tag{5.96}$$

Für WSS-Prozesse werden die spektralen Leistungsdichten über die Fourier-Transformation der gezeigten Beziehungen ermittelt:

$$\begin{aligned} & S_{XY}(\omega) = H(\omega)S_{XX}(\omega) \\ & S_{YY}(\omega) = H^*(\omega)S_{XY}(\omega) \\ & S_{YY}(\omega) = H^*(\omega)H(\omega)S_{XX}(\omega) = |H(\omega)|^2 S_{XX}(\omega) \end{aligned} \tag{5.97}$$

Über die inverse Fourier-Transformation kann man die Autokorrelation der Antwort aus der spektralen Leistungsdichte der Anregung berechnen:

$$R_{YY}(\tau) = \frac{1}{2\pi}\int_{-\infty}^{\infty} S_{YY}(\omega)e^{j\omega\tau}d\omega = \frac{1}{2\pi}\int_{-\infty}^{\infty} |H(\omega)|^2 S_{XX}(\omega)e^{j\omega\tau}d\omega \tag{5.98}$$

Daraus ergibt sich für die mittlere Leistung des Ausgangs folgende Beziehung:

$$R_{YY}(0) = E\{Y^2(t)\} = \frac{1}{2\pi}\int_{-\infty}^{\infty} |H(\omega)|^2 S_{XX}(\omega)d\omega \tag{5.99}$$

Für zeitdiskrete Zufallssequenzen gibt es ähnliche Beziehungen [11]. Der Ausgang $Y[n]$ eines zeitdiskreten LTI-Systems angeregt durch die Zufallssequenz $X[n]$ ist durch die Faltungssumme

$$Y[n] = \sum_{i=-\infty}^{\infty} h[i]X[n-i] \tag{5.100}$$

gegeben. Mit $h[n]$ ist die Einheitspulsantwort (Impulsantwort) des LTI-Systems bezeichnet.

Die Autokorrelationsfunktion von $Y[n]$ ist:

$$R_{YY}[n,m] = \sum_{i=-\infty}^{\infty} \sum_{l=-\infty}^{\infty} h[i]h[l]R_{XX}[n-i,m-l] \tag{5.101}$$

Die Kreuzkorrelationsfunktion zwischen $X[n]$ und $Y[n]$ wird zu:

$$R_{XY}[n,m] = E\{X[n]Y[m]\} = \sum_{i=-\infty}^{\infty} h[i]R_{XX}[n,m-i] \tag{5.102}$$

Wenn $X[n]$ ein WSS-Prozess ist, dann ist der Mittelwert der Antwort durch

$$\begin{aligned}\mu_Y =& E\{Y[n]\} = E\left\{\sum_{i=-\infty}^{\infty} h[i]X[n-i]\right\} = \sum_{i=-\infty}^{\infty} h[i]E\{X[n-i]\} = \\ &\mu_X \sum_{i=-\infty}^{\infty} h[i] = \mu_X H[0]\end{aligned} \tag{5.103}$$

gegeben. Hier ist $H[0]$ die Übertragungsfunktion $H[e^{\omega T_s}]$ für $\omega = 0$. Für die Autokorrelationsfunktion $R_{YY}[n,m]$ eines WSS-Prozesses $X[n]$ erhält man:

$$R_{YY}[n,m] = \sum_{i=-\infty}^{\infty} \sum_{l=-\infty}^{\infty} h[i]h[l]R_{XX}[m-n+i-l] \tag{5.104}$$

Mit $m = n + k$ wird schließlich:

$$R_{YY}[n,n+k] = R_{YY}[k] = \sum_{i=-\infty}^{\infty} \sum_{l=-\infty}^{\infty} h[i]h[l]R_{XX}[k+i-l] \tag{5.105}$$

Aus Gl. (5.102) wird ähnlich für den WSS-Fall:

$$R_{XY}[k] = E\{X[n]Y[n+k]\} = \sum_{i=-\infty}^{\infty} h[i]R_{XX}[k-i] = h[k] * R_{XX}[k] \quad (5.106)$$

Gl. (5.106) in Gl. (5.105) eingesetzt, ergibt:

$$R_{YY}[k] = \sum_{l=-\infty}^{\infty} h[-l]R_{XY}[k-l] = h[-k] * R_{XY}[k] \quad (5.107)$$

Schließlich mit Gl. (5.106) in Gl. (5.107) eingesetzt, erhält man:

$$R_{YY}[k] = h[-k] * h[k] * R_{XY}[k] \quad (5.108)$$

Über die Fourier-Transformation (eigentlich die DTFT) erhält man folgende Beziehungen für die spektralen Leistungsdichten:

$$\begin{aligned} S_{XY}(e^{j\omega T_s}) &= H(e^{j\omega T_s})S_{XX}(e^{j\omega T_s}) \\ S_{YY}(e^{j\omega T_s}) &= H^*(e^{j\omega T_s})S_{XY}(e^{j}\omega T_s) \\ S_{YY}(e^{j\omega T_s}) &= H^*(e^{j\omega T_s})H(e^{j\omega T_s})S_{XX}(e^{j\omega T_s}) = |H(e^{j\omega T_s})|^2 S_{XX}(e^{j\omega T_s}) \end{aligned} \quad (5.109)$$

Wie im Falle der zeitkontinuierlichen Zufallsprozesse ergibt die inverse Fourier-Transformation folgende Zusammenhänge:

$$\begin{aligned} R_{YY}[k] =& \frac{1}{2\pi}\int_{-\omega_s/2}^{\omega_s/2} S_{YY}(e^{j\omega T_s})\, e^{j\omega k T_s} d\omega = \\ & \frac{1}{2\pi}\int_{-\omega_s/2}^{\omega_s/2} |H(e^{j\omega T_s})|^2 S_{XX}(e^{j\omega T_s})\, e^{j\omega k T_s} d\omega \end{aligned} \quad (5.110)$$

$$R_{YY}[0] = E\{Y^2[n]\} = \frac{1}{2\pi}\int_{-\omega_s/2}^{\omega_s/2} |H(e^{j\omega T_s})|^2 S_{XX}(e^{j\omega T_s}) d\omega \quad (5.111)$$

5.5.1 Beispiel: Feder-Masse-System mit zufälliger Anregung

Es wird ein Feder-Masse-System bestehend aus zwei Massen, wie sie in Kap. 2.5.6 vorgestellt wurden, untersucht. Das System wird, wie in den Anwendungen des erwähnten Kapitels, mit einer zufälligen Bewegung angeregt.

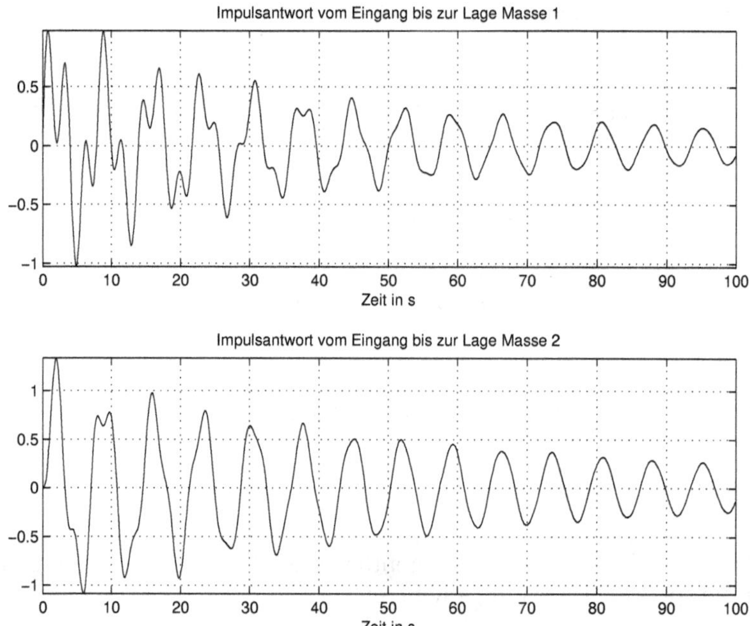

Abb. 5.31: Impulsantworten von der Anregung zu den Lagen der zwei Massen (mechan_system_2.m)

Im Skript `mechan_system_2.m` ist die Untersuchung durchgeführt. Am Anfang werden, wie im Skript `mechan_system_1.m` (aus Kap. 2.5.6), die Koeffizienten der Übertragungsfunktionen von der Anregung zu den Lagen der zwei Massen und die entsprechenden Impulsantworten ermittelt:

```
% Skript mechan_system_2.m, in dem die Übertragungsfunktionen
% eines Hochhauses als Feder-Masse-System ermittelt werden und die
% spektralen Leistungsdichten berechnet werden
clear;
syms s        % Symbolische Variable
% ------- Parameter des Systems
m1 = 1;              m2 = 1;
c1 = 0.1;            c2 = 0.01;
k1 = 2;              k2 = 2;
% ------- Übertragungsfunktionen
A = [m1*s^2+(c1+c2)*s+(k1+k2),   -c2*s-k2;
    -c2*s-k2, m2*s^2+c2*s+k2];
B = [c1*s+k1;0];
H = inv(A)*B;     H1 = H(1);          H2 = H(2);
% ------- Polynome der Zähler und Nenner
[num1, denum1] = numden(H1);
[num2, denum2] = numden(H2);
```

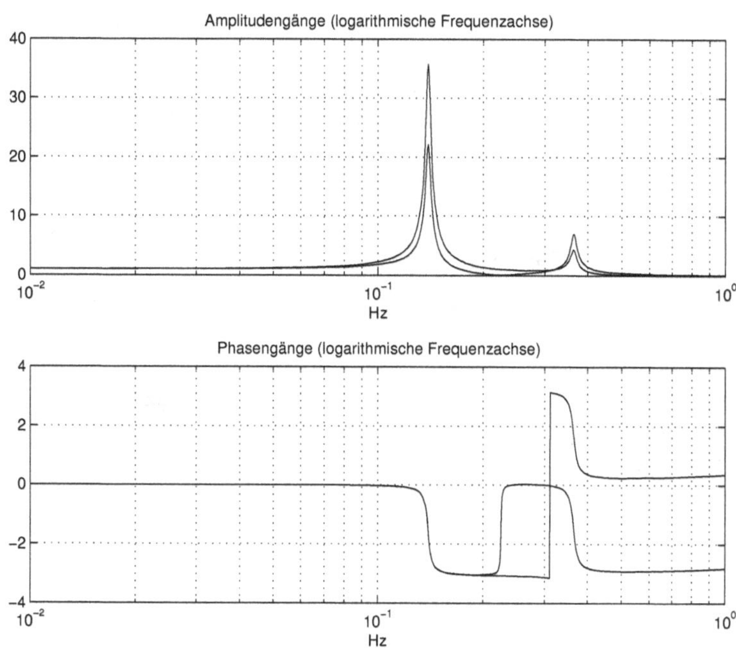

Abb. 5.32: Frequenzgänge der entsprechenden Übertragungsfunktionen (mechan_system_2.m)

```
% ------- Übertragungsfunktion vom Eingang bis y1 (Lage Masse 1)
b1 = sym2poly(num1),        a1 = sym2poly(denum1),
b1 = b1./a1(1),             a1 = a1./a1(1),
my_sys1 = tf(b1, a1);       % Transfer-Function Objekt
Tfinal = 100;     dt = 0.1; % Zeitintervall für die Impulsantworten
[h1, t1] = impulse(my_sys1, [0:dt:Tfinal]);  % Impulsantwort
% ------- Übertragungsfunktion vom Eingang bis y2 (Lage Masse 2)
b2 = sym2poly(num2),        a2 = sym2poly(denum2),
b2 = b2./a2(1),             a2 = a2./a2(1),
my_sys2 = tf(b2, a2);       % Transfer-Function Objekt
Tfinal = 100;
[h2, t2] = impulse(my_sys2, [0:dt:Tfinal]);  % Impulsantwort
figure(1);   clf;
subplot(211), plot(t1, h1);
    title('Impulsantwort vom Eingang bis zur Lage Masse 1');
    xlabel('Zeit in s');     grid on;    axis tight;
subplot(212), plot(t2, h2);
   title('Impulsantwort vom Eingang bis zur Lage Masse 2');
   xlabel('Zeit in s');     grid on;    axis tight;
% ------- Null- und Polstellen der Übertragungsfunktionen
p1 = roots(a1),           p2 = roots(a2),
z1 = roots(b1),           z2 = roots(b2),
```

Abb. 5.31 zeigt die Impulsantworten von der Anregung zu den Lagen der zwei Massen.

Weiter werden die komplexen Frequenzgänge mit logarithmischer Skalierung der Frequenzachse ermittelt und dargestellt, wie in Abb. 5.32 gezeigt. Für die restlichen Auswertungen werden die komplexen Frequenzgänge mit linearer Skalierung der Achsen von 0 bis f_{max} ermittelt und ebenfalls dargestellt.

```
% -------- Komplexe Frequenzgänge
nf = 1000;          f = logspace(-2, 0, nf);
w = 2*pi*f;
H1 = freqs(b1, a1, w);        H2 = freqs(b2, a2, w);
figure(2);      clf;
subplot(211), semilogx(f, abs(H1), f, abs(H2));
   title('Amplitudengänge');      xlabel('Hz');      grid on;
subplot(212), semilogx(f, angle(H1), f, angle(H2));
   title('Phasengänge');          xlabel('Hz');      grid on;
% ------- Komplexe Frequenzgänge linear
nf = 1000;          f = linspace(0, 1, nf);
w = 2*pi*f;
H1 = freqs(b1, a1, w);        H2 = freqs(b2, a2, w);
figure(3);      clf;
nd = 200;
subplot(211), plot(f(1:nd), abs(H1(1:nd)), f(1:nd), abs(H2(1:nd)));
title('Amplitudengänge');      xlabel('Hz');      grid on;
subplot(212), plot(f(1:nd),angle(H1(1:nd)),f(1:nd),angle(H2(1:nd)));
title('Phasengänge');          xlabel('Hz');      grid on;
```

Die spektralen Leistungsdichten werden nur für positive Frequenzen ermittelt, weil es sich um reellwertige Zufallsprozesse handelt, deren spektrale Leistungs- und Kreuzleistungsdichten gerade Symmetrie haben, wie in Abb. 5.33 dargestellt. Statt mit einer spektralen Leistungsdichte von $-f_{max}$ bis f_{max} von 0,5 W/Hz für $S_{XX}(f)$ zu arbeiten, kann man mit dem doppelten Wert nur im positiven Frequenzbereich arbeiten.

```
% ------- Spektrale Leistungsdichten
Sxx = 1; % Spektrale Leistungsdichte der Anregung (Weißes Rauschen)
                               % Nur der positive Frequenzbereich
Syy1 = (abs(H1).^2).*Sxx;      % Nur der positive Frequenzbereich
Syy2 = (abs(H2).^2).*Sxx;
figure(4);      clf;
subplot(211), plot(f(1:nd), Syy1(1:nd));
   title('Spektrale Leistungsdichte für die Lagen der  Massen 1');
   xlabel('Hz');   ylabel('W/Hz');      grid on;
subplot(212), plot(f(1:nd), Syy2(1:nd));
   title('Spektrale Leistungsdichte für die Lagen der  Massen 2');
   xlabel('Hz');   ylabel('W/Hz');      grid on;
% ------ Varianzen
varianz_x  = 1*max(f)     % Nur der positive Frequenzbereich
varianz_y1 = sum(Syy1)*max(f)/nf
varianz_y2 = sum(Syy2)*max(f)/nf
```

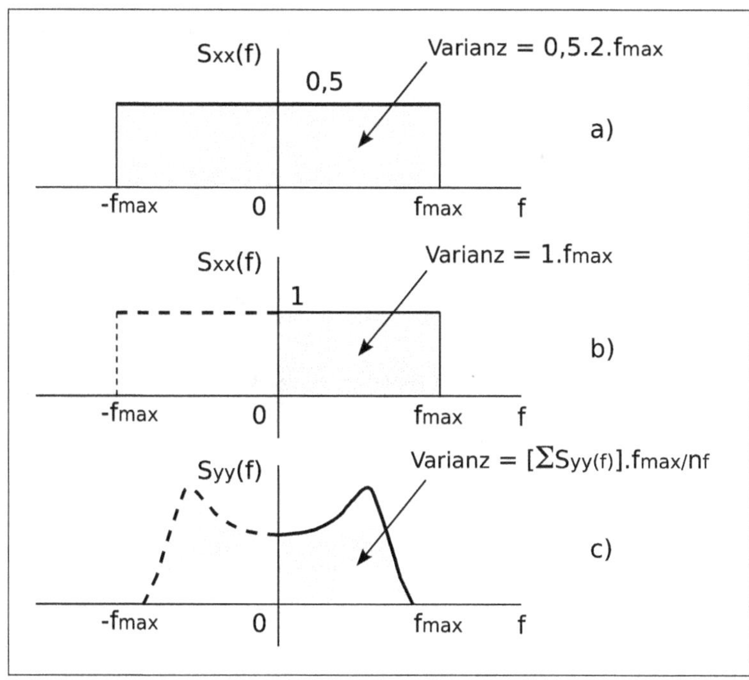

Abb. 5.33: Spektrale Leistungsdichten für reelle Systeme

Die resultierten spektralen Leistungsdichten sind in Abb. 5.34 dargestellt. Zuletzt werden die mittleren Leistungen der Signale, oder die Varianzen für mittelwertfreie Signale, über die spektralen Leistungsdichten berechnet.

Danach werden die Autokorrelationsfunktionen der Anregung und der Antworten (Lage der Masse 1 und Lage der Masse 2) aus den spektralen Leistungsdichten ermittelt. Die Faltungen werden mit Hilfe der MATLAB-Funktion **conv** berechnet. Diese Funktion berechnet die Faltung für diskrete Sequenzen und durch Multiplikation mit der Zeitschrittweite erhält man eine Annäherung des zeitkontinuierlichen Faltungsintegrals. Abb. 5.35 zeigt oben die Autokorrelationsfunktionen der Anregung und darunter die Autokorrelationsfunktionen der Antworten. Die Maximalwerte entsprechen den mittleren Leistungen und sind ein Beweis, dass die Funktionen korrekt normiert wurden.

```
% ------ Auto- und Kreuzkorrelationen
max_lag = 400;
Rxx = zeros(1, 2*max_lag + 1);      Rxx(max_lag+1)=varianz_x;
Ryy1 = conv(conv(h1',fliplr(h1'))*dt,Rxx)*dt; % Angenäherte konti-
Ryy2 = conv(conv(h2',fliplr(h2'))*dt,Rxx)*dt; % nuierliche Faltung
```



```
% ------ Auto- und Kreuzkorrelationen
max_lag = 400;
Rxx = zeros(1, 2*max_lag + 1);      Rxx(max_lag+1)=varianz_x;
```

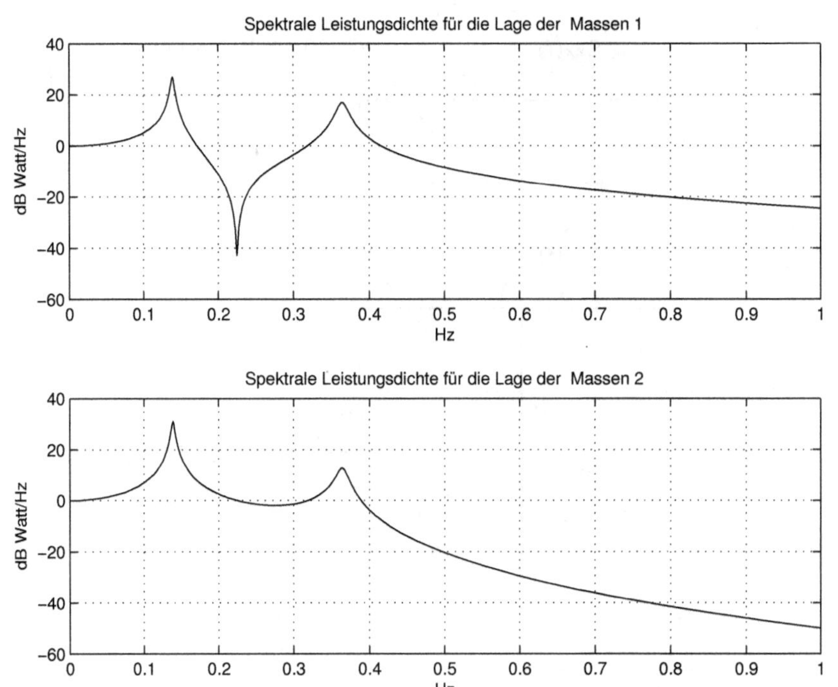

Abb. 5.34: Spektrale Leistungsdichten der Signale des Systems (mechan_system_2.m)

```
Ryy1 = conv(conv(h1',fliplr(h1'))*dt,Rxx)*dt;% Angenäherte
Ryy2 = conv(conv(h2',fliplr(h2'))*dt,Rxx)*dt;% kontinuierliche Faltung
figure(5);    clf;
subplot(211), plot((-max_lag:1:max_lag)*dt, Rxx);
   title('Autokorrelation Anregung');    xlabel('Zeit ins');über
   grid on;
my_lag = length(Ryy1);          my_lag2 = fix(my_lag/2);
subplot(212), plot((-max_lag-1:max_lag-1)*dt,...
   Ryy1((my_lag2-max_lag):(my_lag2+max_lag)),...
    (-max_lag-1:max_lag-1)*dt,...
   Ryy2((my_lag2-max_lag):1:(my_lag2+max_lag)));
   axis tight;
   title('Autokorrelation für die Lagen der Massen 1 und 2');
   xlabel('Zeit ins');    grid on;
```

Die spektralen Kreuzleistungsdichten sind gemäß Gl. (5.97) für den Fall $S_{XX}(\omega) = 1$ sehr einfach und gleich den komplexen Frequenzgängen $H_1(\omega)$, $H_2(\omega)$.

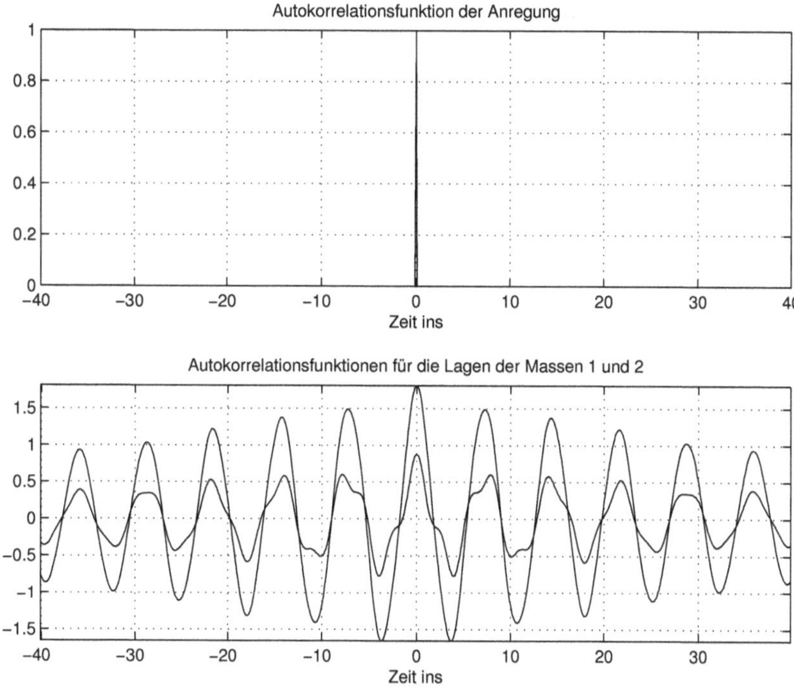

Abb. 5.35: Autokorrelationsfunktionen der Signale des Systems (mechan_system_2.m)

5.6 Direkte Schätzung der spektralen Leistungsdichte

In den weiteren Abhandlungen der Zufallssignale wird angenommen, dass die entsprechenden Prozesse ergodisch im Mittelwert und in der Korrelation sind. Dadurch kann man mit Zeitmittelwerten den Mittelwert und die Korelationsfunktion der Zufallssignale aus einer Realisierung des Prozesses schätzen [16].

In der Praxis besitzt man gewöhnlich nur eine Realisierung des Prozesses aus der man die spektrale Leistungsdichte schätzen will. Die deterministische Autokorrelationsfunktion $R_{XX}(\tau)$ kennt man nicht und dadurch kann man auch nicht ihre Fourier-Transformation $S_{XX}(\omega)$ ermitteln.

Aus einer Realisierung kann man die mittlere zeitliche Autokorrelationsfunktion für stationäre und ergodische Prozesse schätzen:

$$\hat{R}_{XX}(\tau) = \frac{1}{2T_0}\int_{-T_0}^{T_0} X^*(t)X(t+\tau)dt \qquad (5.112)$$

Hier ist $2T_0$ das Beobachtungsintervall und mit * wurde die konjugiert Komplexe für den Fall komplexer Zufallsprozesse bezeichnet.

Für diese Prozesse führt der Limes

$$\lim_{T_0\to\infty} \hat{R}_{XX}(\tau) = \lim_{T_0\to\infty} \frac{1}{2T_0}\int_{-T_0}^{T_0} X^*(t)X(t+\tau)dt = R_{XX}(\tau) \tag{5.113}$$

zur deterministischen Autokorrelationsfunktion.

Die Fourier-Transformation der als zeitlicher Mittelwert geschätzten Autokorrelationsfunktion $\hat{R}_{XX}(\tau)$ kann als Schätzwert der spektralen Leistungsdichte $\hat{S}_{XX}(\omega)$ verwendet werden:

$$\begin{aligned} \hat{S}_{XX}(\omega) = \int_{-T_0}^{T_0} \hat{R}_{XX}(\tau)e^{-j\omega\tau}d\tau = \\ \frac{1}{2T_0}\int_{-T_0}^{T_0}\left[\int_{-T_0}^{T_0} X^*(t)X(t+\tau)dt\right]e^{j\omega\tau}d\tau = \\ \frac{1}{2T_0}\left|\int_{-T_0}^{T_0} X(t)e^{j\omega t}dt\right|^2 \end{aligned} \tag{5.114}$$

Die deterministische spektrale Leistungsdichte $S_{XX}(\omega)$ ist der Erwartungswert:

$$S_{XX}(\omega) = \lim_{T_0\to\infty} E\{\hat{S}_{XX}(\omega)\} = \lim_{T_0\to\infty} E\left\{\frac{1}{2T_0}\left|\int_{-T_0}^{T_0} X(t)e^{j\omega t}dt\right|^2\right\} \tag{5.115}$$

Die Schätzung der spektralen Leistungsdichte $\hat{S}_{XX}(\omega)$ kann über zwei Wege realisiert werden. Es wird zuerst die Autokorrelationsfunktion $\hat{R}_{XX}(\tau)$ geschätzt und danach deren Fourier-Transformation berechnet oder direkt gemäß Gl. (5.114).

Es wird jetzt die Schätzung der spektralen Leistungsdichte aus einer Realisierung des Zufallprozesses, die aus N Abtastwerten $X[kT_s] = X[k], k = 0,1,2,\ldots,N-1$ besteht, untersucht. Man nimmt an, dass das Abtasttheorem erfüllt ist, dass also $f_s \geq 2f_{max}$ ist, wobei $f_s = 1/T_s$ die Abtastfrequenz ist und f_{max} stellt die höchste Frequenz dar, oberhalb derer der Prozess keine Leistung mehr besitzt.

Die Schätzung der Autokorrelationsfunktion aus der begrenzten Anzahl von Abtastwerten kann auf verschiedenen Arten durchgeführt werden [34]. Eine Möglichkeit ist:

$$\begin{aligned} \hat{R}_{XX}[m] &= \frac{1}{N}\sum_{k=0}^{N-m-1} X[k]^*X[k+m] \qquad \text{für} \qquad 0 \leq m \leq N-1 \\ \hat{R}_{XX}[m] &= \frac{1}{N}\sum_{k=|m|}^{N-1} X[k]^*X[k+m] \qquad \text{für} \qquad m = -1,-2,\ldots,-(N-1) \end{aligned} \tag{5.116}$$

Der Limes für $N \to \infty$ führt zur deterministischen Autokorrelationsfunktion:

$$\lim_{N \to \infty} E\{\hat{R}_{XX}[m]\} = R_{XX}[m] \tag{5.117}$$

Weil die Varianz der Schätzung der Autokorrelationsfunktion null für $N \to \infty$ wird [34], ist diese eine konsistente Schätzung.

Für reelle Prozesse bei denen $\hat{R}_{XX}[m] = \hat{R}_{XX}[-m]$ vereinfacht sich die gezeigte Schätzung. Man muss nur die Summe für $m \geq 0$ berechnen. Zusätzlich, wenn genügend Daten vorhanden sind ($N >> m_{max}$) werden diese in kleinere Blöcke unterteilt und die Schätzungen dieser Blöcke gemittelt.

Zur Schätzung der Autokorrelationsfunktion steht in MATLAB die Funktion **`xcorr`** zur Verfügung. Übergibt man ihr anstatt eines Signalvektors zwei Vektoren, so berechnet sie die Kreuzkorrelation zwischen diesen.

Die Anzahl der Werte in der Schätzung wird mit steigendem m kleiner und dadurch ist auch folgende Normierungsform sinnvoll:

$$\begin{aligned} \hat{R}_{XX}[m] &= \frac{1}{N-m} \sum_{k=0}^{N-m-1} X[k]^* X[k+m] \quad \text{für} \quad 0 \leq m \leq N-1 \\ \hat{R}_{XX}[m] &= \frac{1}{N-|m|} \sum_{k=|m|}^{N-1} X[k]^* X[k+m] \quad \text{für} \quad m = -1, \ldots, -(N-1) \end{aligned} \tag{5.118}$$

Die Schätzung nach Gl. (5.116) erhält man in der Funktion **`xcorr`** mit der Option `'biased'` und die Schätzung nach Gl. (5.118) wird mit der Option `'unbiased'` vorgegeben.

In praktischen Auswertungen wird die Frequenz in Hz benutzt und deshalb wird weiter mit $f = \omega/(2\pi)$ gearbeitet. Die Schätzung der spektralen Leistungsdichte über die geschätzte Autokorrelationsfunktion $\hat{R}_{XX}[m]$ wird mit

$$\hat{S}_{XX}(f) = T_s \sum_{m=-(N-1)}^{N-1} \hat{R}_{XX}[m] e^{-j2\pi f m T_s} \tag{5.119}$$

berechnet. Der Faktor T_s entsteht durch die Annäherung des Integrals der spektralen Leistungsdichte gemäß Gl. (5.114) durch eine Summe.

Wenn man die Schätzung $\hat{R}_{XX}[m]$ in die oben gezeigte Summe einsetzt, erhält man folgende direkte Form für die Schätzung der spektralen Leistungsdichte:

$$\hat{S}_{XX}(f) = T_s \frac{1}{N} \left| \sum_{k=0}^{N-1} X[k] e^{-j2\pi f k T_s} \right|^2 \tag{5.120}$$

Wegen der periodischen Exponentialfunktion ist diese Funktion auch periodisch mit Periode f_s. Für eine Periode zwischen 0 und f_s wird die Frequenz auch mit N Werten diskretisiert:

$$f = n\Delta f = n\frac{f_s}{N} \qquad \text{mit} \qquad n = 0, 1, 2, \ldots, N-1 \tag{5.121}$$

Die Schätzung der spektralen Leistungsdichte nimmt folgende Form an:

$$\hat{S}_{XX}(n\Delta f) = T_s\frac{1}{N}\left|\sum_{k=0}^{N-1} X[k]e^{-j2\pi nk/N}\right|^2 \qquad n = 0, 1, 2, \ldots, N-1 \tag{5.122}$$

Man erkennt in dieser Schätzung die DFT der Sequenz mit N Abtastwerten, die weiter vereinfacht durch $X_N(n\Delta f)$ bezeichnet wird:

$$\hat{S}_{XX}(n\Delta f) = T_s\frac{1}{N}\left|X_N(n\Delta f)\right|^2 = T_s\frac{1}{N}X_N^*(n\Delta f)X_N(n\Delta f) \tag{5.123}$$

Mit $X_N^*(n\Delta f)$ wurde die konjugiert komplexe DFT der Zufallssequenz $X[k]$ bezeichnet. Diese Schätzung ist als Periodogramm (englisch *periodogram*) in der Literatur bekannt [34].

Für die Schätzung der spektralen Kreuzleistungsdichte kann eine ähnliche direkte Form abgeleitet werden:

$$\hat{S}_{XY}(f) = T_s\frac{1}{N}\left\{\sum_{k=0}^{N-1} X^*[k]e^{-j2\pi fkT_s}\sum_{k=0}^{N-1} Y[k]e^{-j2\pi fkT_s}\right\} \tag{5.124}$$

Durch Diskretisierung der Periode von $f = 0$ bis $f = f_s$ mit derselben Anzahl von Werten N stellen die Summen die DFTs der Sequenzen $X[k]$ bzw. $Y[k]$ dar:

$$\hat{S}_{XY}(n\Delta f) = T_s\frac{1}{N}X_N^*(n\Delta f)Y_N(n\Delta f) \tag{5.125}$$

Diese Schätzung wird in einigen MATLAB-Funktionen (z.B. **cpsd**) benutzt.

5.6.1 Beispiel: Ermittlung der spektralen Leistungsdichte über Bandpassfilter

Eine praktische Vorstellung des Begriffs der spektralen Leistungsdichte ist in Abb. 5.36 gezeigt. Das Zufallssignal $x(t)$ wird mit Hilfe von Bandpassfiltern der Bandbreite Δf in Komponenten mit Frequenzen, die annähernd der Mittenfrequenzen dieser Filter f_i entsprechen (siehe Kap. 5.4.5), dargestellt.

Die mittlere Leistung am Ausgang jedes Bandpassfilters $\bar{P}_x(f_i)$ wird über eine Quadrierung und Mittelwertbildung ermittelt. Die mittleren Leistungen geteilt durch die

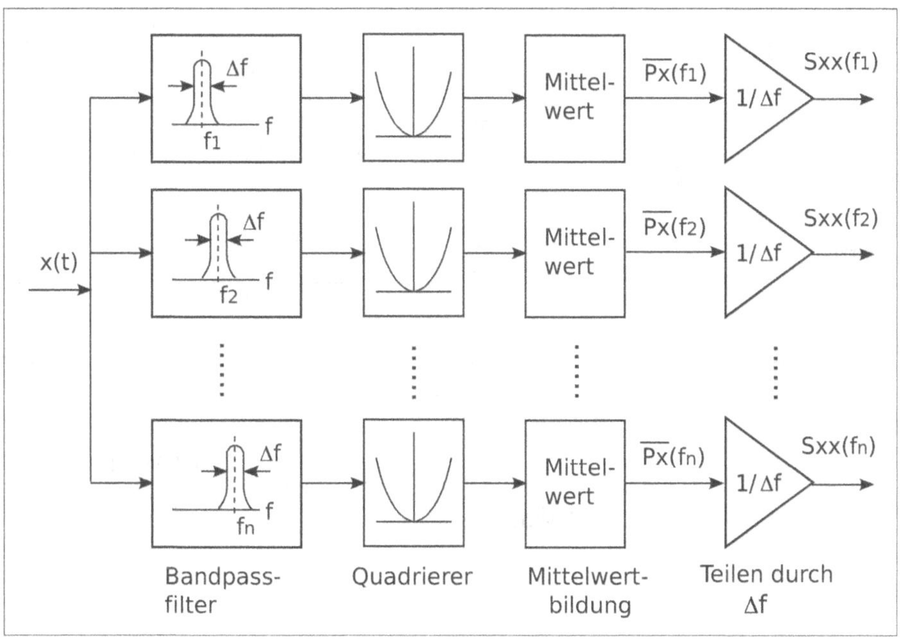

Abb. 5.36: Messung der spektralen Leistungsdichte über Bandpassfilter

Bandbreite der Filter stellt dann eine Annäherung der spektralen Leistungsdichten $\hat{S}_{XX}(f_i)$ dar.

Die Mittelwertbildung wird mit Hilfe von Tiefpassfiltern durchgeführt, die praktisch die Komponente der Frequenz null (Mittelwert) extrahiert. Wenn die Einheit des Signals V ist, dann erhält man die spektrale Leistungsdichte in V^2/Hz oder bezogen auf einen 1 Ohm Widerstand in W/Hz.

Wenn man sich jetzt vorstellt, dass man immer mehr Bandpässe mit immer schmälerer Bandbreite einsetzt $\Delta f \to 0$ und $n \to \infty$, dann gehen die angenäherten spektralen Leistungsdichten $\hat{S}_{XX}(f_i)$ in die korrekten $S_{XX}(f_i)$ über.

In diesem Beispiel wird ein Pfad der gezeigten Struktur simuliert. Abb. 5.37 zeigt das Simulink-Modell für die Simulation. Es wird ein zeitdiskretes, unkorreliertes Eingangssignal mit einer Varianz von $\sigma^2 = 100$ W und Zeitschrittweite $T_s = 1/f_s = 1/1000$ s benutzt. Dadurch besitzt diese Sequenz eine spektrale Leistungsdichte von $\sigma^2\, T_s = 100/1000 = 0,1$ W/Hz bezogen auf den gesamten Frequenzbereich von 0 bis f_s oder von $-f_s/2$ bis $f_s/2$. Bei reellen Signalen kann man die mittlere Leistung (hier die Varianz) auch auf den Bereich von 0 bis $f_s/2$ beziehen.

In Abb. 5.38 sind die zwei Möglichkeiten für die Definition der spektralen Leistungsdichte bei reellen Signalen gezeigt. Links wird die mittlere Leistung der unkorrelierten Sequenz von 100 W auf den Frequenzbereich $f_s = 1000$ Hz bezogen und man erhält eine spektrale Leistungsdichte von 100/1000=0,1 W/Hz. In der Annahme idea-

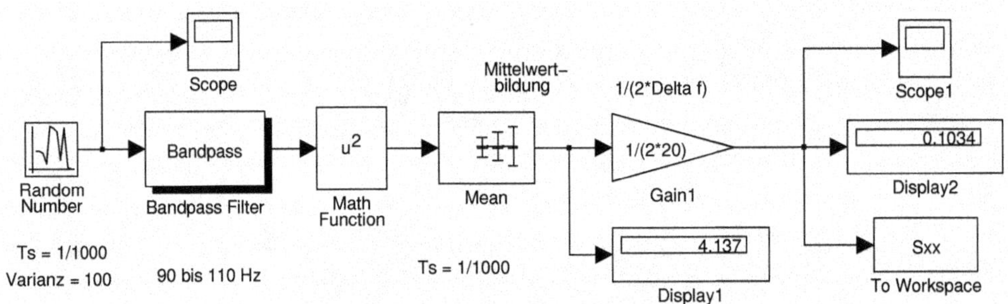

Abb. 5.37: Simulink-Modell eines Pfades der Struktur aus Abb. 5.36, (psd_bandp_2.m, psd_bandp2.mdl)

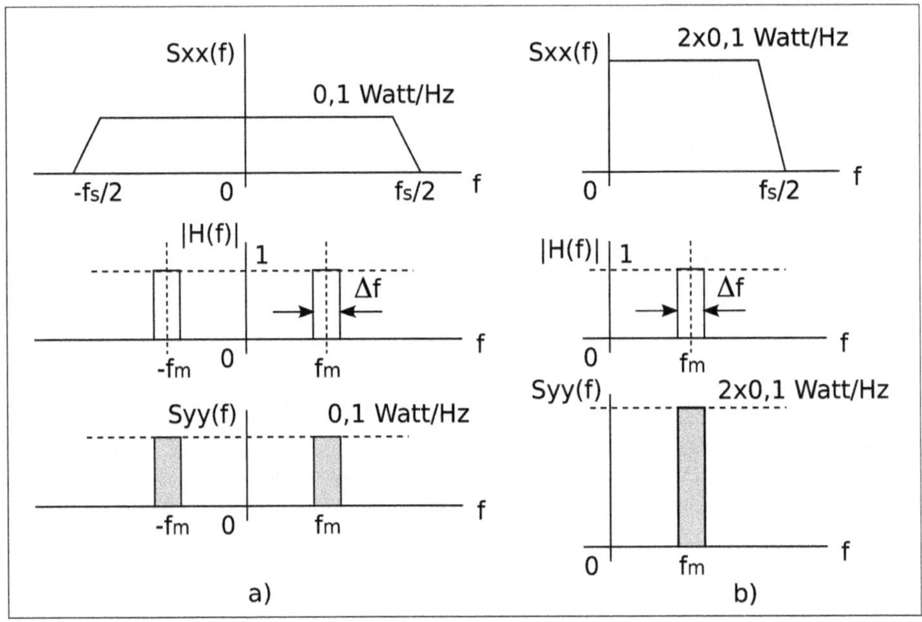

Abb. 5.38: Die spektrale Leistungsdichte bezogen auf a) den Bereich $-f_s/2$ bis $f_s/2$ und b) auf den Bereich 0 *bis* $f_s/2$

ler Bandpassfilter der Bandbreite $\Delta f = 20$ Hz und Verstärkung im Durchlassbereich gleich eins ist die mittlere Leistung am Ausgang des Filters gleich der geschwärzten Fläche der zwei Balken. Sie beträgt 0,1W/Hz mal 20 Hz für einen Balken und für die beiden erhält man $0,1 \times 20 \times 2 = 4$ W. Diese Art die spektrale Leistungsdichte und mittlere Leistung zu bestimmen basiert auf der letzten Gl. (5.109), die vereinfacht hier in folgender Form angewandt wird:

$$S_{YY}(f) = S_{XX}(f)\,|H(f)|^2 = \begin{cases} S_{XX}(f) & \text{für } |H(f)| = 1 \\ 0 & \text{für } |H(f)| = 0 \end{cases} \quad (5.126)$$

Rechts in Abb. 5.38b wird die mittlere Leistung von 100 W der unkorrelierten Sequenz vom Eingang auf den Frequenzbereich $f_s/2$ bezogen und ergibt eine spektrale Leistungsdichte von $2 \times 100/1000 = 0,2$ W/Hz. Die mittlere Leistung am Ausgang des Filters ist dann durch die Fläche des Balkens gegeben und beträgt auch 4 W.

Diese Art der Definition wird von verschiedenen MATLAB-Funktionen (z.B. **psd**) verwendet, wenn die spektrale Leistungsdichte eines reellwertigen Signals geschätzt wird. Sind die Signale jedoch komplexwertig, so ist keine andere Definition als die nach Abb. 5.38a möglich. Um Verwechslungen zu vermeiden sollte daher stets die theoretisch begründete Definition nach Abb. 5.38a verwendet werden. In den weiteren Untersuchungen wird immer diese Definition benutzt. Sie kann in den MATLAB-Funktionen auch für reelle Signale mit der Option 'twosided' erzwungen werden.

Im Simulink-Modell werden die Blöcke direkt initialisiert und das Skript, aus dem die Simulation aufgerufen wird (`psd_bandp_2.m`), ist dadurch sehr kurz und einfach:

```
% Skript psd_bandp_2.m aus dem das Simulink-
% Modell psd_bandp2.mdl aufgerufen wird
clear;
% -------- Parameter
Tstart = 0;           Tfinal = 50;
% -------- Aufruf der Simulation
sim('psd_bandp2',[Tstart, Tfinal]);
% Sxx = die spektrale Leistungsdichte
% als ''Structure with Time''
figure(1);    clf;
plot(Sxx.time, Sxx.signals.values);
title(['Spektrale Leistungsdichte am Ausgang',...
 '  des Bandpassfilters    (Mittlere-Leistung / 2 Delta-f)']);
xlabel('Zeit in s');      grid on
```

Das Bandpassfilter ist ein zeitdiskretes IIR-Filter (siehe Kap. 4.4.2) mit der Mittefrequenz 100 Hz und einem Durchlassbereich von 90 bis 110 Hz ($\Delta f = 20$ Hz). Am Ausgang des Filters wird das Signal quadriert und dann gemittelt. Auf dem Block *Display1* wird die mittlere Leistung am Ausgang des Filters von 4,137 W statt 4 W dargestellt. Der Unterschied entsteht wegen des realen, nicht idealen Bandpassfilters. Diese Leistung wird dann auf die zwei Balken (Abb. 5.38a) verteilt und durch die Bandbreite des Filters dividiert. Auf *Display2* erscheint dann die spektrale Leistungsdichte von 0,1034 statt 0,1 W/Hz.

Abb. 5.39 zeigt die Entwicklung der spektralen Leistungsdichte in der Zeit während der Simulation. Sie wird in der Senke *To Workspace* zwischengespeichert. Wie man sieht, dauert es ziemlich lange bis sich der korrekte Wert von ca. 0,1 W/Hz einstellt hauptsächlich wegen der Einschwingzeit des Filters.

Die Mittefrequenz des Filters kann im Block *Bandpass Filter* geändert werden und der Leser kann mit diesen und anderen Parametern experimentieren.

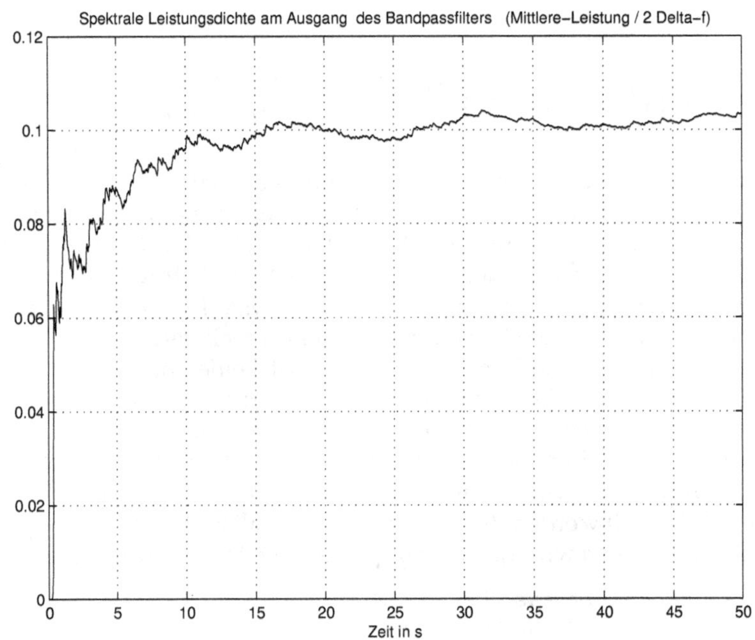

Abb. 5.39: Entwicklung in Zeit der spektralen Leistungsdichte am Ausgang des Bandpassfilters (psd_bandp_2.m, psd_bandp2.mdl)

Als technische Lösung zur Messung der spektralen Leistungsdichte wird das Prinzip aus Abb. 5.36 nicht mehr benutzt. Hier wurde es nur als didaktisches Beispiel erläutert.

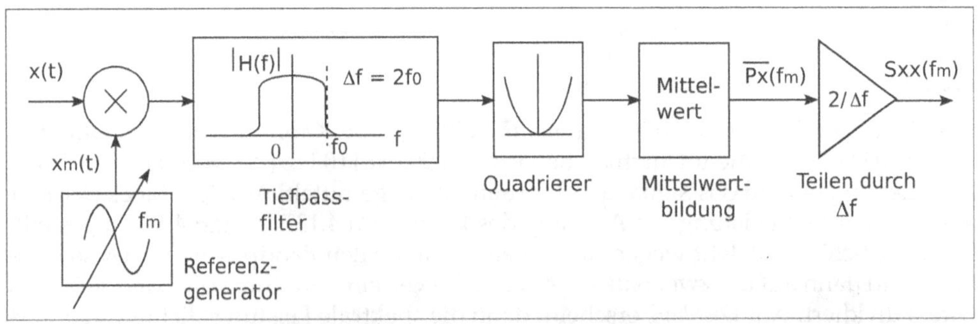

Abb. 5.40: Das Prinzip der Heterodyne-Messung der spektralen Leistungsdichte (psd_bandp_3.m, psd_bandp3.mdl)

Die Lösung, die prinzipiell in Abb. 5.40 gezeigt ist, und als Heterodyne-Prinzip bekannt ist, wird im Hochfrequenzbereich benutzt, weil man für sehr hohe Frequenzen die FFT nicht in Echtzeit berechnen kann. Weiterhin ist für die Messung der spektralen Leistungsdichte keine Bank von Bandpassfiltern erforderlich, sondern es reicht ein Tiefpassfilter (oder Bandpassfilter auf einer Zwischenfrequenz) auf welchem das Signal mit verschiedenen Frequenzen f_m des Referenzgenerators abgemischt wird. Es wird auch in der Optik und Astronomie benutzt und heisst dann Interferometrie.

Bei der Heterodyne-Methode wird das Eingangssignal der Frequenz f_1 mit einem Referenzsignal der Frequenz f_m gemischt. Angenommen das Eingangssignal ist ein cosinusförmiges Signal folgender Form:

$$x(t) = \hat{x}\cos(2\pi f_1 t) \tag{5.127}$$

Mit einem Referenzsignal

$$x_m(t) = \hat{x}_m\cos(2\pi f_m t + \varphi) \tag{5.128}$$

erhält man am Ausgang des Multiplizierers (des Mischers) folgendes Mischprodukt:

$$y(t) = \frac{\hat{x}\hat{x}_m}{2}\left[\cos(2\pi(f_1 - f_m)t - \varphi) + \cos(2\pi(f_1 + f_m)t + \varphi)\right] \tag{5.129}$$

Wenn die Frequenzdifferenz $|f_1 - f_m|$ im Durchlassbereich Δf des Tiefpassfilters liegt, wird sie aus dem Mischprodukt extrahiert und die Komponente der Frequenz $f_1 + f_m$ wird unterdrückt. Mit anderen Worten, alle Signale $x(t)$ mit Frequenzen im Intervall $f_1 = f_m \pm f_0$ werden am Ausgang des Filters mit einer Amplitude gleich $\hat{x}\hat{x}_m/2$ erscheinen. Wenn man das Referenzsignal mit Amplitude eins annimmt ($\hat{x}_m = 1$) und der Multiplizierer einen Faktor 1/V hinzufügt, dann ist das Signal nach dem Tiefpassfilter:

$$y(t) = \frac{\hat{x}}{2}\cos(2\pi(f_1 - f_m)t - \varphi) \quad \text{für} \quad |f_1 - f_m| < f_0 \tag{5.130}$$

Für ein Zufallssignal am Eingang, welches die Frequenzbedingung erfüllt, entsteht am Ausgang des Filters ebenfalls ein Zufallssignal. Dieses ist im Frequenzbereich in die Umgebung der Frequenz null verschoben.

Die Simulation wird mit zeitdiskreten Signalen durchgeführt. Die unkorrelierte Eingangssequenz $x[nT_s]$ wird mit dem Referenzsignal $x_m[nT_s]$ der Frequenz f_m und Amplitude eins multipliziert:

$$y[nT_s] = x[nT_s]\hat{x}_m\cos(2\pi f_m\, nT_s) = x[nT_s]\hat{x}_m\cos(2\pi n f_m/f_s) \tag{5.131}$$

Für eine unkorrelierte Sequenz mit Mittelwert null ist der Mittelwert des Signals am Ausgang des Multiplizierers auch null:

$$E\{y[nT_s]\} = E\{x[nT_s]\}\hat{x}_m\cos(2\pi n f_m/f_s) = 0 \tag{5.132}$$

Die Varianz als mittlere Leistung des gleichen Signals wird:

$$E\{y^2[nT_s]\} = \frac{E\{x^2[nT_s]\}}{2}(1 + \cos(2\pi n 2 f_m/f_s) \tag{5.133}$$

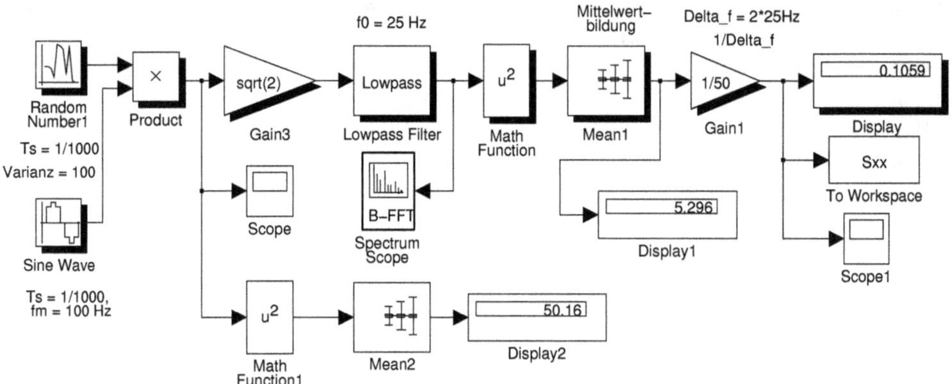

Abb. 5.41: Simulink-Modell des Heterodyne-Prinzips für die Messung der spektralen Leistungsdichte (psd_bandp_3.m, psd_bandp3.mdl)

Der zweite Anteil ist periodisch mit doppelter Frequenz $2f_m$. Wenn man hier eine zeitliche Mittelung vornimmt dann verschwindet dieser Anteil:

$$\overline{E\{y^2[nT_s]\}} = \frac{E\{x^2[nT_s]\}}{2} \tag{5.134}$$

Die mittlere Leistung oder Varianz ist somit gleich der halben Leistung der Sequenz. Um hier dieselbe Varianz zu erhalten muss man das Signal am Ausgang des Multiplizierers mit $\sqrt{2}$ multiplizieren. Das neue Signal besitzt dann eine spektrale Leistungsdichte, die gleich der spektralen Leistungsdichte der Eingangssequenz ist.

Mit dem Modell `psd_bandp3.mdl` aus Abb. 5.41, das aus dem einfachen Skript `psd_bandp_3.m` aufgerufen wird, ist diese Lösung simuliert. Die mittlere Leistung der unkorrelierten Eingangssequenz ist voreingestellt auf 100 W. Auf dem *Display2*-Block ist die Varianz gemäß Gl. 5.134 angezeigt. Nach dem Block *Gain3* besitzt das Signal für $T_s = 1/1000$ s eine spektrale Leistungsdichte gleich $100/1000 = 0,1$ W/Hz.

Am Ausgang des Tiefpassfilters mit Durchlassfrequenz $f_0 = 25$ Hz und $\Delta f = 2f_0 = 50$ Hz hat das Signal eine mittlere Leistung oder Varianz von $0,1 \times 50 = 5$ W, die am Block *Display1* angezeigt wird. Diese geteilt durch $\Delta f = 50$ ergibt dann die gemessene spektrale Leistungsdichte in der Umgebung von f_m (hier voreingestellt auf 100 Hz), und zwar $0,1$ W/Hz.

Der Block *Spectrum Scope*, näher beschrieben im Beispiel 5.6.5, zeigt die spektrale Leistungsdichte am Ausgang des Tiefpassfilters (Abb. 5.42). Das Tiefpassfilter spielt hier die Rolle eines der Bandpassfilter aus der vorherigen Lösung gemäß Abb. 5.36.

Dem Leser wird empfohlen zu überlegen, was geschieht wenn die Eingangssequenz auch Mittelwert besitzt und danach mit der Simulation die Überlegungen zu überprüfen.

In den Geräten für die Messung der Spektren (Amplituden, Leistung oder Leistungsdichten) wird der Referenzgenerator mit linear veränderlicher Frequenz gesteuert, genannt *Sweep*-Generator, so dass automatisch ein bestimmter Frequenzbereich erfasst wird [35].

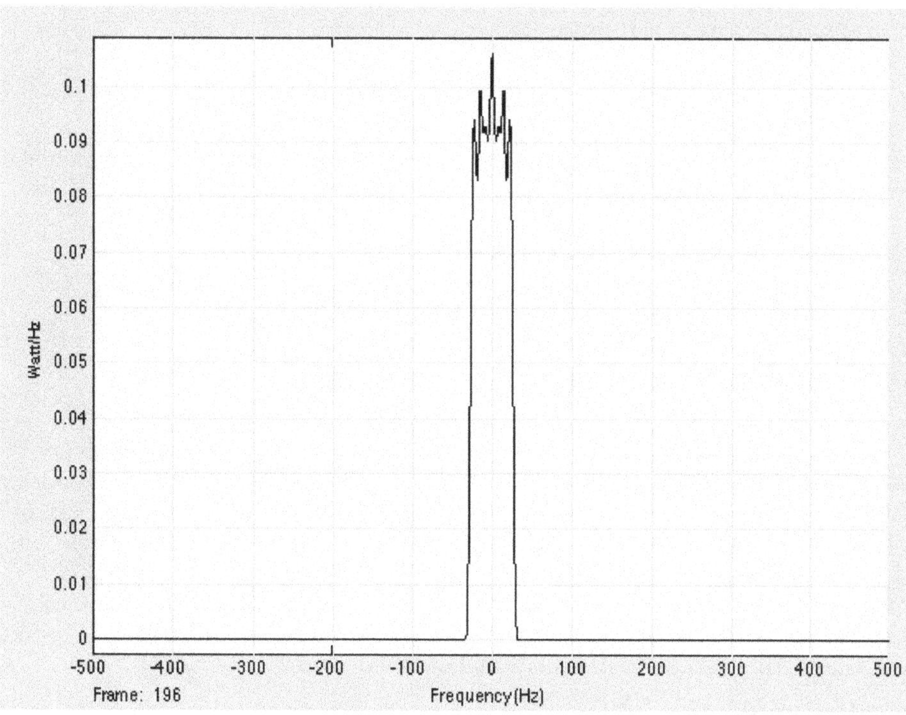

Abb. 5.42: Spektrale Leistungsdichte am Ausgang des Tiefpassfilters vom Spectrum Scope (psd_bandp_3.m, psd_bandp3.mdl)

5.6.2 Beispiel: Spektrale Leistungsdichten über die Autokorrelation ermitteln

In diesem Beispiel wird gezeigt, wie man die spektralen Leistungsdichten mit Hilfe der geschätzten Autokorrelationsfunktionen und der Fourier-Transformation angenähert mit der DFT berechnet. Es wird dasselbe mechanische Feder-Masse-System mit zwei Massen und Anregung über die "Fundamentbewegung" aus Kap. 2.5.6 angenommen.

Im Skript `mechan_system_3.m`, das zusammen mit dem Simulink-Modell `mechan_system3.mdl` arbeitet, ist das Beispiel programmiert. Am Anfang werden, wie in den vorherigen Skripten (`mechan_system_1.m, mechan_system_2.m`), die Übertragungsfunktionen von der Anregung bis zu den Lagen der zwei Massen ermittelt.

```
% Skript mechan_system_3.m, in dem die Übertragungsfunktionen
% eines Hochhauses als Feder-Masse-System ermittelt werden und die
% spektralen Leistungsdichten aus den Autokorrelationsfunktionen
% berechnet werden
clear;
syms s        % Symbolische Variable
% ------- Parameter des Systems
```

```
m1 = 1;             m2 = 5;
c1 = 0.5;           c2 = 0.5;
k1 = 2;             k2 = 10;
..........
```

Danach wird der Aufruf der Simulation mit dem Simulink-Modell vorbereitet und durchgeführt.

```
% -------- Aufruf der Simulation
nfft = 256;
Tfinal = 5000;          dt = 0.5;
sim('mechan_system3', [0:dt:Tfinal]);
% y(:,1) = Lage der Masse 1;   y(:,2) = Lage der Masse 2
% Syy1 = spektrale Leistungsdichte für Lage Masse 1
% Syy2 = spektrale Leistungsdichte für Lage Masse 2
```

Das Modell ist in Abb. 5.43 dargestellt. Die Anregung in Form von normalverteiltem weisem Rauschen erfolgt mit dem Block *Random Number*. Die Koeffizienten der zwei Übertragungsfunktionen von der Anregung zu den Lagen der Massen werden in die Blöcke *Transfer Fcn* und *Transfer Fcn1* eingesetzt. Die Bearbeitung erfolgt weiter in digitaler (zeitdiskreter) Form. Mit den Blöcken *Zero-Order Hold* und *Zero-Order Hold1* werden die Lagen abgetastet und in zeitdiskrete Sequenzen umgewandelt. Sie werden auch in der Senke *To Workspace2* zwischengespeichert um sie im MATLAB-Skript darzustellen. Abb. 5.44 zeigt Ausschnitte dieser Sequenzen:

```
figure(2);   clf;
ny = length(y(:,1));
nd = (ny - 300):ny;
subplot(211), plot(t(nd), y(nd,1));
   title('Lage der Masse 1 (Ausschnitt)');
   xlabel('Zeit in s');      grid on;    axis tight;
subplot(212), plot(t(nd), y(nd,2));
   title('Lage der Masse 2 (Ausschnitt)');
   xlabel('Zeit in s');      grid on;    axis tight;
```

Wegen der relativ kleinen Dämpfungsfaktoren `c1, c2` verhält sich das System wie ein Resonanzsystem mit zwei charakteristischen Frequenzen, die aus den zwei konjugiert komplexen Wurzeln der charakteristischen Gleichung des Systems hervorgehen:

```
>> roots(a1) =
  -0.1122 + 1.8466i
  -0.1122 - 1.8466i
  -0.0378 + 0.2676i
  -0.0378 - 0.2676i
```

Die Frequenzen sind $1,8466/(2\pi) = 0,2939$ Hz und $0,2676/(2\pi) = 0,0426$ Hz. Da die Koeffizienten der Nenner der zwei Übertragungsfunktionen gleich sind, `a2 = a1`, erhält man auch für die zweite Übertragungsfunktion die gleichen Wurzeln.

Die zeitdiskreten Antworten werden in den zwei Blöcken *Buffer* und *Buffer1* in Datenblöcke der Größe `nfft = 256` zerlegt. Für jeden Datenblock wird dann die Autokorrelationsfunktion mit dem Block *Correlation* bzw. *Correlation1* ohne Normierungen ermittelt. Die Normierungen werden später in den Darstellungen hinzugefügt:

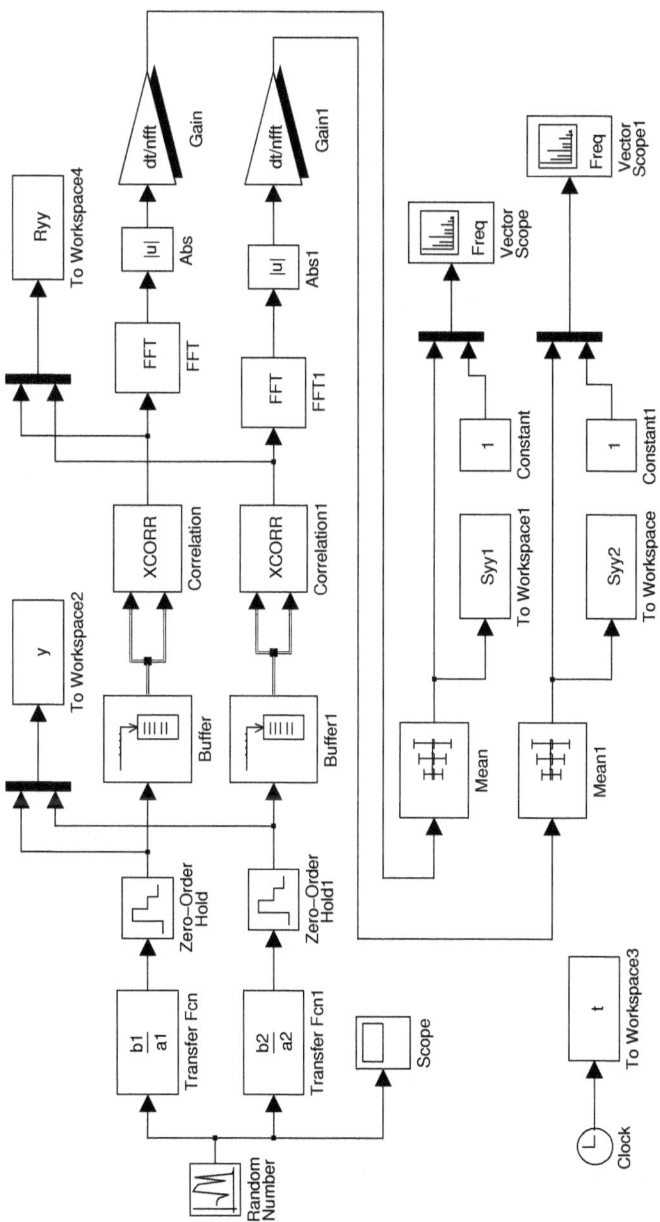

Abb. 5.43: Simulink-Modell der Untersuchung (mechan_system_3.m)

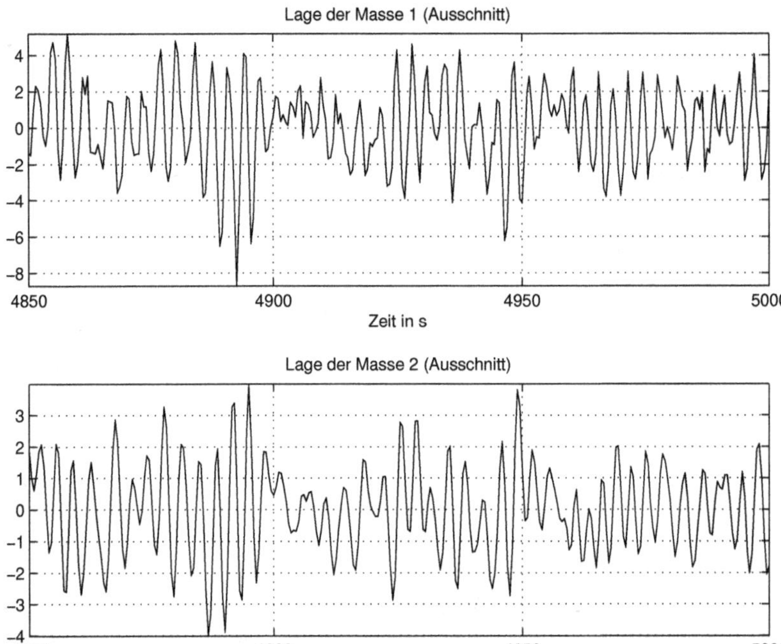

Abb. 5.44: Lage der Masse 1 und Lage der Masse 2 (Ausschnitte) (mechan_system_3.m)

```
% -------- Autokorrelationsfunktion Ryy1
Ryy1 = Ryy(1:511,1,40);          Ryy2 = Ryy(512:1022,1,40);
figure(3);     clf;
subplot(211),plot((-nfft+1:nfft-1)*dt,Ryy1/(nfft));% Weil nfft Werte
title('Autokorrelationsfunktion Ryy1 für die Masse 1');%sind gepuffert
xlabel('Verspätung in s');        grid on;
subplot(212), plot((-nfft+1:nfft-1)*dt, Ryy2/(nfft));
title('Autokorrelationsfunktion Ryy2 für die Masse 2');
xlabel('Verspätung in s');        grid on;
```

In der Senke *To Workspace4* werden 40 Datenblöcke der Länge gleich der zwei Autokorrelationsfunktionen (2 mal 511) zwischengespeichert. Für die Darstellung werden nur die letzten zwei Autokorrelationsfunktionen extrahiert. Abb. 5.45 zeigt die zwei Autokorrelationsfunktionen, die einen stark periodisch geprägten Charakter aufweisen.

Mit den Blöcken *FFT* und *FFT1* werden für jede Autokorrelationsfunktion der Datenblöcke die DFTs berechnet und deren Beträge mit den Blöcken *Abs* und *Abs1* gebildet. Weiter wird die Normierung mit Faktoren `dt/nfft` durchgeführt, um die geschätzten spektralen Leistungsdichten in W/Hz für die Datenblöcke zu erhalten. Diese spektralen Leistungsdichten werden in den Blöcken *Mean*, die als *Running Mean* parametriert sind, gemittelt. Mit den gezeigten Initialisierungen der Simulation werden 40 Datenblöcke erzeugt und entsprechend 40 spektrale Leistungsdichten gemittelt. Abb. 5.46 zeigt die so erhaltenen spektralen Leistungsdichten:

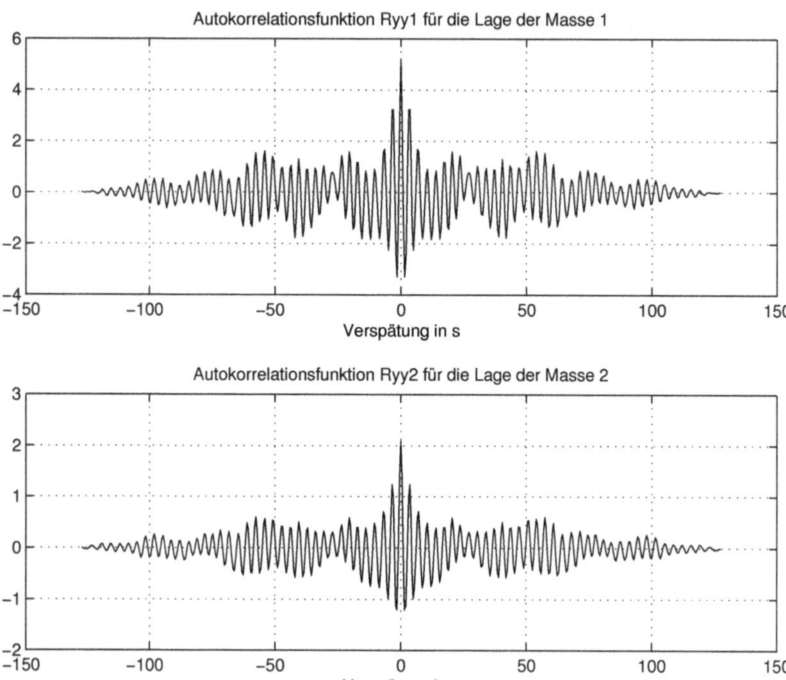

Abb. 5.45: Autokorrelationsfunktionen für die Lage der Masse 1 und für die Lage der Masse 2 (mechan_system_3.m)

```
figure(4);    clf;
subplot(211); plot((-nfft+1:nfft-1)/(2*nfft*dt);
   fftshift(Syy1(:,1,end)));
   title('Spektrale Leistungsdichte für Lage der Masse 1');
   xlabel('Hz');       ylabel('W/Hz');      grid on;
subplot(212); plot((-nfft+1:nfft-1)/(2*nfft*dt);
   fftshift(Syy2(:,1,end)));
   title('Spektrale Leistungsdichte für Lage der Masse 2');
   xlabel('Hz');       ylabel('W/Hz');      grid on;
% -------- Überprüfen der Varianzen (Parseval-Theorem)
varianz_1f = sum(Syy1(:,1,end))/dt/(2*nfft-1)
varianz_1t = std(y(:,1))^2
varianz_2f = sum(Syy2(:,1,end))/dt/(2*nfft-1)
varianz_2t = std(y(:,2))^2
```

Man erkennt die zuvor geschätzten charakteristischen Frequenzen des Systems.

Zuletzt wird im Skript das Parseval-Theorem benutzt, um die Normierungen zu überprüfen. Es werden die mittleren Leistungen oder Varianzen der mittelwertfreien Sequenzen, die über die Zeit und über die spektralen Leistungsdichten berechnet sind, verglichen:

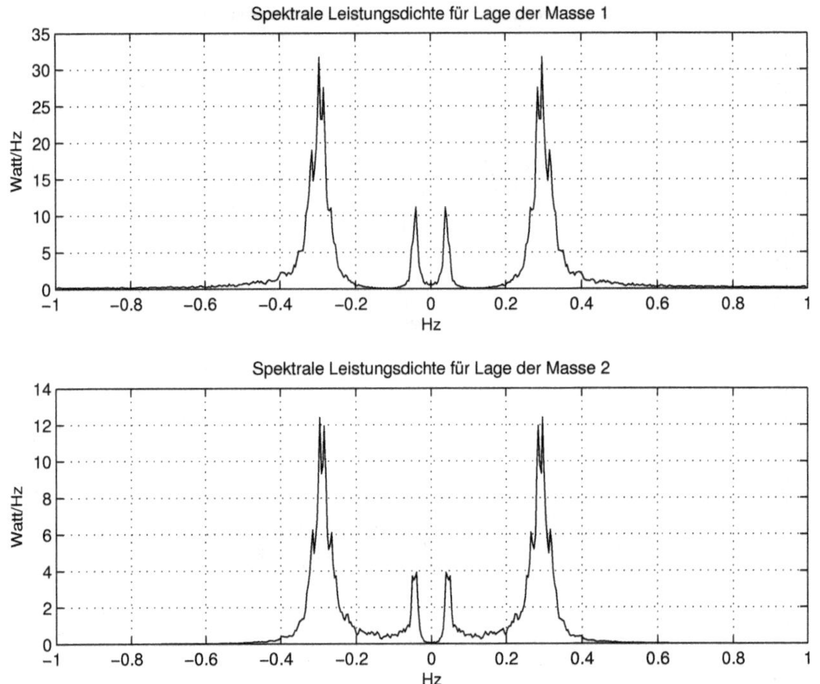

Abb. 5.46: Spektrale Leistungsdichte für die Lage der Masse 1 und für die Lage der Masse 2 (mechan_system_3.m)

```
varianz_1f = 4.2344 % Aus der spektr. Leistungsdichte für Lage Masse 1
varianz_1t = 4.3428
varianz_2f = 1.6799 % Aus der spektr. Leistungsdichte für Lage Masse 2
varianz_2t = 1.7232
```

Die Übereinstimmung ist ganz gut. Während die Simulation stattfindet, wird auf den zwei *Vector Scope*-Blöcken die Bildung der laufenden Mittelwerte der spektralen Leistungsdichten dargestellt. Ein laufender Mittelwert wird nach folgender Regel in den Blöcken *Mean* gebildet:

$$m_x(n) = \frac{x(1) + x(2) + \cdots + x(n)}{n} = \frac{x(1) + x(2) + \cdots + x(n-1)}{n-1} \cdot \frac{n-1}{n} + x(n)\frac{1}{n} = m_x(n-1) + x(n)\frac{1}{n} \tag{5.135}$$

Sie zeigt wie man den laufenden Mittelwert $m_x(n)$ aus dem vorherigen $m_x(n-1)$ und aus dem dazugekommenen laufenden Wert $x(n)$ berechnet.

Die *Vector Scope*-Blöcke benötigen für die Darstellung im Frequenzbereich von $-f_s/2$ bis $f_s/2$ einen Vektor am Eingang mit gerader Anzahl von Elementen. Die 511 Elemente des Eingangsvektors werden mit der Konstante eins ergänzt, um auf 512 Werte zu gelangen.

5.6.3 Beispiel: Spektrale Leistungsdichten direkt über die DFT ermittelt

Dasselbe Feder-Masse-System aus dem vorherigen Beispiel wird auch in dieser Untersuchung eingesetzt. Die spektralen Leistungsdichten werden direkt aus den Sequenzen über die DFT gemäß Gl. (5.120) bzw. (5.123) ermittelt.

Im Skript `mechan_system_4.m`, das zusammen mit dem Simulink-Modell `mechan_system4.mdl` arbeitet, wird diese Untersuchung programmiert. Das Modell ist in Abb. 5.47 dargestellt. Mit der Erfahrung aus dem vorherigem Beispiel ist dieses Modell leicht zu verstehen.

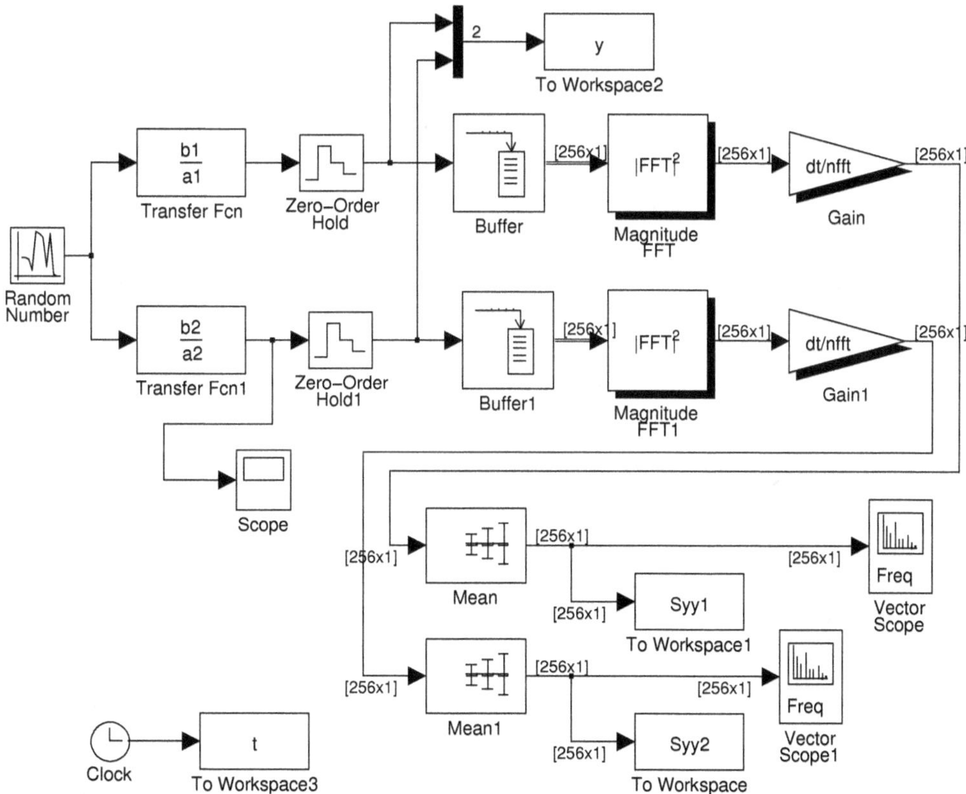

Abb. 5.47: Ermittlung der spektralen Leistungsdichten für die Lage der Masse 1 und Lage der Masse 2 direkt über die DFTs der Sequenzen (mechan_system_4.m)

Die zwei Lagen der Massen werden nach der Zeitdiskretisierung mit den *Zero-Order Hold*-Blöcken über die *Buffer*-Blöcke in Datenblöcke der Größe `nfft = 256` zerlegt. Danach werden die quadratischen DFTs dieser Datenblöcke mit den Blöcken *Magnitude FFT* gebildet und über *Gain*-Blöcke normiert. Der Rest entspricht dem Modell aus dem vorherigen Beispiel.

Auf den *Vector Scope*-Blöcken kann man auch hier die Bildung der laufenden Mittelwerte der spektralen Leistungsdichten verfolgen. Am Ende der Simulation erhält man für die eingestellten Parameter eine Mittelung über 40 Datenblöcke.

Das Skript ist praktisch mit dem Skript `mech_system_3.m` aus dem vorherigen Beispiel gleich und wird nicht mehr weiter gezeigt und kommentiert. Am Ende des Skriptes wird auch hier das Parseval-Theorem benutzt, um die Normierung der quadratischen DFTs zu überprüfen:

```
.......
% -------- Überprüfen der Varianzen (Parseval-Theorem)
varianz_1f = sum(Syy1(:,1,end))/dt/nfft
varianz_1t = std(y(:,1))^2
varianz_2f = sum(Syy2(:,1,end))/dt/nfft
varianz_2t = std(y(:,2))^2
.......
```

```
varianz_1f = 4.2344 % Aus der spektr. Leistungsdichte für Lage Masse 1
varianz_1t = 4.3428
varianz_2f = 1.6799 % Aus der spektr. Leistungsdichte für Lage Masse 2
varianz_2t = 1.7232
```

Die Ergebnisse zeigen eine gute Übereinstimmung der mittleren Leistungen der mittelwertfreien Signale, die über diese zwei Wege berechnet wurden.

5.6.4 Die Welch-Methode zur Schätzung der spektralen Leistungsdichte

Die Schätzung der spektralen Leistungsdichte mit Hilfe des Periodogramms (Gl. (5.123)) wurde, um die Streuung zu verringern, erweitert. Die Bartlett-Methode [34] reduziert die Streuung indem die Daten in nicht überlappende Segmente unterteilt werden und für jedes Segment das Periodogramm ermittelt wird. Danach werden die Periodogramme gemittelt (wie in den vorherigen Beispiel). Die Varianz der Schätzung wird mit Faktor K reduziert, wenn K Segmente gemittelt werden und man annehmen kann, dass die Autokorrelationsfunktion bis zum Ende eines Segments abgeklungen ist.

Im Welch-Verfahren wurden zwei Änderungen des Bartlett-Verfahrens eingebracht. Um die spektrale Auflösung zu erhöhen oder um mehr Segmente für die Mittelung zu haben und so die Varianz der Schätzwerte weiter zu reduzieren, schlägt Welch [34] vor, mit sich überlappenden Segmenten zu arbeiten. Meistens wird eine Überlappung von 50 % eingestellt. Weiterhin werden zur Reduzierung des Leckeffekts die Seqmente mit Fensterfunktionen gewichtet. Das Ergebnis ist dann ein modifiziertes Periodogramm:

$$\hat{S}_{XX}(f) = T_s \frac{1}{M\, U_w} \left| \sum_{k=0}^{M-1} w[k]\; X[k] e^{-j2\pi f k T_s} \right|^2 \qquad (5.136)$$

Hier ist M die Länge eines Segments und U_w ein Normierungsfaktor welcher der Leistung der Fensterfunktion $w[k]$ entspricht:

$$U_w = \frac{1}{M}\sum_{k=0}^{M-1} w^2[k] \tag{5.137}$$

Wie man sieht, wird die Normierung des Periodogramms durch $1/M$ mit der Normierung durch $1/\sum w^2[k]$ ersetzt.

Im Skript `spektrum_1.m` werden zwei MATLAB-Funktionen, die das Welch-Verfahren benutzen, exemplarisch eingesetzt. Es wird die spektrale Leistungsdichte für ein sinusförmiges Signal, das mit einem Rauschsignal überlagert ist, ermittelt. Zuerst wird das zusammengesetzte Signal gebildet:

```
% Skript spektrum_1.m, in dem die MATLAB-Funktionen
% zur Ermittlung der spektralen Leistungsdichte untersucht
% werden
clear;
% ------- Sinussignal und Rauschen
Tfinal = 10;
fs = 2000;    t = 0:1/fs:Tfinal;     nt = length(t);
ampl = 1;
varianz_rauschen = 1;
fsig = 200;
x = ampl*cos(2*pi*t*fsig)+sqrt(varianz_rauschen)*randn(1,nt);
SNR=10*log10(ampl^2/2/varianz_rauschen); % Signal-Rauschabstand in dB
nd = nt-500:nt;
figure(1);     clf;
   plot(t(nd), x(nd));
   title(['Sinussignal plus Rauschen mit SNR = ',num2str(SNR),...
        ' dB (Ausschnitt)'])
   xlabel('Zeit in s');      grid on;
```

Abb. 5.48 zeigt das Signal und es ist ersichtlich, dass der sinusförmige Anteil nur schwer zu erkennen ist. Der Rauschanteil wird über den Signalrauschabstand (englisch *Signal to Noise Ration* kurz SNR) angegeben:

$$SNR^{dB} = 10\log_{10}\frac{\text{Mittlere-Leistung-Signal}}{\text{Mittlere-Leistung-Rauschen}} \tag{5.138}$$

Für das sinusförmige Signal ist die mittlere Leistung gleich `ampl^2/2` und die mittlere Leistung des Rauschsignals ist gleich dessen Varianz.

Danach wird die spektrale Leistungsdichte mit der MATLAB-Funktion **pwelch** ermittelt und dargestellt. In dem Funktionsaufruf wird das Signal, das Fenster, die Prozente der Überlappung der Segmente, die Größe der Segmente und die Abtastfrequenz angegeben:

```
% ------ Spektrale Leistungsdichte mit pwelch
nfft = 256;
[Psd_1, w] = pwelch(x, hamming(nfft), 50, nfft, fs);
```

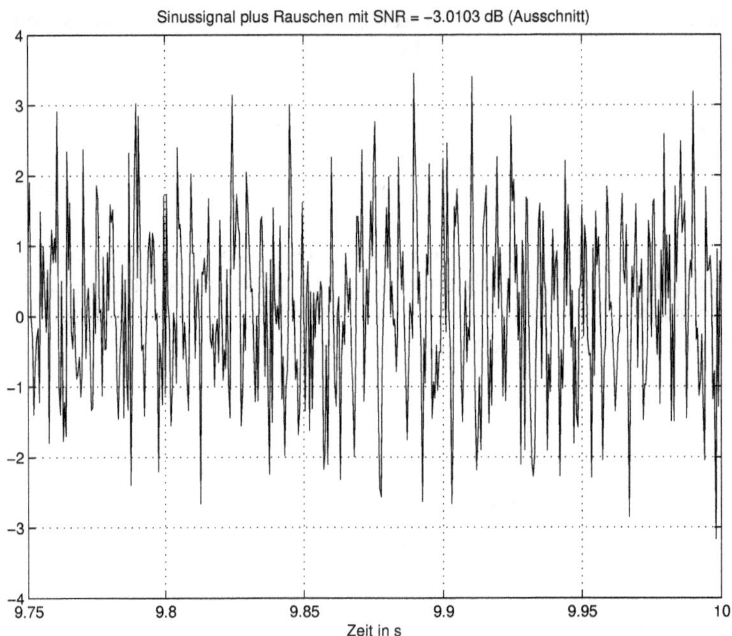

Abb. 5.48: Sinusförmiges Signal plus Rauschen mit SNR = -3 dB (spektrum_1.m)

```
figure(2);    clf;
subplot(211), plot((0:nfft/2)*fs/nfft, Psd_1)
   title(['Spektrale Leistungsdichte im Bereich 0 bis fs/2',...
      ' (über pwelch)']);
   xlabel('Frequenz in Hz');      ylabel('W/Hz');      grid on;
subplot(212), plot((0:nfft/2)*fs/nfft, 10*log10(Psd_1));
   title('Spektrale Leistungsdichte im Bereich 0 bis fs/2');
   xlabel('Frequenz in Hz');      ylabel('dBW/Hz');      grid on;
% ------ Parseval-Theorem
varianz_t = std(x)^2          % Varianz über die Zeit
varianz_f = sum(Psd_1)*fs/nfft    % Varianz über das Spektrum
```

Abb. 5.49 zeigt oben die spektrale Leistungsdichte in W/Hz (linear) und darunter in dBW/Hz (logarithmisch). Zu bemerken sei, dass für reelle Signale die spektrale Leistungsdichte im Bereich $f = 0$ bis $f = f_s/2$ geliefert wird und sie enthält die gesamte mittlere Leistung des Signals. Das wird am Ende dieser Programmzeilen mit dem Parseval-Theorem überprüft.

Zuletzt wird im Skript die spektrale Leistungsdichte mit dem **spectrum.welch**- und **psd**-Objekt ermittelt. Im ersten wird die Methode gewählt und das Objekt definiert, das weiter im Aufruf des Objekts **psd** benutzt wird, um die spektrale Leistungsdichte zu berechnen. Mit

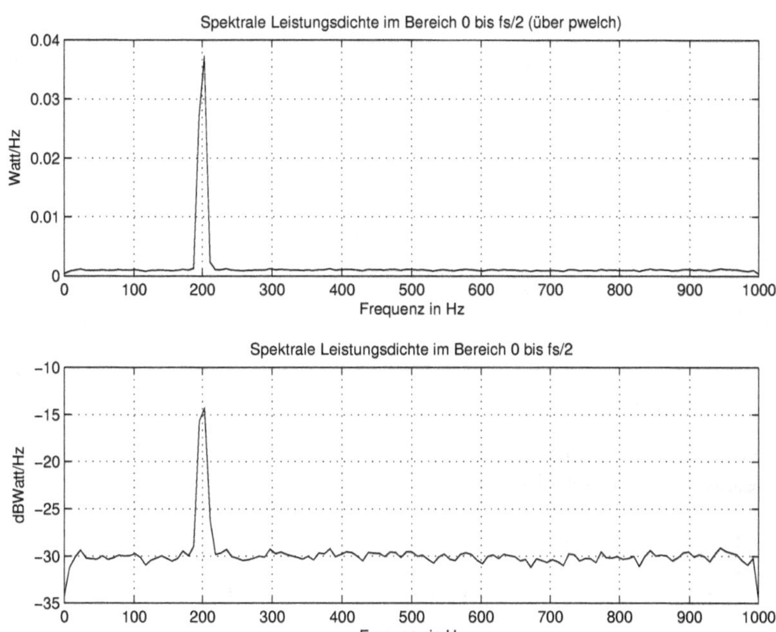

Abb. 5.49: Sinusförmiges Signal plus Rauschen mit SNR = -3 dB (spektrum_1.m)

```
>> get(h)
    EstimationMethod: 'Welch'
          WindowName: 'Hamming'
       SegmentLength: 256
      OverlapPercent: 50
        SamplingFlag: 'symmetric'
```

erhält man die Eigenschaften dieses Objekts und mit

```
>> get(Psd)
                   Name: 'Power Spectral Density'
                   Data: [129x1 double]
    NormalizedFrequency: 0
                     Fs: 2000
            Frequencies: [129x1 double]
           SpectrumType: 'Onesided'
              ConfLevel: 'Not Specified'
           ConfInterval: []
```

sieht man die Eigenschaften des erzeugten Objekts `Psd`. Die Werte der spektralen Leistungsdichte sind im Feld `Psd.Data` enthalten:

```
% ------ Spektrale Leistungsdichte mit spectrum.welch
nfft = 256;
%h = spectrum.welch('Hann',nfft,50);   % Objekt für das Welch-Verfahren
```

```
h=spectrum.welch('Hamming',nfft,50);  % Objekt für das Welch-Verfahren
Psd = psd(h,x,'Fs',fs);    % Ermittlung der spektralen Leistungsdichte
get(Psd)
figure(3);    clf;
subplot(211), plot((0:nfft/2)*fs/nfft, Psd.data)
   title(['Spektrale Leistungsdichte im Bereich 0 bis fs/2',...
      ' (über spectrum.welch)']);
   xlabel('Frequenz in Hz');     ylabel('W/Hz');      grid on;
subplot(212), plot((0:nfft/2)*fs/nfft, 10*log10(Psd.data));
   title('Spektrale Leistungsdichte im Bereich 0 bis fs/2');
   xlabel('Frequenz in Hz');     ylabel('dBW/Hz');      grid on;
% ------ Parseval-Theorem
varianz_t = std(x)^2        % Varianz über die Zeit
varianz_f = sum(Psd.data)*fs/nfft      % Varianz über das Spektrum
```

Wie erwartet, erhält man die gleichen Ergebnisse wie mit der älteren Funktion **pwelch**, welche nicht objektorientiert ist.

5.6.5 Beispiel: Untersuchung der spektralen Leistungsdichte mit *Spectrum Scope*

In diesem Beispiel werden spektrale Leistungsdichten mit Hilfe des Blocks *Spectrum Scope* aus der *DSP Toolbox* untersucht. In diesem Block wird das Welch-Verfahren für die Ermittlung der spektralen Leistungsdichte eingesetzt.

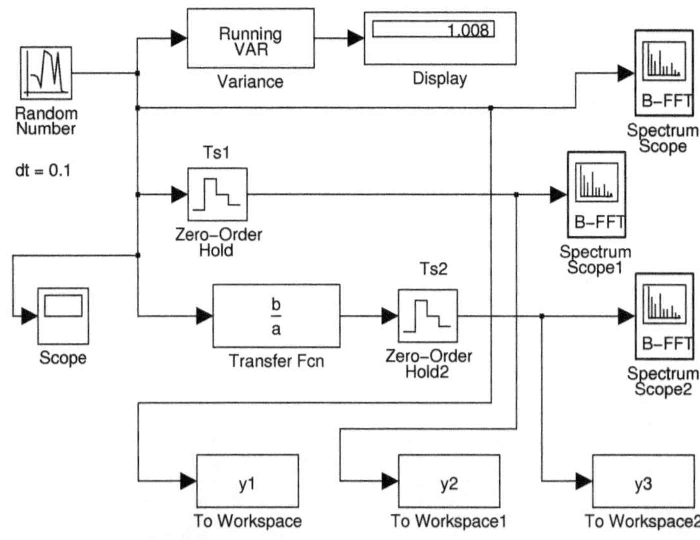

Abb. 5.50: Simulink Modell der Untersuchung (psd_test_1.m, psd_test1.mdl)

Abb. 5.50 zeigt das Simulink-Modell `psd_test1.mdl` für dieses Beispiel, das vom Skript `psd_test_1.m` initialisiert und aufgerufen wird. Aus einem Generator für unkorrelierte Werte *Random Number* wird eine Sequenz der Varianz eins, $\sigma^2 = 1$ und Mittelwert null, mit einer Schrittweite $dt = 0.1$ erzeugt (siehe Kap. 5.4.4). Die spektrale Leistungsdichte der Sequenz ist:

$$Sxx(f) = dt\,\sigma^2 = 0.1\ \text{W/Hz} \tag{5.139}$$

Mit dem Block *Variance*, das als *Running VAR* parametriert ist, wird die Varianz der Sequenz ermittelt und im *Display*-Block angezeigt. Die spektrale Leistungsdichte des Generators wird mit dem Block *Spectrum Scope* ermittelt und dargestellt.

Wenn die generierte Sequenz mit einer anderen Abtastperiode (Zeitschrittweite) $T_{s1} = 0,5$, die größer als dt ist, mit dem Block *Zero-Order Hold* abgetastet wird, erhält man eine Sequenz, mit einer kleineren Bandbreite aber mit derselben Varianz. Das bedeutet für diese Sequenz, dass im kleinerem Frequenzbereich eine größere spektrale Leistungsdichte entsteht:

$$S_{XX1}(f) = T_{s1}\,\sigma^2 = 0.5\ \text{W/Hz} \tag{5.140}$$

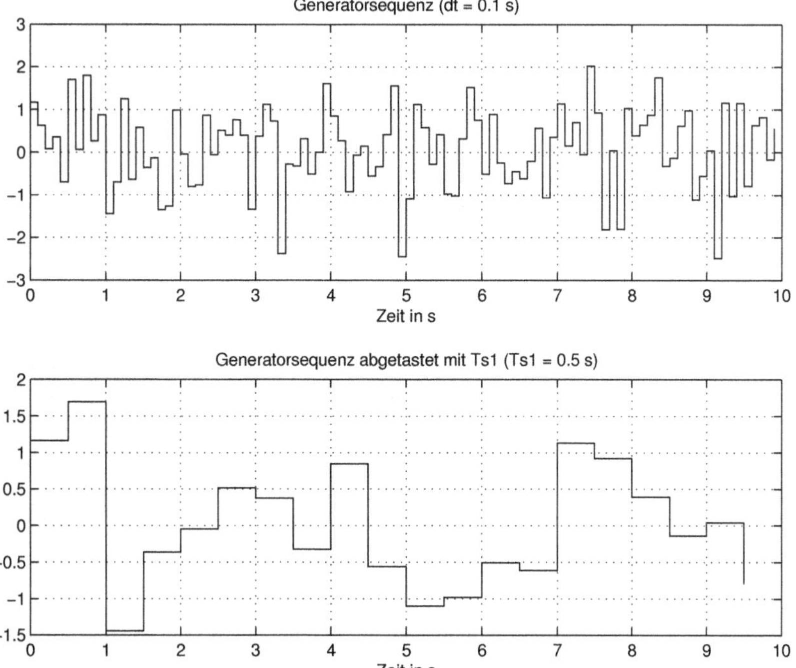

Abb. 5.51: Generatorsequenz und abgetastete Sequenz (psd_test_1.m, psd_test1.mdl)

Abb. 5.51 zeigt oben die Sequenz des Generators und darunter die langsamer abgetastete Sequenz. Man erkennt leicht, dass die neue Sequenz einen begrenzten "Frequenzinhalt" besitzt. Die spektrale Leistungsdichte wird mit dem Block *Spectrum Scope1* ermittelt und dargestellt.

Die Sequenz des Generators wird weiter als Anregung für ein kontinuierliches Tiefpassfilter 2. Ordnung mit folgender Übertragungsfunktion verwendet:

$$H(s) = \frac{1}{s^2/\omega_0^2 + 2\zeta/\omega_0 + 1} \tag{5.141}$$

Hier ist ω_0 die charakteristische Frequenz in rad/s, die ungefähr die Durchlassfrequenz ist und ζ ist der Dämpfungsfaktor. Abb. 5.52 zeigt den Amplitudengang des Filters mit Verstärkung von ca. eins im Durchlassbereich.

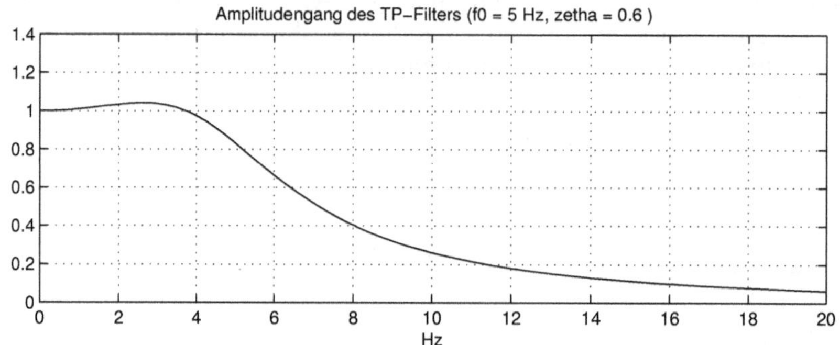

Abb. 5.52: Amplitudengang des zeitkontinuierlichen Tiefpassfilters 2. Ordnung (psd_test_1.m, psd_test1.mdl)

Für $dt = 0,1$ ist die Anregungssequenz weißes Rauschen bis zur Frequenz von $f_g = 1/dt = 10$ Hz, oder im Bereich - 5 Hz bis 5 Hz für ein beidseitiges Spektrum. Die Durchlassfrequenz $f_0 = \omega_0/(2\pi)$ des Tiefpassfilters soll viel kleiner als $f_g/2$ sein.

Die spektrale Leistungsdichte am Ausgang des Tiefpassfilters wird mit Hilfe des Blocks *Spectrum Scope2* ermittelt. Dafür muss man den kontinuierlichen Ausgang abtasten, was mit dem Block *Zero-Order Hold2* geschieht. Die Abtastperiode T_{s2} sollte kleiner oder gleich der Zeischrittweite *dt* sein. Hier wurde $T_{s2} = 0,05$ gewählt.

Die spektrale Leistungsdichte des Ausgangs ist gemäß dritter Gl. (5.97) gleich der konstanten spektralen Leistungsdichte der Eingangssequenz (weißes Rauschen) mal Betrag der Übertragungsfunktion zum Quadrat. Wegen der zu eins gewählten Verstärkung des Filters wird die spektrale Leistungsdichte im Durchlassbereich für den Ausgang und den Eingang etwa gleich sein, hier 0,1 W/Hz.

Das Skript `psd_test_1.m`, aus dem die Simulation aufgerufen wird, beginnt mit Initialisierungen, die oben erläutert wurden und der Darstellung des Amplitudengangs:

```
% Skript psd_test_1.m, in dem die spektralen
% Leistungsdichten mit Spectrum-Scope untersucht werden.
% Arbeitet mit Modell psd_test1
clear;
% -------- Parameter des Modells
sigma_2 = 1;      % Varianz des Rauschgenerators
dt = 0.1;         % Zeitschrittweite des Rauschgenerators
```

```
psd_noise = sigma_2*dt,   % Spektrale Leistungsdichte des
                          % Rauschgenerators
Ts1 = 0.5;        % Abtastperiode für Diskretisierung 1
psd_1 = sigma_2*Ts1,      % Spektrale Leistungsdichte 1

% -------- Kontinuierliches Tiefpassfilter 2. Ordnung
Ts2 = 0.05;       % Abtastperiode für die Diskretisierung des Ausgangs
fs2 = 1/Ts2;      % Abtastfrequenz = Bandbreite Spektrum
f0 = (fs2/2)/2,   % Bandbreite des TP-Filters (f0 < fs/2)
w0 = 2*pi*f0;     % rad/s
zeta = 0.6;       % Dämpfungsfaktor des TP-Filters
% Koeffizienten der Übertragungsfunktion des TP-Filters
b = 1;
a = [1/(w0^2), 2*zeta/w0, 1];
f = linspace(0, fs2, 500);    w = 2*pi*f;
H = freqs(b, a, w);
figure(1);      clf;
subplot(211), plot(f, abs(H));
   title(['Amplitudengang des TP-Filters (f0 = ',num2str(f0),...
    ' Hz, zetha = ',num2str(zeta),' )']);
   xlabel('Hz');    grid on;
```

Es folgt weiter der Aufruf der Simulation mit dem Befehl **sim** und minimalen Argumenten. Die Signale werden in drei Senken *To Workspace* zwischengespeichert, so dass man die spektralen Leistungsdichten in MATLAB mit dem Befehl **pwelch** berechnen kann.

```
% -------- Aufruf der Simulation
Tfinal = 2000;                  % Dauer der Simulation
nfft = 256;    % Puffergröße für die Spectrum-Scope Blöcke
sim('psd_test1',[0,Tfinal]);
% y1 = Unabhängiges Signal mit spektraler Leistungsdichte sigma*dt
% y2 = Unabhängiges Signal mit spektraler Leistungsdichte sigma*Ts1
% y3 = Zeitdiskretisiertes Signal am Ausgang des TP-Filters
           % mit spektraler Leistungsdichte im Durchlassbereich
           % gleich sigma*dt
nd1 = 100;   nd2 = round(nd1*dt/Ts1);      % Indexe für Ausschnitte
figure(2);      clf;
subplot(211), stairs((0:nd1-1)*dt, y1(1:nd1));
   title(['Generatorsequenz (dt = ',num2str(dt),' s)'])
   xlabel('Zeit in s');      grid on;
subplot(212), stairs((0:nd2-1)*Ts1, y2(1:nd2));
   title(['Generatorsequenz abgetastet mit Ts1 (Ts1 = ',...
        num2str(Ts1),' s)']);
   xlabel('Zeit in s');      grid on;
% --------- Berechnen der spektralen Leistungsdichten in MATLAB
fs_1 = 1/dt;
[Syy1, f1] = pwelch(y1, hann(nfft),[0],nfft,fs_1,'twosided');
fs_2 = 1/Ts1;
[Syy2, f2] = pwelch(y2, hann(nfft),[0],nfft,fs_2,'twosided');
```

```
fs_3 = 1/Ts2;
[Syy3, f3] = pwelch(y3, hann(nfft),[0],nfft,fs_3,'twosided');
figure(3);    clf;
subplot(311), plot(f1-fs_1/2, fftshift(Syy1));
   title(['Spektrale Leistungsdichte des Rauschgenerators',...
   ' für dt = ', num2str(dt),' s (Varianz = ', num2str(sigma_2),')']);
   xlabel('Hz');    grid on;
subplot(312), plot(f2-fs_2/2, fftshift(Syy2));
   title(['Spektrale Leistungsdichte des Rauschgenerators für',...
   ' Ts1 = ', num2str(Ts1),' s (Varianz = ', num2str(sigma_2),')']);
   xlabel('Hz');    grid on;
subplot(313), plot(f3-fs_3/2, fftshift(Syy3));
   title(['Spektrale Leistungsdichte des Ausgangs des',...
   ' TP-Filters für Ts2 = ', num2str(Ts2),' s']);
   xlabel('Hz');    grid on;
```

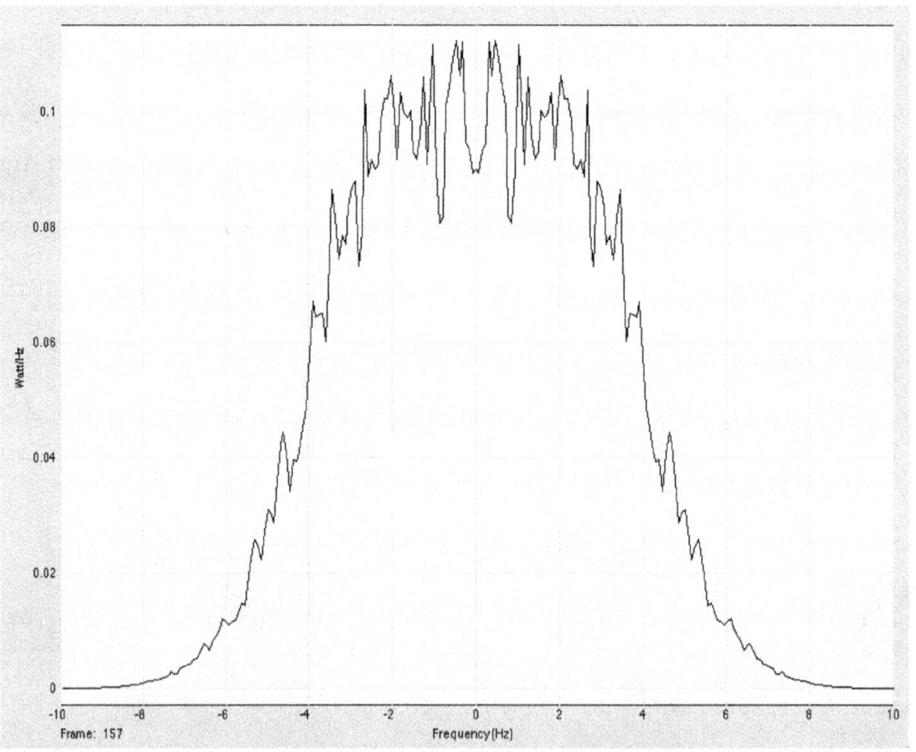

Abb. 5.53: Spektrale Leistungsdichte vom Spectrum Scop2 *am Ausgang des Tiefpassfilters für* $-f_s/2 < f < f_s/2$(psd_test_1.m, psd_test1.mdl)

Auf dem Oszilloscope *Scope* kann man das Fortschreiten der Simulation beobachten. Zusätzlich erscheinen auch die Darstellungen der spektralen Leistungsdichten der Blöcke *Spectrum Scope*.

Abb. 5.53 zeigt exemplarisch die spektrale Leistungsdichte vom *Spectrum Scope2* am Ausgang des Tiefpassfilters. Im Durchlassbereich ist die spektrale Leistungsdichte, wie erwartet, gleich der spektralen Leistungsdichte der Anregung (0,1 W/Hz).

Im Skript werden aus den Signalen der Senken *To Workspace* die spektralen Leistungsdichten mit der Funktion **pwelch** ermittelt und dargestellt (hier nicht mehr gezeigt).

Die Darstellungen der Blöcke *Spectrum Scope* können auch logarithmisch erfolgen, wenn man die Option *Spectrum units* auf dBW/Hz setzt. Diese Werte entsprechen dann folgendem Ausdruck:

$$S_{XX}^{dBW/Hz}(f) = 10\, log_{10}(S_{XX}(f)) \tag{5.142}$$

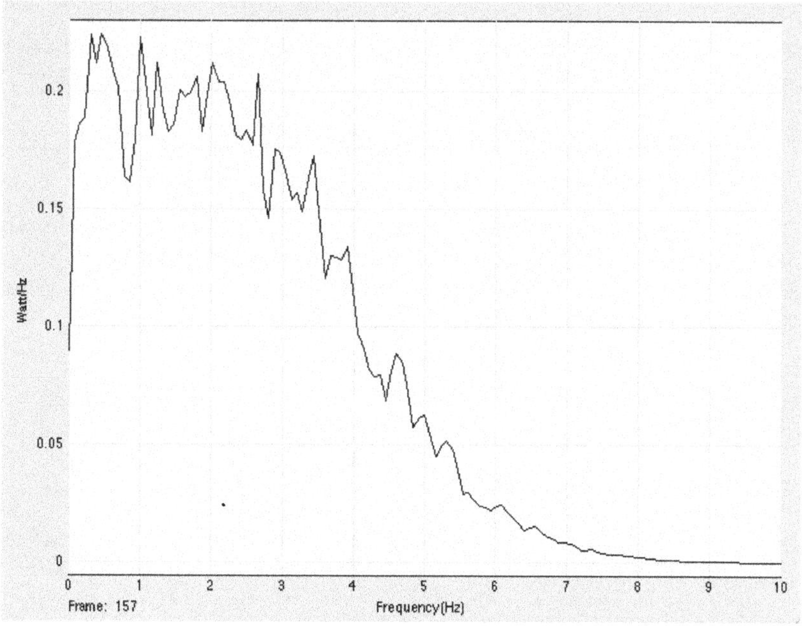

Abb. 5.54: Spektrale Leistungsdichte vom Spectrum Scop2 *am Ausgang des Tiefpassfilters für* $0 < f < f_s/2$ (psd_test_1.m, psd_test1.mdl)

Zu bemerken sei, dass in MATLAB für reelle Signale die Spektren im Frequenzbereich zwischen 0 und $f_s/2$ (Nyquist-Bereich) geliefert und dargestellt werden. Um die korrekte mittlere Leistung durch Integration dieser Spektren zu erhalten, sind die Werte mit zwei bereits durch die MATLAB-Funktion multipliziert.

Mit der Option *twosided* liefern die MATLAB-Funktionen die Spektren für den Frequenzbereich $[0, f_s]$ und ohne Multiplikation mit dem Faktor zwei. Mit der Funktion **fftshift** kann daraus die Darstellung für den Frequenzbereich von $-f_s/2$ bis $f_s/2$ erzeugt werden.

Abb. 5.54 zeigt die Darstellung der spektralen Leistungsdichte am Block *Spectrum Scope2* für den Frequenzbereich von 0 bis $f_s/2$.

Wie immer werden auch hier die spektralen Leistungsdichten benutzt, um die mittleren Leistungen oder hier die Varianzen zu ermitteln und mit den Varianzen über die Zeit zu vergleichen:

```
% -------- Varianzen über spektrale Leistungsdichten
varianz_f1 = sum(Syy1)*fs_1/nfft,          varianz_t1 = std(y1)^2,
varianz_f2 = sum(Syy2)*fs_2/nfft,          varianz_t2 = std(y2)^2,
varianz_f3 = sum(Syy3)*fs_3/nfft,          varianz_t3 = std(y3)^2,
```

Man erhält folgende Werte:

```
varianz_f1 = 1.0256,                       varianz_t1 = 1.0152
varianz_f2 = 1.1045,                       varianz_t2 = 1.0432
varianz_f3 = 0.8533,                       varianz_t3 = 0.8685
```

Dem Leser wird empfohlen mit verschiedenen Optionen und Parametern der Blöcke zu experimentieren.

5.6.6 Beispiel: Identifikation eines Systems über die spektrale Kreuzleistungsdichte

Es wird der komplexe Frequenzgang eines Systems über die spektrale Kreuzleistungsdichte identifiziert. Das System wird mit weißem Rauschen angeregt. Im Skript `ident_1.m` ist die Simulation programmiert. Am Anfang wird das System mit Hilfe seiner Pol- und Nullstellen definiert:

```
% Skript indent_1.m, in dem eine Systemidentifikation
% mit Hilfe der spektralen Leistungsdichte untersucht wird
clear;
randn('seed', 13595);
% ------ Parameter des Systems
p = [-0.1+j*0, 0.2*exp(j*2.5*pi/4), 0.2*exp(-j*2.5*pi/4),...
          0.5*exp(j*3*pi/4), 0.5*exp(-j*3*pi/4)]'; % Polstellen
z = [-0.25+j*0, -1+j*0]';       k = 1; % Nullstellen Minimalphase-System
% z = [0.25+j*0, -1+j*0]';      k = 1; % Nicht minimalphasiges System
[b, a] = zp2tf(z,p,k);          % Koeffizienten der Übertragungsfunktion
my_sys = zpk(z,p,k);            % System-Objekt für die Funktion lsim
Tfinal = 100;        dt = 1;    % Zeitinterval für die Impulsantwort
t = 0:dt:Tfinal-dt;
h = impulse(b,a,t);             % Impulsantwort
figure(1);    clf;
subplot(121), plot(t, h);
   title('Impulsantwort des Systems');
   xlabel('Zeit in s');    grid on;
subplot(122), plot(real(p),imag(p),'*');
   hold on;   plot(real(z),imag(z),'o');
   title('Null-Polstellen Verteilung')
   xlabel('Realteil');     ylabel('Imaginäteil'); grid on;
```

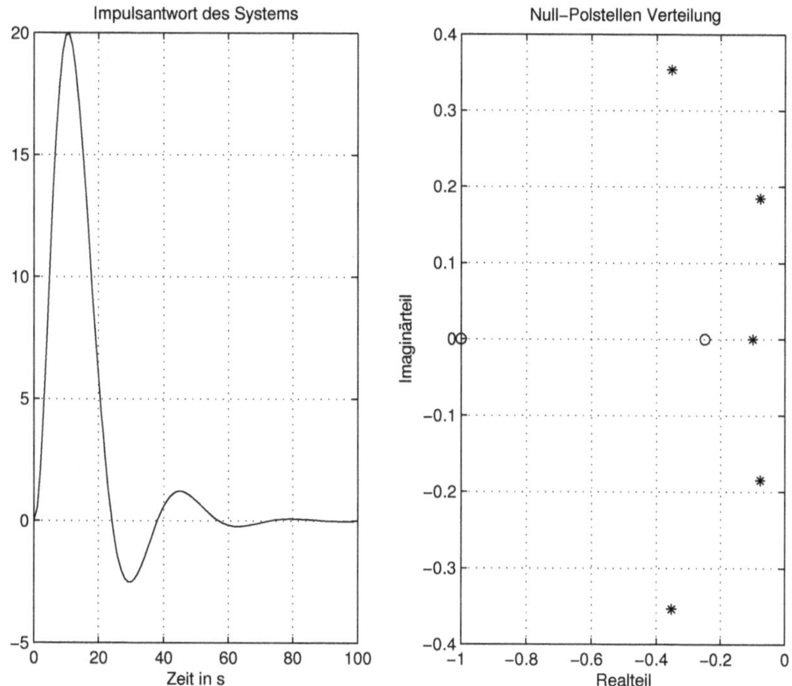

Abb. 5.55: Impulsantwort des Systems und Pol- Nullstellen Platzierung (ident_1.m)

Es werden ein reeller und ein Paar konjugiert komplexe Pole in der linken komplexen Halbebene gewählt, so dass man ein stabiles System erhält. Die Nullstellen können in der linken Halbebene gewählt werden und ergeben dann ein minimalphasiges System [19] oder in der rechten Halbebene liegen und definieren dann ein nicht minimalphasiges System.

Mit der MATLAB-Funktion **zp2tf** werden die Koeffizienten des Zählers `a` und des Nenners `b` der Übertragungsfunktion ermittelt. Für die Berechnung der Antwort auf die Anregung wird die Funktion **lsim** eingesetzt, die ein Objekt für das System benötigt, hier `my_sys`, das mit der Funktion **zpk** definiert wird.

Mit der Funktion **impulse** wird die Impulsantwort des Systems ermittelt und zusammen mit der Pol- Nullstellen Platzierung dargestellt, Abb. 5.55.

Weiter wird die Antwort des Systems mit der Funktion **lsim** ermittelt:

```
% ------ Anregung und Antwort
Tfinal = 5000;          dt = 1;
t = 0:dt:Tfinal-dt;     nt = length(t);
x = randn(1,nt);        % Anregung
y = lsim(my_sys,x',t');
```

Für die Berechnung der spektralen Kreuzleistungsdichte wird die Funktion **cpsd** eingesetzt. Sie ermittelt direkt mit Hilfe der DFT (FFT) gemäß Gl. (5.125) die spektrale

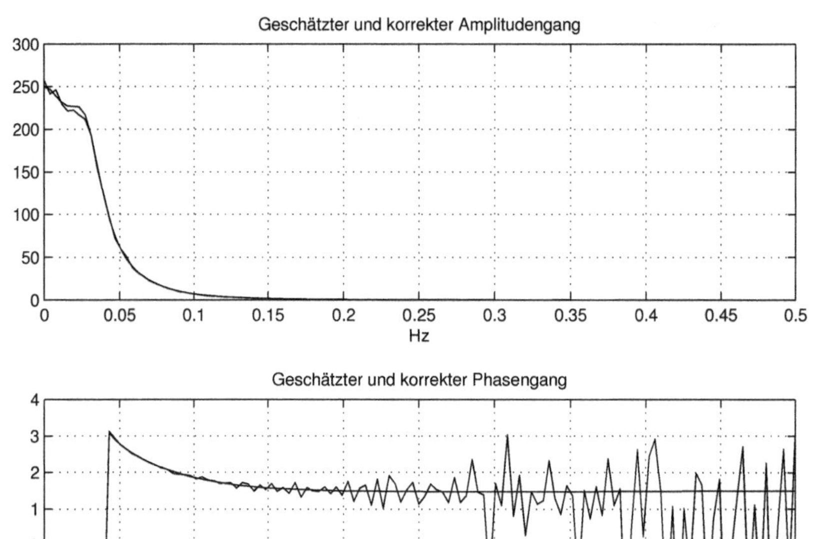

Abb. 5.56: Identifizierter und korrekter komplexer Frequenzgang des Systems (ident_1.m)

Kreuzleistungsdichte. Dafür wird das Signal in Datenblöcke der Größe `nfft` unterteilt und für jeden Datenblock wird die spektrale Kreuzleistungsdichte berechnet. Danach werden diese gemittelt. Um eine größere Mittelung zu erhalten, kann man die Datenblöcke überlappen z.B. mit 50 %. Um den Leckeffekt bei der DFT für jeden Datenblock zu verringern werden die Datenblöcke mit einer Fensterfunktion gewichtet:

```
% ------ Spektrale Leistungsdichten
nfft = 256;
[Sxy, f]=cpsd(y,x,hamming(nfft), 50, nfft, 1/dt);
              % Spektrale Kreuzleistungsdichte Anregung/Antwort
[Sxx, f]=cpsd(x,x,hamming(nfft), 50, nfft, 1/dt);
              % Spektrale Leistungsdichte
Hg = Sxy./Sxx;              % Geschätzte Übertragungsfunktion
Hid = freqs(b,a,2*pi*f);    % Ideale (korrekte) Übertragungsfunktion
figure(2);    clf;
subplot(211), plot(f, abs(Hg), f, abs(Hid));
   title('Geschätzter und korrekter Amplitudengang')
   xlabel('Hz');     grid on;
subplot(212), plot(f, angle(Hg), f, angle(Hid));
   title('Geschätzter und korrekter Phasengang')
   xlabel('Hz');     grid on;
```

Die spektrale Leistungsdichte der Anregung wird mit der gleichen Funktion ermittelt, so dass gleiche Normierungen und Einheiten benutzt werden. Der geschätzte Frequenzgang und der korrekte werden dann überlagert dargestellt, wie in Abb. 5.56 gezeigt. Man sieht, dass die Übereinstimmung im signifikanten Frequenzbereich, in dem der Amplitudengang verschieden von null ist, sehr gut ist.

5.6.7 Beispiel: Identifikation eines Feder-Masse-Systems über die spektrale Kreuzleistungsdichte

Es werden für das zeitkontinuierliche Feder-Masse-System aus Abb. 5.57 die Frequenzgänge von der Bewegungsanregung $u(t)$ bis zu den Lagen der Massen $y_1(t)$, $y_2(t)$, $y_3(t)$ identifiziert. Zuerst werden die korrekten Übertragungsfunktionen wie in den Beispielen 5.5.1 und 5.6.3 ermittelt. Die Differentialgleichungen, die das System beschreiben, sind:

$$\begin{aligned}
&m_1\ddot{y}_1(t) + c_1(\dot{y}_1(t) - \dot{u}(t)) + c_2(\dot{y}_1(t) - \dot{y}_2(t)) + k_1(y_1(t) - u(t)) + \\
&\qquad k_2(y_1(t) - y_2(t)) = 0 \\
&m_2\ddot{y}_2(t) + c_2(\dot{y}_2(t) - \dot{y}_1(t)) + c_3(\dot{y}_2(t) - \dot{y}_3(t)) + k_2(y_2(t) - y_1(t)) + \\
&\qquad k_3(y_2(t) - y_3(t)) = 0 \\
&m_3\ddot{y}_3(t) + c_3(\dot{y}_3(t) - \dot{y}_2(t)) + c_4\dot{y}_3(t) + k_3(y_3(t) - y_2(t)) + k_4y_3(t) = 0
\end{aligned} \tag{5.143}$$

Im Skript `ident_2.m` wird aus diesen Differentialgleichungen mit der symbolischen Variable s ein Gleichungssystem aufgebaut, aus dem dann die symbolischen Übertragungsfunktionen ermittelt werden:

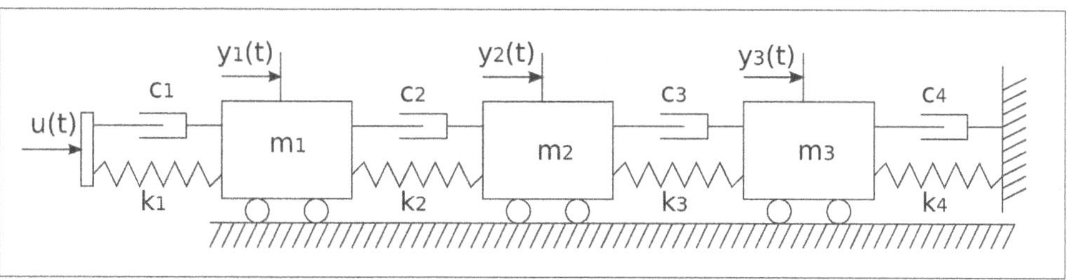

Abb. 5.57: Feder-Masse-System mit Bewegungsanregung

```
% Skript ident_2.m, in dem ein System über die spektralen Leistungs-
% und Kreuzleistungsdichten identifiziert wird. Es ist ein Feder-
% Masse-System mit 3 Massen und Bewegungsanregung benutzt
clear;
syms s     % Symbolische Variable
randn('seed', 13579);
% ------ Parameter des Systems
m1 = 2;      m2 = 2;      m3 = 2;
```

```
c1 = 0.1;    c2 = 0.1;      c3 = 0.1;    c4 = 0.1;     % c4 = 0.001;
k1 = 2;      k2 = 2;        k3 = 2;      k4 = 2;       % k4 = 0.02;
% ------ Übertragungsfunktionen von der Anregung zu den Lagen
A = [m1*s^2+(c1+c2)*s + (k1+k2), -c2*s-k2, 0;
     -c2*s-k2, m2*s^2+(c2+c3)*s+(k2+k3), -c3*s-k3;
     0, -c3*s-k3, m3*s^2+(c3+c4)*s+(k3+k4)];
B = [c1*s+k1;0;0];
H = inv(A)*B;        H1 = H(1);        H2 = H(2);        H3 = H(3);
```

Daraus werden dann die numerischen Übertragungsfunktionen in Form der Koeffizienten der Polynome der Zähler und der Nenner extrahiert und die logarithmischen Frequenzgänge mit der Funktion **freqs** ermittelt und dargestellt:

```
% ------ Polynome der Zähler und Nenner
[num1, denum1] = numden(H1);          [num2, denum2] = numden(H2);
[num3, denum3] = numden(H3);
% ------ Koeffizienten der Übertragungsfunktionen
b1 = sym2poly(num1),          a1 = sym2poly(denum1),
b2 = sym2poly(num2),          a2 = sym2poly(denum2),
b3 = sym2poly(num3),          a3 = sym2poly(denum3),
b1 = b1./a1(1),               a1 = a1./a1(1),
b2 = b2./a2(1),               a2 = a2./a2(1),
b3 = b3./a3(1),               a3 = a3./a3(1),
% ------ Frequenzgänge
f = logspace(-2,1,1000);            omega = 2*pi*f;
Hf1 = freqs(b1,a1,omega);       Hf2 = freqs(b2,a2,omega);
Hf3 = freqs(b3,a3,omega);
figure(1);    clf;
subplot(311), semilogx(f, 20*log10(abs(Hf1)));
  title('Amplitudengang für Masse 1');    xlabel('Hz');
  grid on;     axis tight;     ylabel('dB');
subplot(312), semilogx(f, 20*log10(abs(Hf2)));
  title('Amplitudengang für Masse 2');    xlabel('Hz');
  grid on;     axis tight;     ylabel('dB');
subplot(313), semilogx(f, 20*log10(abs(Hf3)));
  title('Amplitudengang für Masse 3');    xlabel('Hz');
  grid on;     axis tight;     ylabel('dB');
```

Die Vektoren der Koeffizienten der Nenner der Übertragungsfunktionen `a1, a2, a3` sind:

```
>> a1
    1.0000    0.0750    2.5019    0.1250    1.5016    0.0375    0.2500
>> a2
    1.0000    0.0500    2.0006    0.0500    0.5000
>> a3
    1.0000    0.0750    2.5019    0.1250    1.5016    0.0375    0.2500
```

Wie man sieht ist `a1 = a3` und dadurch besitzen die entsprechenden Übertragungsfunktionen gleiche Pole (oder Wurzeln der charakteristischen Gleichung):

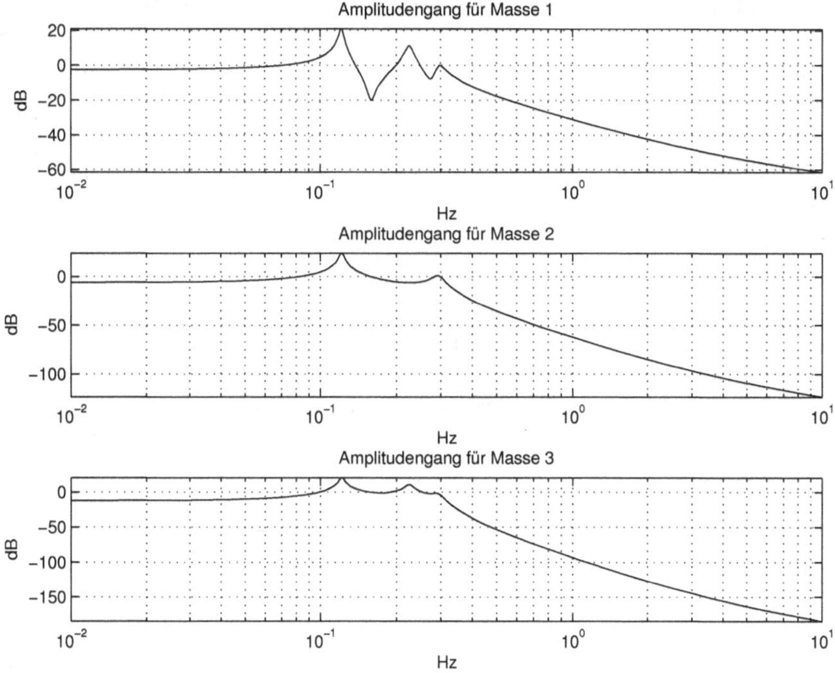

Abb. 5.58: Amplitudengänge von der Anregung bis zu den Lagen der Massen (ident_2.m)

```
>> roots(a1)                   % gleich roots(a3)
  -0.0125 + 1.3065i                 -0.0125 - 1.3065i
  -0.0125 + 0.7070i                 -0.0125 - 0.7070i
  -0.0125 + 0.5411i                 -0.0125 - 0.5411i
>> roots(a2)
  -0.0125 + 1.3065i                 -0.0125 - 1.3065i
  -0.0125 + 0.5411i                 -0.0125 - 0.5411i
```

Die homogene Lösung ist für die erste und letzte Masse periodisch mit drei charakteristischen Frequenzen, die man aus den positiven Imaginärteilen dieser Wurzeln bestimmen kann:

```
% ------- Charakteristische Frequenzen
f_t = abs(imag(roots(a1)'));
f_t = sort(f_t);
f_ch = reshape(f_t, 2, 3);      f_ch = f_ch(1,:)/(2*pi);
f1 =  f_ch(1);                  f2 =  f_ch(2);
f3 =  f_ch(3);
```

Die Masse 2 liegt in einem Knoten und besitzt nur zwei der charakteristischen Frequenzen der anderen Massen. Das kann man auch aus den Amplitudengängen sehen. Diese haben für die Masse eins und drei jeweils drei gleiche charakteristische Frequenzen und Masse zwei besitzt nur die erste und letzte dieser Frequenzen.

Weiter wird das System mit einer Zufallssequenz der spektralen Leistungsdichte gleich eins angeregt und die Antworten mit der Funktion **lsim** ermittelt. Aus diesen werden dann mit der Funktion **cpsd** die spektralen Leistungs- und Kreuzleistungsdichten ermittelt.

Eine Zufallssequenz der Länge nt mit einer gewünschten konstanten spektralen Leistungsdichte, psd_n, im Frequenzbereich bis fmax wird durch folgende Funktion erzeugt [18] (siehe Kap. 5.4.4):

```
u = sqrt(psd_n/dt)*randn(nt,1);
fmax = 1/dt;
```

Hier ist dt die Zeitschrittweite oder Abtastperiode Ts der Sequenz und fmax = 1/Ts ist die entsprechende Abtastfrequenz. Das Produkt psd_n/dt = psd_n*fmax stellt die Varianz oder mittlere Leistung der Sequenz dar. Man wählt für die Zeitschrittweite einen Wert, der viel kleiner als die Zeitkonstanten oder Eigenperioden des Systems ist, so dass für den Frequenzbereich bis fmax die Sequenz weißes Rauschen darstellt.

```
% ------- Antwort des Systems auf unabhängige Anregung
fs = round(10*f3);       Ts = 1/fs;       Tfinal = 10000;
t = 0:Ts:Tfinal-Ts;                       nt = length(t);
u = sqrt(1/Ts)*randn(nt,1);% Unabhängige Anregung mit spektraler
                           % Leistungsdichte gleich 1
my_sys1 = tf(b1, a1);          my_sys2 = tf(b2, a2);
my_sys3 = tf(b3, a3);
y1 = lsim(my_sys1, u',t');     y2 = lsim(my_sys2, u',t');
y3 = lsim(my_sys3, u',t');
% ------- Spektrale Leistungsdichten
nfft = 1024;
[SY11,fy] = cpsd(y1,y1, hamming(nfft), 50, nfft, fs);
%w_fenster = hamming(nfft);
w_fenster = hann(nfft);
SU00 = cpsd(u,u,  w_fenster, 50, nfft, fs);
SU01 = cpsd(y1,u, w_fenster, 50, nfft, fs);

SY22 = cpsd(y2,y2,w_fenster, 50, nfft, fs);
SU02 = cpsd(y2,u, w_fenster, 50, nfft, fs);

SY33 = cpsd(y3,y3,w_fenster, 50, nfft, fs);
SU03 = cpsd(y3,u, w_fenster, 50, nfft, fs);
ny = length(SY11);
figure(2);    clf;
subplot(311), plot(fy, 10*log10(SY11));
  title('Spektrale Leistungsdichte für Masse 1  (Welch)');
  axis tight;    La = axis;    ylabel('dBW/Hz');
  hold on;
  plot([f1, f1], [La(3), La(4)]);     plot([f2, f2], [La(3), La(4)]);
  plot([f3, f3], [La(3), La(4)]);
  hold off;      grid on;
subplot(312), plot(fy, 10*log10(SY22));
  title('Spektrale Leistungsdichte für Masse 2  (Welch)');
```

```
    axis tight;     La = axis;     ylabel('dBW/Hz');
    hold on;
    plot([f1, f1], [La(3), La(4)]);      plot([f2, f2], [La(3), La(4)]);
    plot([f3, f3], [La(3), La(4)]);
    hold off;       grid on;
subplot(313), plot(fy, 10*log10(SY33));
    title('Spektrale Leistungsdichte für Masse 3  (Welch)')
    axis tight;     La = axis;     ylabel('dBW/Hz');
    hold on;
    plot([f1, f1], [La(3), La(4)]);      plot([f2, f2], [La(3), La(4)]);
    plot([f3, f3], [La(3), La(4)]);
    hold off;       grid on;
    xlabel(['Frequenz in Hz (fs = ',num2str(fs),' Hz)']);
```

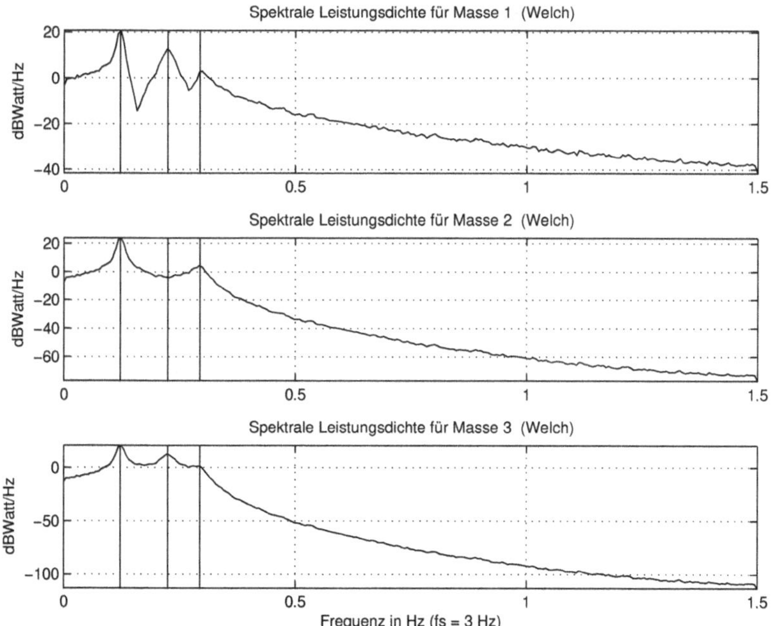

Abb. 5.59: Spektrale Leistungsdichten der Lagen der Massen (ident_2.m)

Abb. 5.59 zeigt die spektralen Leistungsdichten für die Lagen der Massen. Mit vertikalen Linien sind die charakteristischen Frequenzen gekennzeichnet. Diese sind nicht aus den Maximalwerten abgeleitet, sondern sind die korrekten, die aus den Wurzeln der Nenner der Übertragungsfunktionen berechnet wurden (`f1, f2, f3`).

Weiter werden die Übertragungsfunktionen von der Anregung bis zu den Lagen der Massen über die spektralen Kreuzleistungsdichten identifiziert und dargestellt:

```
% ------- Identifizierte Übertragungsfunktionen (Frequenzgänge)
H11 = SU01./SU00;          H12 = SU02./SU00;
H13 = SU03./SU00;
```

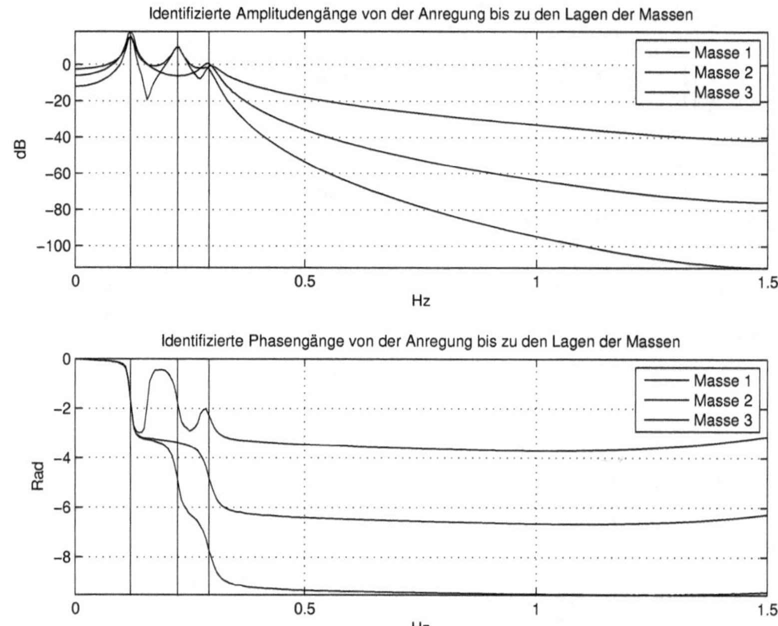

*Abb. 5.60: Identifizierte Frequenzgänge (*ident_2.m*)*

```
figure(3);     clf;
subplot(211), plot(fy, [20*log10(abs(H11)), 20*log10(abs(H12)), ...
            20*log10(abs(H13))]);
  La = axis;      hold on;      ylabel('dB');
  plot([f1, f1], [La(3), La(4)]);     plot([f2, f2], [La(3), La(4)]);
  plot([f3, f3], [La(3), La(4)]);
  hold off;       grid on;       xlabel('Hz');
  title(['Identifizierte Amplitudengänge von der Anregung bis',...
    ' zu den Lagen der Massen']);
  legend('Masse 1','Masse 2','Masse 3');
subplot(212), plot(fy, unwrap([angle(H11), angle(H12), angle(H13)]));
  La = axis;      hold on;      ylabel('Rad');
  plot([f1, f1], [La(3), La(4)]);    plot([f2, f2], [La(3), La(4)]);
  plot([f3, f3], [La(3), La(4)]);
  hold off;       grid on;       xlabel('Hz');
  title(['Identifizierte Phasengänge von der Anregung bis'...
    ' zu den Lagen der Massen']);
  legend('Masse 1','Masse 2','Masse 3');
figure(4);    clf;
subplot(211), semilogx(f, 20*log10(abs(Hf1)'));
  hold on;       semilogx(fy, 20*log10(abs(H11)'),'r');
  title('Korrekter und identifizierter Amplitudengang für Masse 1');
  xlabel('Hz');   grid on;     axis tight;      ylabel('dB');
```

```
  hold off;      legend('Korrekter','Identifizierter');
subplot(212), semilogx(f, angle(Hf1)');
  hold on;       semilogx(fy, angle(H11)','r');
  title('Korrekter und identifizierter Phasengang für Masse 1');
  xlabel('Hz');  grid on;     axis tight;      ylabel('Rad');
  hold off;      legend('Korrekter','Identifizierter');
  % ------- Parseval-Theorem
varianz_y1_zeit = std(y1)^2,
varianz_y1_freq = sum(SY11)*fs/nfft,
varianz_y2_zeit = std(y2)^2,
varianz_y2_freq = sum(SY22)*fs/nfft,
varianz_y3_zeit = std(y3)^2,
varianz_y3_freq = sum(SY33)*fs/nfft,
```

Zuletzt wird die Antwort des Systems für eine sinusförmige Anregung ermittelt und dargestellt. Für die Frequenz der sinusförmigen Anregung können beliebige Werte gewählt werden, es ist aber auch interessant, die charakteristischen Frequenzen des Systems dafür zu wählen und die Antworten zu untersuchen.

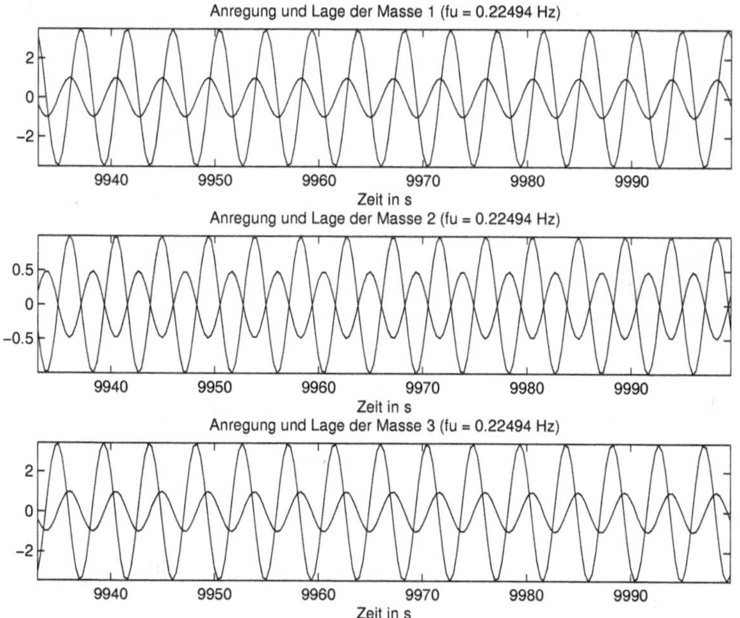

Abb. 5.61: Anregung und Antworten für sinusförmige Anregung (ident_2.m)

```
% ------- Antwort des Systems auf sinusförmige Anregung
%fu = f1;        % Frequenz der Anregung
fu = f2;
%fu = f3;
u = cos(2*pi*fu*t);
```

```
my_sys1 = tf(b1, a1);              my_sys2 = tf(b2, a2);
my_sys3 = tf(b3, a3);
y1 = lsim(my_sys1, u',t');         y2 = lsim(my_sys2, u',t');
y3 = lsim(my_sys3, u',t');
figure(5);        clf;
nd = nt-200:nt;
subplot(311), plot(t(nd),[u(nd)', y1(nd)]);
   title(['Anregung und Lage der Masse 1 (fu = ',num2str(fu),' Hz)']);
   axis tight;       xlabel('Zeit in s');
subplot(312), plot(t(nd),[u(nd)', y2(nd)]);
   title(['Anregung und Lage der Masse 2 (fu = ',num2str(fu),' Hz)']);
   axis tight;       xlabel('Zeit in s');
subplot(313), plot(t(nd),[u(nd)', y3(nd)]);
   title(['Anregung und Lage der Masse 3 (fu = ',num2str(fu),' Hz)']);
   axis tight;       xlabel('Zeit in s');
```

Abb. 5.61 zeigt als Beispiel die Antworten für die Anregung mit der Frequenz $f = f_2$. Die Anregung und Antwort ist für Masse 2 phasengleich und gleich groß, weil hier der Amplitudengang für diese Masse 0 dB und die Phasenverschiebung 2π ist.

Dieses Beispiel kann der Leser für viele weitere Experimente ändern und erweitern. Als Beispiel kann mit $k_4 = 0,02$ und $c_4 = 0,001$ die letzte Masse von der "Wand" praktisch freigeschaltet werden. Mit $k_4 = 200$ wird die letzte Masse praktisch an die Wand befestigt.

Zu bemerken sei, dass für bestimmte Parameter Fehlermeldungen vorkommen können. So z.B. wenn man die Dämpfungsfaktoren c_1, c_2 oder c_3 größer annimmt, dann sind die Wurzeln der charakteristischen Gleichungen nicht mehr alle paarweise konjugiert komplex. Das Skript wäre schwieriger zu verstehen, wenn man alle diese Fälle berücksichtigen will. Einfacher ist es, die Fehlermeldung zu verstehen und entsprechend das Skript als neue Variante zu speichern und zu ändern. Im Skript `ident_3.m` sind einige mögliche Fälle, die zu Fehler führen könnten, berücksichtigt.

5.7 Parametrische Methoden zur Schätzung der spektralen Leistungsdichte

Die nicht parametrischen Methoden zur Schätzung der spektralen Leistungsdichte, zu denen auch das Welch-Verfahren aus dem vorherigen Kapitel zählt, sind relativ einfach, gut verständlich und praktisch direkt mit Hilfe der DFT implementiert. Gute Schätzwerte erhält man leider nur mit großen Datensätzen.

In diesem Kapitel wird ein grundlegendes parametrisches Verfahren beschrieben, das ein Modell der zu schätzenden spektralen Leistungsdichte voraussetzt. Somit muss man a-priori-Informationen besitzen, um dieses Modell zu wählen. Die Parameter des Modells werden aus den Daten geschätzt und dann erst wird die spektrale Leistungsdichte berechnet.

Das parametrische Verfahren aus diesem Kapitel basiert auf der Annahme, dass die Datensequenz $X[n]$ als Ausgang eines linearen Systems entstanden ist. Das System sei durch folgende zeitdiskrete Übertragungsfunktion (siehe Gl. (4.85)) dargestellt:

$$H(z) = \frac{X(z)}{W(z)} = \frac{\sum_{k=0}^{M} b_k z^{-k}}{\sum_{k=0}^{N} a_k z^{-k}} = \frac{\sum_{k=0}^{M} b_k z^{-k}}{1 + \sum_{k=0}^{N} a_k z^{-k}} = \frac{B(z)}{A(z)} \quad \text{mit} \quad a_0 = 1 \tag{5.144}$$

Die Anregungssequenz $W[k]$ wird als ein unkorrelierter, mittelwertfreier Zufallsprozess der Varianz σ_w angenommen:

$$E\{W[k]W[k+m]\} = R_{WW}[m] = \begin{cases} \sigma_w & \text{für} \quad m = 0 \\ 0 & \text{sonst} \quad (m \neq 0) \end{cases} \tag{5.145}$$

Diese Anregung besitzt eine konstante spektrale Leistungsdichte $S_{WW}(f) = \sigma_w^2 T_s = \sigma_w^2 / f_s$.

Zur Spektralschätzung werden zuerst die Koeffizienten $b_k,\ a_k$ des Modells identifiziert. Danach kann man die spektrale Leistungsdichte des Prozesses $X[n]$ gemäß Gl. (5.109) schätzen:

$$S_{XX}(f) = S_{WW}(f)|H(f)|^2 = \sigma_w^2 T_s \left| \frac{B(f)}{A(f)} \right|^2 \tag{5.146}$$

Hier sind $H(f),\ B(f),\ A(f)$ komplexe Funktionen, die man aus $H(z),\ B(z),\ A(z)$ mit $z = e^{j2\pi f/f_s}$ erhält.

Das Modell gemäß Gl. (5.109), das zur Generierung der Daten $X[n]$ angenommen wird, ist in der Literatur [34] unter dem Namen *Autoregressive-Moving-Average*-Modell oder kurz ARMA-Modell bekannt. Entsprechend ist der Prozess $X[n]$ auch als ARMA-Prozess bezeichnet.

Wenn $M = 0$ und $b_0 = 1$ sind, dann ist die Übertragungsfunktion des Modells einfach $H(z) = 1/A(z)$. Man bezeichnet das Modell wegen der reinen Rückkopplungsstruktur als Autoregressives-Modell oder kurz AR-Modell und den Prozess $X[n]$ als AR-Prozess.

Das dritte mögliche Modell erhält man, wenn $A(z) = 1$. Dann ist $H(z) = B(z)$ und das Modell entspricht einem FIR-Filter. Das Modell und der Prozess wird als *Moving-Average* kurz MA-Modell bzw. MA-Prozess bezeichnet.

Das Gleichungssystem zur Schätzung der Modellparameter, das im nächsten Abschnitt kurz dargestellt wird, ist in der Literatur unter dem Namen Yule-Walter-Gleichung bekannt [9], [34]. Lediglich für AR-Modelle erhält man ein lineares Gleichungssystem, deshalb werden diese am häufigsten in der Praxis eingesetzt.

5.7.1 Das Autokorrelationsverfahren zur Schätzung der AR-Modelle

Das AR-Modell, das zu identifizieren ist, wird als Differenzengleichung aus Gl. (5.144) wie folgt geschrieben:

$$X[n] = -\sum_{k=1}^{N} a_k \, X[n-k] + W[n] \quad \text{mit} \quad a_0 = 1 \tag{5.147}$$

Durch Multiplikation mit $X[n-m]$ für $m = 1, 2, \ldots, N$ und Bildung der Erwartungswerte erhält man ein Satz von algebraischen Gleichungen, aus denen man die Koeffizienten $a_k, \; k = 1, \ldots, N$ bestimmen kann. Da die Sequenz $W[n]$ unkorreliert ist, gilt

$$E\{W[n]X[n-m]\} = 0 \quad \text{für} \quad m = 1, 2, \ldots, N \tag{5.148}$$

Für den Erwartungswert $E\{X[n]X[n-m]\} = R_{XX}[m]$ erhält man folgende Gleichung:

$$\begin{aligned} R_{XX}[m] = &-\sum_{k=1}^{N} a_k \, E\{X[n-k]X[n-m]\} = \\ &-\sum_{k=1}^{N} a_k \, R_{XX}[k-m] \quad \text{für} \quad m = 1, 2, \ldots, N \end{aligned} \tag{5.149}$$

Die Varianz der Anregung $W[n]$ wird aus

$$\begin{aligned} E\{W^2[n]\} =& E\{(X[n] + \sum_{k=1}^{N} a_k \, X[n-k])W[n]\} = E\{X[n]W[n]\} = \\ & E\{X[n](X[n] + \sum_{k=1}^{N} a_k \, X[n-k])\} \end{aligned} \tag{5.150}$$

durch Bildung der Erwartungswerte und Einbeziehung der Gl. (5.148) zu:

$$\sigma_w^2 = R_{XX}[0] + \sum_{k=1}^{N} a_k \, R_{XX}[-k] \tag{5.151}$$

Die Gleichungen (5.149) können in Matrixform geschrieben werden:

$$\begin{bmatrix} R_{XX}[0] & R_{XX}[-1] & \dots & R_{XX}[-N+1] \\ R_{XX}[1] & R_{XX}[1] & \dots & R_{XX}[-N+2] \\ \vdots & \vdots & \dots & \vdots \\ R_{XX}[N-1] & R_{XX}[N-2] & \dots & R_{XX}[0] \end{bmatrix} \begin{bmatrix} a_1 \\ a_2 \\ \vdots \\ a_N \end{bmatrix} = - \begin{bmatrix} R_{XX}[1] \\ R_{XX}[2] \\ \vdots \\ R_{XX}[N] \end{bmatrix} \tag{5.152}$$

Dieses Gleichungssystem ist das *Yule-Walker*-Gleichungssystem [34]. Weil $R_{XX}[m] = R_{XX}[-m]$, ist die linke Matrix eine Toeplitz-Matrix. Dadurch kann das Gleichungssystem effizient mit dem Levinson-Durbin Algorithmus [34] gelöst werden.

Im Yule-Walker-Verfahren wird zuerst das normale Gleichungssystem gemäß Gl. (5.152) mit dem Levinson-Durbin-Verfahren gelöst und danach wird mit der Gl. (5.151) die Varianz der unkorrelierten Sequenz ermittelt. Die wahren Werte der Autokorrelationsfunktion als statistische Erwartungswerte sind in der Praxis in der Regel nicht bekannt. Eine Möglichkeit ist, für die Autokorrelationsfunktion die Schätzwerte aus einer zeitlichen Mittelung über eine Musterfunktion zu verwenden:

$$\hat{R}_{XX}[m] = \frac{1}{N_w} \sum_{n=0}^{N_w-m-1} X^*[n]X[n+m] \tag{5.153}$$

Hier wurde mit N_w die Anzahl der verfügbaren Daten $X[n],\ n = 0, 1, \dots, N_w - 1$ bezeichnet.

In diesem Fall spricht man vom Autokorrelationsverfahren, bei dem aber die Schätzwerte der spektralen Leistungsdichte dem Leckeffekt unterliegen. Es gibt weitere Verfahren wie der Autokovarianzansatz oder der Algorithmus von Burg [34], welche diesen Nachteil nicht haben, aber deren Darstellung würde den einführenden Rahmen des Buches sprengen.

Die spektrale Leistungsdichte wird schließlich mit Hilfe der Übertragungsfunktion des AR-Systems $H(z) = 1/A(z)$ gemäß Gl. (5.146) berechnet:

$$S_{XX}(f) = S_{WW}(f)|H(f)|^2 = T_s\sigma_w^2 \frac{1}{\left|1 + \sum_{k=1}^{N} a_k z^{-k}\right|^2_{z=e^{j2\pi f T_s}}} \tag{5.154}$$

Wenn man den Frequenzbereich mit N_{fft}-Werten diskretisiert, dann kann man den Nenner mit Hilfe einer DFT berechnen:

$$\hat{S}_{XX}(n\Delta f) = T_s \frac{\hat{\sigma}_w^2}{\left|DFT_a(n\Delta f)\right|^2} \quad \text{mit} \quad \Delta f = \frac{f_s}{N_{fft}}, \qquad n = 0, 1, 2, \dots, N_{fft} - 1 \tag{5.155}$$

Hier ist $DFT_a(n\Delta f)$ die DFT der Koeffizienten a_k, $k = 0, 1, 2, \ldots, a_N$ mit $a_0 = 1$. Diese Koeffizienten werden mit Nullwerten bis zur Länge N_{fft} erweitert

5.7.2 Beispiel: Identifikation von AR-Modellen aus den Signalen eines zeitkontinuierlichen Systems

Es wird ein zeitkontinuierliches Feder-Masse-System, das in Abb. 5.62 dargestellt ist, mit einer unkorrelierten Sequenz $u(t)$ angeregt und aus den Antworten in Form der Lagen der zwei Massen werden dann zeitdiskrete AR-Modelle mit dem Yule-Walker-Verfahren identifiziert. Mit Hilfe dieser zeitdiskreten Modelle werden dann die spektralen Leistungsdichten ermittelt.

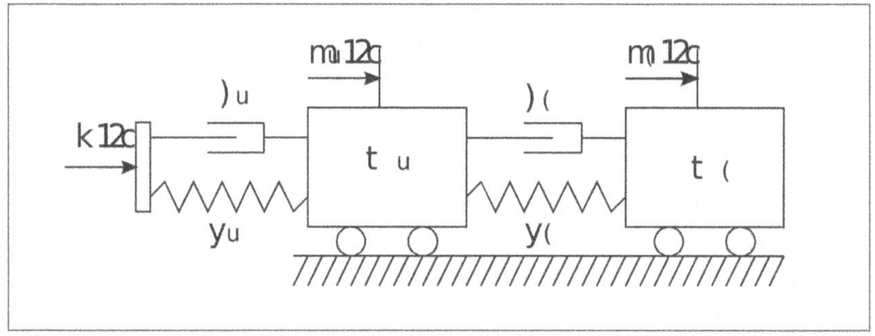

Abb. 5.62: Feder-Masse-System mit Bewegungsanregung

Im Skript `AR_modell_1.m` ist das Beispiel programmiert. Dieses System wurde schon öfter benutzt (Beispiel 5.5.1 und Beispiel 5.6.3) und wird nicht mehr ausführlich kommentiert. Mit einer symbolischen Variable s wird aus den Differentialgleichungen ein Gleichungssystem aufgestellt, aus dem dann die symbolischen Übertragungsfunktionen `H1` und `H2` ermittelt werden:

```
% Skript AR_modell_1.m in dem die spektrale Leistungsdichte
% über ein AR-Modell ermittelt wird
clear;
syms s          % Symbolische Variablen
% ------- Parameter des Systems (Zwei Massen mit Bewegungsanregung)
m1 = 1;            m2 = 0.1;
c1 = 0.05;         c2 = 0.01              % c2 = 0.1679; für Tilger
k1 = 2;            k2 = 1;
% ------- Übertragungsfunktionen
A = [m1*s^2+(c1+c2)*s+(k1+k2),   -c2*s-k2;
     -c2*s-k2, m2*s^2+c2*s+k2];
B = [c1*s+k1;0];
H = inv(A)*B;     H1 = H(1);       H2 = H(2);
```

Daraus werden weiter die numerischen Koeffizienten der Übertragungsfunktionen extrahiert:

```
% ------- Polynome der Zähler und Nenner
[num1, denum1] = numden(H1);              [num2, denum2] = numden(H2);
% ------- Übertragungsfunktion vom Eingang bis y1 (Lage Masse 1)
b1 = coeffs(num1);          a1 = coeffs(denum1);
b1 = double(b1./a1(1)),a1 = double(a1./a1(1)), %Normierung für a1(1)=1
% ------- Übertragungsfunktion vom Eingang bis y2 (Lage Masse 2)
b2 = coeffs(num2);          a2 = coeffs(denum2);
b2 = double(b2./a2(1)),a2 = double(a2./a2(1)), %Normierung für a2(1)=1
```

Es werden weiter zwei Objekte des Typs *Transfer Function* definiert (`my_sys1` und `my_sys2`), die für die Bestimmung der Antworten mit der Funktion **`lsim`** benötigt werden. Die Antworten auf eine unkorrelierte Zufallssequenz mit konstanter spektraler Leistungsdichte gleich eins, welche die Lagen der Massen darstellen, werden in den Vektoren `y1, y2` gespeichert. Für die weitere Verarbeitung werden die Einschwinganteile am Anfang entfernt.

```
% ------- Anregung und Antworten
my_sys1 = tf(b1, a1);       % Transfer-Function Objekt
my_sys2 = tf(b2, a2);       % Transfer-Function Objekt
Tfinal = 5000;          dt = 0.25;
t = 0:dt:Tfinal;        nt = length(t);
u = sqrt(1/dt)*randn(nt,1);     % Unkorrelierte Anregung mit spektraler
                                % Leistungsdichte gleich 1
y1 = lsim(my_sys1, u, t');      % Lage Masse 1
y2 = lsim(my_sys2, u, t');      % Lage Masse 2
y1 = y1(200:end);           y2 = y2(200:end);       % Ohne Einschwingen
```

Weiter wird ein Initialisierungsobjekt mit **`spectrum.yulear`** für die Methode (*Yule-Walker*) und für die Ordnung des AR-Modells definiert. Danach werden mit der Funktion **psd** die Objekte `Syy1, Syy2` mit den spektralen Leistungsdichten für die Lagen der Massen ermittelt:

```
% ------- Spektrale Leistungsdichte mit Yule-Walker-Verfahren
Hyulear = spectrum.yulear(50);        % AR-Modell mit 50 Koeffizienten
nfft = 512;       fs = 1/dt;
Syy1 = psd(Hyulear,y1,'Fs',fs,'NFFT',nfft);
Syy2 = psd(Hyulear,y2,'Fs',fs,'NFFT',nfft);
get(Syy1);
```

Mit

```
>> get(Syy1)
                   Name: 'Power Spectral Density'
                   Data: [257x1 double]
    NormalizedFrequency: 0
                     Fs: 4
            Frequencies: [257x1 double]
           SpectrumType: 'Onesided'
              ConfLevel: 'Not Specified'
           ConfInterval: []
```

erhält man zum Beispiel die Struktur des Objekts Syy1. Bei reellen Signalen wird die ganze Leistung des Signals im Frequenzbereich $f = 0$ bis $f = f_s/2$ als Dichte geliefert.

Um die spektralen Leistungsdichten, die man mit dem zeitdiskreten AR-Modell ermittelt hat, mit den spektralen Leistungsdichten der zeitkontinuierlichen Systeme zu vergleichen, werden letztere aus den in der Simulation a-priori bekannten Übertragungsfunktionen ermittelt:

```
% ------- Korrekte spektrale Leistungsdichten
f = 0:fs/nfft:fs/2;
H1 = freqs(b1,a1,2*pi*f);
Syy1_id = abs(H1).^2;
H2 = freqs(b2,a2,2*pi*f);
Syy2_id = abs(H2).^2;
```

Mit Hilfe der Funktion **freqs** werden die komplexen Frequenzgänge der Übertragungsfunktionen ermittelt. Die Beträge in Quadrat ergeben dann die spektralen Leistungsdichten, weil die unkorrelierte Anregung mit einer spektralen Leistungsdichte gleich eins gewählt wurde.

```
figure(1);    clf;
subplot(211), plot((0:nfft/2)*fs/nfft, 10*log10(Syy1.data));
hold on;
  plot((0:nfft/2-1)*fs/nfft, 10*log10(2*Syy1_id(1:nfft/2)),'r');
  title('Geschätzte und korrekte spektrale Leistungsdichte Masse 1');
  xlabel(['Hz   ( fs = ',num2str(fs),' Hz )']);    ylabel('dB W/Hz');
  grid on;      hold off;
subplot(212), plot((0:nfft/2)*fs/nfft, 10*log10(Syy2.data));
hold on;
  plot((0:nfft/2-1)*fs/nfft, 10*log10(2*Syy2_id(1:nfft/2)),'r');
  title('Geschätzte und korrekte spektrale Leistungsdichte Masse 2');
  xlabel(['Hz   ( fs = ',num2str(fs),' Hz )']);    ylabel('dB W/Hz');
  grid on;      hold off;
```

Abb. 5.63 zeigt überlagert die spektralen Leistungsdichten, die mit den AR-Modellen ermittelt wurden und die, die aus den zeitkontinuierlichen Modellen berechnet wurden.

Im Skript werden zuletzt, wie immer, mit Hilfe des Parseval-Theorems die Normierungen überprüft. Es werden die Varianzen der Signale, die aus dem Zeitverlauf berechnet wurden und die aus den spektralen Leistungsdichten ermittelt wurden verglichen:

```
% -------- Parseval-Theorem für Lage der Masse 1
varianz_m1 =  sum(Syy1_id)*fs/nfft,      % Aus kontinuierlichem Modell
varianz_gm1 = sum(Syy1.data)*fs/nfft,    % Aus AR-Modell
varianz_1zeit = std(y1)^2,               % Aus Zeitverlauf
% -------- Parseval-Theorem für Lage der Masse 2
varianz_m2 =  sum(Syy2_id)*fs/nfft,
varianz_gm2 = sum(Syy2.data)*fs/nfft,
varianz_2zeit = std(y2)^2,
```

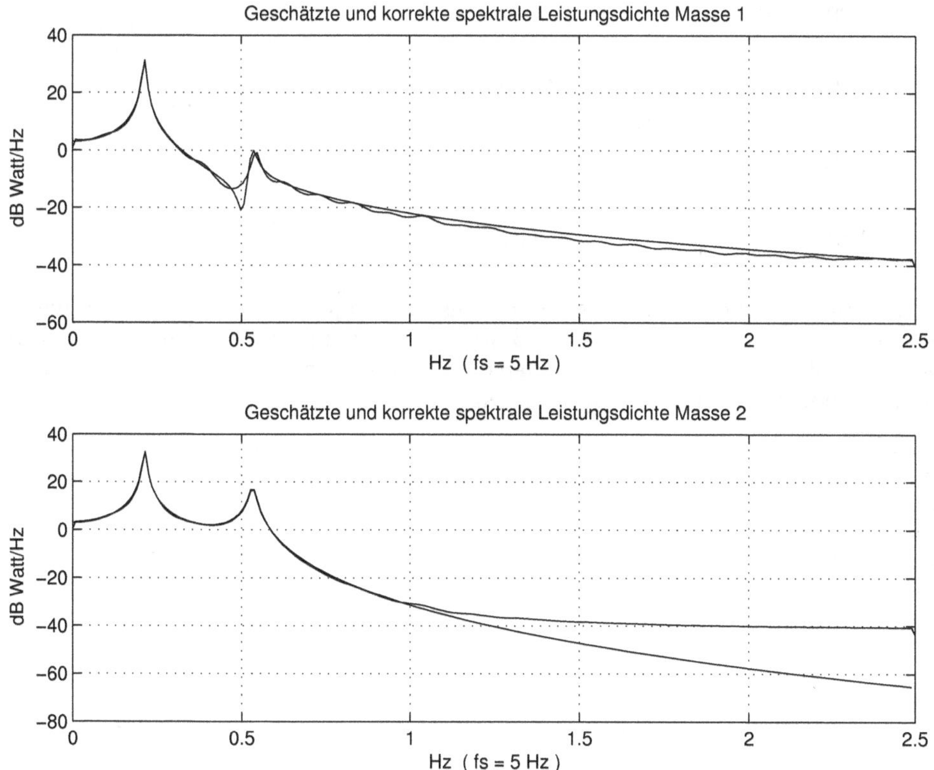

Abb. 5.63: Spektrale Leistungsdichten, die mit den AR-Modellen und aus den zeitkontinuierlichen Modellen berechnet wurden (AR_modell_1.m)

```
varianz_m1     = 19.1433        varianz_gm1 = 19.2008
varianz_1zeit  = 17.5405
varianz_m2     = 30.1124        varianz_gm2 =  29.2783
varianz_2zeit  = 27.5907
```

5.7.3 Beispiel: Identifikation von AR-Modellen mit der MATLAB-Funktion **levinson**

In diesem Beispiel werden wieder AR-Modelle aus einem zeitkontinuierlichen System identifiziert und danach die spektralen Leistungsdichten berechnet. Dafür wird die MATLAB-Funktion **levinson** eingesetzt, in der das Yule-Walker Gleichungssystem (5.152) mit dem Levinson-Durbin-Verfahren gelöst wird. Zusätzlich wird auch die Varianz der Anregung des AR-Modells ermittelt.

Es handelt sich um das System aus Abb. 5.57 mit $c_4 = 0, \; k_4 = 0$. Die Differentialgleichungen, die das kinetische Gleichgewicht der Kräfte relativ zum Ruhezustand beschreiben, sind:

$$\begin{aligned}
&m_1\ddot{y}_1(t) + c_1(\dot{y}_1(t) - \dot{u}(t)) + c_2(\dot{y}_1(t) - \dot{y}_2(t)) + k_1(y_1(t) - u(t)) + \\
&\qquad k_2(y_1(t) - y_2(t)) = 0 \\
&m_2\ddot{y}_2(t) + c_2(\dot{y}_2(t) - \dot{y}_1(t)) + c_3(\dot{y}_2(t) - \dot{y}_3(t)) + k_2(y_2(t) - y_1(t)) + \\
&\qquad k_3(y_2(t) - y_3(t)) = 0 \\
&m_3\ddot{y}_3(t) + c_3(\dot{y}_3(t) - \dot{y}_2(t)) + k_3(\dot{y}_3(t) - \dot{y}_2(t)) = 0
\end{aligned} \tag{5.156}$$

Im Skript `AR_modell_2.m` ist dieses Beispiel programmiert. Am Anfang werden die Übertragungsfunktionen von der Bewegungsanregung bis zu den Lagen der drei Massen ermittelt. Dafür wird, wie in den erwähnten Beispielen, ein Gleichungssystem in der symbolischen Variable s aus den Differentialgleichungen gebildet und gelöst:

```
% Skript AR_modell_2.m, in dem ein AR-Modell identifiziert
% wird und die spektralen Leistungsdichten ermittelt werden.
% Es ist ein Feder-Masse-System mit 3 Massen und
% Bewegungsanregung
clear;
syms s     % Symbolische Variable
randn('seed', 13579);
% ------ Parameter des Systems
m1 = 2;     m2 = 2;      m3 = 2;
c1 = 0.1;   c2 = 0.1;    c3 = 0.1;
k1 = 2;     k2 = 2;      k3 = 2;
% ------ Übertragungsfunktionen von der Anregung zu den Lagen
A = [m1*s^2+(c1+c2)*s + (k1+k2), -c2*s-k2, 0;
     -c2*s-k2, m2*s^2+(c2+c3)*s+(k2+k3), -c3*s-k3;
     0, -c3*s-k3, m3*s^2+c3*s+k3];
B = [c1*s+k1;0;0];
H = inv(A)*B;        H1 = H(1);        H2 = H(2);      H3 = H(3);
```

Weiter werden die Koeffizienten der Zähler und Nenner der Übertragungsfunktionen aus den symbolischen Variablen extrahiert und die entsprechenden Frequenzgänge berechnet. In Abb. 5.64 sind die dazu gehörigen Amplitudengänge dargestellt.

```
% ------ Polynome der Zähler und Nenner
[num1, denum1] = numden(H1);             [num2, denum2] = numden(H2);
[num3, denum3] = numden(H3);
% ------ Koeffizienten der Übertragungsfunktionen
b1 = sym2poly(num1),         a1 = sym2poly(denum1),
b2 = sym2poly(num2),         a2 = sym2poly(denum2),
b3 = sym2poly(num3),         a3 = sym2poly(denum3),
b1 = b1./a1(1),              a1 = a1./a1(1),
b2 = b2./a2(1),              a2 = a2./a2(1),
b3 = b3./a3(1),              a3 = a3./a3(1),
% ------ Frequenzgänge
f = logspace(-2,1,1000);           omega = 2*pi*f;
Hf1 = freqs(b1,a1,omega);      Hf2 = freqs(b2,a2,omega);
```

```
Hf3 = freqs(b3,a3,omega);
figure(1);   clf;
subplot(311), semilogx(f, 20*log10(abs(Hf1)));
  title('Amplitudengang für Masse 1');   xlabel('Hz');
  grid on;    axis tight;
subplot(312), semilogx(f, 20*log10(abs(Hf2)));
  title('Amplitudengang für Masse 2');   xlabel('Hz');
  grid on;    axis tight;
subplot(313), semilogx(f, 20*log10(abs(Hf3)));
  title('Amplitudengang für Masse 3');   xlabel('Hz');
  grid on;    axis tight;
% ------- Charakteristische Frequenzen
f_t = abs(imag(roots(a1)'));
f_t = sort(f_t);
f_ch = reshape(f_t, 2, 3);     f_ch = f_ch(1,:)/(2*pi);
f1 =  f_ch(1);                 f2 =  f_ch(2);
f3 =  f_ch(3);
```

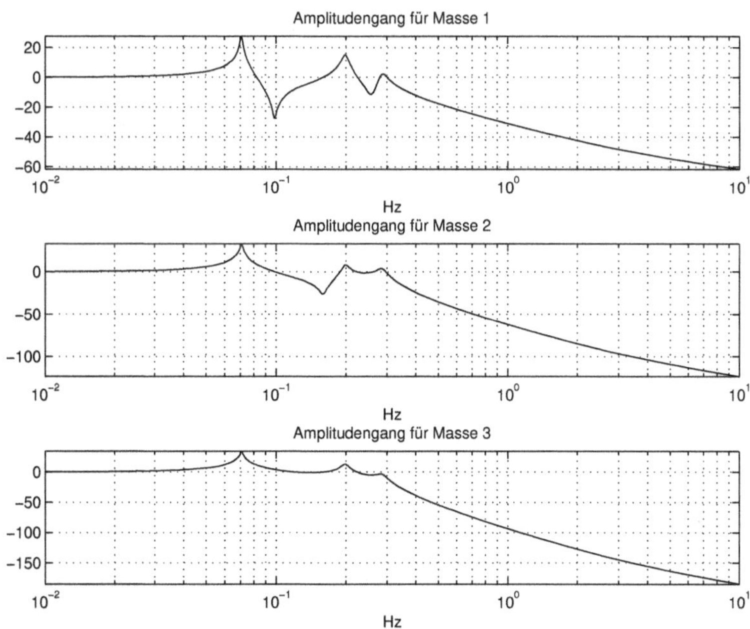

Abb. 5.64: Amplitudengänge der Übertragungsfunktionen von der Anregung zu den Lagen der Massen (AR_modell_2.m)

Danach wird die Antwort des Systems auf eine unkorrelierte Anregung mit konstanter spektraler Leistungsdichte gleich eins ermittelt:

```
% ------- Antwort des Systems auf unkorrelierte Anregung
fs = round(10*f3);        Ts = 1/fs;        Tfinal = 1000;
```

```
t = 0:Ts:Tfinal-Ts;                    nt = length(t);
u = sqrt(1/Ts)*randn(nt,1);% Unkorrelierte Anregung mit spektrale
                           % Leistungsdichte gleich 1
my_sys1 = tf(b1, a1);                  my_sys2 = tf(b2, a2);
my_sys3 = tf(b3, a3);
y1 = lsim(my_sys1, u',t');             y2 = lsim(my_sys2, u',t');
y3 = lsim(my_sys3, u',t');
```

Weiter werden die Autokorrelationsfunktionen, die im Yule-Walker Gleichungssystem benötigt werden mit der Funktion **xcorr** geschätzt. Hier werden auch die Werte der Autokorrelation für positive Verspätungen, die man für die Toeplitz-Matrix des Gleichungssystems benötigt, gebildet:

```
% ------- AR-Modelle für die Lagen der Massen mit levinson-Funktion
% Autokorrelationsfunktion
max_lag = 100;
[Ryy1, lag] = xcorr(y1, max_lag,'biased');
Ryy2 = xcorr(y2, max_lag,'biased');
Ryy3 = xcorr(y3, max_lag,'biased');
figure(2);      clf;
plot(lag, [Ryy1, Ryy2, Ryy3]);
  title('Autokorrelationsfunktionen')
  xlabel('Verstätungen T/Ts');    grid on;
  ylabel('W');     legend('Masse 1', 'Masse 2', 'Masse 3');
% ------ Einseitige Autokorrelationen für die Levinson-Funktion
Ryy1_s = Ryy1(max_lag+1:end,1);    % Autokorrelationen für positive
Ryy2_s = Ryy2(max_lag+1:end,1);    % Verspätungen
Ryy3_s = Ryy3(max_lag+1:end,1);
```

Abb. 5.65 zeigt die Autokorrelationsfunktionen für die Lagen der drei Massen. Man erkennt den periodischen Charakter wegen der konjugiert komplexen Paare der Pole der Übertragungsfunktionen. Alle Übertragungsfunktionen haben im Nenner gleiche Koeffizienten und dadurch auch gleiche Pole. Aus diesen wurden die charakteristischen Frequenzen `f1, f2, f3`, wie gezeigt, ermittelt.

In den folgenden Programmzeilen werden dann die Koeffizienten der zeitdiskreten AR-Modelle mit der Funktion **levinson** ermittelt. Mit Hilfe dieser Koeffizienten und der Varianz der Anregungen der AR-Modelle der Signale (z.B. die Masse 1 in `aAR1, err1`) werden die spektralen Leistungsdichten ermittelt:

```
% AR-Modell für Masse 1 und spektrale Leistungsdichte
nord = 80;      nfft = 1024;
[aAR1, err1] = levinson(Ryy1_s, nord);
Syy1 =  Ts*err1./(abs(fft(aAR1, nfft)).^2);
% AR-Modell für Masse 2 und spektrale Leistungsdichte
[aAR2, err2] = levinson(Ryy2_s, nord);
Syy2 =  Ts*err2./(abs(fft(aAR2, nfft)).^2);
% AR-Modell für Masse 3 und spektrale Leistungsdichte
[aAR3, err3] = levinson(Ryy3_s, nord);
Syy3 =  Ts*err3./(abs(fft(aAR3, nfft)).^2);
figure(3);      clf;
```

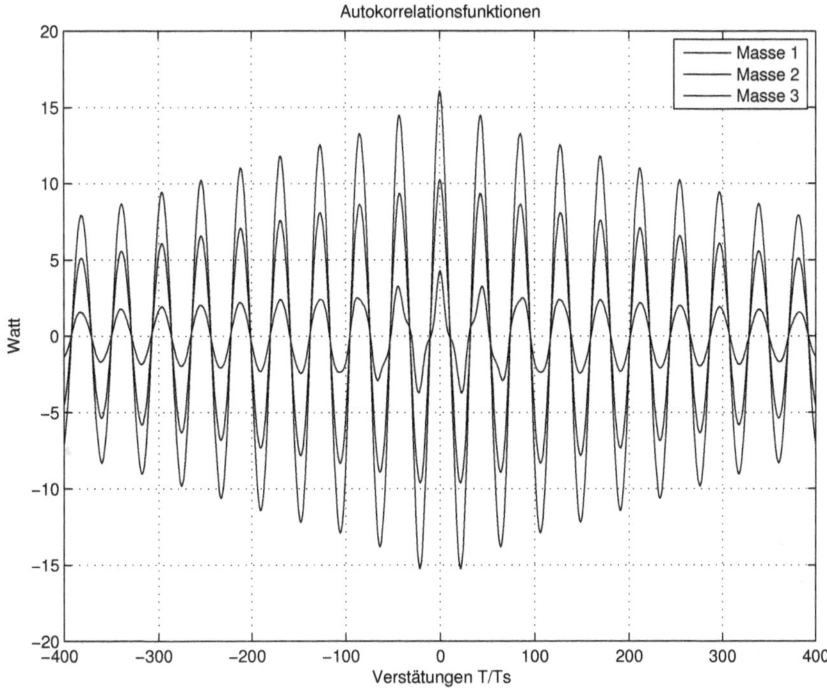

Abb. 5.65: Autokorrelationsfunktionen für die Lagen der Massen (AR_modell_2.m)

```
nd = 1:nfft/2;
subplot(311), plot((0:nfft/2-1)*fs/nfft, 10*log10(Syy1(nd)));
  title('Spektrale Leistungsdichte für Masse 1  ( dBW/Hz )');
  grid on;    axis tight;
subplot(312), plot((0:nfft/2-1)*fs/nfft, 10*log10(Syy2(nd)));
  title('Spektrale Leistungsdichte für Masse 2  ( dBW/Hz )');
  grid on;    axis tight;
subplot(313), plot((0:nfft/2-1)*fs/nfft, 10*log10(Syy3(nd)));
  title('Spektrale Leistungsdichte für Masse 3  ( dBW/Hz )');
  grid on;    axis tight;
  xlabel([' Frequenz in Hz ( fs = ', num2str(fs),' Hz)']);
```

In Abb. 5.66 sind die spektralen Leistungsdichten dargestellt.

Wie in den vorherigen Beispielen werden die mittleren Leistungen der Lagen der Massen sowohl aus den Zeitsequenzen als auch aus den spektralen Leistungsdichten (Parseval-Theorem) berechnet und verglichen:

```
% -------- Parseval-Theorem
varianz_zeit1 = std(y1)^2,          varianz_freq1 = sum(Syy1)*fs/nfft
varianz_zeit2 = std(y2)^2,          varianz_freq2 = sum(Syy2)*fs/nfft
varianz_zeit3 = std(y3)^2,          varianz_freq3 = sum(Syy3)*fs/nfft
```

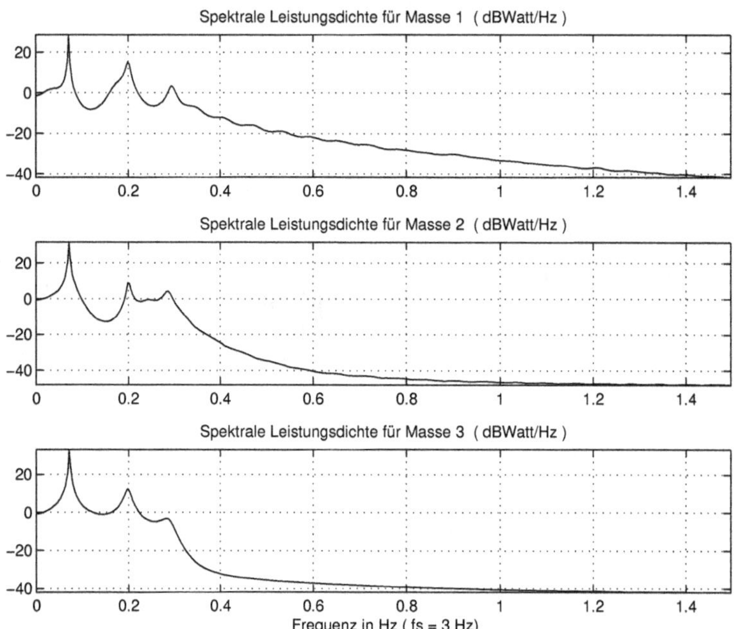

Abb. 5.66: Spektrale Leistungsdichten, die mit den AR-Modellen berechnet wurden (AR_modell_2.m)

```
varianz_zeit1 =  4.2942          varianz_freq1 =  6.3399
varianz_zeit2 =  10.2566         varianz_freq2 = 11.7750
varianz_zeit3 =  16.0913         varianz_freq3 = 17.2510
```

Die Ordnung der zeitdiskreten AR-Modelle muss relativ hoch gewählt werden. Mit einer Ordnung gleich 80 sind alle charakteristische Frequenzen, die man in den Amplitudengängen sieht, auch in den Darstellungen der spektralen Leistungsdichten sichtbar. Der Leser kann hier mit vielen Parametern, wie z.B. der erwähnten Ordnung, experimentieren.

5.7.4 Beispiel: Spektrale Leistungsdichte sinusförmiger Signale in weißem Rauschen

In diesem Beispiel wird die spektrale Leistungsdichte eines zeitdiskreten Signals bestehend aus zwei sinusförmigen Signalen in weißem Rauschen ermittelt. Die spektrale Leistungsdichte eines deterministischen, sinusförmigen Signals ist eine Delta-Funktion bei der Frequenz des Signals, so dass die Fläche gleich der mittleren Leistung des Signals ist.

In den numerischen Verfahren zur Ermittlung der spektralen Leistungsdichte wird bis zuletzt die DFT (oder FFT) mit einer bestimmten Auflösung eingesetzt. Man erhält dadurch keine Delta-Funktion für den sinusförmigen Anteil, aber das Integral über die spektrale Leistungsdichte muss auch die Leistung dieses Anteils enthalten.

Abb. 5.67 zeigt das Simulink-Modell `AR_modell31.mdl`, das aus dem Skript `AR_modell_31.m` initialisiert und aufgerufen wird. Zur Bestimmung der spektralen Leistungsdichte wird einmal das nichtparametrische Welch-Verfahren, das im Block *Periodogram* aus der *DSP Toolbox* implementiert ist, eingesetzt.

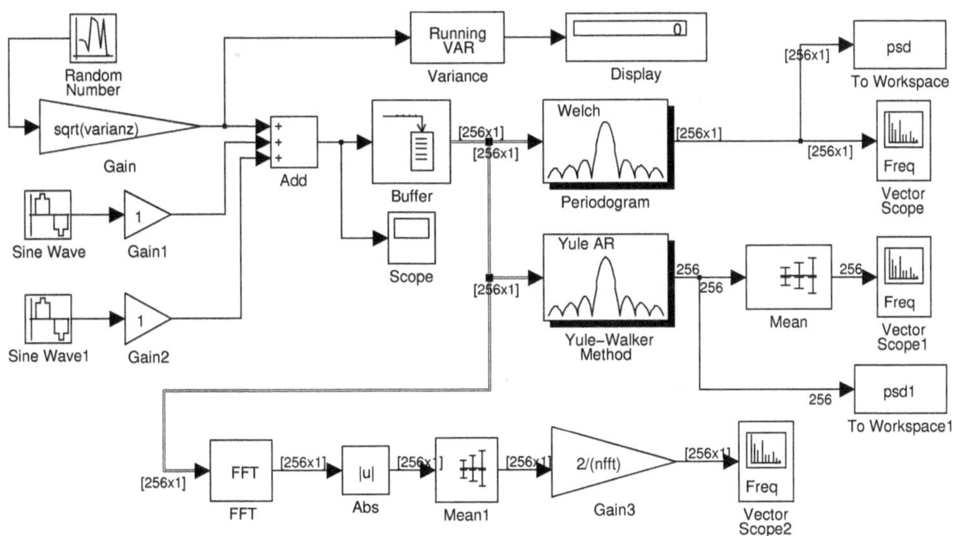

Abb. 5.67: Simulink-Modell dieser Untersuchung (AR_modell_31.m, AR_modell31.mdl)

Mit dem Block *Yule-Walker Method* wird das parametrische Verfahren mit diesem Namen untersucht. Im Block wird zuerst ein AR-Modell des Systems identifiziert, das zur Generierung dieser Daten geführt hat und danach wird die spektrale Leistungsdichte mit den Koeffizienten des Modells berechnet.

Im Simulink-Modell erkennt man links die Blöcke zur Generierung der Signale, die im Block *Add* addiert werden. Mit dem Block *Scope* kann das zusammengesetzte Signal während der Simulation verfolgt werden. Die Signale sind zeitdiskrete Signale mit der Abtastperiode $T_s = 1/f_s$ und die Frequenzen der deterministischen Signale erfüllen das Abtasttheorem ($f_1, \ f_2 < f_s/2$).

Mit dem Puffer im Block *Buffer* werden Datenblöcke gebildet, die dann als Vektoren den zwei Blöcken der Verfahren als Eingänge dienen. In der Darstellung des Modells sieht man auch die Struktur der Ergebnisse, die geliefert werden. Sie werden in den Senkenblöcken *To Workspace* zwischengespeichert und mit den *Vector Scope*-Blöcken dargestellt.

Mit folgenden Programmzeilen werden die Parameter des Modells und der Simulation initialisiert:

```
% Skript AR_modell_31.m, in dem die spektrale Leistungsdichte
% sinusförmiger Signale im Rauschen untersucht wird.
% Arbeitet mit dem Modell AR_modell31.mdl
clear;
% -------- Parameter des Modells
```

```
sigma_2 = 1;        % Varianz des Rauschgenerators
varianz = 10;       % Gewünschte Varianz des überlagerten Rauschens
fs = 1000;    Ts = 1/fs;   % Abtastfrequenz und Abtastperiode
ampl1 = 1;          % Amplitude des sinusförmigen Signals 1
f1 = 100;           % Frequenz des sinusförmigen Signals 1
ampl2 = 2;          % Amplitude des sinusförmigen Signals 2
f2 = 120;           % Frequenz des sinusförmigen Signals 2
nfft = 256;         % Puffergröße
Tfinal = 20;        % Dauer der Simulation
n_mean = round(Tfinal/(nfft*Ts));   % Anzahl der Blöcke die
                    % gemittelt werden für das Welch-Verfahren
n_ordn = 64;        % Ordnung des AR-Modells für Yule-Walker-Block
```

Es folgt weiter der Aufruf der Simulation mit der Funktion **sim**, hier vereinfacht mit den minimalen, nötigen Argumenten. Für die Struktur der Daten in den Senken *To Workspace* ist *array* gewählt worden. Die Funktionsblöcke *Welch* bzw. *Yule AR* liefern verschiedene *Array*-Formen, die man durch

```
>> size(psd)          ans =    256    1    79
>> size(psd1)         ans =    79   256
```

darstellen kann.

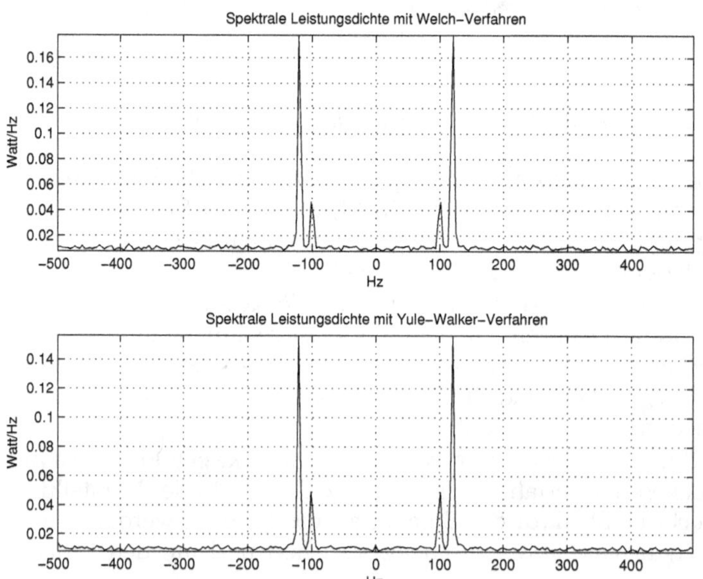

Abb. 5.68: Spektrale Leistungsdichten aus der Simulation (AR_modell_31.m, AR_modell31.mdl)

Der Block *Welch* liefert somit ein dreidimensionales Feld, bestehend aus einer Spalte mit 79 Ergebnisblöcken und je 256 Werte. Weil man im Block parametrieren kann, wie viele spektrale Leistungsdichten gemittelt werden sollen, muss man hier zur Darstellung in MATLAB nur den letzten Block dieses Feldes extrahieren:

```
psd_m = psd(:,1,n_mean);
```

Dabei ist n_mean die Anzahl der spektralen Leistungsdichten, die dieser Block aus den Datenblöcken ermittelt und die zu mitteln sind.

Die Ergebnisse des Blocks *Yule AR* werden für die Darstellung auf dem *Vector Scope1* mit dem Block *Mean* gemittelt.

Damit bei den Berechnungen der spektralen Leistungsdichten im ersten Block keine Divisionen durch null auftauchen, wird der Puffer mit sehr kleinen Werten initialisiert, die den Mittelwert nicht beeinflussen. Die Ordnung des AR-Modells für die Daten ist relativ hoch und wurde im Skript zu 64 gewählt. Sie kann einfach verändert werden, um den Einfluss dieses Parameters zu untersuchen.

Für die Darstellung im MATLAB, werden die Ergebnisblöcke aus dem Feld psd1 nach der Simulation gemittelt:

```
psd1_m = mean(psd1(2:end,:));
```

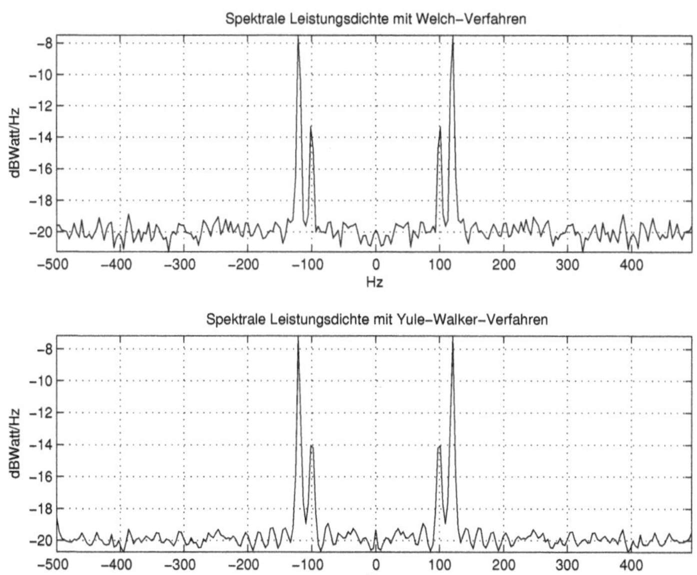

Abb. 5.69: Spektrale Leistungsdichten aus der Simulation in dBW/Hz (AR_modell_31.m, AR_modell31.mdl)

Das Feld pds1 besteht aus 79 Zeilen mit je 256 Spalten, die die spektralen Leistungsdichten der 79 Ergebnisse enthalten. Gemittelt werden nur die Zeilen 2 bis 79, um die numerischen Ungenauigkeiten der ersten Schätzung nicht zu erfassen. Jede Zeile hat 256 Spalten mit Werten der spektralen Leistungsdichte (weil nfft = 256 ist).

```
% ------- Aufruf der Simulation
sim('AR_modell31', [0,Tfinal]);
figure(1);    clf;
psd_m = psd(:,1,n_mean);
```

```
subplot(211), plot((-nfft/2:nfft/2-1)*fs/nfft, fftshift(psd_m));
title('Spektrale Leistungsdichte mit Welch-Verfahren');
xlabel('Hz');     ylabel('W/Hz');       grid on;
axis tight;
% ------- Mittelung der spektralen Leistungsdichten des Yule-Walker
psd1_m = mean(psd1(2:end,:));
%figure(2);     clf;
subplot(212), plot((-nfft/2:nfft/2-1)*fs/nfft, fftshift(psd1_m));
title('Spektrale Leistungsdichte mit Yule-Walker-Verfahren');
xlabel('Hz');     ylabel('W/Hz');       grid on;
axis tight;
```

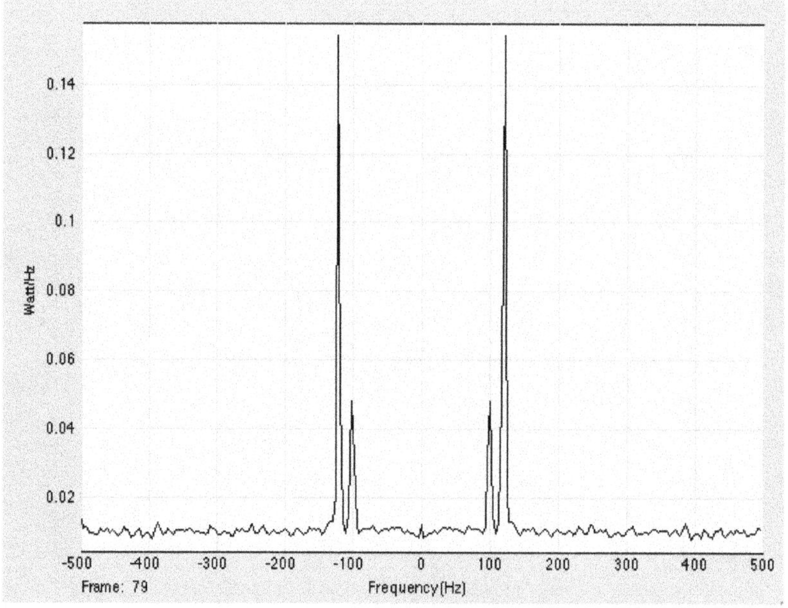

Abb. 5.70: Spektrale Leistungsdichte, die am Vector Scope1 *dargestellt ist* (AR_modell_31.m, AR_modell31.mdl)

Abb. 5.68 zeigt die gemittelten spektralen Leistungsdichten der zwei Funktionsblöcke linear skaliert und in Abb. 5.69 dieselben spektralen Leistungsdichten logarithmisch skaliert. Man erkennt die zwei sinusförmige Signale und die spektrale Leistungsdichte des Rauschens. Bei einer eingestellten Varianz von 10 W (10,15 gemessen am *display*) und einer Abtastperiode $T_s = 1/1000$ s erhält man eine spektrale Leistungsdichte von $10 \times 1/1000 = 10^{-2}$ W/Hz, die man mit der Zoom-Funktion in den Darstellungen aus Abb. 5.68 auch erhält. Besser sieht man diesen Wert in den großen Darstellungen der *Vector Scope*, wie in Abb. 5.70, die die spektrale Leistungsdichte des *Vector Scope1* darstellt.

Zuletzt wird im Skript der Signalrauschabstand (*Signal to Noise Ratio*) des Experiments in dB berechnet:

$$SNR^{dB} = 10\log_{10}\left(\frac{\text{Mittlere-Leistung-Signal}}{\text{Mittlere-Leistung-Rauschen}}\right) \tag{5.157}$$

```
% ------- Signal-Rauschabstand in dB (SNR)
p_signal = (ampl1^2 + ampl2^2)/2;
p_rauschen = varianz;
SNR = 10*log10(p_signal/p_rauschen),
% ------- Varianzen über die spektrale Leistungsdichte
varianz_1_f = sum(psd_m)*fs/nfft,
varianz_2_f = sum(psd1_m)*fs/nfft,
```

Es werden ebenfalls die Varianzen des Signals aus den spektralen Leistungsdichten der zwei Verfahren berechnet:

```
SNR =     -6.0206     dB
varianz_1_f =    12.6653
varianz_2_f =    12.3731
```

Wie man bemerkt, ist der Signalrauschabstand negativ und zeigt, dass die Rauschleistung in diesem Fall ca. vier mal größer (wegen 6,0206 dB) als die Signalleistung ist. Dass in den Abb. 5.68 und Abb. 5.70 die beiden Schwingungen mit einer größeren Leistungsdichte auftreten als das Rauschen liegt daran, dass die Leistung der Schwingungen auf einen kleinen Frequenzbereich konzentriert ist, während sich die Leistung des Rauschens auf den gesamten Frequenzbereich von 0 bis f_s verteilt.

Die korrekte Varianz wäre die Varianz des Rauschsignals von 10 W plus die mittlere Leistung der zwei sinusförmigen Signale der Amplituden 1 und 2. Das sind dann noch 0,5+2 = 2,5 W und somit insgesamt 12,5 W.

Im unteren Teil des Modells aus Abb. 5.67 ist gezeigt, wie man die Amplituden der sinusförmigen Signale über die FFT ermitteln kann. Aus Gl. (3.26) geht hervor, dass die Koeffizienten der komplexen Form der Fourier-Reihe c_k gleich der DFT X_k (oder FFT) des Signals geteilt durch die Anzahl N der Frequenzstützstellen (Bins) sind. Die Amplituden der Komponenten des periodischen Signals erhält man weiter aus den Beträgen dieser Koeffizienten multipliziert mit zwei:

$$\hat{x}_k = 2|c_k| = 2\frac{|X_k|}{N} \quad \text{mit} \quad X_k = \sum_{n=0}^{N-1} x(nT_s)\, e^{-j2\pi nk/N} \tag{5.158}$$

Mit $x(nT_s)$ wurde das Signal eines Blockes bezeichnet.

Um den Einfluss des Rauschsignals zu mindern, werden die Beträge der FFT gemittelt und dann mit `2/nfft` gewichtet. Der Block *Vector Scope2* zeigt als Ausschläge die Amplituden (Abb. 5.71). Wegen des Leckeffekts erhält man nicht die in der Simulation gewählten Werte von 2 und 1, sondern davon leicht abweichende Werte.

5.7.5 Beispiel: Spektrale Leistungsdichte des Quantisierungsfehlers eines A/D-Wandlers

Ein A/D-Wandler mit N_b Bit besitzt 2^{N_b} Zustände (oder Codewörter), denen man Ausgangswerte asoziieren kann. Die so entstehende treppenförmige Quantisierungskennlinie ist in Abb. 5.72a dargestellt.

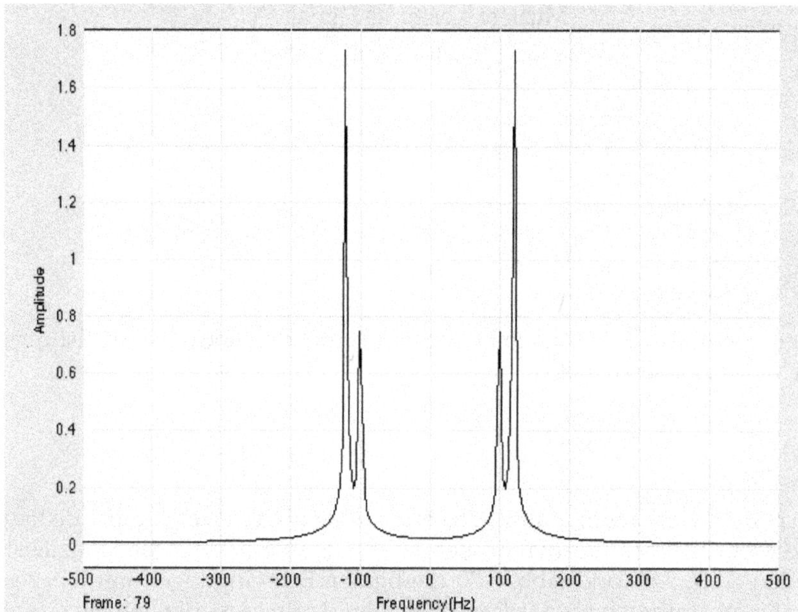

Abb. 5.71: Amplitudenspektrum, das am Vector Scope2 *dargestellt ist (*AR_modell_31.m, AR_modell31.mdl)

Jede Treppe des Ausgangs y entspricht einem Zustand. Die acht Zustände in diesem Fall zeigen eine Kennlinie eines Wandlers mit drei Bit ($2^3 = 8$). Für ein symmetrisches Eingangssignal x mit $-x_{max} \leq x \leq x_{max}$ definiert man die Quantisierungstufe q durch:

$$q = \frac{x_{max} - (-x_{max})}{2^{N_b}} = \frac{2x_{max}}{2^{N_b}} \tag{5.159}$$

Sie zeigt mit welchen Wert sich das Eingangssignal x ändern muss, um eine Änderung des Ausgangssignals y zu erhalten. Der Fehler des Quantisierers ϵ, definiert als die Differenz $\epsilon = y - x$ ist in Abb. 5.72b erläutert. Für das gewählte Intervall des Eingangs ist der Fehler am Anfang des Intervalls $q/2$ wird in der Mitte des Intervalls zu null und am Ende ist der Fehler $-q/2$. Dieser Verlauf wiederholt sich in allen Intervallen.

Für ein im Bereich $-x_{max} \leq x \leq x_{max}$ gleichverteiltes Zufallssignal am Eingang ist auch der Fehler ein Zufallssignal, welches im Bereich $-q/2 \leq \epsilon \leq q/2$ gleichverteilt ist. Die Wahrscheinlichkeitsdichten des Eingangszufallssignals und des Fehlers sind in Abb. 5.73 dargestellt und sind $p(x) = 1/(2x_{max})$ bzw. $p(\epsilon) = 1/q$.

Man kann jetzt die mittlere Leistung des Eingangssignals ermitteln:

$$P_y = \int_{-x_{max}}^{x_{max}} x^2 p(x)dx = \frac{1}{2x_{max}} \int_{-x_{max}}^{x_{max}} x^2 dx = \frac{x_{max}^2}{3} = \frac{q^2}{12} 2^{2N_b} \tag{5.160}$$

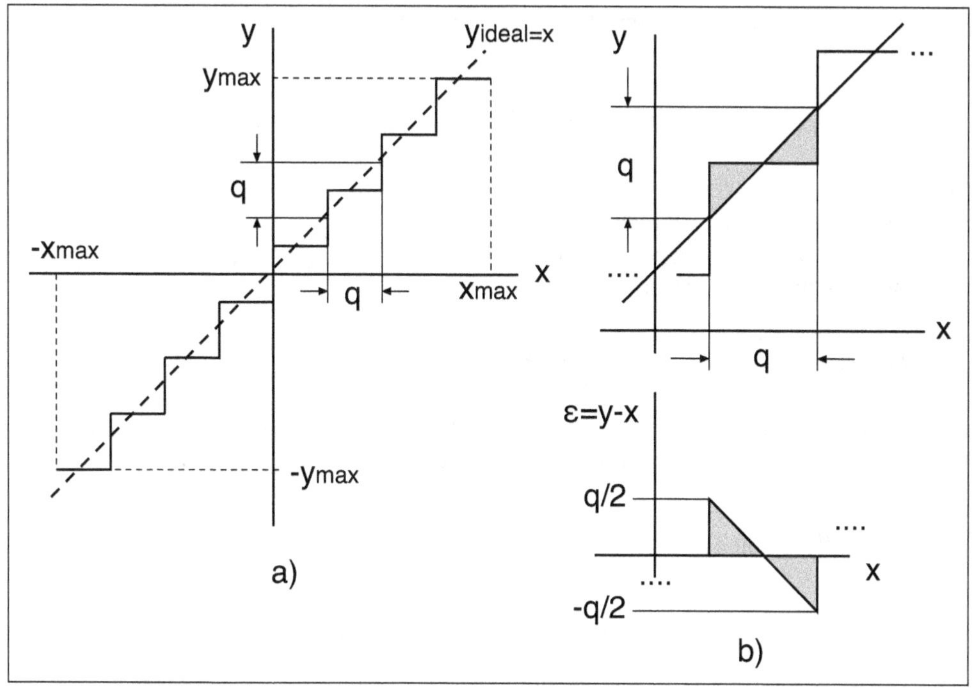

Abb. 5.72: a) Kennlinie eines A/D-Wandlers b) Fehler des Wandlers

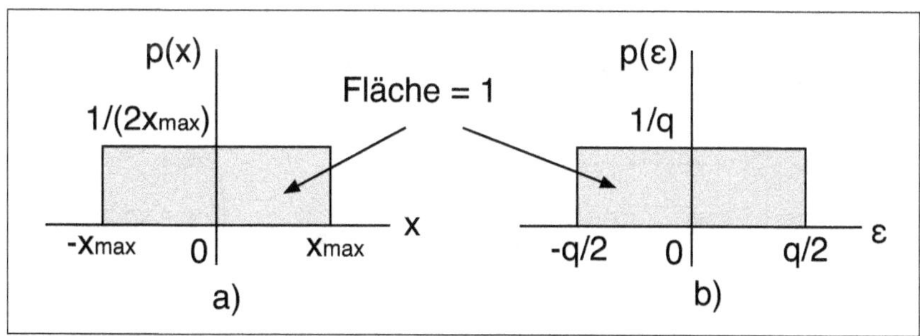

Abb. 5.73: a) Wahrscheinlichkeitsdichte des Eingangssignals b) und des Fehlers

Dabei wurde x_{max} über die Quantisierungsstufe q und die Anzahl der Bit N_b gemäß Gl. (5.159) ausgedrückt.

Ähnlich wird auch die mittlere Leistung des Fehlers als Rauschen berechnet:

$$P_\epsilon = \int_{-q/2}^{q/2} \epsilon^2 p(\epsilon) d\epsilon = \frac{1}{q} \int_{-q/2}^{q/2} \epsilon^2 d\epsilon = \frac{q^2}{12} \qquad (5.161)$$

Der Signalrauschabstand (englich SNR *Signal-Noise-Ratio*) in dB wird jetzt zu:

$$SNR^{dB} = 10\log_{10}\left(\frac{P_y}{P_\epsilon}\right) \cong 6,02N_b \tag{5.162}$$

Diese Beziehung zeigt, dass jedes zusätzliche Bit des Wandlers ein Gewinn im Signalrauschabstand von ca. 6 dB bringt.

Mit einem Eingangssignal in Form eines sinusförmigen Signals der Amplitude x_{max} ist seine mittlere Leistung gleich:

$$P_y = \left(\frac{x_{max}}{\sqrt{2}}\right)^2 = \frac{x_{max}^2}{2} = \frac{q^2}{4}2^{2N_b} \tag{5.163}$$

Wenn weiter angenommen wird, dass der Fehler gleichverteilt im Quantisierungsintervall bleibt, dann ist der Signalrauschabstand durch

$$SNR^{dB} = 10\log_{10}\left(\frac{P_y}{P_\epsilon}\right) \cong 6,02N_b + 1,8 \tag{5.164}$$

gegeben. Für Wandler mit mehr als 8 Bits ist die Korrektur von 1,8 dB nicht mehr signifikant.

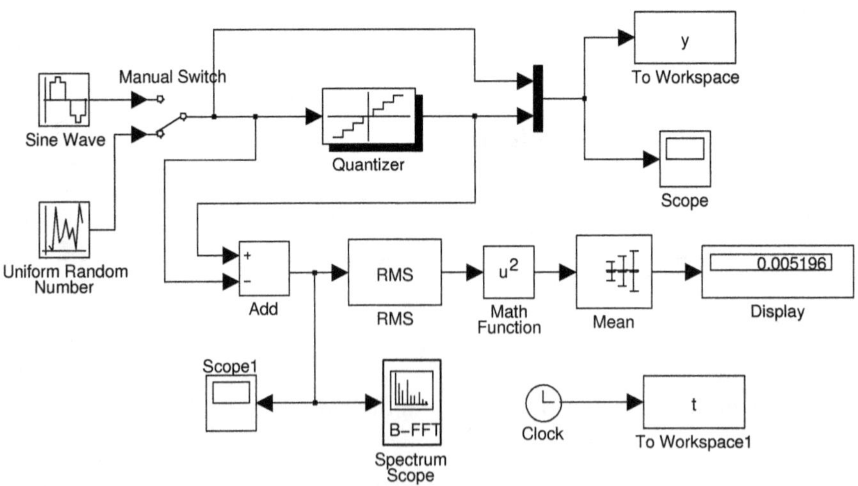

Abb. 5.74: Simulink-Modell der Untersuchung eines A/D-Wandlers (A/D_test2.m, A/D_test_2.mdl)

Die gezeigten Sachvehalte werden mit dem Skript `AD_test2.m` und dem Modell `AD_test_2.mdl` (Abb. 5.74) untersucht.

Die Simulation wird mit zeitdiskreten Signalen durchgeführt. Man kann als Eingangssignal eine Sequenz von unkorrelierten Zufallswerten mit Gleichverteilung im

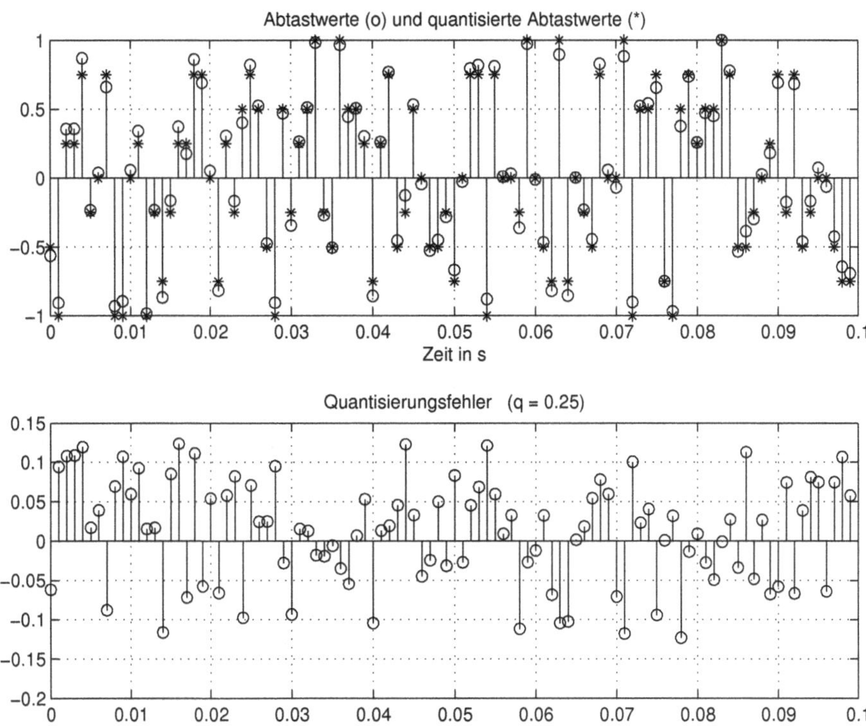

Abb. 5.75: Eingangsabtastwerte (o) und quantisierte Abtastwerte (*) bzw. Fehler der Quantisierung (A/D_test2.m, A/D_test_2.mdl)

Bereich $-x_{max} \leq x \leq x_{max}$ oder ein sinusförmiges Signal der Amplitude x_{max} wählen.

Am *Display*-Block wird die mittlere Leistung des Fehlers dargestellt. Der ideale Wert muss $q^2/12$ sein. Die Quantisierungsstufe q ist im Quantisierer (Block *Quantizer*) als Parameter eingetragen.

Mit dem Skript wird auch die Kennlinie des Quantisierers dargestellt. Voreingestellt ist die Simulation mit $N_b = 3$, so dass man die Kennlinie leicht versteht und die Fehler der Quantisierung in den Darstellungen sichtbar sind. Abb. 5.75 zeigt oben die korrekten Abtastwerte des Eingangssignals, die mit "0" gekennzeichnet sind und die entsprechenden quantisierten Werte, die mit "*" gekennzeichnet sind.

Bei $x_{max} = 1$ V ist $q = 2/8 = 0,25$ V und die entsprechende mittlere Leistung ist $P_\epsilon = 0,0052$ W. Am *Display*-Block ist der Endwert von 0,005196 angezeigt.

Die Simulation wird mit einer Abtastfrequenz von $f_s = 1000$ Hz durchgeführt und dadurch ist die spektrale Leistungsdichte der unkorrelierten Sequenz $S_{XX}(f) = P_\epsilon/fs = 5,2\ 10^{-6}$ W/Hz. Abb. 5.76 zeigt die spektrale Leistungsdichte, die im Skript mit der Funktion **pwelch** berechnet wurde. Der Mittelwert ist mit der horizontalen Linie dargestellt und hat den Wert $5,2186\ 10^{-6}$, der sehr nahe dem idealen Wert von

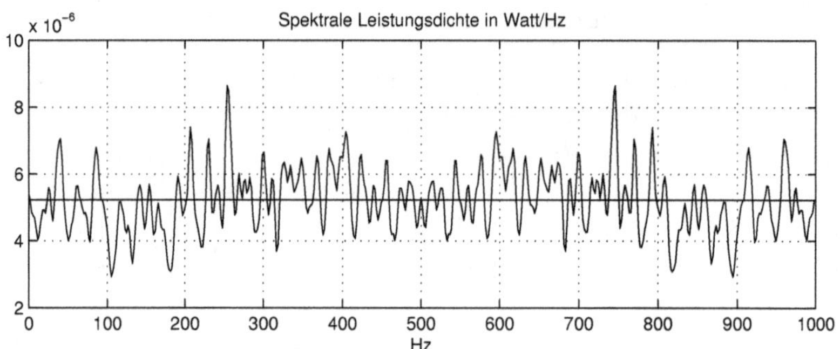

Abb. 5.76: Spektrale Leistungsdichte des Fehlers (A/D_test2.m, A/D_test_2.mdl)

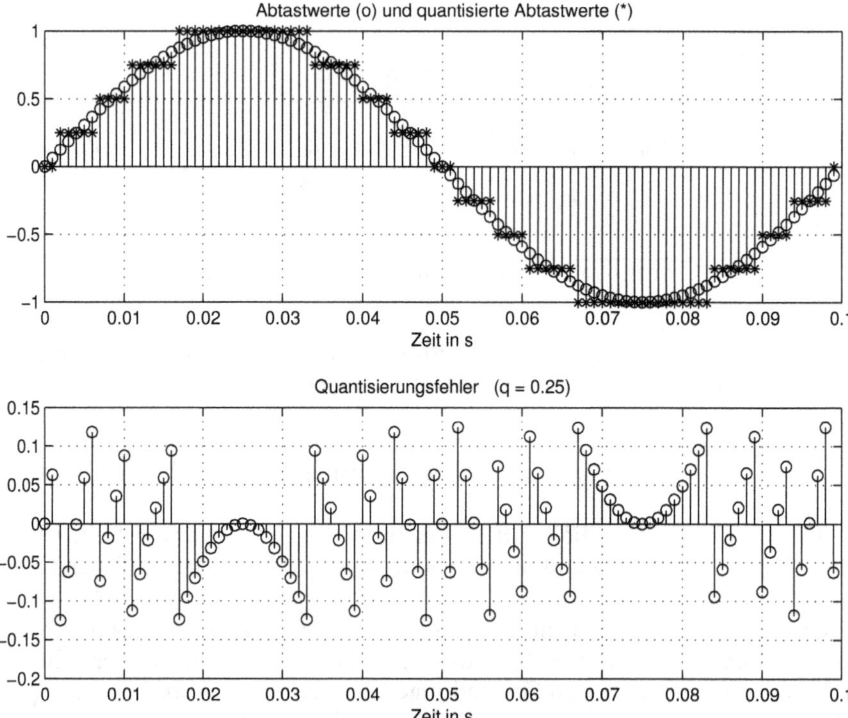

Abb. 5.77: Signale für sinusförmige Anregung (A/D_test2.m, A/D_test_2.mdl)

$5,2\ 10^{-6}$ ist. Im Modell wird die spektrale Leistungsdichte auch mit Hilfe des Blocks *Spectrum Scope* dargestellt.

Wenn man umschaltet und als Eingangssignal das sinusförmige Signal der Frequenz 10 Hz anlegt, dann erhält man für $N_b = 3$ die Signale aus Abb. 5.77 und eine spektrale Leistungsdichte des Fehlers, wie in Abb. 5.78 gezeigt.

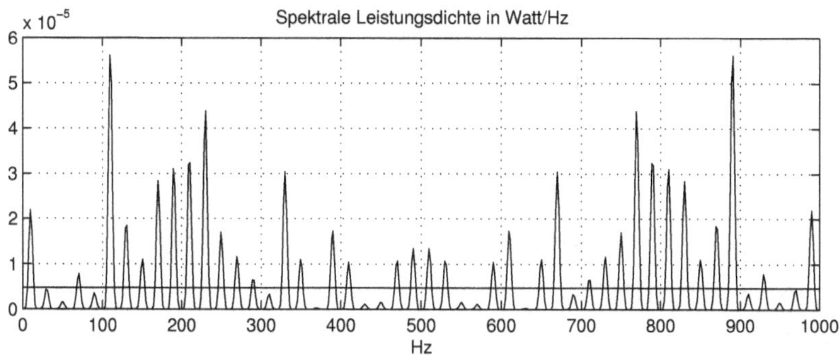

Abb. 5.78: Spektrale Leistungsdichte des Fehlers für sinusförmige Anregung (A/D_test2.m, A/D_test_2.mdl)

Man beobachtet den Liniencharakter der spektralen Leistungsdichte, der von der Periodizität des Eingangssignals hervorgeht. Es ist allerdings nicht nur die Frequenz $f = 10$ Hz im Signal vorhanden, sondern auch noch ihre Harmonischen, da das Signal über die nichtlineare Quantisierungskennlinie geführt wurde.

Im Skript wird am Ende, wie immer, die mittlere Leistung über die spektrale Leistungsdichte berechnet und mit der, die aus dem Signal ermittelt wurde, verglichen (Parseval-Theorem).

In der Praxis werden üblicherweise A/D-Wandler mit mehr als 8 Bit Auflösung eingesetzt. In der Prozessüberwachung sind das oft bis zu 20 Bit, im Audiobereich 16 Bit oder im profesionellen Audiobereich 18 Bit. Gemäß Gl. (5.162) ist der Quantisierungsrauschabstand eines 16 Bit Wandlers $SNR = 6 \times 16 = 96$ dB. Dieser Wert ist auch erforderlich, da das Ohr sehr empfindlich auf Rauschen reagiert.

Die Quantisierungsstufe ist gleichzeitig der kleinste Wert der Spannung am Eingang, für die der A/D-Wandler seinen Zustand ändert. Für einen A/D-Wandler mit einem Eingangsspannungsbereich von 2 V und mit 12 Bit ist dieser Wert $q = 1/(2^{12}) =$ 0,488$\cong$ 0,5 mV. Hat der Wandler 20 Bit, so ist $q = 1/(2^{20}) \cong 2\ \mu$V ein sehr kleiner Wert. Das bedeutet, dass das Signal am Eingang ein Rauschanteil unter diesem Wert haben muss, um die volle Auflösung des Wandlers nutzen zu können.

In der Elektronik und Nachrichtentechnik wird oft auch anstatt der spektralen Leistungsdichte in V^2/Hz die effektive Rauschdichte in V/$\sqrt{Hz}$ angegeben. Um den Effektivwert dieser Rauschspannung in einem bestimmten Frequenzbereich zu ermitteln, wird zuerst die spektrale Leistungsdichte als Quadratwert dieser effektiven Rauschdichte mal Frequenzbereich berechnet. Die Wurzel davon ist der Effektivwert des Rauschsignals.

In dieser Form wird z.B. die Rauschspannung eines Widerstands von 1 $k\Omega$ einer Schaltung am Eingang des A/D-Wandlers bei 25 °C berechnet (siehe nächstes Beispiel). Für die effektive Rauschdichte eines solchen Widerstands wird in der Literatur [23] ca. 3 $nV/\sqrt{Hz}$ angegeben. Bei einer Bandbreite von 1 kHz wäre das ein Effektivwert von $\sqrt{(3 \times 10^{-9})^2 \times 10^3} = 9,5\mu$V effektiv. Dieser Wert wäre schon zu groß, um die volle Auflösung des Wandlers mit 20 Bits auszunutzen.

Für die Auflösung von 20 und mehr Bits stellen die neuen so genannten Sigma-Delta-Wandler [23] eine Lösung dar. Das Eingangssignal moduliert das Tastverhältnis eines Signals mit nur ein Bit. Die hohe Auflösung im Wertebereich wird durch eine hohe Auflösung im Zeitbereich des Einbit Signals erhalten. Der digitale Mittelwert des Einbit Signals stellt dann den digitalen Wert mit hoher Auflösung am Ausgang des Wandlers dar.

5.7.6 Beispiel: Widerstandsrauschen in einer RC-Schaltung

Die Widerstände erzeugen eine Ersatzrauschspannung oder Ersatzstromspannung die in der Literatur [5] beschrieben ist. Sie wird durch die spektrale Leistungsdichte $S_{uu}(f)$ für die Spannung bzw. durch $S_{ii}(f)$ für den Strom beschrieben:

$$\begin{aligned} S_{uu}(f) &= 2kTR, \quad \text{in} \quad V^2/Hz \\ S_{ii}(f) &= 2kT/R, \quad \text{in} \quad A^2/Hz \end{aligned} \tag{5.165}$$

Dabei ist $k = 1,38 \times 10^{-23}$ J/K die Boltzmann Konstante, T ist die Temperatur des Widerstands in Kelvin und R ist der Widerstand in Ω. Bei 25 °C ist $T = 25 + 273,15 = 298,15$ Grad Kelvin. Für einen Widerstand von 1 kΩ bei 25 °C erhält man z.B. $S_{uu}(f) \cong 8,23 \times 10^{-18}\ V^2$/Hz. Die entsprechende effektive Rauschspannungsdichte ist dann $\sqrt{S_{uu}(f)} \cong 2,87 \times 10^{-9}$ V/$\sqrt{Hz}$.

Die spektralen Leistungsdichten aus Gl. (5.165) sind von der Frequenz unabhängig und das entsprechende Rauschen ist theoretisch weißes Rauschen (siehe Kap. 5.4.4). In der Realität ist der Frequenzbereich durch die parasitären Komponenten der Widerstände in Form von Kapazitäten und Induktivitäten begrenzt.

Abb. 5.79a zeigt die Ersatzschaltung des Widerstands mit Rauschspannungsquelle und Abb. 5.79b stellt die Ersatzschaltung mit Rauschstromquelle.

In diesem Beispiel wird die Rauschspannung am Kondensator in einer einfachen RC-Schaltung (Abb. 5.79c) untersucht. Der Widerstand rauscht mit einer spektralen Leistungsdichte $S_{uu}(f)$, die dem Spannungsgenerator aus Abb. 5.79a als Quelle der Schaltung assoziiert wird.

Die Übertragungsfunktion vom Generator bis zur Spannung des Kondensators ist sehr einfach:

$$H(j\omega) = \frac{U_a(s)}{U_e(s)} = \frac{1}{j\omega RC + 1} \quad \text{mit} \quad \omega = 2\pi f \tag{5.166}$$

Mit $U_e(s)$ wurde die Laplace-Transformierte der Ersatzrauschquelle bezeichnet und R bzw. C sind der Widerstand und die Kapazität der Schaltung.

Die spektrale Leistungsdichte am Kondensator wird dann (gemäß letzte Gl. (5.97)):

$$S_{U_cU_c}(f) = |H(f)|^2\, S_{uu}(f) = \left| \frac{1}{\sqrt{(2\pi fRC)^2 + 1}} \right|^2 2kTR = \frac{2kTR}{(2\pi fRC)^2 + 1} \tag{5.167}$$

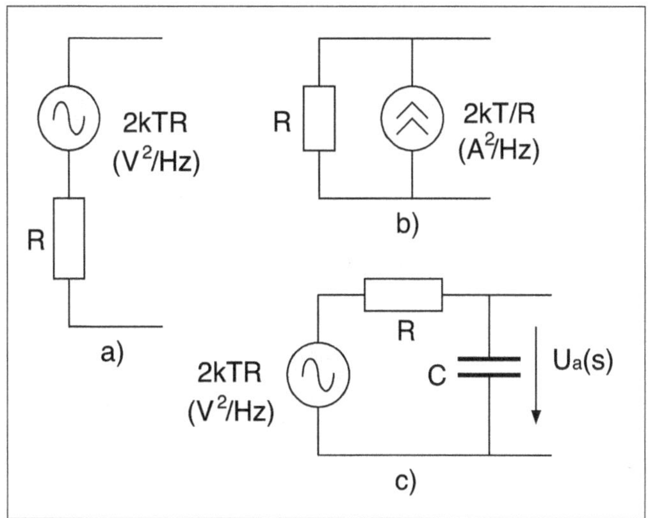

Abb. 5.79: a) Spannungsrauschen b) Stromrauschen c) Widerstandsrauschen in einer RC-Schaltung

Der Effektivwert der Rauschspannung U_{Uc} über den gesamten Frequenzbereich wird mit folgendem Integral ermittelt:

$$U_{Uc}^2 = \int_{-\infty}^{\infty} S_{UcUc}(f)df = \int_{-\infty}^{\infty} \frac{2kTR}{(2\pi fRC)^2 + 1} df \tag{5.168}$$

Mit einer Änderung der Variablen $u = 2\pi fRC$ erhält man für das Integral und für das Ergebnis die Form:

$$U_{Uc}^2 = \frac{kT}{\pi C} \int_{-\infty}^{\infty} \frac{1}{u^2 + 1} du = \frac{kT}{C} \tag{5.169}$$

Zum Auflösen des Integrals wurde die Stammfunktion

$$\int \frac{dx}{x^2 + a^2} = \frac{1}{a} \text{arctan} \frac{x}{a} \tag{5.170}$$

benutzt.

Das Ergebnis gemäß Gl. (5.169) ist sehr interessant, weil es zeigt, dass die Effektivspannung am Kondensator wegen des Rauschens des Widerstandes vom Widerstand unabhängig ist. Bei festgelegter Kapazität ist die Durchlassfrequenz abhängig vom Widerstand. Bei großen Werten von R ist die Bandbreite klein und die Rauschleistungsdichte groß. Umgekehrt ist für kleine Werte von R die Bandbreite groß und die Rauschleistungsdichte klein. Damit ist die effektive Rauschspannung am Kondensator unabhängig von R.

Abb. 5.80 zeigt das Simulink-Modell (`rausch_RC1.mdl`) für diese Untersuchung. Es wird aus dem Skript `rausch_RC_1.m` initialisiert und aufgerufen:

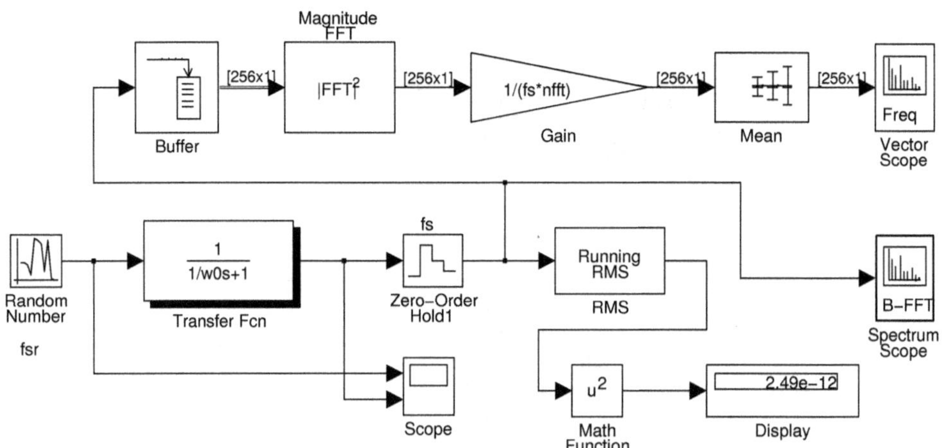

Abb. 5.80: Simulink-Modell der Untersuchung (rausch_RC_1.m, rausch_RC1.mdl)

```
% Skript rausch_RC_1.m, in dem das Rauschen eines
% Widerstands in einer RC-Schaltung untersucht wird
% Arbeitet mit dem Modell rausch_RC1.mdl
clear;
% -------- Parameter der Schaltung und der Untersuchung
k = 1.38e-23;          % Boltzmann Konstante
theta = 25;            % Temperatur in °C
T = theta + 273.15;    % Temperatur in Grad Kelvin
fsr = 1000;     % Abtastfrequenz für den Rauschgenerator
f0 = 100;       % Durchlassfrequenz des RC-Tiefpassfilters(f0 < fsr/2);
w0 = 2*pi*f0;   % rad/s
fs = 1000;      % Abtastfrequenz für die digitale Messungen
R = 1000e3;     % Widerstand der RC-Schaltung
Suu = 2*k*T*R;  % Spektrale Leistungsdichte des Generators
vR = Suu*fsr;   % Varianz des Generators V**2
nfft = 256;     % Puffergröße für die Messung der spektralen
                % Leistungsdichte
% ------- Aufruf der Simulation
Tfinal = 10;
sim('rausch_RC1', [0,Tfinal]);
```

Der Rauschgenerator des Modells wird mit einer Varianz `vR` initialisiert, die sich aus der spektralen Leistungsdichte des Rauschens des Widerstands `Suu=2*k*T*R` V^2/Hz mal die Abtastfrequenz `fsr=1000` Hz ergibt. Diese Abtastfrequenz bestimmt die Schrittweite für die unkorrelierte Rauschsequenz und muss viel größer als der Frequenzbereich sein, in dem die RC-Schaltung betrachtet wird. Für den Bereich von -500 Hz bis 500 Hz ist die Rauschsequenz weißes Rauschen.

Die Durchlassfrequenz der RC-Schaltung mit Ausgang am Kondensator (die ein Tiefpassfilter erster Ordnung darstellt) ist `f0=100` Hz << `fsr` gewählt. Das kontinu-

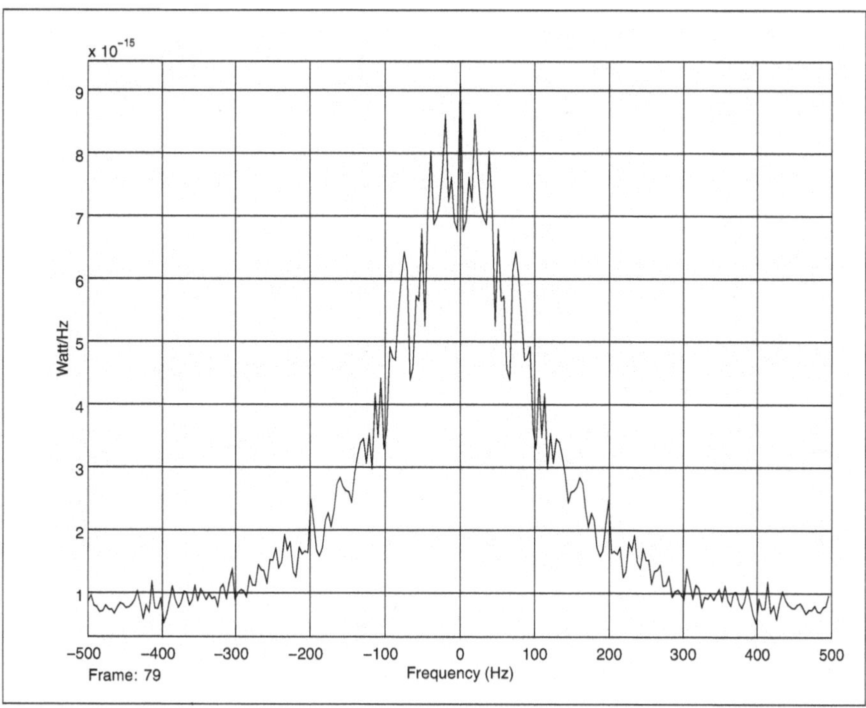

Abb. 5.81: Spektrale Leistungsdichte des Ausgangs der RC-Schaltung (rausch_RC_1.m, rausch_RC1.mdl)

ierliche Signal am Ausgang des Blocks *Transfer Fcn*, der die RC-Schaltung simuliert, wird für die Ermittlung der Varianz und der spektralen Leistungsdichte zeitdiskretisiert mit der Abtastfrequenz `fs = 1000` Hz.

Das Quadrat des Effektivwertes der Spannung (U_{Uc}^2 gemäß Gl. (5.169)) wird mit dem Block *Display* dargestellt. Die spektrale Leistungsdichte wird mit dem Block *Spectrum Scope* und mit der oberen Kette von Blöcken ermittelt und dargestellt. Abb. 5.81 zeigt die Darstellung des Blocks *Vector Scope*. Man erkennt den Tiefpassfiltercharakter der RC-Schaltung mit Ausgang am Kondensator.

Literaturverzeichnis

[1] A. M. BRUCKNER, J. B. BRUCKNER, B.S. THOMSON: *Real Analysis*. ClassicalRealAnalysis.com, 2nd Edition Auflage, 2008.

[2] BEUCHER, OTTMAR: *Signale und Systeme: Theorie, Simulation, Anwendung: Eine beispielorientierte Einführung mit MATLAB*. Springer-Verlag, 2011.

[3] BRIGHAM, ELBERT O.: *FFT Anwendungen*. Oldenbourg, 1997.

[4] DALLY J. W., RILEY W. F., MCCONNELL K. G.: *Instrumentation for Engineering Measurements*. John Wiley, 1993.

[5] ENGELBERG, SHLOMO: *Random Signals and Noise. A Mathematical Introduction*. CRC Press, 2007.

[6] FRÖBERG, CARL-ERIK: *Numerical Mathematics. Theory and Computer Applications*. Addison-Wesley, 1985.

[7] HOFFMANN, JOSEF: *MATLAB und Simulink. Beispielorientierte Einführung in die Simulation dynamischer Systeme*. Addison-Wesley, 1998.

[8] HOFFMANN, JOSEF: *MATLAB und Simulink in Signalverarbeitung und Kommunikationstechnik*. Addison-Wesley, 1999.

[9] HOFFMANN, JOSEF: *Spektrale Analyse mit MATLAB und Simulink. Anwendungsorientierte Computer Experimente*. Oldenbourg Verlag, 2011.

[10] HOFFMANN, JOSEF und URBAN BRUNNER: *MATLAB und Tools für die Simulation dynamischer Systeme*. Addison-Wesley, 2002.

[11] HWEI HSU, PH.D.: *Signals and Systems*. McGraw-Hill, Schaum's Outline Series, Second Edition Auflage, 2011.

[12] IFEACHOR, EMMANUEL C. und BARRIE W. JERVIS: *Digital Signal Processing. A Practical Approach*. Addison-Wesley, 2001.

[13] INGLE, VINAY K. und JOHN G. PROAKIS: *Digital Signal Processing Using MATLAB*. Thomson Learning, 2006.

[14] J. P. DEN HARTOG: *Mechanische Schwingungen*. Springer-Verlag, 1952.

[15] JIMIN HE, ZHI-FANG FU: *Modal Analysis*. Butterworth-Heinemann, 2001.

[16] JOHN G. PROAKIS, CHARLES M. RADER, FUYUN LING, CHRYSOSTOMOS L. NIKIAS, MARC MOONEN, IAN K. PROUDLER: *Algorithms for Statistical Signal processing*. Prentice Hall, 2002.

[17] JOSEF HOFFMANN, ALFONS KLÖNNE: *Wechselstromtechnik. Anwendungsorientierte Simulationen in MATLAB*. Oldenbourg Verlag, 2011.

[18] JOSEF HOFFMANN, FRANZ QUINT: *Signalverarbeitung mit MATLAB und Simulink. Anwendungsorientierte Simulationen*. Oldenbourg Verlag, 2007.

[19] KAMEN, EDWARD W. und BONNIE S. HECK: *Fundamentals of Signals and Systems Using the Web and MATLAB*. Prentice-Hall, 2006.

[20] KAMMEYER, KARL DIRK und KRISTIAN KROSCHEL: *Digitale Signalverarbeitung. Filterung und Spektralanalyse mit MATLAB-Übungen*. Teubner, 2006.

[21] KELLY, S. GRAHAM: *Mechanical Vibrations*. McGraw-Hill, Schaum's Outline Series, 1996.

[22] KELLY, S. GRAHAM: *Mechanical Vibrations*. McGraw-Hill, Schaum's Outline Series, 1996.

[23] KESTER, WALT (Herausgeber): *Mixed-Signal and DSP Design Techniques*. Newnes, 2003.

[24] KREYSZIG, ERWIN: *Advanced Engeneering Mathematics*. John Wiley & Sons, 2006.

[25] LEON-GARCIA, ALBERTO: *Probability and Random Processes for Electrical Engineering*. Prentice-Hall, 1994.

[26] LOSADA, ROCARDO A.: *Digital Filters with MATLAB*. The MathWorks, Inc., 2008.

[27] LYONS, RICHARD G.: *Understanding Digital Signal Processing*. Prentice-Hall, 2004.

[28] MARVASTI, FAROKH: *Nonuniform Sampling. Theory and Practice*. Kluwer Academic/Plenum Publishers, 2001.

[29] MCCLELLAN, JAMES H., C. SIDNEY BURRUS, ALAN V. OPPENHEIM, THOMAS W. PARKS, RONALD W. SCHAFER und HANS W. SCHUESSLER: *Computer-Based Exercises for Signal Processing Using MATLAB 5*. Prentice Hall, 1998.

[30] MEYER, MARTIN: *Signalverarbeitung: analoge und digitale Signale, Systeme und Filter*. Vieweg, 2003.

[31] MITRA, SANJIT K.: *Digital Signal Processing. A Computer-Based Approach*. McGraw-Hill Publishing Company, 2005.

[32] OPPENHEIM, ALAN W., RONALD W. SCHAFER und JOHN R. BUCK: *Zeitdiskrete Signalverarbeitung*. Pearson Studium, 2004.

[33] OPPENHEIM, ALAN, W. und ALAN S. WILLSKY: *Signale und Systeme*. Wiley-VCH, 1991.

[34] PROAKIS, JOHN G. und DIMITRIS G. MANOLAKIS: *Digital Signal Processing. Principles, Algorithms, and Applications*. Prentice Hall, 2006.

[35] SKRIPT, FIRMEN: *Spectrum Analyzer Measurement and Noise. Application Note 1303.* Hewlett Packard, 1998.

[36] STEARNS, SAMUEL D. und RUTH A. DAVID: *Signal Processing Algorithms in MATLAB.* Prentice Hall, 1996.

[37] STEARNS, SAMUEL D. und DON R. HUSH: *Digitale Verarbeitung analoger Signale.* Oldenbourg, 1999.

[38] STEINBERG, D. S.: *Vibration Analysis for Electronic Equipment.* John Wiley, 1973.

[39] STRUM, ROBERT D. und DONALD E. KIRK: *Contemporany Linear Systems Using MATLAB.* PWS Publishing Company, 1999.

[40] UWE KIENCKE, HOLGER JÄKEL: *Signale und Systeme.* Oldenbourg Verlag, 4. Auflage Auflage, 2011.

Index

www.ingramcontent.com/pod-product-compliance
Lightning Source LLC
Chambersburg PA
CBHW072008230326
41598CB00082B/6843
* 9 7 8 3 4 8 6 7 3 0 8 5 2 *